STATICS AND MECHANICS OF MATERIALS

정역학과 재료역학

국승규 지음

정역학편

S T A T I C S

도서출판 동화기술

머리말

구조물을 대상으로 적용하는 구조역학 트랙의 첫 과정인 정역학은 물리학의 한 분야로 공학도에게는 필수과정이다. 정역학의 원리와 이를 적용하고 응용하는 방법 등은 구조역학 트랙을 수행하기 위한 초석이 되므로 정역학 과정이 차지하는 중요성은 아무리 강조해도 지나치지 않는다고 할 것이다. 구조물을 설계하기 위해서는 구조물을 구성하는 구조부재에 작용하는 외력에 의해 구조부재에 발생하는 내력을 결정하는 해석이 요구된다. 정역학은 구조물에 힘이 작용하는 경우 유지되어야 하는 정지상태인 평형상태를 논의하는 과정이므로 평형상태에서 구조부재에 발생하는 외력과 내력을 결정하는 해석방법을 제시한다.

이 교재의 전반부 2장에서 4장까지는 평형상태를 유지하는 구조물에 작용하는 외력을 결정하는 방법을 제시한 부분이고 후반부 5장과 6장은 평형상태를 유지하는 구조물을 구성하는 구조부재에서 전달되는 내력을 결정하는 방법을 제시한 부분으로 구성되어 있다. 1장은 정역학 과정에 요구되는 기본개념 및 원리, 단위계, 기초수학 등을 소개한 것이다. 전반부 2~4장 및 후반부 5~7장의 내용은 다음과 같다.

2장 : 힘이라는 물리량을 정의하고 힘을 분해/결합하는 개념을 이해하여 이동력과 이동력에 의해 임의의 점에 발생하는 회전력 및 짝힘 등 역계를 구성하는 기본적인 힘을 파악

3장 : 정역학에서 다루어지는 역계를 소개하고 역계에 주어진 힘을 자유도에 해당하는 직각분력으로 분해하는 과정, 직각분력을 다시 자유도별로 합하여 합력을 구성하는 과정 및 회전효과를 검토하여 합력의 작용위치를 결정하는 과정 등을 논의하여 4장에서 논의하는 강체의 평형을 이해하기 위한 배경을 소개

4장 : 구조물에 외력으로 작용하는 하중과 반력을 파악하여 자유물체도를 작성하는 과정 및 각 역계의 자유도에 해당하는 평형방정식을 정의하고 자유물체도에 적용하여 미지반력을 산정하는 과정을 이해

5장 : 모든 외력이 결정된 구조부재에서 전달되는 내력을 구하는 방법인 단면법의 원리를 설명하고 가장 간단한 내력을 갖는 구조물인 트러스의 내력 및 힌지 또는 롤러에 의해 연결되는 뼈대구조물의 구조부재 간에 전달되는 내력을 산정하는 방법을 파악

6장 : 5장에서 논의한 내력을 구하는 과정을 바탕으로 가장 기본적이면서 중요한 구조부재인 보를 대상으로 그 내력인 전단력과 휨모멘트의 개념을 이해하고 보의 부재축을 따라 발생하는 전단력과 휨모멘트를 파악할 수 있는 전단력선도와 휨모멘트선도의 작도방법을 이해

7장 : 구조물의 경량화 및 장대화에 의해 케이블이 구조부재로 사용되고 있는 최근의 경향을 고려하여 집중하중 및 등분포하중이 작용하는 케이블을 대상으로 외력과 내력 및 처짐과 고정된 형상의 길이 등을 산정하는 해석과정을 파악

정역학에서 가장 중요한 부분은 보의 내력을 논의하는 6장이므로 케이블에 관한 7장의 경우 한 학기에 강의하기는 시간이 부족하면 생략해도 무방하다. 각 장에서 설명한 정역학의 원리와 해석방법은 예제를 제시하여 원리를 이해하고 적용할 수 있도록 하였으며 말미에는 요약과 연습문제를 배치하였다.

가장 효율적인 학습방법은 단순한 문제를 이해한 후 난해한 문제를 접근하는 문제선택 방법과 문제의 해결방법을 완전히 파악할 수 있도록 동일한 문제를 반복하여 연습하는 방법이므로 정역학을 공부하는 공학도는 이러한 방식으로 정역학 과정을 수행하도록 부탁하며, 아울러 교재가 만들어지기까지 모든 지원을 마다하지 않은 도서출판 동화기술과 임직원 여러분께 감사를 전한다.

차례

01

서론

1.1 개요

역학(mechanics)은 물체에 힘이 작용하여 발생하는 정지상태 또는 운동상태를 논의하는 물리학의 한 분야로 모든 공학의 기초학문이며 공학도에게는 필수과정이다. 그러므로 공학적 해석 및 설계에 적용하는 역학의 원리와 응용에 대한 명확한 이해는 기본적인 요구사항이다. 구조물(structure)을 대상으로 적용하는 역학을 구조역학이라 하며 정역학과 동역학은 구조역학을 시작하는 첫 과정이다. 정역학(statics)은 힘이 작용하는 구조물에 움직임이 발생하지 않는 정지상태와 관련된 과정이고 동역학(dynamics)은 힘에 의해 구조물에 발생하는 운동상태를 취급하는 과정으로 구조물의 해석과 설계에 요구되는 기본 정보를 구축하는 단계이다.

정역학과 동역학에서 물체는 강체(rigid body)로 가정하며 강체란 어떠한 힘이 작용하더라도 변형이 발생하지 않는 가상의 물체를 의미한다. 물체에 힘이 작용하면 실제로는 변형이 발생하지만 정역학과 동역학에서 논의하는 구조물의 경우 그 변형의 크기는 해석결과인 정지상태 또는 운동상태에 영향이 없을 만큼 미소하므로 이 가정은 성립한다. 이러한 구조물의 변형은 정역학을 이수한 다음 과정인 재료역학(mechanics of materials)에서 논의한다.

정역학은 강체에 힘이 작용하는 경우 유지되는 정지상태를 논의하는 과정이므로 힘에 대한 정의가 우선되어야 한다. 강체에 작용하는 힘을 하나의 집합으로 간주하여 역계(force system)라 하면 강체의 움직임은 역계에 상응하는 것이므로 역계에 대한 정의는 강체의 움직임에 대한 정의와 함께 논의가 이루어져야 한다. 강체의 정지상태란 강체의 외부에서 작용하는 역계(외력)에 의해 발생하는 움직임이 0이 되는 것이므로 주어진 역계에서 서로 독립적인 움직임에 해당하는 힘을 구하는 과정이 요구된다. 정역학 교재의 전반부는 이러한 논의를 바탕으로 한 강체의 정지상태(평형상태)에 관한 해석과정이고 이는 구조부재를 설계하기 위한 첫 단계이다. 외력이 작용하는 강체의 평형상태는 강체를 구성하는 구조부재의 내부에서 전달하는 힘에 의해 이루어지며 이러한 힘을 내력이라 하고 주어진 외력에 의해 결정된다. 외력에 의해 발생하는 내력을 결정하는 해석과정은 구조부재를 설계하기 위한 다음 단계로 정역학 교재의 후반부에서 논의한다. 1장에서는 이러한 해석과정에 요구되는 기본개념 및 원리, 단위계, 기초수학 등을 소개하도록 구성되어 있다.

1.2 기본개념 및 원리

정역학에서 사용하는 기본개념은 공간, 시간, 질량 및 힘이다. 공간(space)의 개념은 점 P의 위치를 의미하고 $x-y-z$ 직각좌표축에서 P의 위치는 원점을 기준으로 한 세 좌표축 방향의 길이를 P의 좌표로 하여 정의된다. 질량(mass)의 개념은 물체를 특성화하고 비교하는데 사용된다. 예를 들면, 동일한 질량의 두 물체는 같은 중력상태에 있게 되며 이동 또는 회전에 대해 동일한 저항을 갖는다. 힘(force)은 물체와 물체 간의 작용/반작용력을 의미하며 직접적인 물리적 접촉에 의한 접촉력이거나 중력(만유인력)과 같은 원격작용에 의한 원격작용력일 수 있다. 구조부재의 중력에 의한 무게(자체중량)를 제외한 대부분의 힘은 직접 접촉에 의해 작용한다.

17세기 후반 뉴턴이 제시한 물체의 운동에 관한 3개의 법칙은 다음과 같다.

제1법칙 : 물체에 작용하는 힘이 0이면 그 물체는 정지해 있거나 또는 등속직선운동을 한다.

제2법칙 : 물체에 작용하는 힘이 0이 아니면 그 물체는 힘의 작용방향으로 가속되며 가속도의 크기는 힘의 크기에 비례한다.

제3법칙 : 접촉하는 두 물체 사이의 작용력과 반작용력은 크기가 같고 방향은 반대이다.

제1법칙은 물체의 평형조건으로 정역학의 기본개념이고 제2법칙은 동역학의 기본개념으로 다음 관계식이다.

$$\mathbf{F} = m\mathbf{a} \tag{1.2.1}$$

여기서 $\mathbf{F}$는 물체에 작용하는 힘이고 m은 물체의 질량이며 $\mathbf{a}$는 힘에 의해 발생하는 물체의 가속도이다. 제3법칙의 작용/반작용력이란 그림 1.2.1과 같이 무게 $\mathbf{W}$의 물체가 수평지지면 위에 놓여 있는 경우 물체의 중심 G에 작용하는 작용력 $\mathbf{W}$와 반작용력인 지지력 $\mathbf{R}$의 크기는 같고 방향은 반대가 되는 현상을 제시한 법칙이다.

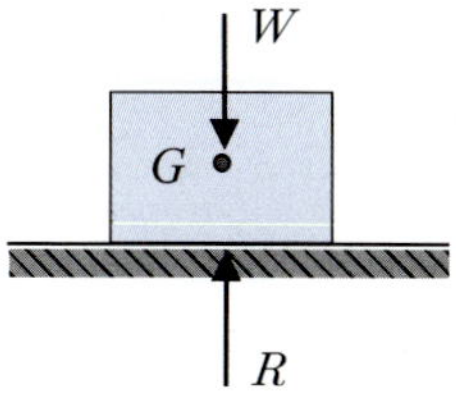

그림 1.2.1

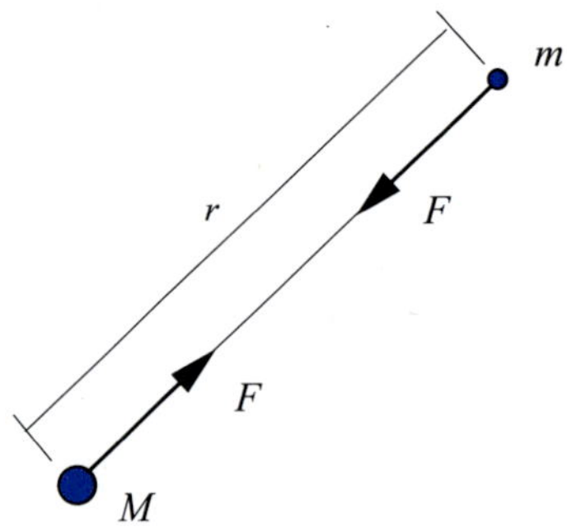

그림 1.2.2 뉴턴의 중력법칙

뉴턴의 중력법칙은 질량 M과 m의 두 물체 사이에 작용하는 원격작용력에 관한 법칙으로 제3법칙을 확장한 것이다. 그림 1.2.2와 같이 질량 M과 m의 두 물체는 크기가 같고 방향이 반대인 힘 $\mathbf{F}$와 $-\mathbf{F}$로 서로를 끌어당기며 크기 F는

$$F = G\frac{Mm}{r^2} \tag{1.2.2}$$

여기서 r은 두 물체 간의 거리이고 G는 중력상수이다. 지구 표면에 놓여있는 물체를 지구가 끌어당긴다는 사실은 매우 중요하며 지구가 물체를 끌어당기는 힘을 물체의 무게 $\mathbf{W}$로 정의한다. 지구와 물체의 질량을 각각 M과 m, 지구반경을 R이라 하면 식 (1.2.1), (1.2.2)에서 중력가속도 $\mathbf{g}$의 크기는

$$g = \frac{GM}{R^2} \tag{1.2.3}$$

이로부터 물체 m이 중력방향으로 갖는 무게 $\mathbf{W}$의 크기 W는 다음 식 (1.2.4)와 같다.

$$W = mg \tag{1.2.4}$$

지구반경 R은 고도에 따라 달라지며 또한 지구가 완전한 구면이 아니므로 위도에 따라 달라진다. 그러므로 $\mathbf{g}$ 또한 위치에 따라 변하는 값이지만 물체가 지구 표면에 위치해 있다면 $\mathbf{g}$를 9.81 m/s^2으로 간주해도 공학적으로는 정확하다.

1.3 단위계

역학의 기본단위는 국제표준단위계(SI단위계)를 사용하며 세 기본단위인 길이(미터 ; meter ; m), 질량(킬로그램 ; kilogram ; kg), 시간(초 ; second ; s)은 서로 독립적이고 측정 위치에 따라 변하지 않는 절대단위(absolute unit)이다. 힘의 단위는 뉴턴(newton ; N)을 사용하며 절대단위인 세 기본단위로 정의된다. 그림 1.3.1과 같이 질량 1 kg의 물체가 1 m/s^{2}의 가속도를 가지면 가속도 방향으로의 힘은 다음과 같이 1 N으로 표기한다.

$$1\,\mathrm{N} = (1\,\mathrm{kg}) \times (1\,\mathrm{m/s^2}) = 1\,\mathrm{kg \cdot m/s^2}$$

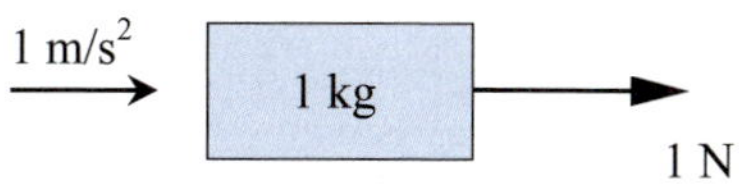

그림 1.3.1

지구상에서 질량 1 kg의 물체는 그림 1.3.2와 같이 중력가속도 g = 9.81 m/s^{2}를 갖게 되므로 중력방향 무게 W의 크기 W는 N 단위로 다음과 같다.

$$W = 1\,(\mathrm{kg}) \times 9.81\,(\mathrm{m/s^2}) = 9.81\,(\mathrm{kg \cdot m/s^2}) = 9.81\,(\mathrm{N})$$

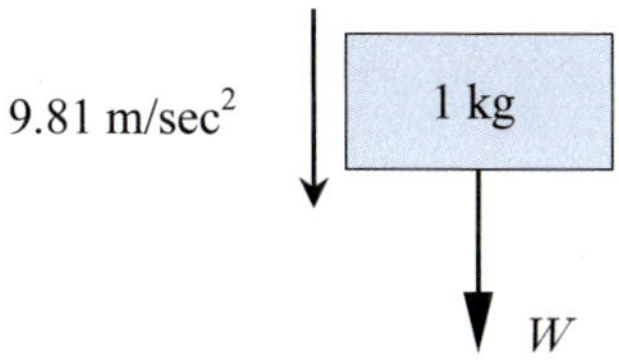

그림 1.3.2

길이, 질량, 시간의 세 기본단위 및 힘, 힘에 의한 모멘트, 일 등을 표기하는 국제표준단위(SI단위)는 표 1.3.1과 같고 이러한 단위들은 각각 필요한 부분에서 소개하고 사용할 것이다.

수량이 매우 크거나 작을 경우 접두사(prefix)를 사용하며 국제표준단위계에서 사용하는 접두사는 표 1.3.2와 같다. 접두사를 사용하면 다음과 같이 수량을 1000 단위 또는 0.001 단위로 간단하게 표기할 수 있다.

표 1.3.1 역학에서 사용하는 주요 SI 단위

물리량		기호	단위	물리량	기호	단위
길이			m	임펄스		kg · m/s
시간			s	밀도		kg/m^3
속도			m/s	압력/응력	Pa(Pascal)	N/m^2
가속도			m/s^2	일/에너지	J	N · m
면적			m^2	Power	W	J/s
체적	고체		m^3	각		rad
	액체	L	$10^{-3}\,m^3$	각속도		rad/s
질량			kg	각가속도		rad/s^2
힘		N	kg · m/s^2	주파수	Hz	s^{-1}
모멘트			N · m			

$$1.59\,\text{km} = 1590\,\text{m} = 1.59\times10^3\,\text{m}$$
$$4.83\,\text{Mg} = 4830\,\text{kg} = 4.83\times10^3\,\text{kg}$$
$$75.4\,\text{mm} = 0.0754\,\text{m} = 7.54\times10^{-2}\,\text{m}$$

정역학에서 자주 사용하는 접두사는 다음과 같다.

$$1\,\text{kg} = 1000\,\text{g}\ ;\ 1\,\text{mm} = 10^{-3}\,\text{m} = 0.001\,\text{m}$$
$$1\,\text{kN} = 10^3\,\text{N} = 1000\,\text{N}\ ;\ 1\,\text{MPa} = 10^3\,\text{kPa} = 10^6\,\text{Pa}$$

표 1.3.2 국제표준단위계의 접두사

배 수	접두사	기호	배 수	접두사	기호
1 000 000 000 = 10^9	giga	G	0.1 = 10^{-1}	deci	d
1 000 000 = 10^6	mega	M	0.01 = 10^{-2}	centi	c
1 000 = 10^3	kilo	k	0.001 = 10^{-3}	milli	m
100 = 10^2	hecto	h	0.000 001 = 10^{-6}	micro	μ
10 = 10^1	deka	da	0.000 000 001 = 10^{-9}	nano	n

여러 물리량이 연관된 식을 물리방정식이라고 하며 물리방정식에 포함되는 여러 개 항의 합 또는 차를 구하는 경우 각 항의 단위는 동일해야 한다. 각각의 항이 동일한 단위를 갖는 물리량이 되기 위해서는 항을 구성하는 인수들의 단위에 의해 구성되는 항의 단위가 일치하는가를 확인하여야 하며 이는 물리방정식을 설정하는 기본과정이므로 매우 중요하다.

예제 1.3.1

힘에 의해 임의의 점 A에 발생하는 모멘트를 구하는 식이 다음과 같이 구성되었다.

$$\sum^{A} M = F_1 \times d_1 + w_2 \times L_2 \times d_2 + M_3$$

여기서 $F_1(=1000\text{ N})$은 집중하중, $w_2(=5\text{ kN/m})$는 등분포하중, $M_3(=30\text{ kN}\cdot\text{m})$는 모멘트하중이고 $L_2(=40\text{ cm})$는 등분포하중이 작용하는 구간의 길이이며 $d_1(=2\text{ m})$과 $d_2(=3\text{ m})$는 각각 F_1과 $w_2 \times L_2$가 A점에 대해 갖는 모멘트의 팔이다. 각 항의 단위를 검토하고 A점에 발생하는 모멘트를 구하시오.

설명 하중의 단위로 kN, 길이의 단위로 m를 사용하면 각 항은

$$\begin{aligned} F_1 \times d_1 &= 1(\text{kN}) \times 2(\text{m}) = 2(\text{kN}\cdot\text{m}) \\ w_2 \times L_2 \times d_2 &= 5(\text{kN/m}) \times 0.4(\text{m}) \times 3(\text{m}) = 6(\text{kN}\cdot\text{m}) \\ M_3 &= 30(\text{kN}\cdot\text{m}) \end{aligned}$$

각 항의 단위가 일치하므로 A점에 발생하는 모멘트는 38 kN · m이다.

예제 1.3.2

휨모멘트 M에 의해 부재 단면에 발생하는 수직응력 σ는 단면2차모멘트 I와 단면 중립축으로부터의 수직거리 y를 사용하여 다음 식으로 산정한다.

$$\sigma = \frac{My}{I}$$

$M = 153.1\,\text{kN}\cdot\text{m}$, $y = 20\,\text{cm}$, $I = 3.28 \times 10^4\,\text{cm}^4$인 경우 수직응력을 구하시오.

설명 응력은 MPa 단위를 사용하고 MPa는 10^6 Pa이므로 Pa(N/m^2)의 기본단위인 N과 m를 사용하면

$$\begin{aligned} \sigma = \frac{My}{I} &= \frac{153.1(\text{kN}\cdot\text{m}) \times 10^3 \times 20(\text{cm}) \times 10^{-2}}{3.28 \times 10^4(\text{cm}^4) \times 10^{-8}} \\ &= 93.35 \times 10^6(\text{Pa}) = 93.35(\text{MPa}) \end{aligned}$$

위 계산과 같이 식에 단위를 포함시키는 것은 단위의 일치 및 계산결과를 확인하기 위한 것이므로 충분히 단위환산에 대해 숙지가 되면 일반적으로는 식에 단위를 포함하지 않고 다음과 같이 계산한다.

$$\sigma = \frac{My}{I} = \frac{153.1 \times 10^3 \times 20 \times 10^{-2}}{3.28 \times 10^4 \times 10^{-8}} \times 10^{-6} = 93.35(\text{MPa})$$

1.4 수치계산

공학문제에 사용되는 수는 참값(exact number)과 근사값(approximate number)이다. 참값은 정의에 의거하여 유도한 값 또는 직접 헤아려서 구한 값으로 한 시간은 정의에 의해 정확하게 60분이고 1미터는 100 cm로 정확하게 정의되어 있다. 반면 근사값은 측정에 의해 구한 값으로 두 점 사이의 거리를 측정한 결과가 23.5 m라는 것은 근사값이다.

역학문제의 해석결과인 해의 정확도(accuracy)는 1) 주어진 자료의 정확도와 2) 계산과정의 정확도에 의해 좌우되며 1)과 2)의 정확도 중 낮은 정확도에 의해 해의 정확도가 결정된다. 예를 들면, 오차 10 kN의 교량하중 7500 kN은 상대오차 0.13%이므로 이 값을 사용하여 구한 교량지점의 반력이 14322 kN으로 계산되었다 하더라도 14322 kN으로 해를 제시하는 것은 의미가 없다. 해의 오차는 0.13%보다 작을 수 없으므로 20 kN($\approx 0.0013 \times 14322$)의 오차를 감안하면 해는 $14{,}320 \pm 20$ kN이 된다. 공학실무에서 0.2%보다 높은 정확도는 의미가 없으므로 근사값의 경우 0.2% 이하의 오차는 인정되고 이러한 오차를 감안하여 유효숫자를 사용하는 것이다.

근사값에서 자리수를 표시하는 0을 제외한 다른 모든 수를 유효숫자(significant digits)라 한다. 176, 0.587, 1350, 3050, 0.00408은 각각 3개의 유효숫자를 갖고 있으며 다른 언급이 없다면 문제에 근사값으로 주어진 자료는 정확도가 같다고 간주한다. 40 kN은 40.0 kN으로 15000 kN은 1.50×10^4 kN으로 3개의 유효숫자를 갖는 것으로 간주하며 일반적인 공학문제에서 해의 첫째자리수가 1이면 4개의 유효숫자를 사용하고 그렇지 않으면 3개를 사용하며 중간계산 과정에는 3개보다 많은 유효숫자를 사용하고 최종결과는 반올림하여 3개의 유효숫자로 제시한다. 공학실무자와 공학도에게 포켓용 계산기는 필수적으로 사용하는 도구이고 계산하는 자리수는 임의로 조정할 수 있으나 근사값의 오차를 고려하여 유효숫자로 해를 제시해야 한다는 것을 유의해야 한다.

예제 1.4.1

[567000 ; 0.00368 ; 8.000 ; 1.570×10^8] 4개의 수에 제시된 유효숫자의 개수를 구하시오.

설명 567000과 0.00368은 3개의 유효숫자를 갖고 있다. 두 수에 포함된 0은 자리수를 표시한 것이므로 0이 아닌 나머지 수가 유효숫자가 된다. 8.000과 1.570×10^8은 4개의 유효숫자를 갖고 있다. 두 수에 포함된 0은 자리수를 표시한 것이 아니라 0의 값을 나타내는 유효숫자이므로 소수점 셋째자리까지 정확한 근사값이라는 것을 의미한다.

유효숫자의 개수가 정확도를 의미하는 반면 정밀도(precision)는 마지막 유효숫자의 10진법 자리수를 의미하므로 1.35는 0.01의 정밀도를 가지며 0.745는 0.001의 정밀도를 갖는다.

주어진 자료에 정밀도가 서로 다른 수치들이 포함되어 있고 이 수치들을 식에 사용하면 해의 정밀도 역시 낮은 정밀도에 의해 좌우된다. 수치계산 결과는 일반적으로 반올림하고 정확도와 정밀도는 다음 규칙에 의해 결정한다.

규칙 1 : 근사값의 곱셈과 나눗셈에서 그 결과의 정확도는 가장 정확하지 않은 수의 정확도와 같도록 제시해야 한다.

규칙 2 : 근사값의 덧셈과 뺄셈에서 그 결과의 정밀도는 가장 정밀하지 않은 수의 정밀도와 같도록 제시해야 한다.

예제 1.4.2

다음 식의 계산결과를 구하시오.

$$\frac{368.6\times 1.575}{51.66-3.567}$$

설명 주어진 숫자를 소수점 여섯째자리까지 제시하도록 조정한 계산기에 입력하면 12.071299라는 결과를 얻는다. 분모의 두 수에서 낮은 정밀도를 갖는 수가 0.01의 정밀도를 갖고 있으므로 규칙 2에 의해 소수점 둘째자리까지 유효숫자로 제시한다. 즉, 분모의 유효숫자는 4개이고 분자의 두 수와 같은 정확도를 갖는다. 그러므로 규칙 1에 의해 최종 결과는 4개의 유효숫자를 갖는 수로 제시하며 해는 12.071을 반올림한 12.07이 된다.

1.5 정역학에 사용하는 기초수학

정역학문제의 해를 구하기 위한 해석과정에는 기초수학 지식의 적용이 요구된다. 이와 같은 기초수학 지식에는 피타고라스 정리, 삼각함수, 연립방정식의 해를 구하는 방법인 Cramer 법칙, 기초 미적분 등이 포함된다. 그림 1.5.1과 같은 삼각형의 세 변과 세 내각 사이에는 사인법칙과 코사인법칙이 성립한다.

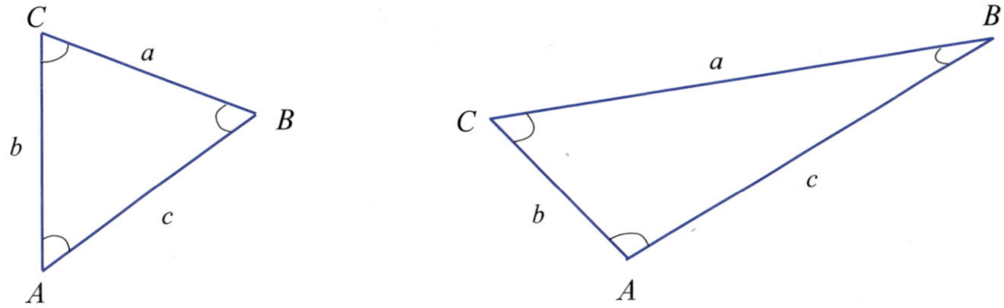

그림 1.5.1 예각/둔각 삼각형

사인법칙은 식 (1.5.1)과 같이 삼각형의 변과 대각의 사인값의 비에 관한 관계식으로 두 개의 내각과 한 개의 변 또는 두 개의 변과 사잇각이 아닌 내각 한 개가 주어지는 경우 다른 변과 내각을 결정하기 위해 적용한다.

$$\frac{a}{\sin A} = \frac{b}{\sin B} = \frac{c}{\sin C} \tag{1.5.1}$$

삼각형의 두 변과 사잇각이 주어지는 경우 다른 한 변 또는 세 변이 주어지는 경우 내각은 식 (1.5.2)의 코사인법칙을 적용하여 구한다.

$$a^2 = b^2 + c^2 - 2bc\cos A \tag{1.5.2}$$

예제 1.5.1

그림 예 1.5.1과 같이 측량한 결과로부터 강을 가로지르는 거리 BC를 구하시오.

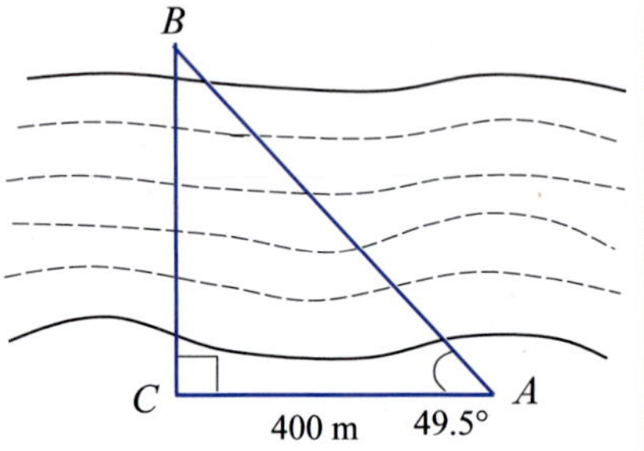

그림 예1.5.1

설명 직각삼각형 ABC에서 변 BC의 길이는

$$\overline{BC} = \overline{AC}\tan 49.5^\circ = 400\tan 49.5^\circ = 468(\mathrm{m})$$

예제 1.5.2

국기 게양대의 높이를 측정하기 위해 그림 예1.5.2와 같이 측량한 결과 $\angle\alpha$, $\angle\beta$는 각각 40°, 30°이다. AB와 BC의 높이를 구하시오.

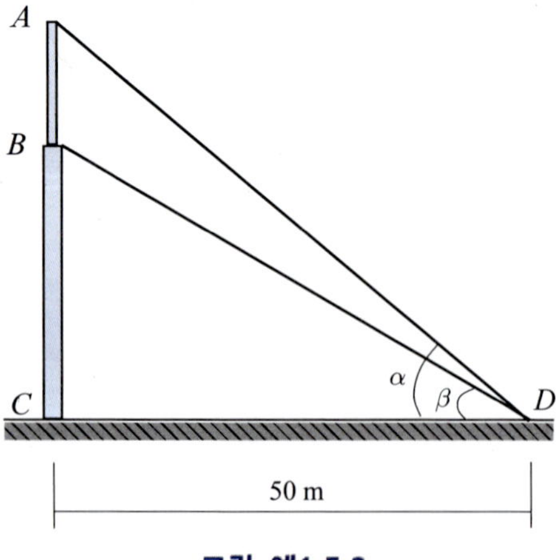

그림 예1.5.2

설명 직각삼각형 ACD에서 변 AC의 길이는

$$\overline{AC} = \overline{CD}\tan 40^\circ = 50\tan 40^\circ = 41.95\,(\mathrm{m})$$

직각삼각형 BCD에서 변 BC의 길이는

$$\overline{BC} = \overline{CD}\tan 30^\circ = 50\tan 30^\circ = 28.87\,(\mathrm{m})$$

이로부터 AB의 높이는 13.1 m(= 41.95 − 28.87)이고 BC의 높이는 28.9 m이다.

예제 1.5.3

물체가 강봉 AB와 케이블 BC에 의해 지지되어 있다. 강봉의 길이가 2.5 m이고 $\angle A$, $\angle B$가 각각 50°, 60°인 경우 케이블 BC의 길이를 구하시오.

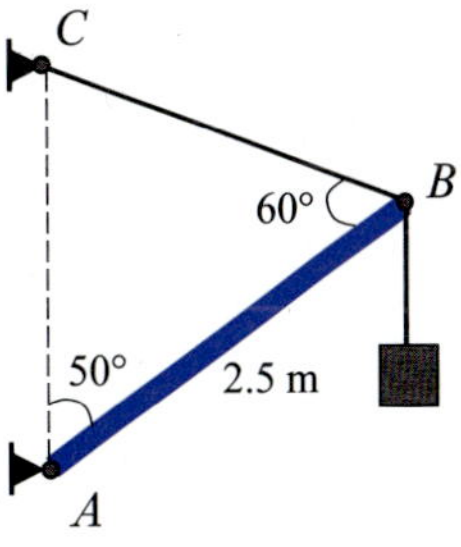

그림 예1.5.3

설명 강봉과 케이블의 길이 및 지점 간 거리로 구성되는 삼각형 ABC에서 $\angle C$는 70° 이므로 사인법칙을 적용하면 케이블 BC의 길이는

$$\frac{\overline{BC}}{\sin 50^\circ} = \frac{2.5}{\sin 70^\circ} \quad ; \quad \overline{BC} = 2.04\,\mathrm{m}$$

예제 1.5.4

자동차가 그림 예1.5.4(1)과 같이 북쪽으로 70 km 주행하고 북동쪽으로 방향을 변경하여 90 km를 주행하였다. 출발점 A에서 도착점까지의 직선거리를 구하시오.

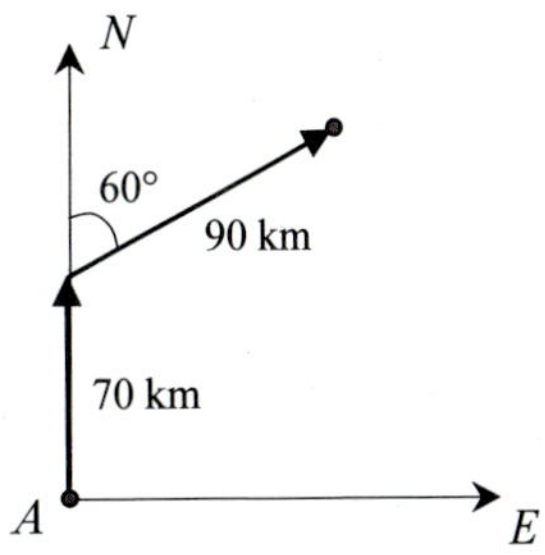

그림 예1.5.4(1)

설명 도착점을 F라 하고 출발점 A에서 도착점 F까지의 직선거리와 각 방향 주행거리로 삼각형을 구성하면 그림 예1.5.4(2)와 같다. 직선거리 $\overline{AF}$는 코사인법칙을 적용하면

$$\overline{AF}^2 = 70^2 + 90^2 - 2 \times 70 \times 90 \times \cos 120^\circ = 19300 \quad ; \quad \overline{AF} = 139\,\mathrm{km}$$

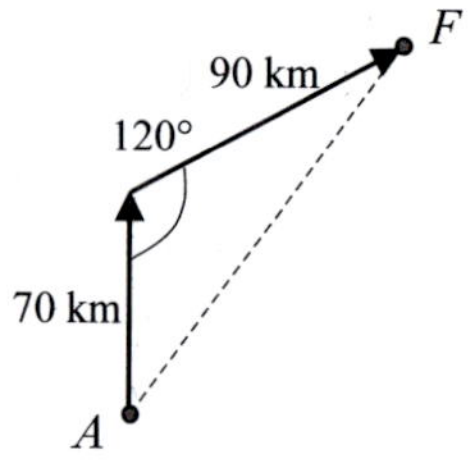

그림 예1.5.4(2)

예제 1.5.5

물체가 두 케이블 AB, AC에 의해 지지되어 있다. 두 케이블의 사잇각 α를 구하시오.

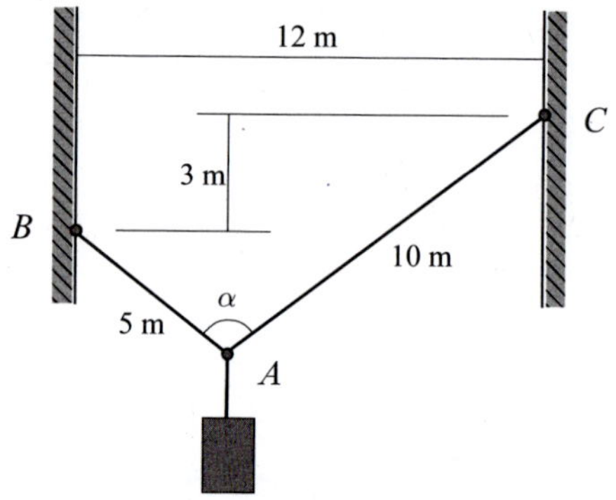

그림 예1.5.5(1)

설명 두 케이블의 사잇각 α를 구하기 위해 그림 예1.5.5(2)와 같이 지점 B, C를 연결하는 직선과 두 케이블로 구성되는 삼각형을 고려한다. 직선 BC의 길이는 직각삼각형 BCD에 피타고라스 정리를 적용하여

$$\overline{BC} = \sqrt{12^2 + 3^2} = 12.37(\mathrm{m})$$

삼각형 ABC에 코사인법칙을 적용하면 사잇각 α는 다음과 같다.

$$12.37^2 = 5^2 + 10^2 - 2 \times 5 \times 10 \times \cos\alpha \quad ; \quad \cos\alpha = -0.280 \quad , \quad \alpha = 106^\circ$$

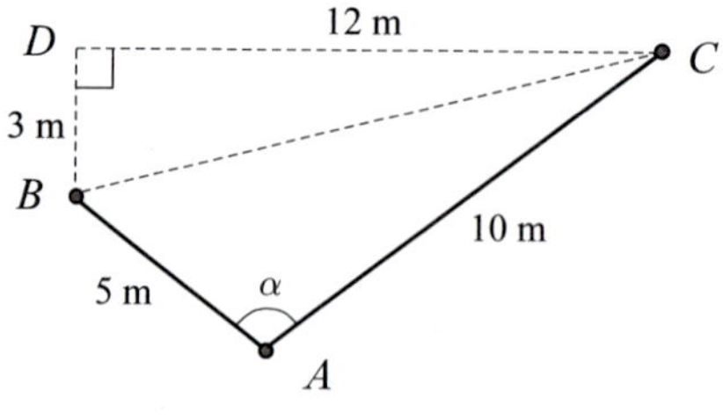

그림 예1.5.5(2)

연립방정식의 해는 Cramer 법칙을 이용하여 용이하게 산정할 수 있다. 2개의 미지수를 포함하는 2원1차 연립방정식의 해는 다음과 같이 정의된 2차 행렬식(determinants of the second order)을 사용한다.

$$\begin{vmatrix} a_1 & b_1 \\ a_2 & b_2 \end{vmatrix} = a_1 b_2 - b_1 a_2 \tag{1.5.3}$$

식 (1.5.3)은 2개의 행과 열을 배치한 행렬식으로 각각의 수를 원소(element)라고 한다. 원소 a_1과 b_1이 첫 번째 행, a_2와 b_2가 두 번째 행이고 원소 a_1과 a_2는 첫 번째 열, b_1과 b_2는 두 번째 열이다. 주대각선은 원소 a_1과 b_2의 방향이고 부대각선은 원소 a_2와 b_1의 방향이며 2차 행렬식의 값은 주대각선상 원소들의 곱에서 부대각선상 원소들의 곱을 뺀 것이다. 두 미지수를 포함하는 2원1차 연립방정식에서

$$\begin{aligned} a_1 x + b_1 y &= k_1 \\ a_2 x + b_2 y &= k_2 \end{aligned}$$

2차 행렬식을 이용하여 해를 구하면

$$x = \frac{D_x}{D} \quad ; \quad y = \frac{D_y}{D} \tag{1.5.4}$$

여기서

$$D = \begin{vmatrix} a_1 & b_1 \\ a_2 & b_2 \end{vmatrix} \quad ; \quad D_x = \begin{vmatrix} k_1 & b_1 \\ k_2 & b_2 \end{vmatrix} \quad ; \quad D_y = \begin{vmatrix} a_1 & k_1 \\ a_2 & k_2 \end{vmatrix} \tag{1.5.5}$$

식 (1.5.5)에서 행렬식 D의 원소들은 연립방정식의 x, y 계수로 구성되고 행렬식 D_x는 D에서 첫 번째 열(x의 계수)을 우변의 상수로 대체한 것이며 행렬식 D_y는 D에서 두 번째 열(y의 계수)을 우변의 상수로 대체한 것이다. Cramer 법칙을 3개의 미지수가 있는 3원1차 연립방정식에 적용하면 3차 행렬식의 값은 다음 식 (1.5.6)과 같다.

$$\begin{vmatrix} a_1 & b_1 & c_1 \\ a_2 & b_2 & c_2 \\ a_3 & b_3 & c_3 \end{vmatrix} = a_1 b_2 c_3 + b_1 c_2 a_3 + c_1 a_2 b_3 - a_1 c_2 b_3 - b_1 a_2 c_3 - c_1 b_2 a_3 \tag{1.5.6}$$

예제 1.5.6

Cramer 법칙을 이용하여 다음 2원1차 연립방정식의 해를 구하시오.

$$\begin{aligned} 3.45x - 2.65y &= 2.77 \\ 1.86x + 3.76y &= 9.85 \end{aligned}$$

설명 x, y 계수에 의한 행렬식은

$$D = \begin{vmatrix} 3.45 & -2.65 \\ 1.86 & 3.76 \end{vmatrix} = (3.45)(3.76) - (-2.65)(1.86) = 17.90$$

D의 첫 번째 열(x의 계수)을 우변의 상수로 대체하면

$$D_x = \begin{vmatrix} 2.77 & -2.65 \\ 9.85 & 3.76 \end{vmatrix} = (2.77)(3.76) - (-2.65)(9.85) = 36.52$$

D의 두 번째 열(y의 계수)을 우변의 상수로 대체하면

$$D_y = \begin{vmatrix} 3.45 & 2.77 \\ 1.86 & 9.85 \end{vmatrix} = (3.45)(9.85) - (2.77)(1.86) = 28.83$$

이로부터 다음과 같이 해를 구할 수 있다.

$$x = \frac{D_x}{D} = \frac{36.52}{17.90} = 2.04 \quad ; \quad y = \frac{D_y}{D} = \frac{28.83}{17.90} = 1.61$$

계산결과는 주어진 연립방정식에 해를 대입하여 검토할 수 있다.

$$3.45 \times 2.04 - 2.65 \times 1.61 = 2.772$$
$$1.86 \times 2.04 + 3.76 \times 1.61 = 9.848$$

예제 1.5.7

Cramer 법칙을 이용하여 다음 3원1차 연립방정식의 해를 구하시오.

$$4F_1 - 5F_2 - 5F_3 = 0$$
$$8F_1 - 8F_2 + 6F_3 = 40$$
$$2F_1 + F_2 - 4F_3 = 0$$

설명 F_i의 계수에 의한 행렬식은

$$D = \begin{vmatrix} 4 & -5 & -5 \\ 8 & -8 & 6 \\ 2 & 1 & -4 \end{vmatrix} = (4)(-8)(-4) + (-5)(6)(2) + (-5)(8)(1) - (4)(6)(1) - (-5)(8)(-4) - (-5)(-8)(2) = -236$$

D의 첫 번째 열(F_1의 계수)을 우변의 상수로 대체하면

$$D_1 = \begin{vmatrix} 0 & -5 & -5 \\ 40 & -8 & 6 \\ 0 & 1 & -4 \end{vmatrix} = (0)(-8)(-4) + (-5)(6)(0) + (-5)(40)(1) - (0)(6)(1) - (-5)(40)(-4) - (-5)(-8)(0) = -1000$$

D의 두 번째 열(F_2의 계수)을 우변의 상수로 대체하면

$$D_2 = \begin{vmatrix} 4 & 0 & -5 \\ 8 & 40 & 6 \\ 2 & 0 & -4 \end{vmatrix} = (4)(40)(-4) + (0)(6)(2) + (-5)(8)(0) - (4)(6)(0) - (0)(8)(-4) - (-5)(40)(2) = -240$$

D의 세 번째 열(F_3의 계수)을 우변의 상수로 대체하면

$$D_3 = \begin{vmatrix} 4 & -5 & 0 \\ 8 & -8 & 40 \\ 2 & 1 & 0 \end{vmatrix} = (4)(-8)(0) + (-5)(40)(2) + (0)(8)(1) - (4)(40)(1) - (-5)(8)(0) - (0)(-8)(2) = -560$$

이로부터 다음과 같이 해를 구할 수 있다.

$$F_1 = \frac{D_1}{D} = \frac{-1000}{-236} = 4.24$$
$$F_2 = \frac{D_2}{D} = \frac{-240}{-236} = 1.02$$
$$F_3 = \frac{D_3}{D} = \frac{-560}{-236} = 2.37$$

계산결과는 주어진 연립방정식에 해를 대입하여 검토할 수 있다.

$$2 \times 4.24 + 1.02 - 4 \times 2.37 = 0.02$$

함수로 표현되는 직선과 곡선의 기울기를 구하거나 직선과 곡선으로 구성되는 면적을 구하기 위해서는 기초미적분을 사용하여야 한다. 또한 역학에 사용되는 공식을 유도하는 과정에도 기초미적분 지식이 요구된다. 6장에서 기술되는 내용으로 그림 1.5.2는 보의 내력인 전단력과 휨모멘트를 부재축을 따라 도시한 전단력선도(Shear Force Diagram)와 휨모멘트선도(Bending Moment Diagram)이며 각 구간의 식은 미분/적분 관계를 적용하여 산정할 수 있다. 그림 1.5.2에서 구간 AB, BC의 전단력선도와 휨모멘트선도의 식은 A점을 $x-y$ 좌표축의 원점으로 하여 구성한 것으로 2개 구간의 식은 표 1.5.1에 제시한 바와 같다. 전단력선도의 식을 적분하면 휨모멘트선도의 식이 되고 역으로 휨모멘트선도의 식을 미분하면 전단력선도의 식이 된다는 것을 알 수 있으며 적분상수는 그림 1.5.2에서 확인할 수 있다.

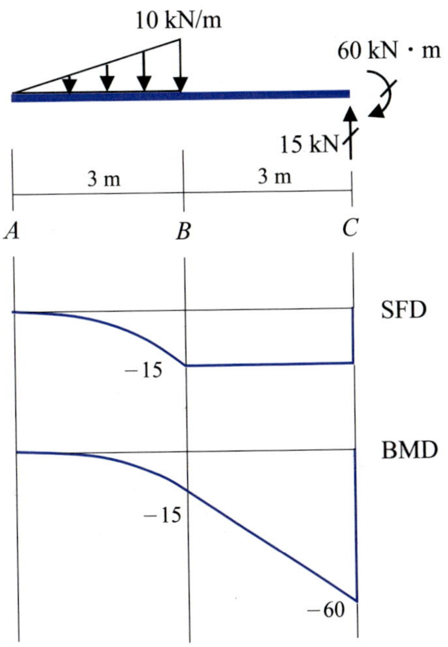

그림 1.5.2

표 1.5.1

구간	전단력선도의 식	휨모멘트선도의 식
$A \le x \le B$	$V_x = -\frac{5}{3}x^2$	$M_x = -\frac{5}{9}x^3$
$B \le x < C$	$V_x = -15$	$M_x = -15x + 30$

예제 1.5.8

그림 예1.5.8에 제시되어 있는 전단력선도와 휨모멘트선도의 식을 구하시오.

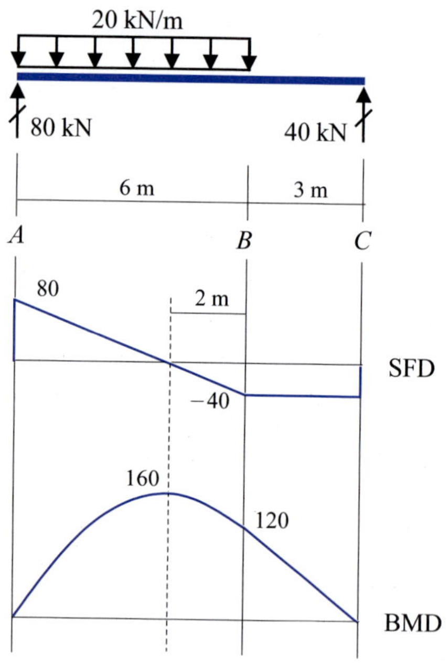

그림 예1.5.8

설명 A점을 $x-y$ 좌표축의 원점으로 하면 $A < x \le B$ 및 $B \le x < C$ 구간에서 전단력선도의 식은

$$V_x = -20x + 80 \quad ; \quad V_x = -40$$

$A < x \le B$ 구간에서 휨모멘트선도의 식은 $V_x = -20x + 80$을 적분하고

$$M_x = \int (-20x + 80)\, dx = -10x^2 + 80x + C_1$$

A점($x = 0$)의 휨모멘트는 0이므로 $C_1 = 0$이고 $M_x = -10x^2 + 80x$이다. $B \le x < C$ 구간에서 휨모멘트선도의 식은 $V_x = -40$을 적분하고

$$M_x = \int (-40)\, dx = -40x + C_2$$

C점($x = 9$)의 휨모멘트가 0이므로 $C_2 = 360$이고 $M_x = -40x + 360$이다.

1.6 역학문제 풀이과정

모든 학문과 마찬가지로 정역학 또한 기본개념과 원리에 기초하므로 문제 해결방법 역시 제시된 개념과 원리에서 구해야 한다. 역학문제를 풀어나가는 기본단계를 순서대로 정리하면 다음과 같다.

1) 문제가 명확하게 설정되었는가를 확인하고 주어진 자료와 미지수를 정확하게 파악한다.
2) 모든 수량은 가능한 스케일에 맞춰 명료하게 스케치한다. 역학문제의 풀이에 사용되는 자유물체도는 문제에 제시된 물체와 물체에 작용하는 힘을 표시한 그림으로 정확한 자유물체도의 작성은 문제를 해결하기 위한 열쇠라고 해도 과언이 아니다.
3) 적절한 원리와 수식을 적용한다. 모든 풀이는 역학에서 설명한 원리와 수식에 바탕을 두어야 하며 논리적인 방법으로 해결해야 한다. 이러한 원리와 수식을 자유물체도에 적용하여 방정식을 구성하며 설정한 방정식의 각 항은 단위가 일치해야 한다. 모멘트를 산정하는 식의 항으로 50 N의 힘에 의해 작용선에서 0.6 m의 수직거리를 갖는 점에 발생하는 모멘트의 크기는

$$M = Fd = 50(\mathrm{N}) \times 0.60(\mathrm{m}) = 30(\mathrm{N \cdot m})$$

   N과 m를 곱하여 얻어지는 N · m 단위는 모멘트의 단위로 정확하고 만약 다른 단위가 구해졌다면 오류가 있다는 것을 알 수 있다.
4) 해석과정에서 문제에 주어진 자료 및 중간계산 결과 등을 표로 작성하면 단위의 일치 여부 또는 계산상의 오류 등을 명료하게 파악할 수 있으므로 가능한 표를 이용하는 것이 요구된다. 최종적으로 구한 값은 적절한 정확도와 정밀도를 갖도록 제시한다.
5) 해의 적정성은 일반상식과 판단에 의해 검토한다. 적정성이 의심되면 첫째, 원리의 적용과정에서 발생한 오류는 적용방법을 다르게 하여 검토할 수 있고 둘째, 계산과정에서 발생한 오류는 풀이과정에 사용하지 않은 수식으로 검토할 수 있다. 공학에서 적절한 원리의 적용과 정확한 계산의 중요성은 아무리 강조해도 지나치지 않는다.

공학기술자에게는 높은 수준의 지식과 판단이 요구된다. 물론 이러한 지식과 판단수준은 오랜 경험에 의해 구축되는 것이지만 공학기술자가 되기를 희망하는 학생들은 우선 위에 제시한 절차에 의거하여 주어진 문제를 해결하는 습관을 갖도록 노력해야 한다. 가장 효율적인 학습 방법은 첫째, 단순한 문제로 시작하여 난해한 문제의 순서로 접근해 가는 문제선택 방법과 둘째, 문제를 완전하게 파악하고 해를 제시할 수 있도록 동일한 문제를 반복하여 연습하는 방법이다.

요점

정역학. 역학(mechanics)은 물체에 힘이 작용하여 발생하는 정지상태 또는 운동상태를 논의하는 물리학의 한 분야로 모든 공학의 기초학문이며 공학도에게는 필수과정이다. 정역학(statics)은 힘이 작용하는 구조물에 움직임이 발생하지 않는 정지상태와 관련된 과정으로 구조물의 해석과 설계에 요구되는 기본 정보를 구축하는 단계이다. 정역학에서 물체는 강체(rigid body)로 가정하며 강체란 어떠한 힘이 작용하더라도 변형이 발생하지 않는 가상의 물체를 의미한다.

기본개념. 정역학에서 사용하는 기본개념은 공간, 시간, 질량 및 힘으로 공간(space)의 개념은 점 P의 위치를 의미하고 질량(mass)의 개념은 물체를 특성화하고 비교하는데 사용된다. 힘(force)은 물체와 물체 간의 작용/반작용력을 의미하며 접촉력이거나 원격작용력일 수 있다. 원격작용에 의해 발생하는 대표적인 힘은 구조부재의 자체중량이다.

뉴턴 법칙. 제1법칙은 물체의 평형조건으로 정역학의 기본개념이고 제2법칙은 동역학의 기본개념으로 다음과 같은 관계식이다.

$$\mathbf{F} = m\mathbf{a} \tag{1.2.1}$$

여기서 $\mathbf{F}$는 물체에 작용하는 힘이고 m은 물체의 질량이며 $\mathbf{a}$는 힘에 의해 발생하는 물체의 가속도이다. 제3법칙의 작용력과 반작용력이란 그림 1.2.1과 같이 무게 $\mathbf{W}$의 물체가 수평지지면 위에 놓여 있는 경우 물체의 중심 G에 작용하는 작용력 $\mathbf{W}$와 반작용력인 지지력 $\mathbf{R}$의 크기는 같고 방향은 반대가 되는 현상을 제시한 법칙이다.

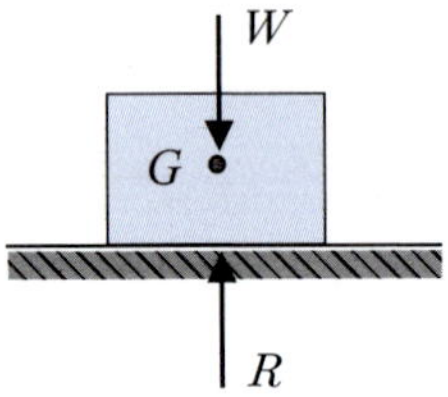

그림 1.2.1

정역학의 기본단위. 역학의 기본단위는 국제표준단위계(SI단위계)를 사용하며 세 기본단위인 길이(미터 ; meter ; m), 질량(킬로그램 ; kilogram ; kg), 시간(초 ; second ; s)은 서로 독립적이고 측정 위치에 따라 변하지 않는 절대단위(absolute unit)이다. 힘의 단위는 뉴턴(newton ; N)을 사용하며 절대단위계인 세 기본단위로 정의된다. 그림 1.3.1과 같이 질량 1 kg의 물체가 1 m/s^{2}의 가속도를 가지면 가속도 방향으로의 힘은 다음과 같이 1 N으로 표기한다.

$$1\,\mathrm{N} = (1\,\mathrm{kg}) \times (1\,\mathrm{m/s^2}) = 1\,\mathrm{kg \cdot m/s^2}$$

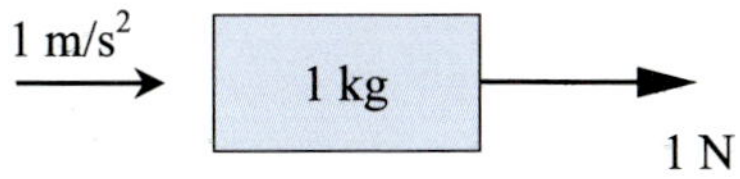

그림 1.3.1

정역학에서 자주 사용하는 접두사는 다음과 같다.

$$1\,\text{kg} = 1000\,\text{g} \;\; ; \;\; 1\,\text{mm} = 10^{-3}\,\text{m} = 0.001\,\text{m}$$
$$1\,\text{kN} = 10^{3}\,\text{N} = 1000\,\text{N} \;\; ; \;\; 1\,\text{MPa} = 10^{3}\,\text{kPa} = 10^{6}\,\text{Pa}$$

물리방정식. 여러 물리량이 연관된 식을 물리방정식이라고 하며 물리방정식에 포함되는 여러 개 항의 합 또는 차를 구하는 경우 각 항의 단위는 동일해야 한다. 각각의 항이 동일한 단위를 갖는 물리량이 되기 위해서는 항을 구성하는 인수들의 단위에 의해 구성되는 항의 단위가 일치하는가를 확인하여야 하며 이는 물리방정식을 설정하는 기본과정이므로 매우 중요하다.

수치계산. 공학문제에 사용되는 수는 참값(exact number)과 근사값(approximate number)이다. 참값은 정의에 의거하여 유도한 값 또는 직접 헤아려서 구한 값이다. 반면 근사값은 측정에 의해 구한 값이다. 수치계산 결과는 일반적으로 반올림하고 정확도와 정밀도는 다음 규칙에 의해 결정한다.

규칙 1 : 근사값의 곱셈과 나눗셈에서 그 결과의 정확성도는 가장 정확하지 않은 수의 정확도와 같도록 제시해야 한다.

규칙 2 : 근사값의 덧셈과 빼셈에서 그 결과의 정밀도는 가장 정밀하지 않은 수의 정밀도와 같도록 제시해야 한다.

기초수학 지식. 정역학문제의 해석과정에 적용되는 기초수학 지식은 피타고라스 정리, 삼각함수, 연립방정식의 해를 구하는 방법인 Cramer 법칙, 기초 미적분 등이다. 사인법칙은 식 (1.5.1)과 같이 삼각형의 변과 대각의 사인값의 비에 관한 관계식이다.

$$\frac{a}{\sin A} = \frac{b}{\sin B} = \frac{c}{\sin C} \tag{1.5.1}$$

코사인법칙은 삼각형의 두 변과 사잇각이 주어지는 경우 다른 한 변 또는 세 변이 주어지는 경우 내각을 구하는 관계식으로 식 (1.5.2)와 같다.

$$a^2 = b^2 + c^2 - 2bc\cos A \tag{1.5.2}$$

연립방정식의 해는 Cramer 법칙을 이용하여 용이하게 산정할 수 있다. 2개의 미지수를 포함하는 2원 1차 연립방정식의 해는 다음과 같이 정의된 2차 행렬식(determinants of the second order)을 사용한다.

$$\begin{vmatrix} a_1 & b_1 \\ a_2 & b_2 \end{vmatrix} = a_1 b_2 - b_1 a_2 \tag{1.5.3}$$

두 미지수를 포함하는 2원 1차 연립방정식에서

$$\begin{aligned} a_1 x + b_1 y &= k_1 \\ a_2 x + b_2 y &= k_2 \end{aligned}$$

2차 행렬식을 이용하여 해를 구하면

$$x = \frac{D_x}{D} \quad ; \quad y = \frac{D_y}{D} \tag{1.5.4}$$

여기서

$$D = \begin{vmatrix} a_1 & b_1 \\ a_2 & b_2 \end{vmatrix} \quad ; \quad D_x = \begin{vmatrix} k_1 & b_1 \\ k_2 & b_2 \end{vmatrix} \quad ; \quad D_y = \begin{vmatrix} a_1 & k_1 \\ a_2 & k_2 \end{vmatrix} \tag{1.5.5}$$

Cramer 법칙을 3개의 미지수가 있는 3원 1차 연립방정식에 적용하면 3차 행렬식의 값은 다음과 같다.

$$\begin{vmatrix} a_1 & b_1 & c_1 \\ a_2 & b_2 & c_2 \\ a_3 & b_3 & c_3 \end{vmatrix} = a_1 b_2 c_3 + b_1 c_2 a_3 + c_1 a_2 b_3 - a_1 c_2 b_3 - b_1 a_2 c_3 - c_1 b_2 a_3 \tag{1.5.6}$$

역학문제 풀이과정. 역학문제를 풀어나가는 기본단계를 순서대로 정리하면 다음과 같다.

1) 문제가 명확하게 설정되었는가를 확인하고 주어진 자료와 미지수를 정확하게 파악한다.
2) 모든 수량은 가능한 스케일에 맞춰 명료하게 스케치한다. 역학문제의 풀이에 사용되는 자유물체도는 문제에 제시된 물체와 물체에 작용하는 힘을 표시한 그림으로 정확한 자유물체도의 작성은 문제를 해결하기 위한 열쇠라고 해도 과언이 아니다.
3) 적절한 원리와 수식을 적용한다. 모든 풀이는 역학에서 설명한 원리와 수식에 바탕을 두어야 하며 논리적인 방법으로 해결해야 한다. 이러한 원리와 수식을 자유물체도에 적용하여 방정식을 구성하며 설정한 방정식의 각 항은 단위가 일치해야 한다.
4) 해석과정에서 문제에 주어진 자료 및 중간계산 결과 등을 표로 작성하면 단위의 일치여부 또는 계산상의 오류 등을 명료하게 파악할 수 있으므로 가능한 표를 이용하는 것이 요구된다. 최종적으로 구한 값은 적절한 정확도와 정밀도를 갖도록 제시한다.
5) 해의 적정성은 일반상식과 판단에 의해 검토한다. 적정성이 의심되면 첫째, 원리의 적용과정에서 발생한 오류는 적용방법을 다르게 하여 검토할 수 있고 둘째, 계산과정에서 발생한 오류는 풀이과정에 사용하지 않은 수식으로 검토할 수 있다. 공학에서 적절한 원리의 적용과 정확한 계산의 중요성은 아무리 강조해도 지나치지 않는다.

연습문제 1.5절 정역학에 사용하는 기초수학

1-1 다음 삼각형에서 $a = 100\,\text{mm}$, $\angle A = 35°$, $\angle B = 65°$ 인 경우 나머지 변의 길이와 각의 크기를 구하시오.

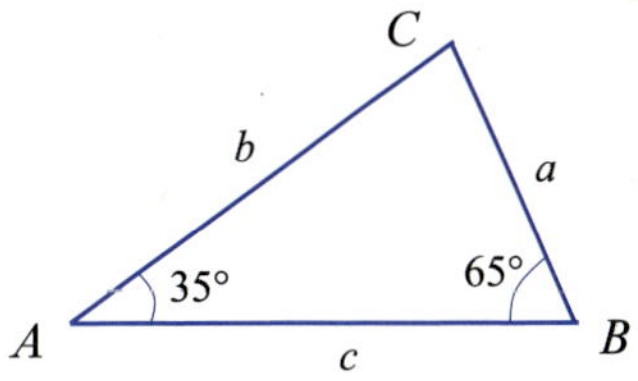

[답] $\angle C = 80°$, $b = 158\,\text{mm}$, $c = 172\,\text{mm}$

1-2 다음 삼각형에서 $b = 12\,\text{m}$, $c = 15\,\text{m}$, $\angle A = 45°$ 인 경우 나머지 변의 길이와 각의 크기를 구하시오.

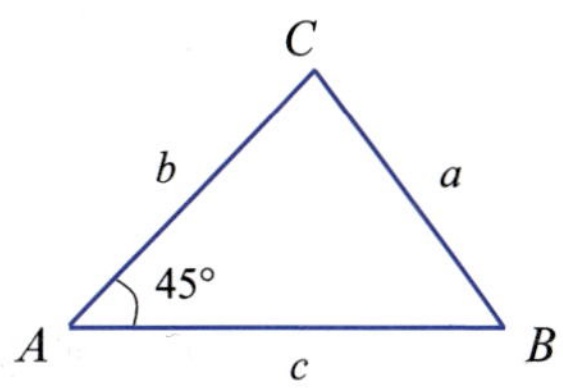

[답] $a = 10.7\,\text{m}$, $\angle B = 52.5°$, $\angle C = 82.5°$

1-3 다음 삼각형에서 $a = 2.3\,\text{m}$, $b = 4.5\,\text{m}$, $c = 5.4\,\text{m}$ 인 경우 나머지 변의 길이와 각의 크기를 구하시오.

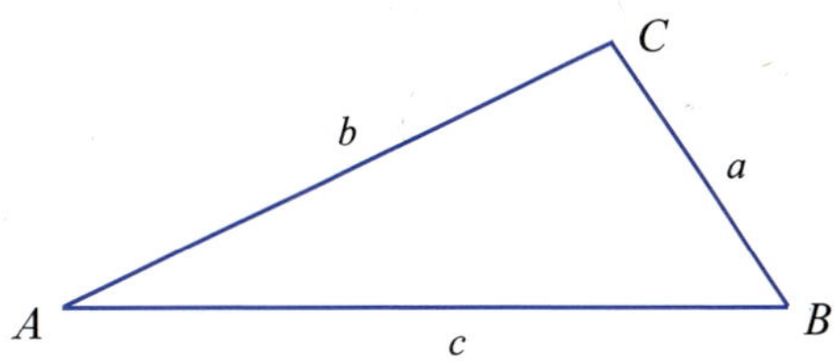

[답] $\angle A = 24.8°$, $\angle B = 55.1°$, $\angle C = 100.1°$

1-4 지붕 트러스의 높이 h와 각 α를 구하시오.

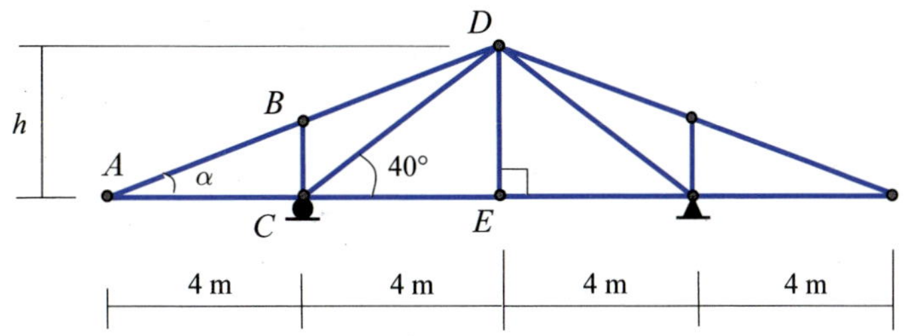

[답] $h = 3.36\,\text{m}$, $\alpha = 22.8°$

1-5 트러스 부재 BD의 길이와 $\angle BAC$를 구하시오.

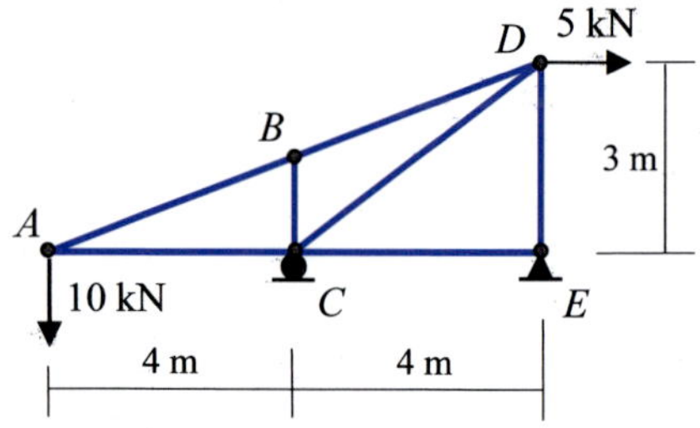

[답] $\overline{BD}$ = 4.27 m , $\angle BAC$ = 20.6°

1-6 봉 BC가 회전지점 C와 길이 16 m의 케이블 AB에 의해 지지되어 있다. 봉의 길이를 구하시오.

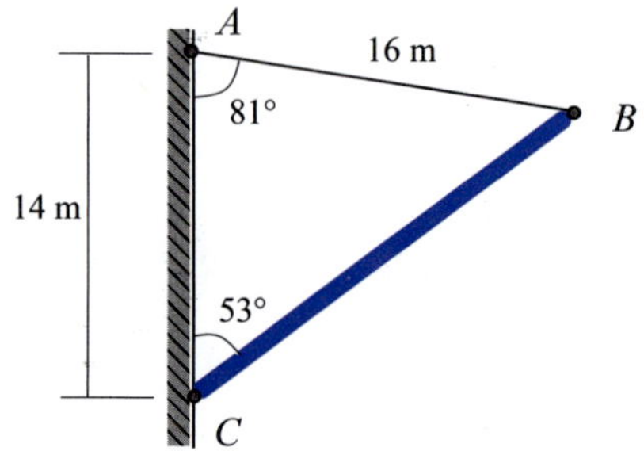

[답] $\overline{BC}$ = 19.8 m

1-7 케이블 AC, BC의 길이와 $\angle BCA$를 구하시오.

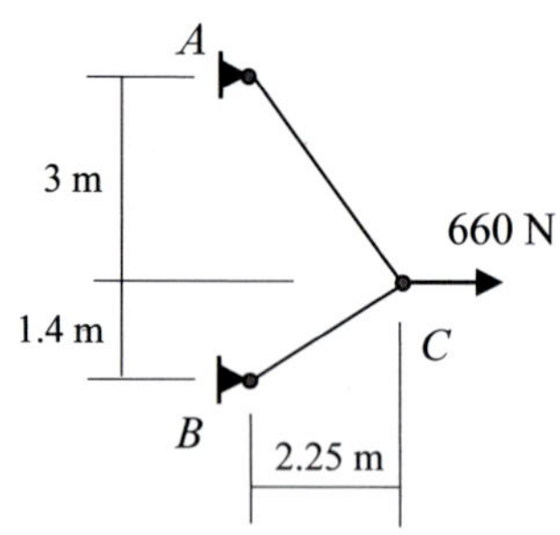

[답] $\overline{AC}$ = 3.75 m , $\overline{BC}$ = 2.65 m , $\angle BCA$ = 85.0°

1-8 3차 행렬식의 값을 구하시오.

$$D = \begin{vmatrix} 4 & -3 & 2 \\ 0 & -2 & 4 \\ 2 & 0 & -5 \end{vmatrix}$$

[답] $D = 24$

1-9 Cramer 법칙을 이용하여 연립방정식의 해를 구하시오.

$$\begin{aligned} 4x + y &= 10 \quad \cdots (1) \\ 3x - 5y &= 19 \quad \cdots (2) \end{aligned}$$

[답] $x = 3$, $y = -2$

1-10 Cramer 법칙을 이용하여 연립방정식의 해를 구하시오.

$$\begin{aligned} 3F_1 + F_3 &= 0 \quad \cdots (1) \\ 2F_1 - F_2 + 4F_3 &= 8 \quad \cdots (2) \\ 4F_1 - 3F_2 + F_3 &= -7 \quad \cdots (3) \end{aligned}$$

[답] $F_1 = -1$, $F_2 = 2$, $F_3 = 3$

1-11 구간 $A \sim B$, $B \sim C$의 전단력선도와 휨모멘트선도의 식을 구하시오.

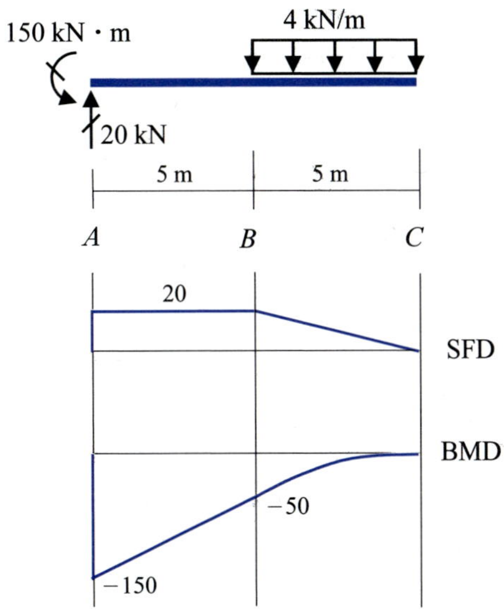

[답] 구간 $A \sim B$: $V_x = 20$, $M_x = 20x - 150$

구간 $B \sim C$: $V_x = -4x + 40$, $M_x = -2x^2 + 40x - 200$

1-12 구간 $A \sim B$, $B \sim C$의 전단력선도와 휨모멘트선도의 식을 구하시오.

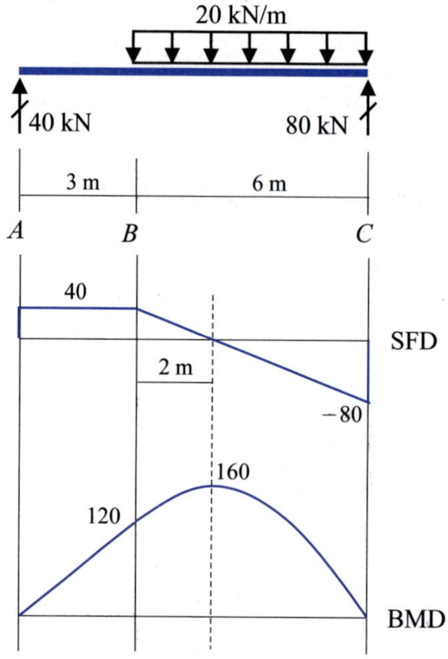

[답] 구간 $A \sim B$: $V_x = 40$, $M_x = 40x$

구간 $B \sim C$: $V_x = -20x + 100$, $M_x = -10x^2 + 100x - 90$

02

이동력과 회전력

2.1 개요

물체에 작용하는 힘(force)에 의해 발생하는 효과(effect)인 물체의 움직임(movement)은 이동(translation)과 회전(rotation)으로 구분하며 물체를 이동하는 힘을 이동력(translating force), 회전하는 힘을 회전력(rotating force) 또는 모멘트(moment)라 한다. 평면 또는 공간에서 물체의 이동과 회전을 파악하기 위해서는 서로 독립적(independent)인 움직임으로 구분되는 자유도(degree of freedom)에 대한 정의가 우선되어야 한다. 일반적으로 2차원 평면 또는 3차원 공간에서 물체의 움직임은 직각좌표축을 사용하므로 직각좌표축에서의 자유도로 이동과 회전을 구분한다.

물체의 움직임을 자유도로 구분하는 것과 같이 이동력과 회전력 또한 각 자유도 방향으로 분해하여야 자유도에 해당하는 움직임을 파악할 수 있다. 그러므로 2장의 전반부에서는 먼저 힘이라는 물리량을 정의하고 도해법인 평행사변형법 및 다각형법의 적용으로 힘을 분해하고 결합하는 개념을 이해한다. 다음으로 2차원 평면 또는 3차원 공간에 발생하는 물체의 움직임을 직각좌표축의 자유도로 구분하고 임의의 방향 힘을 각 자유도에 해당하는 직각분력으로 분해하는 과정을 논의한다. 후반부에서는 이동력에 의해 임의의 점에 발생하는 회전력을 산정하는 방법과 짝힘(couple)에 의해 발생하는 회전력에 대한 설명으로 구성되어 있다. 3차원 공간에서 직각분력, 회전력 또는 주어진 힘의 임의 방향 분력을 산정하기 위해서는 벡터연산을 이용하는 것이 요구되므로 스칼라곱(scalar product), 벡터곱(vector product), 혼합3중곱(mixed triple product) 등을 정의하고 적용한다.

2.2 힘과 움직임

2.2.1 물체에 작용하는 힘

힘의 특성(characteristics of a force)이라고 하는 크기(magnitude), 방향(direction), 작용점(application point)으로 특정되는 힘은 벡터량(vector quantities)이다. 힘의 크기는 적합한 단위를 갖는 수로 표기하고 힘의 방향은 화살표가 있는 작용선(line of action)으로 표기하며 작용점은 힘이 작용하는 점이다. 그림 2.2.1.1의 물체에 작용하는 힘은 10 kN 크기로 수평하게 오른쪽(방향)으로 점 A(작용점)에 작용하는 이동력이다.

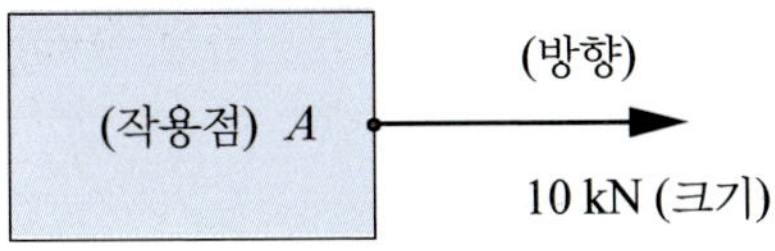

그림 2.2.1.1

역학에서 다루는 수량은 벡터량과 스칼라량(scalar quantities)으로 구분한다. 그림 2.2.1.1과 같이 벡터량은 크기, 방향, 작용점으로 특정되며 기하적으로 연산되는 수량이다. 벡터량의 예로는 힘, 변위, 속도, 가속도 등이 있으며 기하적 연산의 예로는 평행사변형법(parallelogram law)이 있다. 스칼라량은 크기로만 특정되고 대수적으로 연산되는 수량이며 스칼라량의 예로는 길이, 면적, 체적, 속력, 질량, 시간 등이 있다. 벡터량과 스칼라량은 구분하여 표기해야 하므로 힘은 **F**와 같이 볼드체를 사용하여 벡터량을 표기하고 힘의 크기는 F와 같이 이탤릭체를 사용하여 스칼라량을 표기한다. 그러나 합력, 분력 등의 힘을 의미하는 용어를 F, P, M 등의 스칼라 표기와 같이 사용하고 단위 또한 편의상 벡터와 스칼라에 동일하게 사용하므로 그 의미를 이해하고 사용해야 한다.

힘은 두 물체 사이의 직접적인 물리적 접촉 또는 원격작용에 의해 발생한다. 일반적으로 구조물에 작용하는 힘은 직접 접촉에 의해 작용하며 구조물을 지지하는 지점의 힘은 접촉에 의해 전달되는 힘의 예다. 원격작용력의 대표적인 예는 지구의 만유인력으로 물체의 질량은 중력가속도에 의해 무게(자체중량; self-weight)라는 힘을 연직방향으로 발휘한다. 그림 2.2.1.2(1)에 제시한 단순보에서 보의 자중 w는 길이방향(부재축 방향)으로 작용하는 분포력(distributed force)으로 만유인력의 원격작용에 의한 힘이다. 분포력은 선, 면적 또는 부피에 분포하여 작용하는 힘을 의미한다. 반면 그림 2.2.1.2(2)는 이동력 P와 회전력 M이 외팔보에 집중하중으로 작용하는 예를 제시한 것으로 집중력(concentrated force)은 힘이 작용하는 면적이 물체의 전 표면적에 비해 무시할 정도로 작은 경우 힘이 한 점에 작용하는 것으로 간주한 것이다.

그림 2.2.1.2

역계에 주어진 힘들을 서로 독립적인 자유도에 해당하는 분력으로 분해하여 자유도별 합력(resultant) 또는 역계의 합력을 구하기 위해서는 일정한 기준에 의한 표시방법이 요구된다. 그림 2.2.1.3은 2차원 평면의 힘 **F**를 표시한 것으로 F는 힘의 크기, 방향은 A에서 B로 향하는 방향, A는 작용점이다. 힘의 방향은 x축을 기준축으로 하여 기준축과 작용선의 방향이 이루는 반시계방향의 각 θ로 표기하며 도해법을 적용하는 경우 선분 AB의 길이로 힘의 크기를 제시할 수 있다.

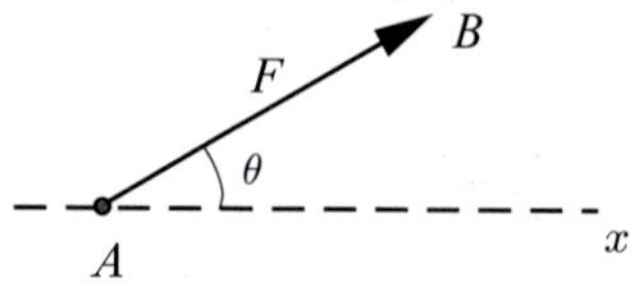

그림 2.2.1.3

벡터 $\mathbf{F}$의 음의 벡터 $-\mathbf{F}$는 크기는 같고 반대방향인 벡터로 그림 2.2.1.4와 같다. 벡터를 표기하는 볼드체 $\mathbf{F}$에는 크기와 방향이 내포되어 있으므로 그림 2.2.1.4와 같이 방향을 표시한 그림에는 크기 F만 표시해야 한다는 것을 유의해야 한다. 그림에 볼드체를 함께 표시하면 혼동의 소지가 발생하기 때문이다. 작용/반작용 법칙에 의해 발생하는 힘은 $\mathbf{F}$와 $-\mathbf{F}$로 표시할 수 있으며 그 합은 다음과 같이 0이 된다.

$$\mathbf{F} + (-\mathbf{F}) = 0$$

그림 2.2.1.4 벡터 $\mathbf{F}$와 $-\mathbf{F}$

2.2.2 도해법에 의한 합력과 분력

그림 2.2.2.1과 같이 두 벡터 $\mathbf{P}$와 $\mathbf{Q}$의 작용점을 A점으로 하면 두 벡터의 합력은 평행사변형법(parallelogram law)으로 구할 수 있다. 점 A에 작용하는 두 벡터 $\mathbf{P}$와 $\mathbf{Q}$가 인접변이 되는 평행사변형을 구성하면 점 A와 맞꼭짓점을 잇는 대각선이 $\mathbf{P}$와 $\mathbf{Q}$의 합력 $\mathbf{P}+\mathbf{Q}$가 된다. 벡터는 기하학적으로 연산되는 수량이므로 일반적으로 $\mathbf{P}+\mathbf{Q}$의 크기는 $\mathbf{P}$와 $\mathbf{Q}$의 크기의 합 $P+Q$와는 다르다.

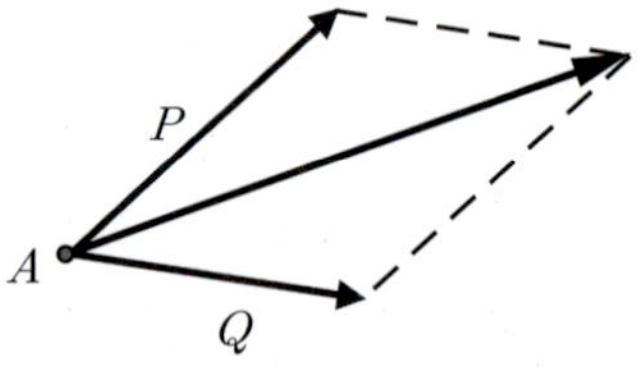

그림 2.2.2.1 $\mathbf{P}+\mathbf{Q}$

또한 두 벡터의 합력은 그림 2.2.2.2와 같이 두 벡터의 시/종점을 연결하는 삼각형법(triangle rule)으로 구할 수 있다. 벡터 P의 종점에 벡터 Q의 시점이 위치하도록 벡터 Q를 평행 이동하면 P의 시점인 A점과 Q의 종점을 연결하는 삼각형의 닫힌 변이 두 벡터의 합력 P+Q가 된다. P와 Q의 순서를 변경해도 결과는 동일하므로 식 (2.2.2.1)과 같이 교환법칙이 성립한다.

$$\mathbf{P} + \mathbf{Q} = \mathbf{Q} + \mathbf{P} \tag{2.2.2.1}$$

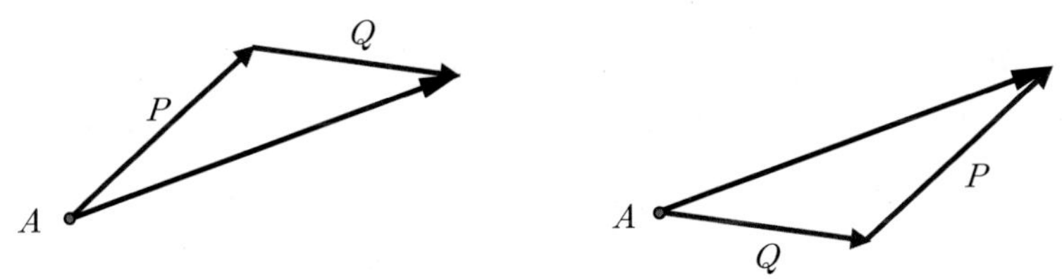

그림 2.2.2.2 삼각형법에 의한 두 벡터 P, Q의 합력

3개 이상의 벡터는 삼각형법을 연속적으로 적용하여 합력을 구할 수 있다. 그림 2.2.2.3에 제시한 바와 같이 세 벡터 P, Q, S에 삼각형법을 연속적으로 적용하면 P와 Q에서 합력(1) P+Q를 구하고 P+Q와 S를 두 변으로 하는 삼각형을 이용하여 합력(2) P+Q+S를 구한다. 삼각형법의 적용순서를 변경해도 동일한 결과를 구할 수 있다. Q와 S의 합력(1) Q+S를 먼저 구하고 Q+S와 P의 합력(2) P+Q+S를 구할 수 있으므로 다음 식 (2.2.2.2)와 같이 결합법칙이 성립한다는 것을 알 수 있다.

$$\mathbf{P} + \mathbf{Q} + \mathbf{S} = (\mathbf{P} + \mathbf{Q}) + \mathbf{S} = \mathbf{P} + (\mathbf{Q} + \mathbf{S}) \tag{2.2.2.2}$$

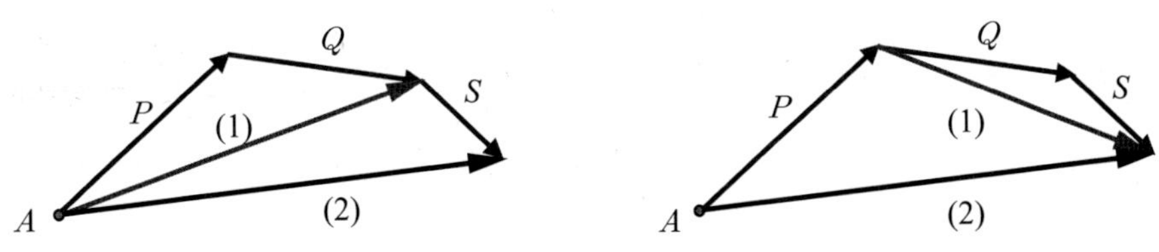

그림 2.2.2.3 삼각형법에 의한 세 벡터 P, Q, S의 합

2개의 벡터에서 입증한 교환법칙을 3개의 벡터에 적용하면 다음과 같은 관계식이 성립하므로 여러 개 벡터의 합력을 구하는 경우 결과는 합하는 순서와 무관하다는 것을 알 수 있다.

$$\begin{aligned}\mathbf{P} + \mathbf{Q} + \mathbf{S} &= (\mathbf{P} + \mathbf{Q}) + \mathbf{S} = \mathbf{S} + (\mathbf{P} + \mathbf{Q}) \\ &= \mathbf{S} + (\mathbf{Q} + \mathbf{P}) = \mathbf{S} + \mathbf{Q} + \mathbf{P}\end{aligned}$$

그림 2.2.2.3의 결과인 P+Q+S의 크기 (2)는 P, Q, S의 각 시점과 종점을 연결하여 구성한 다각형에서 P의 시점과 S의 종점을 연결한 변의 길이이므로 이와 같은 다각형으로 합력(resultant)을 구하는 방법을 다각형법(polygon rule)이라 하며 이 다각형을 힘의 다각형(force polygon)이라고 한다. 그러므로 한 점에 작용하는 여러 개의 힘으로 다각형을 구성하는 경우 시작 벡터의 시점과 마지막 벡터의 종점이 일치하면 합력은 0이라는 것을 의미한다.

다각형법을 적용하면 P+P를 2P, P+P+P는 3P와 같이 n개의 동일벡터의 합력을 nP로 표기할 수 있다. 양의 정수 n과 벡터 P의 곱은 벡터 P와 방향이 같고 크기가 nP인 벡터를 의미하므로 이를 모든 스칼라를 포함하는 것으로 확장하면 스칼라 k와 벡터 P의 곱으로 벡터 P의 크기와 방향을 변경할 수 있다. 그림 2.2.2.4(1), (2)와 같이 k가 양이면 P와 동일한 방향이고 (3), (4)와 같이 k가 음이면 P와 반대 방향이며 크기는 P와 절대값 k의 곱이 되므로 크기의 부호를 변경하면 방향을 변경하는 것과 동일하다. 도해법에서는 힘의 크기에 비례하도록 작용선의 길이를 작도하는 것이 원칙이나 일반적인 경우 힘의 크기와 작용선의 길이는 무관하다.

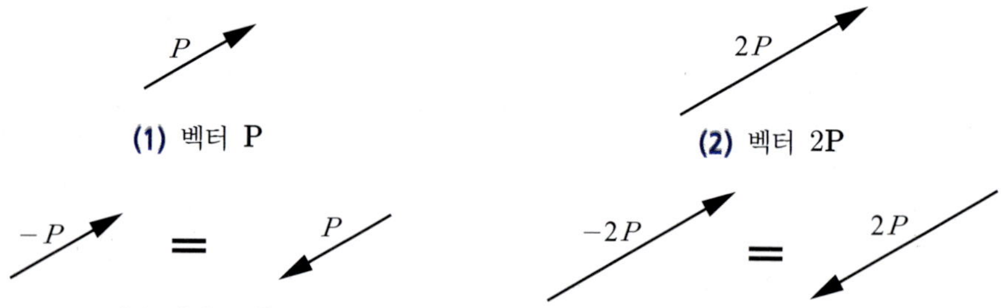

(1) 벡터 P **(2)** 벡터 2P **(3)** 벡터 −P **(4)** 벡터 −2P

그림 2.2.2.4

예제 2.2.2.1

원점 O에 작용하는 두 힘의 합력을 도해법으로 구하시오.

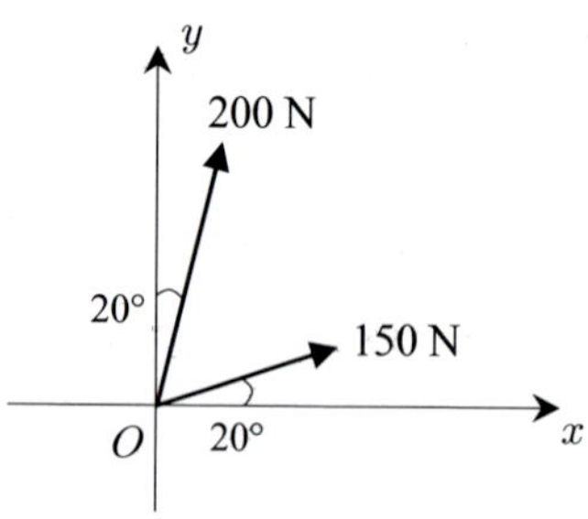

그림 예2.2.2.1(1)

해설 150 N과 200 N의 벡터를 두 변으로 하는 삼각형을 그림 예2.2.2.1(2)와 같이 구성하면 두 벡터 사이의 내각은 130°가 되므로 코사인법칙을 적용하면

$$\sqrt{150^2+200^2-2\times150\times200\times\cos130^\circ}=318(\text{N})$$

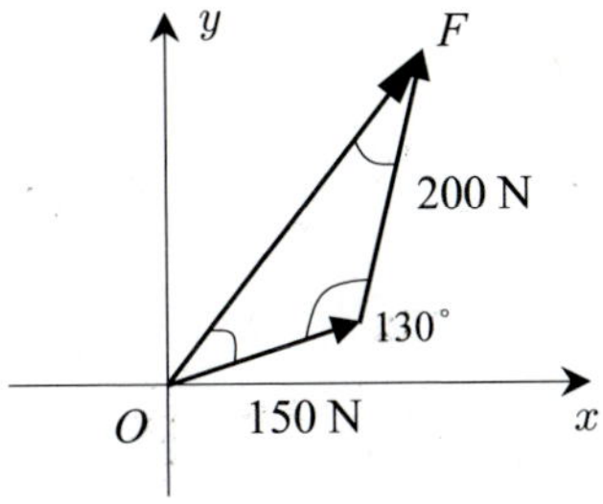

그림 예2.2.2.1(2)

계산결과는 다음과 같이 사인법칙으로 삼각형 내각의 합을 구하여 검토할 수 있다.

$$\frac{318}{\sin130^\circ}=\frac{200}{\sin(\angle O)}\quad;\quad \angle O=28.8^\circ$$

$$\frac{318}{\sin130^\circ}=\frac{150}{\sin(\angle F)}\quad;\quad \angle F=21.2^\circ$$

$$130^\circ+\angle O+\angle F=130^\circ+28.8^\circ+21.2^\circ=180^\circ$$

예제 2.2.2.2

두 힘의 합력이 연직 상향 250 N이 되도록 도해법과 사인법칙을 적용하여 P와 α를 구하시오.

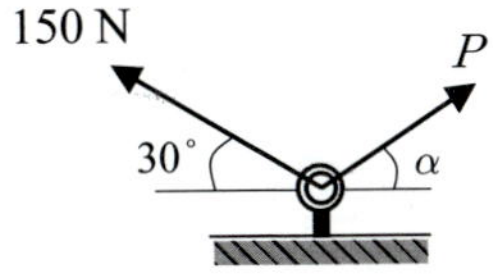

그림 예2.2.2.2(1)

해설 합력이 연직 상향이 되도록 그림 예2.2.2.2(2)와 같이 삼각형을 구성하고 사인법칙을 적용하면

$$\frac{P}{\sin60^\circ}=\frac{150}{\sin(90^\circ-\alpha)}=\frac{250}{\sin(30^\circ+\alpha)}$$

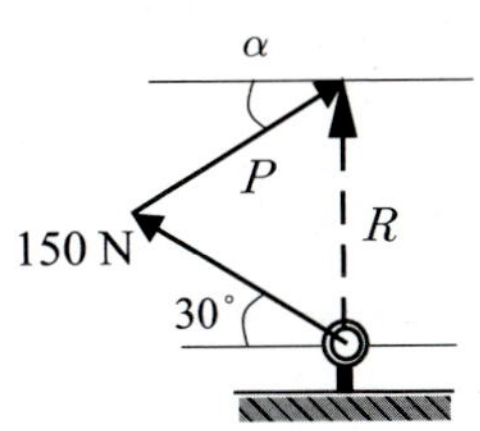

그림 예2.2.2.2(2)

위 관계식으로부터 α와 P는

$$\frac{150}{\sin(90^\circ - \alpha)} = \frac{250}{\sin(30^\circ + \alpha)} \quad ; \quad \alpha = 53.4^\circ$$

$$\frac{P}{\sin 60^\circ} = \frac{150}{\sin(90^\circ - \alpha)} = \frac{150}{\sin 36.6^\circ} \quad ; \quad P = 217.9\,\mathrm{N}$$

이 결과는 다음과 같이 코사인법칙으로 검토할 수 있다.

$$\begin{aligned} P &= \sqrt{R^2 + 150^2 - 2 \times R \times 150 \times \cos 60^\circ} \\ &= \sqrt{250^2 + 150^2 - 2 \times 250 \times 150 \times \cos 60^\circ} = 217.9\,(\mathrm{N}) \end{aligned}$$

한 점에 작용하는 두 벡터를 합하는 방법인 평행사변형법 또는 삼각형법을 역으로 적용하면 한 개의 벡터를 여러 개의 성분(component)으로 분해할 수 있다. 그림 2.2.2.5는 벡터 **F**를 두 개의 성분벡터 **P**와 **Q**로 분해한 것이며 두 성분벡터 중 하나가 주어지는 경우는 삼각형법으로 다른 하나를 결정할 수 있고 두 성분벡터의 방향이 주어지는 경우는 평행사변형법으로 성분벡터를 결정할 수 있다. 평행사변형은 임의로 구성할 수 있으므로 성분벡터의 조합 또한 임의로 결정할 수 있다. 이와 같은 방법으로 힘을 분해한 성분벡터를 분력(force component)이라고 하며 동일한 방법으로 성분벡터를 다시 분해할 수 있으므로 하나의 힘을 필요한 만큼 여러 개의 분력으로 분해할 수 있다.

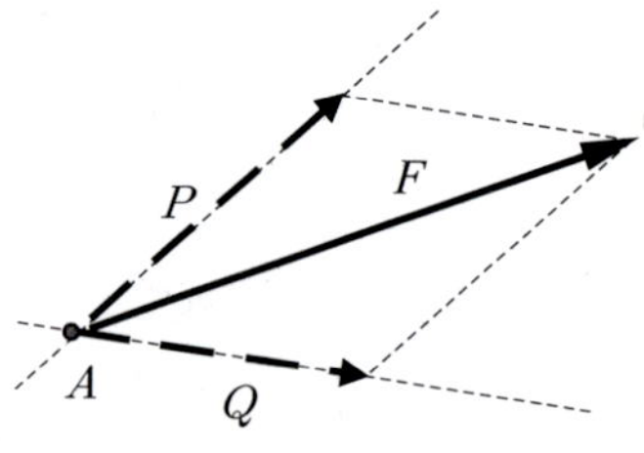

그림 2.2.2.5

예제 2.2.2.3

그림 예2.2.2.3(1)에 제시한 크기 100 kN의 힘 **F**를 동일한 평면상의 1-1 방향과 2-2 방향 분력으로 분해하려고 한다. 1-1 방향 분력이 70 kN인 경우 2-2 방향 분력과 각 α를 구하시오.

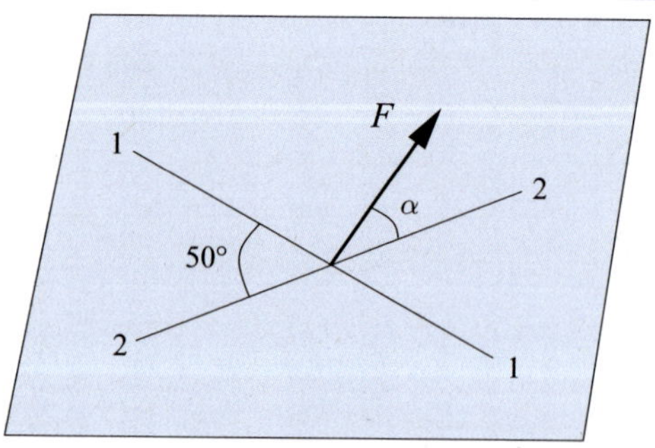

그림 예2.2.2.3(1)

해설 평행사변형법에 의해 각 분력을 표시하면 그림 예2.2.2.3(2)와 같다.

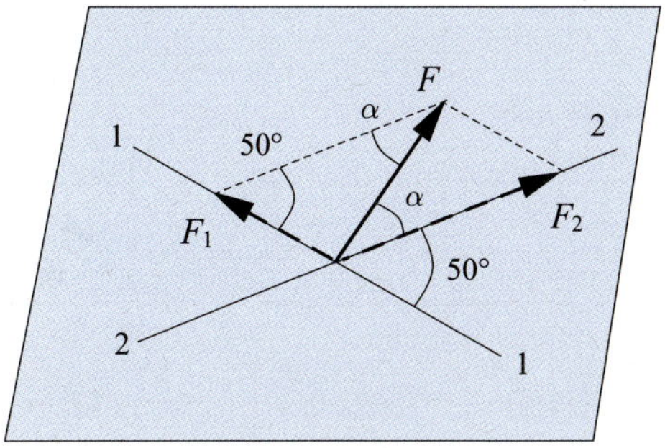

그림 예2.2.2.3(2)

$F(=100\text{ kN})$와 1-1 방향 성분 $F_1(=70\text{ kN})$ 및 2-2 방향 성분 F_2는 삼각형을 구성하므로 사인법칙을 적용하면

$$\frac{F}{\sin 50^\circ} = \frac{F_1}{\sin\alpha} \quad \Rightarrow \quad \frac{100}{\sin 50^\circ} = \frac{70}{\sin\alpha} \quad ; \quad \alpha = 32.4^\circ$$

$$\frac{100}{\sin 50^\circ} = \frac{F_2}{\sin(180^\circ - 50^\circ - \alpha)} \quad ; \quad F_2 = 129.4\text{kN}$$

이 결과는 코사인법칙을 적용하여 검토할 수 있다.

$$\begin{aligned} F^2 &= {F_1}^2 + {F_2}^2 - 2F_1F_2\cos 50^\circ \\ &= 70^2 + 129.4^2 - 2\times 70\times 129.4\times\cos 50^\circ = 10000 \quad ; \quad F = 100\text{kN} \end{aligned}$$

2.2.3 물체의 움직임과 자유도

도해법을 사용하면 합력 또는 임의 방향 분력을 구할 수 있으나 물체의 움직임을 파악하기 위해서는 특정한 기준에 의해 합력 또는 분력을 제시해야 하므로 역계(force system)와 역계의 자유도(degree of freedom)를 정의하는 것이 필요하다. 자유도는 서로 독립적인 움직임을 의미하므로 역계에 주어진 힘을 자유도에 해당하는 분력으로 분해하고 합하는 과정을 수행하면 효과적으로 물체의 움직임을 파악할 수 있다. 물체의 움직임인 이동과 회전을 2차원 및 3차원역계에서 정의하기 위해서는 평면 및 공간상에서 위치를 정의할 수 있는 좌표축이 요구되며 가장 일반적으로 사용하는 좌표축은 직각좌표축으로 그림 2.2.3.1에 제시한 (1) $x-y$ 좌표축(평면역계)과 (2) $x-y-z$ 좌표축(공간역계)이다.

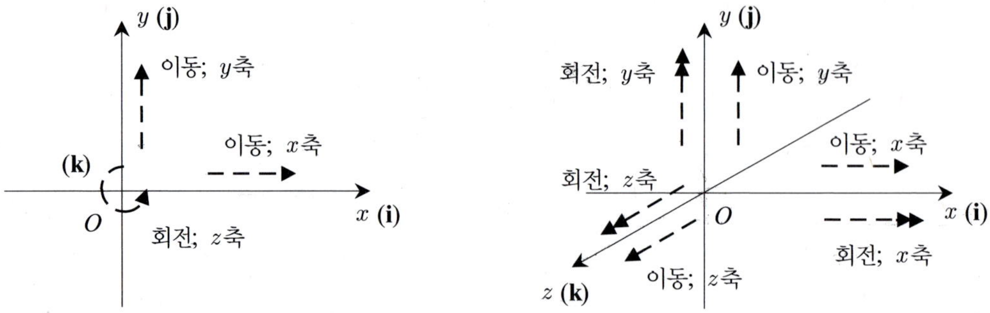

(1) $x-y$ 좌표축(평면역계) **(2)** $x-y-z$ 좌표축(공간역계)

그림 2.2.3.1 직각좌표축의 자유도

그림 2.2.3.1의 좌표축에 표기한 **i**, **j**, **k**는 그림 2.2.3.2에 제시한 바와 같이 각 좌표축의 단위벡터이며 **i**, **j**, **k**의 양의 방향은 오른손법칙(right hand rule)에 의해 정해져 있다. $x-y-z-x-y-\cdots$ 에서 순서대로 임의의 두 축, 예를 들면 $z-x$축을 선택하여 네 손가락을 양의 z축에서 양의 x축으로 감아쥐고 엄지손가락을 펼치면 다음 순서인 양의 y축 방향을 제시한다.

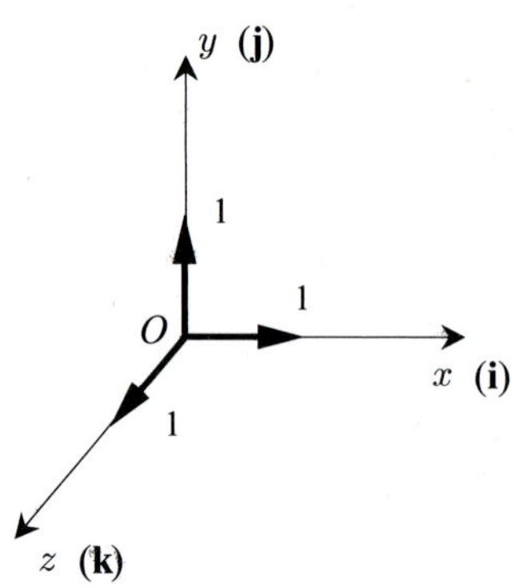

그림 2.2.3.2 단위벡터

직각좌표축을 설정한 역계에서 물체의 움직임은 각 좌표축의 이동(translation)과 회전(rotation)으로 구분하며 이들은 서로 독립적이다. 이동과 회전은 각각 별개의 움직임으로 서로 영향을 주지 않는다는 것이며 이는 이동력과 회전력에도 적용되는 개념이다. 그림 2.2.3.1(2)에 제시한 3개의 축으로 구성된 3차원 공간상의 물체는 각 좌표축 방향으로 2개씩 6개의 자유도를 갖는 반면 그림 2.2.3.1(1)과 같이 2차원 평면상의 물체는 평면상에만 위치해야 하므로 평면에 수직인 축에 대한 회전만 가능하다. xy평면에서 평면을 구성하는 x축 또는 y축으로 물체를 회전시키면 회전축을 제외한 물체의 다른 부분은 평면을 이탈하여 평면상의 움직임이 될 수 없으므로 물체는 x축, y축의 이동과 xy평면에 수직인 z축의 회전 3개의 자유도를 갖는다. 평면에서 회전은 회전축이 정해져 있으므로 그림 2.2.3.1(1)과 같이 돌아가는 화살로 표시해야 하는 반면 공간에서는 그림 2.2.3.1(2)와 같이 회전축인 작용선과 2개의 화살촉으로 방향을 표시하여 이동과 구분한다. 이와 같은 표시방법은 회전력을 표시하는 경우에도 사용한다.

2.3 직각분력

2.3.1 평면력의 직각분력

직각좌표축의 좌표축 방향으로 분해한 분력을 직각분력(rectangular force component)이라고 하며 평면에서 서로 직각을 이루는 두 축의 방향은 임의로 설정할 수 있으나 일반적으로 수평방향과 수직방향을 갖는 $x-y$ 좌표축을 사용한다. 그림 2.3.1.1에서 $\mathbf{F}_x$, $\mathbf{F}_y$는 각각 평면력 $\mathbf{F}$의 x축과 y축 방향의 직각분력이고 양의 x축(기준축)과 작용선이 이루는 반시계방향의 각 θ는 방향각(direction angle)이다.

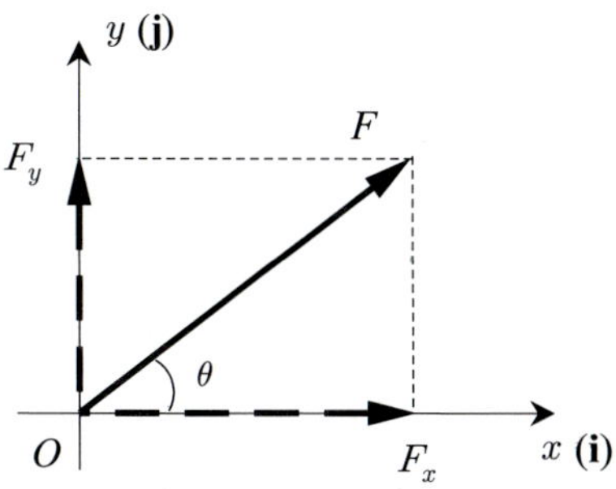

그림 2.3.1.1 직각분력

힘 $\mathbf{F}$는 직각분력 $\mathbf{F}_x$와 $\mathbf{F}_y$의 벡터합이므로

$$\mathbf{F} = \mathbf{F}_x + \mathbf{F}_y \tag{2.3.1.1}$$

단위벡터 $\mathbf{i}$, $\mathbf{j}$와 직각분력의 크기 F_x, F_y를 사용하면

$$\mathbf{F} = F_x\mathbf{i} + F_y\mathbf{j} \tag{2.3.1.2}$$

크기 F와 방향각 θ가 주어지면 F, F_x, F_y가 구성하는 직각삼각형으로부터 직각분력의 크기는

$$F_x = F\cos\theta \quad ; \quad F_y = F\sin\theta \tag{2.3.1.3}$$

역으로 직각분력 $\mathbf{F}_x$와 $\mathbf{F}_y$가 주어지면 크기 F는 피타고라스 정리에 의해

$$F = \sqrt{F_x^2 + F_y^2} \tag{2.3.1.4}$$

F_x, F_y의 부호는 힘 $\mathbf{F}$의 종점이 몇 사분면에 위치하는가를 제시하므로 방향각 θ는 다음과 같이 결정할 수 있다.

$$\tan\alpha = \left|\frac{F_y}{F_x}\right| \quad : \quad \begin{cases} 1\text{ 사분면} \; ; & \theta = \alpha \\ 2\text{ 사분면} \; ; & \theta = 180^\circ - \alpha \\ 3\text{ 사분면} \; ; & \theta = 180^\circ + \alpha \\ 4\text{ 사분면} \; ; & \theta = 360^\circ - \alpha \end{cases} \tag{2.3.1.5}$$

예제 2.3.1.1

그림 예2.3.1.1에 제시한 크기가 250 kN인 힘 $\mathbf{F}$의 직각분력을 구하시오.

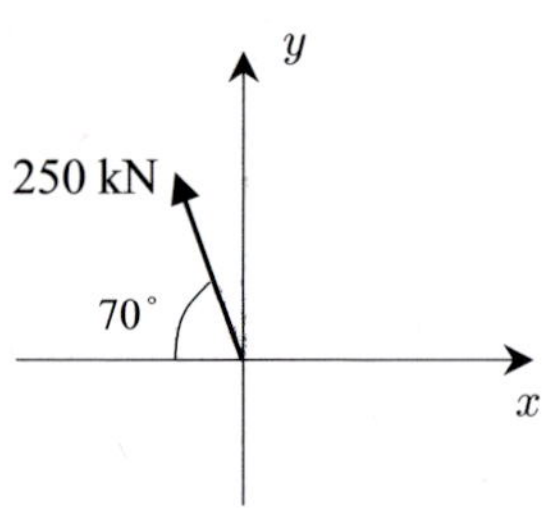

그림 예2.3.1.1

해설 방향각 θ가 110°이므로 직각분력의 크기는

$$F_x = F\cos\theta = 250\cos 110^\circ = -85.5\,(\text{kN})$$
$$F_y = F\sin\theta = 250\sin 110^\circ = 234.9\,(\text{kN})$$

단위벡터 $\mathbf{i}$, $\mathbf{j}$로 표기하면

$$\mathbf{F} = -85.5\,\mathbf{i} + 234.9\,\mathbf{j}\ (\text{kN})$$

이 결과는 다음과 같이 검토할 수 있다.

$$F = \sqrt{{F_x}^2 + {F_y}^2} = \sqrt{(-85.5)^2 + 234.9^2} = 250\,(\text{kN})$$

예제 2.3.1.2

경사면 위에 50 kN의 물체가 정지하고 있다. 물체의 무게를 경사면의 접선방향과 수직방향의 직각분력으로 분해하시오.

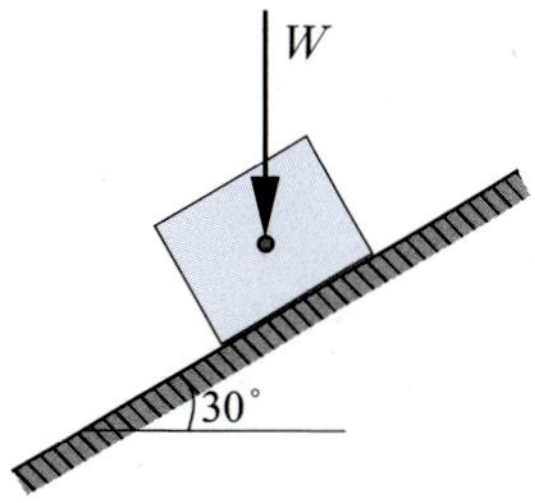

그림 예2.3.1.2(1)

해설 연직방향으로 작용하는 물체의 무게 W를 그림 예2.3.1.2(2)와 같이 경사면의 접선방향과 수직방향 분력으로 분해하면 W와 접선방향과의 각은 60° 이고 수직방향과의 각은 30° 이다. 그러므로 W의 접선방향 성분 W_T와 수직방향성분 W_N은 각각 다음과 같이 산정된다.

$$W_T = 50 \times \cos 60^\circ = 25.0\,(\text{kN}) \quad ; \quad W_N = 50 \times \cos 30^\circ = 43.3\,(\text{kN})$$

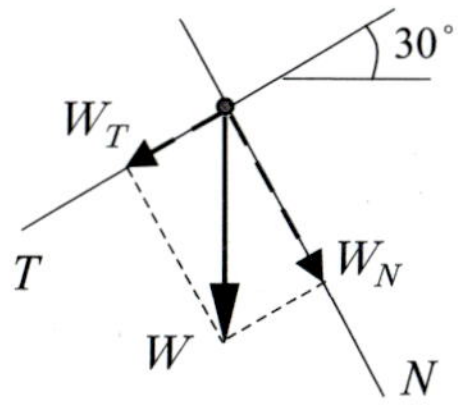

그림 예2.3.1.2(2)

계산결과는 다음과 같이 검토할 수 있다.

$$W = \sqrt{{W_T}^2 + {W_N}^2} = \sqrt{25.0^2 + 43.3^2} = 50\,(\text{kN})$$

예제 2.3.1.3

힘 $\mathbf{F} = -40\,\mathbf{i} - 30\,\mathbf{j}\,(\text{kN})$의 크기 F와 방향각 θ를 구하시오.

해설 $\mathbf{F}$의 직각분력 $\mathbf{F}_x$와 $\mathbf{F}_y$의 크기는 $F_x = -40\,\text{kN}$, $F_y = -30\,\text{kN}$이고 좌표축에 도시하면 그림 예2.3.1.3과 같다. 크기 F는

$$F = \sqrt{F_x^2 + F_y^2} = \sqrt{(-40)^2 + (-30)^2} = 50\,(\text{kN})$$

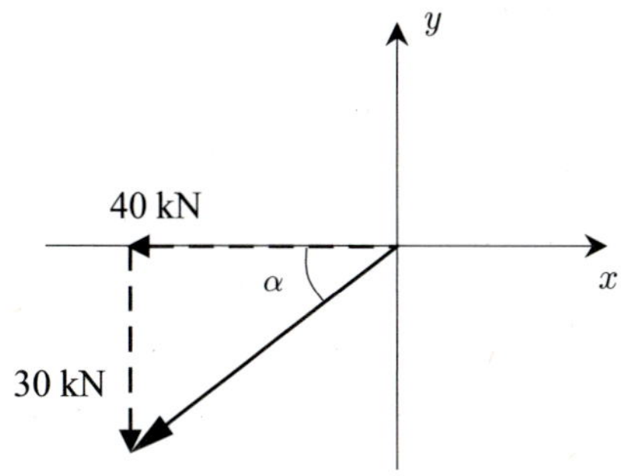

그림 예2.3.1.3

해설 **F**의 직각분력 $\mathbf{F}_x$와 $\mathbf{F}_y$의 크기는 $F_x = -40\,\mathrm{kN}$, $F_y = -30\,\mathrm{kN}$이고 좌표축에 도시하면 그림 예2.3.1.3과 같다. 크기 F는

$$F = \sqrt{F_x^2 + F_y^2} = \sqrt{(-40)^2 + (-30)^2} = 50\,(\mathrm{kN})$$

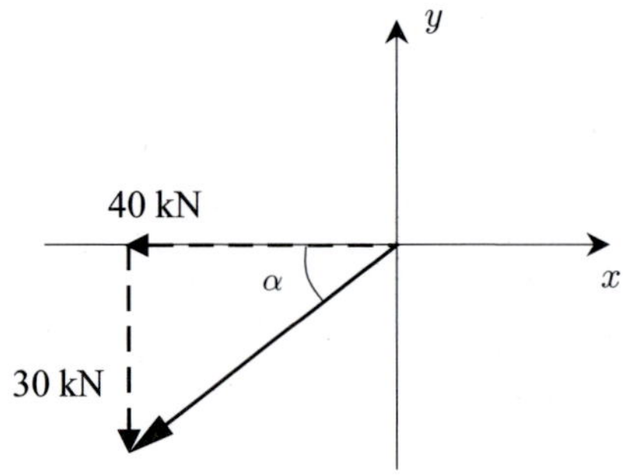

그림 예2.3.1.3

방향각은 3사분면의 각이므로

$$\tan\alpha = \left|\frac{F_y}{F_x}\right| = \frac{30}{40} \quad \Rightarrow \quad \alpha = 36.9^\circ \quad ; \quad \theta = 216.9^\circ$$

2.3.2 공간력의 직각분력

$x-y-z$ 좌표축에서 각 자유도에 해당하는 공간력의 직각분력은 다음과 같이 산정할 수 있다. 그림 2.3.2.1(1)에서 원점 O에 작용하는 힘 **F**의 작용선과 y축은 평면을 구성하고 있으므로 이 평면에서 **F**와 직각분력 $\mathbf{F}_y$, $\mathbf{F}_h$의 벡터식은 $\mathbf{F} = \mathbf{F}_y + \mathbf{F}_h$이고 직각분력의 크기는 **F**와 y축의 사잇각 θ_y를 사용하여

$$F_y = F\cos\theta_y \quad ; \quad F_h = F\sin\theta_y$$

그림 2.3.2.1(2)에서 다시 xz평면의 직각분력 $\mathbf{F}_h$를 직각분력 $\mathbf{F}_x$, $\mathbf{F}_z$로 분해하면 벡터식은 다음과 같고

$$\mathbf{F} = \mathbf{F}_y + \mathbf{F}_h = \mathbf{F}_y + (\mathbf{F}_x + \mathbf{F}_z) = \mathbf{F}_x + \mathbf{F}_y + \mathbf{F}_z$$

x, z축 방향 직각분력의 크기 F_x, F_z는 $\mathbf{F}_h$와 x축의 사잇각 ϕ를 사용하면 다음과 같다.

$$F_x = F_h\cos\phi = F\sin\theta_y\cos\phi \quad ; \quad F_z = F_h\sin\phi = F\sin\theta_y\sin\phi$$

그림 2.3.2.1(2)의 삼각형 OCD에 피타고라스 정리를 적용하면

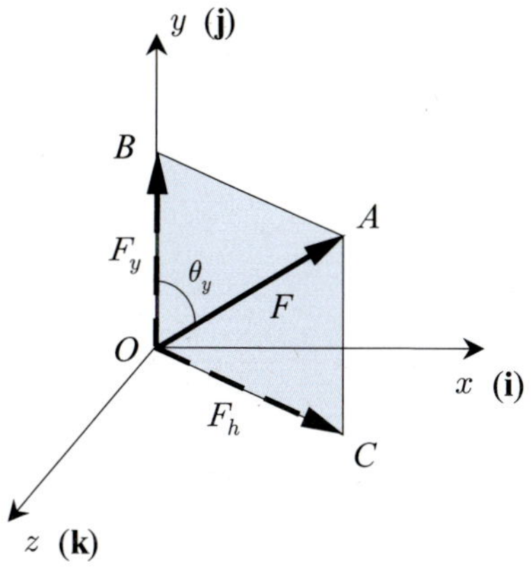

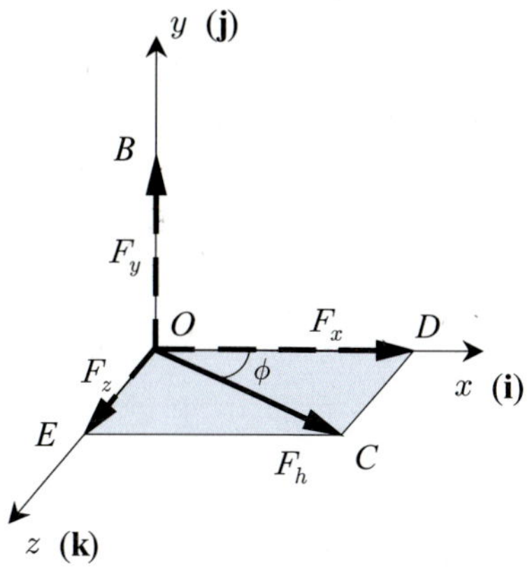

그림 2.3.2.1

$$F_x^2 + F_z^2 = (F\sin\theta_y \cos\phi)^2 + (F\sin\theta_y \sin\phi)^2 = (F\sin\theta_y)^2 = F_h^2$$

다시 그림 2.3.2.1(1)의 삼각형 OAB에 피타고라스 정리를 적용하고 위 결과를 반영하면

$$F_h^2 + F_y^2 = \left(F_x^2 + F_z^2\right) + F_y^2 = (F\sin\theta_y)^2 + (F\cos\theta_y)^2 = F^2$$

이로부터 크기 F는

$$F = \sqrt{F_x^2 + F_y^2 + F_z^2} \tag{2.3.2.1}$$

이 결과는 그림 2.3.2.2와 같이 F가 F_x, F_y, F_z로 구성되는 직육면체의 대각선과 같다는 것을 제시하며 단위벡터 $\mathbf{i}$, $\mathbf{j}$, $\mathbf{k}$와 직각분력의 크기 F_x, F_y, F_z를 사용하여 $\mathbf{F}$를 표기하면 다음 식과 같다.

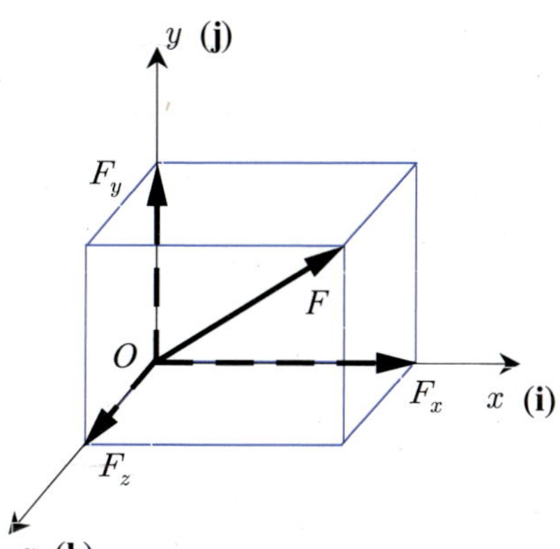

그림 2.3.2.2

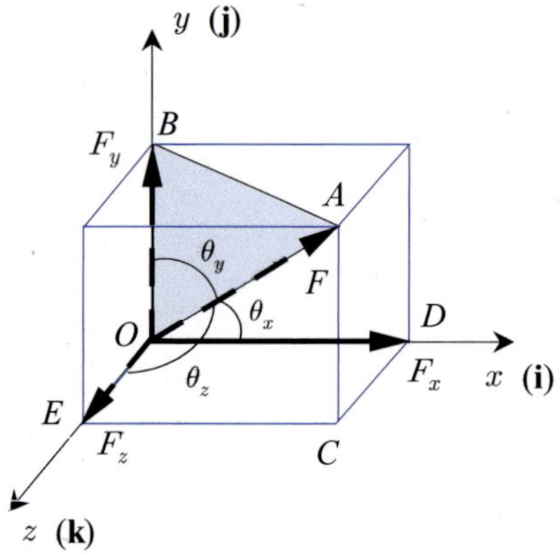

그림 2.3.2.3

$$\mathbf{F} = F_x\mathbf{i} + F_y\mathbf{j} + F_z\mathbf{k} \tag{2.3.2.2}$$

그림 2.3.2.3에 제시한 바와 같이 양의 x, y, z축과 $\mathbf{F}$의 작용선이 이루는 각을 θ_x, θ_y, θ_z로 표기하면 공간력 $\mathbf{F}$와 직각분력 $\mathbf{F}_x$, $\mathbf{F}_y$, $\mathbf{F}_z$의 관계는 각각의 직각삼각형 OAD, OAB, OAE로부터

$$F_x = F\cos\theta_x \quad ; \quad F_y = F\cos\theta_y \quad ; \quad F_z = F\cos\theta_z \tag{2.3.2.3}$$

여기서 $\cos\theta_x$, $\cos\theta_y$, $\cos\theta_z$는 방향코사인(direction cosine)이라 하고 θ_x, θ_y, θ_z는 방향각이며 양의 좌표축으로부터 $0^\circ \sim 180^\circ$의 각으로 제시하므로 직각분력의 부호가 좌표축의 방향과 일치한다. 예각 θ_y는 $\mathbf{F}$의 종점이 xz평면을 기준으로 양의 y축 방향에 위치한다는 것이므로 $\cos\theta_y$와 F_y는 양이고 둔각 θ_y는 $\mathbf{F}$의 종점이 xz평면을 기준으로 음의 y축 방향에 위치한다는 것이므로 $\cos\theta_y$와 F_y는 음이다. 평면역계에도 공간역계와 동일한 방향각을 적용할 수 있으나 양의 x축을 기준축으로 $0^\circ \sim 360^\circ$의 방향각을 정한 것은 계산의 편의성을 이용한 것이다. F_x, F_y, F_z가 주어지면 식 (2.3.2.1)과 식 (2.3.2.3)에서

$$F^2 = F^2\left(\cos^2\theta_x + \cos^2\theta_y + \cos^2\theta_z\right)$$

이로부터 방향코사인에 대한 다음 관계식이 성립하고

$$\cos^2\theta_x + \cos^2\theta_y + \cos^2\theta_z = 1 \tag{2.3.2.4}$$

방향코사인은 식 (2.3.2.3)으로부터 다음과 같이 산정된다.

$$\cos\theta_x = \frac{F_x}{F} \quad ; \quad \cos\theta_y = \frac{F_y}{F} \quad ; \quad \cos\theta_z = \frac{F_z}{F} \tag{2.3.2.5}$$

예제 2.3.2.1

그림 예2.3.2.1과 같이 힘 $\mathbf{F}(100\text{ kN})$의 x축, z축과의 방향각이 30°, 75°이다. 직각분력의 크기 F_x, F_y, F_z를 구하시오.

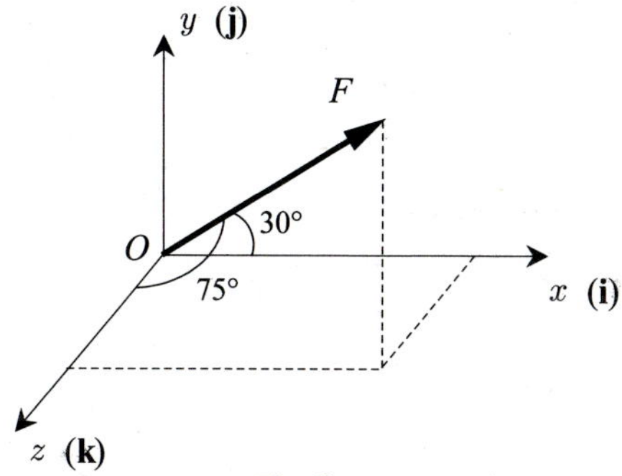

그림 예2.3.2.1

해설 x축, z축의 방향각은 $\theta_x = 30°$, $\theta_z = 75°$이고 F_y의 방향은 양의 y축 방향이므로 θ_y는

$$\cos^2\theta_y = 1 - \cos^2\theta_x - \cos^2\theta_z$$
$$= 1 - \cos^2 30° - \cos^2 75° = 0.183 \quad \Rightarrow \quad \cos\theta_y = 0.428 \quad ; \ \theta_y = 64.7°$$

직각분력의 크기 F_x, F_y, F_z는

$$F_x = 100\cos 30° = 86.6(\text{kN}) \quad ; \quad F_y = 100\cos 64.7° = 42.7(\text{kN})$$
$$F_z = 100\cos 75° = 25.9(\text{kN})$$

단위벡터 $\mathbf{i}$, $\mathbf{j}$, $\mathbf{k}$로 표기하면

$$\mathbf{F} = 86.6\,\mathbf{i} + 42.7\,\mathbf{j} + 25.9\,\mathbf{k}(\text{kN})$$

계산결과는 다음과 같이 검토할 수 있다.

$$F = \sqrt{F_x^2 + F_y^2 + F_z^2} = \sqrt{86.6^2 + 42.7^2 + 25.9^2} = 100(\text{kN})$$

예제 2.3.2.2

직각분력의 크기가 $F_x = -20\text{kN}$, $F_y = -30\text{kN}$, $F_z = 60\text{kN}$인 힘 $\mathbf{F}$의 크기 F와 방향각 θ_x, θ_y, θ_z를 구하시오.

해설 피타고라스 정리를 적용하면 크기 F는

$$F = \sqrt{F_x^2 + F_y^2 + F_z^2} = \sqrt{(-20)^2 + (-30)^2 + 60^2} = 70(\text{kN})$$

F와 F_x, F_y, F_z를 식 (2.3.2.5)에 대입하면

$$\cos\theta_x = \frac{F_x}{F} = \frac{-20}{70} \quad ; \quad \cos\theta_y = \frac{F_y}{F} = \frac{-30}{70} \quad ; \quad \cos\theta_z = \frac{F_z}{F} = \frac{60}{70}$$

이로부터 $\theta_x = 106.6°$, $\theta_y = 115.4°$, $\theta_z = 31.0°$이고 둔각 θ_x, θ_y와 예각 θ_z로부터 F_x와 F_y가 음의 부호 F_z가 양의 부호를 갖는다는 것을 확인할 수 있다. 계산결과는 다음과 같이 검토할 수 있다.

$$\cos^2\theta_x + \cos^2\theta_y + \cos^2\theta_z = \cos^2 106.6° + \cos^2 115.4° + \cos^2 31.0° = 1.00$$

$x-y-z$ 직각좌표축을 사용하는 3차원 공간역계에 작용하는 여러 개 힘들의 직각분력을 구하고 이들의 합력을 구하기 위해서는 벡터연산이 필요하다. 힘 $\mathbf{F}$를 단위벡터 $\mathbf{i}$, $\mathbf{j}$, $\mathbf{k}$로 표기한 식 (2.3.2.2)에 각 직각분력의 크기를 제시한 식 (2.3.2.3)을 적용하면

$$\mathbf{F} = F_x\mathbf{i}+F_y\mathbf{j}+F_z\mathbf{k} = F\left(\cos\theta_x\mathbf{i}+\cos\theta_y\mathbf{j}+\cos\theta_z\mathbf{k}\right)$$

위 식은 벡터 $\mathbf{F}$를 크기 F와 방향으로 표기한 것이므로 방향을 다음과 같이 정의하면

$$\boldsymbol{\lambda} = \cos\theta_x\mathbf{i}+\cos\theta_y\mathbf{j}+\cos\theta_z\mathbf{k} \tag{2.3.2.6}$$

그림 2.3.2.4에 제시한 바와 같이 $\boldsymbol{\lambda}$는 크기 1인 $\mathbf{F}$방향의 단위벡터가 된다.

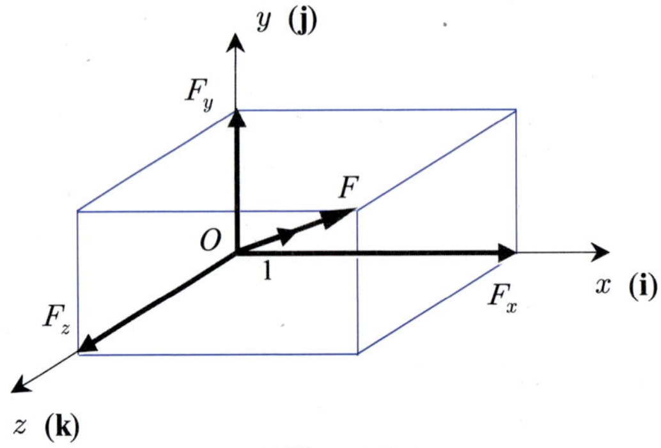

그림 2.3.2.4

또한 그림 2.3.2.5와 같이 공간에 주어진 힘은 그 힘의 작용선상 두 점의 좌표에 의해 방향을 정의할 수 있다. 힘 $\mathbf{F}$의 시점과 종점이 각각 $M(x_1,\ y_1,\ z_1)$과 $N(x_2,\ y_2,\ z_2)$이면 벡터 $\overrightarrow{MN}$의 각 좌표축방향 성분과 크기는

$$d_x = x_2 - x_1\,,\ \ d_y = y_2 - y_1\,,\ \ d_z = z_2 - z_1\ \ ;\ \ d = \sqrt{d_x^2 + d_y^2 + d_z^2}$$

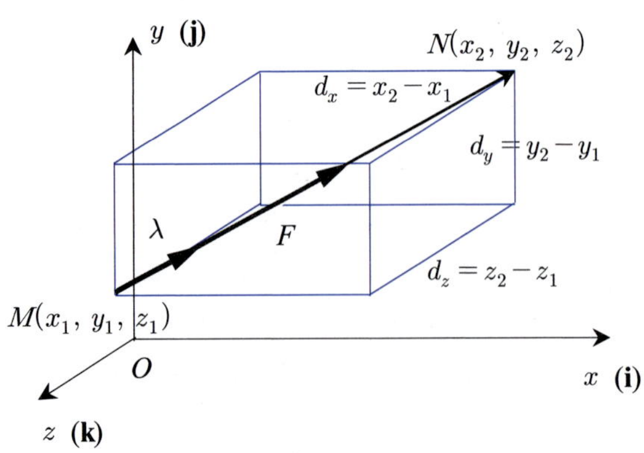

그림 2.3.2.5

벡터 $\overrightarrow{MN}$을 단위벡터 $\mathbf{i}$, $\mathbf{j}$, $\mathbf{k}$로 표기하면 $\overrightarrow{MN} = d_x\mathbf{i} + d_y\mathbf{j} + d_z\mathbf{k}$ 이므로 $\overrightarrow{MN}$의 방향 $\boldsymbol{\lambda}$는 $\overrightarrow{MN}$을 크기 $MN(= d)$으로 나누어 다음과 같이 구하고

$$\boldsymbol{\lambda} = \frac{\overrightarrow{MN}}{MN} = \frac{1}{d}(d_x\mathbf{i} + d_y\mathbf{j} + d_z\mathbf{k})$$

힘 $\mathbf{F}$를 크기와 방향 $\boldsymbol{\lambda}$로 표기하면

$$\mathbf{F} = F\boldsymbol{\lambda} = \frac{F}{d}(d_x\mathbf{i} + d_y\mathbf{j} + d_z\mathbf{k})$$

직각분력의 크기와 방향코사인은 다음과 같다.

$$F_x = \frac{Fd_x}{d} \quad ; \quad F_y = \frac{Fd_y}{d} \quad ; \quad F_z = \frac{Fd_z}{d}$$

$$\cos\theta_x = \frac{d_x}{d} \quad ; \quad \cos\theta_y = \frac{d_y}{d} \quad ; \quad \cos\theta_z = \frac{d_z}{d}$$

예제 2.3.2.3

힘 $\mathbf{F}$(크기 1000N)가 그림 예2.3.2.3과 같이 A에서 B로 작용하고 있다. 직각분력의 크기 F_x, F_y, F_z와 방향각 θ_x, θ_y, θ_z를 구하시오.

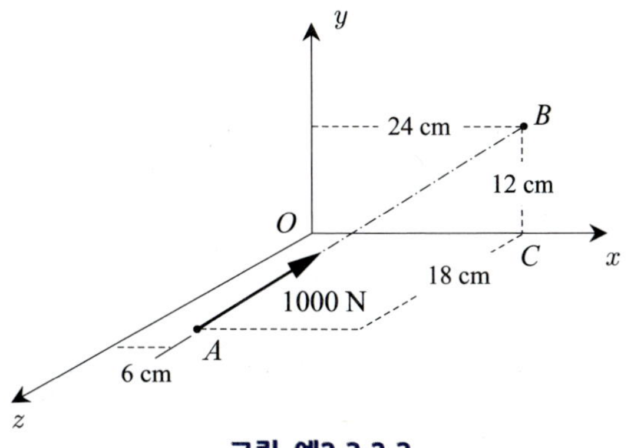

그림 예2.3.2.3

해설 $A(6,\ 0,\ 18)$에서 $B(24,\ 12,\ 0)$로 향하는 벡터 $\overrightarrow{AB}$의 직각성분은

$$d_x = 24 - 6 = 18(\text{cm}) \quad ; \quad d_y = 12 - 0 = 12(\text{cm}) \quad ; \quad d_z = 0 - 18 = -18(\text{cm})$$

단위벡터 $\mathbf{i}$, $\mathbf{j}$, $\mathbf{k}$로 표기하면 $\overrightarrow{AB} = 18\mathbf{i} + 12\mathbf{j} - 18\mathbf{k}(\text{cm})$이므로 벡터 $\overrightarrow{AB}$의 길이 d는

$$d = \sqrt{d_x^2 + d_y^2 + d_z^2} = \sqrt{18^2 + 12^2 + (-18)^2} = 28.14(\text{cm})$$

AB 방향 단위벡터 $\boldsymbol{\lambda}_{AB}$는

$$\boldsymbol{\lambda}_{AB} = \frac{18\mathbf{i} + 12\mathbf{j} - 18\mathbf{k}}{28.14} = 0.640\mathbf{i} + 0.426\mathbf{j} - 0.640\mathbf{k}$$

힘 **F**를 크기와 방향으로 표기하면

$$\mathbf{F} = F\boldsymbol{\lambda}_{AB} = 1000 \times (0.640\mathbf{i} + 0.426\mathbf{j} - 0.640\mathbf{k})\,(\mathrm{N})$$

이로부터 F_x, F_y, F_z 및 방향각 θ_x, θ_y, θ_z는 다음과 같다.

$$F_x = 640\,\mathrm{N} \quad ; \quad F_y = 426\,\mathrm{N} \quad ; \quad F_z = -640\,\mathrm{N}$$

$$\theta_x = \cos^{-1}0.640 = 50.2^\circ \,;\, \theta_y = \cos^{-1}0.426 = 64.8^\circ \,;\, \theta_z = \cos^{-1}(-0.640) = 129.8^\circ$$

계산결과는 다음과 같이 검토할 수 있다.

$$F = \sqrt{F_x^2 + F_y^2 + F_z^2} = \sqrt{640^2 + 426^2 + (-640)^2} = 1000\,(\mathrm{N})$$

예제 2.3.2.4

작업판을 지지하는 케이블 AC의 인장력이 900 N이다. C점에 작용하는 인장력의 직각분력과 방향각을 구하시오.

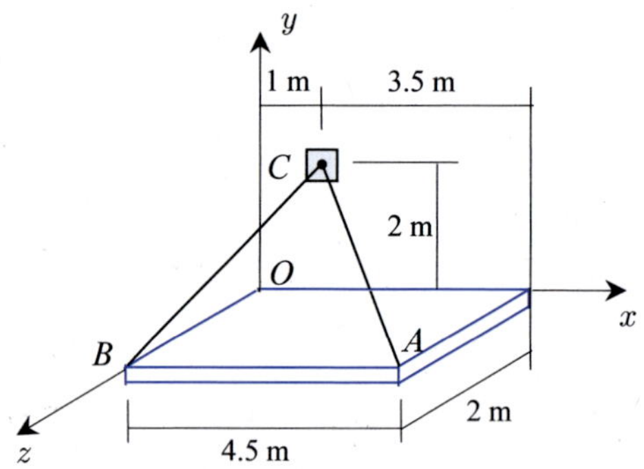

그림 예2.3.2.4(1)

해설 C점에 작용하는 인장력 $\mathbf{T}_{CA}$는 그림 예2.3.2.4(2)에 제시한 방향이다. $C(1,\ 2,\ 0)$에서 $A(4.5,\ 0,\ 2)$로 향하는 벡터 $\overrightarrow{CA}$의 직각성분은 $d_x = 3.5\,\mathrm{m}$; $d_y = -2\,\mathrm{m}$; $d_z = 2\,\mathrm{m}$

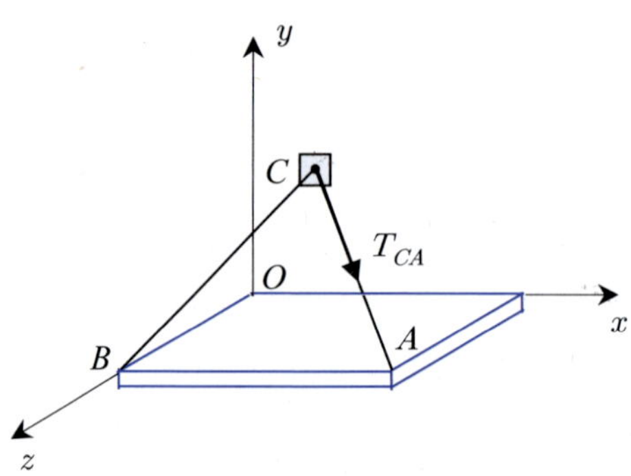

그림 예2.3.2.4(2)

단위벡터 $\mathbf{i}$, $\mathbf{j}$, $\mathbf{k}$로 표기하면 $\overrightarrow{CA} = 3.5\mathbf{i}-2\mathbf{j}+2\mathbf{k}(\mathrm{m})$이므로 벡터 $\overrightarrow{CA}$의 길이 d는

$$d = \sqrt{d_x^2 + d_y^2 + d_z^2} = \sqrt{3.5^2+(-2)^2+2^2} = 4.5(\mathrm{m})$$

CA 방향 단위벡터 $\boldsymbol{\lambda}_{CA}$는

$$\boldsymbol{\lambda}_{CA} = \frac{3.5\mathbf{i}-2\mathbf{j}+2\mathbf{k}}{4.5} = \frac{7}{9}\mathbf{i}-\frac{4}{9}\mathbf{j}+\frac{4}{9}\mathbf{k}$$

$\mathbf{T}_{CA}$를 크기와 방향으로 표기하면

$$\mathbf{T}_{CA} = T_{CA}\boldsymbol{\lambda}_{CA} = 900\times\left(\frac{7}{9}\mathbf{i}-\frac{4}{9}\mathbf{j}+\frac{4}{9}\mathbf{k}\right)(\mathrm{N})$$

이로부터 직각분력과 방향각은

$$\mathbf{T}_{CA,x} = 700\mathbf{i}\,\mathrm{N} \;;\; \mathbf{T}_{CA,y} = -400\mathbf{j}\,\mathrm{N} \;;\; \mathbf{T}_{CA,z} = 400\mathbf{k}\,\mathrm{N}$$

$$\theta_x = \cos^{-1}\frac{7}{9} = 38.9^\circ \;;\; \theta_y = \cos^{-1}\left(-\frac{4}{9}\right) = 116.4^\circ \;;\; \theta_z = \cos^{-1}\left(\frac{4}{9}\right) = 63.6^\circ$$

계산결과는 다음과 같이 검토할 수 있다.

$$T_{CA} = \sqrt{T_{CA,x}^2 + T_{CA,y}^2 + T_{CA,z}^2} = \sqrt{700^2+(-400)^2+400^2} = 900(\mathrm{N})$$

위에서 기술한 공간력의 x, y, z축 방향 직각분력 산정방법으로는 공간상 임의의 축 방향으로의 직각분력을 구할 수는 없다. 2차원 평면에서는 평면력의 작용선과 임의의 축으로 직각삼각형을 구성하고 삼각함수를 적용하면 직각분력을 용이하게 산정할 수 있으나 3차원 공간에서는 일반적으로 공간력의 작용선과 임의의 축으로 직각삼각형을 형상화하기 어려우므로 스칼라곱(scalar product)을 사용하여 직각분력을 구한다. 그림 2.3.2.6에 제시된 두 벡터 $\mathbf{P}$, $\mathbf{Q}$의 스칼라곱은 $\mathbf{P}\cdot\mathbf{Q}$로 표기하며 다음 식과 같다.

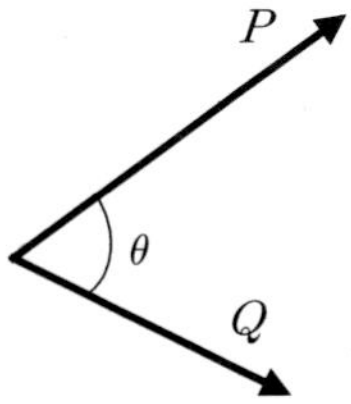

그림 2.3.2.6

$$\mathbf{P}\cdot\mathbf{Q} = PQ\cos\theta \tag{2.3.2.7}$$

식 (2.3.2.7)과 같이 $\mathbf{P}$, $\mathbf{Q}$의 스칼라곱은 $\mathbf{P}$, $\mathbf{Q}$의 크기와 $\mathbf{P}$, $\mathbf{Q}$에 의해 형성되는 각 θ의 코사인을 곱하여 산정하며 그 결과는 스칼라곱이라는 용어가 의미하는 스칼라이고 사용기호를 이용하여 $\mathbf{P}\cdot\mathbf{Q}$를 벡터 $\mathbf{P}$와 $\mathbf{Q}$의 도트곱(dot product)이라고도 한다. 식 (2.3.2.7)을

적용하면 단위벡터의 스칼라곱은

$$\mathbf{i}\cdot\mathbf{i}=1 \qquad \mathbf{j}\cdot\mathbf{j}=1 \qquad \mathbf{k}\cdot\mathbf{k}=1$$
$$\mathbf{i}\cdot\mathbf{j}=0 \qquad \mathbf{j}\cdot\mathbf{k}=0 \qquad \mathbf{k}\cdot\mathbf{i}=0 \tag{2.3.2.8}$$

스칼라곱에서 교환법칙과 분배법칙은 식 (2.3.2.9 & 10)과 같이 성립하나 결합법칙은 성립하지 않는다. 예를 들면, $(\mathbf{P}\cdot\mathbf{Q})\cdot\mathbf{S}$는 $\mathbf{P}\cdot\mathbf{Q}$의 결과가 벡터가 아닌 스칼라이므로 식 자체가 성립하지 않는다.

$$\mathbf{P}\cdot\mathbf{Q}=\mathbf{Q}\cdot\mathbf{P} \tag{2.3.2.9}$$

$$\mathbf{P}\cdot(\mathbf{Q}_1+\mathbf{Q}_2)=\mathbf{P}\cdot\mathbf{Q}_1+\mathbf{P}\cdot\mathbf{Q}_2 \tag{2.3.2.10}$$

식 (2.3.2.2)를 사용하여 두 벡터 $\mathbf{P}$, $\mathbf{Q}$의 직각성분으로 스칼라곱을 표기하고

$$\mathbf{P}\cdot\mathbf{Q}=(P_x\mathbf{i}+P_y\mathbf{j}+P_z\mathbf{k})\cdot(Q_x\mathbf{i}+Q_y\mathbf{j}+Q_z\mathbf{k})$$

분배법칙을 적용하여 $P_x\mathbf{i}\cdot Q_x\mathbf{i}+P_x\mathbf{i}\cdot Q_y\mathbf{j}+\cdots$ 와 같이 스칼라곱의 합으로 산정하면 $\mathbf{P}\cdot\mathbf{Q}$는 다음과 같고

$$\mathbf{P}\cdot\mathbf{Q}=P_xQ_x+P_yQ_y+P_zQ_z \tag{2.3.2.11}$$

$\mathbf{Q}$가 $\mathbf{P}$인 경우 스칼라곱은 벡터 $\mathbf{P}$의 크기 P를 제곱한 것과 같다.

$$\mathbf{P}\cdot\mathbf{P}=P_x^2+P_y^2+P_z^2=P^2$$

예제 2.3.2.5

xy평면에 위치하는 벡터 $\mathbf{P}_1$, $\mathbf{P}_2$의 스칼라곱으로부터 다음 관계식을 증명하시오.

$$\cos(\theta_1-\theta_2)=\cos\theta_1\cos\theta_2+\sin\theta_1\sin\theta_2$$

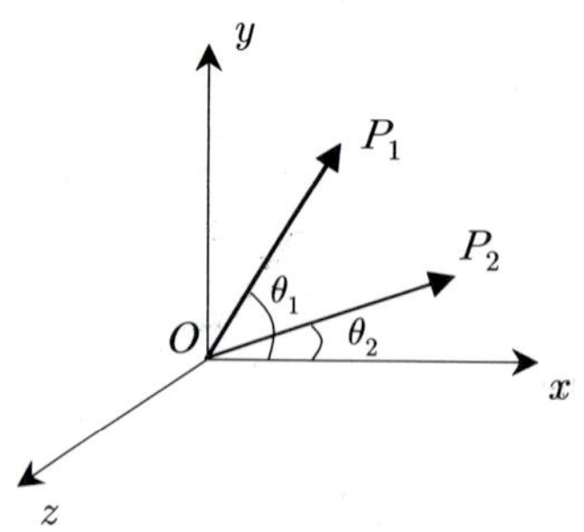

그림 예2.3.2.5

해설 $\mathbf{P}_1$, $\mathbf{P}_2$를 단위벡터 $\mathbf{i}$, $\mathbf{j}$와 직각성분으로 표기하면

$$\mathbf{P}_1 = P_{x1}\mathbf{i} + P_{y1}\mathbf{j} \quad ; \quad \mathbf{P}_2 = P_{x2}\mathbf{i} + P_{y2}\mathbf{j}$$

$\mathbf{P}_1$, $\mathbf{P}_2$의 크기 P_1, P_2와 직각성분과의 관계는

$$P_{x1} = P_1 \cos\theta_1 \quad ; \quad P_{y1} = P_1 \sin\theta_1 \quad ; \quad P_{x2} = P_2 \cos\theta_2 \quad ; \quad P_{y2} = P_2 \sin\theta_2$$

스칼라곱 $\mathbf{P}_1 \cdot \mathbf{P}_2$는 식 (2.3.2.7)에 의해 $P_1 P_2 \cos(\theta_1 - \theta_2)$이고 또한 직각성분으로 스칼라곱을 구하면

$$\begin{aligned} \mathbf{P}_1 \cdot \mathbf{P}_2 &= (P_{x1}\mathbf{i} + P_{y1}\mathbf{j}) \cdot (P_{x2}\mathbf{i} + P_{y2}\mathbf{j}) \\ &= P_{x1}P_{x2} + P_{y1}P_{y2} \\ &= (P_1\cos\theta_1)(P_2\cos\theta_2) + (P_1\sin\theta_1)(P_2\sin\theta_2) \\ &= P_1P_2(\cos\theta_1\cos\theta_2 + \sin\theta_1\sin\theta_2) \end{aligned}$$

이로부터 $\cos(\theta_1 - \theta_2) = \cos\theta_1\cos\theta_2 + \sin\theta_1\sin\theta_2$이다.

두 벡터의 사잇각 및 벡터의 임의의 축에 대한 투영(임의 방향 직각분력)을 구하는 경우 스칼라곱을 적용한다. 그림 2.3.2.7에 제시한 두 벡터 $\mathbf{P}$, $\mathbf{Q}$를 직각성분으로 표기하면

$$\mathbf{P} = P_x\mathbf{i} + P_y\mathbf{j} + P_z\mathbf{k} \quad ; \quad \mathbf{Q} = Q_x\mathbf{i} + Q_y\mathbf{j} + Q_z\mathbf{k}$$

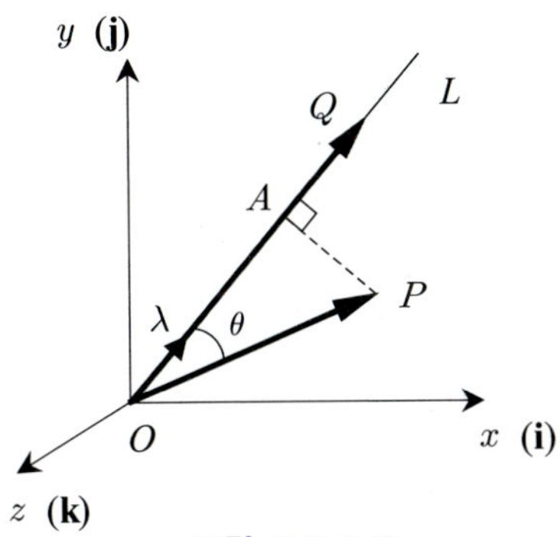

그림 2.3.2.7

스칼라곱 $PQ\cos\theta = P_xQ_x + P_yQ_y + P_zQ_z$로부터 $\mathbf{P}$, $\mathbf{Q}$의 사잇각 θ는 다음과 같이 구할 수 있다.

$$\cos\theta = \frac{P_xQ_x + P_yQ_y + P_zQ_z}{PQ} \qquad (2.3.2.12)$$

그림 2.3.2.7에서 OL 방향과 각 θ를 형성하는 벡터 $\mathbf{P}$의 OL 방향에 대한 투영 P^{OL}은 선분 $\overline{OA}$가 되므로 $P\cos\theta$와 같다. θ가 예각이면 $\overline{OA}$는 OL 방향으로 투영이 되고 둔각이면 $\overline{OA}$는 OL의 반대방향으로 투영이 되며 $\mathbf{P}$와 OL축이 직각이면 $\mathbf{P}$의 OL축에 대한 투영은 0이다. 벡터 $\mathbf{P}$와 OL 방향의 벡터 $\mathbf{Q}$의 스칼라곱 $\mathbf{P}\cdot\mathbf{Q} = PQ\cos\theta = P^{OL}Q$에서 양변을 Q로 나누면 좌변은 $\mathbf{P}\cdot\mathbf{Q}$에서 $\mathbf{Q}$를 OL 방향의 단위벡터 $\boldsymbol{\lambda}$로 대체한 것이 되고 우변은 P^{OL}이 되므로

$$P^{OL} = \frac{\mathbf{P}\cdot\mathbf{Q}}{Q} = \frac{P_x Q_x + P_y Q_y + P_z Q_z}{Q} = \mathbf{P}\cdot\boldsymbol{\lambda}$$

$\mathbf{P}\cdot\boldsymbol{\lambda}$를 벡터 $\mathbf{P}$와 단위벡터 $\boldsymbol{\lambda}$의 직각성분으로 표기하면

$$P^{OL} = \mathbf{P}\cdot\boldsymbol{\lambda} = (P_x\mathbf{i} + P_y\mathbf{j} + P_z\mathbf{k})\cdot(\cos\theta_x\mathbf{i} + \cos\theta_y\mathbf{j} + \cos\theta_z\mathbf{k})$$

여기서 θ_x, θ_y, θ_z는 그림 2.3.2.8과 같이 OL축의 방향각이므로 P^{OL}은 다음 식과 같이 구할 수 있다.

$$P^{OL} = \mathbf{P}\cdot\boldsymbol{\lambda} = P_x\cos\theta_x + P_y\cos\theta_y + P_z\cos\theta_z \tag{2.3.2.13}$$

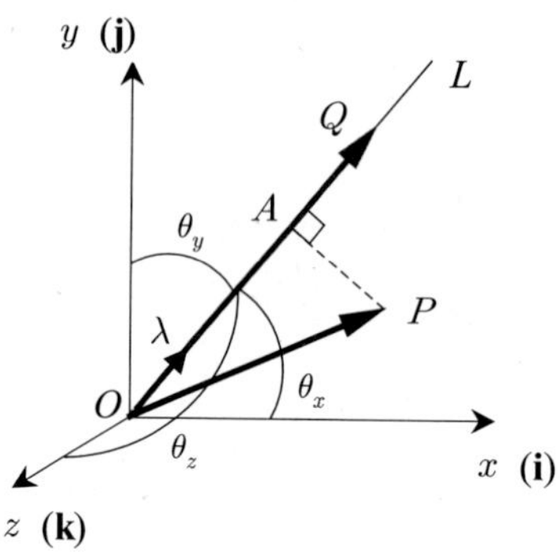

그림 2.3.2.8

예제 2.3.2.6

강봉 AB를 지지하는 케이블 BC의 인장력이 1400 N이다. 1) 케이블 BC와 강봉 AB의 사잇각 및 2) B점에 작용하는 BC 케이블 인장력의 강봉 BA 방향 분력을 구하시오.

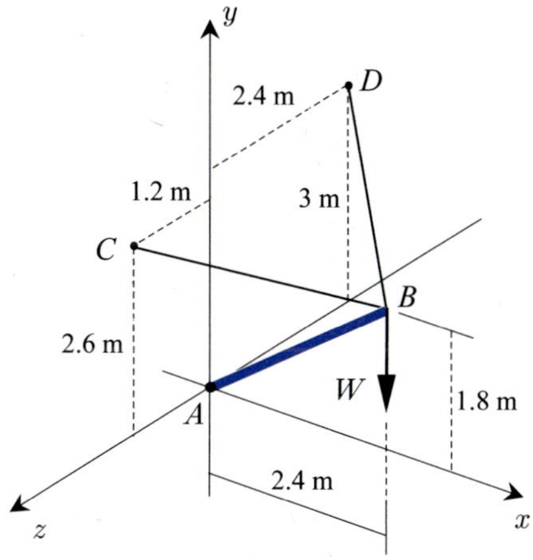

그림 예2.3.2.6

해설 1) B점에 작용하는 BC 케이블의 인장력 $\mathbf{T}_{BC}$를 직각분력으로 표기하기 위해 좌표 $C(0,\ 2.6,\ 1.2)$와 $B(2.4,\ 1.8,\ 0)$를 사용하면

$$d_x = -2.4\ ,\ d_y = 0.8\ ,\ d_z = 1.2\ ;\ d_{BC} = \sqrt{(-2.4)^2 + (0.8)^2 + (1.2)^2} = 2.8$$

$$T_{BC,x} = \frac{-2.4}{2.8} T_{BC} = \frac{-2.4}{2.8} \times 1400 = -1200\,(\mathrm{N})$$
$$T_{BC,y} = \frac{0.8}{2.8} T_{BC} = \frac{0.8}{2.8} \times 1400 = 400\,(\mathrm{N})$$
$$T_{BC,z} = \frac{1.2}{2.8} T_{BC} = \frac{1.2}{2.8} \times 1400 = 600\,(\mathrm{N})$$

$$\mathbf{T}_{BC} = -1200\mathbf{i} + 400\mathbf{j} + 600\mathbf{k}\,(\mathrm{N})$$

BA 방향 단위벡터 $\boldsymbol{\lambda}_{BA}$는 좌표 $B(2.4,\ 1.8,\ 0)$와 $A(0,\ 0,\ 0)$를 사용하면

$$d_x = -2.4\ ,\ d_y = -1.8\ ,\ d_z = 0\ ;\ d_{BA} = \sqrt{(-2.4)^2 + (-1.8)^2 + (0)^2} = 3.0$$

$$\boldsymbol{\lambda}_{BA} = \frac{-2.4\mathbf{i} - 1.8\mathbf{j}}{3} = -0.8\mathbf{i} - 0.6\mathbf{j}$$

케이블 BC와 강봉 AB가 이루는 각은 식 (2.3.2.12)로부터

$$\cos\theta = \frac{\mathbf{T}_{BC} \cdot \boldsymbol{\lambda}_{BA}}{T_{BC}} = \frac{(-1200\mathbf{i} + 400\mathbf{j} + 600\mathbf{k}) \cdot (-0.8\mathbf{i} - 0.6\mathbf{j})}{1400} = \frac{960 - 240}{1400} = 0.5143\ ;\quad \theta = 59.05^\circ$$

2) B점에 작용하는 BC 케이블 인장력의 강봉 BA 방향 분력은 식 (2.3.2.13)으로부터

$$\mathbf{T}_{BC}\cdot\boldsymbol{\lambda}_{BA} = (-1200\mathbf{i}+400\mathbf{j}+600\mathbf{k})\cdot(-0.8\mathbf{i}-0.6\mathbf{j})$$

$$= 960-240 = 720\,(\mathrm{N})$$

이 결과는 케이블 BC와 강봉 AB의 사잇각 $\theta = 59.05^\circ$를 사용하여 다음과 같이 검토할 수 있다.

$$T_{BC}\times\cos\theta = 1400\times\cos 59.05^\circ = 720\,(\mathrm{N})$$

예제 2.3.2.7

프레임의 B점에 양의 y축 방향으로 작용하는 힘 $\mathbf{F}(=30\,\mathrm{kN})$를 부재 AB에 평행한 분력과 수직한 분력으로 분해하시오.

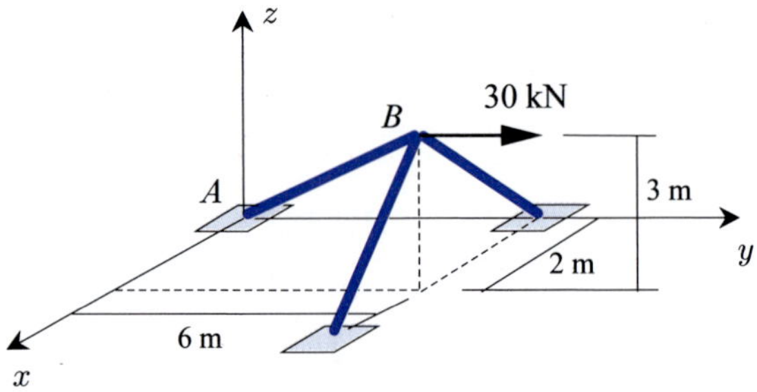

그림 예2.3.2.7(1)

해설 AB 방향 단위벡터 $\boldsymbol{\lambda}_{AB}$는 좌표 $A(0,\ 0,\ 0)$와 $B(2,\ 6,\ 3)$로부터

$$\boldsymbol{\lambda}_{AB} = \frac{2\mathbf{i}+6\mathbf{j}+3\mathbf{k}}{\sqrt{2^2+6^2+3^2}} = \frac{2}{7}\mathbf{i}+\frac{6}{7}\mathbf{j}+\frac{3}{7}\mathbf{k}$$

힘 $\mathbf{F}(=30\,\mathrm{kN})$를 크기와 방향으로 표기하면 $\mathbf{F} = F\mathbf{j} = 30\mathbf{j}\,(\mathrm{kN})$이고 그림 예2.3.2.7(2)에 제시한 AB에 평행한 분력은 스칼라곱을 적용하여

$$F^{AB} = \boldsymbol{\lambda}_{AB}\cdot\mathbf{F} = \left(\frac{2}{7}\mathbf{i}+\frac{6}{7}\mathbf{j}+\frac{3}{7}\mathbf{k}\right)\cdot 30\mathbf{j} = 25.71\,(\mathrm{kN})$$

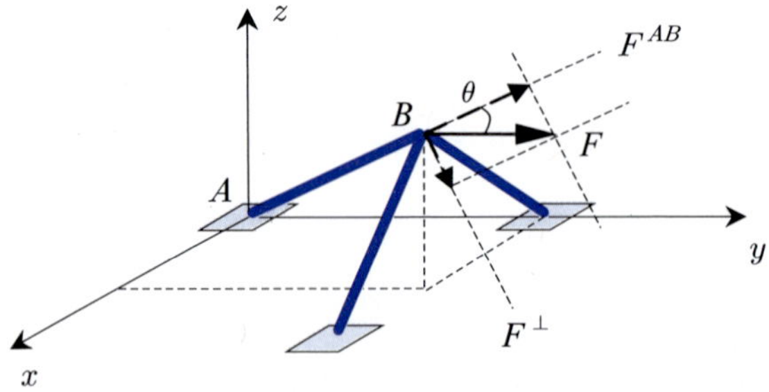

그림 예2.3.2.7(2)

AB에 평행한 분력을 벡터로 표기하면

$$\mathbf{F}^{AB} = F^{AB} \times \boldsymbol{\lambda}_{AB} = 25.71 \times \left(\frac{2}{7}\mathbf{i} + \frac{6}{7}\mathbf{j} + \frac{3}{7}\mathbf{k}\right)(\mathrm{kN})$$

평행사변형법에 의해 $\mathbf{F} = \mathbf{F}^{AB} + \mathbf{F}^{\perp}$이므로 수직한 분력 $\mathbf{F}^{\perp}$와 크기 $F^{\perp}$는

$$\begin{aligned}\mathbf{F}^{\perp} &= \mathbf{F} - \mathbf{F}^{AB} = 30\mathbf{j} - 25.71 \times \left(\frac{2}{7}\mathbf{i} + \frac{6}{7}\mathbf{j} + \frac{3}{7}\mathbf{k}\right) \\ &= -7.35\mathbf{i} + 7.96\mathbf{j} - 11.02\mathbf{k}(\mathrm{kN})\end{aligned}$$

$$F^{\perp} = \sqrt{(-7.35)^2 + 7.96^2 + (-11.02)^2} = 15.45(\mathrm{kN})$$

또는 $\mathbf{F}$와 두 분력이 구성하는 직각삼각형에 피타고라스 정리를 적용하여

$$F^{\perp} = \sqrt{F^2 - (F^{AB})^2} = \sqrt{30^2 - 25.71^2} = 15.46(\mathrm{kN})$$

다른 방법으로 그림 예2.3.2.7(2)에 표시한 $\mathbf{F}$와 $\mathbf{F}^{AB}$의 사잇각 θ를 구하면

$$\cos\theta = \frac{\boldsymbol{\lambda}_{AB} \cdot \mathbf{F}}{1 \times F} = \frac{25.71}{30} \quad ; \quad \theta = 31.0^{\circ}$$

이로부터 $F^{\perp}$는 삼각함수를 적용하여 구할 수 있다.

$$F\sin\theta = 30 \times \sin 31.0^{\circ} = 15.45(\mathrm{kN})$$

2.4 회전력

2.4.1 평면상의 회전력

그림 2.4.1.1과 같이 문손잡이를 잡아당기는 힘 $\mathbf{P}$는 문을 회전시켜 출입을 가능하게 하며 문손잡이가 문의 회전축에서 멀리 위치할수록 문은 열기 쉽다. 또한 볼트를 사용하여 부재를 조립/해체하기 위해 사용하는 그림 24.1.2와 같은 스패너는 볼트의 회전축인 O점에 회전력을 발생시키기 위한 도구로 스패너의 끝부분에 힘 $\mathbf{F}$를 작용시켜야 작업이 용이하다. 이로부터 물체를 회전하는 회전력은 이동력 $\mathbf{P}$, $\mathbf{F}$의 크기와 함께 회전축으로부터의 거리에 좌우된다는 것을 알 수 있다.

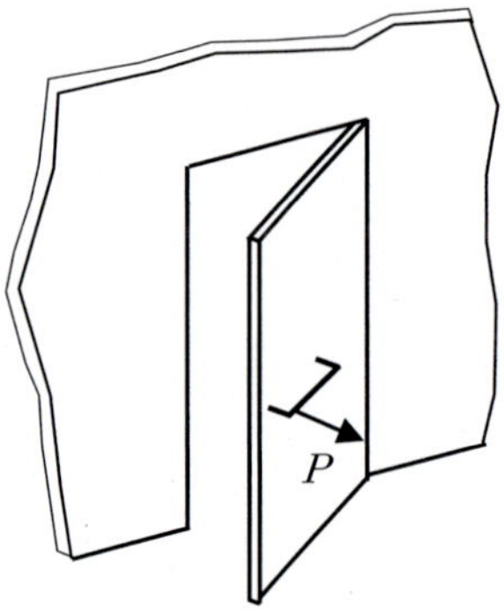

그림 2.4.1.1

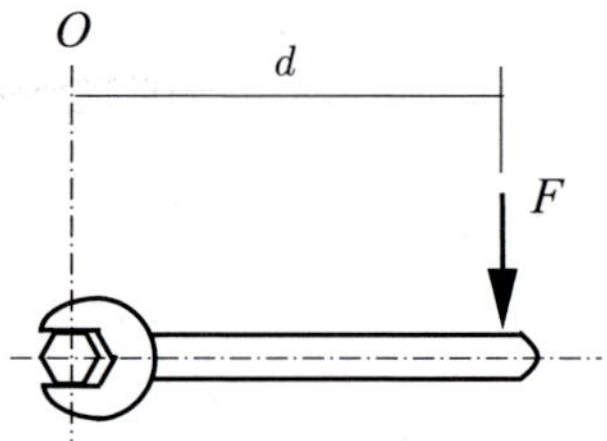

그림 2.4.1.2

그림 2.4.1.3 및 그림 2.4.1.4와 같이 2차원 평면에서 이동력 **F**와 $-$**F**에 의해 점 O에 발생하는 회전력(rotating force) 또는 모멘트(moment)라고 하는 $\mathbf{M}^O$와 $-\mathbf{M}^O$의 크기 M^O는 다음과 같다.

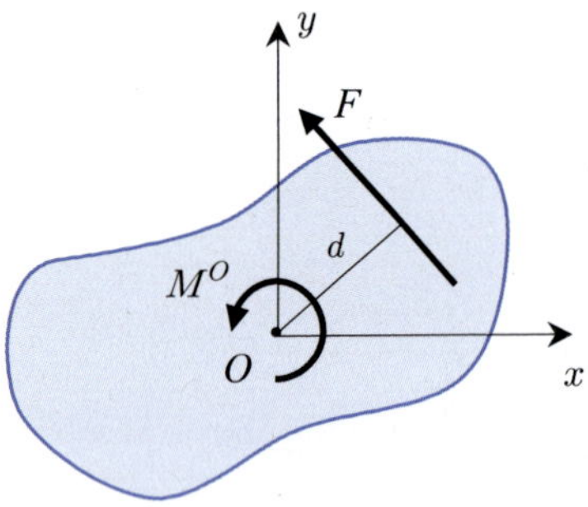

그림 2.4.1.3 $\mathbf{M}^O$(반시계방향)

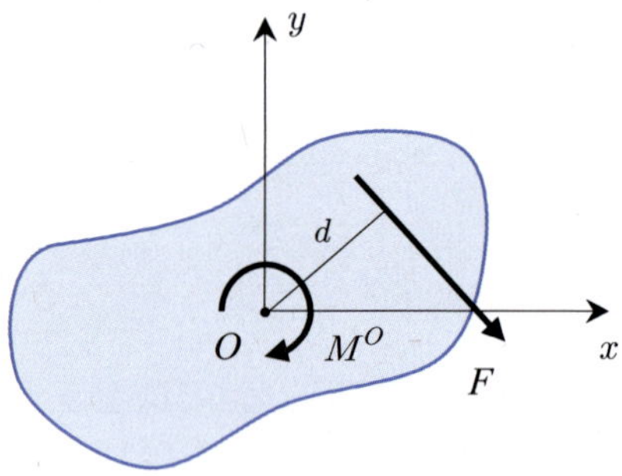

그림 2.4.1.4 $-\mathbf{M}^O$(시계방향)

$$M^O = Fd \tag{2.4.1.1}$$

여기서 d는 회전력이 발생하는 점 O(모멘트 중심)와 이동력의 작용선 간 수직거리로 모멘트의 팔이라 한다. 돌아가는 화살은 2차원 평면에서 회전력을 표시하기 위해 사용하며 모멘트의 단위는 이동력과 거리의 단위를 곱한 단위가 되고 kN · m가 대표적인 예다. 회전력의 작용선은 모멘트 중심과 이동력이 구성하는 평면에 수직한 축이므로 평면에서 회전 자유도는 평면에 수직한 축 하나이고 회전력의 방향은 오른손법칙에 의해 결정된다. 회전력을 표시한 돌아가는 화살을 따라 오른손의 네 손가락을 감아쥐고 엄지손가락을 펼치면 회전력의 방향이 되므로 볼트축의 진행방향은 볼트가 회전하는 방향에 오른손법칙을 적용하면 알 수 있다. xy평면에서 반시계방향 모멘트의 작용방향은 오른손법칙에 의해 양의 z축 방향(**k**)이고 시계방향 모멘트의 작용방향은 음의 z축 방향($-$**k**)이므로 모멘트의 부호는 좌표축 방향에 의한 것이며 모멘트는 대수적으로 가감할 수 있다.

예제 2.4.1.1

B점에 작용하는 각각 다른 방향의 하중 20 kN에 의해 A점에 발생하는 모멘트를 구하시오.

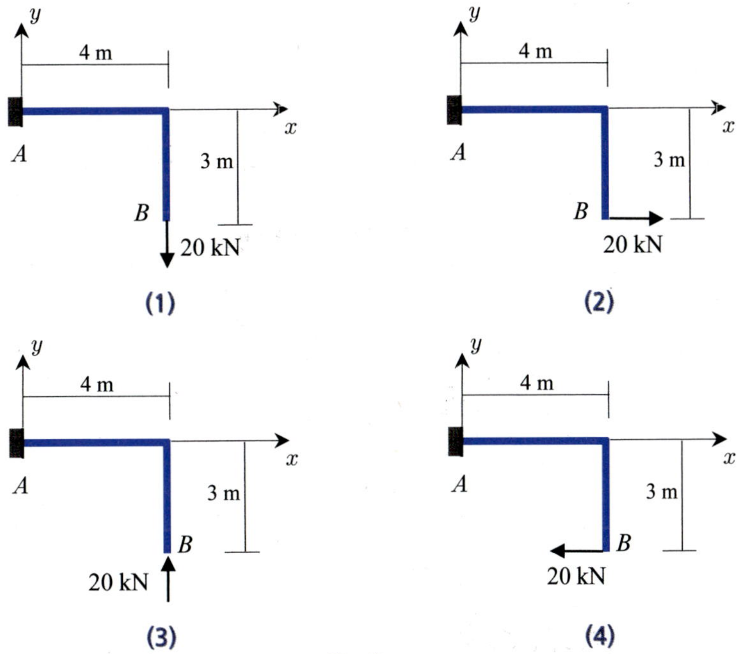

그림 예2.4.1.1

해설 그림 예2.4.1.1(1)의 경우 A점과 하중의 작용선 간 수직거리(모멘트의 팔)는 4 m이고 A점에 발생하는 모멘트의 크기와 방향은

$$M^A = 20 \times 4 = 80\,(\mathrm{kN \cdot m}) \quad ; \quad \text{시계방향}$$

단위벡터를 사용하면 $\mathbf{M}^A = -80\mathbf{k}\ (\mathrm{kN \cdot m})$이다. (2)의 경우 모멘트의 팔은 3 m이고 A점에 발생하는 모멘트의 크기와 방향은

$$M^A = 20 \times 3 = 60\,(\mathrm{kN \cdot m}) \quad ; \quad \text{반시계방향}$$

단위벡터를 사용하면 $\mathbf{M}^A = 60\mathbf{k}\ (\mathrm{kN \cdot m})$이다. (3)의 경우 모멘트의 팔은 4 m이고 A점에 발생하는 모멘트의 크기와 방향은

$$M^A = 20 \times 4 = 80\,(\mathrm{kN \cdot m}) \quad ; \quad \text{반시계방향}$$

단위벡터를 사용하면 $\mathbf{M}^A = 80\mathbf{k}\ (\mathrm{kN \cdot m})$이다. (4)의 경우 모멘트의 팔은 3 m이고 A점에 발생하는 모멘트의 크기와 방향은

$$M^A = 20 \times 3 = 60\,(\mathrm{kN \cdot m}) \quad ; \quad \text{시계방향}$$

단위벡터를 사용하면 $\mathbf{M}^A = -60\mathbf{k}\ (\mathrm{kN \cdot m})$이다. 평면에 발생하는 모멘트의 작용선은 평면에 수직이며 오른손법칙에 의해 시계방향 모멘트는 평면 아래로 들어가는 방향이고 반시계방향 모멘트는 평면 위로 나오는 방향이다.

예제 2.4.1.2

외팔보의 자유단에 10 kN의 집중하중이 각각 다른 방향으로 작용하는 경우 B점에 발생하는 모멘트의 크기와 방향을 구하시오.

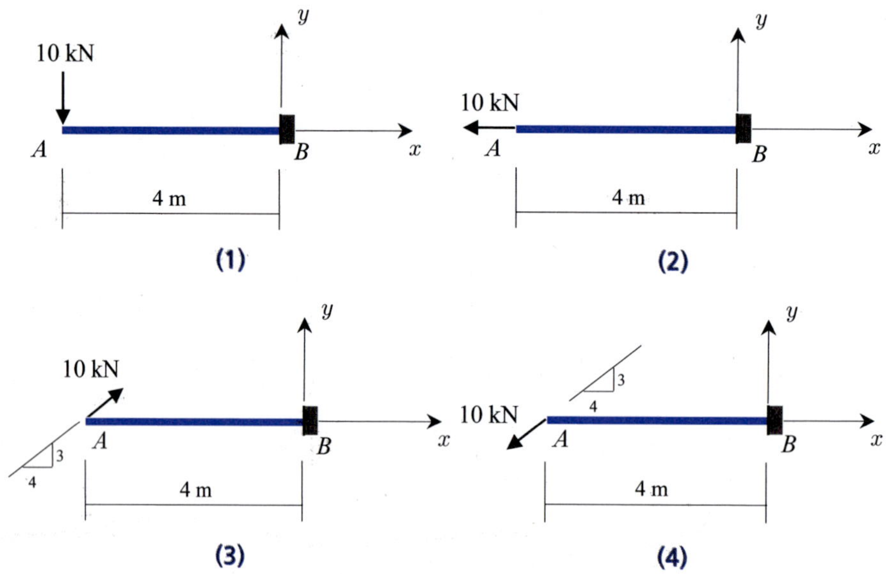

그림 예2.4.1.2

해설 그림 예2.4.1.2(1)의 경우 B점과 집중하중의 작용선 간 수직거리(모멘트의 팔)는 4 m이고 B점에 발생하는 모멘트의 크기와 방향은

$$M^B = 10 \times 4 = 40\,(\mathrm{kN \cdot m}) \quad ; \quad \text{반시계방향}$$

단위벡터를 사용하면 $\mathbf{M}^B = 40\mathbf{k}\ (\mathrm{kN \cdot m})$이다. (2)의 경우는 집중하중의 작용선이 B점을 통과하여 모멘트의 팔이 0이므로 B점에 모멘트가 발생하지 않는다. (3)의 경우 B점과 집중하중의 작용선 간 수직거리인 모멘트의 팔은 그림 예2.4.1.2(5)와 같이 직각삼각형을 구성하면 닮음비로부터

$$d = 3 \times \frac{4}{5} = 2.4\,(\mathrm{m})$$

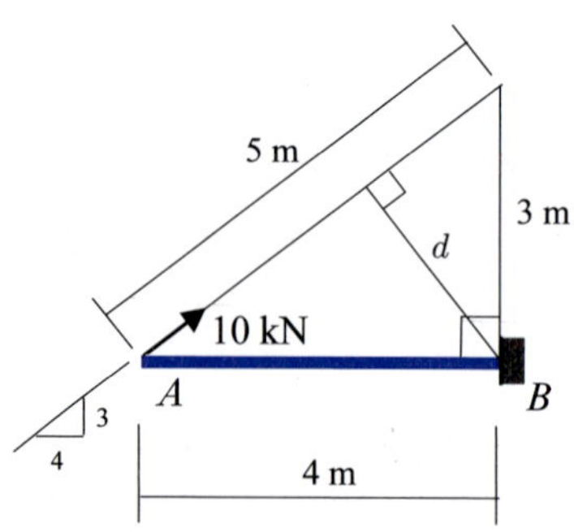

그림 예2.4.1.2(5)

B점에 발생하는 모멘트의 크기와 방향은

$$M^B = 10 \times 2.4 = 24(\text{kN} \cdot \text{m}) \quad ; \quad \text{시계방향}$$

단위벡터를 사용하면 $\mathbf{M}^B = -24\mathbf{k}\ (\text{kN} \cdot \text{m})$이다. (4)의 경우 B점과 집중하중의 작용선 간 수직거리는 (3)의 경우와 같이 2.4 m이나 방향이 반대이므로

$$M^B = 10 \times 2.4 = 24(\text{kN} \cdot \text{m}) \quad ; \quad \text{반시계방향}$$

단위벡터를 사용하면 $\mathbf{M}^B = 24\mathbf{k}\ (\text{kN} \cdot \text{m})$이다. 이 결과는 이동력에 의해 임의의 점에 발생하는 모멘트의 크기는 모멘트의 팔에 의해 좌우된다는 것을 제시한다.

그림 2.4.1.5와 같이 A점에 작용하는 이동력 $\mathbf{F}$를 작용선상의 B점으로 작용점을 변경해도 강체에 발생하는 움직임은 동일하다. 이를 전달성 원리(principle of transmissibility)라 하며 이동력에 의해 발생하는 모멘트를 산정하기 위해 적용할 수 있는 매우 유용한 방법으로 주어진 문제에서 모멘트의 팔을 구하기 편리한 위치로 이동력의 작용점을 작용선상의 다른 점으로 변경할 수 있다. 그림 2.4.1.5의 (1)과 (2)는 동일한 강체이나 힘의 작용점이 다르므로 다른 역계이고 이 경우 역계 (1)과 (2)에 의해 강체에 발생하는 움직임이 동일하므로 두 역계 (1)과 (2)를 등가역계(equivalent force system)라고 한다.

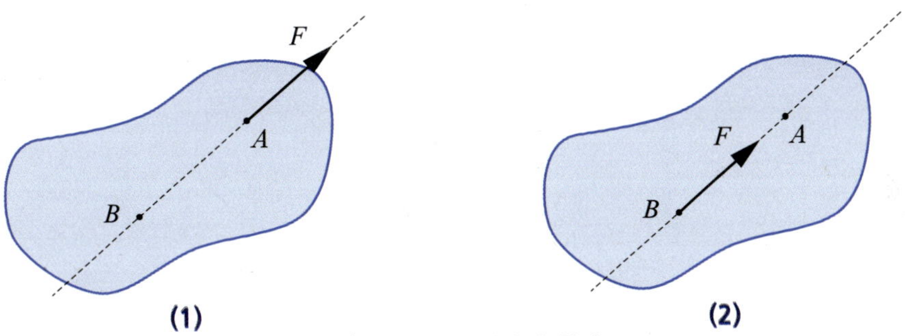

그림 2.4.1.5 전달성 원리

그림 2.4.1.6과 같이 점 $A(x_A,\ y_A)$에 작용하는 이동력 $\mathbf{F}$에 의해 O점에 발생하는 모멘트의 크기는 직각분력을 사용하여 다음과 같이 구할 수 있다.

$$M^O = F_y x_A - F_x y_A$$

이 결과는 $\mathbf{F}$의 작용선과 O점 간 수직거리를 사용하여 산정한 결과와 동일하며 이를 Varignon 정리라 하고 분력에 의한 모멘트 합이 합력 $\mathbf{F}$에 의한 모멘트와 동일하다는 것이다. 회전력을 산정하기 위해서는 모멘트의 팔을 주어진 문제에서 구해야 하나 그림 2.4.1.6과 같은 일반적인 역학문제에서는 구조부재의 치수를 이용하면 직각분력에 대한 모멘트의

팔을 구하는 것이 용이하므로 Varignon 정리를 유용하게 적용할 수 있다.

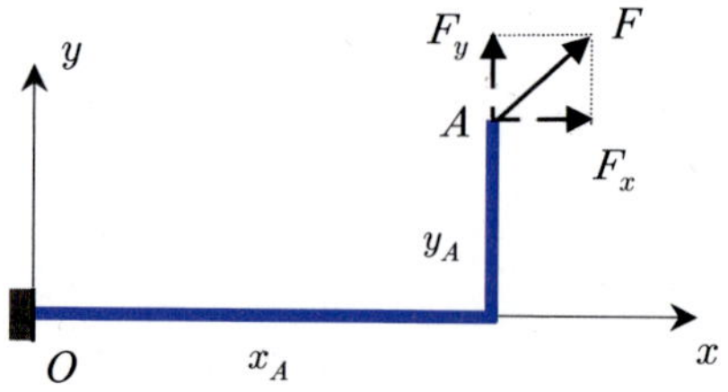

그림 2.4.1.6 Varignon 정리

그림 2.4.1.7(1)에서 이동력 **F**에 의해 O점에 발생하는 모멘트를 구하고자 하는 경우 모멘트의 팔은 **F**의 작용점 A와는 무관하고 작용선까지의 수직거리이므로 그림 2.4.1.7(2)와 같이 **F**를 작용선상의 B점으로 변경하고(전달성 원리) 직각분력으로 분해한다(Varignon 정리). 분력 F_x의 작용선은 O점을 통과하여 모멘트의 팔은 0이 되고 모멘트를 발생시키지 않으므로
O점에 발생하는 모멘트 $\mathbf{M}^O$의 크기 M^O는 다음과 같이 간단하게 산정할 수 있다.

$$M^O = F_y x_B$$

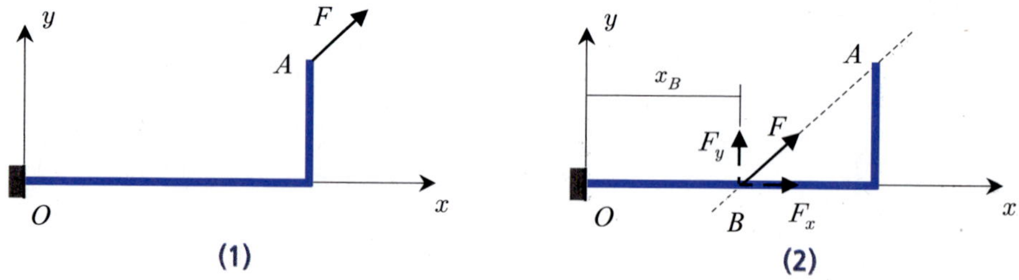

그림 2.4.1.7 전달성 원리와 Varignon 정리의 적용

예제 2.4.1.3

B점에 작용하는 하중 26 kN에 의해 A점에 발생하는 모멘트를 1) 모멘트 정의에 의한 방법과 2) Varignon 정리를 사용하는 방법 및 3) 전달성 원리를 함께 사용하는 방법을 적용하여 구하시오.

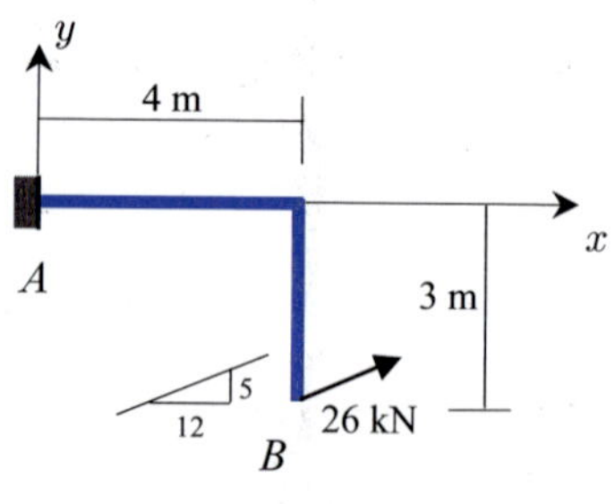

그림 예2.4.1.3(1)

해설 1) 모멘트 정의를 적용하기 위해 A점과 집중하중의 작용선 간 수직거리인 모멘트의 팔을 구한다. 그림 예2.4.1.3(2)와 같이 A점으로부터 집중하중의 작용선과 y축과의 교점까지의 거리를 y로 표기하면 직각삼각형 BCD와 AEC에서 닮음비를 이용하여

$$y = 3 + 4 \times \frac{5}{12} = 4.67(\mathrm{m}) \quad ; \quad d = 4.67 \times \frac{12}{13} = 4.31(\mathrm{m})$$

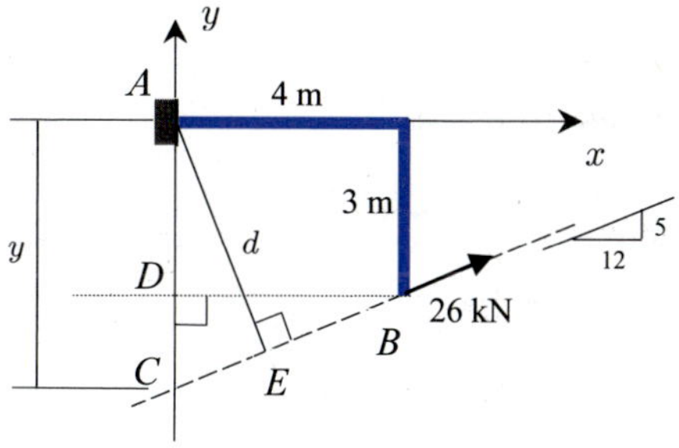

그림 예2.4.1.3(2)

A점에 발생하는 모멘트 $\mathbf{M}^A$의 크기와 방향은

$$M^A = 26 \times d = 26 \times 4.31 = 112(\mathrm{kN \cdot m}) \quad ; \quad \text{반시계방향}$$

2) Varignon 정리에 의해 B점에 작용하는 경사하중을 그림 예2.4.1.3(3)과 같이 수평/수직 분력으로 치환하면 A점과 각 직각분력의 작용선 간 수직거리인 모멘트의 팔을 구조부재의 치수로부터 용이하게 구할 수 있다. A점에 발생하는 모멘트의 크기와 방향은

$$M^A = 10 \times 4 + 24 \times 3 = 112(\mathrm{kN \cdot m}) \quad ; \quad \text{반시계방향}$$

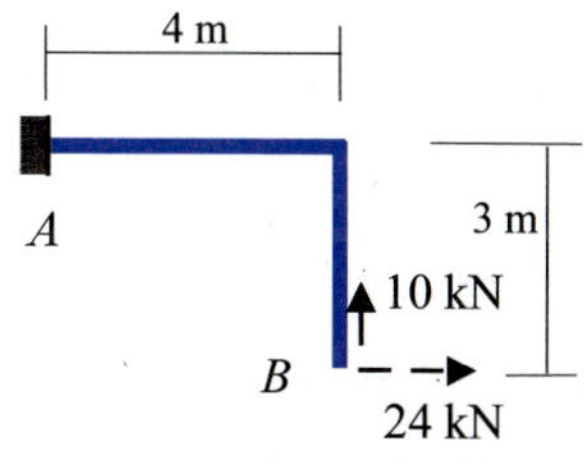

그림 예2.4.1.3(3)

3) 전달성 원리를 함께 사용하는 경우 그림 예2.4.1.3(4)와 같이 작용선과 x축과의 교점을 구하면

$$x = 4 + 3 \times \frac{12}{5} = 11.2(\mathrm{m})$$

집중하중의 작용점을 x축과의 교점으로 변경하고 직각분력으로 분해하면 수직분력 10 kN에 의한 모멘트의 크기와 방향은

$$M^A = x \times 10 = 11.2 \times 10 = 112(\mathrm{kN \cdot m}) \quad ; \quad \text{반시계방향}$$

작용점을 작용선과 y축과의 교점 (0, -4.67)로 변경하면 수평분력 24 kN에 의한 모멘트의 크기와 방향은

$$M^A = 4.67 \times 24 = 112(\text{kN} \cdot \text{m}) \quad ; \quad \text{반시계방향}$$

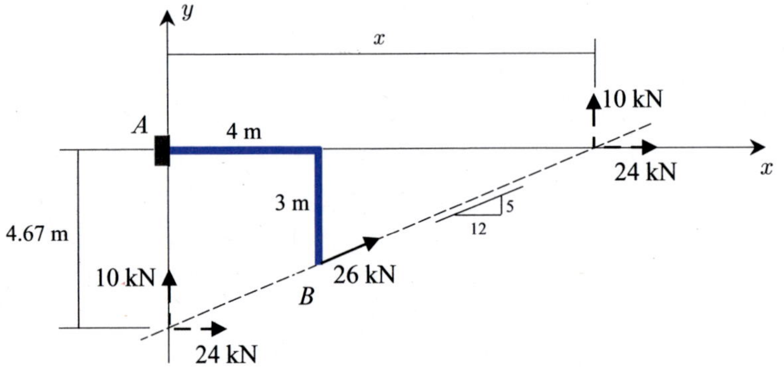

그림 예2.4.1.3(4)

이와 같은 결과는 일반적으로 수평/수직 부재로 구성되는 구조물에서 모멘트를 산정하는 경우 Varignon 정리를 사용하면 용이하게 해를 구할 수 있다는 것을 제시한다. 1)의 경우는 작용선까지의 수직거리(모멘트의 팔)를 구하는 것이 문제이고 3)의 경우는 작용선과 x축, y축과의 교점을 구하는 것이 문제라는 것을 알 수 있다.

2.4.2 공간상의 회전력

평면역계와 달리 모멘트의 팔을 용이하게 구할 수 없는 공간역계에서 이동력에 의해 임의의 점에 발생하는 회전력을 산정하기 위해서는 벡터곱(vector product)을 적용한다. 그림 2.4.2.1과 같이 두 벡터 $\mathbf{P}$, $\mathbf{Q}$의 벡터곱은 벡터 $\mathbf{V}$가 되고

$$\mathbf{V} = \mathbf{P} \times \mathbf{Q} \tag{2.4.2.1}$$

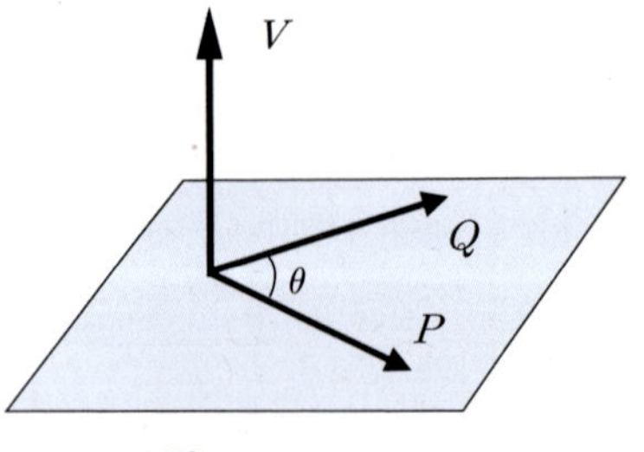

그림 2.4.2.1 벡터곱

벡터곱은 식 (2.4.2.1)에서 사용한 부호를 이용하여 크로스곱(cross product)이라고도 하며 벡터 V의 방향과 크기는 다음과 같이 결정한다.

1. V의 방향은 오른손법칙으로 결정한다. V의 작용선은 P, Q의 작용선이 구성하는 평면에 수직이고 V의 방향은 P에서 Q로 오른손 네 손가락을 감아쥐고 엄지손가락을 펼친 방향이다.
2. V의 크기는 P, Q의 크기와 P의 작용선 방향이 Q의 작용선 방향과 일치하도록 회전하는 180°이하의 각 θ에 의해 다음 식과 같이 결정된다.

$$V = PQ\sin\theta \tag{2.4.2.2}$$

식 (2.4.2.2)로부터 두 벡터가 형성하는 각 θ가 0° 또는 180°이면 P와 Q의 작용선이 일치하는 경우이고 V의 크기 V는 0이 된다. 그림 2.4.2.2와 같이 V는 기하학적으로 P와 Q를 두 변으로 하는 평행사변형의 면적이므로 벡터곱 $\mathbf{P} \times \mathbf{Q}$의 결과는 Q를 Q′로 대체해도 동일하다.

$$\mathbf{V} = \mathbf{P} \times \mathbf{Q} = \mathbf{P} \times \mathbf{Q}'$$

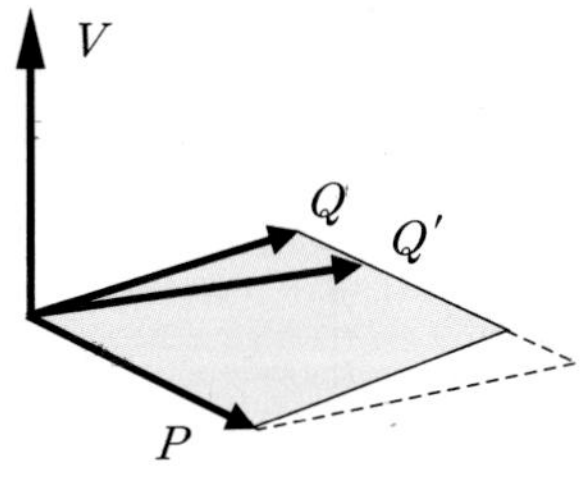

그림 2.4.2.2

벡터곱에서 교환법칙은 성립하지 않는다. 벡터곱 $\mathbf{P} \times \mathbf{Q}$와 $\mathbf{Q} \times \mathbf{P}$는 크기는 동일하나 오른손법칙에 의해 방향이 반대가 되므로 $\mathbf{P} \times \mathbf{Q} = -\mathbf{Q} \times \mathbf{P}$이다. 또한 벡터곱에서 다음과 같이 분배법칙은 성립하나 결합법칙은 성립하지 않는다.

$$\mathbf{P} \times (\mathbf{Q}_1 + \mathbf{Q}_2) = \mathbf{P} \times \mathbf{Q}_1 + \mathbf{P} \times \mathbf{Q}_2$$
$$(\mathbf{P} \times \mathbf{Q}) \times \mathbf{S} \neq \mathbf{P} \times (\mathbf{Q} \times \mathbf{S})$$

단위벡터 i, j, k 중 두 개의 벡터곱은 식 (2.4.2.3)과 같다.

$$\begin{array}{lll} \mathbf{i} \times \mathbf{i} = 0 & \mathbf{j} \times \mathbf{i} = -\mathbf{k} & \mathbf{k} \times \mathbf{i} = \mathbf{j} \\ \mathbf{i} \times \mathbf{j} = \mathbf{k} & \mathbf{j} \times \mathbf{j} = 0 & \mathbf{k} \times \mathbf{j} = -\mathbf{i} \\ \mathbf{i} \times \mathbf{k} = -\mathbf{j} & \mathbf{j} \times \mathbf{k} = \mathbf{i} & \mathbf{k} \times \mathbf{k} = 0 \end{array} \tag{2.4.2.3}$$

$\mathbf{P}$, $\mathbf{Q}$의 벡터곱 $\mathbf{V}$를 $\mathbf{P}$, $\mathbf{Q}$의 직각성분으로 표기하면

$$\mathbf{V} = \mathbf{P} \times \mathbf{Q} = (P_x\mathbf{i} + P_y\mathbf{j} + P_z\mathbf{k}) \times (Q_x\mathbf{i} + Q_y\mathbf{j} + Q_z\mathbf{k})$$

분배법칙을 적용하고 단위벡터 $\mathbf{i}$, $\mathbf{j}$, $\mathbf{k}$의 항으로 정리하면

$$\mathbf{V} = (P_yQ_z - P_zQ_y)\mathbf{i} + (P_zQ_x - P_xQ_z)\mathbf{j} + (P_xQ_y - P_yQ_x)\mathbf{k}$$

이로부터 $\mathbf{V}$의 직각성분은

$$V_x = P_yQ_z - P_zQ_y \ ; \ V_y = P_zQ_x - P_xQ_z \ ; \ V_z = P_xQ_y - P_yQ_x \tag{2.4.2.4}$$

이 결과는 행렬식의 전개와 동일하므로 $\mathbf{V}$는 다음과 같이 행렬식으로 제시할 수 있다.

$$\mathbf{V} = \begin{vmatrix} \mathbf{i} & \mathbf{j} & \mathbf{k} \\ P_x & P_y & P_z \\ Q_x & Q_y & Q_z \end{vmatrix} \tag{2.4.2.5}$$

예제 2.4.2.1

xy평면에 위치하는 두 벡터 $\mathbf{P}$, $\mathbf{Q}$의 방향은 그림 예2.4.2.1과 같고 크기는 각각 15, 12이다. 벡터곱 $\mathbf{V} = \mathbf{P} \times \mathbf{Q}$의 방향과 크기를 구하시오.

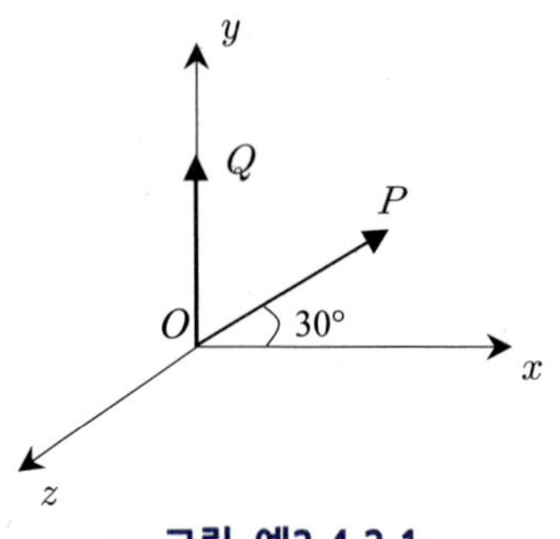

그림 예2.4.2.1

해설 오른손법칙에 의해 $\mathbf{V}$의 방향은 양의 z축 방향이고 크기 V는 다음과 같이 산정된다.

$$V = PQ\sin\theta = 15 \times 12 \times \sin 60° = 155.9$$

그림 2.4.2.3과 같이 힘 $\mathbf{F}$에 의해 O점에 발생하는 모멘트 $\mathbf{M}^O$는 작용점 A의 위치에 좌우된다. A의 위치는 O점과 A점을 연결하는 벡터 $\mathbf{r}_{A/O}$로 정의하며 이를 A의 위치벡터라 한다. 식 (2.4.2.1)에 의해 $\mathbf{M}^O$는

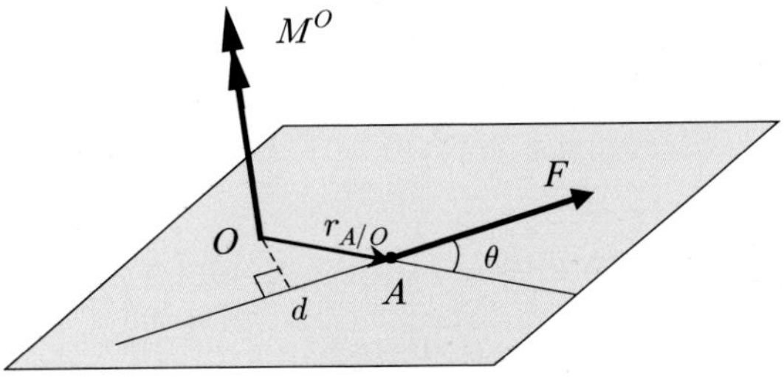

그림 2.4.2.3

$$\mathbf{M}^O = \mathbf{r}_{A/O} \times \boldsymbol{F} \tag{2.4.2.6}$$

평면에서 회전력은 돌아가는 화살로 표시하는 반면 공간에서는 그림 2.4.2.3과 같이 회전력의 작용선과 2개의 화살촉을 사용하여 회전력을 표시하며 오른손법칙에 의해 $\mathbf{M}^O$의 작용선은 $\mathbf{r}_{A/O}$와 $\mathbf{F}$의 작용선이 구성하는 평면에 수직이고 방향은 $\mathbf{r}_{A/O}$에서 $\mathbf{F}$로 오른손 네 손가락을 감아쥐고 엄지손가락을 펼친 방향이다. $\mathbf{M}^O$의 크기는 식 (2.4.2.2)로부터

$$M^O = r_{A/O} F \sin\theta = F \times r_{A/O} \sin\theta = Fd$$

여기서 θ는 $\mathbf{r}_{A/O}$의 작용선 방향이 $\mathbf{F}$의 작용선 방향과 일치하도록 회전하는 180° 이하의 각이며 d는 O점에서 $\mathbf{F}$의 작용선까지의 수직거리이다. Varignon 정리에 의해 그림 2.4.2.4와 같이 $\mathbf{F}$의 직각분력과 $\mathbf{r}_{A/O}$의 직각성분을 사용하여 $\mathbf{M}^O$를 산정하면 $\mathbf{M}^O$의 직각분력을 구할 수 있다. $\mathbf{r}_{A/O} = x_A\mathbf{i} + y_A\mathbf{j} + z_A\mathbf{k}$와 $\mathbf{F} = F_x\mathbf{i} + F_y\mathbf{j} + F_z\mathbf{k}$를 식 (2.4.2.6)에 대입하고 $\mathbf{M}^O$를 직각분력으로 표기하면

$$\mathbf{M}^O = M_x\mathbf{i} + M_y\mathbf{j} + M_z\mathbf{k}$$

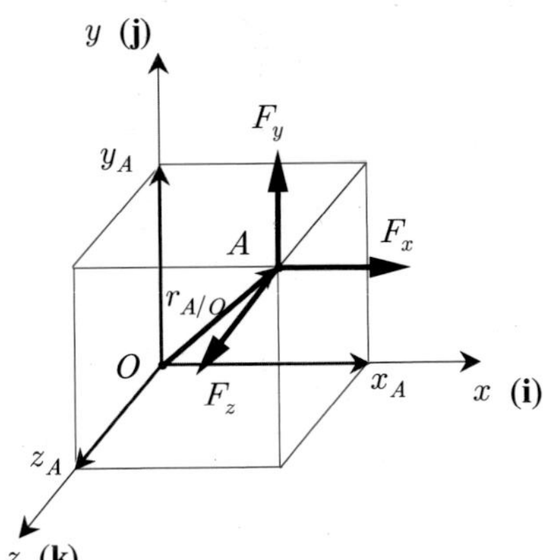

그림 2.4.2.4

직각분력의 크기 M_x, M_y, M_z 는 다음과 같다.

$$M_x = y_A F_z - z_A F_y \;;\; M_y = z_A F_x - x_A F_z \;;\; M_z = x_A F_y - y_A F_x$$

(2.4.2.7)

M_x, M_y, M_z 는 힘 $\mathbf{F}$에 의해 각각 x, y, z 축을 회전축으로 강체에 발생하는 회전력의 크기를 의미한다. $\mathbf{M}^O$를 행렬식으로 표기하면

$$\mathbf{M}^O = \begin{vmatrix} \mathbf{i} & \mathbf{j} & \mathbf{k} \\ x_A & y_A & z_A \\ F_x & F_y & F_z \end{vmatrix} \tag{2.4.2.8}$$

동일한 방법으로 그림 2.4.2.5와 같이 A점에 작용하는 힘 $\mathbf{F}$에 의해 B점에 발생하는 모멘트 $\mathbf{M}^B$는 B, A를 시점과 종점으로 하는 위치벡터 $\mathbf{r}_{A/B}$로 산정한다. $\mathbf{r}_{B/O} + \mathbf{r}_{A/B} = \mathbf{r}_{A/O}$이므로

$$\mathbf{M}^B = \mathbf{r}_{A/B} \times \mathbf{F} = (\mathbf{r}_{A/O} - \mathbf{r}_{B/O}) \times \mathbf{F} \tag{2.4.2.9}$$

행렬식을 사용하면

$$\mathbf{M}^B = \begin{vmatrix} \mathbf{i} & \mathbf{j} & \mathbf{k} \\ x_{A/B} & y_{A/B} & z_{A/B} \\ F_x & F_y & F_z \end{vmatrix} \tag{2.4.2.10}$$

여기서 $x_{A/B}$, $y_{A/B}$, $z_{A/B}$는 위치벡터 $\mathbf{r}_{A/B}$의 직각성분으로 다음과 같다.

$$x_{A/B} = x_A - x_B \;;\; y_{A/B} = y_A - y_B \;;\; z_{A/B} = z_A - z_B$$

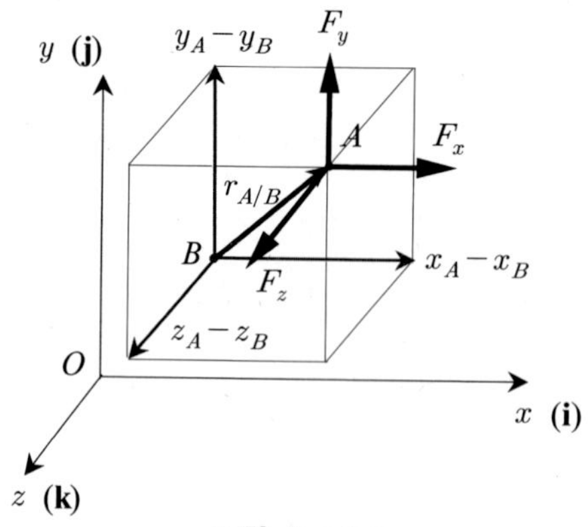

그림 2.4.2.5

예제 2.4.2.2

벡터곱을 사용하여 B점에 작용하는 26 kN의 하중 $\mathbf{F}$에 의해 A점에 발생하는 모멘트를 구하시오.

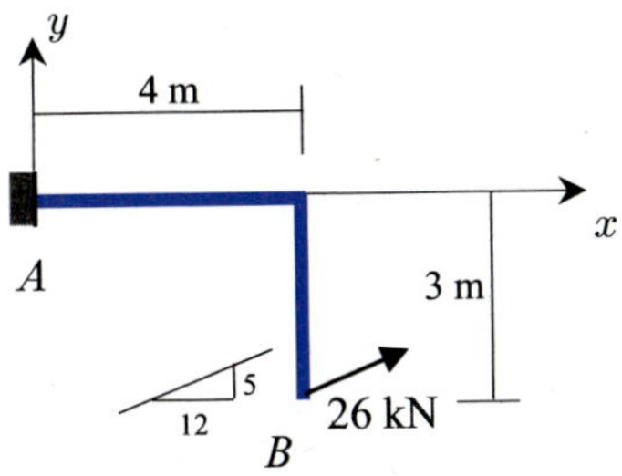

그림 예2.4.2.2(1)

해설 그림 예2.4.2.2(2)와 같이 $\mathbf{r}_{B/A}$와 $\mathbf{F}$를 직각성분과 직각분력으로 표기하면

$$\mathbf{r}_{B/A} = 4\mathbf{i} - 3\mathbf{j}\ (\mathrm{m}) \quad ; \quad \mathbf{F} = 24\mathbf{i} + 10\mathbf{j}\ (\mathrm{kN})$$

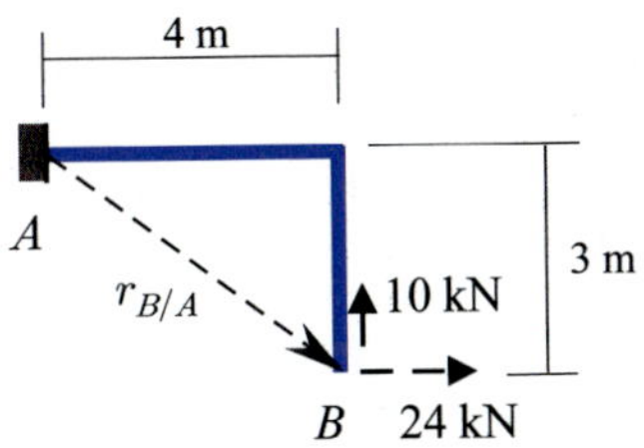

그림 예2.4.2.2(2)

A점에 발생하는 모멘트 $\mathbf{M}^A$는

$$\mathbf{M}^A = \mathbf{r}_{B/A} \times \mathbf{F} = (4\mathbf{i} - 3\mathbf{j}) \times (24\mathbf{i} + 10\mathbf{j})$$

$$= 40\mathbf{k} - 72(-\mathbf{k}) = 112\mathbf{k}\ (\mathrm{kN \cdot m})$$

행렬식을 사용하면

$$\mathbf{M}^A = \begin{vmatrix} \mathbf{i} & \mathbf{j} & \mathbf{k} \\ 4 & -3 & 0 \\ 24 & 10 & 0 \end{vmatrix} = 40\mathbf{k} - (-72)\mathbf{k} = 112\mathbf{k}\ (\mathrm{kN \cdot m})$$

이 결과는 예제 2.4.1.3에서 모멘트의 팔을 구하여 산정한 결과와 같다.

예제 2.4.2.3

A에서 B로 향하는 크기 1000 N의 힘 $\mathbf{F}$에 의해 O점에 발생하는 모멘트 $\mathbf{M}^O$를 (1) 위치벡터 $\mathbf{r}_{A/O}$ 및 (2) 위치벡터 $\mathbf{r}_{B/O}$를 사용하여 구하시오.

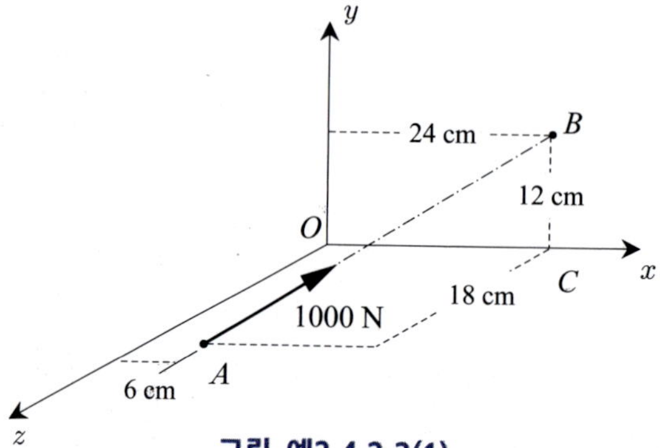

그림 예2.4.2.3(1)

해설 힘 $\mathbf{F}$를 크기와 AB 방향 단위벡터 $\boldsymbol{\lambda}_{AB} = 0.640\mathbf{i} + 0.426\mathbf{j} - 0.640\mathbf{k}$로 표기하면(예제 2.3.2.3 참조)

$$\mathbf{F} = F\boldsymbol{\lambda}_{AB} = 640\mathbf{i} + 426\mathbf{j} - 640\mathbf{k}\,(\mathrm{N})$$

(1) O점에서 $A(6, 0, 18)$로 향하는 위치벡터 $\mathbf{r}_{A/O}$는 $0.06\mathbf{i} + 0.18\mathbf{k}\,(\mathrm{m})$이므로 O점에 발생하는 모멘트 $\mathbf{M}^O$는

$$\begin{aligned}\mathbf{M}^O = \mathbf{r}_{A/O} \times \mathbf{F} &= (0.06\mathbf{i} + 0.18\mathbf{k}) \times (640\mathbf{i} + 426\mathbf{j} - 640\mathbf{k}) \\ &= -76.68\mathbf{i} + 153.6\mathbf{j} + 25.56\mathbf{k}\,(\mathrm{N \cdot m})\end{aligned}$$

행렬식을 사용하면

$$\begin{aligned}\mathbf{M}^O &= \begin{vmatrix} \mathbf{i} & \mathbf{j} & \mathbf{k} \\ 0.06 & 0 & 0.18 \\ 640 & 426 & -640 \end{vmatrix} \\ &= (0 - 0.18 \times 426)\,\mathbf{i} + (0.18 \times 640 + 0.06 \times 640)\,\mathbf{j} + (0.06 \times 426 - 0)\,\mathbf{k} \\ &= -76.68\mathbf{i} + 153.6\mathbf{j} + 25.56\mathbf{k}\,(\mathrm{N \cdot m})\end{aligned}$$

이 결과를 좌표축에 표시하면 그림 예2.4.2.3(2)와 같다.

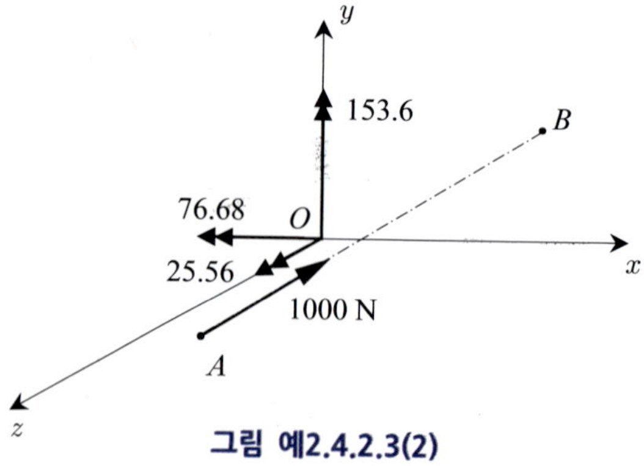

그림 예2.4.2.3(2)

(2) O점에서 $B(24, 12, 0)$로 향하는 위치벡터 $\mathbf{r}_{B/O}$는 $0.24\mathbf{i}+0.12\mathbf{j}$ (m)이므로 O점에 발생하는 모멘트 $\mathbf{M}^O$는

$$\mathbf{M}^O = \mathbf{r}_{B/O} \times \mathbf{F} = (0.24\mathbf{i}+0.12\mathbf{j}) \times (640\mathbf{i}+426\mathbf{j}-640\mathbf{k})$$

$$= -76.80\mathbf{i}+153.6\mathbf{j}+25.44\mathbf{k} (\mathrm{N \cdot m})$$

계산오차를 무시하면 (1), (2)의 결과는 $\mathbf{F}$의 작용선상 임의의 점을 선택하여 위치벡터로 사용해도 O점에 발생하는 모멘트가 동일하게 산정된다는 것을 제시한다. $\mathbf{F}$에 의해 O점에 발생하는 모멘트는 O점과 $\mathbf{F}$의 작용선 간 수직거리인 모멘트의 팔에 의해 결정되므로 이러한 결과는 당연하다.

그림 2.4.2.6과 같은 세 벡터 $\mathbf{S}$, $\mathbf{P}$, $\mathbf{Q}$의 혼합3중곱(mixed triple product)은 다음 식 (2.4.2.11)과 같이 $\mathbf{P}$, $\mathbf{Q}$의 벡터곱과 $\mathbf{S}$의 스칼라곱으로 정의하며 결과는 스칼라가 된다.

$$\mathbf{S} \cdot (\mathbf{P} \times \mathbf{Q}) \tag{2.4.2.11}$$

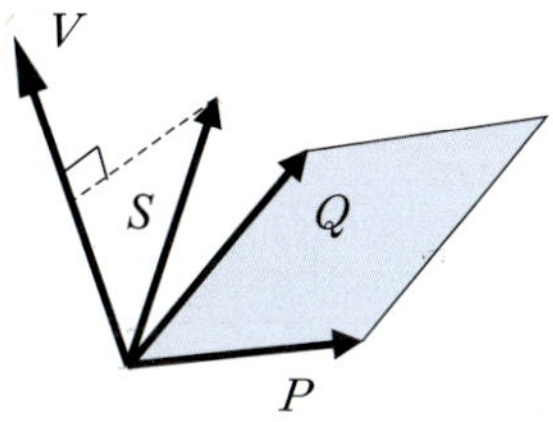

그림 2.4.2.6

벡터곱 $\mathbf{P}\times\mathbf{Q}=\mathbf{V}$는 $\mathbf{P}$와 $\mathbf{Q}$가 구성하는 평면에 수직이며 크기는 $\mathbf{P}$와 $\mathbf{Q}$를 변으로 하는 평행사변형의 면적 V와 같고 $\mathbf{S}$와 $\mathbf{V}$의 스칼라곱은 $\mathbf{V}$의 크기 V에 $\mathbf{S}$의 $\mathbf{V}$ 방향 투영을 곱한 것과 같다. 그러므로 그림 2.4.2.7과 같이 $\mathbf{S}$, $\mathbf{P}$, $\mathbf{Q}$를 변으로 하는 평행육면체에서 벡터곱 $\mathbf{P}\times\mathbf{Q}=\mathbf{V}$는 평행사변형의 면적(평행육면체의 밑면)이고 $\mathbf{S}$의 $\mathbf{V}$ 방향 투영은 평행

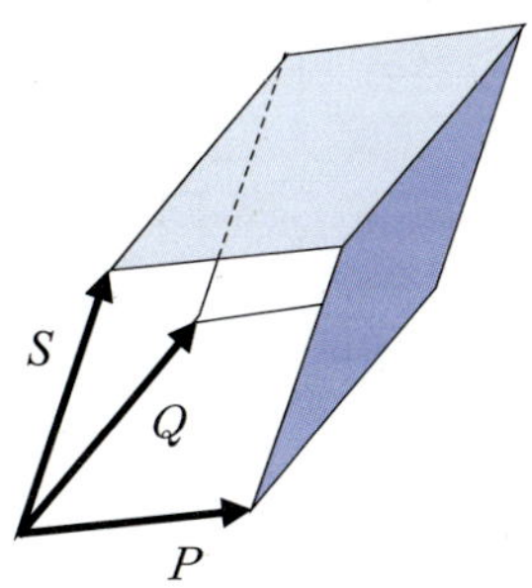

그림 2.4.2.7

육면체의 높이가 되며 기하학적으로 혼합3중곱의 절대값은 평행육면체의 체적이 되므로 **S**, **P**, **Q**가 동일한 평면상에 위치하면 혼합3중곱은 0이 된다.

S · (**P** × **Q**)의 혼합3중곱에서 **P**가 **Q**에 겹치도록 하는 회전방향이 **S**의 종점에서 보아 반시계방향이면 오른손법칙에 의해 **P**×**Q** = **V**와 **S**의 작용선이 예각을 형성하므로 혼합3중곱의 결과는 양이다. 반면 회전방향이 **S**의 종점에서 보아 시계방향이면 **V**와 **S**의 작용선이 둔각을 형성하므로 혼합3중곱의 결과는 음이다. 평행육면체의 크기는 세 벡터의 순서와는 무관하므로 **S**, **P**, **Q**에 의한 여섯 개의 혼합3중곱은 절대값은 동일하나 부호는 아래 식과 같이 다르다.

$$\begin{aligned}&\mathbf{S}\cdot(\mathbf{P}\times\mathbf{Q}) = \mathbf{P}\cdot(\mathbf{Q}\times\mathbf{S}) = \mathbf{Q}\cdot(\mathbf{S}\times\mathbf{P})\\ &= -\mathbf{S}\cdot(\mathbf{Q}\times\mathbf{P}) = -\mathbf{P}\cdot(\mathbf{S}\times\mathbf{Q}) = -\mathbf{Q}\cdot(\mathbf{P}\times\mathbf{S})\end{aligned} \tag{2.4.2.12}$$

또한 식 (2.4.2.12)의 **Q** · (**S** × **P**)는 스칼라곱의 교환법칙에 의해서 (**S** × **P**) · **Q**이므로 **S** · (**P** × **Q**) = (**S** × **P**) · **Q**의 관계식이 성립한다. **S** · (**P** × **Q**)를 각 벡터의 직각성분으로 표기하기 위해 먼저 **S**와 **V**(= **P**×**Q**)의 스칼라곱을 직각성분으로 표기하면

$$\mathbf{S}\cdot(\mathbf{P}\times\mathbf{Q}) = \mathbf{S}\cdot\mathbf{V} = S_x V_x + S_y V_y + S_z V_z$$

식 (2.4.2.4)에 제시한 **V**의 직각성분을 대입하면

$$\mathbf{S}\cdot(\mathbf{P}\times\mathbf{Q}) = S_x(P_yQ_z - P_zQ_y) + S_y(P_zQ_x - P_xQ_z) + S_z(P_xQ_y - P_yQ_x)$$

이 식은 다음과 같이 행렬식으로 표기할 수 있다.

$$\mathbf{S}\cdot(\mathbf{P}\times\mathbf{Q}) = \begin{vmatrix} S_x & S_y & S_z \\ P_x & P_y & P_z \\ Q_x & Q_y & Q_z \end{vmatrix} \tag{2.4.2.13}$$

그림 2.4.2.8과 같이 A점에 작용하는 힘 **F**에 의해 O점에 발생한 모멘트가 $\mathbf{M}^O$인 경우 O점을 통과하는 임의의 OL축에 발생하는 모멘트 $\mathbf{M}^{OL}$은 $\mathbf{M}^O$의 OL축 방향 투영이므로 OL축 방향의 단위벡터 $\boldsymbol{\lambda}$를 사용하여 다음과 같이 혼합3중곱으로 구할 수 있다.

$$M^{OL} = \boldsymbol{\lambda}\cdot\mathbf{M}^O = \boldsymbol{\lambda}\cdot(\mathbf{r}_{A/O}\times\mathbf{F}) \tag{2.4.2.14}$$

식 (2.4.2.13)과 같이 M^{OL}을 행렬식으로 표기하면

$$M^{OL} = \begin{vmatrix} \lambda_x & \lambda_y & \lambda_z \\ x_A & y_A & z_A \\ F_x & F_y & F_z \end{vmatrix} \tag{2.4.2.15}$$

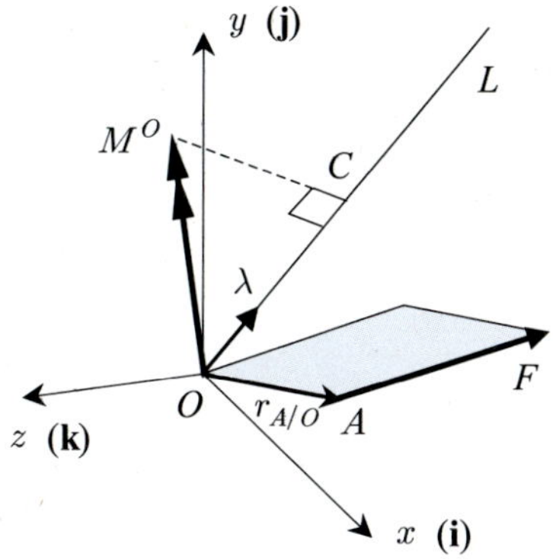

그림 2.4.2.8

여기서 λ_x, λ_y, λ_z는 OL축의 방향코사인($\boldsymbol{\lambda}$의 직각성분)이고 x_A, y_A, z_A는 위치벡터 $\mathbf{r}_{A/O}$의 직각성분(A의 좌표)이며 F_x, F_y, F_z는 $\mathbf{F}$의 직각분력이다. M^{OL}은 $\mathbf{M}^O$의 OL축 방향 직각분력의 크기이므로 $\mathbf{F}$에 의해 OL축에 발생하는 회전력의 크기를 의미한다. 그러므로 식 (2.4.2.15)의 λ_x, λ_y, λ_z를 단위벡터 $\mathbf{i}$, $\mathbf{j}$, $\mathbf{k}$로 대체하면 $\mathbf{F}$에 의해 좌표축의 원점(O점)에 발생하는 모멘트 $\mathbf{M}^O$를 직각분력으로 표기한 $M_x\mathbf{i} + M_y\mathbf{j} + M_z\mathbf{k}$와 같다. F_x, F_y, F_z가 각각 x, y, z축 방향으로 강체를 이동시키고자 하는 이동력의 크기를 의미하는 것과 같이 M_x, M_y, M_z는 각각 x, y, z축을 회전축으로 강체를 회전시키고자 하는 회전력의 크기를 의미한다.

예제 2.4.2.4

B에서 C로 향하는 크기 500N의 힘 $\mathbf{P}$에 의해 E점에 발생하는 모멘트 $\mathbf{M}^E$를 1) 위치벡터 $\mathbf{r}_{B/E}$를 사용하여 구하고 2) $\mathbf{M}^E$의 ED축 방향 분력을 구하시오.

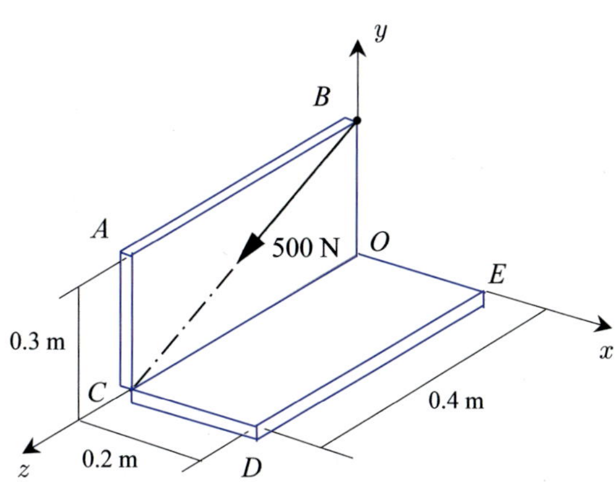

그림 예2.4.2.4

해설 힘 **P**에 의해 E점에 발생하는 모멘트를 구하기 위해서는 **P**를 크기와 방향으로 표기해야 한다. $B(0,\ 0.3,\ 0)$에서 $C(0,\ 0,\ 0.4)$로 향하는 벡터 $\overrightarrow{BC}$의 직각성분과 길이 d는

$$d_x = 0\ ,\ d_y = -0.3\,\mathrm{m}\ ,\ d_z = 0.4\,\mathrm{m}\quad ;\quad d = \sqrt{0^2+(-0.3)^2+0.4^2} = 0.5\,(\mathrm{m})$$

BC 방향 단위벡터 $\boldsymbol{\lambda}_{BC}$는

$$\boldsymbol{\lambda}_{BC} = \frac{-0.3\mathbf{j}+0.4\mathbf{k}}{0.5} = -0.6\mathbf{j}+0.8\mathbf{k}$$

P를 크기와 방향으로 표기하면

$$\mathbf{P} = P\times \boldsymbol{\lambda}_{BC} = 500\times(-0.6\mathbf{j}+0.8\mathbf{k}) = -300\mathbf{j}+400\mathbf{k}\,(\mathrm{N})$$

1) $E(0.2,\ 0,\ 0)$에서 $B(0,\ 0.3,\ 0)$로 향하는 위치벡터 $\mathbf{r}_{B/E}$는 $-0.2\mathbf{i}+0.3\mathbf{j}\,(\mathrm{m})$이므로 E점에 발생하는 모멘트 $\mathbf{M}^E$는

$$\mathbf{M}^{\mathrm{E}} = \mathbf{r}_{\mathrm{B/E}}\times\mathbf{P} = (-0.2\mathbf{i}+0.3\mathbf{j})\times(-300\mathbf{j}+400\mathbf{k})$$
$$= 120\mathbf{i}+80\mathbf{j}+60\mathbf{k}\,(\mathrm{N}\cdot\mathrm{m})$$

2) ED축 방향은 z축 방향과 일치하므로 단위벡터는 $\boldsymbol{\lambda}_{ED} = \mathbf{k}$이고 $\mathbf{M}^E$의 ED축 방향 분력은 스칼라곱으로부터

$$M^{ED} = \boldsymbol{\lambda}_{\mathrm{ED}}\cdot\mathbf{M}^{\mathrm{E}} = \mathbf{k}\cdot(120\mathbf{i}+80\mathbf{j}+60\mathbf{k}) = 60\,(\mathrm{N}\cdot\mathrm{m})$$

계산결과는 혼합3중곱을 사용하여 검토할 수 있다.

$$M^{ED} = \boldsymbol{\lambda}_{ED}\cdot(\mathbf{r}_{B/E}\times\mathbf{P})$$
$$= \begin{vmatrix} 0 & 0 & 1 \\ -0.2 & 0.3 & 0 \\ 0 & -300 & 400 \end{vmatrix}$$
$$= (-0.2)\times(-300) = 60\,(\mathrm{N}\cdot\mathrm{m})$$

예제 2.4.2.5

그림 예2.4.2.5와 같이 구조물 $ABCD$의 B점에 25 kN의 하중 **P**가 작용하고 있다. **P**에 의해 1) CF축 및 2) OC축 방향으로 발생하는 모멘트를 구하시오.

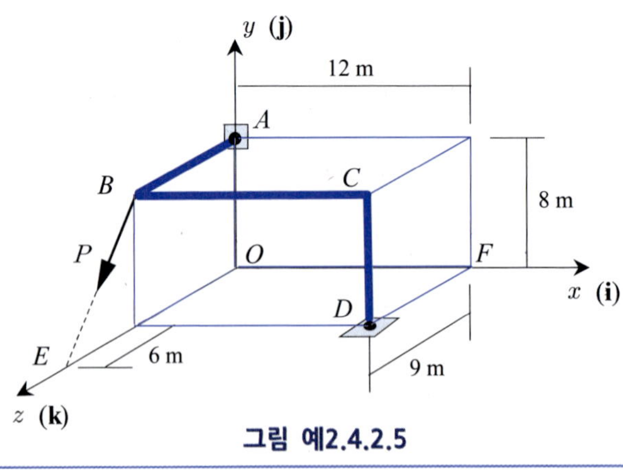

그림 예2.4.2.5

해설 힘 $\mathbf{P}$에 의해 C점에 발생하는 모멘트를 구하기 위해서는 $\mathbf{P}$를 크기와 방향으로 표기해야 한다. BE 방향 단위벡터 $\boldsymbol{\lambda}_{BE}$는 $E(0,\ 0,\ 15)$와 $B(0,\ 8,\ 9)$로부터

$$\boldsymbol{\lambda}_{BE} = \frac{-8\mathbf{j}+6\mathbf{k}}{\sqrt{(-8)^2+6^2}} = -0.8\mathbf{j}+0.6\mathbf{k}$$

$\mathbf{P}$를 크기와 방향으로 표기하면

$$\mathbf{P} = P \times \boldsymbol{\lambda}_{BE} = 25 \times (-0.8\mathbf{j}+0.6\mathbf{k}) = -20\mathbf{j}+15\mathbf{k}(\text{kN})$$

$B(0,\ 8,\ 9)$와 $C(12,\ 8,\ 9)$로부터 위치벡터 $\mathbf{r}_{B/C}$는 $-12\mathbf{i}(\text{m})$이므로 $\mathbf{M}^C$는

$$\mathbf{M}^C = \mathbf{r}_{B/C} \times \mathbf{P} = (-12\mathbf{i}) \times (-20\mathbf{j}+15\mathbf{k}) = 240\mathbf{k}+180\mathbf{j}\ (\text{kN}\cdot\text{m})$$

1) CF축 방향 단위벡터는 $F(12,\ 0,\ 0)$와 $C(12,\ 8,\ 9)$로부터

$$\boldsymbol{\lambda}_{CF} = \frac{-8\mathbf{j}-9\mathbf{k}}{\sqrt{(-8)^2+(-9)^2}} = -0.664\mathbf{j}-0.747\mathbf{k}$$

$\mathbf{M}^C$의 CF축 방향 분력은 스칼라곱을 적용하여

$$M^{CF} = \boldsymbol{\lambda}_{CF} \cdot \mathbf{M}^C = (-0.664\mathbf{j}-0.747\mathbf{k}) \cdot (180\mathbf{j}+240\mathbf{k}) = -299(\text{kN}\cdot\text{m})$$

계산결과는 혼합3중곱을 사용하여 검토할 수 있다.

$$\begin{aligned} M^{CF} &= \boldsymbol{\lambda}_{CF} \cdot (\mathbf{r}_{B/C} \times \mathbf{P}) \\ &= \begin{vmatrix} 0 & -0.664 & -0.747 \\ -12 & 0 & 0 \\ 0 & -20 & 15 \end{vmatrix} \\ &= (-0.747) \times (-12) \times (-20) - (-0.664) \times (-12) \times (15) \\ &= -299(\text{N}\cdot\text{m}) \end{aligned}$$

2) OC축 방향 단위벡터는 $C(12,\ 8,\ 9)$와 원점으로부터

$$\boldsymbol{\lambda}_{OC} = \frac{12\mathbf{j}+8\mathbf{j}+9\mathbf{k}}{\sqrt{12^2+8^2+9^2}} = 0.706\mathbf{i}+0.471\mathbf{j}+0.529\mathbf{k}$$

$\mathbf{M}^C$의 OC축 방향 분력은 스칼라곱을 적용하여

$$M^{OC} = \boldsymbol{\lambda}_{OC} \cdot \mathbf{M}^C = (0.706\mathbf{i}+0.471\mathbf{j}+0.529\mathbf{k}) \cdot (180\mathbf{j}+240\mathbf{k}) = 212(\text{kN}\cdot\text{m})$$

계산결과는 혼합3중곱을 사용하여 검토할 수 있다.

$$\begin{aligned} M^{OC} &= \boldsymbol{\lambda}_{OC} \cdot (\mathbf{r}_{B/C} \times \mathbf{P}) \\ &= \begin{vmatrix} 0.706 & 0.471 & 0.529 \\ -12 & 0 & 0 \\ 0 & -20 & 15 \end{vmatrix} \\ &= (0.529) \times (-12) \times (-20) - (0.471) \times (-12) \times (15) \\ &= 212(\text{kN}\cdot\text{m}) \end{aligned}$$

그림 2.4.2.9에서 A 점에 작용하는 힘 $\mathbf{F}$ 에 의해 임의의 BL 축에 발생하는 모멘트의 크기를 산정하는 경우 BL 축과 A 점을 연결하는 위치벡터를 BL 축상의 어떠한 점을 선택하여 사용해도 결과가 동일하다는 것은 다음과 같이 입증할 수 있다. $\mathbf{F}$ 에 의해 임의의 점 B 에 발생하는 모멘트 $\mathbf{M}^B$를 구하고 BL 축으로 투영하는 혼합3중곱은

$$M^{BL} = \boldsymbol{\lambda} \cdot \mathbf{M}^B = \boldsymbol{\lambda} \cdot (\mathbf{r}_{A/B} \times \mathbf{F})$$

여기서 $\mathbf{r}_{A/B} = \mathbf{r}_{A/O} - \mathbf{r}_{B/O}$는 B에서 A로 향하는 위치벡터이고 $\boldsymbol{\lambda}$는 BL 축 방향 단위벡터이다.

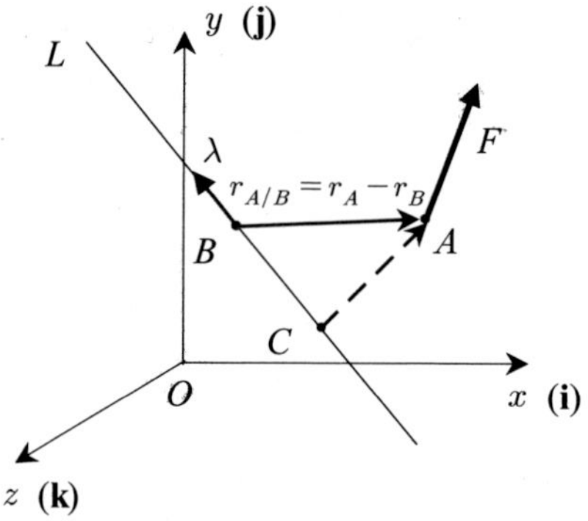

그림 2.4.2.9

M^{BL}을 행렬식으로 표기하면

$$M^{BL} = \begin{vmatrix} \lambda_x & \lambda_y & \lambda_z \\ x_{A/B} & y_{A/B} & z_{A/B} \\ F_x & F_y & F_z \end{vmatrix}$$

λ_x, λ_y, λ_z 는 BL 축의 방향코사인($\boldsymbol{\lambda}$ 의 직각성분)이고 $x_{A/B}$, $y_{A/B}$, $z_{A/B}$는 위치벡터 $\mathbf{r}_{A/B}$의 직각성분으로 $x_{A/B} = x_A - x_B$, $y_{A/B} = y_A - y_B$, $z_{A/B} = z_A - z_B$이며 F_x, F_y, F_z 는 힘 $\mathbf{F}$ 의 직각분력이다. 그림 2.4.2.9에서 C점을 선택하면 M^{CL}은

$$M^{CL} = \boldsymbol{\lambda} \cdot [(\mathbf{r}_{A/O} - \mathbf{r}_{C/O}) \times \mathbf{F}]$$

여기서 $\mathbf{r}_{A/O} - \mathbf{r}_{C/O} = (\mathbf{r}_{A/O} - \mathbf{r}_{B/O}) + (\mathbf{r}_{B/O} - \mathbf{r}_{C/O})$이므로

$$M^{CL} = \boldsymbol{\lambda} \cdot [(\mathbf{r}_{A/O} - \mathbf{r}_{B/O}) \times \mathbf{F}] + \boldsymbol{\lambda} \cdot [(\mathbf{r}_{B/O} - \mathbf{r}_{C/O}) \times \mathbf{F}]$$

우변의 두 번째 항에서 $\boldsymbol{\lambda}$와 $\mathbf{r}_{B/O} - \mathbf{r}_{C/O} = \mathbf{r}_{B/C}$는 동일한 작용선을 갖는 벡터이므로 세

벡터에 의한 혼합3중곱의 절대값인 $\boldsymbol{\lambda}$, $\mathbf{r}_{B/C}$, $\mathbf{F}$를 변으로 하는 평행육면체의 체적은 0이다. 이로부터 M^{CL}은 우변의 첫 번째 항이고 이는 M^{BL}과 동일하다는 것을 확인할 수 있다.

예제 2.4.2.6

예제 2.4.2.4에서 구한 $\mathbf{M}^E$의 EC축 방향 분력을 구하시오.

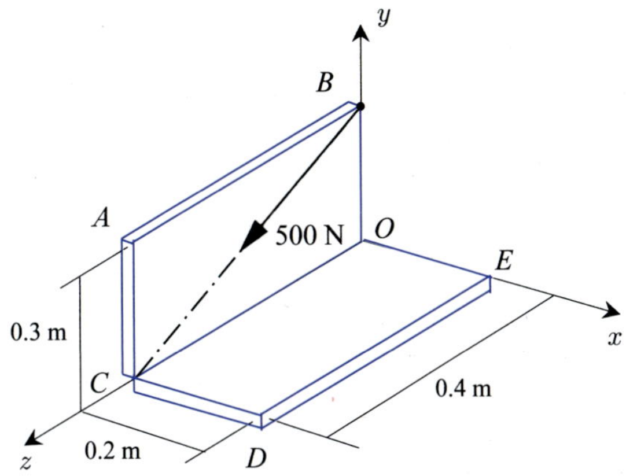

그림 예2.4.2.4

해설 EC축 방향 단위벡터는 $C(0,\ 0,\ 0.4)$와 $E(0.2,\ 0,\ 0)$로부터

$$\boldsymbol{\lambda}_{EC} = \frac{-0.2\mathbf{i}+0.4\mathbf{k}}{\sqrt{(-0.2)^2+0.4^2}}$$

예제 2.4.2.4에서 구한 모멘트 $\mathbf{M}^E$는 $120\mathbf{i}+80\mathbf{j}+60\mathbf{k}(\mathrm{N}\cdot\mathrm{m})$이므로 EC축 방향 분력의 크기는 스칼라곱을 적용하여

$$M^{EC} = \boldsymbol{\lambda}_{EC}\cdot\mathbf{M}^E = \frac{(-0.2\mathbf{i}+0.4\mathbf{k})\cdot(120\mathbf{i}+80\mathbf{j}+60\mathbf{k})}{\sqrt{(-0.2)^2+0.4^2}}$$
$$= \frac{-24+24}{\sqrt{(-0.2)^2+0.4^2}} = 0$$

EC축은 이동력 500 N의 작용선과 C점에서 교차하는 직선이므로 $\mathbf{P}$에 의해 EC축에 발생하는 모멘트는 0이다. 그러므로 EC축의 E점(임의 점)에서 구한 $\mathbf{M}^E$로부터 EC축 상의 모멘트분력을 구해도 동일한 결과를 제시한다는 것을 확인할 수 있다.

2.4.3 짝힘

그림 2.4.3.1과 같이 크기가 같고 작용선이 평행하며 방향이 다른 두 힘 $\mathbf{F}$와 $-\mathbf{F}$를 짝힘(couple)이라 한다. 이와 같은 짝힘의 경우 두 힘의 작용선 방향의 합 또는 임의 방향 분

력의 합은 0이지만 두 힘에 의한 모멘트는 0이 아니다. $\mathbf{r}_{A/O}$와 $\mathbf{r}_{B/O}$를 각각 $\mathbf{F}$와 $-\mathbf{F}$의 작용점 A, B의 위치벡터로 표기하면 $\mathbf{F}$와 $-\mathbf{F}$에 의해 O점에 발생하는 모멘트는

$$\mathbf{r}_{A/O}\times\mathbf{F}+\mathbf{r}_{B/O}\times(-\mathbf{F})=(\mathbf{r}_{A/O}-\mathbf{r}_{B/O})\times\mathbf{F}$$

$\mathbf{r}_{A/O}-\mathbf{r}_{B/O}=\mathbf{r}_{A/B}$ 이고 $\mathbf{r}_{A/B}$는 작용점 A와 B를 연결하는 벡터이므로 $\mathbf{F}$와 $-\mathbf{F}$에 의해 O점에 발생하는 모멘트는 $\mathbf{M}=\mathbf{r}_{A/B}\times\mathbf{F}$ 이고 이로부터 모멘트 $\mathbf{M}$이 O점과는 무관하게 결정된다는 것을 알 수 있다. $\mathbf{M}$의 작용선은 짝힘이 구성하는 평면에 수직이고 방향은 오른손법칙에 의해 결정되며 크기는

$$M=r_{A/B}F\sin\theta=Fd \tag{2.4.3.1}$$

여기서 d는 짝힘의 작용선 간 수직거리이고 이와 같은 모멘트 $\mathbf{M}$을 짝힘모멘트(moment of a couple)라 한다.

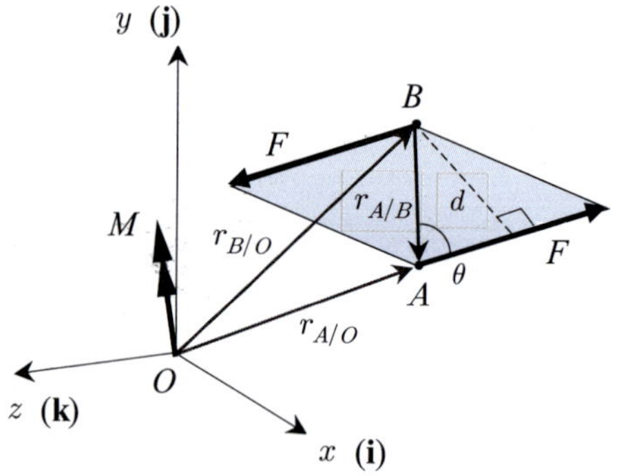

그림 2.4.3.1

그림 2.4.3.2에는 직육면체에 작용하는 서로 다른 짝힘이 제시되어 있다. (1)과 (2)는 xz평면에 작용하는 짝힘이고 (3)은 xz평면과 평행한 평면에 작용하는 짝힘이다. (1)의 x축 방향 짝힘과 (2)의 z축 방향 짝힘에 의한 짝힘모멘트의 크기는 30 kN · m이고 방향은 양의 y축 방향으로 동일하다. 짝힘의 크기와 방향은 다르나 짝힘모멘트의 크기와 방향이 동일하므로 (1)과 (2)의 두 짝힘은 등가이다. 작용평면은 동일하지 않으나 (3)의 경우 또한 짝힘모멘트의 크기가 30 kN · m이고 양의 y축 방향이므로 (1), (2), (3)의 세 짝힘은 모두 등가이다. 이로부터 한 평면 또는 평행한 평면에 작용하는 $\mathbf{F}_1$과 $-\mathbf{F}_1$(수직거리 d_1) 및 $\mathbf{F}_2$와 $-\mathbf{F}_2$(수직거리 d_2)의 두 짝힘에 의한 짝힘모멘트 $\mathbf{M}_1$, $\mathbf{M}_2$의 크기가 $F_1d_1=F_2d_2$로 동일하고 방향 또한 동일하면 물체에는 동일한 회전이 발생하므로 $\mathbf{M}_1$, $\mathbf{M}_2$는 등가임을 알 수 있다. 그림 2.4.3.2의 (1), (3) 또는 (2), (3)과 같이 평행한 평면에 각각 같은 크기와 방향으로 작용하는 두 짝힘모멘트(회전력)가 등가라는 것은 이동력의 경우 작용점을 작용선상의

다른 점으로 변경해도 물체에 발생하는 이동효과가 동일하다는 전달성 원리와 같다. 회전력의 경우 또한 작용점(임의 평면)을 회전력의 작용선 상 다른 점(임의 평면과 평행한 평면)으로 변경해도 물체에 발생하는 회전효과는 동일하다는 것이다. 그림 2.4.3.2의 (1), (2)와 같이 회전력은 한 평면에서 작용위치를 변경해도 등가이므로 크기와 방향만 동일하다면 회전력은 작용점의 공간상 위치와는 관계없이 등가이다.

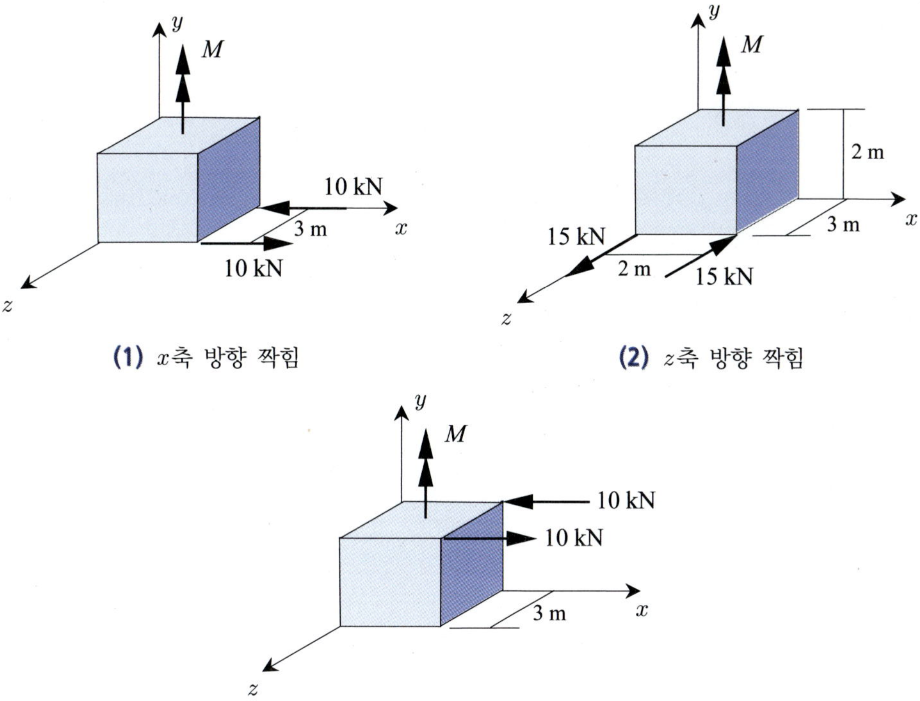

(1) x축 방향 짝힘

(2) z축 방향 짝힘

(3) x축 방향 짝힘(xz평면과 평행한 평면)

그림 2.4.3.2

예제 2.4.3.1

길이 1 m의 강봉에 작용하는 1000 N의 짝힘에 의해 발생하는 모멘트를 구하시오.

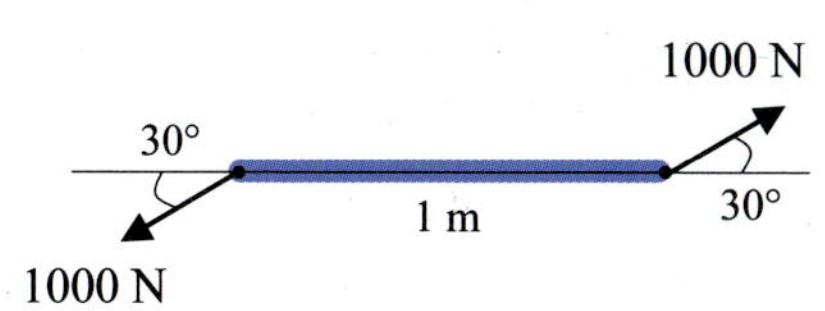

그림 예2.4.3.1

해설 짝힘의 작용선 간 수직거리(모멘트의 팔)는 $0.5\,\mathrm{m}(=1\times\sin 30^\circ)$이므로 짝힘에 의한 모멘트의 크기와 방향은

$$M = 1000 \times 0.5 = 500\,(\mathrm{N \cdot m}) \quad ; \quad \text{반시계방향}$$

예제 2.4.3.2

직사각형의 꼭짓점 B와 D에 작용하는 80 N의 짝힘에 의한 모멘트를 직각분력을 사용하여 구하고 짝힘 간 수직거리를 구하시오.

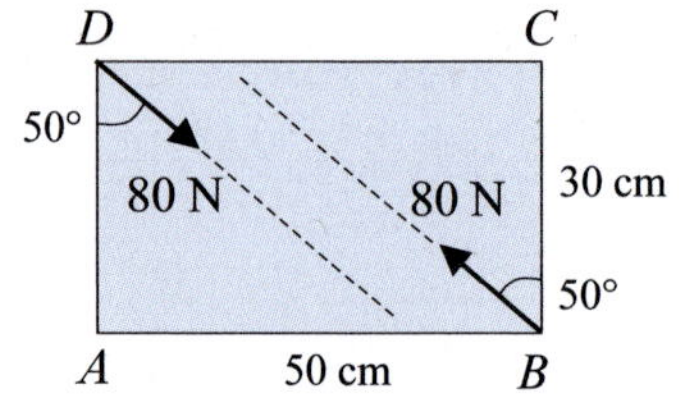

그림 예2.4.3.2(1)

해설 꼭짓점 B와 D에 작용하는 짝힘을 그림 예2.4.3.2(2)와 같이 직각분력으로 분해하면

$$80\cos 50^\circ = 51.42\,(\mathrm{N}) \quad ; \quad 80\sin 50^\circ = 61.28\,(\mathrm{kN})$$

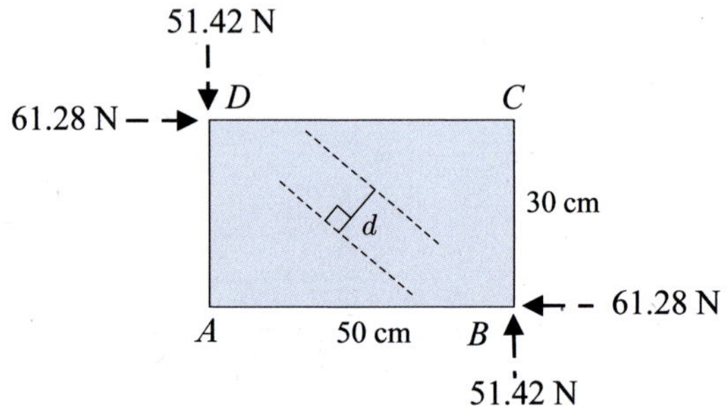

그림 예2.4.3.2(2)

51.42 N 짝힘의 수직거리인 모멘트의 팔은 0.5 m이고 방향은 반시계방향이다. 61.28 N 짝힘의 수직거리인 모멘트의 팔은 0.3 m이고 방향은 시계방향이므로 합력의 크기와 방향은

$$M = 51.42\times 0.5 - 61.28\times 0.3 = 7.33\,(\mathrm{N\cdot m}) \quad ; \quad \text{반시계방향}$$

이 결과는 꼭짓점 B 또는 D에 발생하는 모멘트를 산정하는 식을 구성하면 동일한 식이 된다는 것으로 검토할 수 있다.

$$M^B = 51.42\times 0.5 - 61.28\times 0.3 = 7.33\,(\mathrm{N\cdot m}) \quad ; \quad \text{반시계방향}$$
$$M^D = 51.42\times 0.5 - 61.28\times 0.3 = 7.33\,(\mathrm{N\cdot m}) \quad ; \quad \text{반시계방향}$$

그러므로 평면에 발생하는 회전력은 평면상 위치와는 무관하다는 것을 확인할 수 있으며 80 N의 짝힘 간 수직거리 d는 모멘트의 정의를 적용하여 다음과 같이 산정할 수 있다.

$$M = 80\times d = 7.33\,(\mathrm{N\cdot m}) \quad ; \quad d = 0.092\,\mathrm{m}$$

예제 2.4.3.3

윗면과 아랫면이 xz평면과 평행인 직육면체의 꼭짓점 A와 D에 x축 방향으로 크기 10kN의 짝힘이 작용하고 있다. 꼭짓점 E의 좌표는 (0, 3, 0)이다. (1) 윗면 꼭짓점 B, C에 발생하는 모멘트 $\mathbf{M}^B$, $\mathbf{M}^C$ 및 (2) 아랫면 꼭짓점 F, H에 발생하는 모멘트 $\mathbf{M}^F$, $\mathbf{M}^H$를 구하시오.

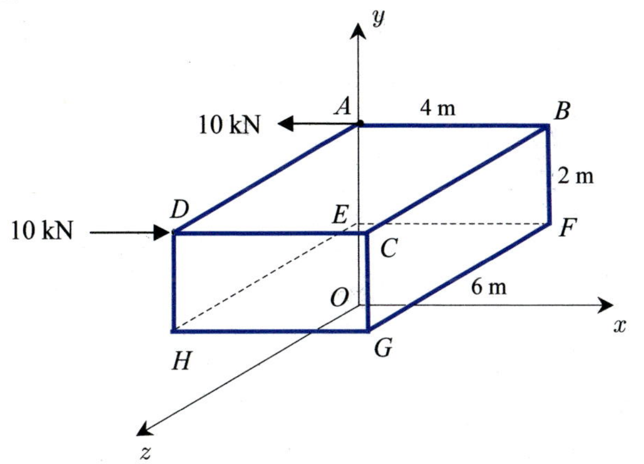

그림 예2.4.3.3

해설 (1) 꼭짓점 A와 D에 작용하는 짝힘은 각각 $-10\mathbf{i}$ (kN), $10\mathbf{i}$ (kN)이고 꼭짓점 B에 대한 위치벡터 $\mathbf{r}_{A/B}$, $\mathbf{r}_{D/B}$는 각각 $-4\mathbf{i}$(m), $-4\mathbf{i}+6\mathbf{k}$(m)이므로 모멘트 $\mathbf{M}^B$는

$$\begin{aligned}\mathbf{M}^B &= \mathbf{r}_{A/B}\times(-10\mathbf{i})+\mathbf{r}_{D/B}\times(10\mathbf{i})\\ &= (-4\mathbf{i})\times(-10\mathbf{i})+(-4\mathbf{i}+6\mathbf{k})\times(10\mathbf{i}) = 60\mathbf{j}\ (\text{kN}\cdot\text{m})\end{aligned}$$

꼭짓점 C에 대한 위치벡터 $\mathbf{r}_{A/C}$, $\mathbf{r}_{D/C}$는 각각 $-4\mathbf{i}-6\mathbf{k}$(m), $-4\mathbf{i}$(m)이므로 모멘트 $\mathbf{M}^C$는

$$\begin{aligned}\mathbf{M}^C &= \mathbf{r}_{A/C}\times(-10\mathbf{i})+\mathbf{r}_{D/C}\times(10\mathbf{i})\\ &= (-4\mathbf{i}-6\mathbf{k})\times(-10\mathbf{i})+(-4\mathbf{i})\times(10\mathbf{i}) = 60\mathbf{j}\ (\text{kN}\cdot\text{m})\end{aligned}$$

(2) 짝힘의 꼭짓점 F에 대한 위치벡터 $\mathbf{r}_{A/F}$, $\mathbf{r}_{D/F}$는 각각 $-4\mathbf{i}+2\mathbf{j}$(m), $-4\mathbf{i}+2\mathbf{j}+6\mathbf{k}$(m)이므로 모멘트 $\mathbf{M}^F$는

$$\begin{aligned}\mathbf{M}^F &= \mathbf{r}_{A/F}\times(-10\mathbf{i})+\mathbf{r}_{D/F}\times(10\mathbf{i})\\ &= (-4\mathbf{i}+2\mathbf{j})\times(-10\mathbf{i})+(-4\mathbf{i}+2\mathbf{j}+6\mathbf{k})\times(10\mathbf{i})\\ &= -20(-\mathbf{k})+20(-\mathbf{k})+60\mathbf{j}\\ &= 60\mathbf{j}\ (\text{kN}\cdot\text{m})\end{aligned}$$

꼭짓점 H에 대한 위치벡터 $\mathbf{r}_{A/H}$, $\mathbf{r}_{D/H}$는 각각 $2\mathbf{j}-6\mathbf{k}$(m), $2\mathbf{j}$(m)이므로 모멘트 $\mathbf{M}^H$는

$$\begin{aligned}\mathbf{M}^H &= \mathbf{r}_{A/H}\times(-10\mathbf{i})+\mathbf{r}_{D/H}\times(10\mathbf{i})\\ &= (2\mathbf{j}-6\mathbf{k})\times(-10\mathbf{i})+(2\mathbf{j})\times(10\mathbf{i})\\ &= -20(-\mathbf{k})+60\mathbf{j}+20(-\mathbf{k})\\ &= 60\mathbf{j}\ (\text{kN}\cdot\text{m})\end{aligned}$$

이 결과로부터 짝힘은 짝힘이 작용하는 평면상 임의의 점 또는 이 평면과 평행한 평면상 임의의 점에서 동일한 회전효과를 발생시키므로 공간상의 모든 점에서 회전효과가 동일하다는 것을 확인할 수 있다.

요점

물체의 움직임. 물체에 작용하는 힘(force)에 의해 발생하는 효과(effect)인 물체의 움직임(movement)은 이동(translation)과 회전(rotation)으로 구분하며 물체를 이동하는 힘을 이동력(translating force), 회전하는 힘을 회전력(rotating force) 또는 모멘트(moment)라 한다.

힘. 힘의 특성(characteristics of a force)이라고 하는 크기(magnitude), 방향(direction), 작용점(application point)으로 특정되는 힘은 벡터량(vector quantities)이다. 힘의 크기는 적합한 단위를 갖는 수로 표기하고 힘의 방향은 화살표가 있는 작용선(line of action)으로 표기하며 작용점은 힘이 작용하는 점이다. 그림 2.2.1.3은 2차원 평면의 힘 **F**를 표시한 것으로 F는 힘의 크기, 방향은 A에서 B로 향하는 방향, A는 작용점이다. 힘의 방향은 x축을 기준축으로 하여 기준축과 작용선의 방향이 이루는 반시계방향의 각 θ로 표기하며 도해법을 적용하는 경우 선분 AB의 길이로 힘의 크기를 제시할 수 있다.

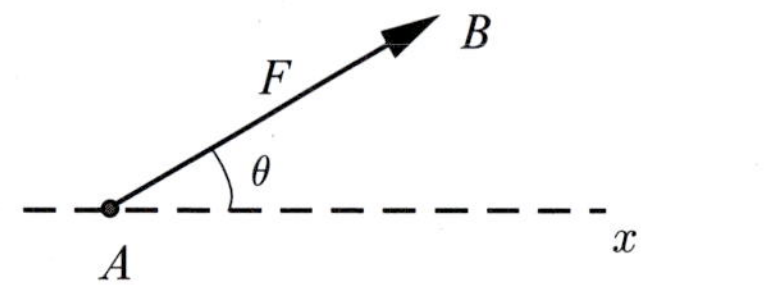

그림 2.2.1.3

벡터량과 스칼라량. 벡터량은 크기, 방향, 작용점으로 특정되며 기하학적으로 연산되는 수량이고 벡터량의 예로는 힘, 변위, 속도, 가속도 등이 있으며 기하학적 연산의 예로는 평행사변형법칙(parallelogram law)이 있다. 스칼라량은 크기로만 특정되고 대수적으로 연산되는 수량이며 스칼라량의 예로는 길이, 면적, 체적, 속력, 질량, 시간 등이 있다.

물체에 작용하는 힘. 힘은 두 물체 사이의 직접적인 물리적 접촉 또는 원격작용에 의해 발생한다. 일반적으로 구조물에 작용하는 힘은 직접 접촉에 의해 작용하며 구조물을 지지하는 지점의 힘은 접촉에 의해 전달되는 힘의 예다. 원격작용력의 대표적인 예는 지구의 만유인력으로 물체의 질량은 중력가속도에 의해 무게(자체중량; self-weight)라는 힘을 연직방향으로 발휘한다. 그림 2.2.1.2(1)에 제시한 단순보에서 보의 자중 w는 길이방향(부재축 방향)으로 작용하는 분포력(distributed force)으로 만유인력의 원격작용에 의한 힘이다. 분포력은 선, 면적 또는 부피에 분포하여 작용하는 힘을 의미한다. 반면 그림 2.2.1.2(2)는 이동력 P와 회전력 M이 외팔보에 집중하중으로 작용하는 예를 제시한 것으로 집중력(concentrated force)은 힘이 작용하는 면적이 물체의 전 표면적에 비해 무시할 정도로 작은 경우 힘이 한 점에 작용하는 것으로 간주한 것이다.

(1) 분포력 (2) 집중력

그림 2.2.1.2

평행사변형법. 평행사변형법(parallelogram law)은 그림 2.2.2.1과 같은 도해법으로 점 A에 작용하는 두 벡터 $\mathbf{P}$와 $\mathbf{Q}$가 인접변이 되는 평행사변형을 구성하면 점 A와 맞꼭짓점을 잇는 대각선이 $\mathbf{P}$와 $\mathbf{Q}$의 합력(resultant) $\mathbf{P}+\mathbf{Q}$가 된다.

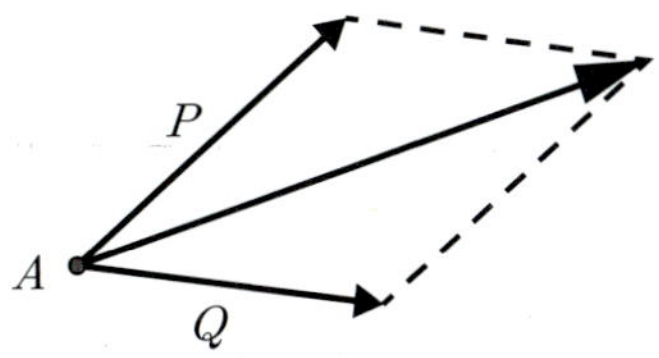

그림 2.2.2.1 P+Q

다각형법. 3개 이상 벡터의 각 시점과 종점을 연결하고 시작 벡터의 시점과 마지막 벡터의 종점을 연결하여 구성한 다각형으로 합력(resultant)을 구하는 방법을 다각형법(polygon rule)이라 하며 이 다각형을 힘의 다각형(force polygon)이라고 한다. 그러므로 한 점에 작용하는 여러 개의 힘으로 다각형을 구성하는 경우 시작 벡터의 시점과 마지막 벡터의 종점이 일치하면 합력은 0이라는 것을 의미한다.

분력. 한 점에 작용하는 두 벡터를 합하는 방법인 평행사변형법 또는 삼각형법을 역으로 적용하면 한 개의 벡터를 여러 개의 성분(component)으로 분해할 수 있다. 그림 2.2.2.5는 벡터 $\mathbf{F}$를 두 개의 성분 벡터 $\mathbf{P}$와 $\mathbf{Q}$로 분해한 것이며 두 성분벡터 중 하나가 주어지는 경우는 삼각형법으로 다른 하나를 결정할 수 있고 두 성분벡터의 방향이 주어지는 경우는 평행사변형법으로 성분벡터를 결정할 수 있다. 평행사변형은 임의로 구성할 수 있으므로 성분벡터의 조합 또한 임의로 결정할 수 있다. 이와 같은 방법으로 힘을 분해한 성분벡터를 분력(force component)이라고 하며 동일한 방법으로 성분벡터를 다시 분해할 수 있으므로 하나의 힘을 필요한 만큼 여러 개의 분력으로 분해할 수 있다.

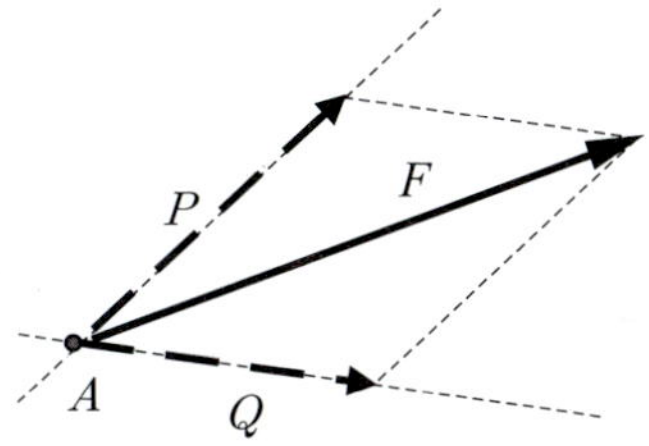

그림 2.2.2.5

직각좌표축. 물체의 움직임인 이동과 회전을 2차원 및 3차원에서 정의하기 위해서는 평면 및 공간상에서 위치를 정의할 수 있는 좌표축이 요구되며 가장 일반적으로 사용하는 좌표축은 직각좌표축으로 그림 2.2.3.1에 제시한 (1) $x-y$ 좌표축(평면역계)과 (2) $x-y-z$ 좌표축(공간역계)이다. $x-y-z$ 좌표축에 표기한 $\mathbf{i}$, $\mathbf{j}$, $\mathbf{k}$는 각 좌표축의 단위벡터이며 $\mathbf{i}$, $\mathbf{j}$, $\mathbf{k}$의 양의 방향은 오른손법칙(right hand rule)에 의해 정해져 있다.

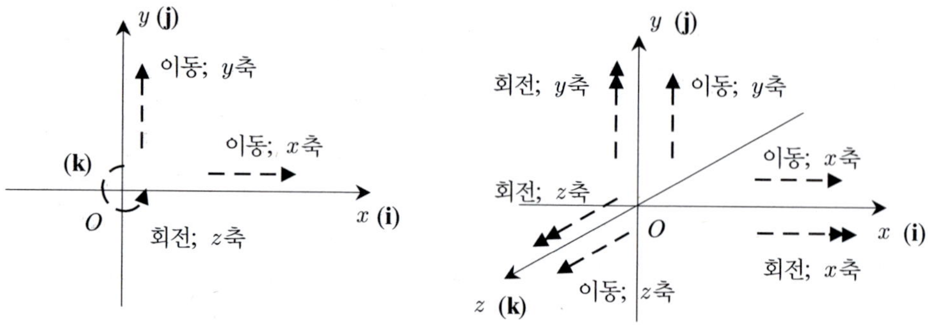

(1) $x-y$ 좌표축(평면역계) **(2)** $x-y-z$ 좌표축(공간역계)

그림 2.2.3.1 직각좌표축의 자유도

역계의 자유도. 직각좌표축에서 물체의 움직임은 각 좌표축의 이동(translation)과 회전(rotation)으로 구분하며 이들은 서로 독립적이다. 그림 2.2.3.1(2)에 제시한 3개의 축으로 구성된 3차원 공간상의 물체는 각 좌표축 방향으로 2개씩 6개의 자유도(degree of freedom)를 갖는 반면 그림 2.2.3.1(1)과 같이 2차원 xy평면에서 물체는 x축, y축의 이동과 xy평면에 수직인 z축의 회전 3개의 자유도를 갖는다.

평면력의 직각분력. 서로 독립적인 움직임인 자유도에 해당하는 분력이 될 수 있도록 직각좌표축의 좌표축 방향으로 분해한 분력을 직각분력(rectangular force component)이라고 하며 일반적으로 $x-y$ 좌표축을 사용한다. 그림 2.3.1.1에서 $\mathbf{F}_x$, $\mathbf{F}_y$는 각각 힘 $\mathbf{F}$의 x축과 y축 방향의 직각분력이고 양의 x축(기준축)과 작용선이 이루는 반시계방향의 각 θ는 방향각(direction angle)이다. 힘 $\mathbf{F}$는 직각분력 $\mathbf{F}_x$와 $\mathbf{F}_y$의 벡터합이므로

$$\mathbf{F} = \mathbf{F}_x + \mathbf{F}_y \quad ; \quad \mathbf{F} = F_x\mathbf{i} + F_y\mathbf{j} \tag{2.3.1.1 \& 2}$$

직각분력의 크기 $F_x = F\cos\theta$, $F_y = F\sin\theta$로부터 $\mathbf{F}$의 크기 F는

$$F = \sqrt{F_x^2 + F_y^2} \tag{2.3.1.4}$$

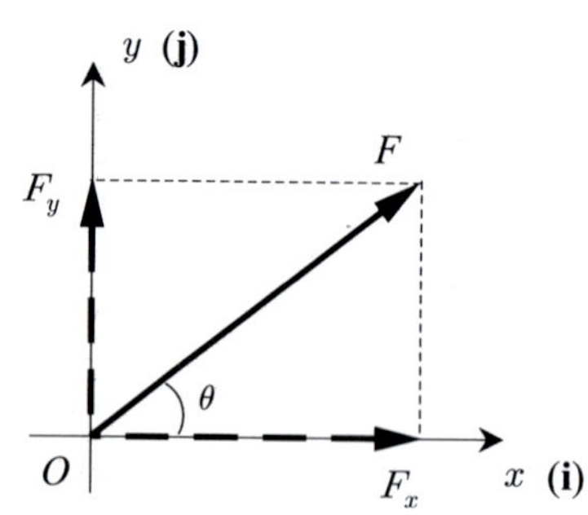

그림 2.3.1.1 직각분력

방향각 θ는 다음과 같이 결정할 수 있다.

$$\tan\alpha = \left|\frac{F_y}{F_x}\right| \quad : \quad \begin{cases} 1\text{ 사분면} \ ; & \theta = \alpha \\ 2\text{ 사분면} \ ; & \theta = 180^\circ - \alpha \\ 3\text{ 사분면} \ ; & \theta = 180^\circ + \alpha \\ 4\text{ 사분면} \ ; & \theta = 360^\circ - \alpha \end{cases} \tag{2.3.1.5}$$

공간력의 직각분력. 그림 2.3.2.3과 같이 직육면체를 구성하는 힘 $\mathbf{F}$와 직각분력 $\mathbf{F}_x$, $\mathbf{F}_y$, $\mathbf{F}_z$ 및 양의 x, y, z축과 $\mathbf{F}$의 작용선이 이루는 방향각 θ_x, θ_y, θ_z를 사용하면 직각삼각형 OAD, OAB, OAE로부터

$$F_x = F\cos\theta_x \ ; \quad F_y = F\cos\theta_y \ ; \quad F_z = F\cos\theta_z \tag{2.3.2.3}$$

여기서 $\cos\theta_x$, $\cos\theta_y$, $\cos\theta_z$는 방향코사인(direction cosine)으로 다음 관계식이 성립한다.

$$\cos^2\theta_x + \cos^2\theta_y + \cos^2\theta_z = 1 \tag{2.3.2.4}$$

직각분력의 크기 F_x, F_y, F_z가 주어지면 합력의 크기 F는

$$F = \sqrt{F_x^2 + F_y^2 + F_z^2} \tag{2.3.2.1}$$

방향코사인은 식 (2.3.2.3)으로부터

$$\cos\theta_x = \frac{F_x}{F} \ ; \quad \cos\theta_y = \frac{F_y}{F} \ ; \quad \cos\theta_z = \frac{F_z}{F} \tag{2.3.2.5}$$

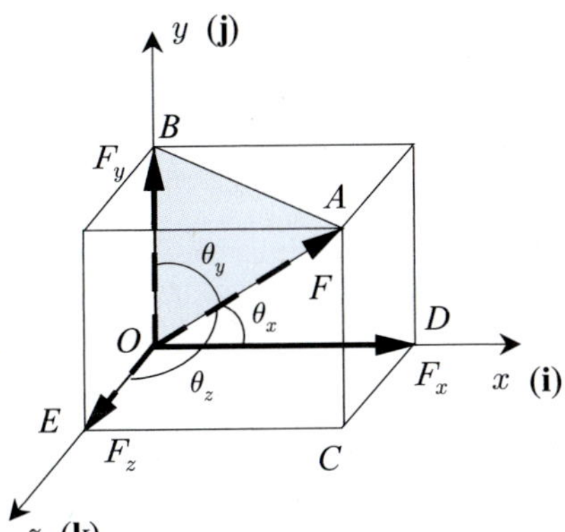

그림 2.3.2.3

공간력의 크기와 방향. 힘 $\mathbf{F}$를 단위벡터 $\mathbf{i}$, $\mathbf{j}$, $\mathbf{k}$와 직각분력으로 표기하고 식 (2.3.2.3)을 적용하면

$$\mathbf{F} = F_x\mathbf{i} + F_y\mathbf{j} + F_z\mathbf{k} = F\left(\cos\theta_x\mathbf{i} + \cos\theta_y\mathbf{j} + \cos\theta_z\mathbf{k}\right)$$

위 식은 힘 $\mathbf{F}$를 크기 F와 방향으로 표기한 것이므로 방향을 다음과 같이 정의하면 $\boldsymbol{\lambda}$는 크기 1인 $\mathbf{F}$ 방향의 단위벡터가 된다.

$$\boldsymbol{\lambda} = \cos\theta_x\mathbf{i} + \cos\theta_y\mathbf{j} + \cos\theta_z\mathbf{k} \tag{2.3.2.6}$$

그림 2.3.2.5와 같이 공간에 주어진 힘은 그 힘의 작용선상 두 점의 좌표에 의해 방향을 정의할 수 있

다. 힘 **F**의 시점과 종점이 각각 $M(x_1,\ y_1,\ z_1)$과 $N(x_2,\ y_2,\ z_2)$이면 벡터 $\overrightarrow{MN}$의 각 좌표축방향 성분과 크기는

$$d_x = x_2 - x_1,\ \ d_y = y_2 - y_1,\ \ d_z = z_2 - z_1;\ d = \sqrt{d_x^2 + d_y^2 + d_z^2}$$

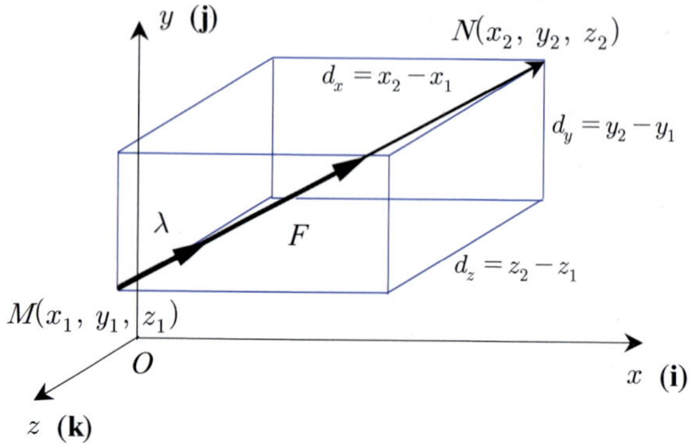

그림 2.3.2.5

벡터 $\overrightarrow{MN}$을 단위벡터 **i**, **j**, **k**로 표기하면 $\overrightarrow{MN} = d_x\mathbf{i} + d_y\mathbf{j} + d_z\mathbf{k}$이므로 방향 $\boldsymbol{\lambda}$는 $\overrightarrow{MN}$을 크기 $MN(=d)$으로 나누어 다음과 같이 구하고

$$\boldsymbol{\lambda} = \frac{\overrightarrow{MN}}{MN} = \frac{1}{d}(d_x\mathbf{i} + d_y\mathbf{j} + d_z\mathbf{k})$$

힘 **F**를 크기 F와 방향 $\boldsymbol{\lambda}$로 표기하면 $\mathbf{F} = F\boldsymbol{\lambda} = \frac{F}{d}(d_x\mathbf{i} + d_y\mathbf{j} + d_z\mathbf{k})$이므로 직각분력의 크기와 방향코사인은 다음과 같다.

$$F_x = \frac{Fd_x}{d}\ \ ;\ \ F_y = \frac{Fd_y}{d}\ \ ;\ \ F_z = \frac{Fd_z}{d}$$

$$\cos\theta_x = \frac{d_x}{d}\ \ ;\ \ \cos\theta_y = \frac{d_y}{d}\ \ ;\ \ \cos\theta_z = \frac{d_z}{d}$$

스칼라곱. 그림 2.3.2.6에 제시된 두 벡터 **P**, **Q**의 스칼라곱(scalar product)은 **P** · **Q**로 표기하며 다음 식과 같이 **P**, **Q**의 크기와 **P**, **Q**에 의해 형성되는 각 θ의 코사인을 곱하여 산정한다.

$$\mathbf{P}\cdot\mathbf{Q} = PQ\cos\theta \qquad (2.3.2.7)$$

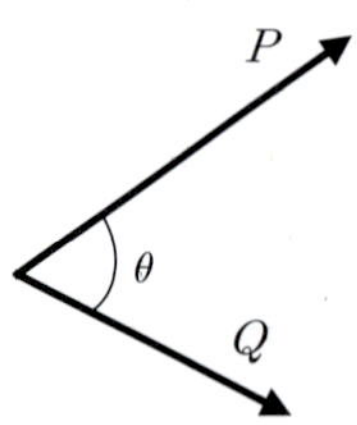

그림 2.3.2.6

P, Q의 직각성분과 단위벡터의 스칼라곱을 사용하면

$$\mathbf{P} \cdot \mathbf{Q} = P_x Q_x + P_y Q_y + P_z Q_z \tag{2.3.2.11}$$

P, Q의 스칼라곱 $PQ\cos\theta$는 식 (2.3.2.11)의 $P_x Q_x + P_y Q_y + P_z Q_z$와 동일하므로 P, Q의 사잇각 θ는 다음과 같이 구할 수 있다.

$$\cos\theta = \frac{P_x Q_x + P_y Q_y + P_z Q_z}{PQ} \tag{2.3.2.12}$$

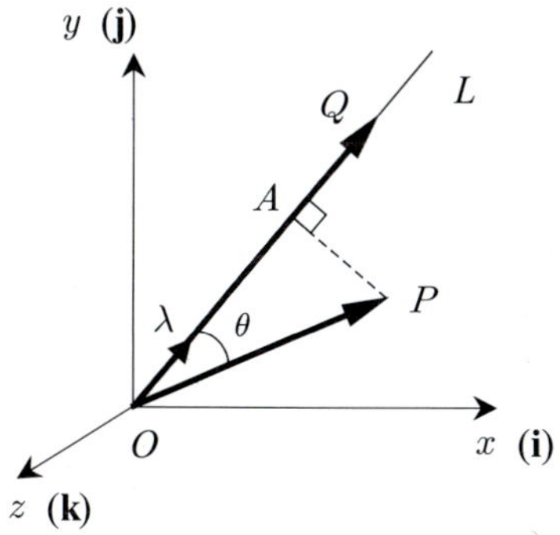

그림 2.3.2.7

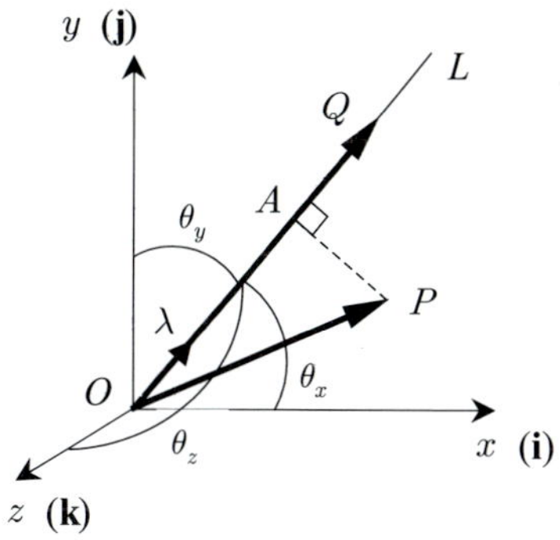

그림 2.3.2.8

벡터의 특정 축에 대한 투영. 그림 2.3.2.7에서 벡터 P의 OL 방향에 대한 투영 P^{OL}은 선분 $\overline{OA}$가 되므로 $P\cos\theta$와 같다. P^{OL}은 스칼라곱 $\mathbf{P} \cdot \mathbf{Q}$에서 Q를 OL 방향의 단위벡터 $\boldsymbol{\lambda}$로 대체한 것과 같으므로

$$P^{OL} = \frac{\mathbf{P} \cdot \mathbf{Q}}{Q} = \frac{P_x Q_x + P_y Q_y + P_z Q_z}{Q} = \mathbf{P} \cdot \boldsymbol{\lambda}$$

P와 $\boldsymbol{\lambda}$의 직각성분으로 표기하여 정리하면 식 (2.3.2.13)과 같고 여기서 θ_x, θ_y, θ_z는 그림 2.3.2.8과 같이 OL축의 방향각이므로 P^{OL}은 다음 식과 같이 구할 수 있다.

$$P^{OL} = \mathbf{P} \cdot \boldsymbol{\lambda} = P_x \cos\theta_x + P_y \cos\theta_y + P_z \cos\theta_z \tag{2.3.2.13}$$

평면상의 회전력. 그림 2.4.1.3 및 그림 2.4.1.4와 같이 2차원 평면에서 이동력 F와 −F에 의해 점 O에 발생하는 회전력(rotating force) 또는 모멘트(moment)라고 하는 $\mathbf{M}^O$와 $-\mathbf{M}^O$의 크기 M^O는 다음과 같다.

$$M^O = Fd \tag{2.4.1.1}$$

여기서 d는 점 O(모멘트 중심)와 작용선 간 수직거리로 모멘트의 팔이라 한다. 회전력의 작용선은 모멘트 중심과 이동력이 구성하는 평면에 수직한 축이므로 평면에서 회전 자유도는 평면에 수직한 축 하나이고 회전력의 방향은 오른손법칙에 의해 결정된다. xy평면에서 반시계방향 모멘트의 작용방향은 오른손법칙에 의해 양의 z축 방향(k)이고 시계방향 모멘트의 작용방향은 음의 z축 방향(−k)이므로 모멘트의 부호는 좌표축 방향에 의한 것이며 모멘트는 대수적으로 가감할 수 있다.

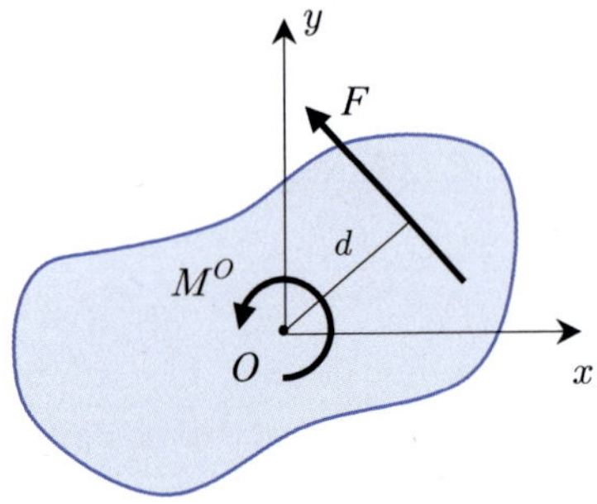

그림 2.4.1.3 M^O(반시계방향)

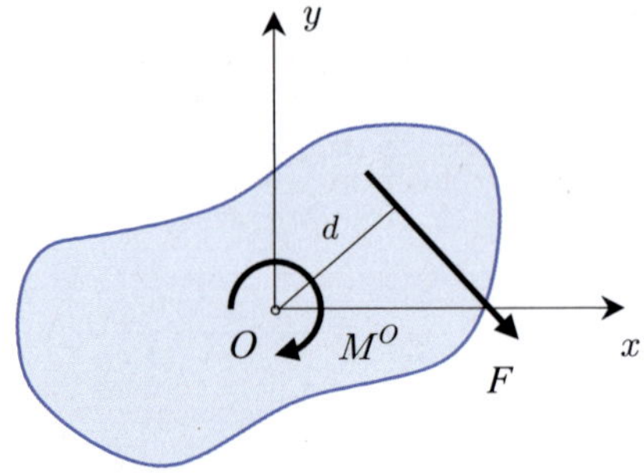

그림 2.4.1.4 $-M^O$(시계방향)

전달성 원리. 모멘트의 팔은 이동력의 작용점 위치와는 무관하고 작용선까지의 수직거리이므로 그림 2.4.1.5와 같이 A점에 작용하는 이동력 **F**를 작용선상의 B점으로 작용점을 변경해도 강체에 발생하는 움직임은 동일하다. 이를 전달성 원리(principle of transmissibility)라 하며 이동력에 의해 발생하는 모멘트를 산정하기 위해 적용할 수 있는 매우 유용한 방법이다.

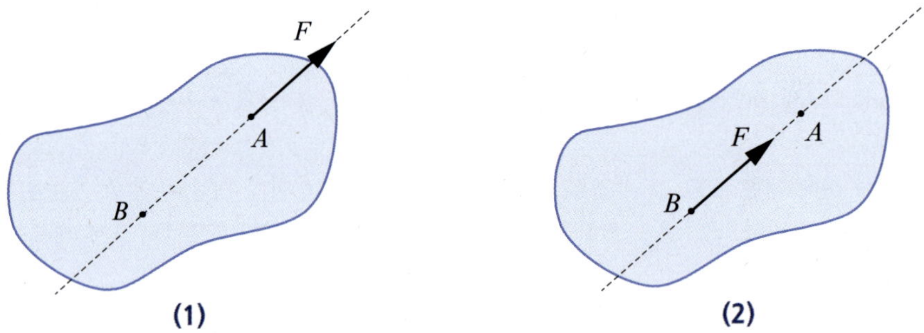

그림 2.4.1.5 전달성 원리

Varignon 정리. 그림 2.4.1.6과 같이 점 $A(x_A,\ y_A)$에 작용하는 이동력 **F**에 의해 O점에 발생하는 모멘트의 크기는 직각분력을 사용하면 $M^O = F_y x_A - F_x y_A$이다. 이를 Varignon 정리라 하고 분력에 의한 모멘트 합이 합력 **F**에 의한 모멘트와 동일하다는 것이다.

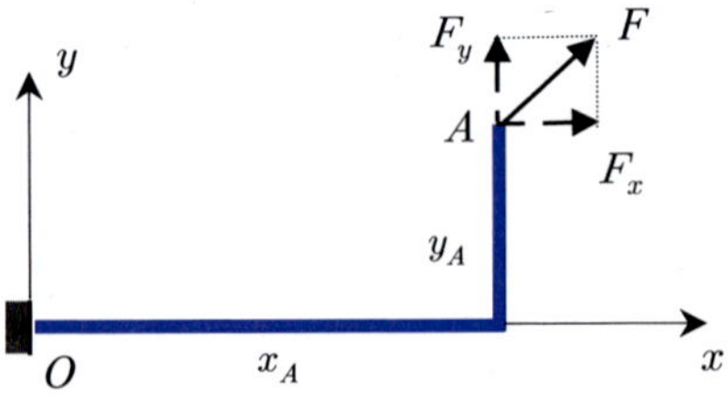

그림 2.4.1.6 Varignon 정리

공간상의 회전력. 그림 2.4.2.1과 같이 두 벡터 **P**, **Q**의 벡터곱은 벡터 **V**가 되며

$$\mathbf{V} = \mathbf{P} \times \mathbf{Q} \tag{2.4.2.1}$$

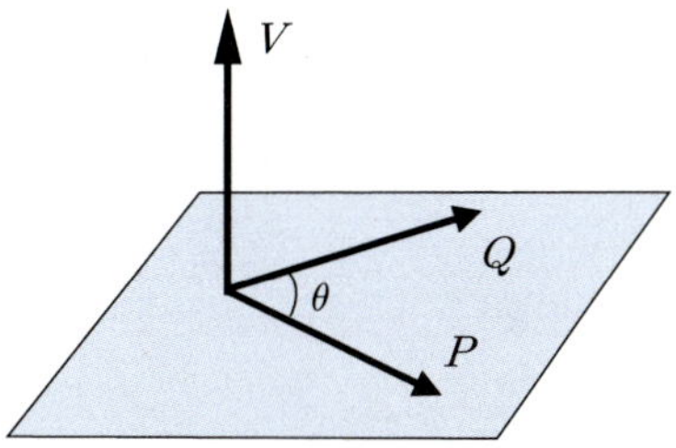

그림 2.4.2.1 벡터곱

V의 방향은 **P**에서 **Q**로 오른손 네 손가락을 감아쥐고 엄지손가락을 펼친 방향인 오른손법칙으로 결정하고 **V**의 크기는 **P**, **Q**의 크기와 **P**의 작용선 방향이 **Q**의 작용선 방향과 일치하도록 회전하는 180° 이하의 각 θ에 의해 다음 식과 같이 결정된다.

$$V = PQ\sin\theta \tag{2.4.2.2}$$

벡터곱의 크기 V는 기하학적으로 **P**와 **Q**를 두 변으로 하는 평행사변형의 면적이다. 벡터곱에서 교환법칙은 성립하지 않는다. 벡터곱 **P**×**Q**와 **Q**×**P**는 크기는 동일하나 오른손법칙에 의해 방향이 반대가 되므로 $\mathbf{P} \times \mathbf{Q} = -\mathbf{Q} \times \mathbf{P}$이다. 두 벡터 **P**, **Q**의 직각성분과 단위벡터의 벡터곱을 적용하면 **V**의 직각성분은

$$V_x = P_y Q_z - P_z Q_y \ ; \ V_y = P_z Q_x - P_x Q_z \ ; \ V_z = P_x Q_y - P_y Q_x \tag{2.4.2.4}$$

이로부터 **V**는 다음과 같이 행렬식으로 제시할 수 있다.

$$\mathbf{V} = \begin{vmatrix} \mathbf{i} & \mathbf{j} & \mathbf{k} \\ P_x & P_y & P_z \\ Q_x & Q_y & Q_z \end{vmatrix} \tag{2.4.2.5}$$

힘에 의해 임의의 점에 발생하는 모멘트. 그림 2.4.2.3과 같이 A점에 작용하는 힘 **F**에 의해 O점에 발생하는 모멘트 $\mathbf{M}^O$는 식 (2.4.2.1)에 의해

$$\mathbf{M}^O = \mathbf{r}_{A/O} \times \mathbf{F} \tag{2.4.2.6}$$

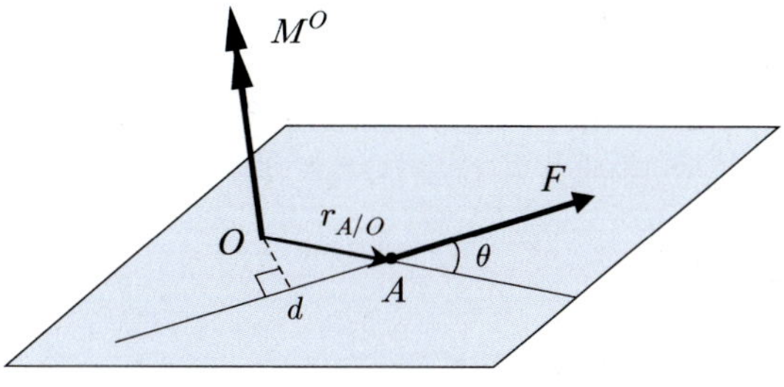

그림 2.4.2.3

$\mathbf{M}^{\mathrm{O}}$의 크기는 식 (2.4.2.2)로부터 $M^{O}= r_{A/O}F\sin\theta = F\times r_{A/O}\sin\theta = Fd$이고 여기서 θ는 $\mathbf{r}_{\mathrm{A/O}}$의 작용선 방향이 $\mathbf{F}$의 작용선 방향과 일치하도록 회전하는 180° 이하의 각이며 d는 O점에서 $\mathbf{F}$의 작용선까지의 수직거리이다. $\mathbf{F}$의 직각분력 $F_x\mathbf{i}+F_y\mathbf{j}+F_z\mathbf{k}$와 $\mathbf{r}_{\mathrm{A/O}}$의 직각성분 $x_A\mathbf{i}+y_A\mathbf{j}+z_A\mathbf{k}$를 식 (2.4.2.6)에 대입하고 $\mathbf{M}^{\mathrm{O}}$를 직각분력 $M_x\mathbf{i}+M_y\mathbf{j}+M_z\mathbf{k}$로 표기하면 직각분력의 크기 M_x, M_y, M_z는 각각 $M_x = y_AF_z - z_AF_y$, $M_y = z_AF_x - x_AF_z$, $M_z = x_AF_y - y_AF_x$이고 행렬식으로 표기하면

$$\mathbf{M}^{\mathrm{O}} = \begin{vmatrix} \mathbf{i} & \mathbf{j} & \mathbf{k} \\ x_A & y_A & z_A \\ F_x & F_y & F_z \end{vmatrix} \tag{2.4.2.8}$$

그림 2.4.2.5와 같이 A점에 작용하는 힘 $\mathbf{F}$에 의해 B점에 발생하는 모멘트 $\mathbf{M}^{\mathrm{B}}$는 B, A를 시점과 종점으로 하는 위치벡터 $\mathbf{r}_{\mathrm{A/B}}$로 산정한다. $\mathbf{r}_{\mathrm{B/O}}+\mathbf{r}_{\mathrm{A/B}} = \mathbf{r}_{\mathrm{A/O}}$이므로

$$\mathbf{M}^{\mathrm{B}} = \mathbf{r}_{\mathrm{A/B}}\times\mathbf{F} = (\mathbf{r}_{\mathrm{A/O}} - \mathbf{r}_{\mathrm{B/O}})\times\mathbf{F} \tag{2.4.2.9}$$

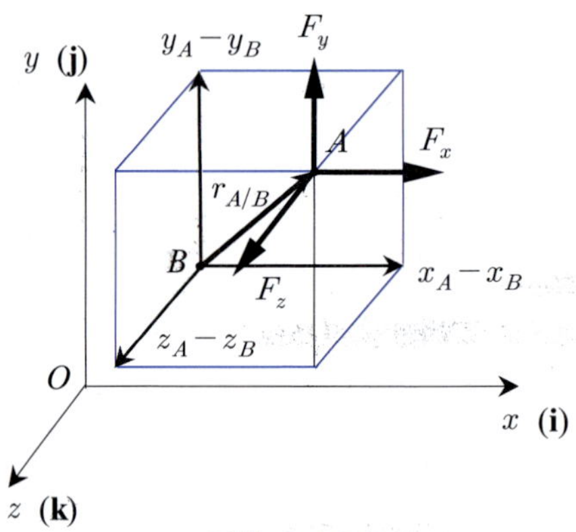

그림 2.4.2.5

위치벡터 $\mathbf{r}_{\mathrm{A/B}}$의 직각성분 $x_{A/B}= x_A - x_B$, $y_{A/B}= y_A - y_B$, $z_{A/B}= z_A - z_B$을 사용하여 행렬식으로 표기하면 다음 식과 같다.

$$\mathbf{M}^{\mathrm{B}} = \begin{vmatrix} \mathbf{i} & \mathbf{j} & \mathbf{k} \\ x_{A/B} & y_{A/B} & z_{A/B} \\ F_x & F_y & F_z \end{vmatrix} \tag{2.4.2.10}$$

혼합3중곱. 그림 2.4.2.6과 같은 세 벡터 $\mathbf{S}$, $\mathbf{P}$, $\mathbf{Q}$의 혼합3중곱(mixed triple product)은 다음 식 (2.4.2.11)과 같이 $\mathbf{P}$, $\mathbf{Q}$의 벡터곱과 $\mathbf{S}$의 스칼라곱으로 정의하며 결과는 스칼라가 된다.

$$\mathbf{S}\cdot(\mathbf{P}\times\mathbf{Q}) \tag{2.4.2.11}$$

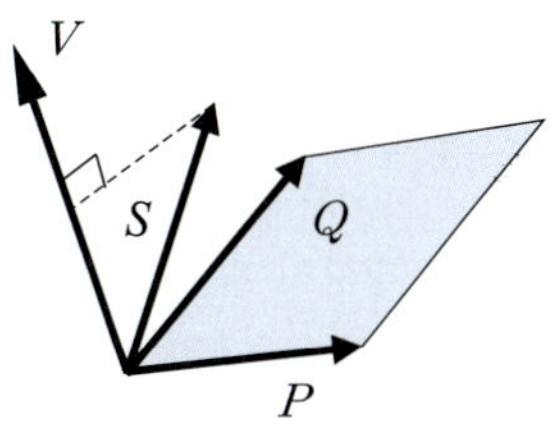

그림 2.4.2.6

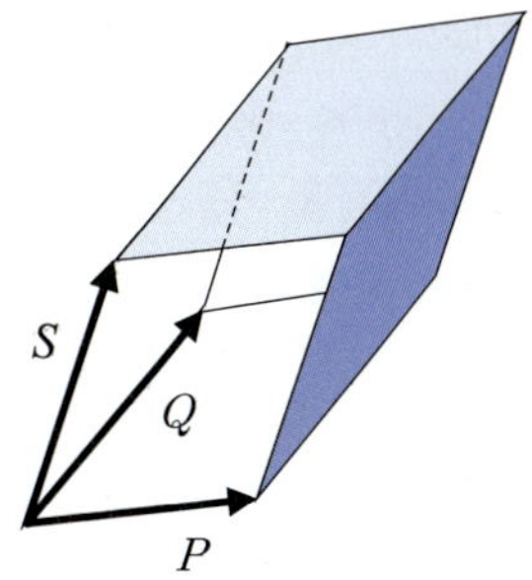

그림 2.4.2.7

그림 2.4.2.7과 같이 $\mathbf{S}$, $\mathbf{P}$, $\mathbf{Q}$를 변으로 하는 평행육면체에서 벡터곱 $\mathbf{P}\times\mathbf{Q}=\mathbf{V}$는 평행사변형의 면적(평행육면체의 밑면)이고 $\mathbf{S}$의 $\mathbf{V}$ 방향 투영은 평행육면체의 높이가 되므로 기하학적으로 혼합3중곱의 절대값은 평행육면체의 체적이 된다. $\mathbf{S}$, $\mathbf{P}$, $\mathbf{Q}$의 혼합3중곱은 각 벡터의 직각성분을 사용하여 다음과 같이 행렬식으로 쓸 수 있다.

$$\mathbf{S}\cdot(\mathbf{P}\times\mathbf{Q})=\begin{vmatrix} S_x & S_y & S_z \\ P_x & P_y & P_z \\ Q_x & Q_y & Q_z \end{vmatrix} \tag{2.4.2.13}$$

그림 2.4.2.8과 같이 A점에 작용하는 힘 $\mathbf{F}$에 의해 O점에 발생한 모멘트가 $\mathbf{M}^{\mathrm{O}}$인 경우 O점을 통과하는 임의의 OL축에 발생하는 모멘트 $\mathbf{M}^{\mathrm{OL}}$은 OL축 방향의 단위벡터 $\boldsymbol{\lambda}$를 사용하여 다음과 같이 혼합3중곱으로 구할 수 있다.

$$M^{OL}=\boldsymbol{\lambda}\cdot\mathbf{M}^{\mathrm{O}}=\boldsymbol{\lambda}\cdot(\mathbf{r}_{\mathrm{A/O}}\times\mathbf{F}) \tag{2.4.2.14}$$

식 (2.4.2.13)과 같이 M^{OL}을 행렬식으로 표기하면

$$M^{OL}=\begin{vmatrix} \lambda_x & \lambda_y & \lambda_z \\ x_A & y_A & z_A \\ F_x & F_y & F_z \end{vmatrix} \tag{2.4.2.15}$$

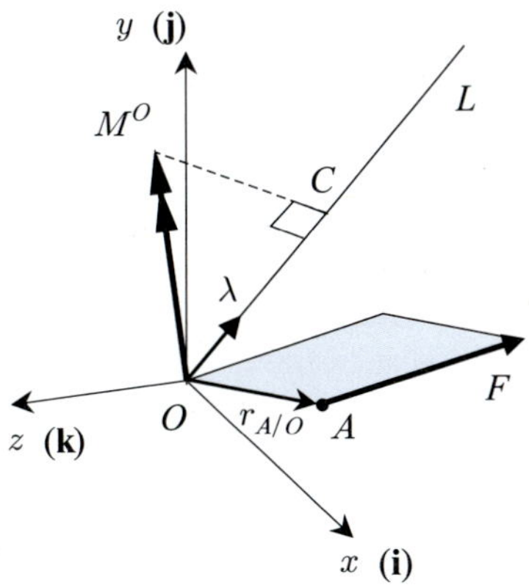

그림 2.4.2.8

식 (2.4.2.15)의 λ_x, λ_y, λ_z를 단위벡터 $\mathbf{i}$, $\mathbf{j}$, $\mathbf{k}$로 대체하면 $\mathbf{F}$에 의해 좌표축의 원점(O점)에 발생하는 모멘트 $\mathbf{M}^O$를 직각분력으로 표기한 $M_x\mathbf{i} + M_y\mathbf{j} + M_z\mathbf{k}$와 같다. F_x, F_y, F_z가 각각 x, y, z축 방향으로 강체를 이동시키고자 하는 이동력의 크기를 의미하는 것과 같이 M_x, M_y, M_z는 각각 x, y, z축을 회전축으로 강체를 회전시키고자 하는 회전력의 크기를 의미한다.

짝힘모멘트. 그림 2.4.3.1과 같이 크기가 같고 작용선이 평행하며 방향이 다른 두 힘 $\mathbf{F}$와 $-\mathbf{F}$를 짝힘(couple)이라 하며 $\mathbf{F}$와 $-\mathbf{F}$에 의해 O점에 발생하는 모멘트 $\mathbf{M}(= \mathbf{r}_{A/B} \times \mathbf{F})$은 O점과는 무관하게 결정된다. $\mathbf{M}$의 작용선은 두 힘을 포함하는 평면에 수직이고 방향은 오른손법칙에 의해 결정되며 크기는

$$M = r_{A/B} F \sin\theta = Fd \tag{2.4.3.1}$$

여기서 d는 두 힘의 작용선 간 수직거리이고 이와 같은 모멘트 $\mathbf{M}$을 짝힘모멘트(moment of a couple)라 한다.

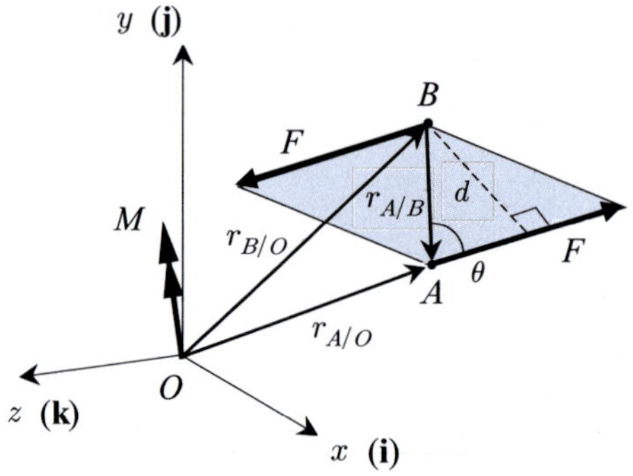

그림 2.4.3.1

연습문제 2.2절 힘과 움직임

2-1 250 kN의 물체를 연직방향으로 들어올리기 위해 필요한 최소 힘 T_2를 도해법으로 구하시오

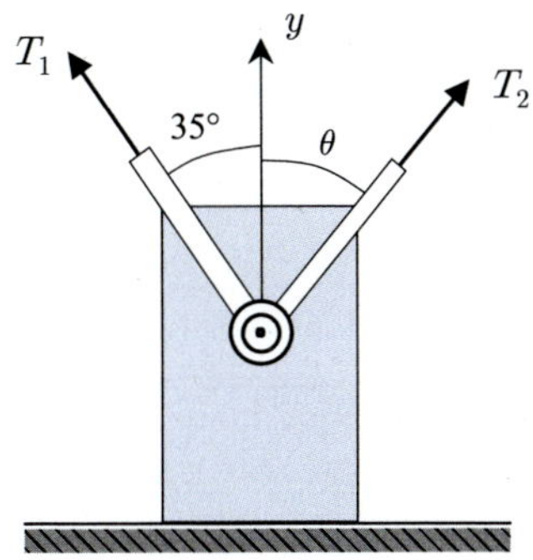

[답] $T_1 = 205\,\text{kN}$, $T_2 = 143\,\text{kN}$

2-2 평면에 작용하는 150 kN의 힘 **F**를 동일한 평면상의 1-1 방향과 2-2 방향의 분력으로 분해하려고 한다. 1-1 방향 분력이 120 kN인 경우 2-2 방향 분력과 각 α를 구하시오.

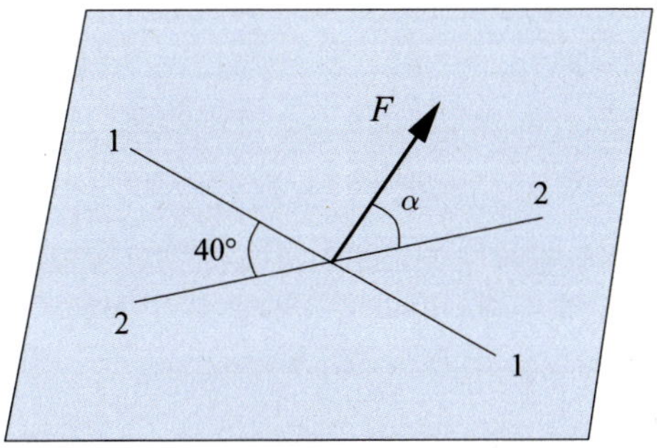

[답] $\alpha = 30.9^\circ$, $F_2 = 221\,\text{kN}$

연습문제 2.3.1절 평면력의 직각분력

2-3 ~ 2-6 힘 **F**의 x, y축 방향 직각분력을 구하시오.

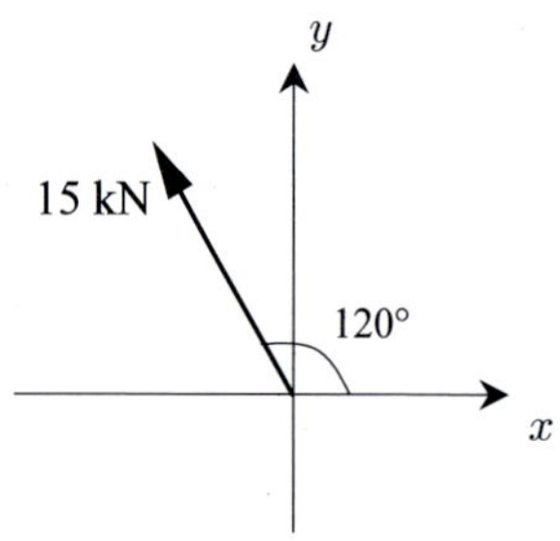

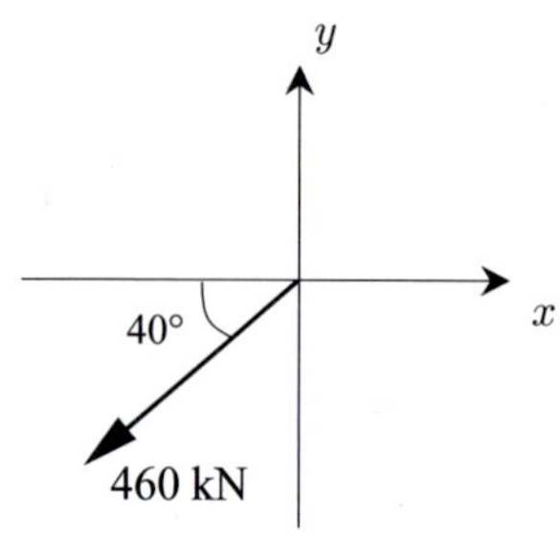

[답] 2-3 : $F_x = -7.5\,\text{kN}$, $F_y = 13.0\,\text{kN}$

[답] 2-4 : $F_x = -352\,\text{kN}$, $F_y = -296\,\text{kN}$

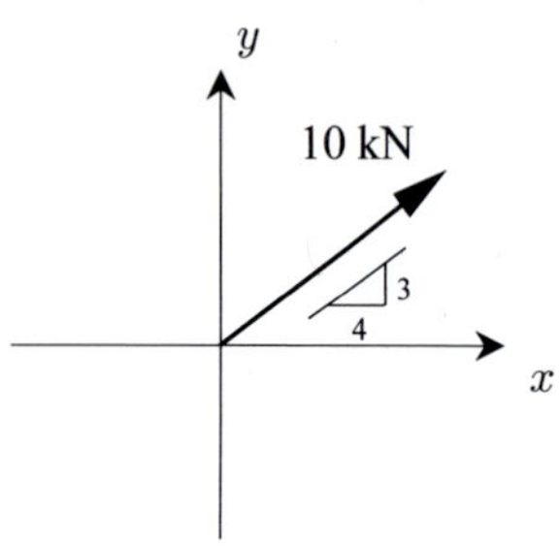

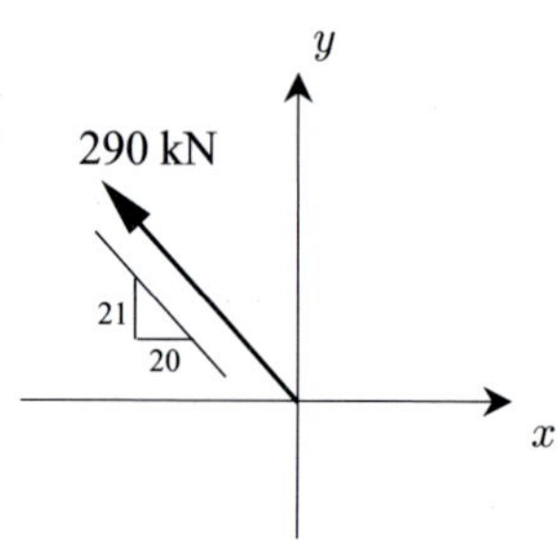

[답] 2-5 : $F_x = 8\,\text{kN}$, $F_y = 6\,\text{kN}$

[답] 2-6 : $F_x = -200\,\text{kN}$, $F_y = 210\,\text{kN}$

2-7 경사면 위에 100 N의 물체가 정지하고 있다. 물체의 무게를 경사면의 접선방향 분력 W_T와 수직방향 분력 W_N으로 분해하시오.

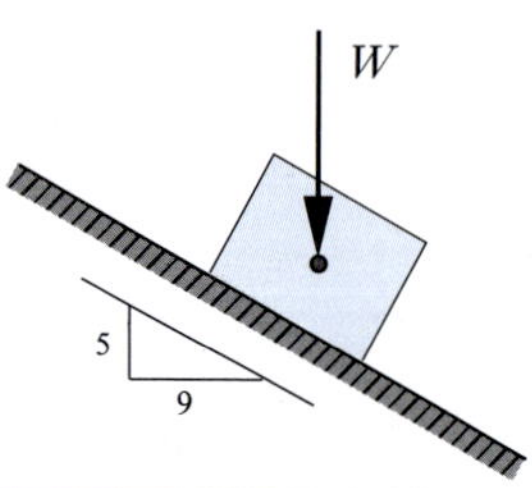

[답] $W_T = 48.6\,\text{N}$, $W_N = 87.4\,\text{N}$

2-8 경사면 위에 100 N의 물체가 정지하고 있다. 물체의 무게를 경사면의 접선방향 분력 W_T와 수직방향 분력 W_N으로 분해하시오.

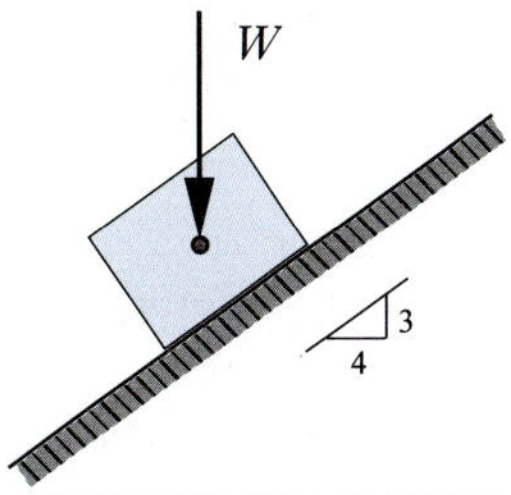

[답] $W_T = 60\,\text{N}$, $W_N = 80\,\text{N}$

2-9 직각분력이 $\mathbf{F}_x = -30\,\text{kN}$, $\mathbf{F}_y = 40\,\text{kN}$인 힘 $\mathbf{F}$의 크기 F와 방향각 θ를 구하시오.

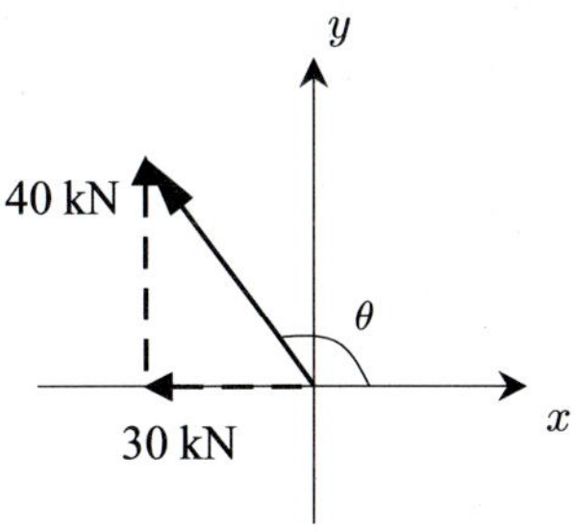

[답] $F = 50\,\text{kN}$, $\theta = 127^\circ$

2-10 B점에 작용하는 케이블 BC의 인장력 3.5 kN의 x, y축 분력을 구하시오.

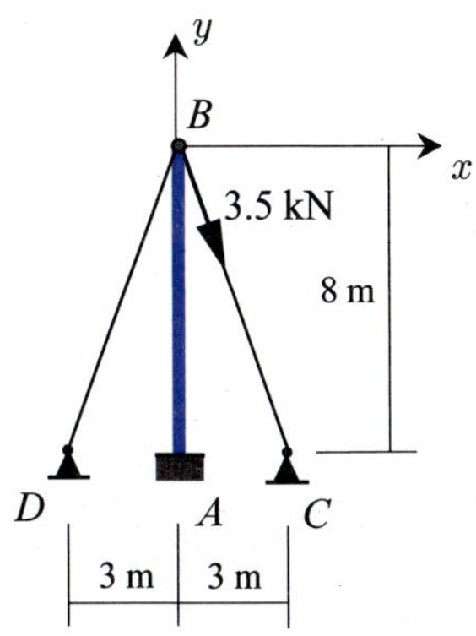

[답] $\mathbf{T}_{BC,x} = 1.23\,\text{kN}$, $\mathbf{T}_{BC,y} = -3.28\,\text{kN}$

연습문제 2.3.2절 공간력의 직각분력

2-11 x, y축과 각각 45°, 60°의 방향각을 이루는 힘 400N의 직각분력 F_x, F_y, F_z를 구하시오.

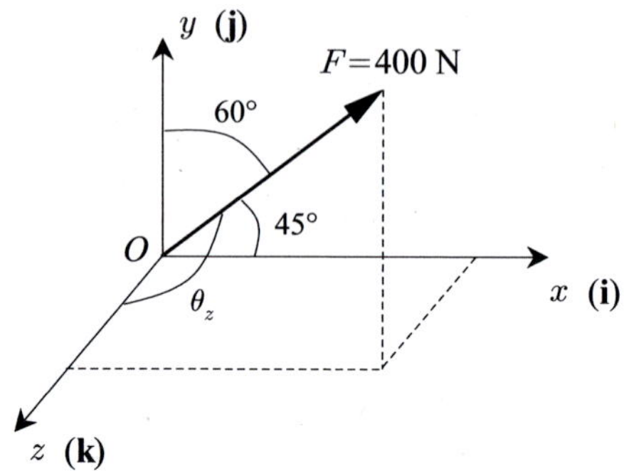

[답] $F_x = 283\,\text{N}$, $F_y = 200\,\text{N}$, $F_z = 200\,\text{N}$

2-12 크기가 400kN이고 x, y축과의 방향각은 $\theta_x = 70°$, $\theta_y = 50°$이며 F_z는 음의 값을 갖는 힘 $\mathbf{F}$의 직각분력을 구하시오.

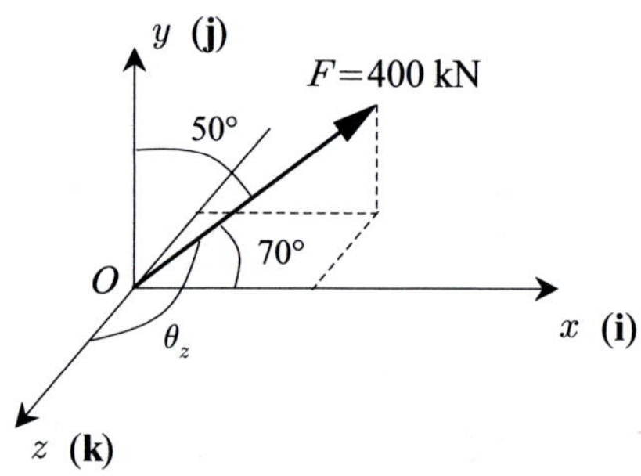

[답] $F_x = 137\,\text{kN}$, $F_y = 257\,\text{kN}$, $F_z = -274\,\text{kN}$

2-13 직각분력이 $F_x = 20.5\,\text{kN}$, $F_y = 56.7\,\text{kN}$, $F_z = -34.8\,\text{kN}$인 힘 $\mathbf{F}$의 크기 F와 방향각 θ_x, θ_y, θ_z를 구하시오.

[답] $F = 69.6\,\text{kN}$, $\theta_x = 72.9°$, $\theta_y = 35.4°$, $\theta_z = 120°$

2-14 직각분력이 $F_x = 600\,\text{kN}$, $F_y = 800\,\text{kN}$, $F_z = -2400\,\text{kN}$인 힘 $\mathbf{F}$의 크기 F와 방향각 θ_x, θ_y, θ_z를 구하시오.

[답] $F = 2600\,\text{kN}$, $\theta_x = 76.7°$, $\theta_y = 72.1°$, $\theta_z = 157.4°$

2-15 직각분력이 $F_x = -160\,\text{kN}$, $F_y = 300\,\text{kN}$, $F_z = -340\,\text{kN}$인 힘 $\mathbf{F}$의 크기 F와 방향각 θ_x, θ_y, θ_z를 구하시오.

[답] $F = 481\,\text{kN}$, $\theta_x = 109.4°$, $\theta_y = 51.4°$, $\theta_z = 135.0°$

2-16 직각분력이 $F_x = 20\,\text{kN}$, $F_y = -30\,\text{kN}$, $F_z = 60\,\text{kN}$인 힘 **F**의 크기 F와 방향각 θ_x, θ_y, θ_z를 구하시오.

[답] $F = 70\,\text{kN}$, $\theta_x = 73.4^\circ$, $\theta_y = 115.4^\circ$, $\theta_z = 31.0^\circ$

2-17 $\theta_x = 60^\circ$, $\theta_y = 45^\circ$, $\theta_z = 120^\circ$인 힘 $500\,\text{N}$의 직각분력을 구하시오.

[답] $F_x = 250\,\text{N}$, $F_y = 354\,\text{N}$, $F_z = -250\,\text{N}$

2-18 $\theta_x = 45^\circ$, $\theta_y = \theta_z = 60^\circ$인 힘 $400\,\text{N}$의 직각분력을 구하시오.

[답] $F_x = 283\,\text{N}$, $F_y = F_z = 200\,\text{N}$

2-19 케이블 BC의 B점에 작용하는 인장력 $T_{BC} = 570\,\text{kN}$의 방향각과 직각분력을 구하시오.

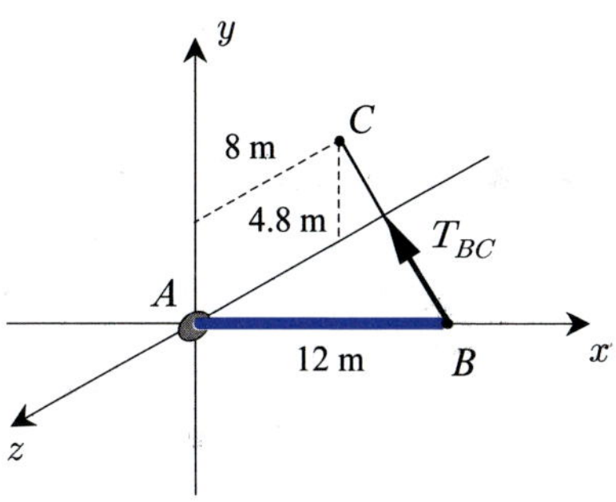

[답] $\theta_x = 142.1^\circ$, $\theta_y = 71.6^\circ$, $\theta_z = 121.7^\circ$
$F_x = -450\,\text{kN}$, $F_y = 180\,\text{kN}$, $F_z = -300\,\text{kN}$

2-20 A점에 작용하는 케이블 AB의 인장력 $T_{AB} = 300\,\text{kN}$의 직각분력을 구하시오.

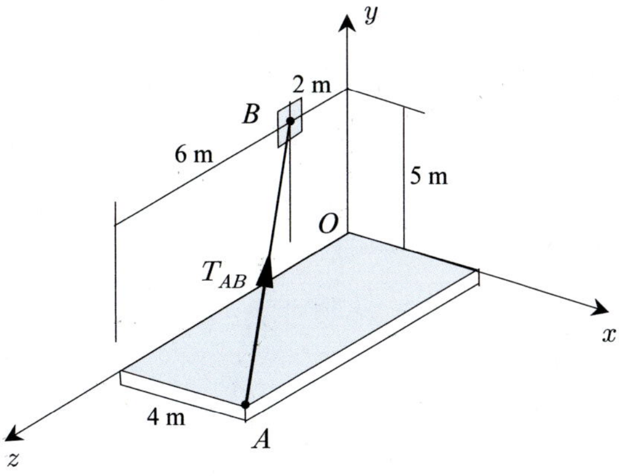

[답] $F_x = -137\,\text{kN}$, $F_y = 171\,\text{kN}$, $F_z = -205\,\text{kN}$

2-21 C점에 작용하는 케이블 CB의 인장력 $T_{CB}=450\,\text{kN}$의 직각분력을 구하시오.

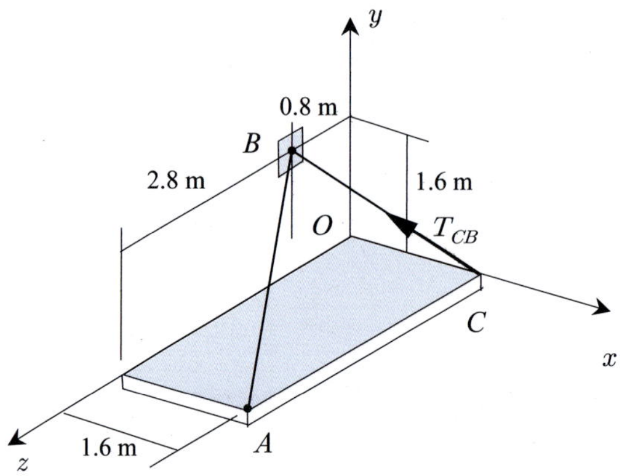

[답] $F_x=-300\,\text{kN}$, $F_y=300\,\text{kN}$, $F_z=150\,\text{kN}$

2-22 지점 A에 작용하는 케이블의 인장력 $\mathbf{F}\,(=25\text{ kN})$의 직각분력과 방향각을 구하시오.

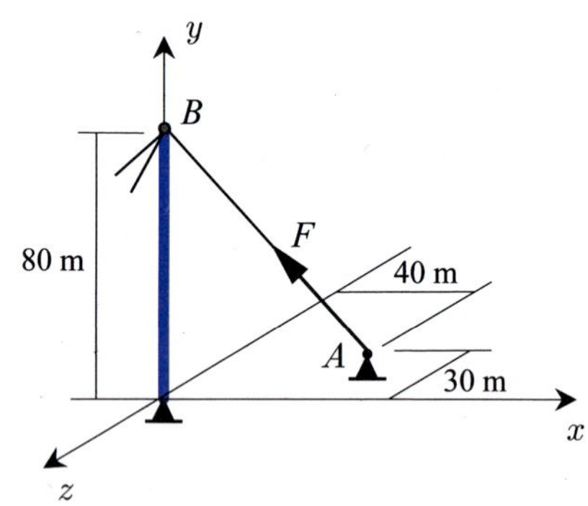

[답] $F_x=-10.6\,\text{kN}$, $F_y=21.2\,\text{kN}$, $F_z=7.9\,\text{kN}$, $\theta_x=115.1^\circ$, $\theta_y=32.0^\circ$, $\theta_z=71.4^\circ$

2-23 B점에 작용하는 힘 $\mathbf{F}(=800\text{ N})$와 부재 BA의 사잇각 θ 및 BA에 평행하고 수직한 힘 $\mathbf{F}$의 분력을 구하시오.

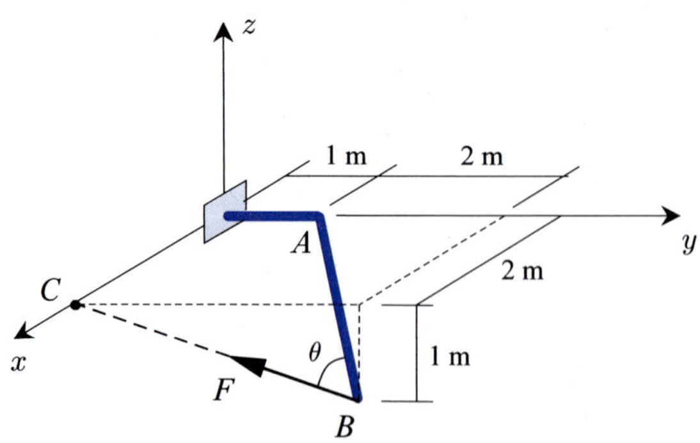

[답] $\theta=42.5^\circ$, $F^{BA}=590\,\text{N}$, $F^{\perp}=540\,\text{N}$

연습문제 2.4.1절 평면상의 회전력

2-24 외팔보의 자유단에 작용하는 하중 10 kN에 의해 O점에 발생하는 모멘트를 구하시오.

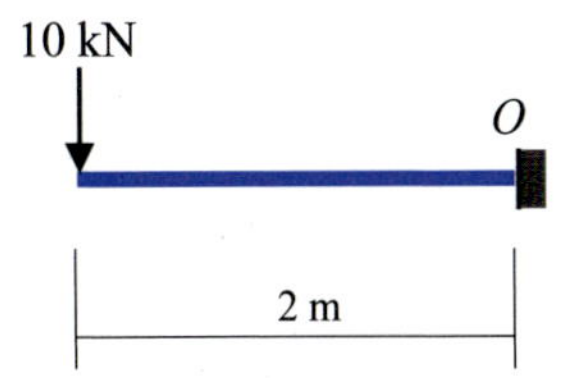

[답] $M^O = 20\,\text{kN}\cdot\text{m}$ (반시계 방향)

2-25 B점에 작용하는 하중 50 kN에 의해 A점에 발생하는 모멘트를 직각분력을 사용하여 구하시오.

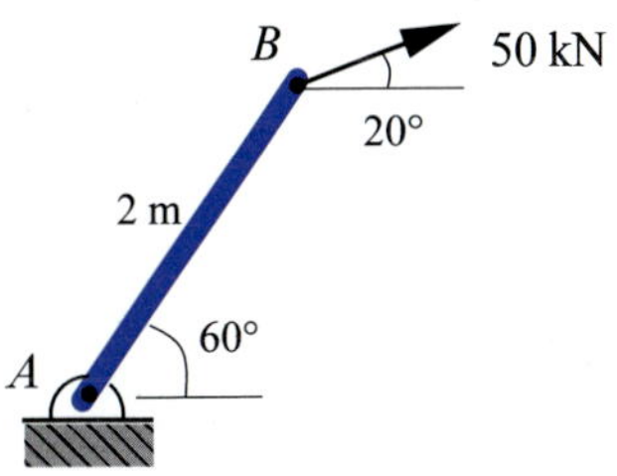

[답] $M^A = 64.2\,\text{kN}\cdot\text{m}$ (시계방향)

2-26 B점에 작용하는 하중 500 N에 의해 1) $\theta = 30°$, 2) $\theta = 120°$, 3) $\theta = 90°$, 4) $\theta = 50°$의 각 경우에 A점에 발생하는 모멘트를 구하시오.

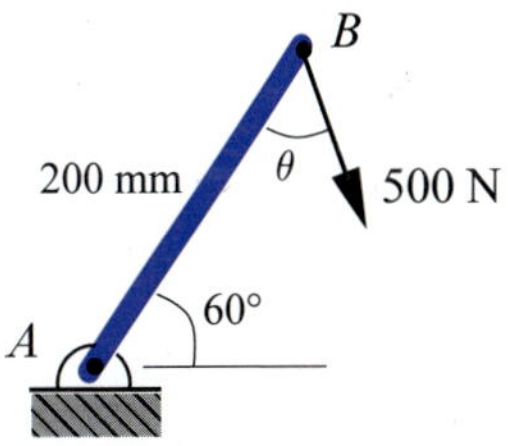

[답] 1) $M^A = 50\,\text{N}\cdot\text{m}$ (시계방향) 2) $M^A = 86.6\,\text{N}\cdot\text{m}$ (시계방향)
3) $M^A = 100\,\text{N}\cdot\text{m}$ (시계방향) 4) $M^A = 76.6\,\text{N}\cdot\text{m}$ (시계방향)

2-27 A점에 작용하는 하중 200 N에 의해 B점에 발생하는 모멘트가 최대가 되는 각 θ와 최대 모멘트를 구하시오.

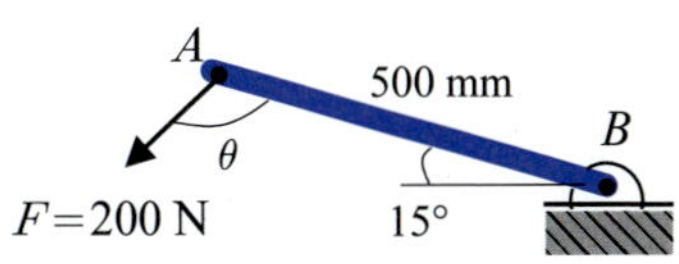

[답] $\theta = 90°$, $M^B = 100\,\text{N}\cdot\text{m}$ (반시계방향)

2-28 A점에 작용하는 하중 50 kN에 의해 O점 및 B점에 발생하는 모멘트를 구하시오.

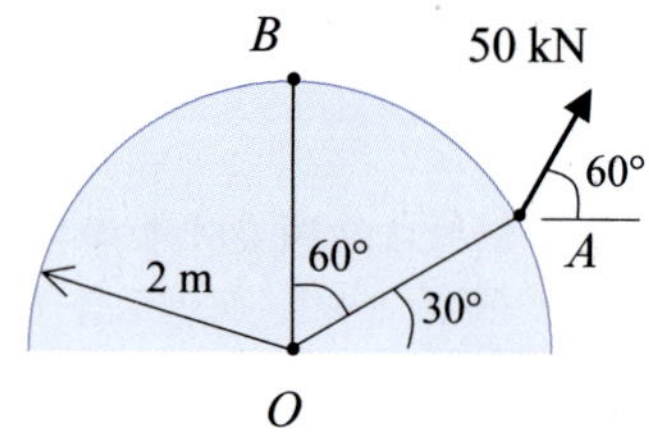

[답] $M^O = 50\,\text{kN} \cdot \text{m}$ (반시계방향) , $M^B = 100\,\text{kN} \cdot \text{m}$ (반시계방향)

2-29 A점에 작용하는 하중 100 kN에 의해 B점에 발생하는 모멘트를 1) 모멘트 정의에 의한 방법과 2) Varignon 정리를 사용하는 방법 및 3) 전달성 원리를 함께 사용하는 방법으로 각각 구하시오.

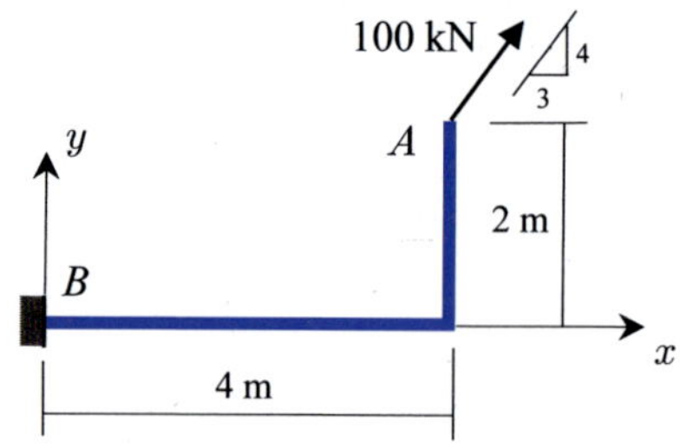

[답] $M^B = 200\,\text{kN} \cdot \text{m}$ (반시계방향)

2-30 C점에 작용하는 하중 2000 N에 의해 A점에 발생하는 모멘트를 1) 모멘트 정의에 의한 방법과 2) Varignon 정리를 사용하는 방법 및 3) 전달성 원리를 함께 사용하는 방법으로 각각 구하시오.

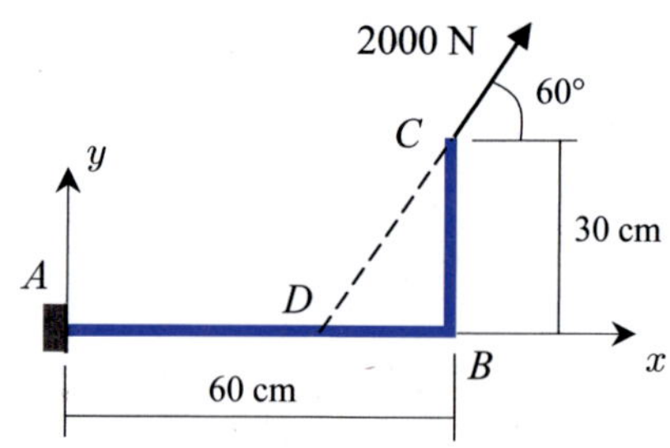

[답] $M^A = 739\,\text{N} \cdot \text{m}$ (반시계방향)

연습문제 2.4.2절 공간상의 회전력

2-31 B점에 작용하는 케이블 BC의 인장력 570 kN에 의해 A점에 발생하는 모멘트를 구하시오.

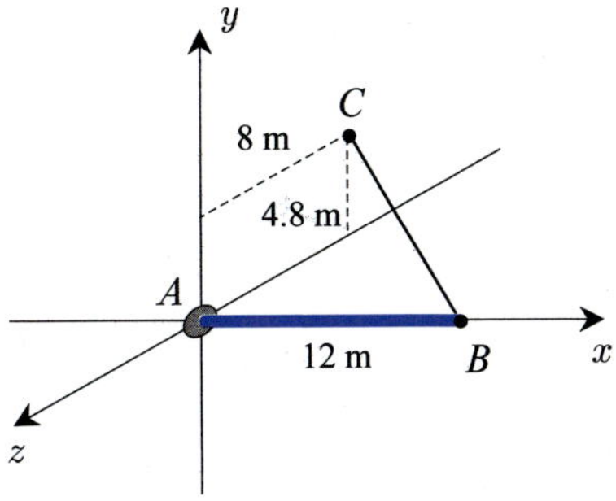

[답] $\mathbf{M}^A = 3600\mathbf{j} + 2160\mathbf{k}$ (kN · m)

2-32 강선 BC의 C점에 작용하는 인장력 900 kN에 의해 1) O점 및 2) D점에 발생하는 모멘트를 구하시오.

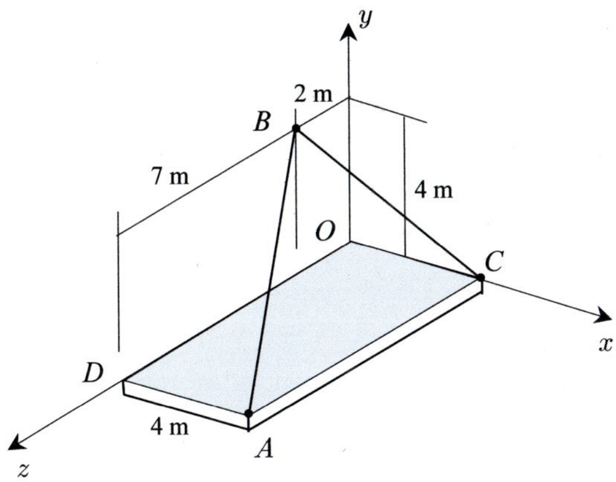

[답] $\mathbf{M}^O = -1200\mathbf{j} + 2400\mathbf{k}$ (kN · m) , $\mathbf{M}^D = 5400\mathbf{i} + 4200\mathbf{j} + 2400\mathbf{k}$ (kN · m)

2-33 직육면체의 C점에 작용하는 힘 P에 의해 발생하는 1) A점의 모멘트, 2) 변 AB 방향 모멘트의 크기 및 3) 대각선 AG 방향 모멘트의 크기를 구하시오.

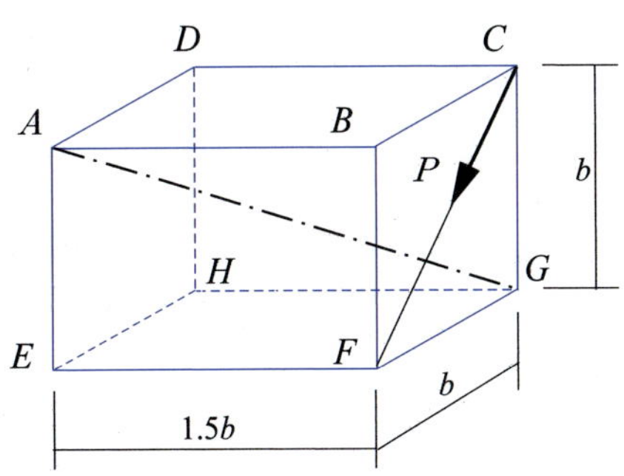

[답] $\mathbf{M}^A = -\dfrac{bP}{\sqrt{2}}(\mathbf{i} + 1.5\mathbf{j} + 1.5\mathbf{k})$, $M^{AB} = -\dfrac{bP}{\sqrt{2}}$, $M^{AG} = 0.514bP$

연습문제 2.4.3절 짝힘

2-34 사각형판에 12 kN의 짝힘과 3 kN의 짝힘이 작용하고 있다. 두 짝힘에 의한 짝힘모멘트의 합력을 구하시오.

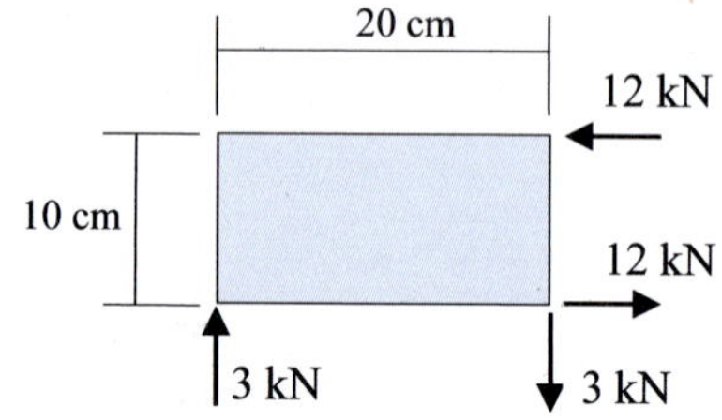

[답] $M = 0.6\,\text{kN}\cdot\text{m}$ (반시계방향)

2-35 사각형판에 $P(=7\text{ kN})$와 $Q(=10\text{ kN})$의 두 짝힘이 작용하고 있다. 두 짝힘에 의한 짝힘모멘트의 합력을 구하시오.

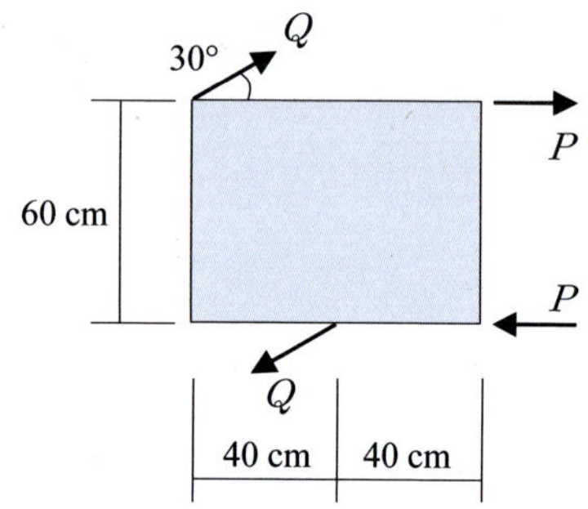

[답] $M = 11.4\,\text{kN}\cdot\text{m}$ (시계방향)

2-36 사각형판에 $P(=7\text{ kN})$와 $Q(=10\text{ kN})$의 두 짝힘이 작용하고 있다. 두 짝힘에 의한 짝힘모멘트의 합력을 구하시오.

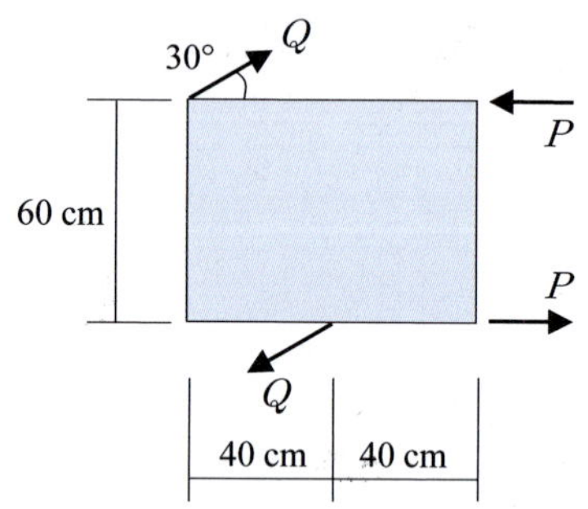

[답] $M = 3\,\text{kN}\cdot\text{m}$ (시계방향)

2-37 사각형판에 1200 N의 짝힘과 900 N의 짝힘이 작용하고 있다. 두 짝힘에 의한 짝힘모멘트의 합력이 상쇄된다는 것을 A점에 발생하는 모멘트를 구하여 입증하시오.

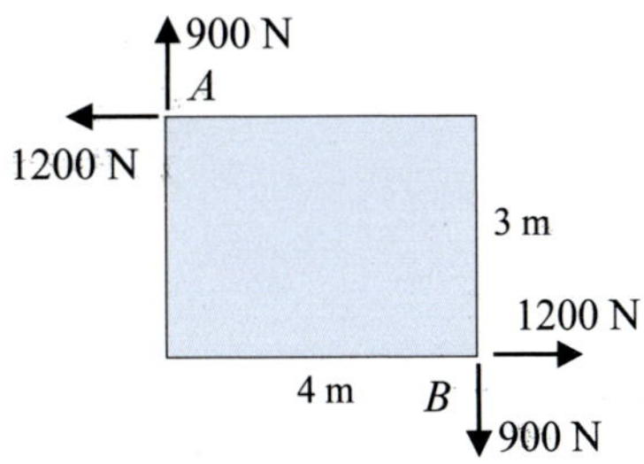

[답] $M^A = 1200 \times 3 - 900 \times 4 = 0$

03

역계와 합력

3.1 개요

구조물에 힘이 작용하는 경우 구조물과 힘이 구성하는 차원과 분포양상을 역계(force system)로 정의한다. 이러한 역계에 의해 구조물에 어떠한 움직임이 발생하는가의 여부를 결정하기 위해서는 역계를 구성하는 힘들을 역계의 자유도(degree of freedom)에 해당하는 이동력과 회전력으로 분해하고 다시 각 자유도별로 합하는 정리과정 및 하나의 이동력과 하나의 회전력 또는 하나의 이동력으로 구성되는 단순한 역계로 치환하는 과정 등을 수행하여야 한다. 예를 들면, 물체가 연직 상향으로 이동하는 움직임은 역계에 주어진 모든 이동력을 직각분력으로 분해하고 모든 연직 상향 직각분력의 합력을 구하여 결정한다. 이와 같이 임의의 역계를 치환하는 경우 주어진 역계와 치환한 역계는 물체에 동일한 움직임을 발생시키도록 치환되어야 하며 이 경우 두 역계를 등가역계(equivalent force system)라고 한다.

2장에서는 직각좌표축을 2차원 평면과 3차원 공간에 설정하여 힘을 직각분력으로 분해하는 과정, 이동력에 의해 임의의 점에 발생하는 회전력을 산정하는 방법 및 이동력과 회전력의 임의의 방향 분력을 구하는 방법을 논의하였으며 이는 구조물에 작용하는 힘을 역계의 자유도에 해당하는 이동력과 회전력으로 분해하는 과정을 학습한 것이다. 여러 개의 힘이 여러 가지 형태로 포함되어 있는 일반적인 역계에서 개개의 힘을 자유도에 해당하는 분력으로 분해하고 다시 자유도별로 합하는 과정을 수행하면 이동력의 작용위치에 관한 정보는 상실하게 된다. 이 과정에서 이동효과는 변하지 않으나 이동력에 의해 발생하는 회전력은 이동력의 작용위치에 따라 다르게 산정되므로 회전효과에 대한 등가를 확보해야 주어진 역계와 등가역계를 구성할 수 있다. 합력으로 구한 이동력의 작용위치를 결정하는 것은 회전효과에 대한 등가를 확보하는 과정이다.

3장에서는 먼저 정역학에서 다루어지는 4개의 역계를 소개하고 각각의 역계에 일반적으로 사용하는 직각좌표축을 설정하는 경우 역계의 자유도에 해당하는 직각분력을 정의한다. 다음으로 주어진 역계를 물체에 발생하는 움직임이 동일하게 유지되는 등가역계로 치환하는 과정에 대해 논의한다. 3장의 후반부는 직각좌표축을 설정한 4개의 역계를 대상으로 역계에 주어진 힘을 자유도에 해당하는 직각분력으로 분해하는 과정, 직각분력을 다시 자유도별로 합하여 합력(resultant)을 구성하는 과정 및 회전효과를 검토하여 합력의 작용위치를 결정하는 과정 등을 등가역계의 개념을 도입하여 논의하도록 구성되어 있다.

3.2 역계

3.2.1 역계의 구분

구조물과 구조물에 작용하는 힘이 구성하는 차원과 분포양상에 의해 다음과 같이 4개의 역계로 구분한다. 평면역계와 공간역계는 구조물과 힘이 구성하는 차원이 2차원 또는 3차원인가에 의해 구분한 것이며 절점역계와 비절점역계는 여러 개 힘의 작용선이 한 점에서 교차하는가의 분포양상에 의해 구분한 것이다.

1) 절점평면역계(concurrent planar force system) : 그림 3.2.1.1(1)과 같이 구조물에 작용하는 이동력의 작용선이 동일한 평면상에 있으며 한 점에서 교차하는 평면력(coplanar force)으로 구성된다.
2) 비절점평면역계(non-concurrent planar force system) : 그림 3.2.1.1(2)와 같이 구조물에 작용하는 여러 개 이동력의 작용선이 동일한 평면상에 있으나 공통 교차점이 없는 평면력으로 구성되며 평면에 수직한 축을 회전축으로 하는 회전력도 포함한다. 일반적으로 회전력(모멘트)은 2.4절에 기술한 바와 같이 이동력 또는 짝힘에 의해 발생한다.
3) 절점공간역계(concurrent spatial force system) : 구조물에 작용하는 여러 개 이동력의 작용선이 한 점에서 교차하나 구조물 및 이동력의 작용선이 동일한 평면상에 있지 않은 공

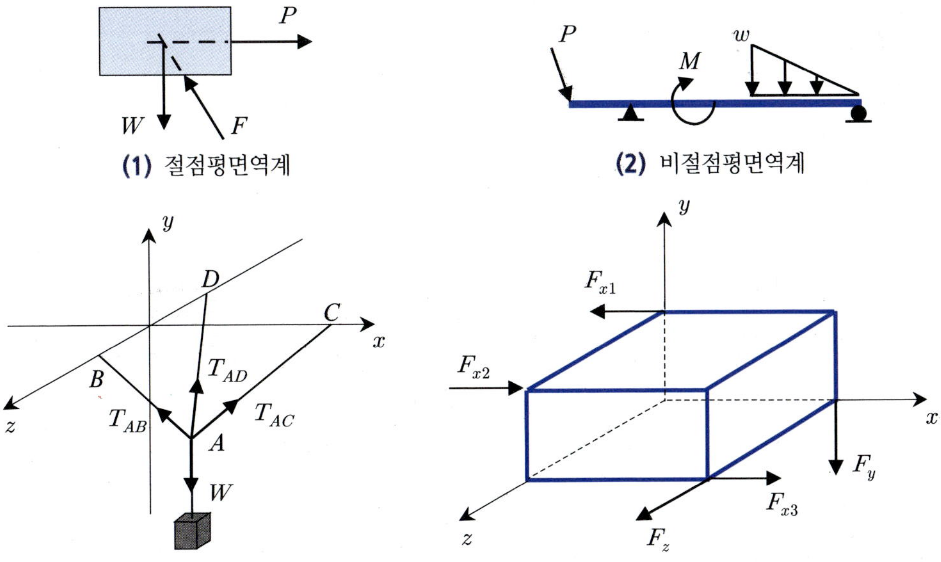

(1) 절점평면역계 (2) 비절점평면역계

(3) 절점공간역계 (4) 비절점공간역계

그림 3.2.1.1

간력(spatial force)으로 그림 3.2.1.1(3)과 같이 구성된다.

4) 비절점공간역계(non-concurrent spatial force system) : 그림 3.2.1.1(4)와 같이 구조물에 작용하는 모든 힘(이동력 및 회전력)의 작용선이 동일한 평면상에 있지 않고 공통 교차점이 없는 공간력으로 구성된다.

구조물은 3차원에 존재하며 일반적으로 비절점공간역계를 구성하고 있다. 그러나 뼈대를 이루는 구조가 평면구조인 경우 2차원으로 해석하므로 주로 비절점평면역계의 해석을 수행하는 것이다. 2.2.3절에서 정의한 바와 같이 2차원 평면 또는 3차원 공간에서 다루어지는 역계에 직각좌표축을 설정하면 물체의 움직임인 이동과 회전을 서로 독립적인 자유도로 구분할 수 있다. 일반적으로 구조물이 구성하는 비절점역계는 이동과 회전을 모두 포함하므로 평면역계는 3개, 공간역계는 6개의 자유도를 갖는다. 그러므로 직각좌표축의 자유도에 해당하는 직각분력은 그림 3.2.1.2와 같이 평면역계는 3개, 공간역계는 6개다. 평면역계의 회전력은 회전축이 평면에 수직한 축 하나이므로 그림 3.2.1.2(1)과 같이 돌아가는 화살로 표시해야 하는 반면 공간역계의 회전력은 그림 3.2.1.2(2)와 같이 회전축인 작용선과 2개의 화살촉으로 방향을 표시하여 이동력과 구분한다.

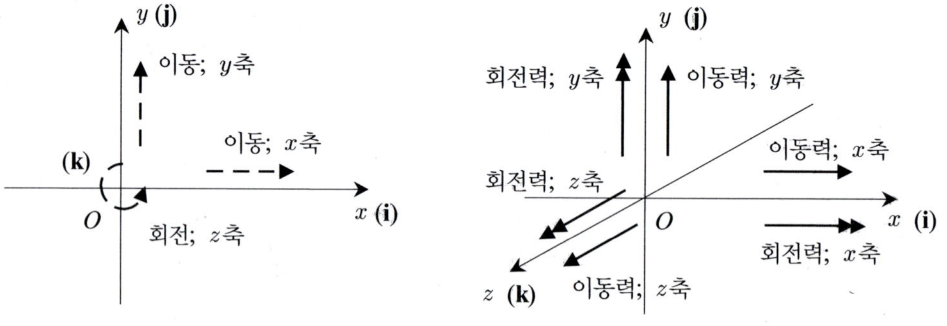

(1) $x-y$ 좌표축(평면역계) (2) $x-y-z$ 좌표축(공간역계)

그림 3.2.1.2 직각좌표축의 직각분력

3.2.2 등가역계

역계를 치환하는 경우 주어진 역계와 치환한 역계는 물체에 동일한 움직임을 발생시키도록 등가역계(equivalent force system)로 치환되어야 한다. 여러 개의 힘으로 구성된 역계의 합력을 구한다는 것은 등가역계를 구하는 것이므로 주어진 역계에 의해 물체에 발생하는 움직임과 합력에 의한 움직임이 동일해야 하며 각 역계에서 물체의 움직임은 서로 독립적인 자유도에 의해 구분되므로 등가역계는 각 자유도에 대한 등가를 만족해야 한다.

2.4절에서 기술한 바와 같이 한 평면 또는 평행한 평면에 작용하는 회전력 $\mathbf{M}_1$, $\mathbf{M}_2$, ⋯ 의 경우 반시계방향/시계방향에 의한 부호만 고려하면 작용점의 위치와는 무관하게 합력 $\mathbf{M} = \mathbf{M}_1 + \mathbf{M}_2 + \cdots$ 을 구하여 회전효과를 구할 수 있다. 반면 이동력의 경우는 그림 3.2.2.1에 제시한 바와 같이 힘 $\mathbf{F}$가 강체의 중심 O에 작용하면 강체는 힘의 작용선을 따라 이동하는 이동효과만 발생하나 중심에 작용하지 않는 경우 중심 O에 발생하는 회전력 $\mathbf{M}^O$에 의해 작용선이 중심을 통과하도록 강체는 우선 회전한 후 이동하게 된다. 이로부터 이동력의 작용선이 다른 경우 강체의 움직임에 미치는 이동효과는 동일하나 회전효과는 다르다는 것을 알 수 있다.

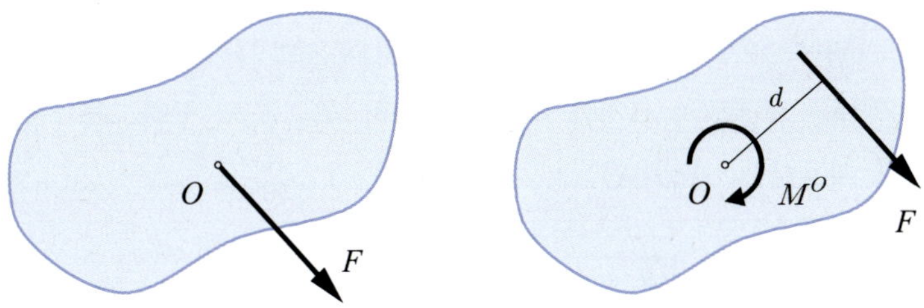

그림 3.2.2.1

이동력은 작용선의 위치에 따라 회전효과가 다르므로 역계를 치환하는 경우 주어진 역계와 치환한 역계에 의해 임의의 점에 발생하는 회전효과가 동일하도록 치환해야 한다. 그림 3.2.2.2는 이동력의 작용선을 변경하는 경우 등가역계가 되도록 치환하는 과정을 제시한 것으로 주어진 역계 (1)은 A 점에 힘 $\mathbf{F}$가 작용하는 평면역계이며 $\mathbf{r}_{A/O}$는 임의의 O점에서 A 점으로 향하는 위치벡터를 표시한 것이다. 역계 (1)의 O점에 역계 (2)와 같이 $\mathbf{F}$와 평행한 작용선을 갖는 $\mathbf{F}$와 $-\mathbf{F}$인 상쇄되는 두 힘을 추가하면 강체에 작용하는 힘의 효과는 변하지 않는다. A 점에 작용하는 힘 $\mathbf{F}$와 O점에 작용하는 힘 $-\mathbf{F}$를 역계 (3)과 같이 짝힘모멘트 $\mathbf{M}^O$로 대체할 수 있으므로 주어진 역계 (1)과 치환한 두 역계 (2), (3)은 모두 등가역계가 된다.

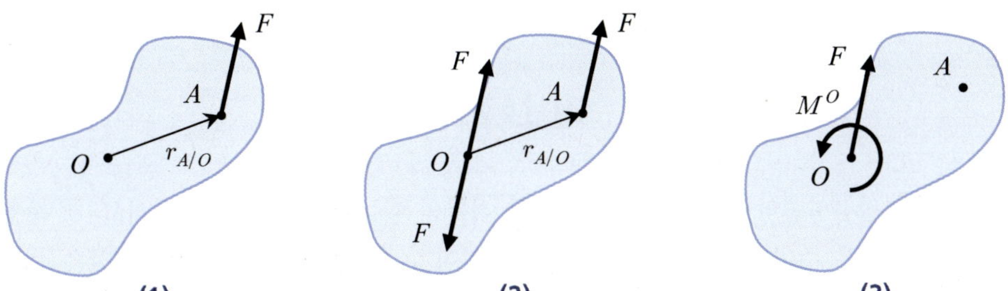

그림 3.2.2.2

O점에 작용하는 짝힘모멘트 $\mathbf{M}^O$는 벡터곱 $\mathbf{M}^O = \mathbf{r}_{A/O} \times \mathbf{F}$ 로 산정할 수 있으며 회전력이므로 작용위치와 무관하나 편의상 $\mathbf{F}$와 함께 O점에 작용하는 것으로 표시한다. 이와 같은 방법으로 평면역계의 이동력 $\mathbf{F}_1$, $\mathbf{F}_2$, $\mathbf{F}_3$, $\cdots$ 는 임의의 O점에 작용하는 이동력 $\mathbf{F}_1$, $\mathbf{F}_2$, $\mathbf{F}_3$, $\cdots$ 와 회전력 $\mathbf{M}_1^O$, $\mathbf{M}_2^O$, $\mathbf{M}_3^O$, $\cdots$ 로 치환할 수 있고 이들 힘은 다시 O점에 작용하는 하나의 이동력 $\mathbf{R}$과 하나의 회전력 $\mathbf{M}_R^O$로 치환할 수 있다.

비절점평면역계의 경우 회전력의 작용선은 평면에 수직이므로 직각을 이루는 $\mathbf{R}$과 $\mathbf{M}_R^O$로 정리한 두 힘은 다시 하나의 이동력 $\mathbf{R}$로 치환할 수 있다. 그림 3.2.2.3과 같이 $\mathbf{R}$의 작용선을 변경하여 O점에서의 모멘트가 $\mathbf{M}_R^O$이 되도록 수직거리 $d\left(= M_R^O / R\right)$를 구하여 치환하며 이 과정은 그림 3.2.2.2의 과정을 역으로 적용하는 것과 같다. 그림 3.2.2.3에서 $\mathbf{R}$에 의해 O점에 발생하는 모멘트의 크기를 $\mathbf{R}$의 직각분력 R_x, R_y와 구하고자 하는 작용점 A의 좌표 $(x,\ y)$를 사용하여 산정하면

$$xR_y - yR_x = M_R^O$$

이 식은 작용선의 식이므로 x, y축과의 교점은 각각의 x, y좌표를 0으로 치환하여 다음과 같이 구한다.

$$x = \frac{M_R^O}{R_y}\ ,\quad y = -\frac{M_R^O}{R_x}$$

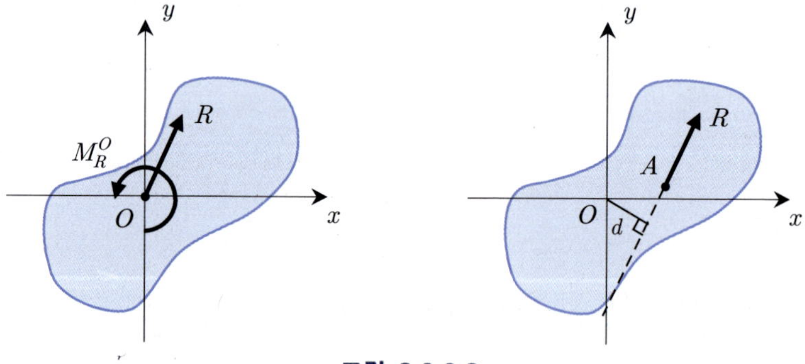

그림 3.2.2.3

이와 같이 비절점평면역계에서 주어진 역계를 하나의 이동력(합력)으로 치환하고 그 작용위치를 구하는 것은 주어진 역계에서 회전력의 합력이 0이 되는 작용선을 구하고 작용선상 임의의 점을 합력의 작용점으로 하는 것과 같다.

예제 3.2.2.1

외팔보에 3개의 집중하중이 작용하고 있다. 1) D 점에 하나의 이동력과 하나의 회전력이 작용하는 등가역계 및 2) 하나의 이동력이 작용하는 등가역계를 구하시오.

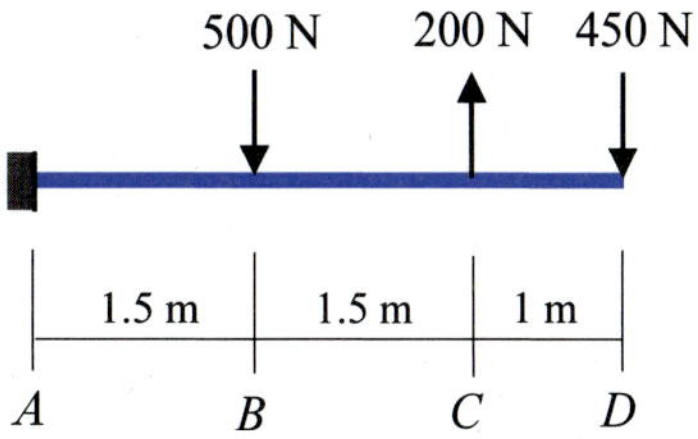

그림 예3.2.2.1(1)

해설 1) 주어진 역계의 집중하중은 모두 수직방향 이동력이므로 직각분력의 합은

$$R_y = \sum F_y = -500 + 200 - 450 = -750\,(\text{N})$$

이동력의 합력 **R**의 크기는 750 N이고 방향은 음의 y축 방향이므로 방향각 θ는 270°이다. 각 집중하중에 의해 D점에 발생하는 회전력은 각각

$$500\text{N} \ : \ 500 \times 2.5 = 1250\,(\text{N}\cdot\text{m}) \ ; \ \text{반시계방향}$$
$$200\text{N} \ : \ 200 \times 1 = 200\,(\text{N}\cdot\text{m}) \ ; \ \text{시계방향}$$
$$450\text{N} \ : \ 450 \times 0 = 0$$

이로부터 D점에 발생하는 회전력의 합은 반시계방향 1050 N · m이므로 D점에 하나의 이동력과 하나의 회전력이 작용하는 등가역계는 그림 예3.2.2.1(2)와 같다.

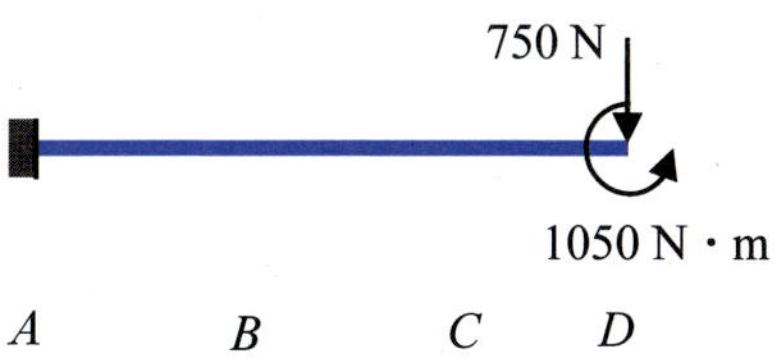

그림 예3.2.2.1(2)

2) 하나의 이동력이 작용하는 등가역계로 치환하기 위해 D점에 발생하는 회전력이 반시계방향 1050 N · m이 되도록 그림 예3.2.2.1(3)과 같이 집중하중의 작용점을 변경하면 D점과 작용점 O점 간 거리는

$$1050 = 750 \times x \ ; \ x = 1.4\,\text{m}$$

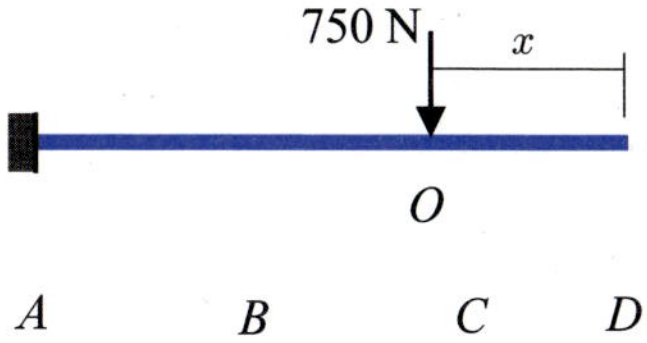

그림 예3.2.2.1(3)

이 결과는 주어진 역계에서 회전력의 합력이 0이 되는 위치가 작용점 O점의 위치인가를 확인하여 검토할 수 있다.

$$\sum^{O} M = 500\times(2.5-1.4)+200\times(1.4-1)-450\times1.4 = 0$$

그림 3.2.2.4의 역계 (1)은 3차원 공간의 물체에 3개의 이동력 $\mathbf{F}_1$, $\mathbf{F}_2$, $\mathbf{F}_3$가 작용하는 비절점공간역계이다. 비절점평면역계와 동일한 방법으로 3개의 이동력은 등가역계 (2)와 같이 임의의 O점에 작용하는 이동력과 회전력으로 치환할 수 있다. $\mathbf{F}_1$, $\mathbf{F}_2$, $\mathbf{F}_3$는 O점에 평행이동하고 $\mathbf{M}_1^O$, $\mathbf{M}_2^O$, $\mathbf{M}_3^O$는 각각 $\mathbf{F}_1$과 $\mathbf{r}_1$, $\mathbf{F}_2$와 $\mathbf{r}_2$, $\mathbf{F}_3$와 $\mathbf{r}_3$의 벡터곱에 의해 크기와 방향을 구한다. 등가역계 (2)의 O점에 작용하는 $\mathbf{F}_1$, $\mathbf{F}_2$, $\mathbf{F}_3$ 및 $\mathbf{M}_1^O$, $\mathbf{M}_2^O$, $\mathbf{M}_3^O$는 다시 등가역계 (3)과 같이 하나의 이동력 $\mathbf{R}$과 하나의 회전력 $\mathbf{M}_R^O$로 치환할 수 있으며 일반적으로 비절점공간역계에서 $\mathbf{R}$과 $\mathbf{M}_R^O$은 서로 직각이 아니다.

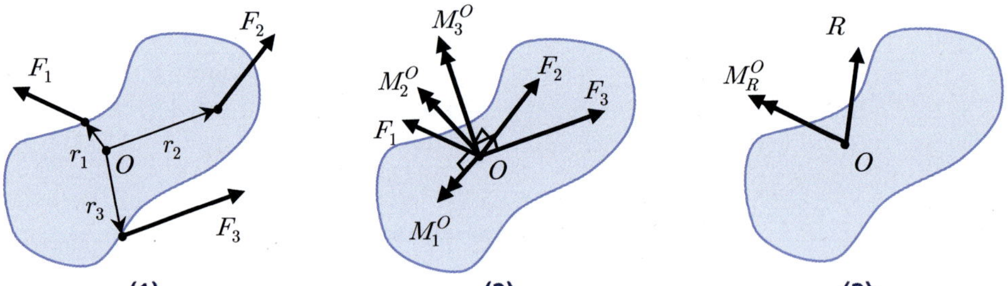

그림 3.2.2.4

평면역계 또는 평행한 이동력만으로 구성된 공간역계의 경우와 같이 $\mathbf{R}$과 $\mathbf{M}_R^O$이 서로 직각이 되는 경우는 그림 3.2.2.3의 과정과 같이 $\mathbf{R}$의 작용선 위치를 변경하여 $\mathbf{R}$과 수직인 평면의 $\mathbf{M}_R^O$을 소거하고 하나의 이동력 $\mathbf{R}$로 치환한 등가역계를 구할 수 있다. 그러나 일반적인 공간역계에서는 그림 3.2.2.4(3)과 같이 $\mathbf{R}$과 $\mathbf{M}_R^O$의 작용선이 직각이 아니고 이 경우 하나의 이동력으로 치환할 수 없다는 것을 유의해야 한다.

예제 3.2.2.2

강봉의 양단 A점과 O점에 크기 10 kN의 힘이 작용하여 비절점공간역계를 구성하고 있다. 하나의 이동력과 하나의 회전력이 O점에 작용하는 등가역계를 구하시오.

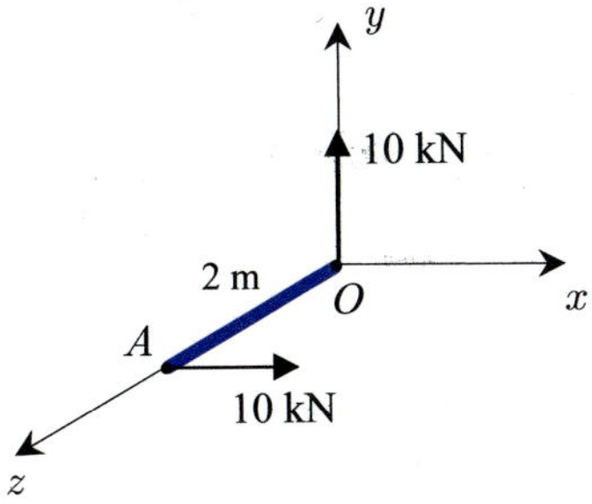

그림 예3.2.2.2(1)

해설 A 점과 O점에 작용하는 힘은 각각 $\mathbf{F}_A = 10\mathbf{i}\,(\mathrm{kN})$, $\mathbf{F}_O = 10\mathbf{j}\,(\mathrm{kN})$이므로 O점에 작용하는 이동력의 합력 $\mathbf{R}$은 $10\mathbf{i}+10\mathbf{j}\,(\mathrm{kN})$이고 크기 R은

$$R = \sqrt{R_x^2 + R_y^2 + R_z^2} = \sqrt{10^2+10^2+0^2} = 14.14\,(\mathrm{kN})$$

$\mathbf{R}$을 크기와 방향으로 표기하면

$$\mathbf{R} = R\boldsymbol{\lambda} = 14.14\times\left(\frac{10}{14.14}\mathbf{i}+\frac{10}{14.14}\mathbf{j}\right)(\mathrm{kN})$$

방향코사인과 방향각은

$$\cos\theta_x = \cos\theta_y = \frac{10}{14.14} = 0.707,\ \cos\theta_z = 0 \quad ; \quad \theta_x = \theta_y = 45^\circ,\ \theta_z = 90^\circ$$

$\mathbf{F}_O$의 작용선은 O점을 통과하므로 $\mathbf{F}_O$에 의해 O점에 발생하는 회전력은 0이다. $\mathbf{F}_A$에 의해 O점에 발생하는 회전력은 위치벡터 $\mathbf{r}_{A/O} = 2\mathbf{k}\,(\mathrm{m})$를 사용하면

$$\mathbf{M}^O = \mathbf{r}_{A/O}\times\mathbf{F}_A = 2\mathbf{k}\times 10\mathbf{i} = 20\mathbf{j}\,(\mathrm{kN}\cdot\mathrm{m})$$

하나의 이동력 $\mathbf{R}$과 하나의 회전력 $\mathbf{M}^O$가 O점에 작용하는 등가역계는 그림 예3.2.2.2(2)와 같다.

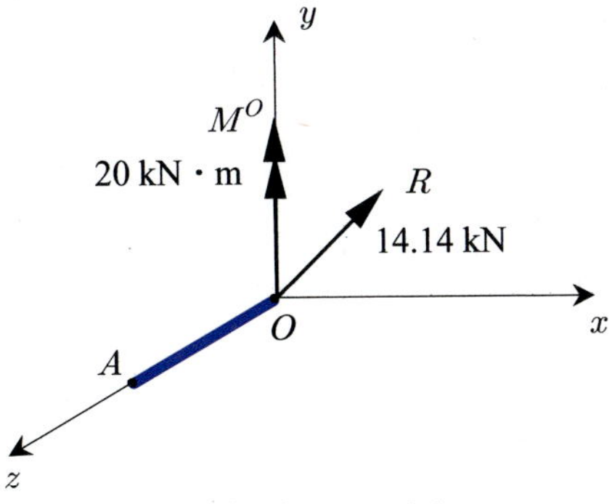

그림 예3.2.2.2(2)

R의 종점은 xy평면의 1사분면 중간에 놓여 있고 $\mathbf{M}^O$의 방향은 y축과 일치하므로 두 작용선은 서로 직각이 아니다. 이동력의 작용선을 공간상에서 변경하는 것은 이동력의 작용선과 직각을 이루는 모멘트만을 상쇄할 수 있기 때문에 R과 $\mathbf{M}^O$는 하나의 이동력으로 치환할 수 없다.

3.3 합력과 작용점

3.3.1 절점평면역계

절점역계는 이동력이 한 점에 작용하므로 자유도에 해당하는 직각분력을 구하고 이를 다시 자유도별로 합하면 주어진 역계는 등가역계로 치환된다. 그림 3.3.1.1(1)과 같이 절점평면역계를 구성하는 이동력은 2개의 자유도(x축, y축의 이동)에 해당하는 직각분력으로 분해한다. O점에 작용하는 이동력 $\mathbf{F}_1$, $\mathbf{F}_2$, $\mathbf{F}_3$를 각 자유도에 해당하는 직각분력으로 분해하고 각 자유도별로 합하면 구하고자 하는 합력 R의 직각분력 $\mathbf{R}_x$, $\mathbf{R}_y$의 크기는

$$R_x = F_{x,1} + F_{x,2} + F_{x,3} \quad ; \quad R_y = F_{y,1} + F_{y,2} + F_{y,3}$$

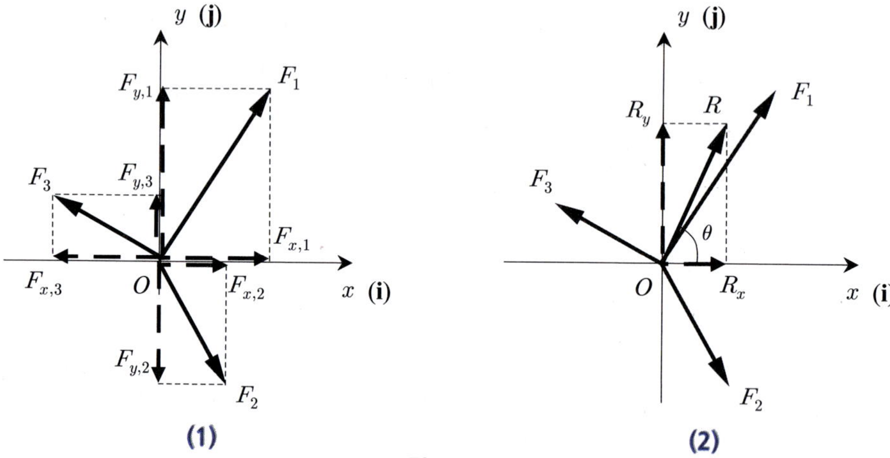

그림 3.3.1.1

직각분력 $\mathbf{R}_x$, $\mathbf{R}_y$의 합으로 그림 3.3.1.1(2)와 같이 합력 R을 산정할 수 있다. 그러므로 이동력 $\mathbf{F}_1$, $\mathbf{F}_2$, $\mathbf{F}_3$, ⋯ 으로 구성된 절점평면역계의 합력을 결정하기 위해 각각의 이동력을 x축, y축의 자유도에 해당하는 직각분력으로 분해하고 각 축별로 합하면 R_x, R_y는

$$R_x = F_{x,1} + F_{x,2} + F_{x,3} + \cdots = F_1\cos\theta_1 + F_2\cos\theta_2 + F_3\cos\theta_3 + \cdots$$
$$= \sum_i F_i \cos\theta_i$$

$$R_y = F_{y,1} + F_{y,2} + F_{y,3} + \cdots = F_1\sin\theta_1 + F_2\sin\theta_2 + F_3\sin\theta_3 + \cdots$$
$$= \sum_i F_i \sin\theta_i$$

여기서 θ_i는 양의 x축을 기준축으로 하는 반시계방향의 방향각이다. 단위벡터 $\mathbf{i}$, $\mathbf{j}$를 사용하면 $\mathbf{F}_1$, $\mathbf{F}_2$, $\mathbf{F}_3$, $\cdots$ 의 합력 $\mathbf{R}$은

$$\mathbf{R} = \sum_i \mathbf{F}_i = \sum_i (F_{x,i}\mathbf{i} + F_{y,i}\mathbf{j}) = (\sum_i F_{x,i})\mathbf{i} + (\sum_i F_{y,i})\mathbf{j}$$
$$= (\sum_i F_i\cos\theta_i)\mathbf{i} + (\sum_i F_i\sin\theta_i)\mathbf{j} = R_x\mathbf{i} + R_y\mathbf{j}$$

R_x, R_y로부터 $\mathbf{R}$의 크기와 방향은 다음과 같이 결정한다.

$$R = \sqrt{R_x^2 + R_y^2} \tag{3.3.1.1}$$

$$\tan\alpha = \left|\frac{R_y}{R_x}\right| \quad : \quad \begin{cases} 1\text{ 사분면} \;;\; \theta = \alpha \\ 2\text{ 사분면} \;;\; \theta = 180^\circ - \alpha \\ 3\text{ 사분면} \;;\; \theta = 180^\circ + \alpha \\ 4\text{ 사분면} \;;\; \theta = 360^\circ - \alpha \end{cases} \tag{3.3.1.2}$$

예제 3.3.1.1

절점평면역계를 구성하고 있는 이동력 $\mathbf{F}_1$, $\mathbf{F}_2$, $\mathbf{F}_3$, $\mathbf{F}_4$의 합력 $\mathbf{R}$의 크기와 방향을 구하시오.

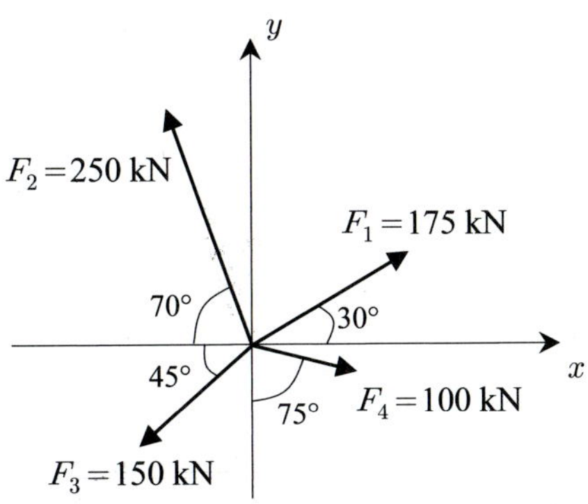

그림 예3.3.1.1

해설 각 이동력을 x축과 y축의 직각분력으로 분해하고 각 축별로 합하여 합력 **R**의 직각분력을 구한다. 표를 사용하여 R_x, R_y를 구하면

구분	크기	x축 성분	y축 성분
1	175	$175\cos 30° = 151.6$	$175\sin 30° = 87.5$
2	250	$-250\cos 70° = -85.5$	$250\sin 70° = 234.9$
3	150	$-150\cos 45° = -106.1$	$-150\sin 45° = -106.1$
4	100	$100\sin 75° = 96.6$	$-100\cos 75° = -25.9$
Σ		56.6	190.4

$$R_x = \sum F_{x,i} = 56.6\,(\mathrm{kN}) \quad ; \quad R_y = \sum F_{y,i} = 190.4\,(\mathrm{kN})$$

R은 1사분면에 위치하고 크기와 방향은

$$R = \sqrt{R_x^2 + R_y^2} = \sqrt{56.6^2 + 190.4^2} = 198.6\,(\mathrm{kN})$$

$$\tan\alpha = \frac{190.4}{56.6} \quad ; \quad \theta = \alpha = 73.4°$$

예제 3.3.1.2

그림 예3.3.1.2와 같이 절점평면역계를 구성하고 있는 이동력의 합력 **R**의 방향이 연직 상향이 되도록 P를 결정하고 합력 **R**을 구하시오.

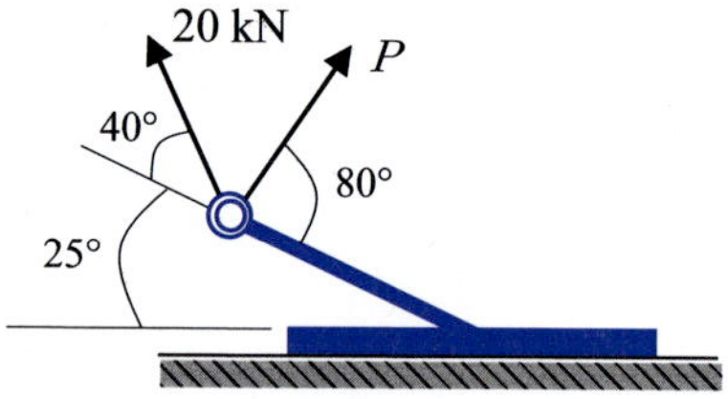

그림 예3.3.1.2

해설 합력 **R**의 방향이 연직 상향이 되기 위해서는 두 이동력의 수평방향(x축) 분력의 합이 0이어야 하므로

$$R_x = \sum F_{x,i} = 0 = 20\cos 65° - P\cos 55° \quad ; \quad P = 14.74\,(\mathrm{kN})$$

합력 **R**은 두 이동력의 수직방향(y축) 분력의 합이다.

$$R = R_y = \sum F_{y,i} = 20\sin 65° + P\sin 55° \quad ; \quad \mathbf{R} = 30.20\,\mathbf{j}\,(\mathrm{kN})$$

3.3.2 절점공간역계

절점공간역계를 구성하는 이동력은 그림 3.3.2.1에 제시한 바와 같이 3개의 자유도(x축, y축, z축의 이동)에 해당하는 분력으로 분해한다. 절점공간역계를 구성하는 이동력 $\mathbf{F}_1$, $\mathbf{F}_2$, $\mathbf{F}_3$, ⋯ 의 합력을 결정하기 위해 각각의 이동력을 x축, y축, z축의 직각분력으로 분해하고 각 축별로 합하면 R_x, R_y, R_z는

$$R_x = \sum_i F_i \cos\theta_{x,i} \quad ; \quad R_y = \sum_i F_i \cos\theta_{y,i} \quad ; \quad R_z = \sum_i F_i \cos\theta_{z,i}$$

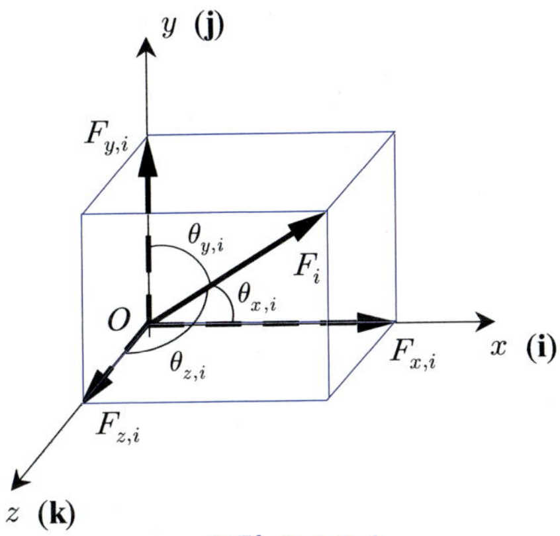

그림 3.3.2.1

2.3.2절에서 정의한 바와 같이 $\theta_{x,i}$, $\theta_{y,i}$, $\theta_{z,i}$ 는 이동력 $\mathbf{F}_i$의 작용선과 양의 x축, y축, z축이 형성하는 방향각이다. 단위벡터 $\mathbf{i}$, $\mathbf{j}$, $\mathbf{k}$를 사용하면 합력 $\mathbf{R}$은

$$\begin{aligned}\mathbf{R} = \sum_i \mathbf{F}_i &= \sum_i (F_{x,i}\mathbf{i} + F_{y,i}\mathbf{j} + F_{z,i}\mathbf{k}) \\ &= (\sum_i F_i \cos\theta_{x,i})\mathbf{i} + (\sum_i F_i \cos\theta_{y,i})\mathbf{j} + (\sum_i F_i \cos\theta_{z,i})\mathbf{k} \\ &= R_x\mathbf{i} + R_y\mathbf{j} + R_z\mathbf{k}\end{aligned}$$

R_x, R_y, R_z로부터 $\mathbf{R}$의 크기와 방향은

$$R = \sqrt{R_x^2 + R_y^2 + R_z^2} \tag{3.3.2.1}$$

$$\cos\theta_x = \frac{R_x}{R} \quad ; \quad \cos\theta_y = \frac{R_y}{R} \quad ; \quad \cos\theta_z = \frac{R_z}{R} \tag{3.3.2.2}$$

여기서 $\cos\theta_x$, $\cos\theta_y$, $\cos\theta_z$는 $\mathbf{R}$의 방향코사인이다.

예제 3.3.2.1

절점공간역계를 구성하고 있는 이동력 $\mathbf{F}_1$ (=5 kN)과 $\mathbf{F}_2$(=7 kN)의 합력 $\mathbf{R}$의 크기와 방향을 구하시오.

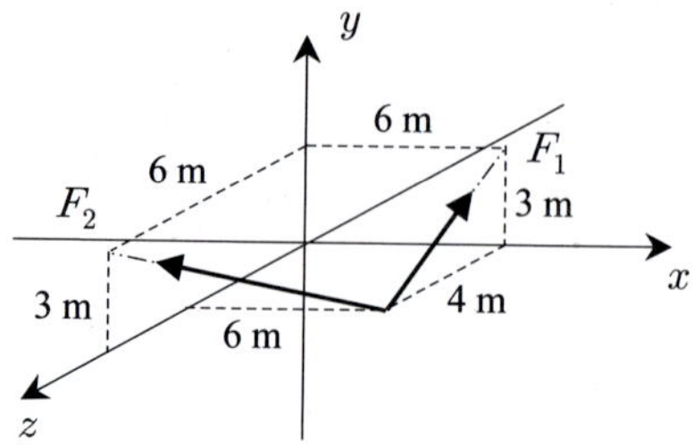

그림 예3.3.2.1

해설 $\mathbf{F}_1$(= 5kN)의 직각분력은 종점과 시점의 좌표 (6, 3, 0)과 (6, 0, 4)로부터

$$d_x = 0 \quad , \quad d_y = 3 \quad , \quad d_z = -4 \quad ; \quad d = \sqrt{0^2+3^2+(-4)^2} = 5(\text{m})$$

$$\begin{aligned} F_{1,x} &= \frac{0}{5}F_1 = 0 \\ F_{1,y} &= \frac{3}{5}F_1 = \frac{3}{5}\times 5 = 3(\text{kN}) \\ F_{1,z} &= \frac{-4}{5}F_1 = \frac{-4}{5}\times 5 = -4(\text{kN}) \end{aligned}$$

$\mathbf{F}_2$(= 7kN)의 직각분력은 종점과 시점의 좌표 (0, 3, 6)과 (6, 0, 4)로부터

$$d_x = -6 \quad , \quad d_y = 3 \quad , \quad d_z = 2 \quad ; \quad d = \sqrt{(-6)^2+3^2+2^2} = 7(\text{m})$$

$$\begin{aligned} F_{2,x} &= \frac{-6}{7}F_2 = \frac{-6}{7}\times 7 = -6(\text{kN}) \\ F_{2,y} &= \frac{3}{7}F_2 = \frac{3}{7}\times 7 = 3(\text{kN}) \\ F_{2,z} &= \frac{2}{7}F_2 = \frac{2}{7}\times 7 = 2(\text{kN}) \end{aligned}$$

직각분력 R_x, R_y, R_z는

$$\begin{aligned} R_x &= \sum F_x = F_{1,x} + F_{2,x} = 0-6 = -6(\text{kN}) \\ R_y &= \sum F_y = F_{1,y} + F_{2,y} = 3+3 = 6(\text{kN}) \\ R_z &= \sum F_z = F_{1,z} + F_{2,z} = -4+2 = -2(\text{kN}) \end{aligned}$$

$\mathbf{R}$의 크기와 방향은

$$R = \sqrt{R_x^2+R_y^2+R_z^2} = \sqrt{(-6)^2+6^2+(-2)^2} = 8.72(\text{kN})$$

$$\cos\theta_x = \frac{R_x}{R} = \frac{-6}{8.72} \quad ; \quad \theta_x = 133.5^\circ$$

$$\cos\theta_y = \frac{R_y}{R} = \frac{6}{8.72} \quad ; \quad \theta_y = 46.5^\circ$$

$$\cos\theta_z = \frac{R_z}{R} = \frac{-2}{8.72} \quad ; \quad \theta_z = 103.3^\circ$$

예제 3.3.2.2

절점공간역계를 구성하고 있는 이동력 $\mathbf{T}_{AB}$ (= 7 kN)와 $\mathbf{T}_{AC}$(= 5 kN)의 합력 $\mathbf{R}$의 크기와 방향을 벡터를 사용하여 구하시오. A, B, C점의 좌표는 각각 (0, −3, 4), (3, 3, 2), (3, −3, 0)이고 단위는 m이다.

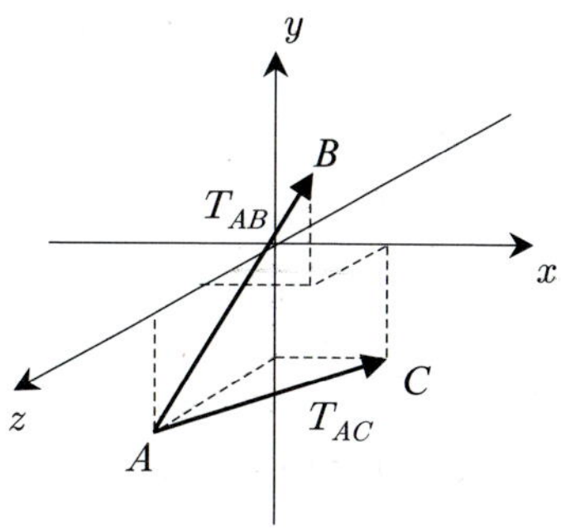

그림 예3.3.2.2

해설 $\mathbf{T}_{AB}$ (=7 kN)의 직각분력은 종점과 시점의 좌표 $B(3,\ 3,\ 2)$와 $A(0,\ -3,\ 4)$로부터

$$d_x = 3 \quad , \quad d_y = 6 \quad , \quad d_z = -2 \quad ; \quad d_{AB} = \sqrt{3^2 + 6^2 + (-2)^2} = 7\,(\mathrm{m})$$

단위벡터 $\mathbf{i}$, $\mathbf{j}$, $\mathbf{k}$로 표기하면 벡터 $\overrightarrow{AB}$는 $3\mathbf{i}+6\mathbf{j}-2\mathbf{k}$(m)이고 AB 방향 단위벡터 $\boldsymbol{\lambda}_{AB}$는

$$\boldsymbol{\lambda}_{AB} = \frac{3\mathbf{i}+6\mathbf{j}-2\mathbf{k}}{7} = \frac{3}{7}\mathbf{i}+\frac{6}{7}\mathbf{j}-\frac{2}{7}\mathbf{k}$$

$\mathbf{T}_{AB}$를 크기와 방향으로 표기하면

$$\mathbf{T}_{AB} = T_{AB}\,\boldsymbol{\lambda}_{AB} = 7\times\left(\frac{3}{7}\mathbf{i}+\frac{6}{7}\mathbf{j}-\frac{2}{7}\mathbf{k}\right) = 3\mathbf{i}+6\mathbf{j}-2\mathbf{k}\,(\mathrm{kN})$$

$\mathbf{T}_{AC}$(=5 kN)의 직각분력은 종점과 시점의 좌표 $C(3,\ -3,\ 0)$과 $A(0,\ -3,\ 4)$로부터

$$d_x = 3 \quad , \quad d_y = 0 \quad , \quad d_z = -4 \quad ; \quad d_{AC} = \sqrt{3^2 + 0^2 + (-4)^2} = 5\,(\mathrm{m})$$

단위벡터 $\mathbf{i}$, $\mathbf{j}$, $\mathbf{k}$로 표기하면 벡터 $\overrightarrow{AC}$는 $3\mathbf{i}-4\mathbf{k}$(m)이고 AC 방향 단위벡터 $\boldsymbol{\lambda}_{AC}$는

$$\boldsymbol{\lambda}_{AC} = \frac{3\mathbf{i}-4\mathbf{k}}{5} = \frac{3}{5}\mathbf{i}-\frac{4}{5}\mathbf{k}$$

$\mathbf{T}_{AC}$를 크기와 방향으로 표기하면

$$\mathbf{T}_{AC} = T_{AC}\,\boldsymbol{\lambda}_{AC} = 5\times\left(\frac{3}{5}\mathbf{i}-\frac{4}{5}\mathbf{k}\right) = 3\mathbf{i}-4\mathbf{k}\,(\mathrm{kN})$$

합력 $\mathbf{R}$은 $\mathbf{T}_{AB}$와 $\mathbf{T}_{AC}$의 벡터합이므로

$$\mathbf{R} = \mathbf{T}_{AC}+\mathbf{T}_{AB} = (3\mathbf{i}-4\mathbf{k})+(3\mathbf{i}+6\mathbf{j}-2\mathbf{k}) = 6\mathbf{i}+6\mathbf{j}-6\mathbf{k}\,(\mathrm{kN})$$

$\mathbf{R}$의 크기와 방향은

$$R = \sqrt{R_x^2+R_y^2+R_z^2} = \sqrt{6^2+6^2+(-6)^2} = 10.4\,(\mathrm{kN})$$

$$\cos\theta_x = \frac{R_x}{R} = \frac{6}{10.4} \quad ; \quad \theta_x = 54.8^\circ$$

$$\cos\theta_y = \frac{R_y}{R} = \frac{6}{10.4} \quad ; \quad \theta_y = 54.8^\circ$$

$$\cos\theta_z = \frac{R_z}{R} = \frac{-6}{10.4} \quad ; \quad \theta_z = 125.2^\circ$$

예제 3.3.2.3

그림 예3.3.2.3(1)과 같이 하중 P가 작용하는 강봉이 회전지점 O와 케이블 AB, AC에 의해 지지되어 있다. 케이블 AB에 732 N의 인장력이 발생하는 경우 두 케이블의 인장력과 하중 P의 합력이 음의 x축 방향이 되도록 하중 P를 구하시오.

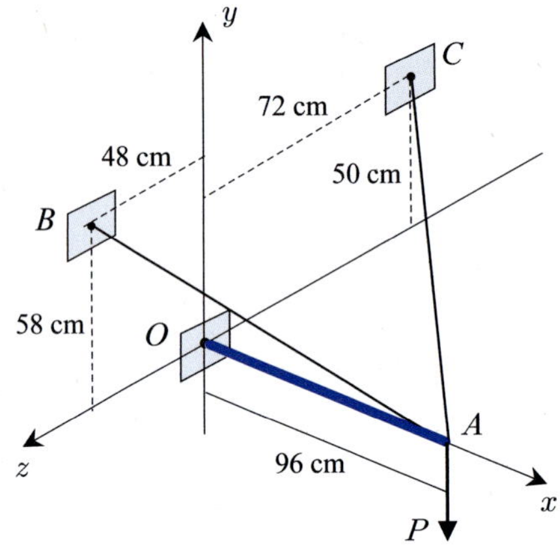

그림 예3.3.2.3(1)

해설 케이블 AB, AC의 인장력을 각각 T_{AB}, T_{AC} 라고 하면 A점에 작용하는 두 인장력의 방향은 그림 예3.3.2.3(2)와 같다. $T_{AB}(=732\text{ N})$의 직각분력은 좌표 $B(0,\ 0.58,\ 0.48)$과 $A(0.96,\ 0,\ 0)$을 사용하여

$$d_x = -0.96 \quad , \quad d_y = 0.58 \quad , \quad d_z = 0.48$$

$$d_{AB} = \sqrt{(-0.96)^2 + 0.58^2 + 0.48^2} = 1.22\,(\text{m})$$

$$T_{AB,x} = \frac{-0.96}{1.22}T_{AB} = \frac{-0.96}{1.22}\times 732 = -576\,(\text{N})$$

$$T_{AB,y} = \frac{0.58}{1.22}T_{AB} = \frac{0.58}{1.22}\times 732 = 348\,(\text{N})$$

$$T_{AB,z} = \frac{0.48}{1.22}T_{AB} = \frac{0.48}{1.22}\times 732 = 288\,(\text{N})$$

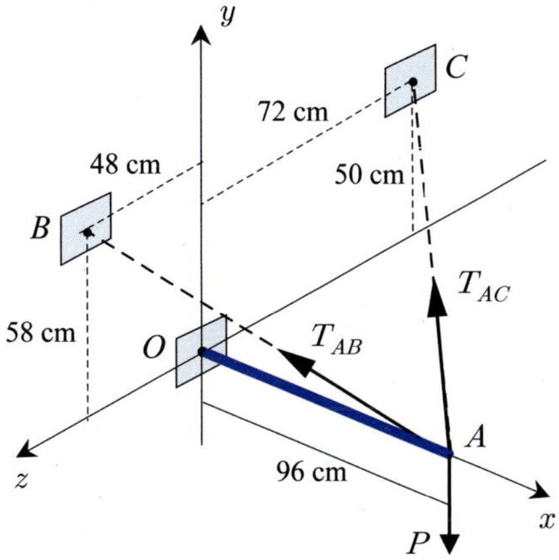

그림 예3.3.2.3(2)

T_{AC}의 직각분력은 좌표 $C(0,\ 0.50,\ -0.72)$와 $A(0.96,\ 0,\ 0)$을 사용하여

$$d_x = -0.96 \quad , \ d_y = 0.50 \quad , \ d_z = -0.72$$

$$d_{AC} = \sqrt{(-0.96)^2 + 0.50^2 + (-0.72)^2} = 1.30\,(\mathrm{m})$$

$$T_{AC,x} = \frac{-0.96}{1.30}T_{AC} \ ; \ T_{AC,y} = \frac{0.50}{1.30}T_{AC} \ ; \ T_{AC,z} = \frac{-0.72}{1.30}T_{AC}$$

하중 P는 음의 y축 방향이므로 직각분력은 $P_y = -P$이다. 합력 $\mathbf{R}$의 직각분력은

$$R_x = -576 + \frac{-0.96}{1.30}T_{AC} \quad \cdots (1)$$

$$R_y = 348 + \frac{0.50}{1.30}T_{AC} - P \quad \cdots (2)$$

$$R_z = 288 + \frac{-0.72}{1.30}T_{AC} \quad \cdots (3)$$

$\mathbf{R}$의 y축, z축 방향 직각분력은 0이므로 식 (3)에서 T_{AC}는 520 N이고 식 (2)에서 P는 548 N이다. 두 케이블의 인장력과 하중 P의 합력 $\mathbf{R}$은 식 (1)에서 $R_x\mathbf{i} = -960\mathbf{i}$ (N)이다.

예제 3.3.2.4

케이블 AC의 인장력이 28 kN인 경우 A점에 작용하는 세 케이블에 의한 인장력의 합력이 연직 하향이 되도록 케이블 AB, AD의 인장력을 구하시오.

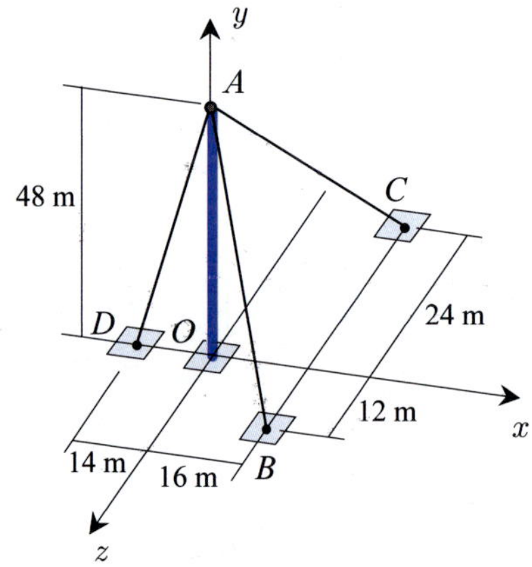

그림 예3.3.2.4

해설 각 점의 좌표는 $A(0,\ 48,\ 0)$, $B(16,\ 0,\ 12)$, $C(16,\ 0,\ -24)$, $D(-14,\ 0,\ 0)$이다. 벡터 $\overrightarrow{AC}$의 직각성분은 종점 C와 시점 A로부터

$$d_x = 16\,\mathrm{m}\ ,\ d_y = -48\,\mathrm{m}\ ,\ d_z = -24\,\mathrm{m}$$

단위벡터 $\mathbf{i}$, $\mathbf{j}$, $\mathbf{k}$로 표기하면 $\overrightarrow{AC} = 16\mathbf{i} - 48\mathbf{j} - 24\mathbf{k}(\mathrm{m})$이다. 벡터 $\overrightarrow{AC}$의 길이 d는

$$d = \sqrt{d_x^2 + d_y^2 + d_z^2} = \sqrt{16^2 + (-48)^2 + (-24)^2} = 56(\mathrm{m})$$

AC 방향 단위벡터 $\boldsymbol{\lambda}_{AC}$는

$$\boldsymbol{\lambda}_{AC} = \frac{16\mathbf{i} - 48\mathbf{j} - 24\mathbf{k}}{56} = 0.286\mathbf{i} - 0.857\mathbf{j} - 0.429\mathbf{k}$$

$\mathbf{T}_{AC}$를 크기와 방향으로 표기하면

$$\mathbf{T}_{AC} = T_{AC}\boldsymbol{\lambda}_{AC} = 28 \times (0.286\mathbf{i} - 0.857\mathbf{j} - 0.429\mathbf{k})\,(\mathrm{kN})$$

이로부터 $\mathbf{T}_{AC}$의 직각분력은

$$T_{AC,x} = 8.0\,\mathrm{kN}\quad ;\quad T_{AC,y} = -24.0\,\mathrm{kN}\quad ;\quad T_{AC,z} = -12.0\,\mathrm{kN}$$

계산결과는 다음과 같이 검토할 수 있다.

$$T_{AC} = \sqrt{{T_{AC,x}}^2 + {T_{AC,y}}^2 + {T_{AC,z}}^2}$$
$$= \sqrt{8.0^2 + (-24.0)^2 + (-12.0)^2} = 28.0\,(\mathrm{kN})$$

동일한 방법으로 $\mathbf{T}_{AB}$, $\mathbf{T}_{AD}$를 크기와 방향으로 표기하면

$$\mathbf{T}_{AB} = T_{AB}\boldsymbol{\lambda}_{AB} = T_{AB} \times (0.308\mathbf{i} - 0.923\mathbf{j} + 0.231\mathbf{k})\,(\mathrm{kN})$$
$$\mathbf{T}_{AD} = T_{AD}\boldsymbol{\lambda}_{AD} = T_{AD} \times (-0.280\mathbf{i} - 0.960\mathbf{j})\,(\mathrm{kN})$$

세 케이블에 의한 인장력의 합력 $\mathbf{R}$을 직각분력으로 정리하면

$$\begin{aligned} R_x &= 0.308\,T_{AB} + 8.0 - 0.280\,T_{AD} & \cdots (1) \\ R_y &= -0.923\,T_{AB} - 24.0 - 0.960\,T_{AD} & \cdots (2) \\ R_z &= 0.231\,T_{AB} - 12.0 & \cdots (3) \end{aligned}$$

R_x, R_z가 0이어야 하므로 (3)식에서 $T_{AB} = 51.9\,\text{kN}$이고 (1)식에서 $T_{AD} = 85.7\,\text{kN}$이며 연직 하향의 합력 $\mathbf{R}$은 식 (2)에서 $R_y\mathbf{j} = -154.2\mathbf{j}$ (kN)이다.

3.3.3 비절점평면역계

비절점평면역계를 구성하는 모든 힘을 x축, y축의 이동과 xy 평면에 수직인 z축의 회전 3개의 자유도에 해당하는 직각분력으로 분해하고 다시 각 자유도별로 합하면

$$R_x = \sum_i F_{x,i} \quad ; \quad R_y = \sum_i F_{y,i} \quad ; \quad M_z = \sum_i M_{z,i}$$

단위벡터 $\mathbf{i}$, $\mathbf{j}$, $\mathbf{k}$로 표기하면 이동력의 합력 $\mathbf{R}$과 회전력의 합력 $\mathbf{M}_z$는 다음과 같다.

$$\mathbf{R} = \sum_i \mathbf{F}_i = (\sum_i F_{x,i})\mathbf{i} + (\sum_i F_{y,i})\mathbf{j} = R_x\mathbf{i} + R_y\mathbf{j} = \mathbf{R}_x + \mathbf{R}_y \quad (3.3.3.1)$$

$$\mathbf{M}_z = (\sum_i M_{z,i})\mathbf{k} \quad (3.3.3.2)$$

$\mathbf{F}_1$, $\mathbf{F}_2$, $\cdots$ 및 $\mathbf{M}_1$, $\mathbf{M}_2$, $\cdots$ 로 구성된 주어진 역계에서 이동력의 합력 $\mathbf{R}(= \mathbf{R}_x + \mathbf{R}_y)$을 구하면 이동력 $\mathbf{F}_1$, $\mathbf{F}_2$, $\cdots$ 의 작용위치에 대한 정보는 상실된다. 그러므로 이동효과는 정리과정에서 등가가 유지되지만 이동력의 작용선 위치에 따라 다르게 결정되는 회전효과는 다음과 같이 등가를 확인하는 과정이 요구된다. 주어진 역계에서 임의의 O점을 선택하고 O점에 발생하는 회전력을 산정하면

$$\mathbf{M}^O = \sum_i \mathbf{M}_i + \sum_j^O (\mathbf{r}_{j/O} \times \mathbf{F}_j) \quad (3.3.3.3)$$

식 (3.3.3.3)의 우변에서 첫 번째 항 $\sum_i \mathbf{M}_i$는 주어진 역계에서의 모멘트하중(직각분력)의 합 $(\sum_i M_{z,i})\mathbf{k}$와 같고 두 번째 항은 이동력에 의해 O점에 발생하는 모멘트의 합으로 $\mathbf{r}_{j/O}$와 $\mathbf{F}_j$를 직각성분과 직각분력으로 표기하면 다음과 같다.

$$\mathbf{r}_{j/O} = x_{j/O}\,\mathbf{i} + y_{j/O}\,\mathbf{j} \quad ; \quad \mathbf{F}_j = F_{x,j}\mathbf{i} + F_{y,j}\mathbf{j}$$

두 역계가 등가역계가 되기 위해서는 치환한 역계의 O점에 발생하는 회전력이 $\mathbf{M}^O$가 되어야 하고 임의의 점에서 두 역계에 동일한 회전효과가 발생한다는 것은 다른 모든 점에서 검

토하더라도 두 역계에 발생하는 회전효과가 동일하다는 것을 의미한다. 직각분력으로 정리한 $\mathbf{M}_z$는 합력 $\mathbf{R}$을 구하는 것과는 무관하고 회전효과를 결정하기 위한 식 (3.3.3.3)에만 사용된다는 것을 알 수 있다. 3.2.2절에 기술한 바와 같이 O점에 작용하는 $\mathbf{R}$과 $\mathbf{M}^O$로 치환한 등가역계는 다시 $\mathbf{R}$의 작용선을 변경하여 하나의 이동력 $\mathbf{R}$만 작용하는 등가역계로 치환할 수 있다.

예제 3.3.3.1

외팔보에 그림 예3.3.3.1(1)과 같은 비절점평면역계가 작용하고 있다. 1) A점에 하나의 이동력과 하나의 회전력이 작용하는 등가역계 2) B점에 하나의 이동력과 하나의 회전력이 작용하는 등가역계 및 3) 하나의 이동력이 작용하는 등가역계로 치환하시오.

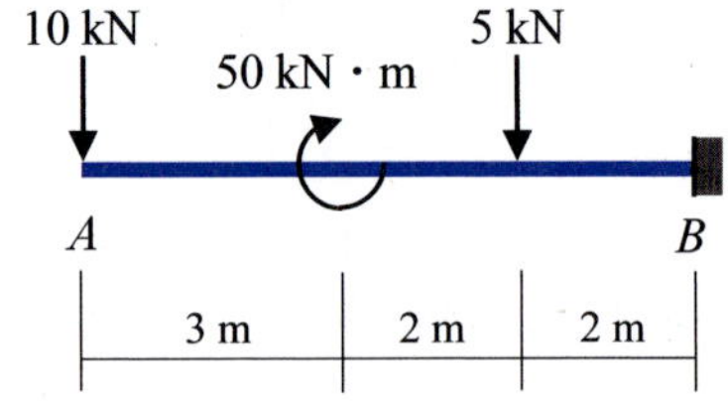

그림 예3.3.3.1(1)

해설 주어진 역계에서 이동력의 직각분력은 각각

$$R_x = \sum F_x = 0 \quad ; \quad R_y = \sum F_y = -10-5 = -15\,(\text{kN})$$

이동력의 합력 $\mathbf{R}$의 크기는

$$R = \sqrt{R_x^2 + R_y^2} = \sqrt{0^2 + (-15)^2} = 15\,(\text{kN})$$

$\mathbf{R}$의 방향은 음의 y축 방향이므로 방향각 θ는 270°이다.

1) A점에 하나의 이동력과 하나의 회전력이 작용하는 등가역계는 그림 예3.3.3.1(2)와 같이 이동력의 합력 $\mathbf{R}$의 위치를 A점으로 하고 주어진 역계의 각 하중에 의해 A점에 발생하는 회전력을 산정하여 표시한다.

$$\sum^{A} M = 10\times 0 + 50 + 5\times 5 = 75\,(\text{kN}\cdot\text{m}) \quad ; \quad \text{시계방향}$$

그림 예3.3.3.1(2)

2) B점에 하나의 이동력과 하나의 회전력이 작용하는 등가역계로 변경하기 위해 그림 예3.3.3.1(2)의 역계에서 $\mathbf{R}$의 위치를 B점으로 변경하고 A점에 작용하는 15 kN과 75 kN · m에 의해 B점에 발생하는 회전력을 산정하여 표시하면 그림 예3.3.3.1(3)과 같다.

$$\sum^{B} M = 15 \times 7 - 75 = 30\,(\mathrm{kN \cdot m}) \quad ; \quad \text{반시계방향}$$

그림 예3.3.3.1(3)

이 결과는 그림 예3.3.3.1(1)의 주어진 역계에서 바로 하나의 이동력과 하나의 회전력이 작용하는 등가역계로 치환하여 검토할 수 있다. **R**의 위치를 B점으로 변경하고 각 하중에 의해 B점에 발생하는 회전력을 산정하여 표시하면 그림 예3.3.3.1(3)의 결과와 동일하다.

$$\sum^{B} M = 10 \times 7 - 50 + 5 \times 2 = 30\,(\mathrm{kN \cdot m}) \quad ; \quad \text{반시계방향}$$

3) 하나의 이동력이 작용하는 등가역계로 치환하기 위해 그림 예3.3.3.1(4)에 제시한 바와 같이 R_y의 작용점 위치를 가정하면 B점에 발생하는 모멘트가 반시계방향 $30\,\mathrm{kN \cdot m}$이어야 하므로 B점과 작용점 간 거리는

$$30 = -R_y \times x = -(-15) \times x \quad ; \quad x = 2\,\mathrm{m}$$

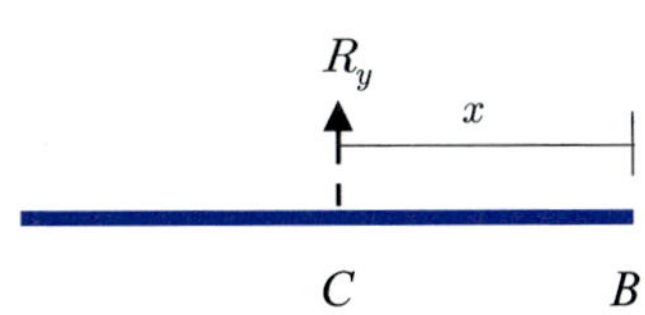

그림 예3.3.3.1(4)

이 결과는 R_y에 의해 A점에 발생하는 시계방향 모멘트를 산정하여 검토할 수 있다.

$$-R_y \times (7 - x) = -(-15) \times (7 - 2) = 75\,(\mathrm{kN \cdot m})$$

또한 그림 예3.3.3.1(1)의 주어진 역계에서 회전력의 합력이 0이 되는 위치가 C점인가를 확인하여 검토할 수 있다.

$$\sum^{C} M = 10 \times (7 - 2) - 50 + 5 \times (2 - 2) = 0$$

예제 3.3.3.2

구조물 ABC에 3개의 이동력과 1개의 회전력(4개의 하중)으로 구성된 비절점평면역계가 작용하고 있다. 1) B점에 하나의 이동력과 하나의 회전력이 작용하는 등가역계를 구하고 이 결과를 다시 2) 하나의 이동력이 작용하는 등가역계로 치환하여 이동력의 작용선과 각 부재 AB, BC와의 교점을 구하시오.

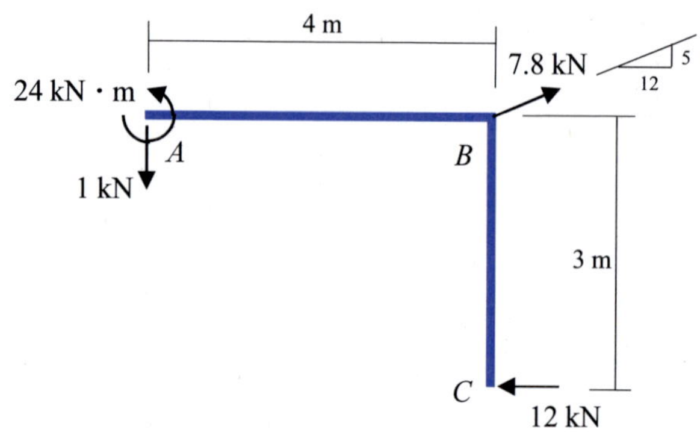

그림 예3.3.3.2(1)

해설 (1) 3개 이동력의 직각분력을 각 축별로 합하면 합력 **R**의 직각분력은

$$R_x = \sum F_x = 0 + 7.8 \times \frac{12}{13} - 12 = -4.8\,(\text{kN})$$

$$R_y = \sum F_y = -1 + 7.8 \times \frac{5}{13} = 2.0\,(\text{kN})$$

각 하중에 의해 B점에 발생하는 회전력은

$$\sum^{B} M = 1 \times 4 + 24 + 7.8 \times 0 - 12 \times 3 = -8\,(\text{kN} \cdot \text{m}) \quad ; \quad \text{반시계방향}$$

합력 **R**의 직각분력과 B점에 발생하는 회전력 $\mathbf{M}^B$를 모두 좌표축의 양의 방향으로 표시하면 그림 예3.3.3.2(2)와 같다. **R**의 크기는

$$R = \sqrt{R_x^2 + R_y^2} = \sqrt{(-4.8)^2 + 2.0^2} = 5.20\,(\text{kN})$$

R의 방향은 2사분면이므로

$$\tan\alpha = \frac{2.0}{4.8} \quad \Rightarrow \quad \alpha = 22.6^\circ \quad ; \quad \theta = 157.4^\circ$$

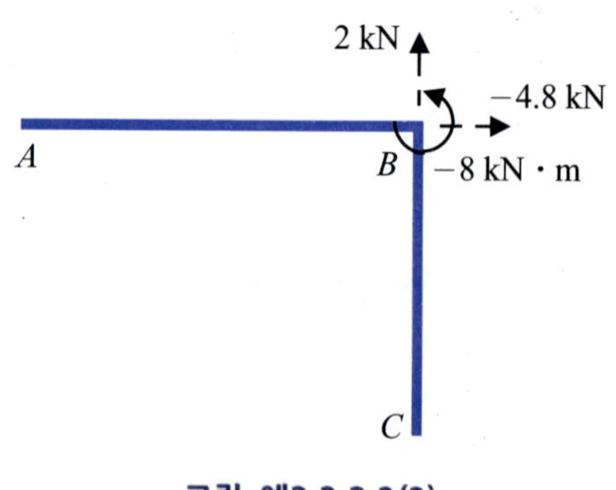

그림 예3.3.3.2(2)

(2) 하나의 이동력인 (1)에서 결정한 합력 **R**만으로 등가역계를 구성하기 위해서는 그림 예 3.3.3.2(2)에서 B점의 회전력이 상쇄되는 **R**의 작용점을 구하여야 한다. 그림 예 3.3.3.2(3)과 같이 **R**의 작용점이 AB 부재에 위치하는 경우는 수직분력에 의해 B점에 발생하는 모멘트가 시계방향 $8\,\mathrm{kN \cdot m}$이어야 하므로 B점과 작용점 간 거리는

$$8 = R_y \times x = 2 \times x \quad ; \quad x = 4\,\mathrm{m}$$

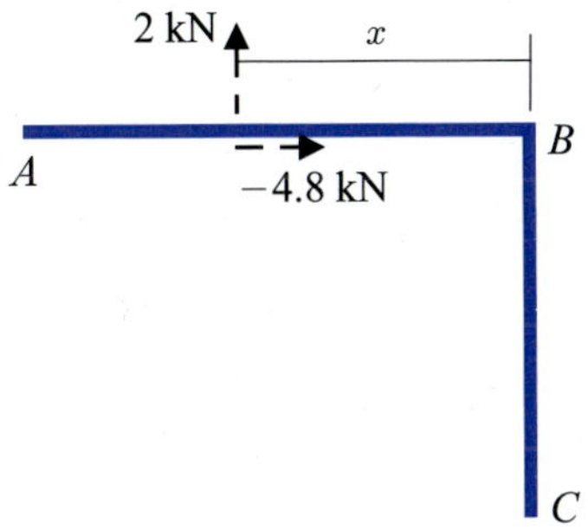

그림 예3.3.3.2(3)

그림 예3.3.3.2(4)와 같이 **R**의 작용점이 BC 부재에 위치하는 경우는 수평분력에 의해 발생하는 모멘트가 시계방향 $8\,\mathrm{kN \cdot m}$이어야 하므로

$$8 = -R_x \times y = -(-4.8) \times y \quad ; \quad y = 1.67\,\mathrm{m}$$

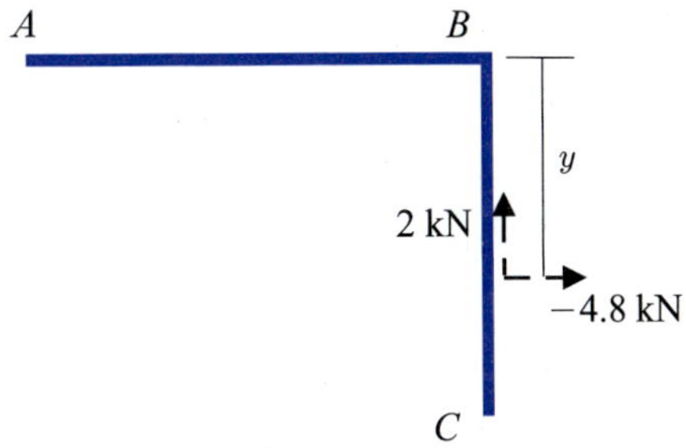

그림 예3.3.3.2(4)

이 결과는 그림 예3.3.3.2(5)와 같이 **R**의 작용선과 B점과의 수직거리 d를 부재 AB와 BC의 교점으로부터 구하고 B점에 발생하는 모멘트를 산정하여 검토할 수 있다.

$$d = 1.67\cos\alpha = 1.67\cos(180^\circ - \theta) = 1.67\cos 22.6^\circ = 1.539\,(\mathrm{m})$$

$$\sum^{B} M = R \times d = 5.20 \times 1.539 = 8.00\,(\mathrm{kN \cdot m}) \quad ; \quad \text{시계방향}$$

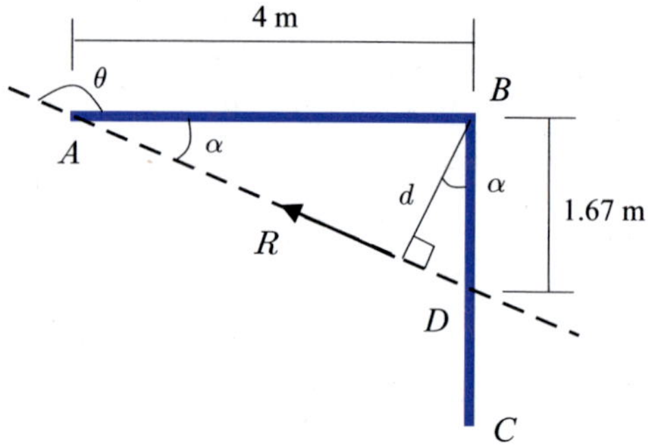

그림 예3.3.3.2(5)

또한 주어진 역계에서 회전력의 합력이 0이 되는 위치가 작용선의 교점 A점과 D점이라는 것이므로 다음과 같이 검토할 수 있다.

$$\sum^{A} M = 24 + 7.8 \times \frac{5}{13} \times 4 - 12 \times 3 = 0$$

$$\sum^{D} M = 24 + 1 \times 4 - 7.8 \times \frac{12}{13} \times 1.67 - 12 \times (3 - 1.67) = 0.016$$

예제 3.3.3.3

비절점평면역계를 구성하는 수평/수직/모멘트 하중이 구조물에 작용하고 있다. 하나의 이동력이 작용하는 등가역계로 치환하시오.

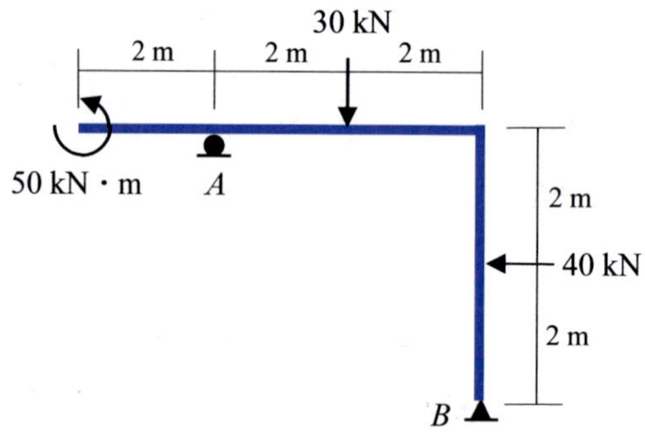

그림 예3.3.3.3(1)

해설 직각분력의 크기 R_x, R_y는

$$R_x = \sum F_x = -40\,\text{kN} \quad ; \quad R_y = \sum F_y = -30\,\text{kN}$$

이동력의 합력 $\mathbf{R}$의 크기는

$$R = \sqrt{R_x^2 + R_y^2} = \sqrt{(-40)^2 + (-30)^2} = 50\,(\text{kN})$$

$\mathbf{R}$의 방향은 3사분면이므로 방향각 θ는

$$\tan\alpha = \frac{30}{40} \quad \Rightarrow \quad \alpha = 36.9^\circ \quad ; \quad \theta = 216.9^\circ$$

그림 예3.3.3.3(1)의 주어진 역계에서 수평/수직/모멘트 하중에 의해 A점에 발생하는 회전력을 산정하면

$$\sum^{A} M = 50 - 30\times 2 - 40\times 2 = -90\,(\text{kN}\cdot\text{m}) \quad ; \quad \text{반시계방향}$$

그림 예3.3.3.3(2)와 같이 하나의 이동력이 작용하는 등가역계로 치환하면 **R**의 수직분력에 의해 A점에 발생하는 모멘트가 시계방향 90 kN · m이어야 하므로 A점과 작용점 간 거리는

$$90 = -R_y \times x = -(-30)\times x \quad ; \quad x = 3\,\text{m}$$

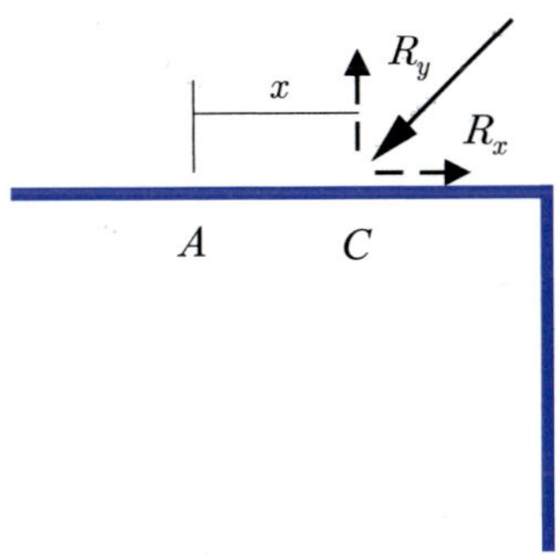

그림 예3.3.3.3(2)

이 결과는 주어진 역계에서 회전력의 합력이 0이 되는 위치가 C점인가를 확인하여 검토할 수 있다.

$$\sum^{C} M = 50 + 30\times(3-2) - 40\times 2 = 0$$

구조물에 작용하는 힘을 하중이라 하며 합력의 산정에 포함되는 이동력과 회전력은 집중하중이다. 2.2.1절에 기술한 바와 같이 구조물의 규모에 비해 하중이 작용하는 면적이 작아 한 점에 작용하는 하중으로 간주한 것을 집중하중이라 하고 구조부재의 자중과 같이 부재 길이방향으로 분포하는 하중은 분포하중이라 한다. 그림 3.3.3.1은 이동력의 분포하중이 작용하는 예를 제시한 것으로 분포하중의 크기는 단위길이 당 하중인 하중세기(load intensity)가 되며 대표적인 단위는 kN/m이다. 부재 AB에 작용하는 분포하중과 같이 하중세기 w_1이 작용구간 L에서 일정한 경우를 등분포하중(uniform distributed load)이라 하고 직사각형의 높이와 밑변으로 하중세기와 작용구간을 제시한다. 일정단면 구조부재의 자중 또는 교량상판에 재하되는 포장하중 등이 대표적인 등분포하중이다. 작용구간에서 하중세기가 변하는 분포하중은 분포형상에 의해 용어를 사용하며 하중세기가 직선적으로 변하는 분포하중은 직선변화하중(linearly varying load)이라 하고 수심에 의해 결정되는 수압(hydrostatic pressure) 또는 옹벽에 수직방향으로 작용하는 토압(soil pressure) 등이 대표적인 직선변화하중이다. 부재 BC에 작용하는 분포하중은 하중세기가 $0 \sim w_2$로 직선변화하므로 삼각형분포하중(triangular distributed load)이라 하고 하중세기의 최대값과 작용구간 H를 직각삼각형의 높이와 밑변으로 제시한다.

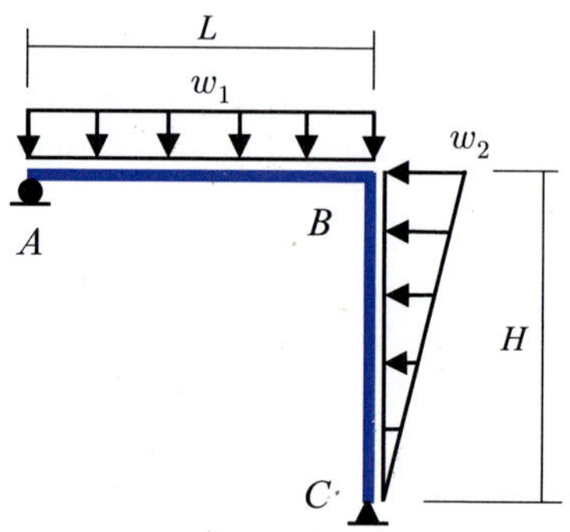

그림 3.3.3.1 분포하중

분포하중은 등가집중하중(equivalent concentrated load)으로 치환해야 합력의 산정에 포함할 수 있으며 등가라는 용어는 분포하중에 의해 강체에 발생하는 움직임(이동 및 회전)과 등가집중하중에 의해 발생하는 움직임은 동일해야 한다는 것을 의미한다. 이동력의 분포하중을 치환하는 경우 이동효과는 분포하중의 면적을 등가집중하중의 크기로 정하여 등가가 되도록 하고 회전효과는 등가집중하중의 작용선이 분포하중 면적의 도심을 통과하도록 결정하여 등가가 되도록 한다. 그림 3.3.3.2는 등분포하중과 삼각형분포하중의 등가집중하중과 그 작용위치를 제시한 것이다. P_1과 P_2의 크기는 분포하중의 면적이므로 다음과 같이 산정하고 P_1과 P_2의 작용선 위치는 면적의 도심이므로 각각 A점에서 $L/2$, B점에서 $H/3$가 된다.

$$P_1 = w_1(\text{kN/m}) \times L(\text{m}) = w_1 L(\text{kN}) \quad ; \quad P_2 = \frac{1}{2} \times w_2(\text{kN/m}) \times H(\text{m}) = \frac{w_2 H}{2}(\text{kN})$$

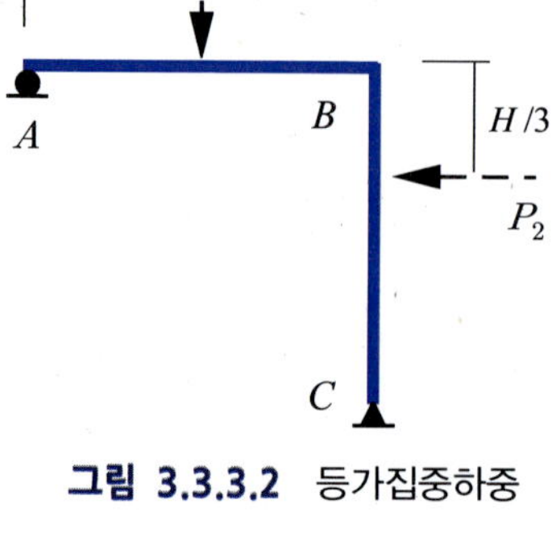

그림 3.3.3.2 등가집중하중

예제 3.3.3.4

그림 예3.3.3.4와 같이 하중세기의 최대값이 w이고 분포길이가 L인 삼각형분포하중의 등가집중하중과 x축상의 작용점을 구하시오.

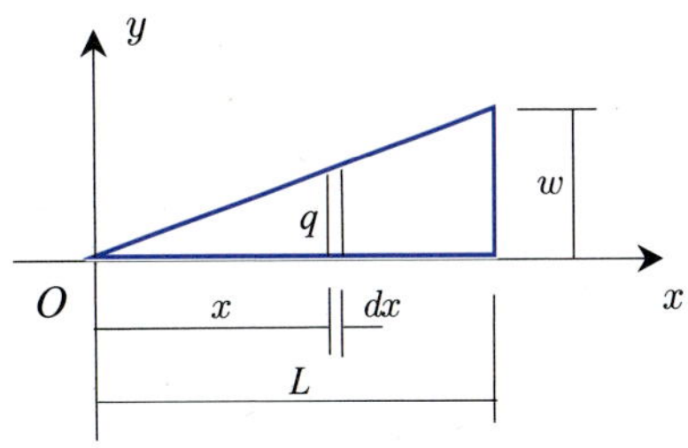

그림 예3.3.3.4

해설 그림 예3.3.3.4에서 미소길이 dx의 하중세기를 q라 하면

$$q = \frac{x}{L}w$$

dx에 작용하는 하중은 qdx이고 분포길이 L에 작용하는 전체 분포하중의 크기는 다음 식과 같이 미소길이에 작용하는 하중의 합이므로 등가집중하중 F의 크기는 삼각형의 면적과 같다.

$$F = \int_0^L qdx = \int_0^L \frac{x}{L}w\,dx = \frac{w}{L}\int_0^L x\,dx = \frac{wL}{2}$$

하중 qdx에 의해 O점에 발생하는 모멘트의 크기는 $\Delta M = qdx \times x$이므로 전체 분포하중에 의한 모멘트의 크기는

$$M = \int_0^L x\,qdx = \int_0^L \frac{x^2}{L}w\,dx = \frac{w}{L}\int_0^L x^2\,dx = \frac{wL^2}{3}$$

등가집중하중 F의 작용점 위치를 $\bar{x}$라 하면 F에 의해 O점에 발생하는 모멘트의 크기는 $F\bar{x}$이므로 회전효과가 등가가 되기 위한 $\bar{x}$는

$$\bar{x} = \frac{M}{F} = \frac{wL^2/3}{wL/2} = \frac{2L}{3}$$

그러므로 등가집중하중의 x축상 작용점 위치는 삼각형 도심의 x축상 위치와 같다.

예제 3.3.3.5

경사하중과 분포하중이 단순보에 작용하여 비절점 평면역계를 구성하고 있다. 하나의 이동력이 작용하는 등가역계로 치환하시오.

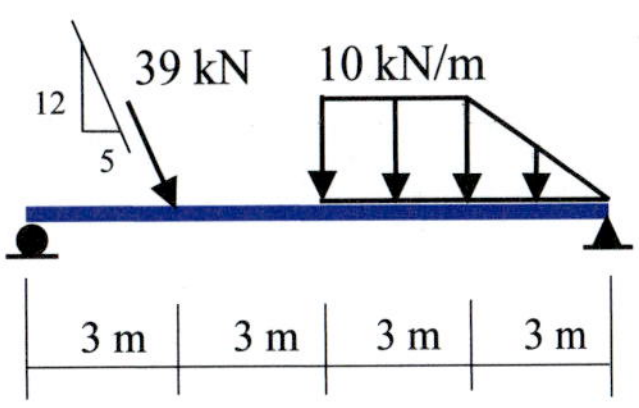

그림 예3.3.3.5(1)

해설 이동력의 합력 **R**을 구하기 위해 그림 예3.3.3.5(2)와 같이 경사하중과 분포하중을 각각 직각분력과 등가집중하중으로 치환한다. 직각분력의 크기는

$$R_x = \sum F_x = 15\,\text{kN} \quad ; \quad R_y = \sum F_y = -36 - 10\times 3 - 10\times 3\times 0.5 = -81\,(\text{kN})$$

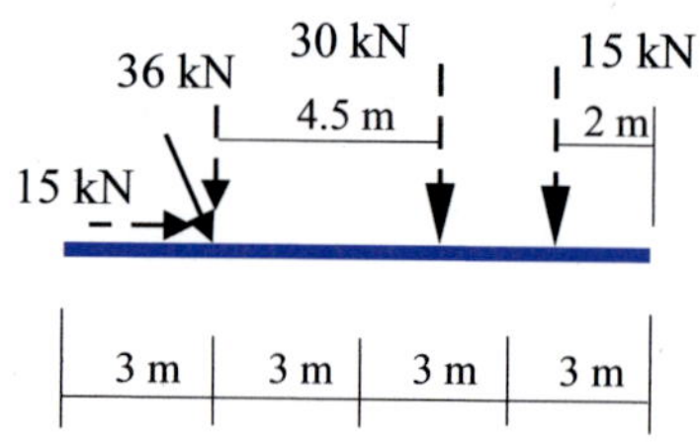

그림 예3.3.3.5(2)

R의 크기는

$$R = \sqrt{R_x^2 + R_y^2} = \sqrt{(15)^2 + (-81)^2} = 82.4\,(\text{kN})$$

R의 방향은 4사분면이므로 방향각 θ는

$$\tan\alpha = \frac{81}{15} \quad \Rightarrow \quad \alpha = 79.5^\circ \quad ; \quad \theta = 280.5^\circ$$

그림 예3.3.3.5(2)에서 경사하중이 작용하는 위치를 O점으로 하고 O점에 발생하는 모멘트를 산정하면

$$\sum^{O} M = 30\times 4.5 + 15\times 7 = 240\,(\text{kN}\cdot\text{m}) \quad ; \quad \text{시계방향}$$

그림 예3.3.3.5(3)과 같이 하나의 이동력 R로 치환한 역계에서 R의 수직분력에 의해 O점에 발생하는 모멘트가 시계방향 240kN · m이어야 하므로 O점과 R의 작용점 A점 간 거리는

$$240 = -R_y \times x = -(-81)\times x \quad ; \quad x = 2.96\,\text{m}$$

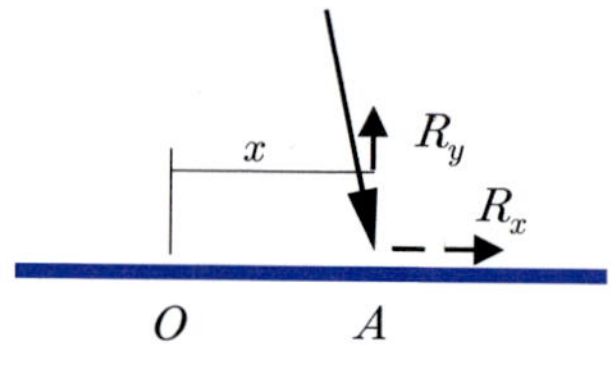

그림 예3.3.3.5(3)

이 결과는 그림 예3.3.3.5(2)의 역계에서 회전력의 합력이 0이 되는 위치가 A점인가를 확인하여 검토할 수 있다.

$$\sum^{A} M = 36\times 2.96 - 30\times(4.5 - 2.96) - 15\times(7 - 2.96) = -0.24$$

예제 3.3.3.6

비절점평면역계를 구성하는 수직하중, 분포하중 및 모멘트하중이 내민보에 작용하고 있다. 하나의 이동력이 작용하는 등가역계로 치환하시오.

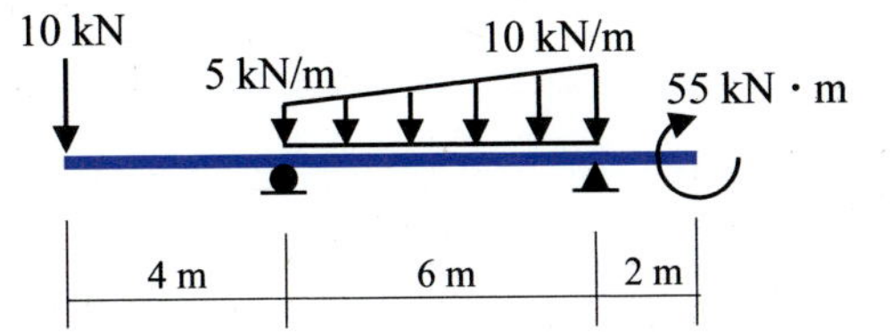

그림 예3.3.3.6(1)

해설 이동력의 합력 **R**을 구하기 위해 그림 예3.3.3.6(2)와 같이 분포하중은 등가집중하중으로 치환한다. 직각분력의 크기는

$$R_x = \sum F_x = 0 \quad ; \quad R_y = \sum F_y = -10-5\times 6-5\times 6\times 0.5 = -55\,(\mathrm{kN})$$

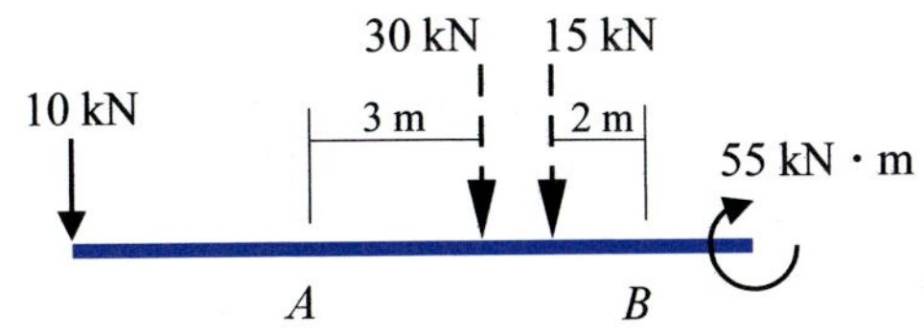

그림 예3.3.3.6(2)

R의 크기는

$$R = \sqrt{R_x^2 + R_y^2} = \sqrt{0^2+(-55)^2} = 55\,(\mathrm{kN})$$

R의 방향은 음의 y축 방향이므로 θ는 270°이다. 그림 예3.3.3.6(2)에서 B점에 발생하는 회전력은

$$\sum^{B} M = 10\times 10 + 30\times 3 + 15\times 2 - 55 = 165\,(\mathrm{kN\cdot m}) \quad ; \quad \text{반시계방향}$$

그림 예3.3.3.6(3)의 치환한 역계에서 **R**의 수직분력에 의해 B점에 발생하는 모멘트가 반시계방향 165kN · m이어야 하므로 B점과 **R**의 작용점 C점 간 거리는

$$165 = -R_y \times x = -(-55)\times x \quad ; \quad x = 3\,\mathrm{m}$$

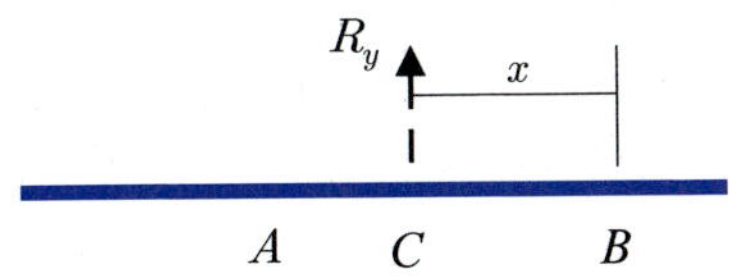

그림 예3.3.3.6(3)

이 결과는 그림 예3.3.3.6(2)의 역계에서 회전력의 합력이 0이 되는 위치가 C점인가를 확인하여 검토할 수 있다.

$$\sum^{C} M = 10\times(10-3)+30\times(3-3)-15\times(3-2)-55 = 0$$

단위면적당 압축력을 압력(pressure)이라고 하고 대기압에 상대적으로 측정된 압력을 계기압(gage pressure)이라 한다. 압력의 기본단위는 파스칼(Pascal : N/m^2)을 사용하며 구조역학에서 응력의 단위로는 MPa (10^6 N/m^2)을 사용한다. 유체는 기본적으로 비압축성이며 단위체적당 무게인 단위중량 γ는 유체 전체에 대해 실질적으로 동일하고 대기에 노출된 유체의 자유표면에서 압력은 대기압과 같이 0이다. 그림 3.3.3.3에 제시한 바와 같이 유체내부에서 임의의 점의 압력은 깊이(연직거리)에 비례하므로 단위중량이 γ이고 깊이가 d인 유체내부의 점에 발생하는 압력 p는

$$p = \gamma d \tag{3.3.3.4}$$

유체내부의 물체에 작용하는 유체압력은 모든 점에서 물체의 표면에 수직하게 작용하므로 직사각형 판에서 깊이가 각각 d_A와 d_B인 A점과 B점의 압력은 $p_A = \gamma d_A$ 와 $p_B = \gamma d_B$가 되고 판의 길이방향(그림 3.3.3.3에서 평면에 수직한 방향) 1 m 단위를 고려하면 A점~B점 간에 작용하는 압력은 분포하중으로 제시할 수 있으므로 p_A와 p_B의 단위로 하중세기를 사용할 수 있다. 그림 3.3.3.3(1)의 사다리꼴 형상 분포하중은 사각형과 삼각형으로 분리하여 등가집중하중으로 치환하는 것이 용이하므로 그림 3.3.3.3(2)와 같이 치환하며 각각의 크기는 다음과 같다.

$$P_1 = p_B L = \gamma d_B L \quad ; \quad P_2 = \frac{p_A - p_B}{2} L = \gamma \frac{d_A - d_B}{2} L$$

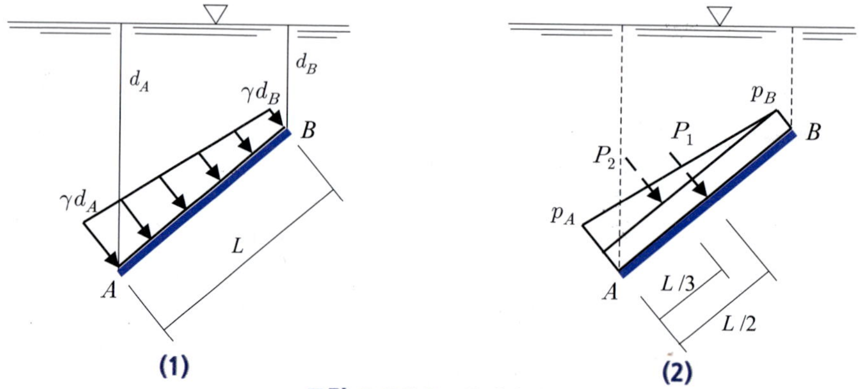

그림 3.3.3.3 유체압력

예제 3.3.3.7

콘크리트 중력댐의 자체 무게와 댐에 작용하는 수압의 합력을 구하고 댐의 기초면 AB에서 합력의 작용점 위치를 구하시오. 콘크리트와 물의 단위중량은 각각 $\gamma_c = 23.6$ kN/m^3, $\gamma_w = 9.8$ kN/m^{3}이다.

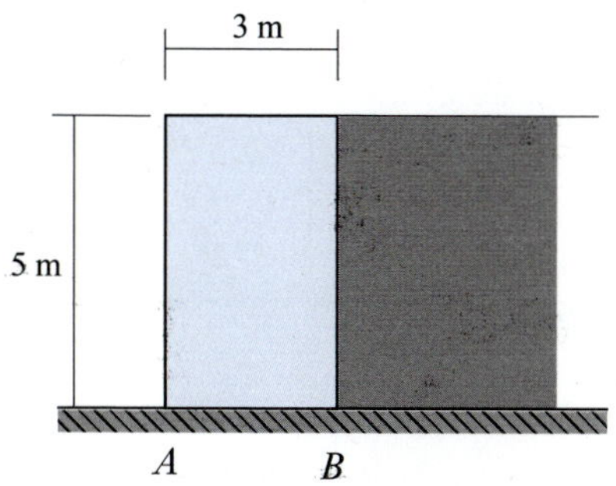

그림 예3.3.3.7(1)

해설 길이방향 단위미터 당 작용하는 댐의 무게와 수압에 의한 등가집중하중의 방향과 위치는 그림 예3.3.3.7(2)와 같고 크기는

$$W = \gamma_c \times 3 \times 5 = 354\,(\text{kN}) \quad ; \quad H = (\gamma_w \times 5) \times 5 \times 0.5 = 122.5\,(\text{kN})$$

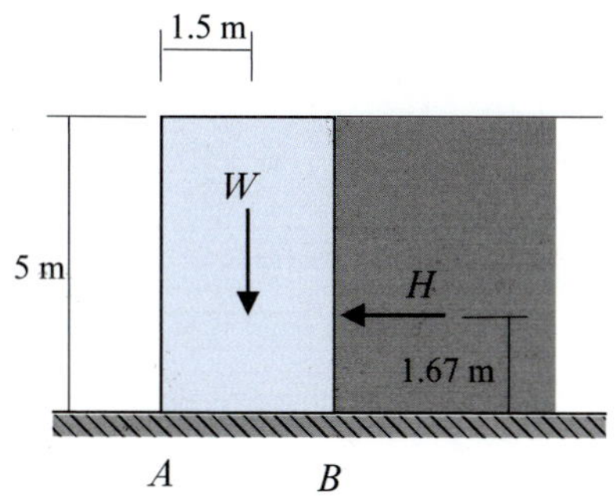

그림 예3.3.3.7(2)

합력 R의 크기는

$$R = \sqrt{R_x^2 + R_y^2} = \sqrt{(-H)^2 + (-W)^2} = \sqrt{(-122.5)^2 + (-354)^2} = 374.6\,(\text{kN})$$

R의 방향은 3사분면이므로 방향각은

$$\tan\alpha = \frac{354}{122.5} \quad \Rightarrow \quad \alpha = 70.9^\circ \quad ; \quad \theta = 250.9^\circ$$

그림 예3.3.3.7(2)의 주어진 역계에서 A점에 발생하는 모멘트는

$$\sum^{A} M = W \times 1.5 - H \times 1.67 = 354 \times 1.5 - 122.5 \times 1.67 = 326.4\,(\text{kN} \cdot \text{m}) \;\; ; \text{ 시계방향}$$

그림 예3.3.3.7(3)의 치환한 역계에서 R의 수직분력에 의해 A점에 발생하는 모멘트가 시계방향 326.4 kN·m가 되어야 하므로 A점과 R의 작용점 간 거리는

$$326.4 = -R_y \times x = -(-354) \times x \quad ; \quad x = 0.922\,\text{m}$$

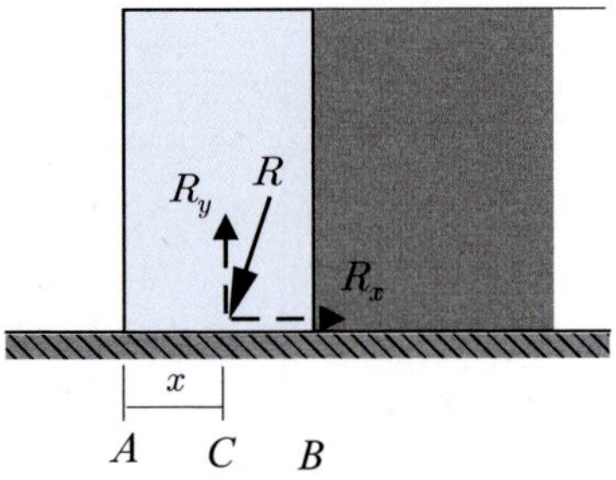

그림 예3.3.3.7(3)

이 결과는 그림 예3.3.3.7(2)의 역계에서 회전력의 합력이 0이 되는 위치가 C점인가를 확인하여 검토할 수 있다.

$$\sum^{C} M = W\times(1.5-0.922)-H\times 1.67 = 354\times(1.5-0.922)-122.5\times 1.67 = 0.04$$

콘크리트 중력댐의 경우 합력의 작용점이 기초면의 중앙 1/3 이내에 위치하지 않으면 댐은 안전하지 않다고 판정한다.

예제 3.3.3.8

그림 예3.3.3.8(1)과 같은 콘크리트 댐에서 댐의 자중과 수압에 의한 하중의 합력 및 댐의 기초면 AB에서 합력이 작용하는 위치를 구하시오. 콘크리트와 물의 단위중량은 각각 $\gamma_c = 23.6\ \text{kN/m}^3$, $\gamma_w = 9.8\ \text{kN/m}^3$이다.

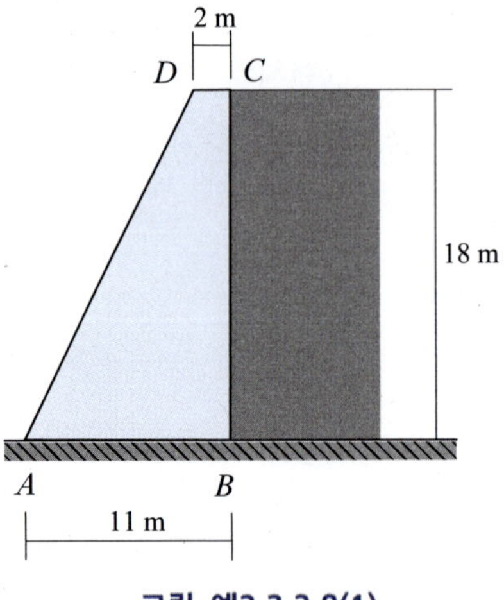

그림 예3.3.3.8(1)

해설 단위길이 1 m에 해당하는 하중을 표시하면 그림 예3.3.3.8(2)와 같다. 각 하중의 크기는

$$W_1 = \gamma_c \times 2\times 18 = 849.6\,(\text{kN}) \quad ; \quad W_2 = \gamma_c \times 9\times 18\times 0.5 = 1911.6\,(\text{kN})$$

$$H = (\gamma_w \times 18)\times 18\times 0.5 = 1587.6\,(\text{kN})$$

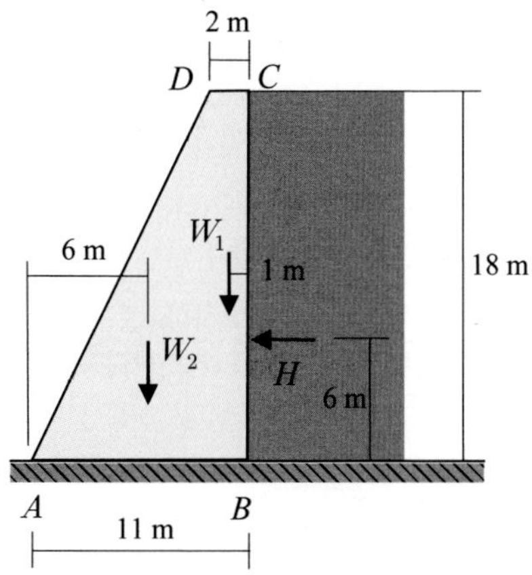

그림 예3.3.3.8(2)

직각분력의 크기는

$$R_x = \sum F_x = -1587.6\,\text{kN} \quad ; \quad R_y = \sum F_y = -849.6 - 1911.6 = -2761.2\,(\text{kN})$$

합력 $\mathbf{R}$의 크기는

$$R = \sqrt{R_x^2 + R_y^2} = \sqrt{(-1587.6)^2 + (-2761.2)^2} = 3185.1\,(\text{kN})$$

$\mathbf{R}$의 방향은 3사분면이므로 방향각은

$$\tan\alpha = \frac{2761.2}{1587.6} \quad \Rightarrow \quad \alpha = 60.1^\circ \quad ; \quad \theta = 240.1^\circ$$

그림 예3.3.3.8(2)의 주어진 역계에서 A점에 발생하는 모멘트는

$$\begin{aligned}\sum^{A} M &= W_2 \times 6 + W_1 \times 10 - H \times 6 \\ &= 1911.6 \times 6 + 849.6 \times 10 - 1587.6 \times 6 = 10440\,(\text{kN}\cdot\text{m}) \quad ; \quad \text{시계방향}\end{aligned}$$

그림 예3.3.3.8(3)의 치환한 역계에서 동일한 회전력이 $\mathbf{R}$에 의해 A점에 발생해야 하므로 $\mathbf{R}$의 작용점 C의 위치는

$$10440 = -R_y \times x = -(-2761.2) \times x \quad ; \quad x = 3.78\,\text{m}$$

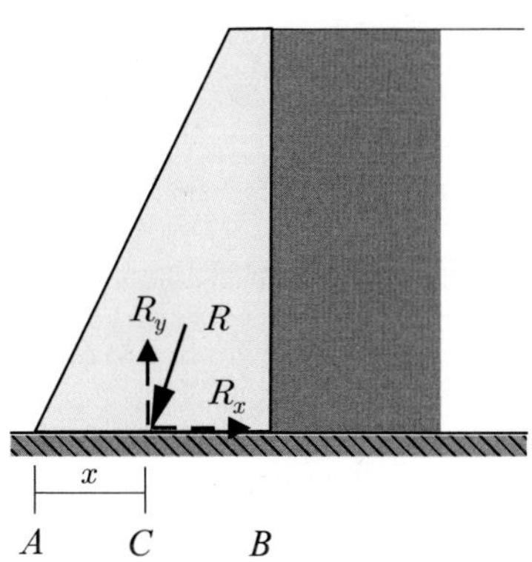

그림 예3.3.3.8(3)

이 결과는 그림 예3.3.3.8(2)의 역계에서 회전력의 합력이 0이 되는 위치가 C점인가를 확인하여 검토할 수 있다.

$$\begin{aligned}\sum^{C} M &= W_2 \times (6-3.78) + W_1 \times (10-3.78) - H \times 6 \\ &= 1911.6 \times (6-3.78) + 849.6 \times (10-3.78) - 1587.6 \times 6 \\ &= 2.66\,(\mathrm{kN \cdot m}) \quad ; \quad \text{시계방향}\end{aligned}$$

계산오차를 감안하면 이 검토는 유효하다. 콘크리트 중력댐의 경우 합력의 작용점이 기초면의 중앙 1/3 이내에 위치하면 댐은 안전하다고 판정한다.

3.3.4 비절점공간역계

비절점공간역계를 구성하는 모든 힘을 6개의 자유도(x축, y축, z축의 이동과 회전)에 해당하는 직각분력으로 분해하고 다시 각 자유도별로 합하면

$$R_x = \sum_i F_{x,i} \quad ; \quad R_y = \sum_i F_{y,i} \quad ; \quad R_z = \sum_i F_{z,i}$$
$$M_x = \sum_i M_{x,i} \quad ; \quad M_y = \sum_i M_{y,i} \quad ; \quad M_z = \sum_i M_{z,i}$$

단위벡터 $\mathbf{i}$, $\mathbf{j}$, $\mathbf{k}$로 표기하면 다음과 같이 이동력의 합력 $\mathbf{R}$은 $\mathbf{R}_x$, $\mathbf{R}_y$, $\mathbf{R}_z$의 합이다.

$$\begin{aligned}\mathbf{R} = \sum_i \mathbf{F}_i &= (\sum_i F_{x,i})\mathbf{i} + (\sum_i F_{y,i})\mathbf{j} + (\sum_i F_{z,i})\mathbf{k} \\ &= R_x\mathbf{i} + R_y\mathbf{j} + R_z\mathbf{k} = \mathbf{R}_x + \mathbf{R}_y + \mathbf{R}_z\end{aligned} \tag{3.3.4.1}$$

M_x, M_y, M_z를 단위벡터 $\mathbf{i}$, $\mathbf{j}$, $\mathbf{k}$를 사용하여 $\mathbf{M}_x$, $\mathbf{M}_y$, $\mathbf{M}_z$로 표기하면 다음 식 (3.3.4.2)와 같고 각 자유도별 회전효과의 산정에는 이동력과 회전력을 모두 포함해야 하므로 M_x, M_y, M_z만의 합은 의미가 없다.

$$\mathbf{M}_x = (\sum_i M_{x,i})\mathbf{i} \quad ; \quad \mathbf{M}_y = (\sum_i M_{y,i})\mathbf{j} \quad ; \quad \mathbf{M}_z = (\sum_i M_{z,i})\mathbf{k} \tag{3.3.4.2}$$

$\mathbf{F}_1$, $\mathbf{F}_2$, ⋯ 및 $\mathbf{M}_1$, $\mathbf{M}_2$, ⋯ 로 구성된 주어진 역계에서 이동력의 합력 $\mathbf{R}$ ($= \mathbf{R}_x + \mathbf{R}_y + \mathbf{R}_z$)을 구하면 이동력 $\mathbf{F}_1$, $\mathbf{F}_2$, ⋯ 의 작용위치에 대한 정보는 상실된다. 그러므로 이동효과는 정리과정에서 등가가 유지되지만 이동력의 작용선 위치에 따라 다르게 결정되는 회전효과는 다음과 같이 등가를 확인하는 과정이 요구된다. 주어진 역계에서 임의의 O점을 선택하고 O점에 발생하는 회전력을 식 (3.3.3.3)으로 산정하면

$$\mathbf{M}^O = \sum_i \mathbf{M}_i + \sum_j^O (\mathbf{r}_{j/O} \times \mathbf{F}_j) \tag{3.3.3.3}$$

우변에서 첫 번째 항 $\sum_i \mathbf{M}_i$는 주어진 역계에서의 $\mathbf{M}_x$, $\mathbf{M}_y$, $\mathbf{M}_z$의 합과 같고

$$\sum_i \mathbf{M}_i = (\sum_i M_{x,i})\mathbf{i} + (\sum_i M_{y,i})\mathbf{j} + (\sum_i M_{z,i})\mathbf{k}$$

두 번째 항은 이동력에 의해 O점에 발생하는 모멘트의 합으로 $\mathbf{r}_{j/O}$와 $\mathbf{F}_j$를 직각성분과 직각분력으로 표기하면 다음과 같다.

$$\mathbf{r}_{j/O} = x_{j/O}\mathbf{i} + y_{j/O}\mathbf{j} + z_{j/O}\mathbf{k} \quad ; \quad \mathbf{F}_j = F_{x,j}\mathbf{i} + F_{y,j}\mathbf{j} + F_{z,j}\mathbf{k}$$

두 역계가 등가역계가 되기 위해서는 치환한 역계의 O점에 발생하는 회전력이 $\mathbf{M}^O$가 되어야 한다. 비절점평면역계와 마찬가지로 직각분력으로 정리한 $\mathbf{M}_x$, $\mathbf{M}_y$, $\mathbf{M}_z$는 합력 $\mathbf{R}$을 구하는 것과는 무관하고 회전효과를 결정하기 위한 식 (3.3.3.3)에만 사용된다는 것을 알 수 있다. 3.2.2절에 기술한 바와 같이 비절점공간역계의 경우 O점에 작용하는 $\mathbf{R}$과 $\mathbf{M}^O$로 치환한 등가역계에서 $\mathbf{R}$과 $\mathbf{M}^O$는 일반적으로 직각이 아니고 이 경우 하나의 이동력 $\mathbf{R}$만 작용하는 등가역계로 치환할 수 없다.

예제 3.3.4.1

사각형 기초에 그림 예3.3.4.1(1)과 같이 4개의 수직하중이 작용하고 있다. 1) D점에 하나의 이동력과 하나의 회전력이 작용하는 등가역계 및 2) 하나의 이동력이 작용하는 등가역계를 구하시오.

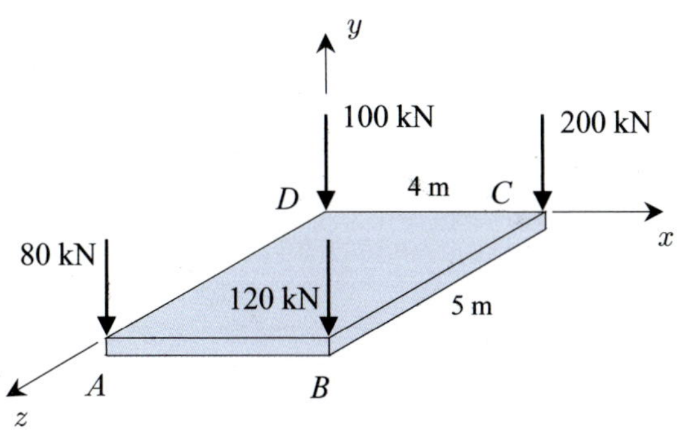

그림 예3.3.4.1(1)

해설 1) D점에 하나의 이동력과 하나의 회전력이 작용하는 등가역계를 구하기 위해 벡터곱을 적용하여 산정하면

구분	$\mathbf{r}_{i/D}$ (m)	$\mathbf{F}_i$ (kN)	$\mathbf{r}_{i/D}\times\mathbf{F}_i$ (kN · m)	
A	$5\mathbf{k}$	$-80\mathbf{j}$	$400\mathbf{i}$	
B	$4\mathbf{i}+5\mathbf{k}$	$-120\mathbf{j}$	$600\mathbf{i}$	$-480\mathbf{k}$
C	$4\mathbf{i}$	$-200\mathbf{j}$		$-800\mathbf{k}$
D	0	$-100\mathbf{j}$		
Σ		$\mathbf{R}=-500\mathbf{j}$	$\mathbf{M}^D=$ $1000\mathbf{i}$	$-1280\mathbf{k}$

합력 $\mathbf{R}$과 $\mathbf{M}^D$의 직각분력은 그림 예3.3.4.1(2)와 같다.

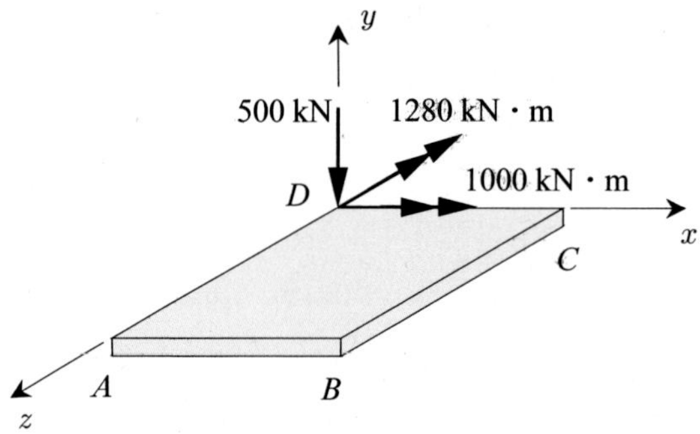

그림 370 **그림 예3.3.4.1(2)**

2) 그림 예3.3.4.1(2)와 같이 이동력과 회전력이 직각을 이루는 경우는 모멘트 $\mathbf{M}^D$가 소거되는 이동력의 위치를 구하여 하나의 이동력이 작용하는 등가역계로 치환할 수 있다. 그림 예3.3.4.1(3)과 같이 구하고자 하는 위치 O점으로 500 kN을 이동시키고 D점에서 O점으로 향하는 위치벡터 $\mathbf{r}_{O/D}$를 $x_{O/D}\mathbf{i}+z_{O/D}\mathbf{k}$라 하면

$$\mathbf{r}_{O/D}\times\mathbf{R}=\mathbf{M}^D=1000\mathbf{i}-1280\mathbf{k} \quad\Rightarrow\quad (x_{O/D}\mathbf{i}+z_{O/D}\mathbf{k})\times(-500\mathbf{j})=1000\mathbf{i}-1280\mathbf{k}$$

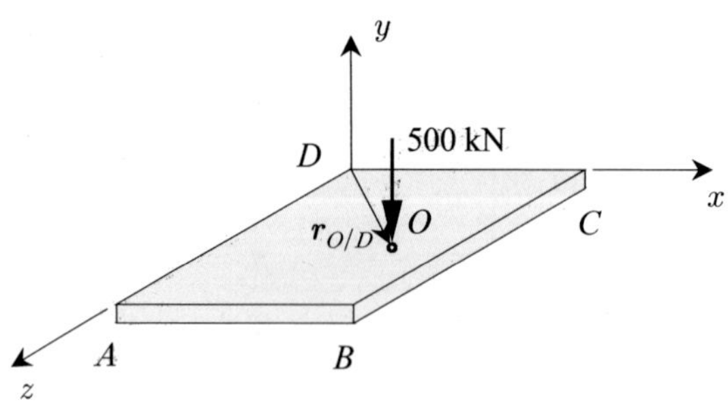

그림 예3.3.4.1(3)

이 식으로부터 구하고자 하는 이동력의 작용점 좌표는

$$500z_{O/D}\mathbf{i}-500x_{O/D}\mathbf{k}=1000\mathbf{i}-1280\mathbf{k} \quad ; \quad x_{O/D}=2.56\,\mathrm{m} \quad , \quad z_{O/D}=2\,\mathrm{m}$$

이 결과는 주어진 역계에서 회전력의 합력이 0이 되는 위치가 O점인가를 확인하여 검토할 수 있다.

구분	$\mathbf{r}_{i/O}$ (m)	$\mathbf{F}_i$ (kN)	$\mathbf{r}_{i/O}\times\mathbf{F}_i$ (kN·m)	
A	$-2.56\mathbf{i}+3\mathbf{k}$	$-80\mathbf{j}$	$240\mathbf{i}$	$204.8\mathbf{k}$
B	$1.44\mathbf{i}+3\mathbf{k}$	$-120\mathbf{j}$	$360\mathbf{i}$	$-172.8\mathbf{k}$
C	$1.44\mathbf{i}-2\mathbf{k}$	$-200\mathbf{j}$	$-400\mathbf{i}$	$-288\mathbf{k}$
D	$-2.56\mathbf{i}-2\mathbf{k}$	$-100\mathbf{j}$	$-200\mathbf{i}$	$256\mathbf{k}$
Σ		$\mathbf{R}=-500\mathbf{j}$	$\mathbf{M}^O=$ 0	0

예제 3.3.4.2

기둥을 지지하는 케이블 AC와 BD가 비절점공간역계를 구성하고 있다. 하나의 이동력과 하나의 회전력이 O점에 작용하는 등가역계를 구하시오.

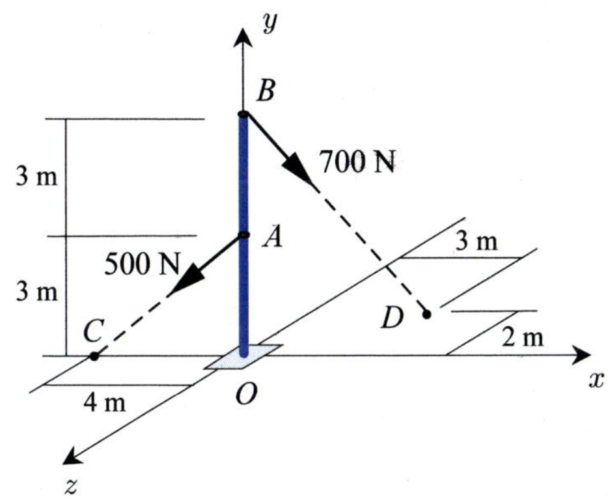

그림 예3.3.4.2(1)

해설 AC 방향 단위벡터 $\boldsymbol{\lambda}_{AC}$는 $C(-4,\ 0,\ 0)$와 $A(0,\ 3,\ 0)$로부터

$$\boldsymbol{\lambda}_{AC}=\frac{-4\mathbf{i}-3\mathbf{j}}{\sqrt{(-4)^2+(-3)^2}}=-0.8\mathbf{i}-0.6\mathbf{j}$$

500 N 인장력을 크기와 방향으로 표기하면

$$500\times\boldsymbol{\lambda}_{AC}=500\times(-0.8\mathbf{i}-0.6\mathbf{j})=-400\mathbf{i}-300\mathbf{j}\ (\mathrm{N})$$

O점에서 500 N 인장력의 시점 A로 향하는 위치벡터는 $\mathbf{r}_{A/O}=3\mathbf{j}\ (\mathrm{m})$이므로 O점에 발생하는 모멘트 $\mathbf{M}_{500}^{O}$는

$$\mathbf{M}_{500}^{O}=3\mathbf{j}\times(-400\mathbf{i}-300\mathbf{j})=1200\mathbf{k}(\mathrm{N\cdot m})$$

BD 방향 단위벡터 $\boldsymbol{\lambda}_{BD}$는 $D(3,\ 0,\ -2)$와 $B(0,\ 6,\ 0)$로부터

$$\boldsymbol{\lambda}_{BD}=\frac{3\mathbf{i}-6\mathbf{j}-2\mathbf{k}}{\sqrt{3^2+(-6)^2+(-2)^2}}=\frac{3}{7}\mathbf{i}-\frac{6}{7}\mathbf{j}-\frac{2}{7}\mathbf{k}$$

700 N 인장력을 크기와 방향으로 표기하면

$$700\times \boldsymbol{\lambda}_{BD}= 700\times\left(\frac{3}{7}\mathbf{i}-\frac{6}{7}\mathbf{j}-\frac{2}{7}\mathbf{k}\right) = 300\mathbf{i}-600\mathbf{j}-200\mathbf{k}\,(\mathrm{N})$$

O점에서 700 N 인장력의 시점 B로 향하는 위치벡터는 $\mathbf{r}_{B/O}= 6\mathbf{j}\,(\mathrm{m})$이므로 O점에 발생하는 모멘트 $\mathbf{M}^{O}_{700}$는

$$\mathbf{M}^{O}_{700}= 6\mathbf{j}\times(300\mathbf{i}-600\mathbf{j}-200\mathbf{k}) = -1800\mathbf{k}-1200\mathbf{i}\,(\mathrm{N\cdot m})$$

케이블 AC와 BD의 인장력에 의해 O점에 발생하는 이동력과 회전력은 다음과 같다.

$$\mathbf{R} = (-400+300)\mathbf{i}+(-300-600)\mathbf{j}-200\mathbf{k} = -100\mathbf{i}-900\mathbf{j}-200\mathbf{k}\,(\mathrm{N})$$

$$\mathbf{M}^{O}= -1200\mathbf{i}+(1200-1800)\mathbf{k}= -1200\mathbf{i}-600\mathbf{k}\,(\mathrm{N\cdot m})$$

이동력의 합력 $\mathbf{R}$의 크기는

$$R= \sqrt{(-100)^2+(-900)^2+(-200)^2} = 927.4\,(\mathrm{N})$$

$\mathbf{R}$을 크기와 방향으로 표기하면

$$\mathbf{R} = R\boldsymbol{\lambda} = 927.4\times\left(-\frac{100}{927.4}\mathbf{i}-\frac{900}{927.4}\mathbf{j}-\frac{200}{927.4}\mathbf{k}\right)$$

$$= 927.4\times(-0.108\mathbf{i}-0.970\mathbf{j}-0.216\mathbf{k})\,(\mathrm{N})$$

방향코사인과 방향각은

$$\cos\theta_x = -0.108 \quad ; \quad \cos\theta_y = -0.970 \quad ; \quad \cos\theta_z = -0.216$$

$$\theta_x = 96.2^\circ \quad ; \quad \theta_y = 166.0^\circ \quad ; \quad \theta_z = 102.5^\circ$$

회전력의 합력 $\mathbf{M}^O$를 크기와 방향으로 표기하면

$$\mathbf{M}^{O}= M^{O}\boldsymbol{\lambda} = \sqrt{(-1200)^2+(-600)^2}\times\frac{(-1200\mathbf{i}-600\mathbf{k})}{\sqrt{(-1200)^2+(-600)^2}}$$

$$= 1341.6\times(-0.894\mathbf{i}-0.447\mathbf{k})\,(\mathrm{N\cdot m})$$

방향코사인과 방향각은

$$\cos\theta_x = -0.894 \quad ; \quad \cos\theta_y = 0 \quad ; \quad \cos\theta_z = -0.447$$

$$\theta_x = 153.4^\circ \quad ; \quad \theta_y = 90^\circ \quad ; \quad \theta_z = 116.6^\circ$$

O점에 작용하는 이동력과 회전력의 직각분력은 그림 예3.3.4.2(2)와 같다. 이 결과는 주어진 역계와 치환한 역계에 의해 B점에 발생하는 회전력을 산정하여 검토할 수 있다. 그림 예3.3.4.2(1)의 주어진 역계에서 B점의 회전력은 A점에 작용하는 500 N의 인장력 $-400\mathbf{i}-300\mathbf{j}\,(\mathrm{N})$에 의해 발생하며 B점에 대한 A점의 위치벡터는 $\mathbf{r}_{A/B}= -3\mathbf{j}\,(\mathrm{m})$이므로

$$\mathbf{M}^{B}= -3\mathbf{j}\times(-400\mathbf{i}-300\mathbf{j}) = -1200\mathbf{k}\,(\mathrm{N\cdot m})$$

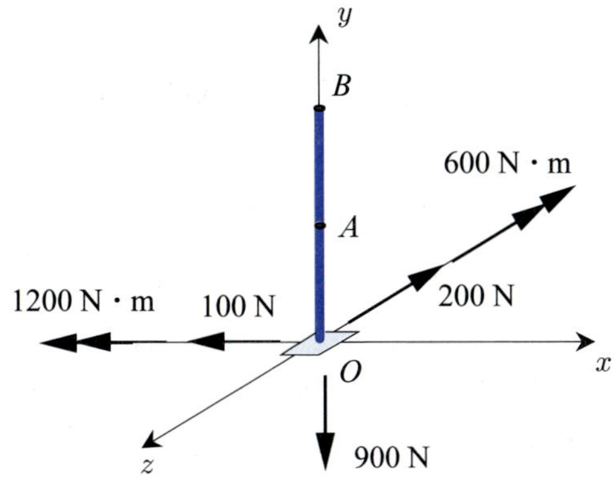

그림 예3.3.4.2(2)

그림 예3.3.4.2(2)의 치환한 역계에서 B점에 대한 O점의 위치벡터는 $\mathbf{r}_{O/B} = -6\mathbf{j}\,(\mathrm{m})$이므로 B점에 발생하는 회전력은 주어진 역계에서 산정한 회전력과 동일하다.

$$\begin{aligned}\mathbf{M}^B &= -6\mathbf{j}\times(-100\mathbf{i}-900\mathbf{j}-200\mathbf{k})+\mathbf{M}^O \\ &= -600\mathbf{k}+0+1200\mathbf{i}+(-1200\mathbf{i}-600\mathbf{k}) = -1200\mathbf{k}(\mathrm{N\cdot m})\end{aligned}$$

예제 3.3.4.3

윗면과 아랫면이 xz평면과 평행인 직육면체에 작용하는 5개의 이동력이 비절점공간역계를 구성하고 있다. 하나의 이동력과 하나의 회전력이 G점에 작용하는 등가역계를 구하시오.

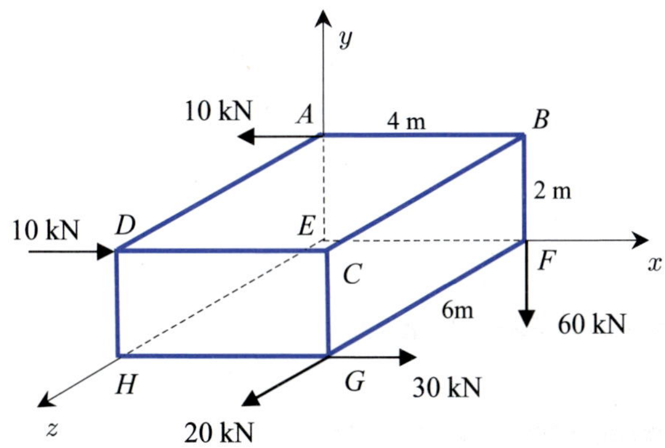

그림 예3.3.4.3(1)

해설 각 이동력을 벡터로 표기하면 $\mathbf{F}_A = -10\mathbf{i}\,(\mathrm{kN})$, $\mathbf{F}_D = 10\mathbf{i}\,(\mathrm{kN})$, $\mathbf{F}_F = -60\mathbf{j}\,(\mathrm{kN})$, $\mathbf{F}_G = 30\mathbf{i}+20\mathbf{k}\,(\mathrm{kN})$이므로 합력 $\mathbf{R}$과 크기는

$$\mathbf{R} = (-10+10+30)\mathbf{i}-60\mathbf{j}+20\mathbf{k} = 30\mathbf{i}-60\mathbf{j}+20\mathbf{k}\,(\mathrm{kN})$$

$$\sqrt{R_x^2+R_y^2+R_z^2} = \sqrt{30^2+(-60)^2+20^2} = 70\,(\mathrm{kN})$$

R을 크기와 방향으로 표기하면

$$\mathbf{R} = R\boldsymbol{\lambda} = 70\times\left(\frac{30}{70}\mathbf{i}+\frac{-60}{70}\mathbf{j}+\frac{20}{70}\mathbf{k}\right) = 70\times(0.429\mathbf{i}-0.857\mathbf{j}+0.286\mathbf{k})\,(\text{kN})$$

방향코사인과 방향각은

$$\cos\theta_x = 0.429 \quad ; \quad \cos\theta_y = -0.857 \quad ; \quad \cos\theta_z = 0.286$$

$$\theta_x = 64.6^\circ \quad ; \quad \theta_y = 149.0^\circ \quad ; \quad \theta_z = 73.4^\circ$$

$\mathbf{F}_{G,x}$, $\mathbf{F}_{G,z}$의 작용선은 G점을 통과하므로 $\mathbf{F}_{G,x}$, $\mathbf{F}_{G,z}$에 의해 G점에 발생하는 회전력은 0이다. G점에 대한 $\mathbf{F}_A$, $\mathbf{F}_D$, $\mathbf{F}_F$의 위치벡터 $\mathbf{r}_{A/G}$, $\mathbf{r}_{D/G}$, $\mathbf{r}_{F/G}$는 각각 $-4\mathbf{i}+2\mathbf{j}-6\mathbf{k}(\text{m})$, $-4\mathbf{i}+2\mathbf{j}(\text{m})$, $-6\mathbf{k}(\text{m})$이므로 G점에 발생하는 회전력은

$$\begin{aligned}\mathbf{M}^G &= \mathbf{r}_{A/G}\times\mathbf{F}_A+\mathbf{r}_{D/G}\times\mathbf{F}_D+\mathbf{r}_{F/G}\times\mathbf{F}_F\\ &= (-4\mathbf{i}+2\mathbf{j}-6\mathbf{k})\times(-10\mathbf{i})+(-4\mathbf{i}+2\mathbf{j})\times(10\mathbf{i})+(-6\mathbf{k})\times(-60\mathbf{j})\\ &= (20\mathbf{k}+60\mathbf{j})+(-20\mathbf{k})+(-360\mathbf{i})\\ &= -360\mathbf{i}+60\mathbf{j}\,(\text{kN}\cdot\text{m})\end{aligned}$$

합력 $\mathbf{M}^G$를 크기와 방향으로 표기하면

$$\begin{aligned}\mathbf{M}^G = M^G\boldsymbol{\lambda} &= \sqrt{(-360)^2+60^2}\times\frac{(-360\mathbf{i}+60\mathbf{j})}{\sqrt{(-360)^2+60^2}}\\ &= 365.0\times(-0.986\mathbf{i}+0.164\mathbf{j})\,(\text{kN}\cdot\text{m})\end{aligned}$$

방향코사인과 방향각은

$$\cos\theta_x = -0.986 \quad ; \quad \cos\theta_y = 0.164 \quad ; \quad \cos\theta_z = 0$$

$$\theta_x = 170.4^\circ \quad ; \quad \theta_y = 80.6^\circ \quad ; \quad \theta_z = 90^\circ$$

G점에 작용하는 이동력과 회전력의 직각분력은 그림 예3.3.4.3(2)와 같다.

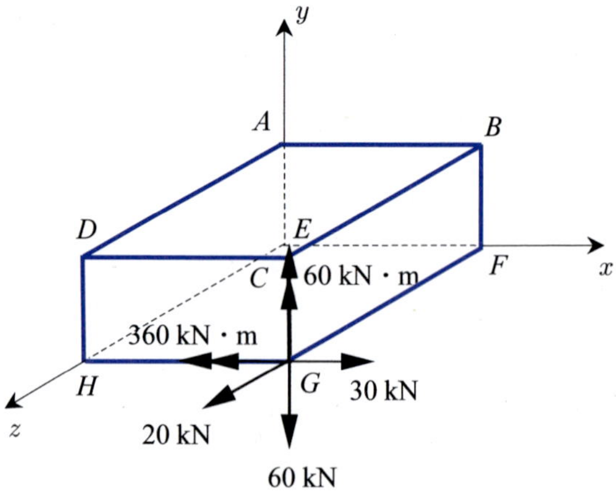

그림 예3.3.4.3(2)

계산결과는 주어진 역계와 치환한 역계에 의해 E점에 발생하는 회전력을 산정하여 검토할 수 있다. 그림 예3.3.4.3(1)의 주어진 역계에서 E점의 회전력은

구분	$\mathbf{r}_{i/E}$ (m)	$\mathbf{F}_i$ (kN)	$\mathbf{r}_{i/E}\times\mathbf{F}_i$ (kN · m)
A	$2\mathbf{j}$	$-10\mathbf{i}$	$20\mathbf{k}$
D	$2\mathbf{j}+6\mathbf{k}$	$10\mathbf{i}$	$60\mathbf{j}\quad -20\mathbf{k}$
F	$4\mathbf{i}$	$-60\mathbf{j}$	$-240\mathbf{k}$
G	$4\mathbf{i}\quad +6\mathbf{k}$	$30\mathbf{i}\quad +20\mathbf{k}$	$100\mathbf{j}$
Σ			$\mathbf{M}^E = \quad 160\mathbf{j}\quad -240\mathbf{k}$

그림 예3.3.4.3(2)의 치환한 역계에서 E점의 회전력은 다음과 같이 주어진 역계에서 산정한 회전력과 동일하다.

$$\mathbf{M}^E = \mathbf{r}_{G/E}\times\mathbf{R}+\mathbf{M}^G = (4\mathbf{i}+6\mathbf{k})\times(30\mathbf{i}-60\mathbf{j}+20\mathbf{k})+(-360\mathbf{i}+60\mathbf{j})$$

$$= -240\mathbf{k}-80\mathbf{j}+180\mathbf{j}+360\mathbf{i}-360\mathbf{i}+60\mathbf{j} = 160\mathbf{j}-240\mathbf{k}(\text{kN}\cdot\text{m})$$

요점

역계. 구조물과 구조물에 작용하는 힘이 구성하는 차원과 분포양상에 의해 다음과 같이 4개의 역계로 구분한다.

1) 절점평면역계(concurrent planar force system) : 구조물에 작용하는 이동력의 작용선이 동일한 평면상에 있으며 한 점에서 교차하는 평면력(coplanar force)으로 구성된다.
2) 비절점평면역계(non-concurrent planar force system) : 구조물에 작용하는 여러 개 이동력의 작용선이 동일한 평면상에 있으나 공통 교차점이 없는 평면력으로 구성되며 평면에 수직한 축을 회전축으로 하는 회전력도 포함한다. 일반적으로 회전력(모멘트)은 2.4절에 기술한 바와 같이 이동력 또는 짝힘에 의해 발생한다.
3) 절점공간역계(concurrent spatial force system) : 구조물에 작용하는 이동력이 한 점에서 교차하나 구조물 및 이동력의 작용선이 동일한 평면상에 있지 않은 공간력(spatial force)으로 구성된다.
4) 비절점공간역계(non-concurrent spatial force system) : 구조물에 작용하는 모든 힘(이동력 및 회전력)의 작용선이 동일한 평면상에 있지 않고 공통 교차점이 없는 공간력으로 구성된다.
   일반적으로 회전력(모멘트)은 이동력 또는 짝힘에 의해 발생하므로 모든 이동력이 구조물의 한 절점에서 교차하는 절점역계에 회전력은 발생하지 않는다.

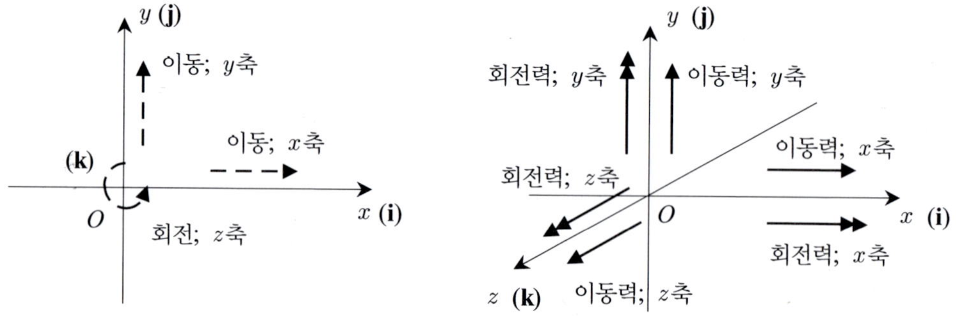

(1) $x-y$ 좌표축(평면역계) **(2)** $x-y-z$ 좌표축(공간역계)

그림 3.2.1.2 직각좌표축의 직각분력

자유도에 해당하는 직각분력. 일반적으로 구조물이 구성하는 비절점역계는 이동과 회전을 모두 포함하므로 평면역계는 3개, 공간역계는 6개의 자유도를 갖는다. 그러므로 직각좌표축의 자유도에 해당하는 직각분력은 그림 3.2.1.2와 같이 평면역계는 3개, 공간역계는 6개다. 평면역계의 회전력은 회전축이 평면에 수직한 축 하나이므로 그림 3.2.1.2(1)과 같이 돌아가는 화살로 표시해야 하는 반면 공간역계의 회전력은 그림 3.2.1.2(2)와 같이 회전축인 작용선과 2개의 화살촉으로 방향을 표시하여 이동력과 구분한다.

역계의 합력. 역계를 치환하는 경우 주어진 역계와 치환한 역계는 물체에 동일한 움직임을 발생시키도록 등가역계(equivalent force system)로 치환되어야 한다. 여러 개의 힘으로 구성된 역계의 합력을 구한다는 것은 등가역계를 구하는 것이므로 주어진 역계에 의해 물체에 발생하는 움직임과 합력에 의한 움직임이 동일해야 하며 각 역계에서 물체의 움직임은 서로 독립적인 자유도에 의해 구분되므로 등가역계는 각 자유도에 대한 등가를 만족해야 한다.

2차원 평면의 등가역계. 그림 3.2.2.2는 이동력의 작용선을 변경하는 경우 등가역계가 되도록 치환하는 과정을 제시한 것으로 주어진 역계 (1)은 A점에 힘 $\mathbf{F}$가 작용하는 평면역계이며 $\mathbf{r}_{A/O}$는 임의의 O점에서 A점으로 향하는 위치벡터를 표시한 것이다. 역계 (1)의 O점에 역계 (2)와 같이 $\mathbf{F}$와 평행한 작용선을 갖는 $\mathbf{F}$와 $-\mathbf{F}$인 상쇄되는 두 힘을 추가하면 강체에 작용하는 힘의 효과는 변하지 않는다. A점에 작용하는 힘 $\mathbf{F}$와 O점에 작용하는 힘 $-\mathbf{F}$를 역계 (3)과 같이 짝힘모멘트 $\mathbf{M}^O$로 대체할 수 있으므로 주어진 역계 (1)과 치환한 두 역계 (2), (3)은 모두 등가역계가 된다.

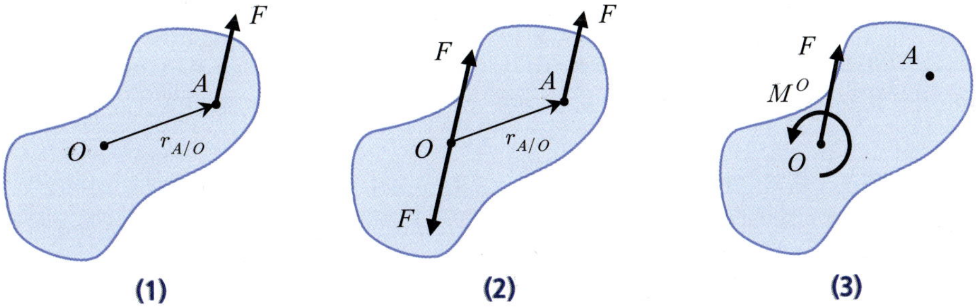

그림 3.2.2.2

이와 같은 방법으로 평면역계의 이동력 $\mathbf{F}_1$, $\mathbf{F}_2$, $\mathbf{F}_3$, … 는 임의의 O점에 작용하는 이동력 $\mathbf{F}_1$, $\mathbf{F}_2$, $\mathbf{F}_3$, … 와 회전력 $\mathbf{M}_1^O$, $\mathbf{M}_2^O$, $\mathbf{M}_3^O$, … 로 치환할 수 있고 이들 힘은 다시 O점에 작용하는 하나의 이동력 $\mathbf{R}$과 하나의 회전력 $\mathbf{M}_R^O$로 치환할 수 있다. 비절점평면역계의 경우 회전력의 작용선은 평면에 수직이므로 직각을 이루는 $\mathbf{R}$과 $\mathbf{M}_R^O$로 정리한 두 힘은 다시 하나의 이동력 $\mathbf{R}$로 치환할 수 있다. 이와 같이 비절점평면역계에서 주어진 역계를 하나의 이동력(합력)으로 치환하고 그 작용위치를 구하는 것은 주어진 역계에서 회전력의 합력이 0이 되는 작용선을 구하고 작용선상 임의의 점을 합력의 작용점으로 하는 것과 같다.

3차원 공간의 등가역계. 그림 3.2.2.4의 역계 (1)은 3차원공간의 물체에 3개의 이동력 $\mathbf{F}_1$, $\mathbf{F}_2$, $\mathbf{F}_3$가 작용하는 비절점공간역계이다. 비절점평면역계와 동일한 방법으로 3개의 이동력은 등가역계 (2)와 같이 임의의 O점에 작용하는 이동력과 회전력으로 치환할 수 있다. $\mathbf{F}_1$, $\mathbf{F}_2$, $\mathbf{F}_3$는 O점에 평행이동하고 $\mathbf{M}_1^O$, $\mathbf{M}_2^O$, $\mathbf{M}_3^O$는 각각 $\mathbf{F}_1$과 $\mathbf{r}_1$, $\mathbf{F}_2$와 $\mathbf{r}_2$, $\mathbf{F}_3$와 $\mathbf{r}_3$의 벡터곱에 의해 크기와 방향을 구한다. 등가역계 (2)의 O점에 작용하는 $\mathbf{F}_1$, $\mathbf{F}_2$, $\mathbf{F}_3$ 및 $\mathbf{M}_1^O$, $\mathbf{M}_2^O$, $\mathbf{M}_3^O$는 다시 등가역계 (3)과 같이 하나의 이동력 $\mathbf{R}$과 하나의 회전력 $\mathbf{M}_R^O$로 치환할 수 있으며 일반적으로 비절점공간역계에서 $\mathbf{R}$과 $\mathbf{M}_R^O$은 서로 직각이 아니다.

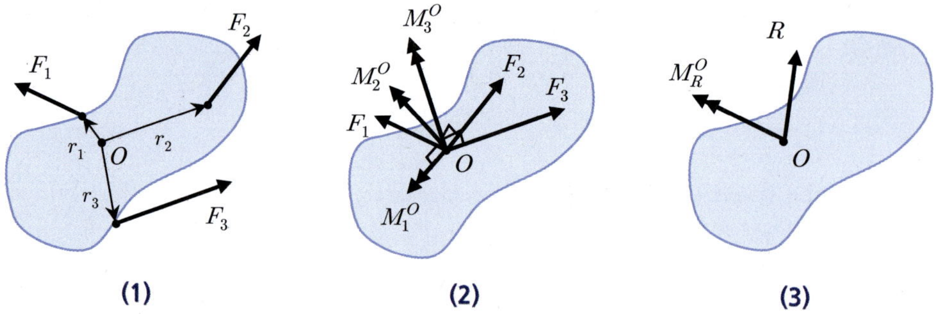

그림 3.2.2.4

평면역계 또는 평행한 이동력만으로 구성된 공간역계의 경우와 같이 **R**과 $\mathbf{M}_\mathrm{R}^\mathrm{O}$이 서로 직각이 되는 경우는 **R**의 작용선 위치를 변경하여 **R**과 수직인 평면의 $\mathbf{M}_\mathrm{R}^\mathrm{O}$을 소거하고 하나의 이동력 **R**로 치환한 등가역계를 구할 수 있다. 그러나 일반적인 공간역계에서는 **R**과 $\mathbf{M}_\mathrm{R}^\mathrm{O}$의 작용선이 직각이 아니고 이 경우 하나의 이동력으로 치환할 수 없다는 것을 유의해야 한다.

절점평면역계의 합력. 이동력 $\mathbf{F}_1$, $\mathbf{F}_2$, $\mathbf{F}_3$, ⋯ 으로 구성된 절점평면역계의 합력을 결정하기 위해 각각의 이동력을 x축, y축의 자유도에 해당하는 직각분력으로 분해하고 각 축별로 합하면 R_x, R_y는

$$R_x = \sum_i F_i \cos\theta_i \quad ; \quad R_y = \sum_i F_i \sin\theta_i$$

여기서 θ_i는 양의 x축을 기준축으로 하는 반시계방향의 방향각이다. 단위벡터 **i**, **j**를 사용하면 $\mathbf{F}_1$, $\mathbf{F}_2$, $\mathbf{F}_3$, ⋯의 합력 **R**은

$$\begin{aligned}\mathbf{R} = \sum_i \mathbf{F}_\mathrm{i} &= \sum_\mathrm{i} (\mathrm{F}_{\mathrm{x,i}}\mathbf{i} + F_{y,i}\mathbf{j}) = (\sum_i F_{x,i})\mathbf{i} + (\sum_i F_{y,i})\mathbf{j} \\ &= (\sum_i F_i \cos\theta_i)\mathbf{i} + (\sum_i F_i \sin\theta_i)\mathbf{j} = R_x\mathbf{i} + R_y\mathbf{j}\end{aligned}$$

R_x, R_y로부터 **R**의 크기와 방향은 다음과 같이 결정한다.

$$R = \sqrt{R_x^2 + R_y^2} \tag{3.3.1.1}$$

$$\tan\alpha = \left|\frac{R_y}{R_x}\right| \quad : \quad \begin{cases} 1\ \text{사분면} \ ; & \theta = \alpha \\ 2\ \text{사분면} \ ; & \theta = 180^\circ - \alpha \\ 3\ \text{사분면} \ ; & \theta = 180^\circ + \alpha \\ 4\ \text{사분면} \ ; & \theta = 360^\circ - \alpha \end{cases} \tag{3.3.1.2}$$

절점공간역계의 합력. 이동력 $\mathbf{F}_1$, $\mathbf{F}_2$, $\mathbf{F}_3$, ⋯ 으로 구성된 절점공간역계의 합력을 결정하기 위해 각각의 이동력을 x축, y축, z축의 직각분력으로 분해하고 각 축별로 합하면 R_x, R_y, R_z는

$$R_x = \sum_i F_i \cos\theta_{x,i} \quad ; \quad R_y = \sum_i F_i \cos\theta_{y,i} \quad ; \quad R_z = \sum_i F_i \cos\theta_{z,i}$$

여기서 $\theta_{x,i}$, $\theta_{y,i}$, $\theta_{z,i}$는 이동력 $\mathbf{F}_\mathrm{i}$의 작용선과 양의 x축, y축, z축이 형성하는 방향각이다. 단위벡

터 $\mathbf{i}$, $\mathbf{j}$, $\mathbf{k}$를 사용하면 합력 $\mathbf{R}$은

$$\begin{aligned}\mathbf{R} = \sum_i \mathbf{F}_i &= \sum_i (F_{x,i}\mathbf{i} + F_{y,i}\mathbf{j} + F_{z,i}\mathbf{k}) \\ &= (\sum_i F_i \cos\theta_{x,i})\mathbf{i} + (\sum_i F_i \cos\theta_{y,i})\mathbf{j} + (\sum_i F_i \cos\theta_{z,i})\mathbf{k} \\ &= R_x\mathbf{i} + R_y\mathbf{j} + R_z\mathbf{k}\end{aligned}$$

R_x, R_y, R_z로부터 $\mathbf{R}$의 크기와 방향은

$$R = \sqrt{R_x^2 + R_y^2 + R_z^2} \tag{3.3.2.1}$$

$$\cos\theta_x = \frac{R_x}{R} \quad ; \quad \cos\theta_y = \frac{R_y}{R} \quad ; \quad \cos\theta_z = \frac{R_z}{R} \tag{3.3.2.2}$$

여기서 $\cos\theta_x$, $\cos\theta_y$, $\cos\theta_z$는 $\mathbf{R}$의 방향코사인이다.

비절점평면역계의 합력. 비절점평면역계를 구성하는 모든 힘을 x축, y축의 이동과 xy 평면에 수직인 z축의 회전 3개의 자유도에 해당하는 직각분력으로 분해하고 다시 각 자유도 별로 합하면

$$R_x = \sum_i F_{x,i} \quad ; \quad R_y = \sum_i F_{y,i} \quad ; \quad M_z = \sum_i M_{z,i}$$

단위벡터 $\mathbf{i}$, $\mathbf{j}$, $\mathbf{k}$로 표기하면 이동력의 합력 $\mathbf{R}$과 회전력의 합력 $\mathbf{M}_z$는 다음과 같다.

$$\mathbf{R} = \sum_i \mathbf{F}_i = (\sum_i \mathrm{F}_{x,i})\mathbf{i} + (\sum_i F_{y,i})\mathbf{j} = R_x\mathbf{i} + R_y\mathbf{j} = \mathbf{R}_x + \mathbf{R}_y \tag{3.3.3.1}$$

$$\mathbf{M}_z = (\sum_i \mathrm{M}_{z,i})\mathbf{k} \tag{3.3.3.2}$$

$\mathbf{F}_1$, $\mathbf{F}_2$, ⋯ 및 $\mathbf{M}_1$, $\mathbf{M}_2$, ⋯ 로 구성된 주어진 역계에서 이동력의 합력 $\mathbf{R}(=\mathbf{R}_x+\mathbf{R}_y)$을 구하면 이동력 $\mathbf{F}_1$, $\mathbf{F}_2$, ⋯ 의 작용위치에 대한 정보는 상실된다. 그러므로 이동효과는 정리과정에서 등가가 유지되지만 이동력의 작용선 위치에 따라 다르게 결정되는 회전효과는 다음과 같이 등가를 확인하는 과정이 요구된다. 주어진 역계에서 임의의 O점을 선택하고 O점에 발생하는 회전력을 산정하면

$$\mathbf{M}^{\mathrm{O}} = \sum_i \mathbf{M}_i + \sum_j^{\mathrm{O}} (\mathbf{r}_{j/O} \times \mathbf{F}_j) \tag{3.3.3.3}$$

식 (3.3.3.3)의 우변에서 첫 번째 항 $\sum_i \mathbf{M}_i$는 주어진 역계에서의 모멘트하중(직각분력)의 합 $(\sum_i M_{z,i})\mathbf{k}$와 같고 두 번째 항은 이동력에 의해 O점에 발생하는 모멘트의 합으로 $\mathbf{r}_{j/O}$와 $\mathbf{F}_j$를 직각성분과 직각분력으로 표기하면 다음과 같다.

$$\mathbf{r}_{j/O} = \mathrm{x}_{j/O}\mathbf{i} + y_{j/O}\mathbf{j} \quad ; \quad \mathbf{F}_j = F_{x,j}\mathbf{i} + F_{y,j}\mathbf{j}$$

두 역계가 등가역계가 되기 위해서는 치환한 역계의 O점에 발생하는 회전력이 $\mathbf{M}^{\mathrm{O}}$가 되어야 하고 임의의 점에서 두 역계에 동일한 회전효과가 발생한다는 것은 다른 모든 점에서 검토하더라도 두 역계에 발생하는 회전효과가 동일하다는 것을 의미한다. 직각분력으로 정리한 $\mathbf{M}_z$는 합력 $\mathbf{R}$을 구하는 것과는 무관하고 회전효과를 결정하기 위한 식 (3.3.3.3)에만 사용된다는 것을 알 수 있다. 3.2.2절에 기술한 바와 같이 O점에 작용하는 $\mathbf{R}$과 $\mathbf{M}^{\mathrm{O}}$로 치환한 등가역계는 다시 $\mathbf{R}$의 작용선을 변경하여 하나

의 이동력 $\mathbf{R}$만 작용하는 등가역계로 치환할 수 있다.

등가집중하중. 부재 길이방향으로 분포하는 하중을 분포하중이라 하며 크기는 단위길이 당 하중인 하중세기로 표기한다. 작용구간에서 하중세기가 일정한 경우를 등분포하중(uniform distributed load)이라 하고 하중세기가 변하는 분포하중은 분포형상에 의해 구분한다. 분포하중은 등가집중하중(equivalent concentrated load)으로 치환해야 합력의 산정에 포함할 수 있으며 등가라는 것은 분포하중과 등가집중하중에 의해 강체에 발생하는 움직임(이동 및 회전)이 동일해야 한다는 것을 의미한다. 이동력의 분포하중을 치환하는 경우 이동효과는 분포하중의 면적을 등가집중하중의 크기로 정하여 등가가 되도록 하고 회전효과는 등가집중하중의 작용선이 분포하중 면적의 도심을 통과하도록 결정하여 등가가 되도록 한다.

비절점공간역계의 합력. 비절점공간역계를 구성하는 모든 힘을 6개의 자유도(x축, y축, z축의 이동과 회전)에 해당하는 직각분력으로 분해하고 다시 각 자유도별로 합하면

$$R_x = \sum_i F_{x,i} \quad ; \quad R_y = \sum_i F_{y,i} \quad ; \quad R_z = \sum_i F_{z,i}$$
$$M_x = \sum_i M_{x,i} \quad ; \quad M_y = \sum_i M_{y,i} \quad ; \quad M_z = \sum_i M_{z,i}$$

단위벡터 $\mathbf{i}$, $\mathbf{j}$, $\mathbf{k}$로 표기하면 다음과 같이 이동력의 합력 $\mathbf{R}$은 $\mathbf{R}_x$, $\mathbf{R}_y$, $\mathbf{R}_z$의 합이다.

$$\begin{aligned}\mathbf{R} = \sum_i \mathbf{F}_i &= (\sum_i F_{x,i})\mathbf{i} + (\sum_i F_{y,i})\mathbf{j} + (\sum_i F_{z,i})\mathbf{k} \\ &= R_x\mathbf{i} + R_y\mathbf{j} + R_z\mathbf{k} = \mathbf{R}_x + \mathbf{R}_y + \mathbf{R}_z\end{aligned} \tag{3.3.4.1}$$

M_x, M_y, M_z를 단위벡터 $\mathbf{i}$, $\mathbf{j}$, $\mathbf{k}$를 사용하여 $\mathbf{M}_x$, $\mathbf{M}_y$, $\mathbf{M}_z$로 표기하면 다음 식 (3.3.4.2)와 같고 각 자유도별 회전효과의 산정에는 이동력과 회전력을 모두 포함해야 하므로 M_x, M_y, M_z만의 합은 의미가 없다.

$$\mathbf{M}_x = (\sum_i M_{x,i})\mathbf{i} \quad ; \quad \mathbf{M}_y = (\sum_i M_{y,i})\mathbf{j} \quad ; \quad \mathbf{M}_z = (\sum_i M_{z,i})\mathbf{k} \tag{3.3.4.2}$$

$\mathbf{F}_1$, $\mathbf{F}_2$, ⋯ 및 $\mathbf{M}_1$, $\mathbf{M}_2$, ⋯로 구성된 주어진 역계에서 이동력의 합력 $\mathbf{R}(= \mathbf{R}_x + \mathbf{R}_y + \mathbf{R}_z)$을 구하면 이동력 $\mathbf{F}_1$, $\mathbf{F}_2$, ⋯ 의 작용위치에 대한 정보는 상실된다. 그러므로 이동효과는 정리과정에서 등가가 유지되지만 이동력의 작용선 위치에 따라 다르게 결정되는 회전효과는 다음과 같이 등가를 확인하는 과정이 요구된다. 주어진 역계에서 임의의 O점을 선택하고 O점에 발생하는 회전력을 식 (3.3.3.3)으로 산정하면

$$\mathbf{M}^O = \sum_i \mathbf{M}_i + \sum_j^O (\mathbf{r}_{j/O} \times \mathbf{F}_j) \tag{3.3.3.3}$$

우변에서 첫 번째 항 $\sum_i \mathbf{M}_i$는 주어진 역계에서의 $\mathbf{M}_x$, $\mathbf{M}_y$, $\mathbf{M}_z$의 합과 같고

$$\sum_i \mathbf{M}_i = (\sum_i M_{x,i})\mathbf{i} + (\sum_i M_{y,i})\mathbf{j} + (\sum_i M_{z,i})\mathbf{k}$$

두 번째 항은 이동력에 의해 O점에 발생하는 모멘트의 합으로 $\mathbf{r}_{j/O}$와 $\mathbf{F}_j$를 직각성분과 직각분력으로 표기하면 다음과 같다.

$$\mathbf{r}_{j/O} = x_{j/O}\,\mathbf{i} + y_{j/O}\,\mathbf{j} + z_{j/O}\,\mathbf{k} \quad ; \quad \mathbf{F}_j = F_{x,j}\mathbf{i} + F_{y,j}\mathbf{j} + F_{z,j}\mathbf{k}$$

두 역계가 등가역계가 되기 위해서는 치환한 역계의 O점에 발생하는 회전력이 $\mathbf{M}^O$가 되어야 한다. 비절점평면역계와 마찬가지로 직각분력으로 정리한 $\mathbf{M}_x$, $\mathbf{M}_y$, $\mathbf{M}_z$는 합력 $\mathbf{R}$을 구하는 것과는 무관하고 회전효과를 결정하기 위한 식 (3.3.3.3)에만 사용된다는 것을 알 수 있다. 3.2.2절에 기술한 바와 같이 비절점공간역계의 경우 O점에 작용하는 $\mathbf{R}$과 $\mathbf{M}^O$로 치환한 등가역계에서 $\mathbf{R}$과 $\mathbf{M}^O$는 일반적으로 직각이 아니고 이 경우 하나의 이동력 $\mathbf{R}$만 작용하는 등가역계로 치환할 수 없다.

연습문제 3.3.1절 절점평면역계

3-1 절점역계를 구성하고 있는 이동력의 합력(크기, 방향)을 구하시오.

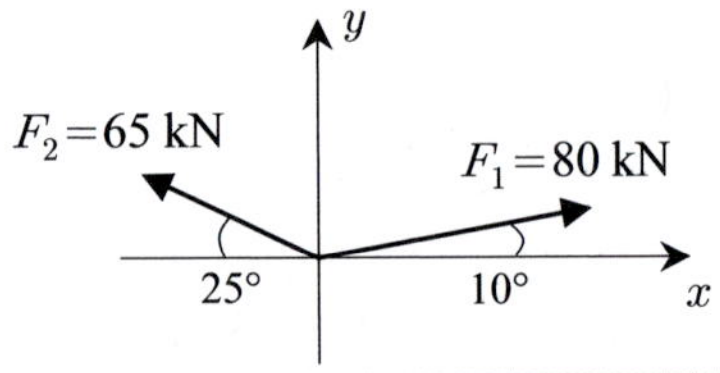

[답] 합력의 크기 : $R = 45.9\text{kN}$, 방향 : $\theta = 64.3°$

3-2 절점역계를 구성하고 있는 이동력의 합력(크기, 방향)을 구하시오.

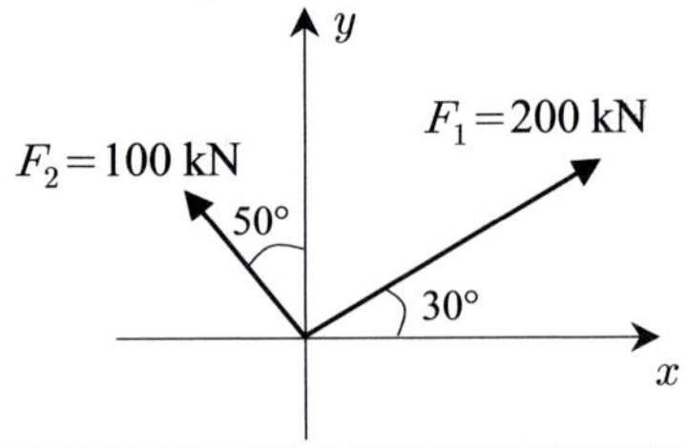

[답] 합력의 크기 : $R = 191\text{kN}$, 방향 : $\theta = 59.5°$

3-3 합력의 방향이 연직상향이 되도록 P를 구하시오.

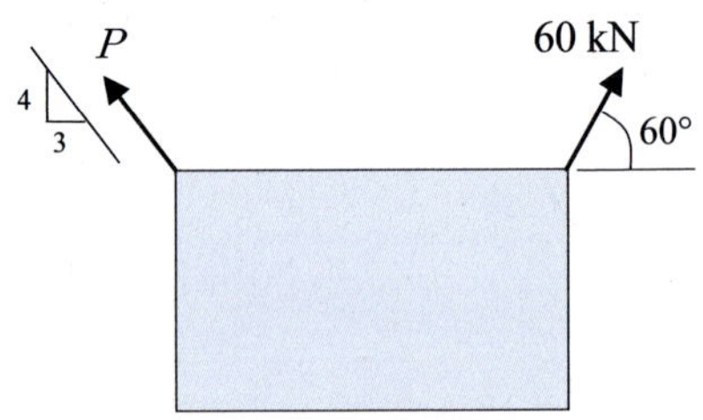

[답] $P = 50\text{kN}$

3-4 절점역계를 구성하고 있는 이동력의 합력(크기, 방향)을 구하시오.

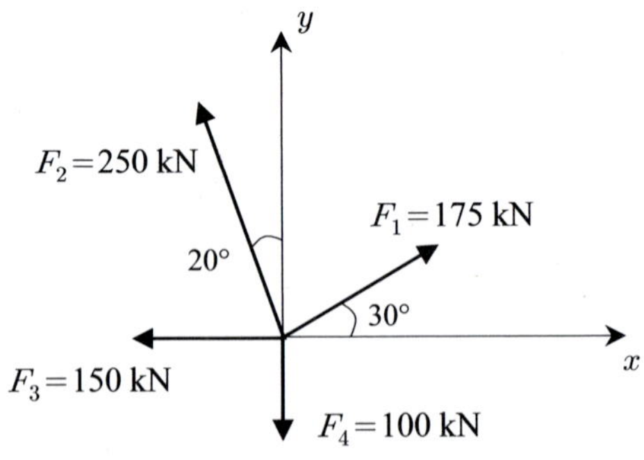

[답] 합력의 크기 : $R = 238\text{kN}$, 방향 : $\theta = 111°$

3-5 절점역계를 구성하고 있는 이동력의 합력(크기, 방향)을 구하시오.

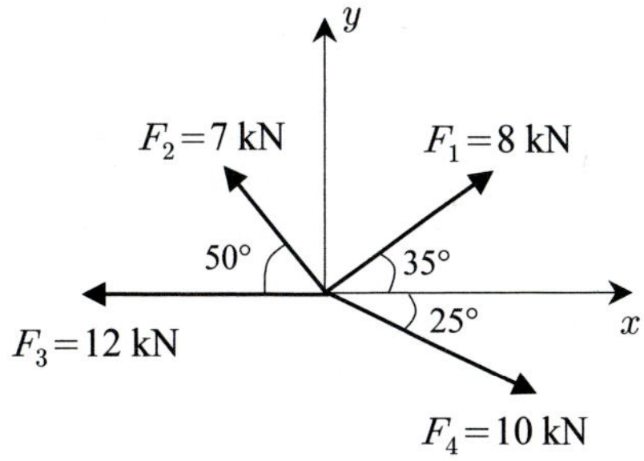

[답] 합력의 크기 : $R = 5.79\,\text{kN}$, 방향 : $\theta = 98.8^\circ$

3-6 절점역계를 구성하고 있는 이동력의 합력(크기, 방향)을 구하시오.

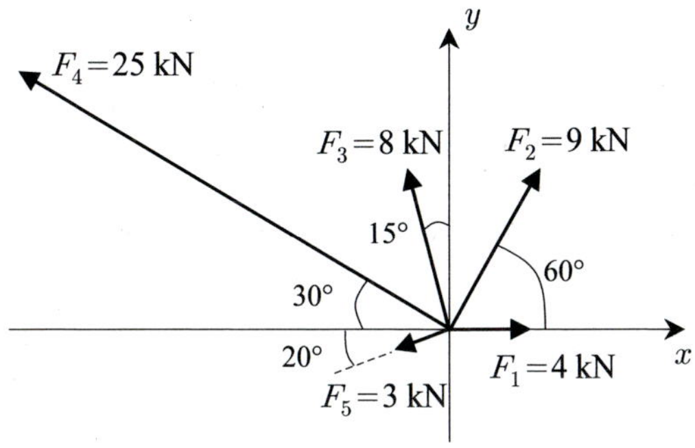

[답] 합력의 크기 : $R = 32.5\,\text{kN}$, 방향 : $\theta = 124^\circ$

연습문제 3.3.2절 절점공간역계

3-7 공간역계에 작용하는 이동력의 합력(크기, 방향)을 구하시오. A, B, C점의 좌표는 각각 (0, −6, 0), (−3, 0, 2), (6, 2, 0)이고 단위는 m이다.

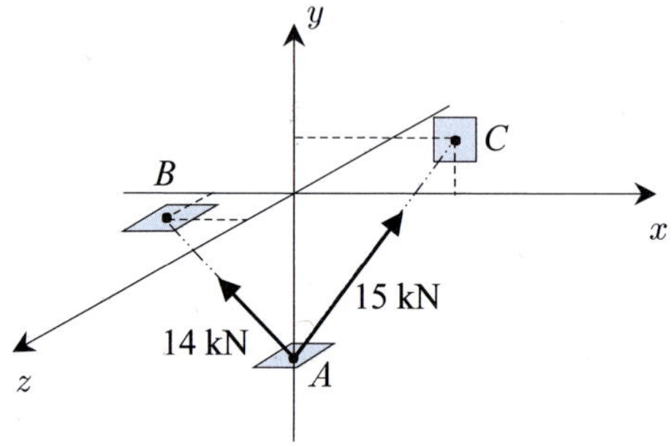

[답] 합력의 크기 : $R = 24.5\,\text{kN}$, 방향 : $\theta_x = 83.0^\circ$, $\theta_y = 11.6^\circ$, $\theta_z = 80.6^\circ$

3-8 절점공간역계를 구성하고 있는 이동력 $\mathbf{P}(=6\,\text{kN})$와 $\mathbf{Q}(=7\,\text{kN})$의 합력 $\mathbf{R}$의 크기와 방향을 구하시오. A, B, C점의 좌표는 각각 (0, 0.4, 0.4), (0.8, 1.2, 0), (1.2, 0, 1.0)이고 단위는 m이다.

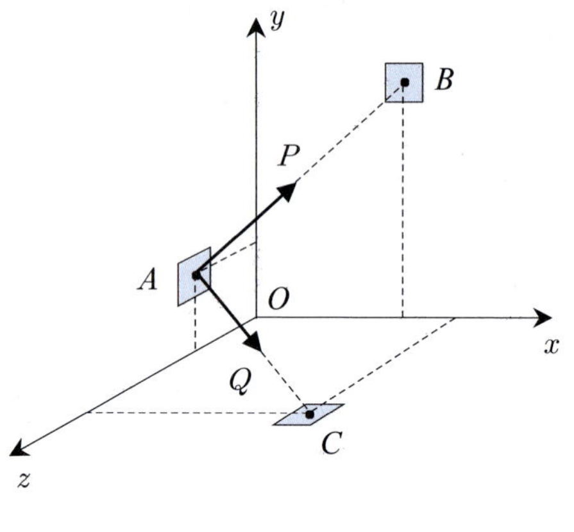

[답] 합력의 크기 : $R = 10.25\,\text{kN}$, 방향 : $\theta_x = 12.7^\circ$, $\theta_y = 78.7^\circ$, $\theta_z = 84.4^\circ$

3-9 케이블 AB, CB에 의해 A점, C점에 인장력 $T_{AB}=426$ N, $T_{CB}=285$ N이 작용하고 있다. 합력(크기, 방향)을 벡터식을 사용하여 구하시오.

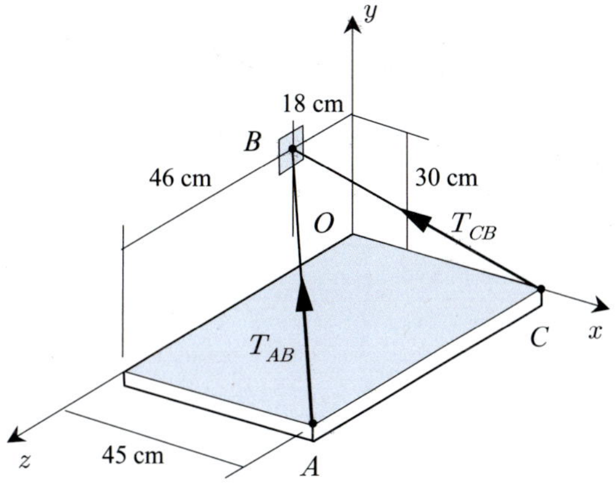

[답] 합력의 크기 : $R=$ 623N , 방향 : $\theta_x=$ 142.6°, $\theta_y=$ 58.0°, $\theta_z=$ 107.4°

3-10 하중 P가 작용하는 구조물 ACD가 회전지점 A, D와 케이블 BE, BF에 의해 지지되어 있다. B점에 작용하는 케이블 BE, BF의 인장력이 각각 540 N, 750 N인 경우 인장력의 합력(크기와 방향)을 벡터식을 사용하여 구하시오.

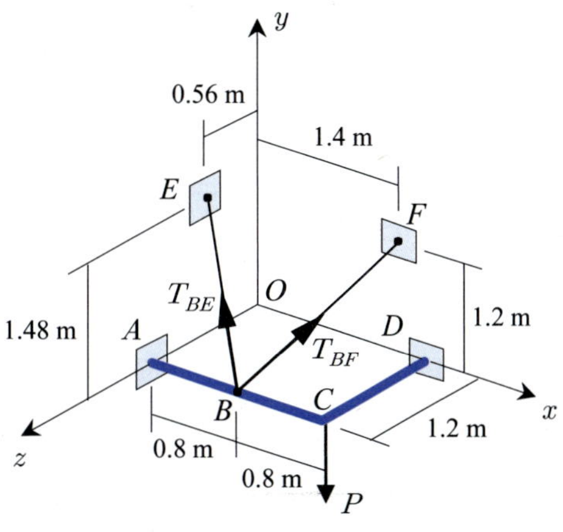

[답] 합력의 크기 : $R=$ 1171N , 방향 : $\theta_x=$ 89.5°, $\theta_y=$ 36.3°, $\theta_z=$ 126.2°

연습문제 3.3.3절 비절점평면역계

3-11 사각형 판에 작용하는 하중의 합력(크기, 방향)을 구하고 합력의 작용선이 좌변/하변과 만나는 교점의 위치를 O점으로부터의 거리로 제시하시오.

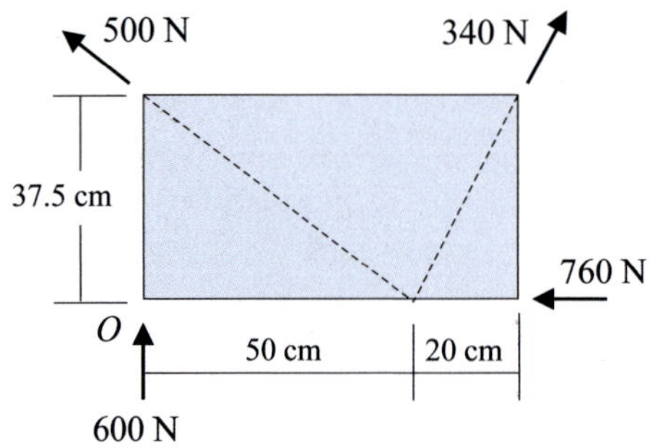

[답] 합력의 크기 : $R = 1562\,\text{N}$, 방향 : $\theta = 130^\circ$,
거리 : 하변 0.25 m(우측), 좌변 0.3 m(상향)

3-12 외팔보에 2개의 이동력이 작용하고 있다. O점에 하나의 이동력과 하나의 회전력이 작용하는 등가역계로 치환하시오.

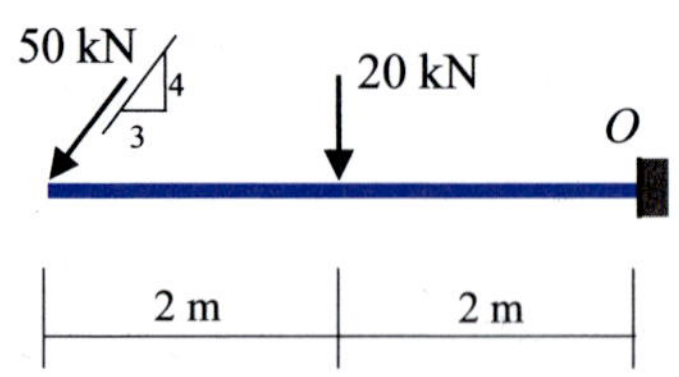

[답] $R = 67.1\,\text{kN}$, $\theta = 243^\circ$, $M^O = 200\,\text{kN}\cdot\text{m}$ (반시계방향)

3-13 구조물에 3개의 하중이 작용하고 있다. 이를 각각 1) A점, 2) B점, 3) C점 및 4) D점에 하나의 이동력과 하나의 회전력이 작용하는 등가역계로 치환하시오.

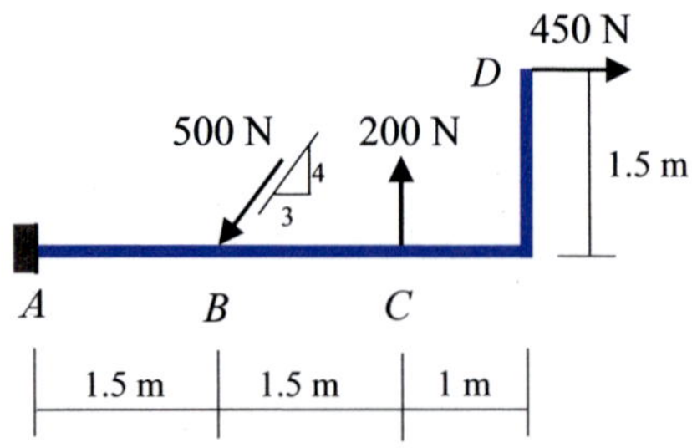

[답] $R = 250\,\text{N}$, $\theta = 307^\circ$, $M^A = 675\,\text{N}\cdot\text{m}$ (시계방향) , $M^B = 375\,\text{N}\cdot\text{m}$ (시계방향)
$M^C = 75\,\text{N}\cdot\text{m}$ (시계방향) , $M^D = 350\,\text{N}\cdot\text{m}$ (반시계방향)

3-14 원형 판에 작용하는 하중의 합력(크기, 방향) 및 합력의 작용선과 직경 AB와의 교점을 구하시오.

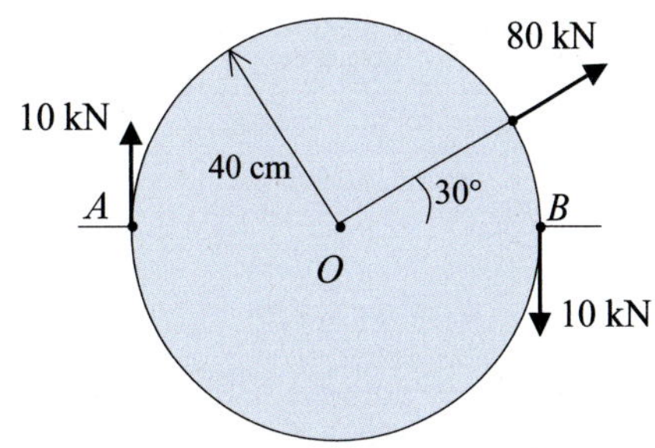

[답] 합력의 크기 : $R = 80\text{kN}$, 방향 : $\theta = 30^\circ$, 교점 : O점의 좌측 20cm

3-15 사각형 판에 작용하는 하중 350 N과 M을 하나의 이동력이 O점에 작용하는 등가역계로 치환할 수 있도록 모멘트의 크기 M을 구하시오.

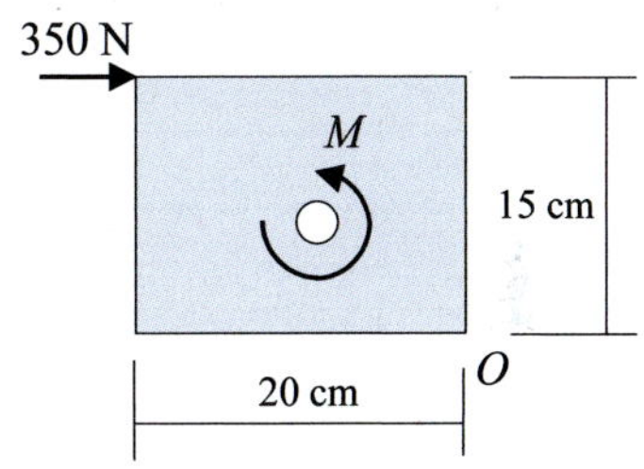

[답] $M = 52.5\text{N} \cdot \text{m}$

3-16 사각형 판에 작용하는 하중의 합력(크기, 방향) 및 합력의 작용선과 x, y축과의 교점을 구하시오.

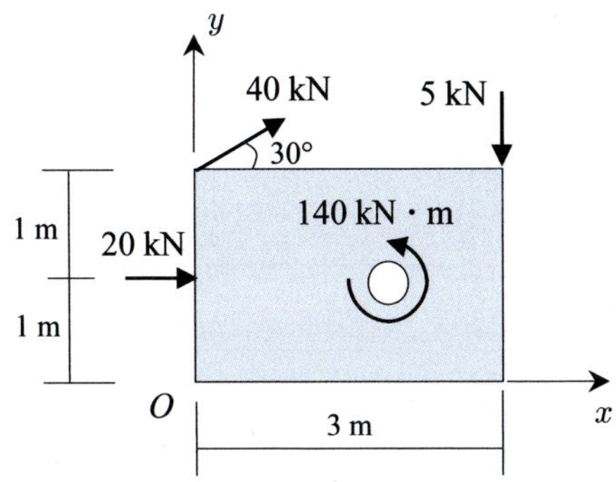

[답] 합력의 크기 : $R = 56.7\text{kN}$, 방향 : $\theta = 15.4^\circ$, 교점 : $x = 2.38\text{m}$, $y = -0.65\text{m}$

3-17 외팔보에 작용하는 하중의 합력(크기, 방향) 및 A점과 합력의 작용점과의 거리를 구하시오.

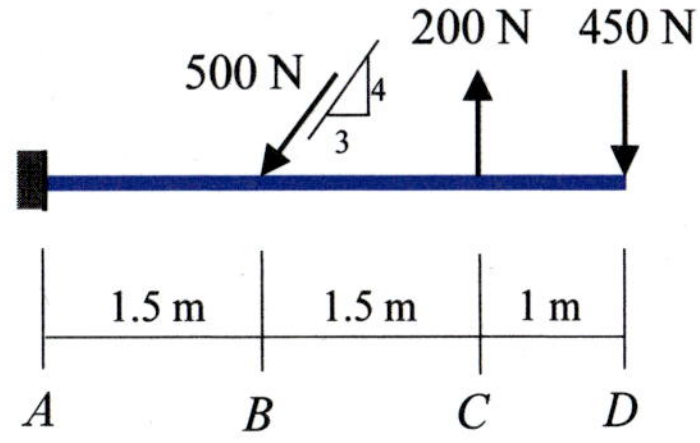

[답] 합력의 크기 : $R = 716\text{N}$, 방향 : $\theta = 245^\circ$, 거리 : 2.77m(우측)

3-18 구조물에 작용하는 하중의 합력(크기, 방향) 및 A점과 합력의 작용점과의 거리를 구하시오.

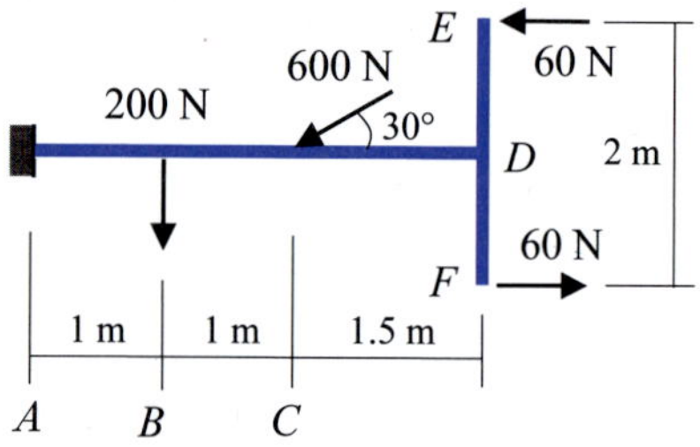

[답] 합력의 크기 : $R = 721\,\text{N}$, 방향 : $\theta = 224^\circ$, 거리 : 1.36 m (우측)

3-19 브래킷에 작용하는 하중의 합력(크기, 방향) 및 합력의 작용선과 x, y축과의 교점을 구하시오.

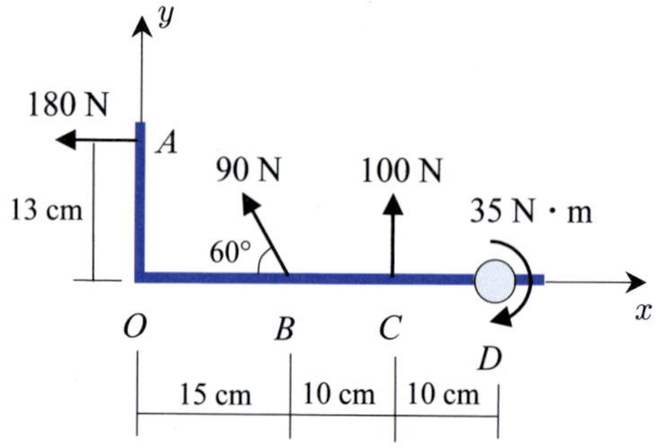

[답] 합력의 크기 : $R = 287\,\text{N}$, 방향 : $\theta = 142^\circ$, 교점 : $x = 0.14\,\text{m}$, $y = 0.11\,\text{m}$

3-20 단순보에 작용하는 하중의 합력(크기, 방향) 및 A점과 합력의 작용점과의 거리를 구하시오.

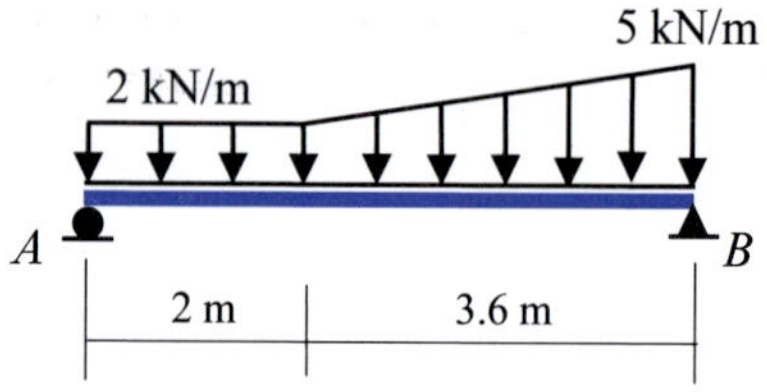

[답] 합력의 크기 : $R = 16.6\,\text{kN}$, 방향 : $\theta = 270^\circ$, 거리 : 3.32 m (우측)

3-21 단순보에 작용하는 하중의 합력(크기, 방향) 및 A점과 합력의 작용점과의 거리를 구하시오.

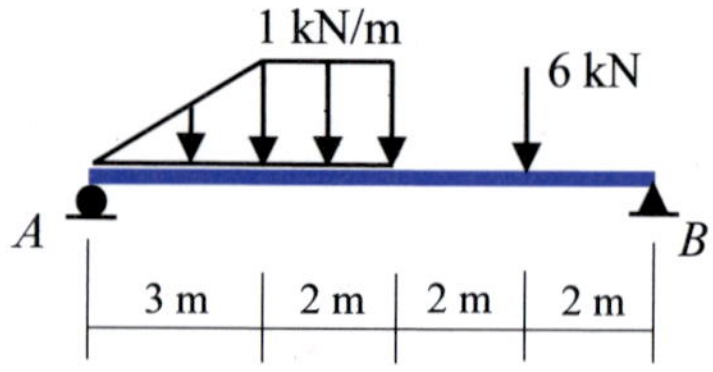

[답] 합력의 크기 : $R = 9.5\,\text{kN}$, 방향 : $\theta = 270^\circ$, 거리 : 5.58 m (우측)

3-22 내민보에 작용하는 하중의 합력(크기, 방향) 및 A점과 합력의 작용점과의 거리를 구하시오.

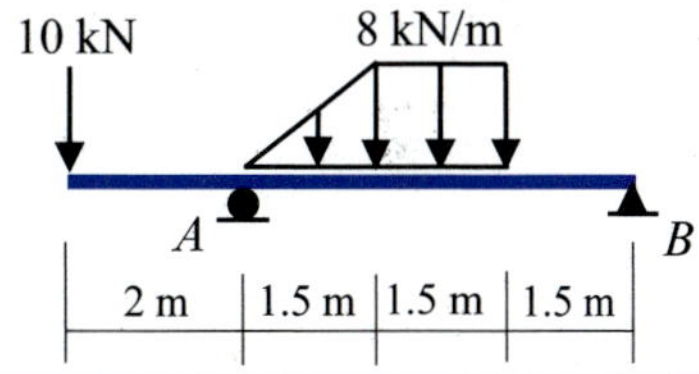

[답] 합력의 크기 : $R = 28\text{kN}$, 방향 : $\theta = 270°$, 거리 : $x = 0.46\text{m}$(우측)

3-23 내민보에 작용하는 하중의 합력(크기, 방향) 및 A점과 합력의 작용점과의 거리를 구하시오.

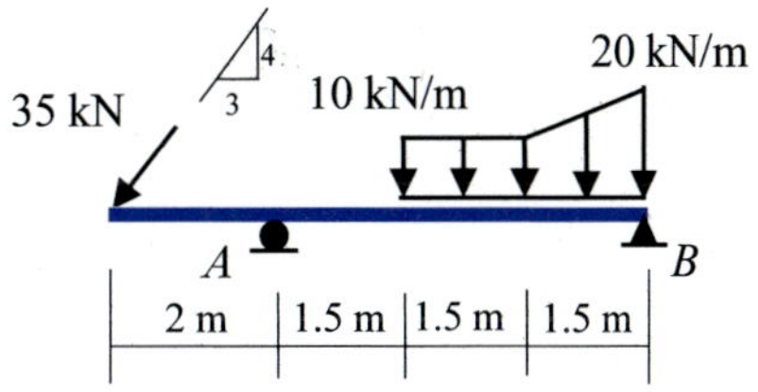

[답] 합력의 크기 : $R = 68.8\text{kN}$, 방향 : $\theta = 252°$, 거리 : $x = 0.98\text{m}$(우측)

3-24 내민보에 작용하는 하중의 합력(크기, 방향) 및 O점과 합력의 작용점과의 거리를 구하시오.

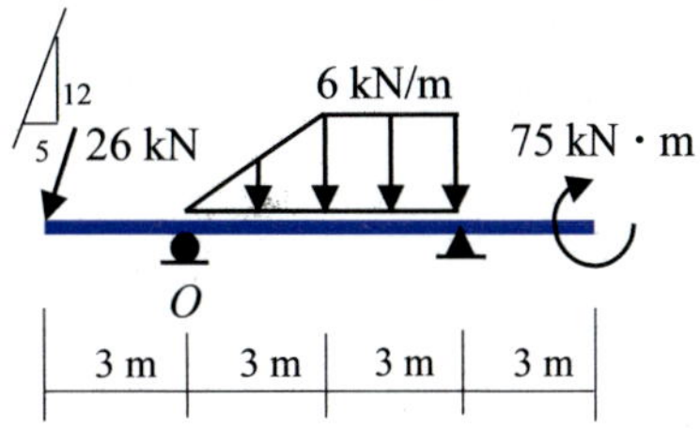

[답] 합력의 크기 : $R = 52.0\text{kN}$, 방향 : $\theta = 259°$, 거리 : $x = 2\text{m}$(우측)

3-25 내민보에 작용하는 하중의 합력(크기, 방향) 및 O점과 합력의 작용점과의 거리를 구하시오.

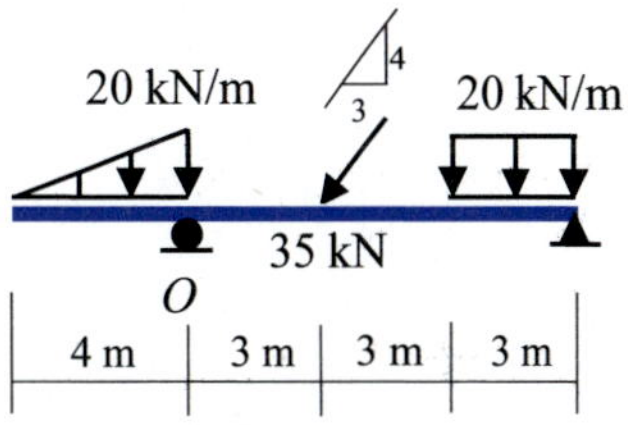

[답] 합력의 크기 : $R = 130\text{kN}$, 방향 : $\theta = 261°$, 거리 : $x = 3.76\text{m}$(우측)

3-26 단순보에 작용하는 하중의 합력(크기, 방향) 및 A점과 합력의 작용점과의 거리를 구하시오.

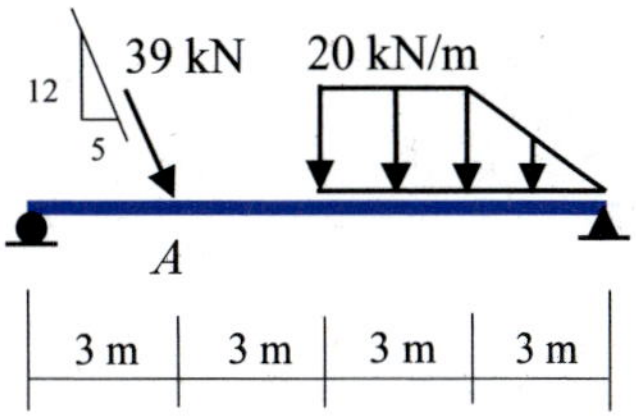

[답] 합력의 크기 : $R = 127\text{kN}$, 방향 : $\theta = 277°$, 거리 : $x = 3.81\text{m}$(우측)

3-27 구조물에 작용하는 하중의 합력(크기, 방향) 및 O점과 합력의 작용점과의 거리를 구하시오.

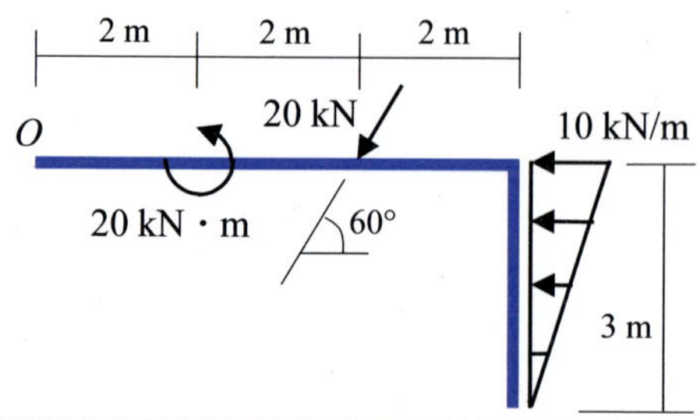

[답] 합력의 크기 : $R = 30.4\,\text{kN}$, 방향 : $\theta = 215^\circ$, 거리 : $x = 3.71\,\text{m}$(우측)

3-28 구조물에 작용하는 하중의 합력(크기, 방향) 및 A점과 합력의 작용점과의 거리를 구하시오.

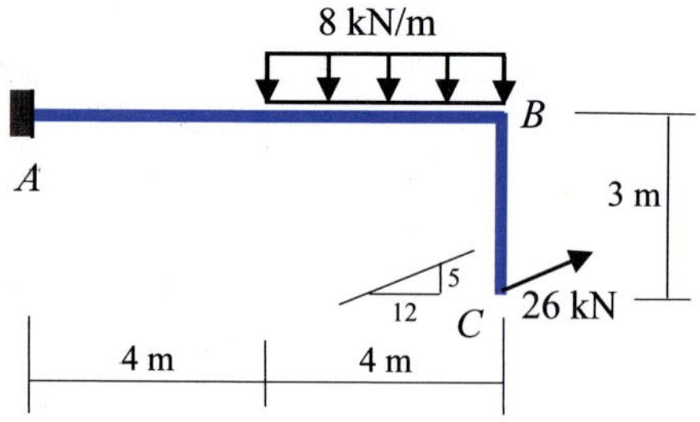

[답] 합력의 크기 : $R = 32.6\,\text{kN}$, 방향 : $\theta = 317^\circ$, 거리 : $x = 1.82\,\text{m}$(우측)

3-29 구조물에 작용하는 하중의 합력(크기, 방향) 및 C점과 합력의 작용점과의 거리를 구하시오.

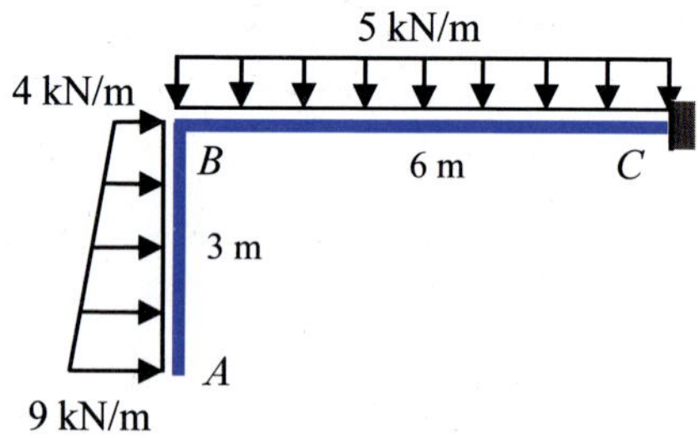

[답] 합력의 크기 : $R = 35.8\,\text{kN}$, 방향 : $\theta = 303^\circ$, 거리 : $4.1\,\text{m}$(좌측)

3-30 구조물에 작용하는 하중의 합력(크기, 방향) 및 O점과 합력의 작용점과의 거리를 구하시오.

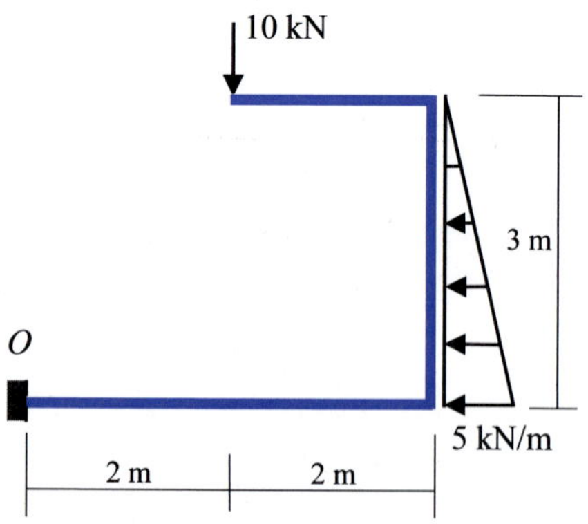

[답] 합력의 크기 : $R = 12.5\,\text{kN}$, 방향 : $\theta = 233^\circ$, 거리 : $x = 1.25\,\text{m}$(우측)

3-31 구조물에 작용하는 하중의 합력(크기, 방향) 및 A점과 합력의 작용점과의 거리를 구하시오.

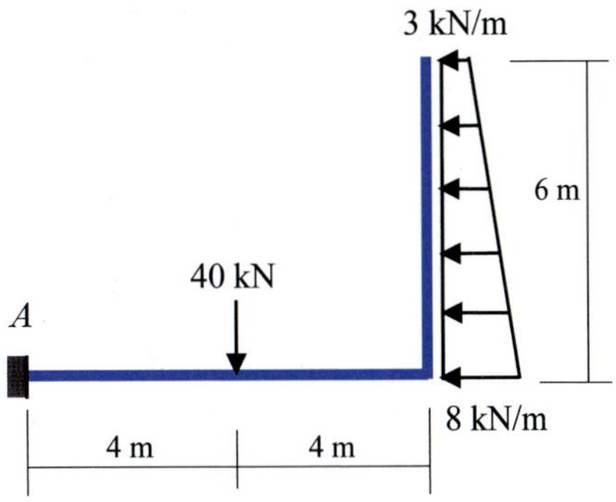

[답] 합력의 크기 : $R = 51.9\,\text{kN}$, 방향 : $\theta = 230°$, 거리 : $x = 1.9\,\text{m}$(우측)

3-32 구조물에 작용하는 하중의 합력(크기, 방향) 및 A점과 합력의 작용점과의 거리를 구하시오.

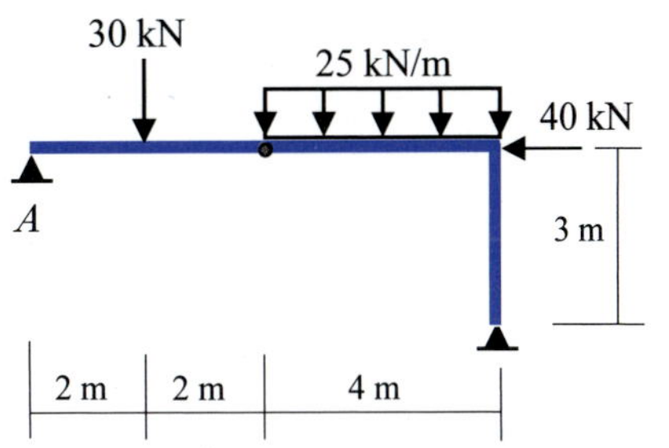

[답] 합력의 크기 : $R = 136\,\text{kN}$, 방향 : $\theta = 253°$, 거리 : $x = 5.08\,\text{m}$(우측)

3-33 구조물에 작용하는 하중의 합력(크기, 방향) 및 A점과 합력의 작용점과의 거리를 구하시오.

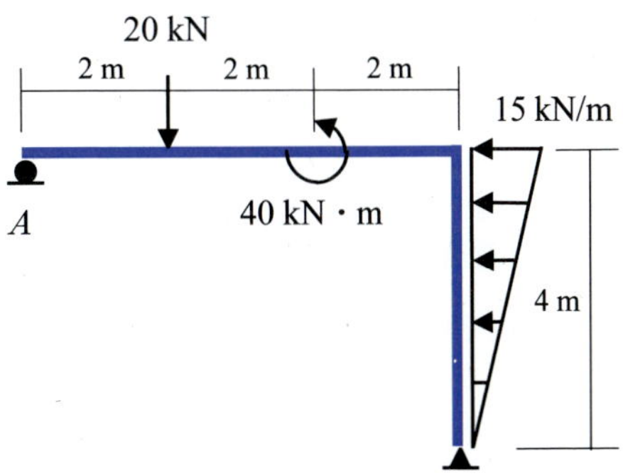

[답] 합력의 크기 : $R = 36.1\,\text{kN}$, 방향 : $\theta = 214°$, 거리 : $x = 2\,\text{m}$(우측)

3-34 구조물에 작용하는 하중의 합력(크기, 방향) 및 O점과 합력의 작용점과의 거리를 구하시오.

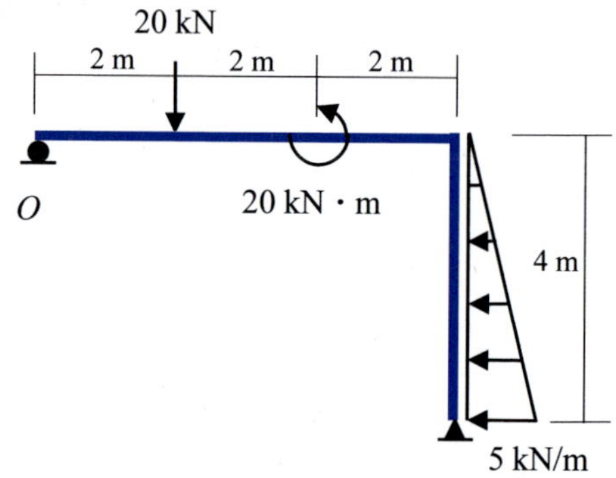

[답] 합력의 크기 : R = 22.4 kN , 방향 : θ = 243 ° , 거리 : x = 2.34 m (우측)

3-35 구조물에 작용하는 하중의 합력(크기, 방향) 및 O점과 합력의 작용점과의 거리를 구하시오.

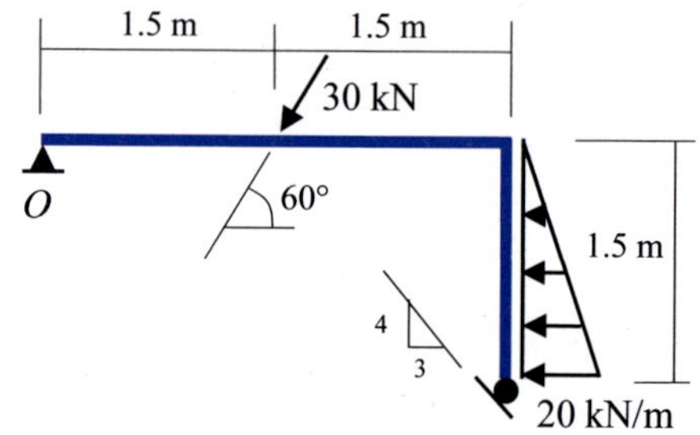

[답] 합력의 크기 : R = 39.7 kN , 방향 : θ = 221 ° , 거리 : x = 2.08 m (우측)

3-36 콘크리트 댐의 단위길이 1 m에 해당하는 하중인 사각형 부분 W_1(=3000 kN)과 삼각형 부분 W_2(=2250 kN) 및 수압에 의한 하중 P(=2530 kN)가 작용하고 있다. 댐의 기초면 AB에 작용하는 합력과 작용점을 구하시오.

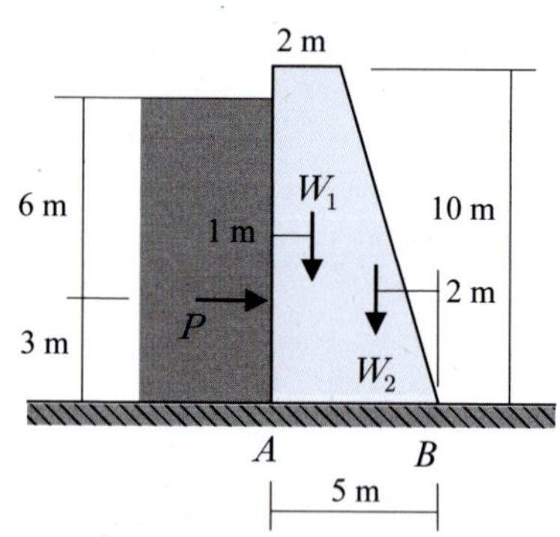

[답] 합력의 크기 : R = 5828 kN , 방향 : θ = 296 ° , 작용점 : A점의 우측 3.30 m

3-37 옹벽의 단위길이 1 m에 해당하는 하중인 벽체 부분 $W_1(=750\text{ kN})$과 기초 부분 $W_2(=600\text{kN})$ 및 수평/수직 토압 $S_h(=540\text{ kN})$와 $S_v(=1000\text{ kN})$가 작용하고 있다. 기초의 저면 AB에 작용하는 합력과 작용점을 구하시오.

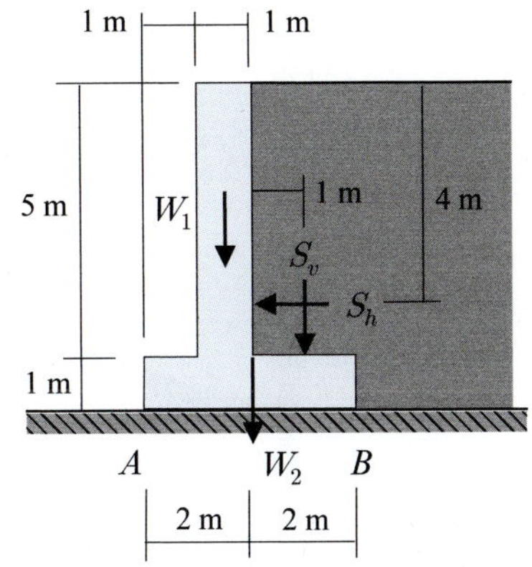

[답] 합력의 크기 : $R = 2411\text{kN}$, 방향 : $\theta = 257°$, 거리 : A점의 우측 1.81 m

연습문제 3.3.4절

비절점공간역계

3-38 반경 250 mm의 사분원형 판에 4개의 x축 방향 하중이 작용하고 있다. 합력의 크기와 작용점을 구하시오.

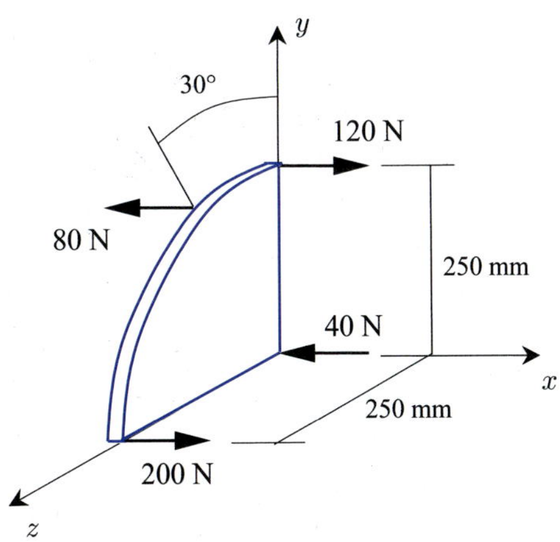

[답] 크기 200 N , 작용점 좌표($y = 63\text{mm}$, $z = 200\text{mm}$)

3-39 프레임에 각각 x, y, z축과 평행한 4개의 하중이 작용하고 있다. A점에 하나의 이동력과 하나의 회전력이 작용하는 등가역계를 구하시오.

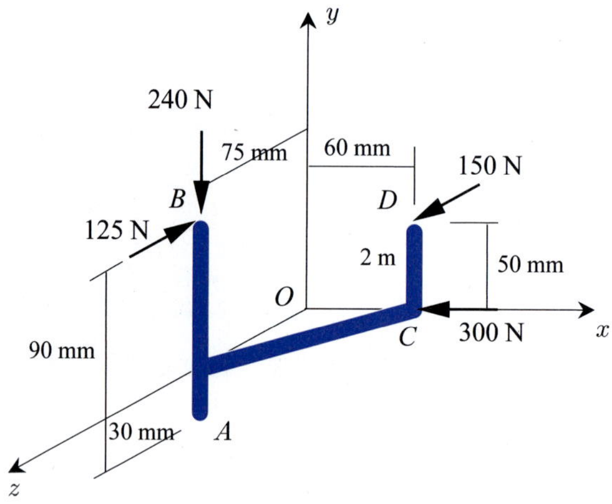

[답] $R = 385\text{N}$, $\theta_x = 141°$, $\theta_y = 129°$, $\theta_z = 86.3°$
$M = 16.5\ \text{N}\cdot\text{m}$, $\theta_x = 100°$, $\theta_y = 35.1°$, $\theta_z = 56.9°$

3-40 프레임에 작용하는 4개의 하중에 의해 A점에 발생하는 모멘트의 직각분력 M_y, M_z가 0이 되도록 C_y, C_z를 구하시오.

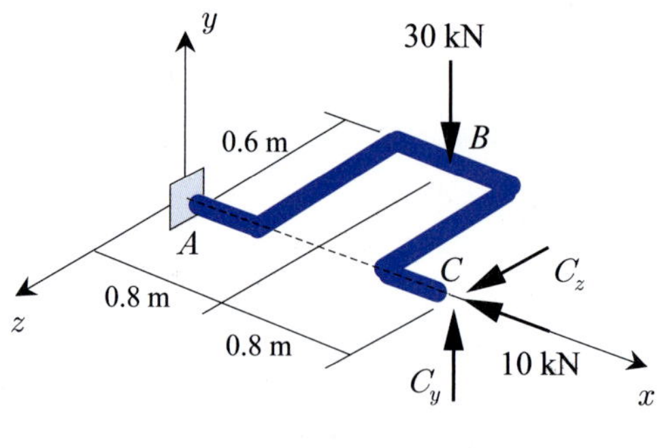

[답] $C_y = 15\text{kN}$, $C_z = 0$

3-41 사각형 기초에 4개의 수직하중이 작용하고 있다. 하향으로 작용하는 최소 수직하중을 추가하여 5개 수직하중의 합력이 기초의 중앙에 작용하도록 최소 수직하중의 크기와 작용점의 x, z좌표를 구하시오.

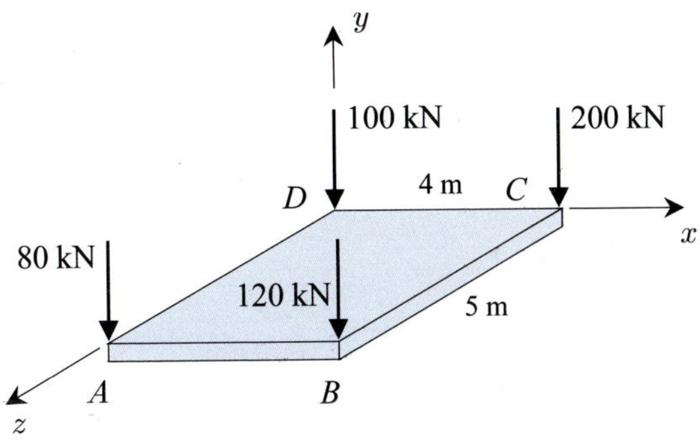

[답] 크기 140 kN , 작용점 좌표($x = 0$, $z = 4.29$ m)

3-42 두 짝힘과 등가인 회전력의 직각분력을 구하시오.

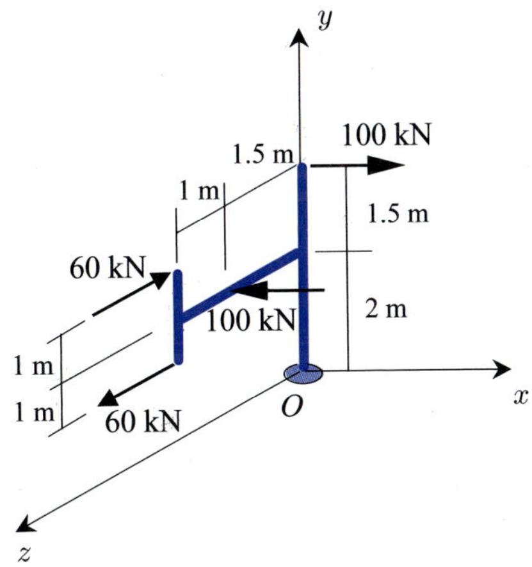

[답] $M_x = -120$ kN · m , $M_y = -150$ kN · m , $M_z = -150$ kN · m

3-43 두 짝힘과 등가인 회전력의 크기와 방향을 구하시오.

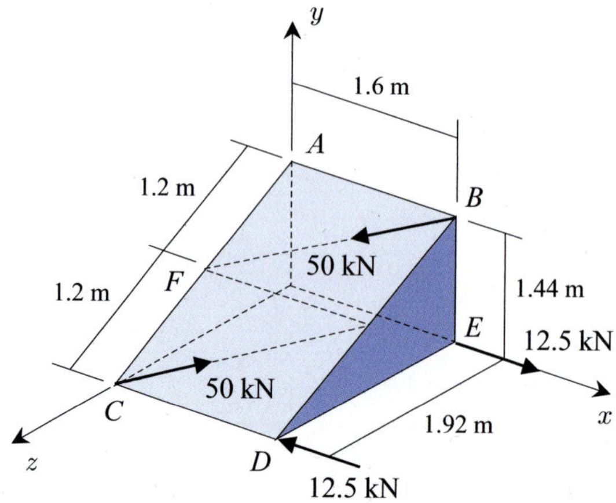

[답] $M = 32.2\ \text{kN}\cdot\text{m}$, $\theta_x = 90^\circ$, $\theta_y = 63.4^\circ$, $\theta_z = 26.6^\circ$

04

강체의 평형

4.1 개요

정역학이란 정지상태를 유지하는 구조물(structure)에 작용하는 힘들의 관계를 논의하는 과정으로 구조물에 작용하는 힘들의 평형상태와 관련된 개념, 원리 및 응용문제를 다루는 것이며 이 경우 구조물을 강체로 간주한다는 것은 1장에서 언급한 바 있다. 강체가 정지상태 또는 평형상태를 유지한다는 것은 강체의 외부에서 작용하는 힘에 의한 이동 및 회전효과가 0이 되어야 한다는 것이다. 그러므로 외부에서 작용하는 힘에 의한 구조물의 평형상태를 결정하기 위해서는 먼저 외부에서 작용하는 힘인 외력(external force)을 모두 강체에 표시하여야 한다. 외력으로는 구조부재(structural member)에 재하되는 하중(자중, 집중하중, 분포하중, 온도하중 등의 작용력)과 구조물을 지지하는 지점에서의 반력(지점, 타구조물에 의한 지지 등의 반작용력)이 있다. 일반적인 정역학문제에서 하중은 주어지는 값으로 기지력이고 반력은 구해야 하는 값으로 미지력이며 하중에 의해 결정되는 값이므로 하중이 변경되면 반력 또한 변경된다. 교량의 경우 자체중량, 차량하중, 풍하중 등은 하중이고 지반이 교각과 교대를 지지하는 힘은 반력이다.

해석대상 구조물의 외력을 모두 표시한 그림을 자유물체도(free body diagram)라고 한다. 하중과 같은 기지력은 주어진 크기와 방향을 표시할 수 있으나 지점 또는 타구조물의 지지에 의해 발생하는 반력은 미지력이므로 이들을 힘으로 표시하기 위해서는 크기와 방향을 가정해야 한다. 이와 같이 지점을 반력으로 대체하여 작성한 자유물체도는 특정지점에 구속되지 않은 상태가 되므로 이를 의미하는 용어를 사용한 것이며 강체의 평형문제를 해결하기 위해서는 정확한 자유물체도의 작성이 선행되어야 한다.

4장의 전반부는 구조물에 외력으로 작용하는 하중의 종류 및 지점의 종류를 이해하고 지점에 발생하는 미지반력을 파악하여 자유물체도를 작성하는 과정을 논의한다. 4장의 후반부는 3장에서 소개한 바 있는 각 역계의 자유도에 해당하는 평형방정식을 정의하고 이를 자유물체도에 적용하여 미지반력을 산정하는 과정에 대해 논의하도록 구성되어 있다.

4.2 자유물체도와 평형방정식

4.2.1 하중의 종류

구조물에 작용하는 하중은 구조물의 움직임과 관련하여 이동력과 회전력으로 구분하고 다시 구조부재에 작용하는 구간과 관련하여 집중하중(concentrated load)과 분포하중(distributed load)으로 분류한다. 그림 4.2.1.1에는 단순보에 작용하는 집중하중과 분포하중의 예가 제시되어 있다. 집중하중은 그림 4.2.1.1(1)의 수직하중 P 또는 돌아가는 화살로 표시된 회전력(모멘트하중) M과 같이 구조부재의 한 점에 작용하는 하중으로 수직하중의 단위는 N, kN 등이 사용되고 회전력의 단위는 N・m, kN・m 등이 사용된다. 교량설계에 적용하는 도로교설계기준에 차량하중 규정으로 제시되어 있는 표준트럭하중(DB-하중)은 트럭의 자중이 교량 바닥판에 집중하중으로 전달된다고 간주한 이동력의 집중하중이고 교량 상부구조에 설치된 교통표지판은 풍하중에 의해 상부구조의 한 점(교통표지판 기둥과 상부구조와의 연결부)에 회전력의 집중하중을 전달한다. 편의상 이동력의 집중하중을 단순히 집중하중, 회전력의 집중하중을 모멘트하중으로 구분하여 사용한다.

(1) 집중하중 (2) 분포하중

그림 4.2.1.1

그림 4.2.1.1(2)에 제시한 이동력과 회전력의 분포하중은 구조부재의 일정구간에 분포되어 작용하는 힘으로 크기는 단위길이 당 작용하는 힘인 하중세기(load intensity)로 표기한다. 하중세기가 작용구간에서 일정한 경우를 등분포하중(uniform load)이라 하고 작용구간에서 하중세기가 변하는 분포하중은 분포형상에 의해 용어를 사용하며 하중세기가 직선적으로 변하는 분포하중은 직선변화하중(linearly varying load)이라 한다. 그림 4.2.1.1(2)에서 하중세기가 m으로 일정한 등분포하중은 회전력의 분포하중이고 하중세기가 0에서 w로 변하는 삼각형분포하중(triangular distributed load)은 이동력의 분포하중이다. 단위는 이동력의 분포하중인 경우 N/m, kN/m 등이 사용되고 회전력의 분포하중인 경우 N・m/m, kN・m/m 등이 사용된다. 구조부재의 자중은 부재의 길이 방향으로 분포하며 지구의 만유인력에 의한 힘(무게)이므로 연직 방향으로 작용하는 이동력의 분포하중이 되고 교량 상부구조에 차량진행방향으로 설치된 방음벽은 풍하중에 의해 방음벽이 설치된 상부구조 구간에 회전

력의 분포하중을 전달한다. 3.3절에서 기술한 바와 같이 이동력 또는 회전력의 합력을 산정하는 식에서 각 항의 단위는 집중하중의 단위로 통일해야 한다. 마찬가지로 이 장에서 논의하고자 하는 강체의 평형을 결정하기 위해 구성하는 평형방정식에서 각 항의 단위는 통일되어야 하므로 분포하중은 등가집중하중(equivalent concentrated load)으로 치환해야 한다.

4.2.2 지점의 종류

구조물은 3차원에 존재하며 비절점공간역계를 구성하고 있으나 뼈대를 이루는 구조는 평면구조이므로 2차원 비절점평면역계의 해석이 요구된다. 그러므로 이 절에서는 비절점평면역계에 제시되는 지점에 대한 설명으로 국한하지만 개념과 원리는 3차원 공간역계에 사용되는 지점에도 동일하게 적용된다. $x-y$ 평면역계에서 구성되는 2차원 구조물의 자유도는 x축, y축의 이동 및 z축의 회전이므로 이와 같은 자유도를 허용하거나 구속하는 역할에 따라 다음과 같이 세 종류의 지점으로 분류한다. 그림 4.2.2.1에 제시되어 있는 여러 가지 형상의 이동지점(roller support)은 지지면에 수평한 방향의 이동과 지점에서의 회전을 허용할 수 있도록 지지하는 형상의 지점이므로 지지면에 수직한 방향의 이동을 구속하는 한 개의 반력(이동력)만을 제공한다. 마찰력이 없는 매끄러운 면은 회전은 물론 수평방향 이동을 허용하므로 이동지점 역할을 한다. 케이블은 유연성으로 인해 축방향 인장력만을 저항할 수 있는 구조요소로 케이블에 연결된 구조부재의 케이블 인장력 방향 이동을 구속하는 한 개의 반력을 제공하므로 이동지점이 된다. 링크는 회전이 가능한 절점(힌지; hinge)을 사용하여 구조부재와 지점을 연결하는 연결도구로 링크 축방향 인장력 또는 압축력에 해당하는 구조부재의 이동을 구속하는 한 개의 반력을 제공하므로 이동지점이 된다.

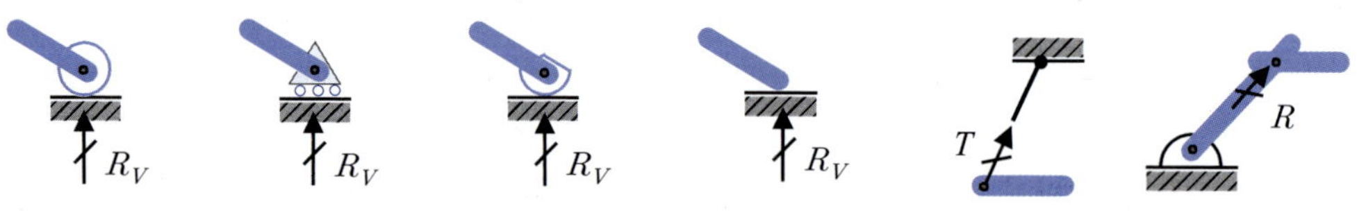

그림 4.2.2.1 이동지점의 형상과 반력

그림 4.2.2.2에 제시한 회전지점(hinge support or pin support)은 구조물이 지점에서 회전할 수 있도록 지지하는 형상의 지점으로 지점에서의 회전은 허용하나 이동은 구속하므로 이동자유도에 해당하는 지지면에 수평/수직한 방향의 반력(이동력)을 제공한다. 마찰력으로 수평방향 이동을 구속하는 지지면은 회전지점 역할을 한다. 고정지점(fixed support)은 그림

4.2.2.3에 제시한 예와 같이 보와 기둥이 일체로 시공된 콘크리트 구조의 연결부 또는 보와 기둥을 용접으로 접합시킨 강구조의 접합부와 같은 지점이다. 고정지점은 역계에서 가능한 구조물의 모든 움직임을 허용하지 않는 지점이므로 지지면에 수평/수직한 방향의 이동 및 지점에서의 회전을 모두 구속하는 3개의 반력(2개의 이동력과 1개의 회전력)을 제공한다.

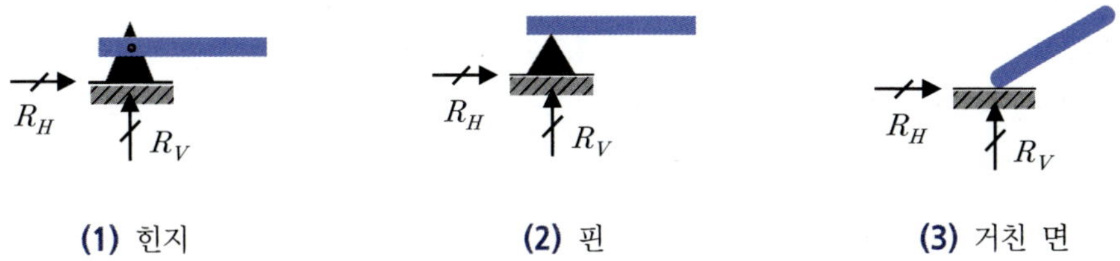

그림 4.2.2.2 회전지점의 형상과 반력

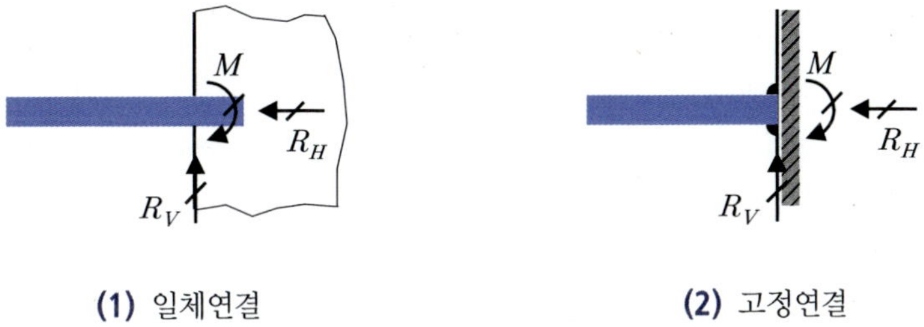

그림 4.2.2.3 고정지점의 형상과 반력

스프링은 일정한 하중 이내에서 탄성복원력을 갖는 구조로 선스프링(linear spring)의 경우 스프링 축방향으로 지점 역할을 할 수 있다. 선스프링은 신축량(신장 또는 수축의 길이변화)에 비례하여 인장력 또는 압축력을 발휘하므로 그림 4.2.2.4와 같이 원 길이가 L인 선스프링의 신장량 x에 요구되는 인장력의 크기는

$$F = kx \tag{4.2.2.1}$$

여기서 k는 스프링상수(spring constant) 또는 강성(stiffness)이라고 하며 단위길이의 신축량에 요구되는 힘이므로 k의 단위는 이동력의 분포하중과 동일한 단위를 사용한다. 예를 들어, 스프링상수가 30 kN/m인 스프링의 길이를 2 m 신장/수축하기 위해 필요한 인장/압축력은 다음과 같이 산정한다.

$$F = 30\,(\mathrm{kN/m}) \times 2\,(\mathrm{m}) = 60\,(\mathrm{kN})$$

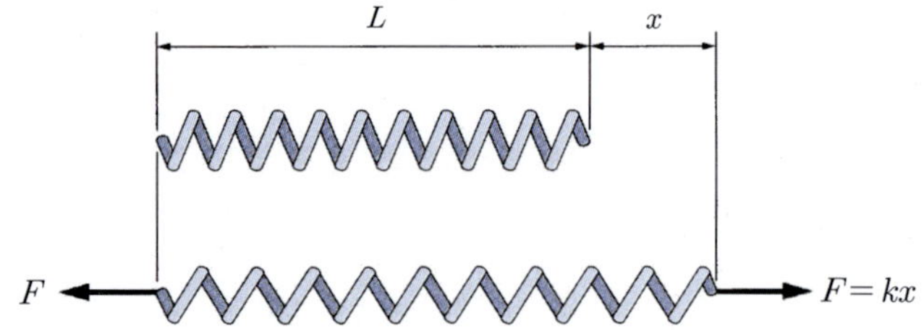

그림 4.2.2.4

4.2.3 자유물체도

외력이 작용하는 구조물의 평형상태 또는 움직임의 발생여부를 결정하기 위해서는 모든 외력을 정확하게 기술하여야 하며 이와 같이 구조물에 작용하는 모든 외력을 표시한 것을 자유물체도라 한다. 외력에는 구조물에 재하되는 작용력(action force)인 하중과 구조물을 지지하는 지점에서의 반작용력(reaction force)인 반력이 있다. 정역학문제로 주어지는 구조물에는 하중과 지점이 포함되며 하중은 문제에 정확하게 기술되어 있는 기지력이므로 지점에 발생하는 반력(미지력)을 구하는 것이 해석의 첫 단계이다. 참고로 외력과 상반되는 개념의 힘을 내력이라 하고 내력은 주어진 외력에 의해 구조부재의 내부에서 전달되는 힘이며 구조물을 설계하기 위해 다음 단계로 요구되는 값이다. 그러므로 구조부재의 내력을 구하기 위해서는 먼저 미지력인 반력을 결정하는 과정이 선행되어야 한다.

해석대상 구조물의 지점을 반력으로 대체하기 위해서는 지점의 종류에 의해 발생하는 반력을 숙지하는 것이 중요하며 지점을 반력으로 대체하여 자유물체도를 작성하면 평형조건을 적용하여 반력을 결정할 수 있다. 그림 4.2.3.1은 비절점평면역계를 구성하는 외팔보의 자유물체도를 작성한 예다.

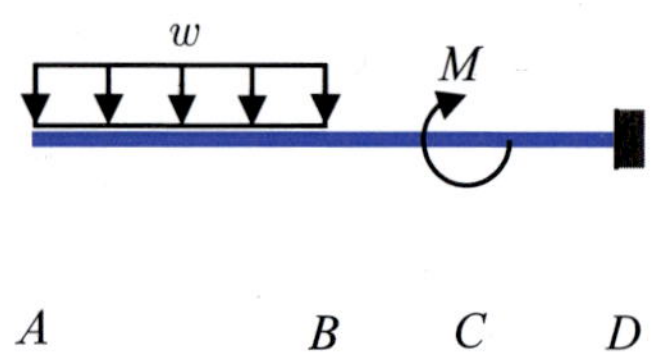

(1) 외팔보

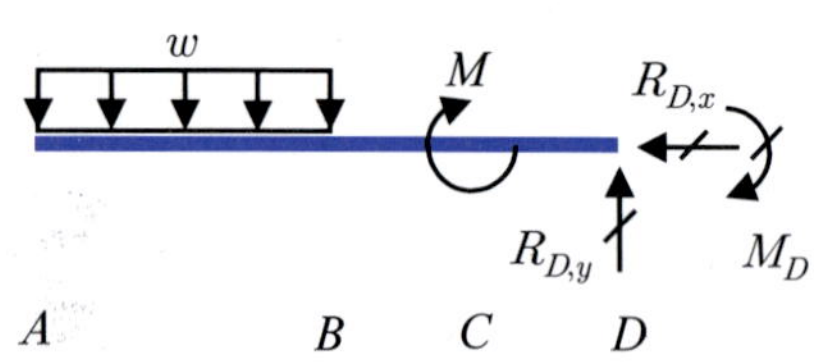

(2) 자유물체도

그림 4.2.3.1 외팔보의 자유물체도

그림 4.2.3.1(1)에 제시한 바와 같이 외팔보는 한 개의 고정지점을 갖는 보이고 고정지점에는 평면역계의 모든 움직임(자유도)을 구속하는 3개의 반력 $R_{D,x}$, $R_{D,y}$, M_D (지지면에 수평/수직한 방향의 반력 및 지점에서의 회전반력)가 발생한다. 그림 4.2.3.1(2)와 같이 지점을 반력으로 대체하면 자유물체도가 작성되고 하중과 반력의 표시방법을 달리 한 것은 구별하기 위한 것이다. 하중은 주어진 값이므로 크기와 방향을 알 수 있는 반면 반력은 지점의 종류에 의해 개수와 작용선은 결정할 수 있으나 크기는 물론이고 방향을 간단한 경우가 아니면 알 수 없다. 그러나 반력의 크기와 방향을 가정하고 해석한 결과 그 값이 양이면 가정한 방향이고 음이면 가정한 방향과 반대라는 것이므로 가정한 방향이 다르더라도 해석결과는 동일해야 한다.

예제 4.2.3.1

경사하중과 등분포하중이 작용하는 내민보가 이동지점과 회전지점에 의해 지지되어 있다. 보 AB의 자유물체도를 작성하시오.

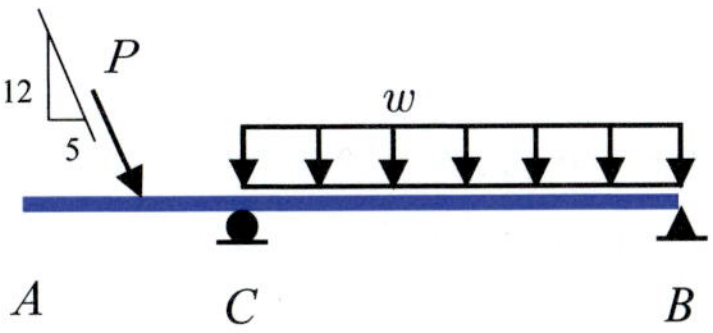

그림 예4.2.3.1(1)

해설 이동지점 C에는 지지면에 수직반력, 회전지점 B에는 지지면에 수평/수직 반력이 발생하므로 보 AB의 자유물체도는 그림 예4.2.3.1(2)와 같이 2개의 하중(P, w)과 3개의 미지반력($R_{B,x}$, $R_{B,y}$, R_C)을 포함한다. 일반적으로 보에 작용하는 하중은 연직 하향이므로 수직반력은 상향으로 가정한 것이고 회전지점의 수평반력은 경사하중의 수평분력 방향과 반대로 가정한 것이다. P가 양의 값인 경우 수평반력의 방향은 분명하므로 수평반력의 크기는 양으로 산정되어야 한다는 것을 알 수 있다.

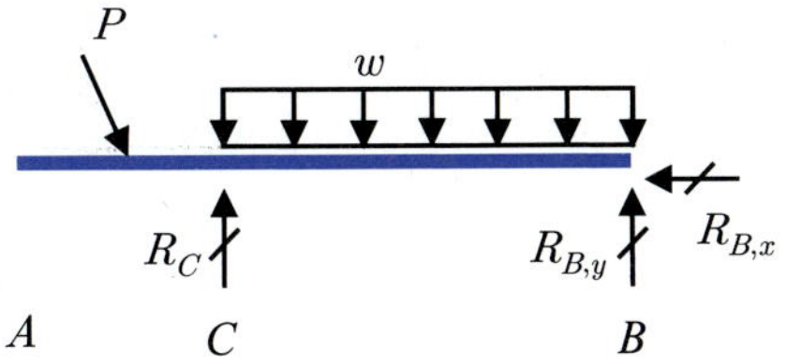

그림 예4.2.3.1(2)

예제 4.2.3.2

수평하중이 작용하는 레버 AC가 링크 BD와 회전지점 A에 의해 지지되어 있다. 레버의 자유물체도를 작성하시오.

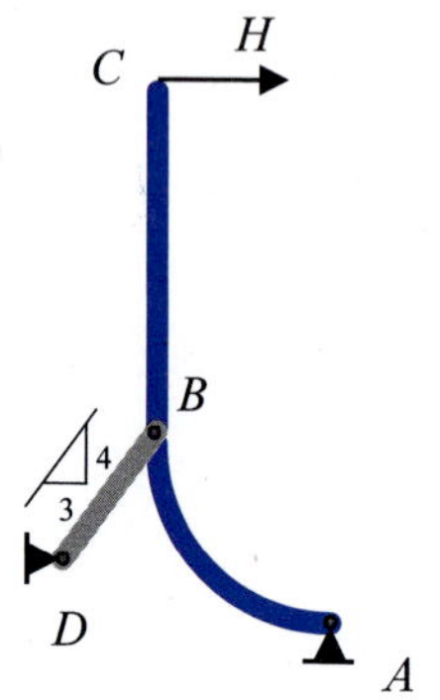

그림 예4.2.3.2(1)

해설 회전지점 A에는 지지면에 수평/수직 반력이 발생하고 링크 BD에는 링크축 방향으로 1개의 반력이 발생하므로 레버의 자유물체도는 그림 예4.2.3.2(2)와 같이 1개의 하중(H)과 3개의 미지반력($R_{A,x}$, $R_{A,y}$, R_B)을 포함한다. 반력의 개수와 작용선은 알 수 있으나 방향은 가정한 것이므로 실제 방향은 해석결과에 의해 결정된다.

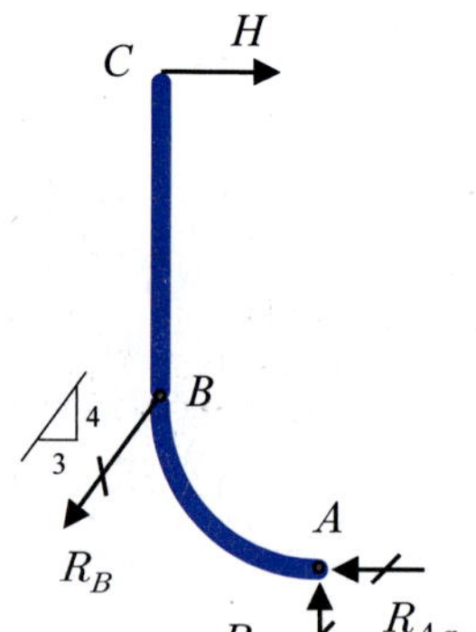

그림 예4.2.3.2(2)

예제 4.2.3.3

표지판(무게 W)이 회전지점 A와 케이블 BD, EC에 의해 지지되어 있다. 표지판의 자유물체도를 작성하시오.

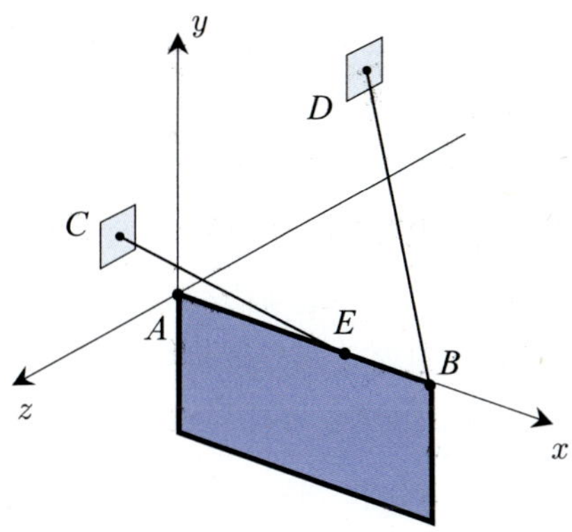

그림 예4.2.3.3(1)

해설 표지판에 작용하는 힘은 비절점공간역계를 구성하고 있다. 회전지점 A는 공간상의 이동을 구속하므로 이동 자유도에 해당하는 3개의 미지반력이 발생하고 케이블 BD, EC에 의해 B점과 E점에 인장력이 반력으로 작용하며 표지판의 무게는 중심에 작용하는 등가집중하중으로 표시할 수 있다. 그러므로 표지판의 자유물체도는 그림 예4.2.3.3(2)와 같이 1개의 하중(W)과 3개의 지점반력($R_{A,x}$, $R_{A,y}$, $R_{A,z}$) 및 2개 케이블의 인장력(T_{BD}, T_{EC})을 포함한다. 이 경우 하중 W와 케이블에 발생하는 인장력 T_{BD}, T_{EC}의 방향은 정해져 있고 2개 케이블 인장력의 방향에 의해 $R_{A,x}$의 방향은 알 수 있다.

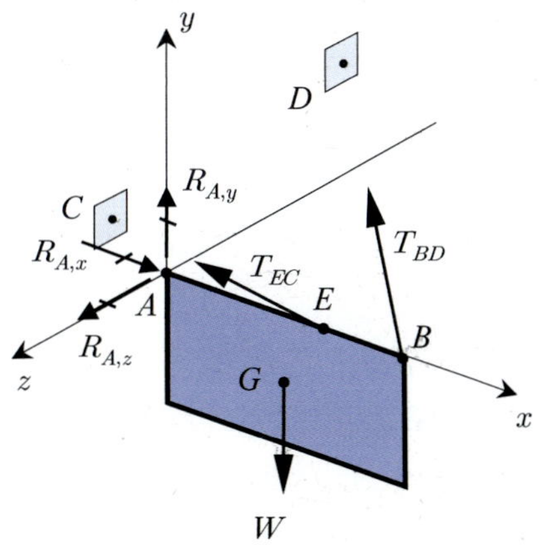

그림 예4.2.3.3(2)

4.2.4 평형방정식

실제 구조물은 변형체이나 정역학에서 구조물은 변형이 발생하지 않는 강체로 간주한다. 정역학에서 구하고자 하는 것은 평형상태(equilibrium state)를 구성하는 힘이고 이러한 힘을 결정하는 과정에서 구조물에 발생하는 미소한 변형에 의한 영향을 무시할 수 있는 이유는 다음과 같이 이해할 수 있다. 그림 4.2.4.1(1)과 같이 수평으로 설치된 외팔보가 작용하중 하에서 수평을 유지한다고 가정하면 수평하중 P의 작용선은 A점을 통과하므로 고정지점에 모멘트를 발생시키지 않는다. 그러나 실제로는 분포하중 w에 의해 그림 4.2.4.1(2)와 같이 B점에 처짐(δ)이 발생하고 처짐과 수평하중 P에 의해 A 지점에 모멘트 $P\delta$가 추가로 발생한다. 일반적으로 이러한 추가모멘트가 분포하중 w에 의한 모멘트에 비해 무시할 수 있도록 처짐을 제한하여 설계하므로 A 지점의 모멘트반력 산정에 고려하지 않는다. 평형문제에서 강체로 간주한다는 것은 바로 이와 같이 미소한 변형에 의해 발생하는 힘을 무시할 수 있다는 것이다.

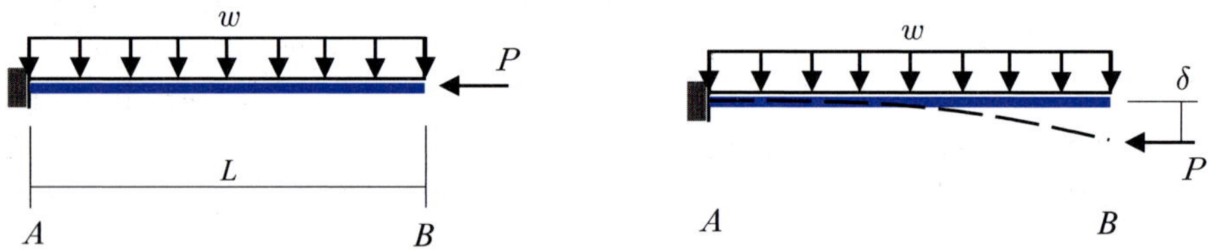

(1) 외팔보 (2) 변형형상

그림 4.2.4.1

외력이 작용하는 구조물에 움직임(이동 또는 회전)이 발생하지 않는 상태를 평형상태라고 하며 이를 입증하기 위한 조건을 평형조건이라 한다. 주어진 역계에서 구조물의 움직임은 역계의 자유도에 의해 검토되어야 하므로 이를 위해서는 외력을 자유도에 해당하는 힘으로 분해하고 다시 자유도별로 합하는 정리과정이 먼저 요구된다는 것은 3.3절에서 기술한 바와 같다. 또한 이러한 정리과정에서 이동효과는 등가가 유지되지만 이동력의 작용선 위치에 대한 정보가 상실되므로 주어진 역계를 치환하고자 하는 경우 회전효과의 등가를 확인하는 별도의 과정이 요구된다는 것을 제시하였다. 그러나 주어진 역계의 평형상태 여부를 결정하기 위해서는 역계를 치환할 필요가 없으므로 이동에 대한 평형상태는 이동자유도별 합력이 0이라는 것을 식으로 구성하여 확인하고 회전에 대한 평형상태는 역계의 모든 점에서 회전자유도별 합력이 0이라는 것을 식으로 구성하여 확인할 수 있다. 이와 같이 평형상태 여부를 결정하는 과정은 합력과 작용점을 구하여 역계를 치환하는 과정보다 간단하며 이동효과와 회전효과가 0이 되는 것이 평형조건이고 이를 식으로 제시한 것을 평형방정식(equilibrium equation)이라 한다.

비절점평면역계를 구성하는 모든 힘을 x축, y축의 이동, xy평면에 수직인 z축의 회전 3개의 자유도에 해당하는 직각분력으로 분해하고 다시 각 자유도 별로 합하면

$$R_x = \sum_i F_{x,i} \quad ; \quad R_y = \sum_i F_{y,i} \quad ; \quad M_z = \sum_i M_{z,i}$$

이로부터 x축, y축의 이동에 대한 2개의 평형방정식은

$$R_x = \sum_i F_{x,i} = 0 \quad ; \quad R_y = \sum_i F_{y,i} = 0 \tag{4.2.4.1}$$

회전에 대한 평형조건은 역계에 의한 z축 방향 회전력의 합이 0이 되어야 한다는 것으로 임의의 O점에서 회전력의 합 $\sum^{O} M_z (= \mathbf{M}^O)$는 0이 되어야 한다. $\mathbf{F}_1$, $\mathbf{F}_2$, $\mathbf{F}_3$ ⋯ 및 $\mathbf{M}_1$, $\mathbf{M}_2$, $\mathbf{M}_3$ ⋯ 로 구성되는 비절점평면역계에서 임의의 O점에 발생하는 회전력은 식 (3.3.3.3)의 $\mathbf{M}^O = \sum_i \mathbf{M}_i + \sum_j^{O} (\mathbf{r}_{j/O} \times \mathbf{F}_j)$이므로 모멘트 평형방정식은

$$\mathbf{M}^O = \sum_i \mathbf{M}_i + \sum_j^{O} (\mathbf{r}_{j/O} \times \mathbf{F}_j) = 0 \tag{4.2.4.2}$$

여기서 $\sum_i \mathbf{M}_i$는 모멘트하중(직각분력)의 합 $(\sum_i M_{z,i})\mathbf{k}$이고 $\sum_j^{O} (\mathbf{r}_{j/O} \times \mathbf{F}_j)$는 이동력에 의해 O점에 발생하는 모멘트의 합으로 $\mathbf{r}_{j/O}$와 $\mathbf{F}_j$를 직각성분과 직각분력으로 표기하면 다음과 같다.

$$\mathbf{r}_{j/O} = x_{j/O}\,\mathbf{i} + y_{j/O}\,\mathbf{j} \quad ; \quad \mathbf{F}_j = F_{x,j}\mathbf{i} + F_{y,j}\mathbf{j}$$

비절점공간역계의 경우는 6개의 자유도(각 좌표축의 이동과 회전)로 분류한 힘을 다시 각 자유도 별로 합하면

$$R_x = \sum_i F_{x,i} \quad ; \quad R_y = \sum_i F_{y,i} \quad ; \quad R_z = \sum_i F_{z,i}$$
$$M_x = \sum_i M_{x,i} \quad ; \quad M_y = \sum_i M_{y,i} \quad ; \quad M_z = \sum_i M_{z,i}$$

이로부터 x축, y축, z축의 이동에 대한 3개의 평형방정식은

$$R_x = \sum_i F_{x,i} = 0 \quad ; \quad R_y = \sum_i F_{y,i} = 0 \quad ; \quad R_z = \sum_i F_{z,i} = 0$$

(4.2.4.3)

회전에 대한 평형조건은 역계에 의한 x축, y축, z축 방향 회전력의 합이 0이 되어야 한다

는 것으로 임의의 O점에서 회전력의 합 $\sum^{O} M_x (= \mathbf{M}_x^O)$, $\sum^{O} M_y (= \mathbf{M}_y^O)$, $\sum^{O} M_z (= \mathbf{M}_z^O)$는 모두 0이 되어야 한다. $\mathbf{F}_1$, $\mathbf{F}_2$, $\mathbf{F}_3$ $\cdots$ 및 $\mathbf{M}_1$, $\mathbf{M}_2$ $\mathbf{M}_3$ $\cdots$ 로 구성되는 비절점공간역계에서 임의의 O점을 선택하고 모멘트 평형방정식을 구성하면 식 (4.2.4.2)와 동일하나 비절점공간역계이므로 $\sum_i \mathbf{M}_i$는 다음 식과 같고

$$\sum_i \mathbf{M}_i = (\sum_i M_{x,i})\mathbf{i} + (\sum_i M_{y,i})\mathbf{j} + (\sum_i M_{z,i})\mathbf{k}$$

$\sum_j^{O} (\mathbf{r}_{j/O} \times \mathbf{F}_j)$에서 $\mathbf{r}_{j/O}$와 $\mathbf{F}_j$의 직각성분과 직각분력은 다음과 같다.

$$\mathbf{r}_{j/O} = x_{j/O}\mathbf{i} + y_{j/O}\mathbf{j} + z_{j/O}\mathbf{k} \quad ; \quad \mathbf{F}_j = F_{x,j}\mathbf{i} + F_{y,j}\mathbf{j} + F_{z,j}\mathbf{k}$$

역계가 이동력만으로 구성되더라도 비절점역계에는 직각분력의 합이 0이 되면서 작용선이 일치하지 않고 짝힘을 구성하는 경우가 발생하므로 회전력에 대한 평형 또한 검토해야 한다. 그러나 모든 이동력의 작용선이 한 점에서 만나는 절점역계는 작용선이 일치하므로 직각분력의 합이 0이면 짝힘이 발생할 수 없고 회전력은 역계에 발생하지 않는다. 그러므로 회전력이 발생하지 않는 절점평면역계의 평형방정식은 식 (4.2.4.1)의 2개이고 절점공간역계의 평형방정식은 식 (4.2.4.3)의 3개이다. 평형방정식에서 힘의 부호는 자유물체도에 표시한 힘의 방향을 기준으로 한다. 평형방정식의 구성에 자유물체도에서 가정한 힘의 방향이 반영되어 있으므로 미지력의 계산결과가 음의 값인 경우 자유물체도에 표시한 힘의 방향을 변경하면 평형방정식과 자유물체도가 일치하지 않는다는 것을 유의해야 한다.

4.3 역계의 평형

4.3.1 절점평면역계의 평형

2개의 이동력만이 부재의 2개 절점에 작용하여 절점평면역계를 구성하는 부재를 이력부재(two-force member)라고 한다. 그림 4.3.1.1과 같은 이력부재는 이동력이 작용하는 한 절점에 모멘트 평형방정식을 적용하면 평형상태를 확인할 수 있다. 경우 (1)은 A 절점에서 반시계방향의 회전이 발생하고 B 절점에서 시계방향의 회전이 발생한다. 경우 (2)는 A 절점에서 회전이 발생하지 않지만 B 절점에서 시계방향의 회전이 발생한다. 경우 (3)은 A 절점 또는 B 절점에서 모두 회전이 발생하지 않는 상태로 이동력이 작용하고 있다. 그러므로 평형조건을 만족하는 이력부재에 작용하는 2개 이동력은 이동효과가 상쇄되도록 크기가 같고

방향은 반대이며 회전효과가 상쇄되도록 작용선이 일치해야 한다. 이로부터 이력부재가 평형이면 2개 이동력의 작용선이 2개 절점을 연결하는 직선과 일치한다는 것과 이와 같은 조건은 이력부재의 형상과는 무관하다는 것을 알 수 있다.

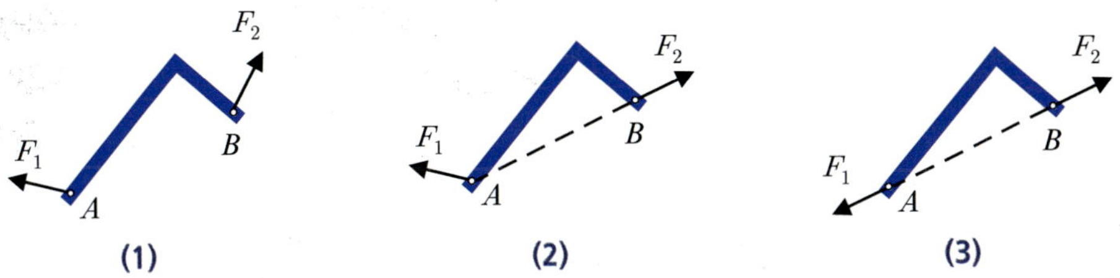

그림 4.3.1.1 이력부재

그림 4.3.1.2(1)과 같이 3개의 이동력이 작용하는 강체가 평형상태이면 3개의 이동력 F_A, F_B, F_C는 절점평면역계를 구성해야 한다. 임의의 두 힘 F_B와 F_C의 작용선은 한 평면을 구성하며 두 힘의 합력 F_{B+C} 또한 동일 평면에 존재하므로 F_A는 동일평면에서 F_{B+C}를 상쇄하여야 평형상태가 될 수 있다. 예외는 그림 4.3.1.2(2)와 같이 3개의 평행한 이동력이 평면역계를 구성하여 평형상태인 경우다.

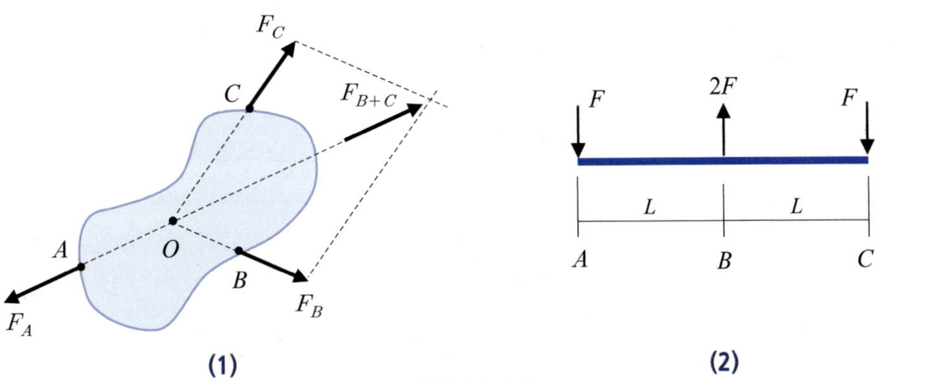

그림 4.3.1.2

그림 4.3.1.3(1)과 같은 구조물의 자유물체도는 그림 4.3.1.3(2)와 같이 작용력 F와 이동지점의 반력 R_B 및 회전지점의 수평/수직 반력 $R_{A,x}$, $R_{A,y}$를 포함한다. F와 R_B는 방향이 정해져 있으므로 회전지점에서 발생하는 수평/수직 반력의 합력 R_A의 작용선은 F와 R_B 작용선의 교차점 O를 통과해야 한다. 평형상태에 있는 절점평면역계인 경우 합력은 0이므로 도해법인 다각형법을 적용하면 3개의 이동력은 삼각형을 구성해야 한다.

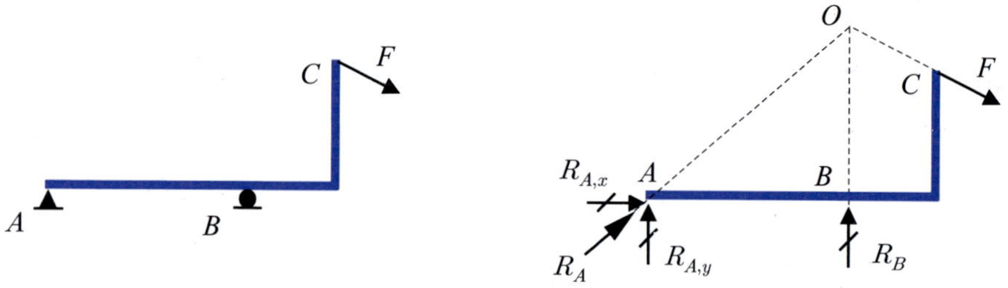

(1) 구조물 **(2)** 자유물체도

그림 4.3.1.3

회전력이 발생하지 않는 절점평면역계의 평형방정식은 $\sum F_x = 0$, $\sum F_y = 0$의 2개이므로 문제로 주어진 구조물에서 미지력 2개를 포함하는 자유물체도가 작성되는 경우에만 해를 구할 수 있다. 이러한 경우의 구조물을 정역학적 평형방정식으로 미지력(반력)을 결정할 수 있는 구조물이라는 의미로 정정구조물(statically determinate structure)이라 한다.

예제 4.3.1.1

부재 AC와 BC가 힌지로 연결된 절점 C에 660 N의 수평력이 작용하고 있다. AC와 BC의 부재력을 구하시오.

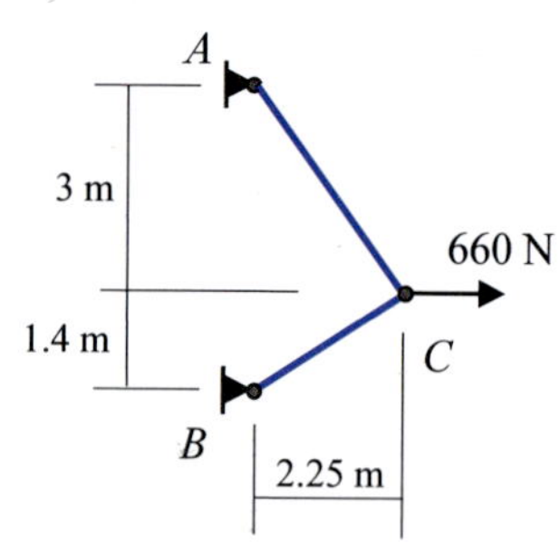

그림 예4.3.1.1(1)

해설 그림 예4.3.1.1(1)의 지점 A와 B는 회전지점이므로 각각 수평/수직 반력 2개를 표시하여 그림 예4.3.1.1(2)와 같이 자유물체도를 작성하면 4개의 미지력을 포함하는 비절점평면역계가 되고 적용할 수 있는 평형방정식은 3개이므로 식보다 미지수가 많아 해를 구할 수 없다.

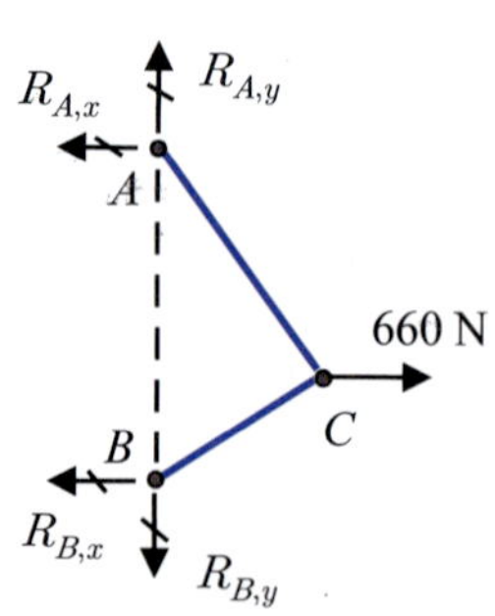

그림 예4.3.1.1(2)

3개의 평형방정식 $\sum F_x = 0$, $\sum F_y = 0$, $\sum M_z = 0$ 중 미지수를 하나만 포함하는 식은 모멘트 평형방정식으로 B점을 선택하면

$$\sum^{B} M = 0 = R_{A,x} \times 4.4 - 660 \times 1.4 \quad ; \quad R_{A,x} = 210\,\mathrm{N}$$

수평/수직력에 대한 평형방정식을 적용하면

$$\sum F_x = 0 = R_{A,x} + R_{B,x} - 660 \quad ; \quad R_{B,x} = 450\,\mathrm{N}$$
$$\sum F_y = 0 = R_{A,y} - R_{B,y}$$

이와 같이 수평반력은 구할 수 있으나 수직반력 $R_{A,y}$와 $R_{B,y}$는 결정할 수 없다. $R_{A,y}$와 $R_{B,y}$는 크기가 같고 반대방향이며 동일한 작용선을 갖고 있으므로 역계의 어떠한 점을 선택하여 모멘트 평형방정식을 구성해도 $R_{A,y}$와 $R_{B,y}$를 포함하는 식을 구성할 수 없기 때문이다. 그러나 절점 C가 힌지이므로 부재 AC와 BC가 이력부재라는 것을 이용하여 그림 예4.3.1.1(3)과 같이 자유물체도를 작성하면 미지수가 2개가 되는 절점평면역계를 구성하므로 해를 구할 수 있다. 회전지점 A에 발생하는 두 반력 $R_{A,x}$와 $R_{A,y}$의 합력 R_A는 부재 AC의 축방향이 되며 R_B 또한 부재 BC의 축방향이 되고 평형방정식을 적용하기 위해 R_A, R_B를 직각분력으로 분해하면

$$R_{A,x} = \frac{2.25}{3.75} R_A \quad , \quad R_{A,y} = \frac{3}{3.75} R_A \quad ; \quad R_{B,x} = \frac{2.25}{2.65} R_B \quad , \quad R_{B,y} = \frac{1.4}{2.65} R_B$$

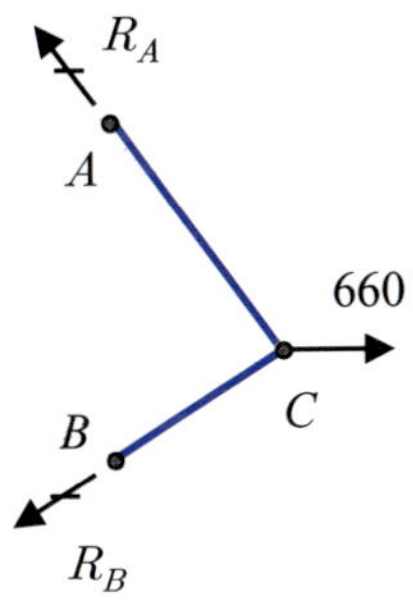

그림 예4.3.1.1(3)

수평/수직력에 대한 평형방정식으로부터

$$\sum F_x = 0 = R_{A,x} + R_{B,x} = \frac{2.25}{3.75} R_A + \frac{2.25}{2.65} R_B - 660$$
$$\sum F_y = 0 = R_{A,y} - R_{B,y} = \frac{3}{3.75} R_A - \frac{1.4}{2.65} R_B \quad \Rightarrow \quad R_B = \frac{2.65}{1.4} \times \frac{3}{3.75} R_A$$

반력 R_A, R_B는

$$\sum F_x = 0 = \frac{2.25}{3.75} R_A + \frac{2.25}{2.65} \left\{ \frac{2.65}{1.4} \times \frac{3}{3.75} R_A \right\} - 660 \quad ; \quad R_A = 350\,\mathrm{N}\ ,\ R_B = 530\,\mathrm{N}$$

계산결과는 R_A, R_B의 수직성분이 상쇄되는 가를 확인하여 검토할 수 있다.

$$R_{A,y} = \frac{3}{3.75} R_A = \frac{3}{3.75} \times 350 = 280\,(\mathrm{N}) \quad ; \quad R_{B,y} = \frac{1.4}{2.65} R_B = \frac{1.4}{2.65} \times 530 = 280\,(\mathrm{N})$$

예제 4.3.1.2

그림 예4.3.1.2(1)과 같이 물체 W (30 kN)를 지지하고 있는 케이블 BC와 강봉 AB의 부재력을 구하시오.

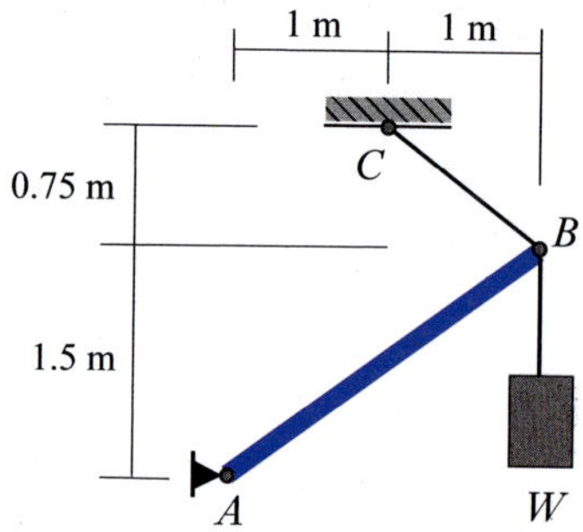

그림 예4.3.1.2(1)

해설 케이블 BC는 축방향 인장력을 반력으로 제공하는 케이블지지이고 강봉은 A점과 B점에만 하중이 작용하는 이력부재이며 압축력을 받는 상태이다. 그러므로 물체의 무게 W와 케이블의 인장력 T_{BC} 및 강봉의 압축력 F_{BA}는 B점에서 그림 예4.3.1.2(2)와 같이 절점평면역계를 구성하며 케이블의 인장력은 절점 B를 잡아당기는 방향이고 강봉의 압축력은 절점 B를 밀어내는 방향으로 작용한다. 평형방정식을 적용하기 위해 T_{BC}와 F_{BA}를 직각분력으로 분해하면

$$T_{BC,x} = \frac{4}{5}T_{BC} \quad , \quad T_{BC,y} = \frac{3}{5}T_{BC} \quad ; \quad F_{BA,x} = \frac{4}{5}F_{BA} \quad , \quad F_{BA,y} = \frac{3}{5}F_{BA}$$

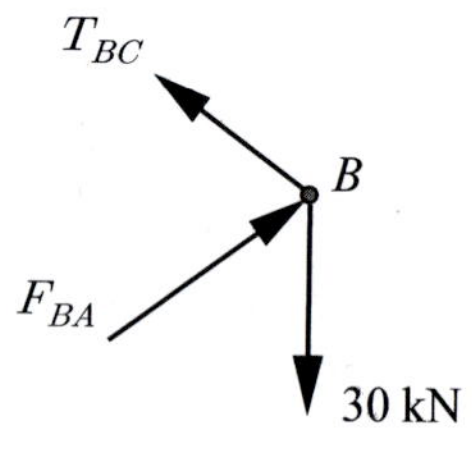

그림 예4.3.1.2(2)

수평/수직력에 대한 평형방정식은

$$\sum F_x = 0 = T_{BC,x} - F_{BA,x} = 0.8\,T_{BC} - 0.8F_{BA}$$
$$\sum F_y = 0 = T_{BC,y} + F_{BA,y} - 30 = 0.6\,T_{BC} + 0.6F_{BA} - 30$$

이로부터 $T_{BC} = F_{BA} = 25\,\text{kN}$이 산정되므로 케이블과 강봉에는 각각 25 kN의 인장력과 압축력이 작용한다는 것을 알 수 있다. 인장력에 의해 부재길이는 증가하고 압축력에 의해 부재길이는 감소하므로 이러한 부재길이의 변화에 의한 부호규약을 사용하면 케이블과 강봉에 작용하는 부재력은 각각 25 kN과 −25 kN이다. 계산결과는 T_{BC}, F_{BA}의 수평성분이 상쇄되는 가를 확인하여 검토할 수 있다.

$$T_{BC,x} = \frac{4}{5}T_{BC} = \frac{4}{5} \times 25 = 20\,(\text{kN}) \quad ; \quad F_{BA,x} = \frac{4}{5}F_{BA} = \frac{4}{5} \times 25 = 20\,(\text{kN})$$

예제 4.3.1.3

케이블 AC와 BC가 600N의 물체를 지지하고 있다. 케이블 AC의 인장력이 최소가 되는 $\angle A$와 케이블 AC, BC의 인장력을 구하시오.

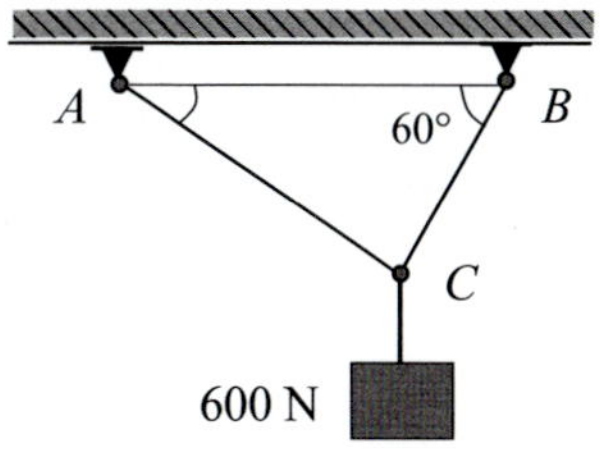

그림 예4.3.1.3(1)

해설 물체의 무게 600N과 케이블의 인장력 T_{CA}, T_{CB}가 C점에서 그림 예4.3.1.3(2)와 같이 절점평면역계를 구성하고 있다. $\angle A$를 α라 하면 수평/수직력에 대한 평형방정식은

$$\sum F_x = 0 = T_{CA}\cos\alpha - T_{CB}\cos 60^\circ \;\;;\;\; \sum F_y = 0 = T_{CA}\sin\alpha + T_{CB}\sin 60^\circ - 600$$

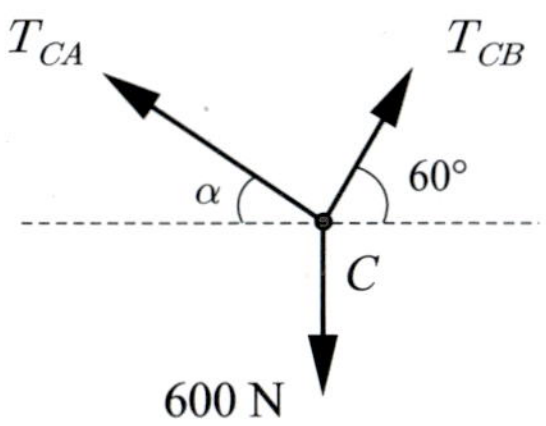

그림 예4.3.1.3(2)

T_{CB}를 소거하고 정리하면

$$T_{CA}\left(\sin\alpha + \frac{\cos\alpha}{\cos 60^\circ}\sin 60^\circ\right) = 600$$

T_{CA}가 최소가 되기 위해서는 괄호 안의 값이 최대가 되는 α를 구해야 한다. 즉, 괄호 안에 주어진 식을 미분하여 0이 되는 α는

$$\cos\alpha - \frac{\sin\alpha}{\cos 60^\circ}\sin 60^\circ = 0 \quad \Rightarrow \quad 1 - \tan\alpha\tan 60^\circ = 0 \;\;;\;\; \alpha = 30^\circ$$

이로부터 T_{CA}, T_{CB}는 각각 300 N, 520 N이 산정된다. 다른 풀이방법으로 2.2절에 소개한 도해법을 사용하면 케이블의 인장력 T_{CA}, T_{CB} 및 연직방향 물체의 힘 600 N은 그림 예4.3.1.3(3)과 같이 직각삼각형을 구성해야 한다. 600 N과 T_{CB}의 방향은 정해져 있으므로 T_{CA}가 최소가 되는 방향은 T_{CA}와 T_{CB}의 작용선이 직각이 되는 $\alpha = 30^\circ$의 경우다. T_{CA}와 T_{CB}는 사인법칙을 적용하면

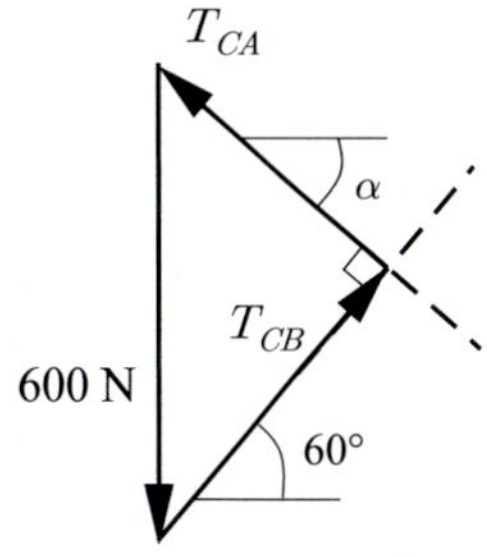

그림 예4.3.1.3(3)

$$\frac{T_{CB}}{\sin 60^\circ} = \frac{600}{\sin 90^\circ} \;\;;\;\; T_{CB} = 520\text{N}$$

$$\frac{T_{CA}}{\sin 30^\circ} = \frac{600}{\sin 90^\circ} \;\;;\;\; T_{CA} = 300\text{N}$$

예제 4.3.1.4

무게 2 kN의 실린더가 마찰력이 발생하지 않는 수직 벽면 A와 경사 벽면 B에 의해 지지되어 있다. 벽면에 발생하는 반력을 구하시오.

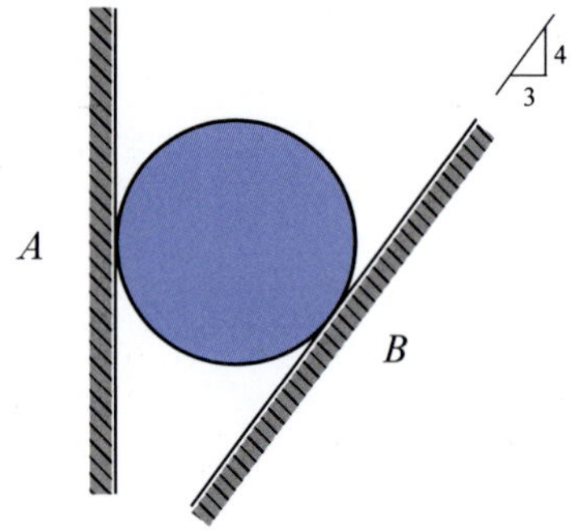

그림 예4.3.1.4(1)

해설 마찰력이 발생하지 않는 벽면은 이동지점의 역할을 하므로 실린더의 자유물체도는 그림 예 4.3.1.4(2)와 같다. 수직/수평력에 대한 평형방정식으로부터

$$\sum F_y = 0 = 2 - R_B \times \frac{3}{5} \quad ; \quad R_B = 3.33\,\text{kN}$$

$$\sum F_x = 0 = R_A - R_B \times \frac{4}{5} \quad ; \quad R_A = 2.67\,\text{kN}$$

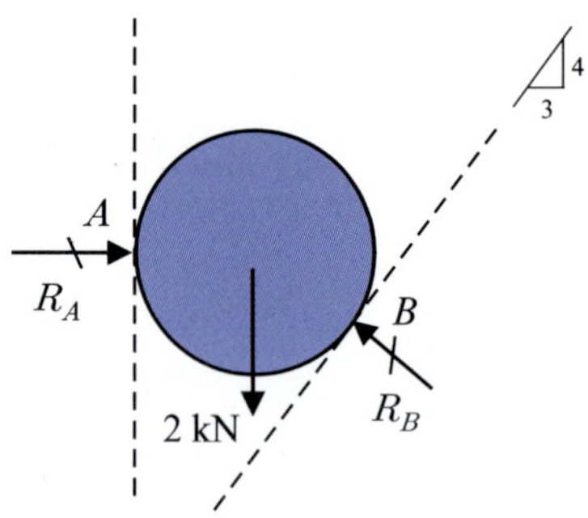

그림 예4.3.1.4(2)

4.3.2 비절점평면역계의 평형

비절점평면역계의 평형방정식은 x축, y축 이동에 대한 평형방정식과 z축 회전에 대한 평형방정식 3개이다.

$$R_x = \sum_i F_{x,i} = 0 \quad ; \quad R_y = \sum_i F_{y,i} = 0 \tag{4.2.4.1}$$

$$\mathbf{M}^O = \sum_i \mathbf{M}_i + \sum_j^O (\mathbf{r}_{j/O} \times \mathbf{F}_j) = 0 \tag{4.2.4.2}$$

3개의 평형방정식은 비절점평면역계의 각 자유도에 상응하는 식이므로 서로 독립적이다. 경우에 따라 수평/수직 평형방정식을 모멘트 평형방정식으로 대체하는 것이 문제를 해결하기에 용이할 수가 있으나 역계의 모든 점에서 구성할 수 있는 모멘트 평형방정식은 서로 다른 두 점에서 구성한 두 식이 동일한 식이 되는 경우가 있다. 그러므로 서로 독립적인 수평/수직/모멘트 평형방정식으로 문제를 해결하는 것이 원칙이며 평형방정식의 적용순서는 미지수를 하나만 포함하는 식을 먼저 구성하여 해를 구해 나가는 것이 순서가 된다. 비절점평면역계의 구조물에는 3개의 평형방정식을 적용할 수 있으므로 해석대상 구조물의 자유물체도가 3개의 미지반력을 포함하는 경우 정정구조물이다.

예제 4.3.2.1

부재 AB와 CD로 구성된 뼈대구조물의 반력을 구하시오.

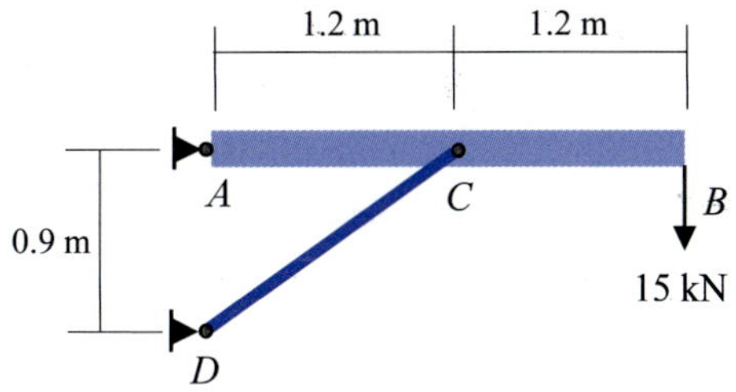

그림 예4.3.2.1(1)

해설 지점 A와 D는 동일한 회전지점이지만 부재 CD는 양단이 힌지로 되어 있는 이력부재이므로 지점 D의 반력을 부재 축방향의 반력 R_D로 표시하면 자유물체도는 그림 예4.3.2.1(2)와 같고 3개의 반력이 포함되어 있으므로 3개의 평형방정식으로 반력을 결정할 수 있는 정정구조물이다. 수평/수직력에 대한 평형방정식에는 R_D의 직각분력으로 인해 2개의 미지력이 포함되므로 회전력에 대한 평형방정식을 우선 적용한다. D점에 모멘트 평형방정식을 적용하면 R_D, $R_{A,y}$는 모멘트의 팔이 0이므로

$$\sum^{D} M = 0 = R_{A,x} \times 0.9 + 15 \times 2.4 \quad ; \quad R_{A,x} = -40\,\text{kN}$$

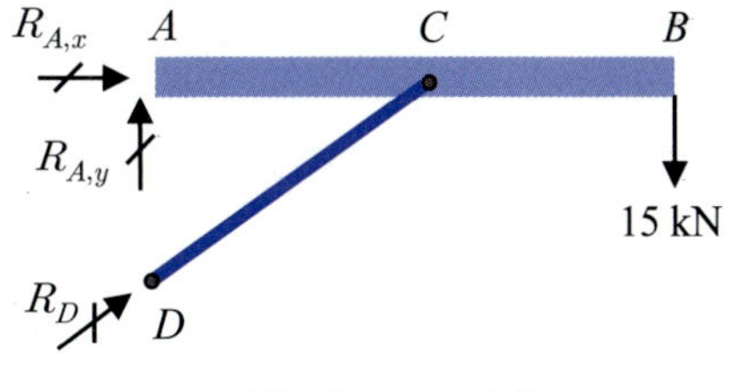

그림 예4.3.2.1(2)

수평/수직력에 대한 평형방정식으로부터 R_D, $R_{A,y}$는

$$\sum F_x = 0 = R_{A,x} + R_D \times \frac{4}{5} \quad ; \quad R_D = 50\,\mathrm{kN}$$
$$\sum F_y = 0 = R_{A,y} + R_D \times \frac{3}{5} - 15 \quad ; \quad R_{A,y} = -15\,\mathrm{kN}$$

평형방정식에서 힘의 부호는 자유물체도에 표시된 힘의 방향에 의해 구분되고 계산결과가 음이면 미지력의 방향을 반대로 가정했다는 의미가 된다. 위 계산결과에서 $R_{A,x}$와 $R_{A,y}$는 가정한 방향과 반대로 각각 왼쪽, 아래쪽으로 40 kN, 15 kN의 반력이 발생한다는 것이다. 그러나 $R_{A,x}$와 $R_{A,y}$가 음의 값이라고 해서 자유물체도에서 가정한 힘의 방향을 변경하여 수정하면 위에서 사용한 평형방정식 또한 수정해야 한다는 것을 주의해야 한다. 해석결과는 그림 예4.3.2.1(3)과 같이 지점 A의 수평/수직 반력을 합력 R_A로 표시하면 3개의 이동력이 작용하는 평면역계가 되고 이 역계가 평형상태이면 3개 이동력의 작용선은 한 점에서 교차하는 절점평면역계를 구성한다는 것을 확인하여 검토할 수 있다.

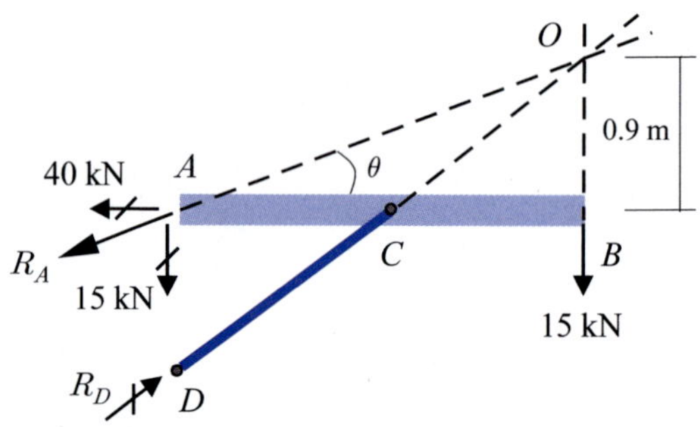

그림 예4.3.2.1(3)

R_D와 하중 15 kN의 작용선이 교차하는 점 O의 위치는 합동인 삼각형 OCB와 ADC로부터 B점에서 연직 상향 0.9 m임을 알 수 있고 R_A와 부재 AB가 이루는 각 θ를 사용하면 OB의 길이는 $\overline{AB}\tan\theta \left(= 2.4 \times \frac{15}{40} = 0.9\,\mathrm{m}\right)$이므로 R_A의 작용선 또한 O점에서 교차한다는 것을 확인할 수 있다.

예제 4.3.2.2

모멘트하중과 분포하중이 작용하고 있는 뼈대구조물의 지점반력을 구하시오.

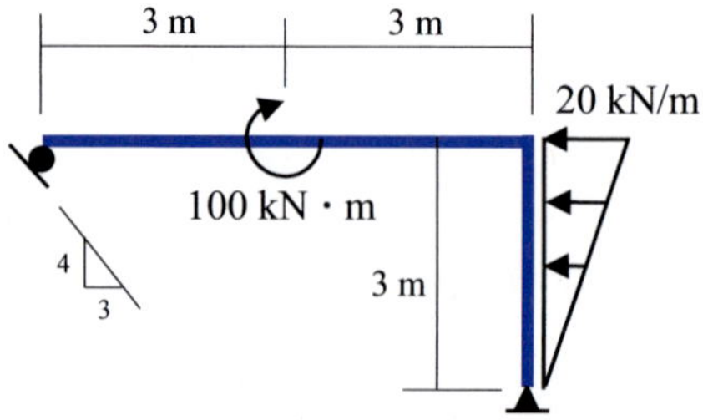

그림 예4.3.2.2(1)

해설 이동지점과 회전지점을 반력으로 대체한 자유물체도는 그림 예4.3.2.2(2)와 같다. A점은 이동지점이므로 지지면에 수직반력 R_A가 발생하고 B점은 회전지점이므로 지지면에 수평/수직반력 $R_{B,x}$, $R_{B,y}$가 발생한다. 자유물체도만을 작성하는 경우 삼각형분포하중을 등가집중하중으로 치환하는 것은 불필요하지만 평형방정식은 집중하중만을 포함하므로 등가집중하중으로 치환한 것이다. 등가집중하중의 크기는 삼각형의 면적 30 kN이고 도심위치에 수평으로 작용한다.

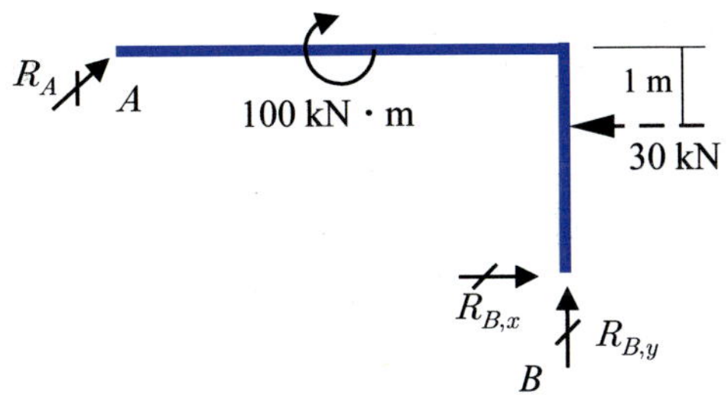

그림 예4.3.2.2(2)

B점에 모멘트 평형방정식을 적용하면 $R_{B,x}$, $R_{B,y}$의 작용선이 B점을 통과하여 모멘트가 0이므로 식에 포함되지 않고 R_A만 포함된다. R_A는 직각분력으로 변경하고 부재의 치수에서 모멘트의 팔을 구하면 모멘트 평형방정식은

$$\sum^{B} M = 0 = 30\times 2 - 100 - R_A \times \frac{3}{5}\times 6 - R_A \times \frac{4}{5}\times 3 \quad ; \quad R_A = -6.67\,\text{kN}$$

수평/수직력에 대한 평형방정식으로부터 $R_{B,x}$, $R_{B,y}$는

$$\sum F_x = 0 = R_A \times \frac{4}{5} - 30 + R_{B,x} \quad ; \quad R_{B,x} = 35.33\,\text{kN}$$

$$\sum F_y = 0 = R_A \times \frac{3}{5} + R_{B,y} \quad ; \quad R_{B,y} = 4.00\,\text{kN}$$

해석결과는 A점에 모멘트 평형방정식을 적용하여 검토할 수 있다.

$$\sum^{A} M = 100 + 30\times 1 - R_{B,x}\times 3 - R_{B,y}\times 6 = 100 + 30 - 35.33\times 3 - 4\times 6 = 0$$

예제 4.3.2.3

회전지점과 이동지점으로 지지되고 있는 트러스 구조물의 지점반력을 구하시오.

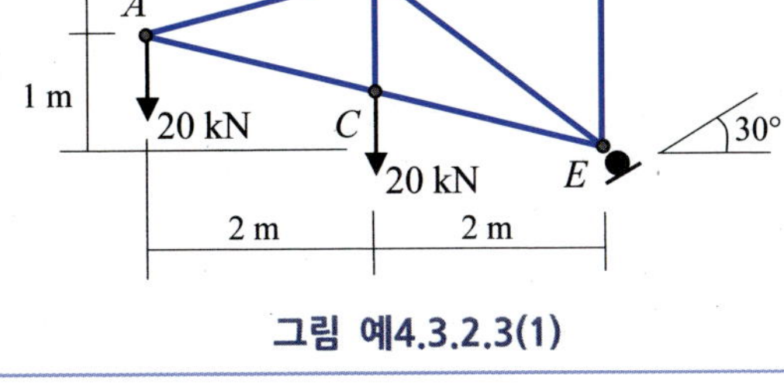

그림 예4.3.2.3(1)

해설 이동지점 E에는 지지면에 수직방향 반력이 발생하고 회전지점 D에는 지지면에 수평/수직 반력이 발생하므로 자유물체도는 그림 예4.3.2.3(2)와 같다.

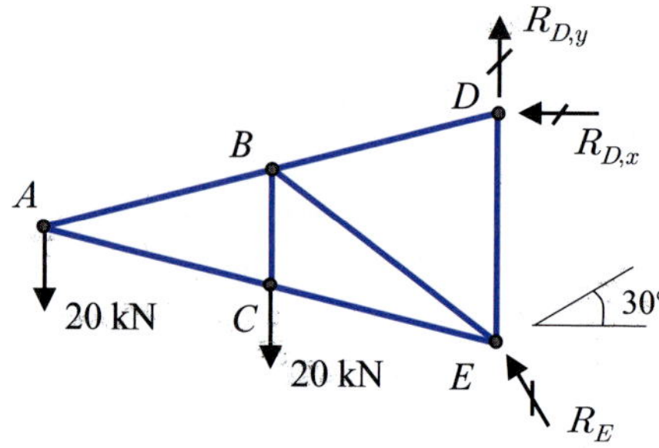

그림 예4.3.2.3(2)

E점에 대한 모멘트 평형방정식을 구성하면 반력 $R_{D,x}$만 포함하므로

$$\sum^{E} M = 0 = 20 \times 4 + 20 \times 2 + R_{D,x} \times 2 \quad ; \quad R_{D,x} = -60\,\text{kN}$$

수평/수직력에 대한 평형방정식으로부터 R_E, $R_{D,y}$는

$$\sum F_x = 0 = R_{D,x} + R_E \cos 60^\circ \quad ; \quad R_E = 120\,\text{kN}$$
$$\sum F_y = 0 = 20 + 20 - R_{D,y} - R_E \sin 60^\circ \quad ; \quad R_{D,y} = -63.9\,\text{kN}$$

해석결과는 D점에 모멘트 평형방정식을 적용하여 검토할 수 있다.

$$\sum^{D} M = 20 \times 4 + 20 \times 2 - R_{E,x} \times 2 = 80 + 40 - 120 \times \cos 60^\circ \times 2 = 0$$

예제 4.3.2.4

수직하중과 모멘트하중이 작용하는 외팔보의 지점반력을 구하시오.

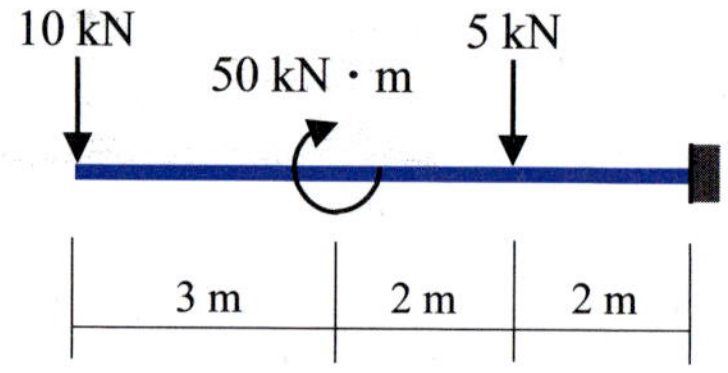

그림 예4.3.2.4(1)

해설 고정지점에는 3개의 반력(지지면에 수평/수직 반력과 모멘트 반력)이 발생할 수 있으나 그림 예4.3.2.4(1)의 외팔보에는 수평하중이 작용하지 않으므로 수평반력은 발생하지 않는다. 그러므로 지점을 반력으로 대체한 자유물체도에는 그림 예4.3.2.4(2)와 같이 수평반력을 생략할 수 있고 이와 같이 자유물체도를 작성했다는 것은 수평력에 대한 평형방정식을 이미 사용한 것이므로 미지반력 2개는 수직력과 모멘트에 대한 평형방정식 2개를 적용하여 결정한다.

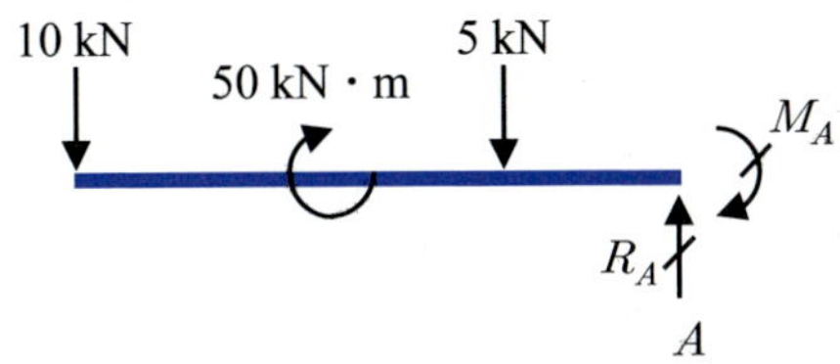

그림 예4.3.2.4(2)

외팔보의 경우 수직력과 모멘트에 대한 평형방정식 모두 미지력이 하나만 포함되므로 보다 간단한 수직력에 대한 평형방정식을 먼저 적용하면

$$\sum F_y = 0 = 10+5-R_A \quad ; \quad R_A = 15\,\text{kN}$$

모멘트반력은 A점에 모멘트 평형방정식을 적용하여

$$\sum^{A} M = 0 = 10\times 7-50+5\times 2-M_A \quad ; \quad M_A = 30\,\text{kN}\cdot\text{m}$$

반력의 산정결과는 10 kN이 작용하는 외팔보의 자유단에 모멘트 평형방정식을 적용하여 검토할 수 있다.

$$\sum M = 10\times 0+50+5\times 5+M_A-R_A\times 7 = 50+25+30-15\times 7 = 0$$

예제 4.3.2.5

집중하중, 분포하중 및 모멘트하중이 작용하는 내민보의 지점반력을 구하시오.

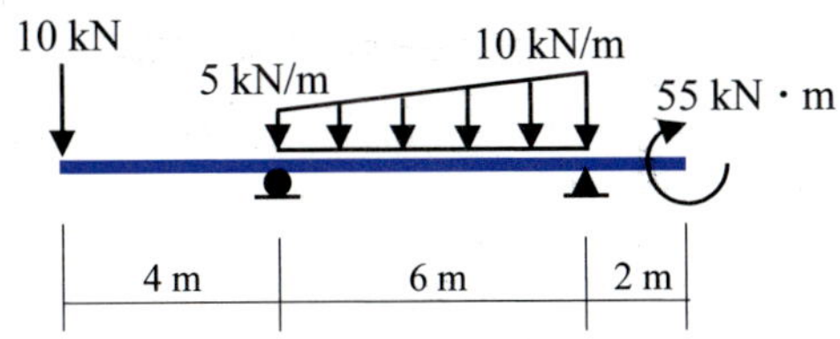

그림 예4.3.2.5(1)

해설 회전지점에는 지지면에 수평/수직 반력이 발생할 수 있으나 그림 예4.3.2.5(1)의 내민보에는 수평하중이 작용하지 않으므로 수평반력은 발생하지 않는다. 그러므로 회전지점과 이동지점을 반력으로 대체한 자유물체도는 그림 예4.3.2.5(2)와 같고 수직력과 모멘트에 대한 평형방정식을 적용하여 수직반력을 구한다. 평형방정식을 적용하기 위해 사다리꼴분포하중은 등분포하중(하중세기 5 kN/m)과 삼각형분포하중(최대 하중세기 5 kN/m)으로 구분하여 2개의 등가집중하중 30 kN과 15 kN으로 치환한다.

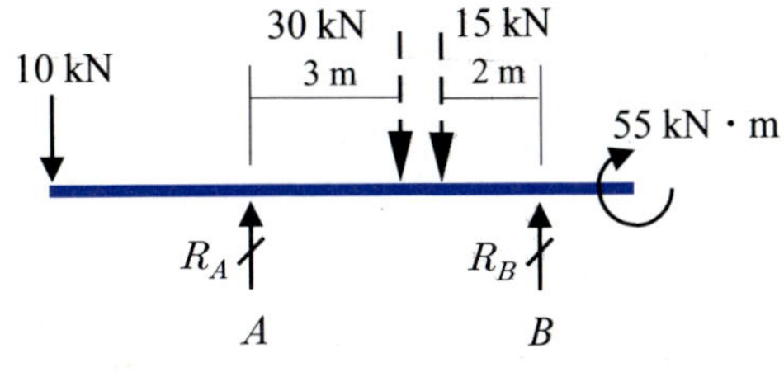

그림 예4.3.2.5(2)

A점 또는 B점에 모멘트 평형방정식을 적용하면 미지반력을 하나만 포함한다. B점에 모멘트 평형방정식을 적용하면 반력 R_A는

$$\sum^{B} M = 0 = 10\times10 - R_A\times6 + 30\times3 + 15\times2 - 55 \quad ; \quad R_A = 27.5\,\text{kN}$$

수직력에 대한 평형방정식으로부터

$$\sum F_y = 0 = 10 - R_A + 30 + 15 - R_B \quad ; \quad R_B = 27.5\,\text{kN}$$

반력의 산정결과는 A점에 모멘트 평형방정식을 적용하여 검토할 수 있다.

$$\sum^{A} M = 10\times4 - 30\times3 - 15\times4 + R_B\times6 - 55 = 40 - 90 - 60 + 27.5\times6 - 55 = 0$$

예제 4.3.2.6

그림 예4.3.2.6(1)과 같이 이동지점과 회전지점으로 지지되어 있는 부재의 지점반력을 구하시오.

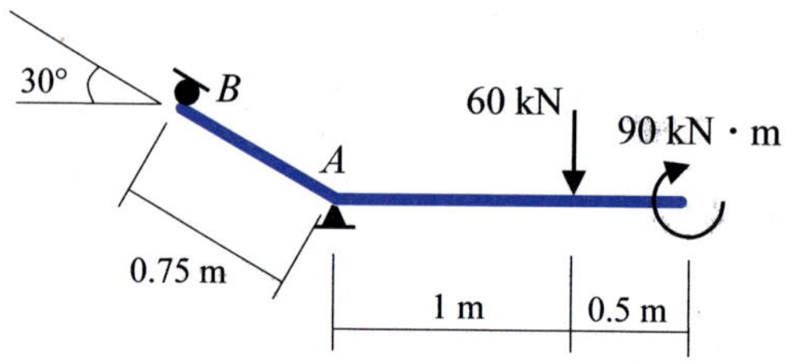

그림 예4.3.2.6(1)

해설 이동지점과 회전지점을 반력으로 대체한 자유물체도는 그림 예4.3.2.6(2)와 같다. A점에 모멘트 평형방정식을 적용하면 반력 R_B는

$$\sum^{A} M = 0 = R_B\times0.75 - 60\times1 - 90 \quad ; \quad R_B = 200\,\text{kN}$$

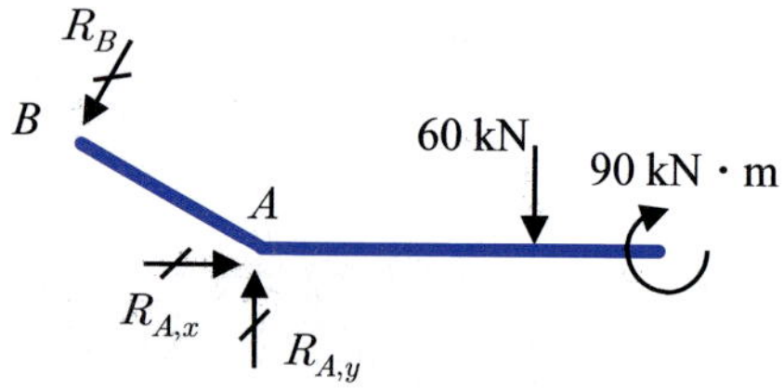

그림 예4.3.2.6(2)

수평/수직력에 대한 평형방정식으로부터

$$\sum F_x = 0 = R_B \sin 30^\circ - R_{A,x} \quad ; \quad R_{A,x} = 100\,\text{kN}$$
$$\sum F_y = 0 = R_B \cos 30^\circ - R_{A,y} + 60 \quad ; \quad R_{A,y} = 233.2\,\text{kN}$$

반력의 산정결과는 B점에 모멘트 평형방정식을 적용하여 검토할 수 있다.

$$\sum^{B} M = R_{A,x}\times0.75\times\sin30^\circ + R_{A,y}\times0.75\times\cos30^\circ - 60\times(0.75\times\cos30^\circ + 1) - 90$$
$$= 100\times0.375 + 233.2\times0.650 - 60\times1.650 - 90 = 0.08$$

4.3.3 절점공간역계의 평형

절점공간역계의 평형방정식은 $\sum F_x = 0$, $\sum F_y = 0$, $\sum F_z = 0$의 3개이므로 자유물체도에 3개의 미지력이 포함되면 정정구조물이다. 절점평면역계와 마찬가지로 역계의 모든 이동력의 작용선이 한 점에서 교차하므로 3개의 이동자유도에 대한 평형방정식이 만족되면 회전력은 역계에 발생하지 않는다. 2.3절에 기술한 바와 같이 공간역계에 주어진 힘은 그 힘의 작용선상 두 점의 좌표에 의해 방향을 정의하고 직각분력을 구할 수 있다.

예제 4.3.3.1

50 kN의 물체가 AB, AC, AD의 강선에 의해 지지되어 있다. 각 강선의 인장력을 구하시오.

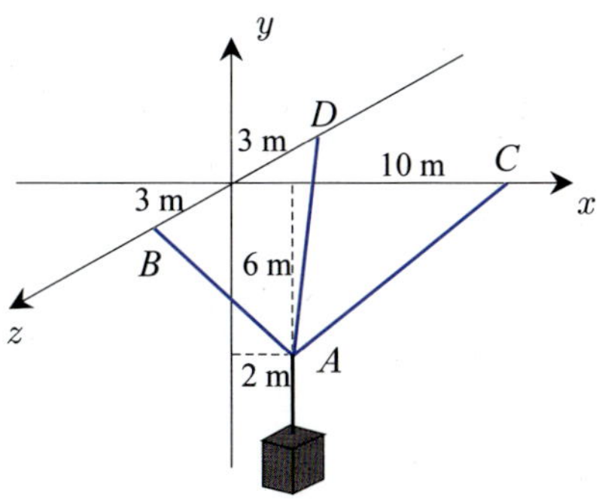

그림 예4.3.3.1(1)

해설 물체의 무게와 각 강선의 인장력은 그림 예4.3.3.1(2)와 같이 A점에서 절점공간역계를 구성하고 있다. 각 이동력의 직각분력은 작용선 위의 두 점을 사용하여 구한다. T_{AB}의 직각분력은 좌표 $B(0,\ 0,\ 3)$와 $A(2,\ -6,\ 0)$를 사용하여

$$d_x = -2, \quad d_y = 6, \quad d_z = 3 \quad ; \quad d_{AB} = \sqrt{(-2)^2 + 6^2 + 3^2} = 7(\text{m})$$

$$T_{AB,x} = \frac{-2}{7} T_{AB} \quad ; \quad T_{AB,y} = \frac{6}{7} T_{AB} \quad ; \quad T_{AB,z} = \frac{3}{7} T_{AB}$$

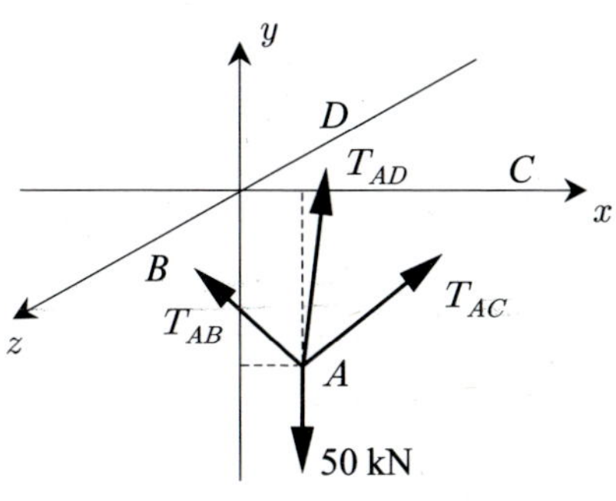

그림 예4.3.3.1(2)

T_{AC}의 직각분력은 좌표 $C(10,\ 0,\ 0)$와 $A(2,\ -6,\ 0)$를 사용하여

$$d_x = 8,\quad d_y = 6,\quad d_z = 0\quad ;\quad d_{AC} = \sqrt{8^2+6^2+0^2} = 10(\mathrm{m})$$

$$T_{AC,x} = \frac{4}{5}T_{AC}\quad ;\quad T_{AC,y} = \frac{3}{5}T_{AC}\quad ;\quad T_{AC,z} = 0$$

T_{AD}의 직각분력은 좌표 $D(0,\ 0,\ -3)$와 $A(2,\ -6,\ 0)$를 사용하여

$$d_x = -2,\quad d_y = 6,\quad d_z = -3\quad ;\quad d_{AD} = \sqrt{(-2)^2+6^2+(-3)^2} = 7(\mathrm{m})$$

$$T_{AD,x} = \frac{-2}{7}T_{AD}\quad ;\quad T_{AD,y} = \frac{6}{7}T_{AD}\quad ;\quad T_{AD,z} = \frac{-3}{7}T_{AD}$$

물체의 무게는 y축의 음의 방향이므로 -50 kN이고 각 축방향 평형방정식은

$$\sum F_x = 0 = -\frac{2}{7}T_{AB}+\frac{4}{5}T_{AC}-\frac{2}{7}T_{AD}\quad \cdots(1)$$

$$\sum F_y = 0 = \frac{6}{7}T_{AB}+\frac{3}{5}T_{AC}+\frac{6}{7}T_{AD}-50\quad \cdots(2)$$

$$\sum F_z = 0 = \frac{3}{7}T_{AB}+0-\frac{3}{7}T_{AD}\quad \cdots(3)$$

(3)식에서 $T_{AB} = T_{AD}$이고 (1)식에 대입하면 $T_{AC} = \frac{5}{7}T_{AB}$가 되므로 이를 (2)식에 대입하면 각 강선의 인장력은 다음과 같다.

$$T_{AB} = 23.33\,\mathrm{kN}\quad ;\quad T_{AC} = 16.67\,\mathrm{kN}\quad ;\quad T_{AD} = 23.33\,\mathrm{kN}$$

예제 4.3.3.2

부재 AC가 회전지점 A와 케이블 BD, BE에 의해 지지되어 있다. 케이블 BD에 5 kN의 인장력이 발생하는 경우 케이블 BE의 인장력을 구하시오.

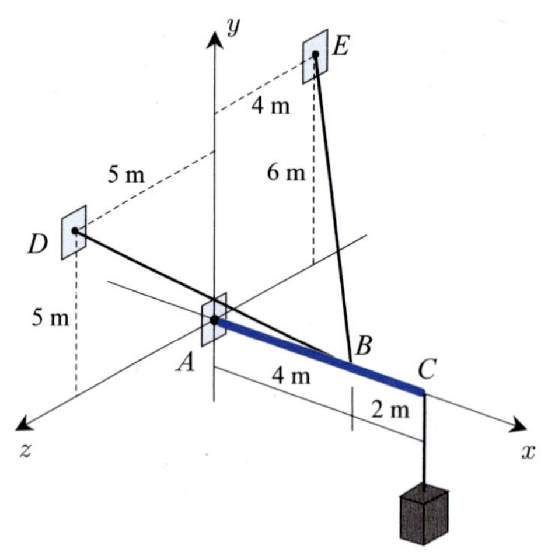

그림 예4.3.3.2(1)

해설 부재 AC는 회전지점 A를 기준으로 xz평면에서 회전하지 않고 x축과 일치하는 상태를 유지하고 있으므로 케이블 BD, BE의 z축 방향 분력이 상쇄되고 있다는 것을 알 수 있다. 케이블 BD의 인장력 T_{BD}(=5 kN)의 직각분력은 좌표 $D(0,\ 5,\ 5)$와 $B(4,\ 0,\ 0)$를 사용하여

$$d_x = -4,\quad d_y = 5,\quad d_z = 5\quad ;\quad d_{BD} = \sqrt{(-4)^2+5^2+5^2} = 8.12(\text{m})$$

$$T_{BD,x} = \frac{-4}{8.12}T_{BD} = \frac{-4}{8.12}\times 5 = -2.46(\text{kN})$$
$$T_{BD,y} = \frac{5}{8.12}T_{BD} = \frac{5}{8.12}\times 5 = 3.08(\text{kN})$$
$$T_{BD,z} = \frac{5}{8.12}T_{BD} = \frac{5}{8.12}\times 5 = 3.08(\text{kN})$$

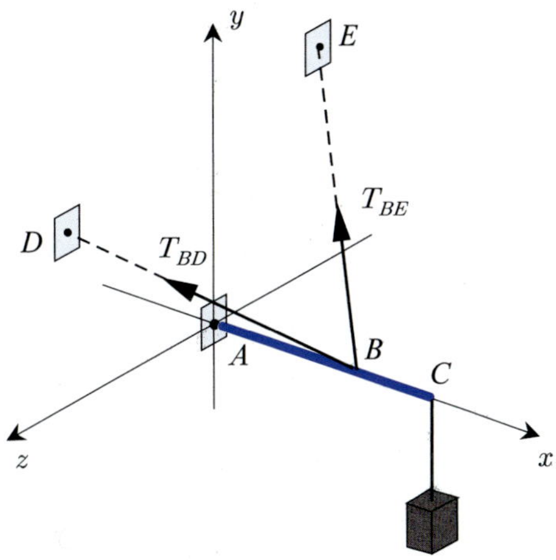

그림 예4.3.3.2(2)

T_{BE}의 직각분력은 좌표 $E(0,\ 6,\ -4)$와 $B(4,\ 0,\ 0)$를 사용하여

$$d_x = -4,\quad d_y = 6,\quad d_z = -4\quad ;\quad d_{BE} = \sqrt{(-4)^2+6^2+(-4)^2} = 8.25(\text{m})$$

$$T_{BE,x} = \frac{-4}{8.25}T_{BE}\quad ;\quad T_{BE,y} = \frac{6}{8.25}T_{BE}\quad ;\quad T_{BE,z} = \frac{-4}{8.25}T_{BE}$$

z축 방향 평형조건으로부터 케이블 BE의 인장력은 다음과 같이 산정된다.

$$\sum F_z = 0 = T_{BD,z} + T_{BE,z} = 3.08 + \left(\frac{-4}{8.25}\right)T_{BE}\quad ;\quad T_{BE} = 6.35\,\text{kN}$$

4.3.4 비절점공간역계의 평형

비절점공간역계의 평형방정식은 x축, y축, z축의 이동에 대한 3개의 평형방정식과 각 축 방향 회전에 대한 3개의 평형방정식을 포함한 6개의 식으로 구성된다.

$$R_x = \sum_i F_{x,i} = 0 \quad ; \quad R_y = \sum_i F_{y,i} = 0 \quad ; \quad R_z = \sum_i F_{z,i} = 0 \tag{4.2.4.3}$$

$$\mathbf{M}^O = \sum_i \mathbf{M}_i + \sum_j^O \left(\mathbf{r}_{j/O} \times \mathbf{F}_j\right) = 0 \tag{4.2.4.2}$$

6개의 평형방정식은 비절점공간역계의 각 자유도에 상응하는 식이므로 서로 독립적이고 해석대상 구조물로부터 6개의 미지력이 포함되는 자유물체도가 작성되면 정정구조물이다. 비절점공간역계에서 공간력과 작용점은 각각 직각분력과 직각성분의 벡터로 표기하여 평형방정식을 구성하고 벡터곱, 스칼라곱 및 혼합3중곱 등을 적용하여 해를 구한다.

예제 4.3.4.1

200 N의 사각형 판이 그림 예4.3.4.1(1)과 같이 y축과 평행한 3개의 강선에 의해 지지되어 있다. 각 강선의 인장력을 구하시오.

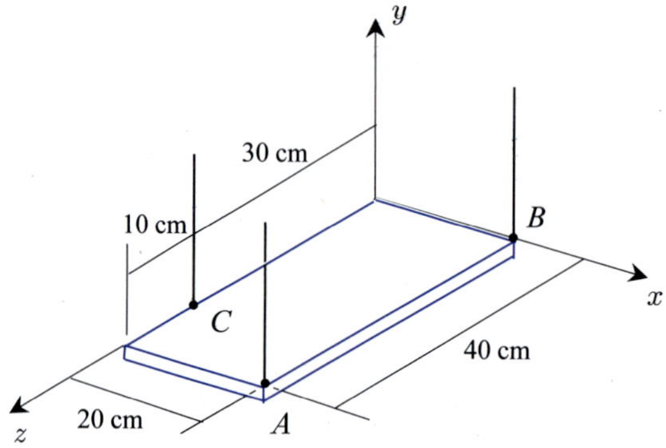

그림 예4.3.4.1(1)

해설 중심 G에 작용하는 사각형 판의 무게 200 N과 각 강선의 인장력 T_A, T_B, T_C를 표시한 자유물체도는 그림 예4.3.4.1(2)와 같다. T_A, T_B, T_C를 벡터로 표기하면 $\mathbf{T}_A = T_A\,\mathbf{j}$, $\mathbf{T}_B = T_B\,\mathbf{j}$, $\mathbf{T}_C = T_C\,\mathbf{j}$이고 작용점의 위치벡터를 사용하여 B점의 모멘트를 구하면

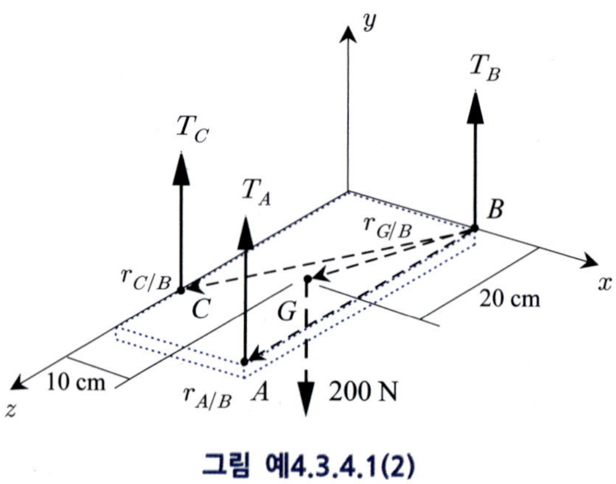

그림 예4.3.4.1(2)

$$\sum^{B}\mathbf{M} = \mathbf{r}_{C/B}\times\mathbf{T}_C+\mathbf{r}_{G/B}\times(-200\mathbf{j})+\mathbf{r}_{A/B}\times\mathbf{T}_A$$

위치벡터 $\mathbf{r}_{C/B}$, $\mathbf{r}_{G/B}$, $\mathbf{r}_{A/B}$는 각각 $-0.2\mathbf{i}+0.3\mathbf{k}(\mathrm{m})$, $-0.1\mathbf{i}+0.2\mathbf{k}(\mathrm{m})$, $0.4\mathbf{k}(\mathrm{m})$이므로 B점에서 구성한 모멘트 평형방정식은

$$\begin{aligned}\sum^{B}\mathbf{M} = 0 &= (-0.2\mathbf{i}+0.3\mathbf{k})\times T_C\mathbf{j}+(-0.1\mathbf{i}+0.2\mathbf{k})\times(-200\mathbf{j})+(0.4\mathbf{k})\times T_A\mathbf{j}\\ &= -0.2T_C\mathbf{k}-0.3T_C\mathbf{i}+20\mathbf{k}+40\mathbf{i}-0.4T_A\mathbf{i}\\ &= (-0.3T_C+40-0.4T_A)\mathbf{i}-(0.2T_C-20)\mathbf{k}\end{aligned}$$

각 회전자유도의 항은 0이 되어야 하므로 $T_C = 100\mathrm{N}$, $T_A = 25\mathrm{N}$이 산정된다. 수직력에 대한 평형방정식으로부터

$$\mathbf{R} = 0 = T_A\mathbf{j}+T_B\mathbf{j}+T_C\mathbf{j}-200\mathbf{j} = (25+T_B+100-200)\mathbf{j} \quad ; \quad T_B = 75\mathrm{N}$$

해석결과는 BA축에 대한 회전력의 합이 0이라는 것을 혼합3중곱으로 검토할 수 있다.

$$\begin{aligned}M^{BA} &= (\mathbf{r}_{C/B}\times\mathbf{T}_C)\cdot\mathbf{k}+\{\mathbf{r}_{G/B}\times(-200\mathbf{j})\}\cdot\mathbf{k}+(\mathbf{r}_{A/B}\times\mathbf{T}_A)\cdot\mathbf{k}\\ &= (-0.2T_C\mathbf{k}-0.3T_C\mathbf{i})\cdot\mathbf{k}+(20\mathbf{k}+40\mathbf{i})\cdot\mathbf{k}-0.4T_A\mathbf{i}\cdot\mathbf{k}\\ &= -0.2T_C+20 = 0\end{aligned}$$

예제 4.3.4.2

xy평면에 설치된 일정단면의 파이프 부재 AB가 고정지점 B에 의해 지지되어 있다. 파이프의 자중이 2 kg/m이고 A점에 음의 z축 방향 수직하중 50 N과 양의 x축 방향 모멘트하중 70 N·m가 작용하는 경우 고정지점의 반력을 구하시오.

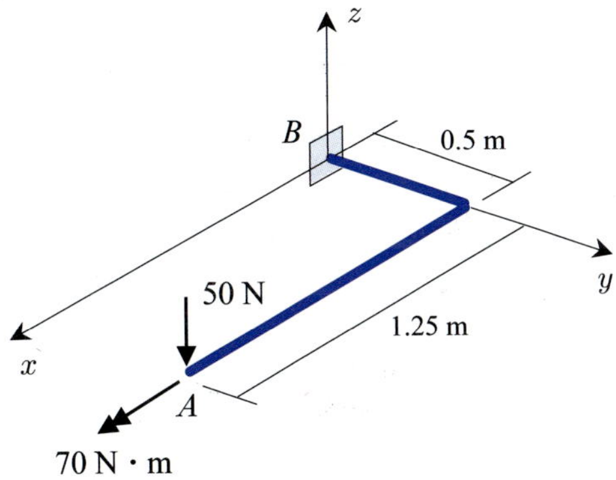

그림 예4.3.4.2(1)

해설 일정단면 파이프의 자중 2 kg/m에 의한 집중하중을 x축 방향 부분과 y축 방향 부분을 분리하여 산정하면 각각 $24.53\mathrm{N}(=2\times1.25\times9.81)$, $9.81\mathrm{N}(=2\times0.5\times9.81)$이다. 비절점 공간역계이므로 고정지점 B에 각 축방향 이동과 회전을 구속하는 6개 반력을 포함한 자유물체도는 그림 예4.3.4.2(2)와 같다. 이동력에 대한 평형방정식을 적용하면

$$\mathbf{R} = 0 = R_{B,x}\mathbf{i}+R_{B,y}\mathbf{j}+(R_{B,z}-50-24.53-9.81)\mathbf{k}$$

각 이동자유도의 항은 모두 0이 되어야 하므로 $R_{B,x} = R_{B,y} = 0$, $R_{B,z} = 84.3\,\text{N}$이 산정된다. B점에 모멘트 평형방정식을 적용하기 위해 3개 수직하중 9.81 N, 24.53 N, 50 N의 B점에 대한 위치벡터를 구하면 각각 $0.25\mathbf{j}$ (m), $0.625\mathbf{i}+0.5\mathbf{j}$ (m), $1.25\mathbf{i}+0.5\mathbf{j}$ (m)이므로

$$\begin{aligned}\sum^{B}\mathbf{M} = 0 &= M_{B,x}\mathbf{i}+70\mathbf{i}+M_{B,y}\mathbf{j}+M_{B,z}\mathbf{k}+0.25\mathbf{j}\times(-9.81\mathbf{k})\\ &\quad+(0.625\mathbf{i}+0.5\mathbf{j})\times(-24.53\mathbf{k})+(1.25\mathbf{i}+0.5\mathbf{j})\times(-50\mathbf{k})\\ &= \left(M_{B,x}+70-0.25\times9.81-0.5\times24.53-0.5\times50\right)\mathbf{i}\\ &\quad+\left(M_{B,y}+0.625\times24.53+1.25\times50\right)\mathbf{j}+M_{B,z}\mathbf{k}\end{aligned}$$

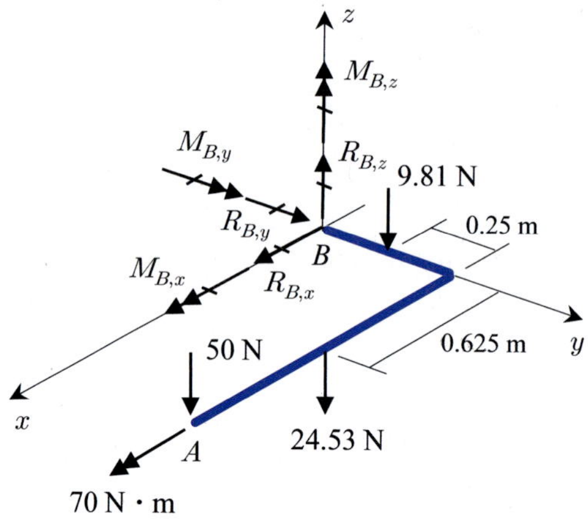

그림 예4.3.4.2(2)

이동자유도와 마찬가지로 각 회전자유도의 항 또한 모두 0이 되어야 하므로 모멘트반력은 $M_{B,x} = -30.3\,\text{N}\cdot\text{m}$, $M_{B,y} = -77.8\,\text{N}\cdot\text{m}$, $M_{B,z} = 0$이다. 해석결과는 A점의 모멘트 합을 산정하고

$$\begin{aligned}\sum^{A}\mathbf{M} &= M_{B,x}\mathbf{i}+70\mathbf{i}+M_{B,y}\mathbf{j}+M_{B,z}\mathbf{k}+(-1.25\mathbf{i}-0.5\mathbf{j})\times R_{B,z}\mathbf{k}\\ &\quad+(-1.25\mathbf{i}-0.25\mathbf{j})\times(-9.81\mathbf{k})+(-0.625\mathbf{i})\times(-24.53\mathbf{k})\end{aligned}$$

각 자유도의 항으로 정리하면 모멘트의 합이 0이라는 것으로 검토할 수 있다.

$$\begin{aligned}\sum^{A}\mathbf{M} &= (-30.3+70-0.5\times84.3+0.25\times9.81)\mathbf{i}\\ &\quad+(-77.8+1.25\times84.3-1.25\times9.81-0.625\times24.53)\mathbf{j}\\ &= 0.003\mathbf{i}-0.019\mathbf{j}\end{aligned}$$

예제 4.3.4.3

부재 AC가 회전지점 A와 케이블 BD, BE에 의해 지지되어 있다. 회전지점 A의 반력과 케이블 BD, BE의 인장력을 구하시오.

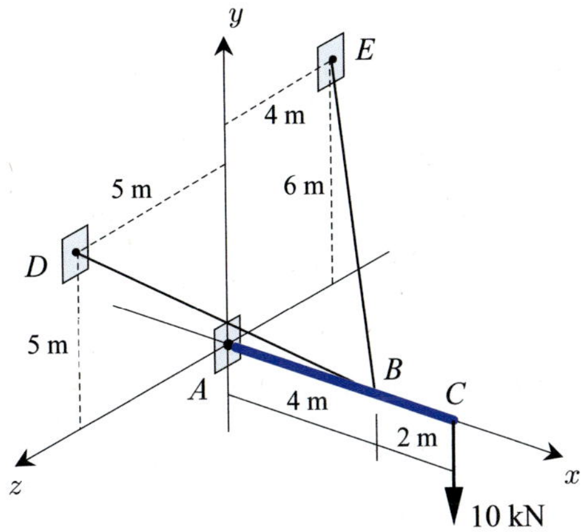

그림 예4.3.4.3(1)

해설 회전지점 A의 반력과 케이블 BD, BE의 인장력 T_{BD}와 T_{BE}를 표시한 부재 AC의 자유물체도는 그림 예4.3.4.3(2)와 같다. T_{BD}와 T_{BE}의 직각분력은 예제 4.3.3.2로부터

$$T_{BD,x} = \frac{-4}{8.12}T_{BD} \quad ; \quad T_{BD,y} = \frac{5}{8.12}T_{BD} \quad ; \quad T_{BD,z} = \frac{5}{8.12}T_{BD}$$

$$T_{BE,x} = \frac{-4}{8.25}T_{BE} \quad ; \quad T_{BE,y} = \frac{6}{8.25}T_{BE} \quad ; \quad T_{BE,z} = \frac{-4}{8.25}T_{BE}$$

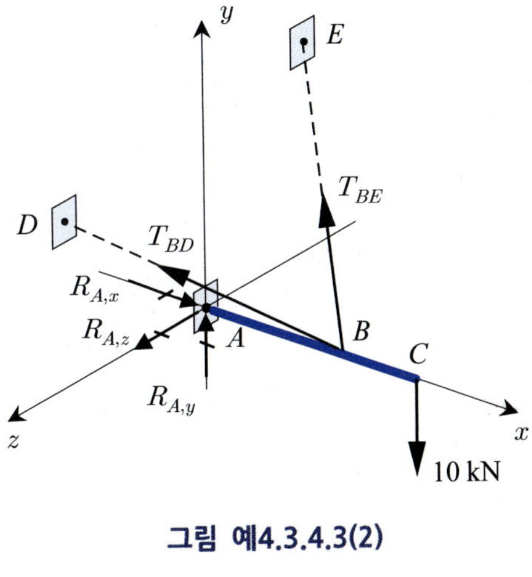

그림 예4.3.4.3(2)

벡터로 표기하면

$$\mathbf{T}_{BD} = \frac{T_{BD}}{8.12}(-4\mathbf{i}+5\mathbf{j}+5\mathbf{k}) \quad ; \quad \mathbf{T}_{BE} = \frac{T_{BE}}{8.25}(-4\mathbf{i}+6\mathbf{j}-4\mathbf{k})$$

A점에서의 모멘트 합은 벡터곱을 이용하여

$$\sum^{A}\mathbf{M} = \mathbf{r}_{B/A}\times\mathbf{T}_{BD}+\mathbf{r}_{B/A}\times\mathbf{T}_{BE}+\mathbf{r}_{C/A}\times(-10\mathbf{j})$$

위치벡터 $\mathbf{r}_{B/A}$, $\mathbf{r}_{C/A}$는 $4\mathbf{i}(\mathrm{m})$, $6\mathbf{i}(\mathrm{m})$이므로 A점에 모멘트 평형방정식을 적용하고

$$\begin{aligned}\sum^{A}\mathbf{M} &= 0 = \mathbf{r}_{B/A}\times\mathbf{T}_{BD}+\mathbf{r}_{B/A}\times\mathbf{T}_{BE}+\mathbf{r}_{C/A}\times(-10\mathbf{j})\\ &= 4\mathbf{i}\times\left\{\frac{T_{BD}}{8.12}(-4\mathbf{i}+5\mathbf{j}+5\mathbf{k})\right\}+4\mathbf{i}\times\left\{\frac{T_{BE}}{8.25}(-4\mathbf{i}+6\mathbf{j}-4\mathbf{k})\right\}\\ &\quad +6\mathbf{i}\times(-10\mathbf{j})\end{aligned}$$

$\mathbf{j}$, $\mathbf{k}$의 항으로 정리하면

$$\begin{aligned}\sum^{A}\mathbf{M} &= 0\\ &= \left(-20\times\frac{T_{BD}}{8.12}+16\times\frac{T_{BE}}{8.25}\right)\mathbf{j}+\left(20\times\frac{T_{BD}}{8.12}+24\times\frac{T_{BE}}{8.25}-60\right)\mathbf{k}\end{aligned}$$

각 회전자유도의 항은 0이 되어야 하므로 T_{BD}, T_{BE}를 미지수로 하는 연립방정식이 구성되고 이로부터 $T_{BD}= 9.74\,\mathrm{kN}$, $T_{BE}= 12.37\,\mathrm{kN}$이 산정된다. 이동력에 대한 평형방정식은

$$\begin{aligned}\mathbf{R} = 0 &= \left\{R_{A,x}-\frac{4}{8.12}T_{BD}-\frac{4}{8.25}T_{BE}\right\}\mathbf{i}\\ &\quad+\left\{R_{A,y}+\frac{5}{8.12}T_{BD}+\frac{6}{8.25}T_{BE}-10\right\}\mathbf{j}\\ &\quad+\left\{R_{A,z}+\frac{5}{8.12}T_{BD}-\frac{4}{8.25}T_{BE}\right\}\mathbf{k}\end{aligned}$$

각 이동자유도의 항 또한 모두 0이 되어야 하므로 $R_{A,x}$, $R_{A,y}$, $R_{A,z}$를 미지수로 하는 연립방정식이 구성되고 회전지점 A의 반력은 $R_{A,x} = 10.8\,\mathrm{kN}$, $R_{A,y} = -5.0\,\mathrm{kN}$, $R_{A,z} = 0$이 산정된다. 해석결과는 y축에 대한 회전력의 합이 0이라는 것을 혼합3중곱으로 검토할 수 있다.

$$\begin{aligned}M_y &= (\mathbf{r}_{B/A}\times\mathbf{T}_{BD})\cdot\mathbf{j}+(\mathbf{r}_{B/A}\times\mathbf{T}_{BE})\cdot\mathbf{j}+\{\mathbf{r}_{C/A}\times(-10\mathbf{j})\}\cdot\mathbf{j}\\ &= \left\{\frac{T_{BD}}{8.12}(20\mathbf{k}-20\mathbf{j})\right\}\cdot\mathbf{j}+\left\{\frac{T_{BE}}{8.25}(24\mathbf{k}+16\mathbf{j})\right\}\cdot\mathbf{j}+(-60\mathbf{k})\cdot\mathbf{j}\\ &= -20\times\frac{T_{BD}}{8.12}+16\times\frac{T_{BE}}{8.25}+0= 0\end{aligned}$$

예제 4.3.4.4

회전지점 E, F와 케이블 AD, BD에 의해 지지되어 있는 사각형 판 $ABEF$에 1 kN의 하중이 음의 z축 방향으로 작용하고 있다. 케이블 AD, BD의 인장력이 1.5 kN인 경우 회전지점 E, F의 반력을 구하시오. 사각형 판의 무게는 무시한다.

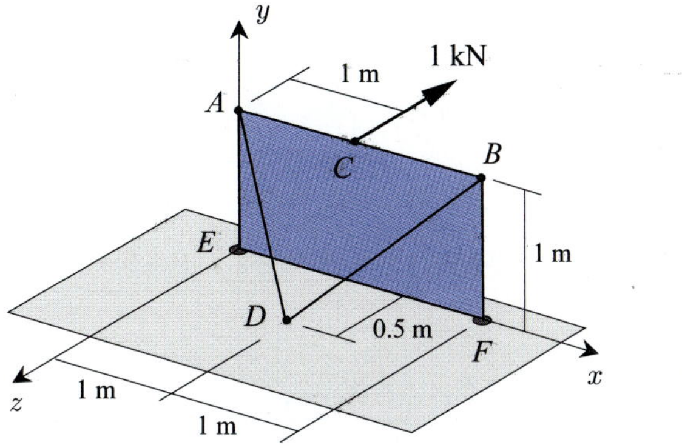

그림 예4.3.4.4(1)

해설 구조물과 하중이 사각형 판의 도심을 포함하는 yz평면에 대칭이므로 반력 또한 대칭이어야 하고 x축 방향의 반력은 발생하지 않는다. 회전지점 E, F의 반력과 케이블의 인장력을 표시한 사각형 판의 자유물체도는 그림 예4.3.4.4(2)와 같다. 케이블 AD, BD의 인장력 $\mathbf{T}_{AD}$, $\mathbf{T}_{BD}$는 좌표 $A(0,1,0)$, $B(2,1,0)$, $D(1,0,0.5)$를 사용하여

$$d_x = 1,\ d_y = -1,\ d_z = 0.5 \quad ; \quad d_{AD} = \sqrt{(1)^2+(-1)^2+0.5^2} = 1.5(\text{m})$$

$$\mathbf{T}_{AD} = \frac{T_{AD}}{1.5}(\mathbf{i}-\mathbf{j}+0.5\mathbf{k}) = \mathbf{i}-\mathbf{j}+0.5\mathbf{k}(\text{kN})$$

$$d_x = -1,\ d_y = -1,\ d_z = 0.5 \quad ; \quad d_{BD} = \sqrt{(-1)^2+(-1)^2+0.5^2} = 1.5(\text{m})$$

$$\mathbf{T}_{BD} = \frac{T_{BD}}{1.5}(-\mathbf{i}-\mathbf{j}+0.5\mathbf{k}) = -\mathbf{i}-\mathbf{j}+0.5\mathbf{k}(\text{kN})$$

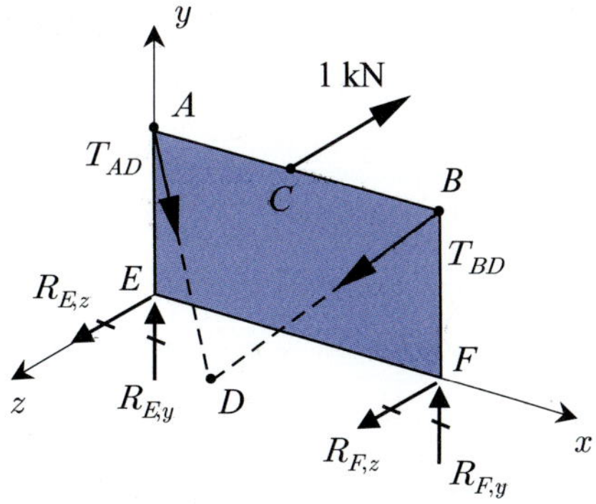

그림 예4.3.4.4(2)

E점에서의 모멘트 합은 벡터곱을 이용하여

$$\sum^{E}\mathbf{M} = \mathbf{r}_{A/E}\times\mathbf{T}_{AD}+\mathbf{r}_{C/E}\times(-\mathbf{k})+\mathbf{r}_{B/E}\times\mathbf{T}_{BD}+\mathbf{r}_{F/E}\times(R_{F,y}\,\mathbf{j})+\mathbf{r}_{F/E}\times(R_{F,z}\,\mathbf{k})$$

위치벡터 $\mathbf{r}_{A/E}$, $\mathbf{r}_{C/E}$, $\mathbf{r}_{B/E}$, $\mathbf{r}_{F/E}$는 각각 $\mathbf{j}\,(\mathrm{m})$, $\mathbf{i}+\mathbf{j}\,(\mathrm{m})$, $2\mathbf{i}+\mathbf{j}\,(\mathrm{m})$, $2\mathbf{i}\,(\mathrm{m})$이므로 E 점에서의 모멘트 평형방정식은

$$\begin{aligned}\sum^{E}\mathbf{M} = 0 &= \mathbf{j}\times(\mathbf{i}-\mathbf{j}+0.5\mathbf{k})+(\mathbf{i}+\mathbf{j})\times(-\mathbf{k}) \\ &\quad +(2\mathbf{i}+\mathbf{j})\times(-\mathbf{i}-\mathbf{j}+0.5\mathbf{k})+2\mathbf{i}\times\left(R_{F,y}\mathbf{j}+R_{F,z}\mathbf{k}\right) \\ &= \left(-2R_{F,z}\right)\mathbf{j}+\left(-2+2R_{F,y}\right)\mathbf{k}\end{aligned}$$

각 회전자유도의 항은 0이 되어야 하므로 회전지점 F의 반력은 $R_{F,z}=0$, $R_{F,y}=1\,\mathrm{kN}$이 산정된다. 이동력에 대한 평형방정식은

$$\mathbf{R} = 0 = \left(\frac{T_{AD}}{1.5}-\frac{T_{BD}}{1.5}\right)\mathbf{i}+\left(R_{E,y}-\frac{T_{AD}}{1.5}-\frac{T_{BD}}{1.5}+R_{F,y}\right)\mathbf{j}$$

$$+\left(R_{E,z}+0.5\times\frac{T_{AD}}{1.5}-1+0.5\times\frac{T_{BD}}{1.5}+R_{F,z}\right)\mathbf{k}$$

각 이동자유도의 항 또한 모두 0이 되어야 한다. T_{AD}, T_{BD}는 1.5 kN이므로 $\mathbf{i}$의 항은 0이고 $\mathbf{j}$, $\mathbf{k}$항에 T_{AD}, T_{BD} 및 $R_{F,z}$, $R_{F,y}$을 대입하면 $R_{E,z}=0$, $R_{E,y}=1\,\mathrm{kN}$이 산정된다. 해석결과는 x축에 대한 회전력의 합이 0이라는 것을 혼합3중곱으로 검토할 수 있다.

$$\begin{aligned}M_x &= \left(\mathbf{r}_{A/E}\times\mathbf{T}_{AD}\right)\cdot\mathbf{i}+\left\{\mathbf{r}_{C/E}\times(-\mathbf{k})\right\}\cdot\mathbf{i}+\left(\mathbf{r}_{B/E}\times\mathbf{T}_{BD}\right)\cdot\mathbf{i} \\ &= (0.5\mathbf{i}-\mathbf{k})\cdot\mathbf{i}+(-\mathbf{i}+\mathbf{j})\cdot\mathbf{i}+(0.5\mathbf{i}-\mathbf{j}-\mathbf{k})\cdot\mathbf{i} = 0.5-1+0.5=0\end{aligned}$$

4.4 마찰 평형

4.4.1 건마찰 법칙

접촉하고 있는 2개의 물체에는 마찰력(friction force)이라 하는 접촉면에 평행한 힘이 존재한다. 공학분야에서 주로 다루는 마찰에는 건마찰(dry friction)과 유체마찰(fluid friction)이 있으며 쿨롱마찰(Coulomb friction)이라고도 하는 건마찰은 2개 물체의 건조한 접촉면이 상대적으로 미끄러지거나 미끄러지려고 할 때 발생한다. 정역학에서는 건마찰에 의해 발생하는 마찰력을 포함한 평형문제에 대해 논의한다.

그림 4.4.1.1(1)과 같이 무게 W의 물체에 수평력 P를 작용하고 P를 증가해가며 스프링저울로 측정하는 경우 물체의 자유물체도는 그림 4.4.1.1(2)와 같이 접촉면에 수직한 반력 N과 평행한 마찰력 F를 포함한다. 마찰력은 물체의 움직임을 발생하는 작용력이 아닌 물체가 움직이는 또는 움직이려고 하는 방향의 반대방향으로 작용하여 움직임에 저항하는 반작용력이므로 F의 방향은 P의 반대방향이다. 물체가 평형상태이면 수평/수직 방향에 대한 평형조건으로부터 $P=F$, $W=N$이므로 회전에 대한 평형조건에 의해 P와 F에 의한

짝힘과 W와 N에 의한 짝힘은 상쇄되어야 한다. P가 0이면 N과 W의 작용선은 일치하고 P가 증가하면 N과 W의 작용선 간 거리가 증가하여야 평형상태를 유지할 수 있다. N과 F를 합력으로 치환하면 물체에는 3개의 이동력이 작용하는 평면역계가 되므로 합력의 작용선이 P와 W의 교점을 통과하는 절점평면역계가 되어야 한다.

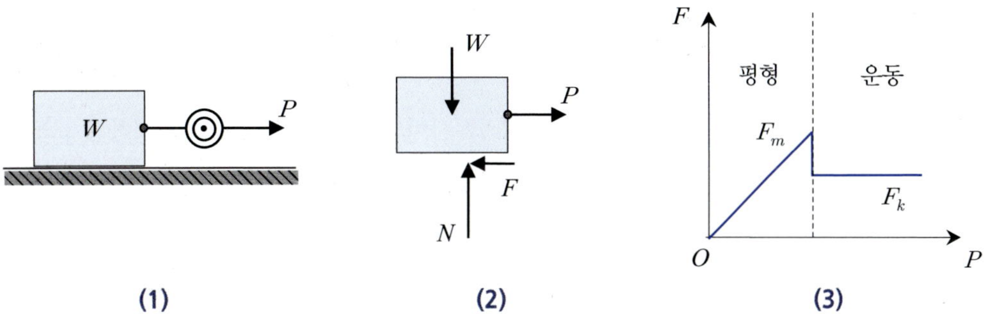

그림 4.4.1.1

그림 4.4.1.1(3)과 같이 P가 증가하여 물체가 움직이기 시작하는 순간까지 물체는 평형상태이며 P와 F는 비례관계이고 이러한 비례구간의 마찰력을 정지마찰력(static friction force)이라 한다. 물체가 움직이기 시작하는 순간 발생하는 마찰력이 최대정지마찰력이며 실험결과는 최대정지마찰력 F_m이 식 (4.4.1.1)과 같이 수직반력 N과 정지마찰계수(coefficient of static friction) μ_s에 비례하며 접촉면의 크기와는 무관하다는 것을 제시하고 있다.

$$F_m = \mu_s N \tag{4.4.1.1}$$

그림 4.4.1.1(3)의 실험결과와 같이 물체가 움직이면 마찰력은 급격히 감소하여 이 값을 유지하게 된다. 이러한 마찰력이 운동마찰력(kinetic friction force) F_k이고 식 (4.4.1.2)와 같이 수직반력 N과 운동마찰계수(coefficient of kinetic friction) μ_k에 비례하며 접촉면의 크기 와 이동속도에는 무관하다.

$$F_k = \mu_k N \tag{4.4.1.2}$$

마찰계수는 표 4.4.1.1에 제시한 바와 같이 접촉면의 상태에 의해 결정되는 값이며 동일한 접촉면에서 운동마찰계수가 정지마찰계수보다 약 20～25% 정도 작다. 물체가 움직이기 시작하면 마찰력이 감소하는 이유는 마찰계수의 변화에 있다.

표 4.4.1.1 정지마찰계수와 운동마찰계수의 범위

접촉면	μ_s	μ_k
얼음 위의 강재	0.03~0.04	0.02~0.03
라이닝 위의 주철	0.40~0.50	0.30~0.40
목재 위의 가죽	0.40~0.50	0.30~0.40
목재 위의 목재	0.30~0.60	0.25~0.50
콘크리트 위의 고무타이어	0.80~0.90	0.65~0.70

그림 4.4.1.2와 같이 N과 F의 합력 R과 N 사이의 각을 마찰각 ϕ로 표기하면 $\tan\phi$는 $\dfrac{F}{N}$이고 최대정지마찰력 F_m에 상응하는 각을 정지마찰각(angle of static friction) ϕ_s로 표기하면 정지마찰각과 정지마찰계수의 관계는

$$\tan\phi_s = \frac{F_m}{N} = \frac{\mu_s N}{N} = \mu_s \quad \Rightarrow \quad \phi_s = \tan^{-1}\mu_s \tag{4.4.1.3}$$

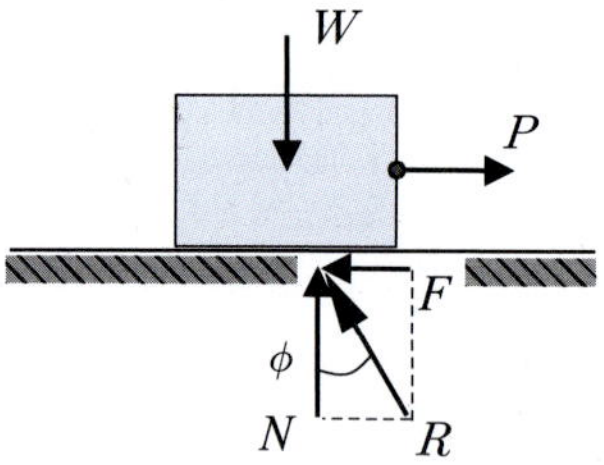

그림 4.4.1.2

물체가 움직이기 시작하는 순간 접촉면에서의 R은 N과 ϕ_s의 각을 형성한다. 물체가 움직이면 마찰력은 $F_k = \mu_k N$이고 정지마찰각은 운동마찰각(angle of kinetic friction) ϕ_k로 변한다. 정지마찰의 경우와 마찬가지로 운동마찰각과 운동마찰계수의 관계는 다음 식과 같다.

$$\tan\phi_k = \frac{F_k}{N} = \frac{\mu_k N}{N} = \mu_k \quad \Rightarrow \quad \phi_k = \tan^{-1}\mu_k \tag{4.4.1.4}$$

4.4.2 건마찰 문제

접촉하고 있는 2개의 물체에 마찰력이 발생하는 경우 뉴턴의 제3법칙(작용/반작용 법칙)에 의해 상대 물체의 접촉면에는 크기는 같고 방향은 반대인 마찰력이 작용하므로 마찰력을 포함한 문제에서 중요한 것은 물체의 운동방향에 의한 마찰력의 방향을 결정하는 것이다.

그림 4.4.2.1(1)과 같이 경사면 위의 물체에 하중 P가 경사면 위 방향으로 작용하는 경우 하중의 크기에 의해 물체가 경사면 위로 이동한다면 마찰력은 (2)와 같이 경사면 아래로 작용하고 물체가 경사면 아래로 이동한다면 마찰력은 (3)과 같이 경사면 위로 작용한다.

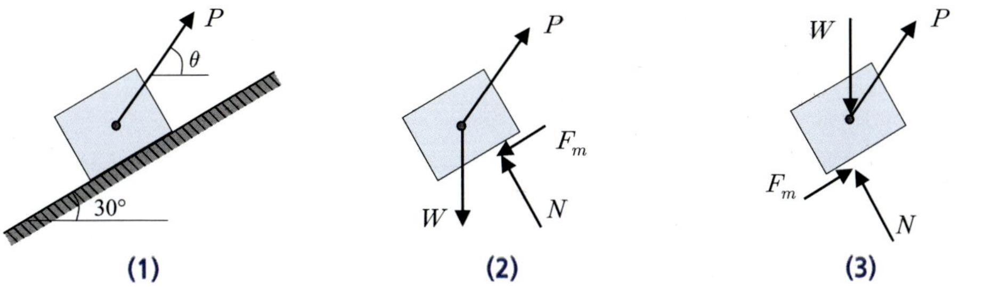

그림 4.4.2.1

예제 4.4.2.1

무게가 3 kN이고 길이가 2.6 m인 사다리를 마찰력이 발생하지 않는 수직 벽면과 정지마찰계수 $\mu_s = 0.3$의 수평 바닥면에 설치할 수 있는 최대거리 d를 구하시오.

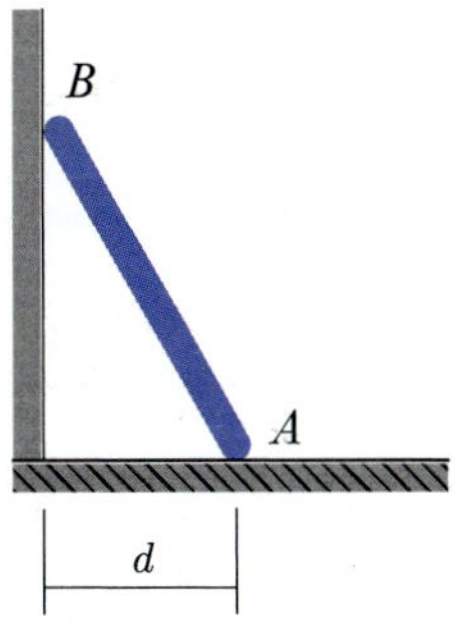

그림 예4.4.2.1(1)

해설 마찰력이 발생하지 않는 수직 벽면은 이동지점이고 마찰력이 발생하는 수평 바닥면은 회전지점이므로 최대정지마찰력 F_m이 발생하는 경우 사다리의 자중을 포함한 자유물체도는 그림 예4.4.2.1(2)와 같다. 수평/수직력에 대한 평형방정식으로부터

$$\sum F_x = 0 = R_B - F_m \quad \Rightarrow \quad R_B = F_m \quad , \quad \sum F_y = 0 = 3 - N \quad ; \quad N = 3\text{kN}$$

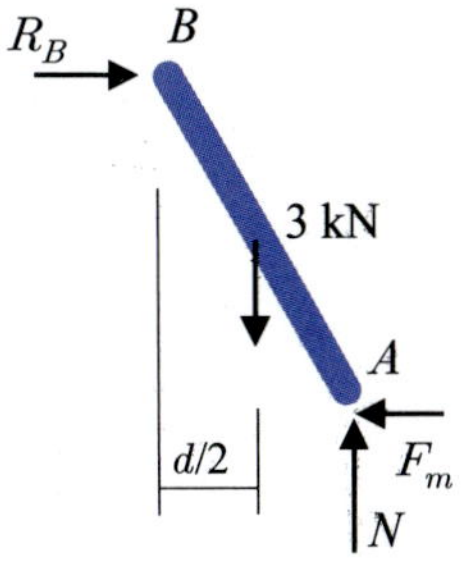

그림 예4.4.2.1(2)

이로부터 마찰력은 $F_m = \mu_s N = 0.3 \times 3 = 0.9\,\mathrm{kN}(= R_B)$이고 A점에 모멘트 평형방정식을 적용하면 최대거리 d는

$$\sum^{A} M = 0 = R_B \times \sqrt{2.6^2 - d^2} - 3 \times \frac{d}{2}$$
$$= 0.9 \times \sqrt{2.6^2 - d^2} - 1.5d \quad ; \quad d = 1.34\,\mathrm{m}$$

계산결과는 B점에 모멘트 평형방정식을 적용하여 검토할 수 있다.

$$\sum^{B} M = 3 \times \frac{d}{2} + F_m \times \sqrt{2.6^2 - d^2} - N \times d$$
$$= 3 \times \frac{1.34}{2} + 0.9 \times \sqrt{2.6^2 - 1.34^2} - 3 \times 1.34 = -0.005$$

예제 4.4.2.2

50 kg의 물체가 경사면 위로 움직이게 하는 P의 최소값과 θ를 구하시오. 정지마찰계수 μ_s는 0.25이다.

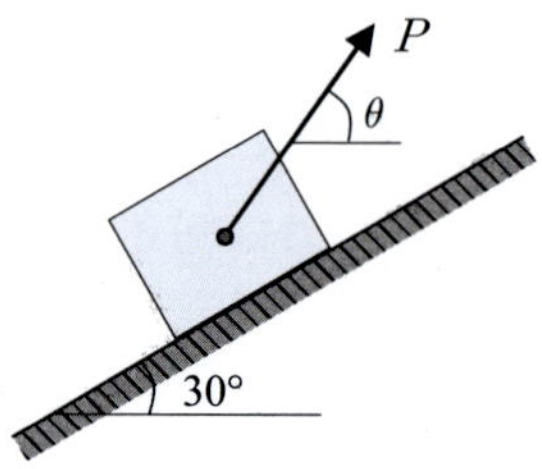

그림 예4.4.2.2(1)

해설 물체가 경사면 위로 움직이려고 하는 순간의 최대정지마찰력은 경사면 아래로 작용하므로 그림 예4.4.2.2(2)와 같이 3개의 이동력이 작용하여 평면역계를 구성하는 자유물체도가 된다. 물체의 무게와 정지마찰각 ϕ_s는

$$W = 50 \times 9.81 = 491\,(\mathrm{N}) \quad ; \quad \phi_s = \tan^{-1}\mu_s = \tan^{-1}0.25 = 14.0^\circ$$

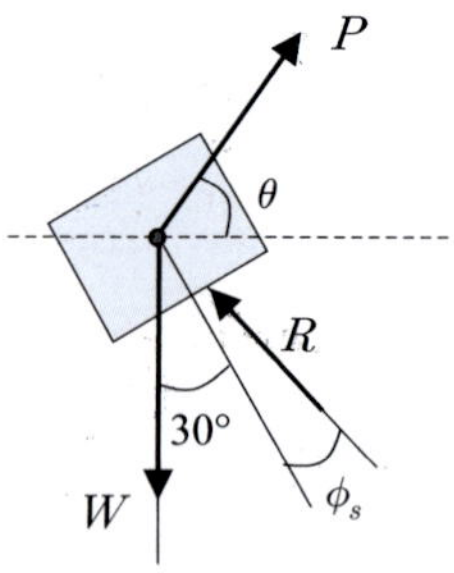

그림 예4.4.2.2(2)

3개의 이동력이 작용하는 평면역계가 평형이면 3개의 이동력은 절점평면역계가 되어야 하고 도해법을 적용하면 삼각형이 구성되어야 한다. R과 W의 방향은 정해져 있고 사잇각은 44°이므로 그림 예4.4.2.2(3)과 같이 P에 의해 직각삼각형이 되는 경우 P가 최소가 되고 $\theta = 44^\circ$이다. 사인법칙을 적용하면

$$\frac{P}{\sin 44^\circ} = \frac{W}{\sin 90^\circ} \quad ; \quad P = 341\,\text{N}$$

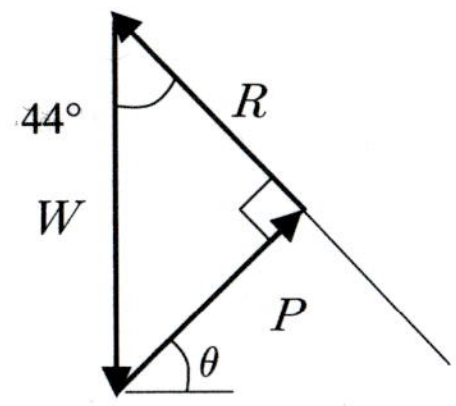

그림 예4.4.2.2(3)

다른 풀이방법으로 그림 예4.4.2.2(2)에서 수평/수직력에 대한 평형방정식은

$$\sum F_x = 0 = P\cos\theta - R\sin 44^\circ \quad ; \quad \sum F_y = 0 = P\sin\theta - W + R\cos 44^\circ$$

연립방정식에서 R을 소거하고 정리하면

$$P\left(\sin\theta + \frac{\cos\theta}{\tan 44^\circ}\right) = 491$$

P가 최소가 되기 위해서는 괄호 안의 값이 최대가 되어야 하므로 괄호 안에 주어진 식을 미분하여 0이 되는 θ는 다음과 같이 44°이고 이로부터 P는 341 N이 산정된다.

$$\cos\theta - \frac{\sin\theta}{\tan 44^\circ} = 0 \quad ; \quad \theta = 44^\circ$$

예제 4.4.2.3

경사면 위 60 kN의 물체가 이동하지 않는 추의 최소무게 P를 구하시오. 정지마찰계수 μ_s는 0.25이다.

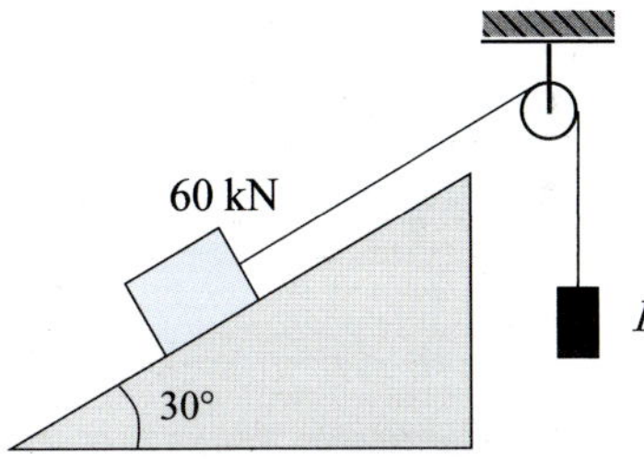

그림 예4.4.2.3(1)

해설 추의 무게가 감소하면 어느 시점에서 물체는 경사면 아래로 이동하게 되므로 물체가 이동하지 않는 추의 최소무게에서 최대정지마찰력은 경사면 위로 작용하고 자유물체도는 그림 예4.4.2.3(2)와 같이 구성된다. 평형방정식을 적용하기 위해 N과 P의 직각축을 사용하면 N축 방향의 평형방정식으로부터

$$\sum F_N = 0 = -60 \times \cos 30^\circ + N \quad ; \quad N = 52.0\,\text{kN}$$

최대정지마찰력은 $F_m = \mu_s N = 0.25 \times 52.0 = 13.0\,\text{kN}$이므로 P축 방향의 평형방정식으로부터

$$\sum F_P = 0 = P + F_m - 60 \times \sin 30^\circ \quad ; \quad P = 17.0\,\text{kN}$$

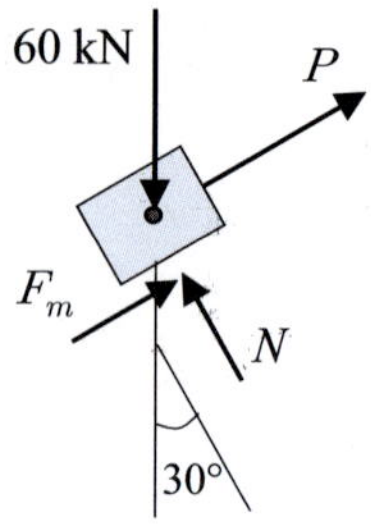

그림 예4.4.2.3(2)

계산결과는 연직 방향 평형방정식으로 검토할 수 있다.

$$\begin{aligned}\sum F_y &= 60 - P\sin 30^\circ - F_m \cos 60^\circ - N\cos 30^\circ \\ &= 60 - 17.0 \times \sin 30^\circ - 13.0 \times \cos 60^\circ - 52.0 \times \cos 30^\circ = -0.03\end{aligned}$$

그림 4.4.2.2(1)과 같이 폭 b, 무게 W의 물체가 정지마찰계수 μ_s인 수평면에 놓여있는 경우 물체를 움직이게 하는 수평력 P의 최소값을 구하기 위해서는 미끄러짐(slipping)과 전도(tipping)의 다른 움직임을 고려해야 한다. 미끄러짐의 경우 자유물체도는 그림 4.4.2.2(2)와 같이 구성되고 수평 방향의 평형조건으로부터 수평력 P_1은

$$P_1 = F_m = \mu_s N$$

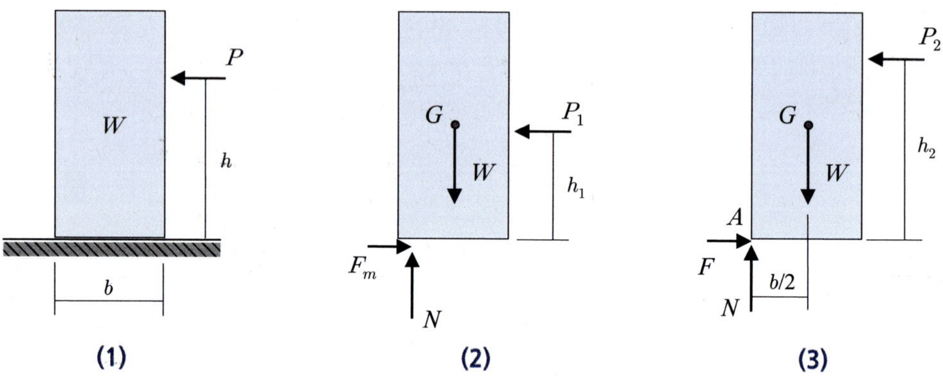

그림 4.4.2.2

전도의 경우 자유물체도는 그림 4.4.2.2(3)과 같이 물체가 A점을 중심으로 회전하려는 상태이므로 A점에 모멘트 평형방정식을 적용하여 수평력 P_2를 다음과 같이 결정한다.

$$\sum^{A} M = 0 = P_2 \times h_2 - W \times \frac{b}{2} \quad \Rightarrow \quad P_2 = \frac{b}{2h_2} W$$

예제 4.4.2.4

80 kg의 물체에 하중 P가 그림 예4.4.2.4(1)과 같이 작용하고 있다. 1) 미끄러짐이 발생하기 위한 P의 최소값 $P_{\min}$을 구하고 2) $P_{\min}$에 의해 전도가 발생하는 h의 최소값 $h_{\min}$을 구하시오. 정지마찰계수는 $\mu_s = 0.45$이다.

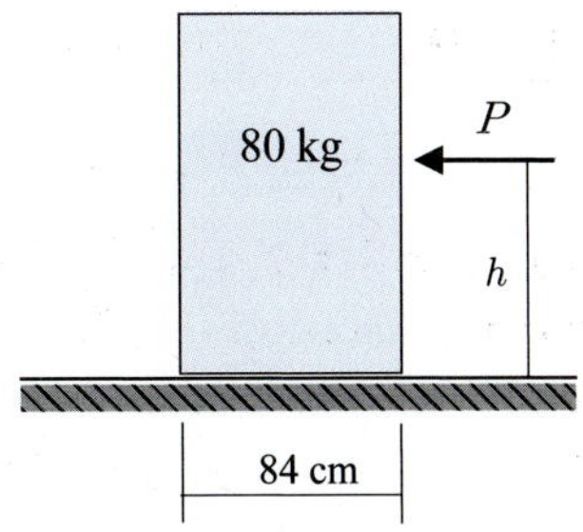

그림 예4.4.2.4(1)

해설 마찰력 F_m과 수직반력 N 및 물체의 무게를 포함한 자유물체도는 그림 예4.4.2.4(2)와 같다. 중심 G에 작용하는 무게 W는 $80 \times 9.81 = 785\,(\text{N})$이다.

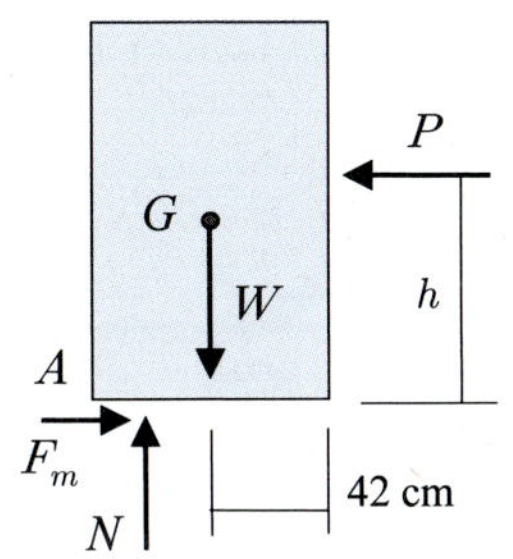

그림 예4.4.2.4(2)

1) 미끄러짐이 발생하는 경우 수평 방향의 평형조건으로부터 $P_{\min}$은 최대 정지마찰력과 같다.

$$P_{\min} = F_m = \mu_s \times N = 0.45 \times 785 = 353\,(\text{N})$$

2) 물체에 전도가 발생하는 경우 F_m과 N은 A점에 작용하고 W에 의한 시계방향 회전력이 P에 의한 반시계방향 회전력과 동일한 경우이므로 A점에 모멘트 평형방정식을 적용하면

$$\sum^{A} M = 0 = P \times h - W \times \frac{0.84}{2} \quad \Rightarrow \quad P = \frac{785 \times 0.42}{h} = \frac{330}{h}$$

이로부터 전도가 발생하는 경우 수평력의 크기와 작용점의 위치는 반비례하고 $P_{\min}$에 의해 전도가 발생하기 위한 $h_{\min}$은

$$h_{\min} = \frac{330}{P_{\min}} = 0.93\,(\text{m})$$

이로부터 $P_{\min}$의 작용점이 $h_{\min}$을 경계로 위쪽에 위치해야 전도가 발생한다는 것을 알 수 있다.

요점

하중. 구조물에 작용하는 하중은 구조물의 움직임과 관련하여 이동력(translating force)과 회전력(rotating force)으로 구분하고 다시 구조부재에 작용하는 구간과 관련하여 집중하중(concentrated load)과 분포하중(distributed load)으로 분류한다. 집중하중은 구조부재의 한 점에 작용하는 힘이고 분포하중은 구조부재의 일정구간에 분포되어 작용하는 힘이다.

평면역계의 지점. $x-y$ 평면역계에서 구성되는 2차원 구조물의 자유도는 x축, y축의 이동 및 z축의 회전이므로 이와 같은 자유도를 허용하거나 구속하는 역할에 따라 다음과 같이 세 종류의 지점으로 분류한다. 그림 4.2.2.1에 제시한 이동지점(roller support)은 지지면에 수평한 방향의 이동과 지점에서의 회전을 허용할 수 있도록 지지하는 지점이므로 지지면에 수직한 방향의 이동을 구속하는 한 개의 반력(이동력)만을 제공한다. 케이블은 케이블에 연결된 구조부재의 케이블 인장력 방향 이동을 구속하고 링크는 링크 축방향 인장력 또는 압축력에 해당하는 구조부재의 이동을 구속하는 한 개의 반력을 제공하므로 이동지점이다.

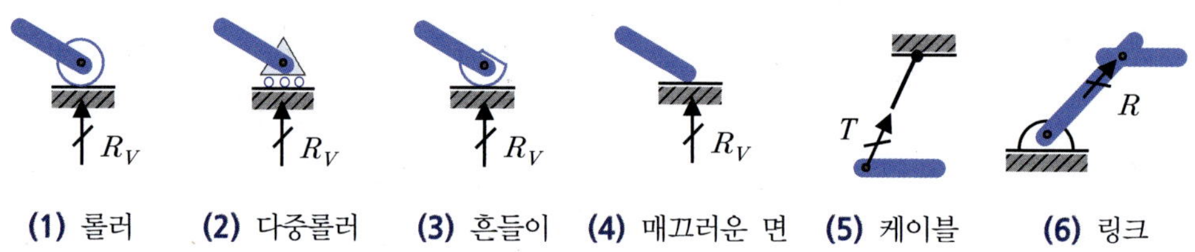

그림 4.2.2.1 이동지점의 형상과 반력

그림 4.2.2.2에 제시한 회전지점(hinge support)은 구조물이 지점에서 회전할 수 있도록 지지하는 지점으로 지점에서의 회전은 허용하나 이동은 구속하므로 이동자유도에 해당하는 지지면에 수평/수직한 방향의 반력(이동력)을 제공한다.

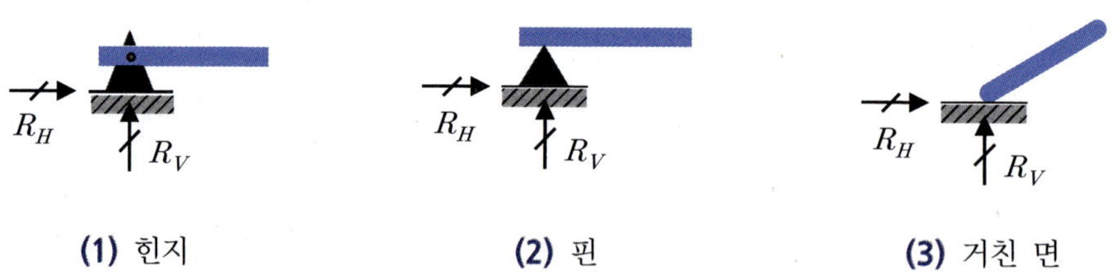

그림 4.2.2.2 회전지점의 형상과 반력

고정지점(fixed support)은 그림 4.2.2.3에 제시한 예와 같이 역계에서 가능한 구조물의 모든 움직임을 허용하지 않는 지점이므로 지지면에 수평/수직한 방향의 이동 및 지점에서의 회전을 모두 구속하는 세 개의 반력(2개의 이동력과 1개의 회전력)을 제공한다.

(1) 일체연결　　　　(2) 고정연결

그림 4.2.2.3 고정지점의 형상과 반력

외력. 외력에는 구조물에 재하되는 작용력(action force)인 하중과 구조물을 지지하는 지점에서의 반작용력(reaction force)인 반력이 있다. 정역학문제로 주어지는 구조물에는 하중과 지점이 포함되며 하중은 문제에 정확하게 기술되어 있는 기지력이므로 지점에 발생하는 반력(미지력)을 구하는 것이 해석의 첫 단계이다.

자유물체도. 해석대상 구조물의 외력을 모두 표시한 그림을 자유물체도(free body diagram)라고 한다. 지점 또는 타구조물에 의해 지지되는 반력은 미지력이므로 이들을 힘으로 대체하여 표시한다. 하중은 주어진 값이므로 크기와 방향을 알 수 있는 반면 반력은 지점의 종류에 의해 개수와 작용선은 결정할 수 있으나 크기는 물론이고 방향을 간단한 경우가 아니면 알 수 없다. 그러나 반력의 크기와 방향을 가정하고 해석한 결과 그 값이 양이면 가정한 방향이고 음이면 가정한 방향과 반대라는 것이므로 가정한 방향이 다르더라도 해석결과는 동일해야 한다.

평형방정식. 외력이 작용하는 구조물에 움직임(이동 또는 회전)이 발생하지 않는 상태를 평형상태라고 하며 이를 입증하기 위한 조건을 평형조건이라 한다. 주어진 역계에서 이동에 대한 평형상태는 이동자유도별 합력이 0이라는 것을 식으로 구성하여 확인하고 회전에 대한 평형상태는 역계의 모든 점에서 회전자유도별 합력이 0이라는 것을 식으로 구성하여 확인할 수 있다. 이동효과와 회전효과가 0이 되는 것이 평형조건이고 이를 식으로 제시한 것을 평형방정식이라 한다. 평형방정식에서 힘의 부호는 자유물체도에 표시한 힘의 방향을 기준으로 한다. 평형방정식의 구성에 자유물체도에서 가정한 힘의 방향이 반영되어 있으므로 미지력의 계산결과가 음의 값인 경우 자유물체도에 표시한 힘의 방향을 변경하면 평형방정식과 자유물체도가 일치하지 않는다는 것을 유의해야 한다.

비절점평면역계의 평형방정식. 비절점평면역계를 구성하는 모든 힘을 x축, y축의 이동, xy 평면에 수직인 z축의 회전 3개의 자유도에 해당하는 직각분력으로 분해하고 다시 각 자유도 별로 합하면

$$R_x = \sum_i F_{x,i} \quad ; \quad R_y = \sum_i F_{y,i} \quad ; \quad M_z = \sum_i M_{z,i}$$

이로부터 x축, y축의 이동에 대한 2개의 평형방정식은

$$R_x = \sum_i F_{x,i} = 0 \quad ; \quad R_y = \sum_i F_{y,i} = 0 \tag{4.2.4.1}$$

회전에 대한 평형조건은 역계에 의한 z축 방향 회전력의 합이 0이 되어야 한다는 것으로 임의의 O점에서 회전력의 합 $\sum^{O} M_z (= \mathbf{M}^O)$는 0이 되어야 한다. $\mathbf{F}_1$, $\mathbf{F}_2$, $\mathbf{F}_3$ ⋯ 및 $\mathbf{M}_1$, $\mathbf{M}_2$, $\mathbf{M}_3$ ⋯ 로 구성

되는 비절점평면역계에서 임의의 O점에 발생하는 회전력은 식 (3.3.3.3)의 $\mathbf{M}^O = \sum_i \mathbf{M}_i + \sum_j^O (\mathbf{r}_{j/O} \times \mathbf{F}_j)$이므로 모멘트 평형방정식은

$$\mathbf{M}^O = \sum_i \mathbf{M}_i + \sum_j^O (\mathbf{r}_{j/O} \times \mathbf{F}_j) = 0 \qquad (4.2.4.2)$$

여기서 $\sum_i \mathbf{M}_i$는 모멘트하중(직각분력)의 합 $(\sum_i M_{z,i})\mathbf{k}$이고 $\sum_j^O (\mathbf{r}_{j/O} \times \mathbf{F}_j)$는 이동력에 의해 O점에 발생하는 모멘트의 합으로 $\mathbf{r}_{j/O}$와 $\mathbf{F}_j$를 직각성분과 직각분력으로 표기하면 다음과 같다.

$$\mathbf{r}_{j/O} = x_{j/O}\mathbf{i} + y_{j/O}\mathbf{j} \quad ; \quad \mathbf{F}_j = F_{x,j}\mathbf{i} + F_{y,j}\mathbf{j}$$

비절점공간역계의 평형방정식. 비절점공간역계에서 6개의 자유도(각 좌표축의 이동과 회전)로 분류한 힘을 다시 각 자유도 별로 합하면

$$R_x = \sum_i F_{x,i} \quad ; \quad R_y = \sum_i F_{y,i} \quad ; \quad R_z = \sum_i F_{z,i}$$
$$M_x = \sum_i M_{x,i} \quad ; \quad M_y = \sum_i M_{y,i} \quad ; \quad M_z = \sum_i M_{z,i}$$

이로부터 x축, y축, z축의 이동에 대한 3개의 평형방정식은

$$R_x = \sum_i F_{x,i} = 0 \quad ; \quad R_y = \sum_i F_{y,i} = 0 \quad ; \quad R_z = \sum_i F_{z,i} = 0 \qquad (4.2.4.3)$$

회전에 대한 평형조건은 역계에 의한 x축, y축, z축 방향 회전력의 합이 0이 되어야 한다는 것으로 임의의 O점에서 회전력의 합 $\sum^O M_x(=\mathbf{M}_x^O)$, $\sum^O M_y(=\mathbf{M}_y^O)$, $\sum^O M_z(=\mathbf{M}_z^O)$는 모두 0이 되어야 한다. $\mathbf{F}_1$, $\mathbf{F}_2$, $\mathbf{F}_3$ $\cdots$ 및 $\mathbf{M}_1$, $\mathbf{M}_2$, $\mathbf{M}_3$ $\cdots$ 로 구성되는 비절점공간역계에서 임의의 O점을 선택하고 모멘트 평형방정식을 구성하면 식 (4.2.4.2)와 동일하나 비절점공간역계이므로 $\sum_i \mathbf{M}_i$는

$$\sum_i \mathbf{M}_i = (\sum_i M_{x,i})\mathbf{i} + (\sum_i M_{y,i})\mathbf{j} + (\sum_i M_{z,i})\mathbf{k}$$

$\sum_j^O (\mathbf{r}_{j/O} \times \mathbf{F}_j)$에서 $\mathbf{r}_{j/O}$와 $\mathbf{F}_j$의 직각성분과 직각분력은 다음과 같다.

$$\mathbf{r}_{j/O} = x_{j/O}\mathbf{i} + y_{j/O}\mathbf{j} + z_{j/O}\mathbf{k} \quad ; \quad \mathbf{F}_j = F_{x,j}\mathbf{i} + F_{y,j}\mathbf{j} + F_{z,j}\mathbf{k}$$

절점역계의 평형방정식. 역계가 이동력만으로 구성되더라도 비절점역계에는 직각분력의 합이 0이 되면서 작용선이 일치하지 않고 짝힘을 구성하는 경우가 발생하므로 회전력에 대한 평형 또한 검토해야 한다. 그러나 모든 이동력의 작용선이 한 점에서 만나는 절점역계는 작용선이 일치하므로 직각분력의 합이 0이면 짝힘이 발생할 수 없고 회전력은 역계에 발생하지 않는다. 그러므로 회전력이 발생하지 않는 절점평면역계의 평형방정식은 식 (4.2.4.1)의 2개이고 절점공간역계의 평형방정식은 식 (4.2.4.3)의 3개이다.

이력부재의 평형. 그림 4.3.1.1(3)과 같이 2개의 이동력만이 부재의 2개 절점에 작용하는 부재를 이력부재(two-force member)라고 한다. 이력부재의 평형조건은 2개 이동력의 이동효과가 상쇄되도록 크

기가 같고 방향은 반대이며 회전효과가 상쇄되도록 작용선이 일치해야 한다는 것이므로 2개 이동력의 작용선이 2개 절점을 연결하는 직선과 일치한다는 것과 이와 같은 조건은 이력부재의 형상과는 무관하다는 것을 알 수 있다.

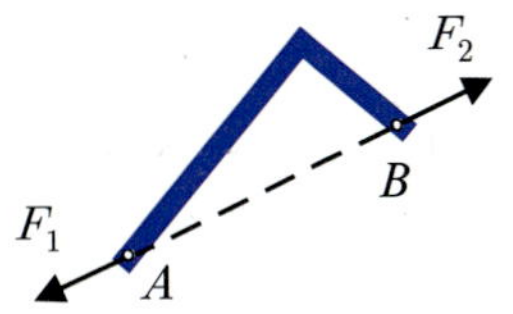

그림 4.3.1.1(3)

3개의 이동력이 작용하는 강체의 평형. 그림 4.3.1.2(1)과 같이 3개의 이동력이 작용하는 강체가 평형상태이면 3개의 이동력 F_A, F_B, F_C는 절점평면역계를 구성해야 한다. 임의의 두 힘 F_B와 F_C의 작용선은 한 평면을 구성하며 두 힘의 합력 F_{B+C} 또한 동일 평면에 존재하므로 F_A는 동일평면에서 F_{B+C}를 상쇄하여야 평형상태가 될 수 있다. 예외는 그림 4.3.1.2(2)와 같이 3개의 평행한 이동력이 평면역계를 구성하여 평형상태인 경우다.

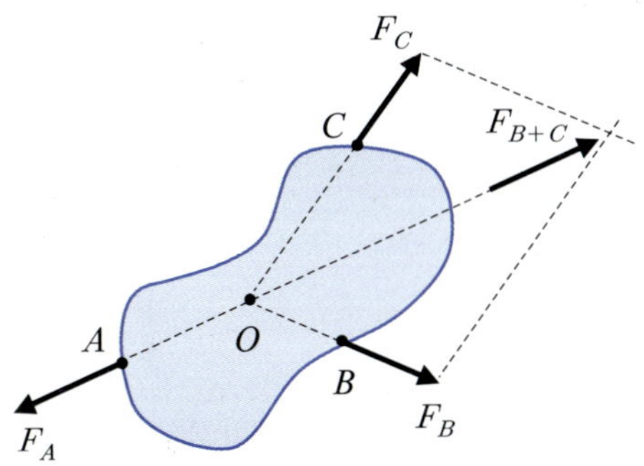

(1)

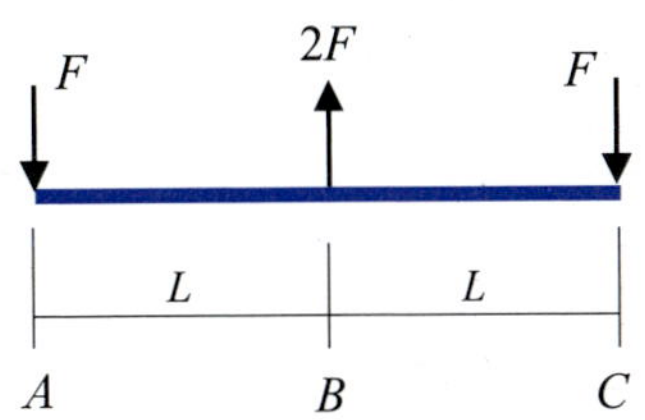

(2)

그림 4.3.1.2

정정구조물. 문제로 주어진 구조물에서 자유물체도를 작성하면 지점반력은 미지력으로 포함된다. 각각의 역계에서 사용할 수 있는 평형방정식의 개수는 정해져 있으므로 자유물체도에 포함되는 미지력의 개수가 평형방정식의 개수와 일치하는 경우에만 해를 구할 수 있다. 이러한 경우의 구조물을 정역학적 평형방정식으로 반력을 결정할 수 있는 구조물이라는 의미로 정정구조물(statically determinate structure)이라 한다.

건마찰 법칙. 접촉하고 있는 2개의 물체에는 마찰력(friction force)이라 하는 접촉면에 평행한 힘이 존재한다. 공학분야에서 주로 다루는 마찰에는 건마찰(dry friction)과 유체마찰(fluid friction)이 있으며 쿨롱마찰(Coulomb friction)이라고도 하는 건마찰은 2개 물체의 건조한 접촉면이 상대적으로 미끄러지거나 미끄러지려고 할 때 발생한다. 마찰력은 물체의 움직임을 발생하는 작용력이 아닌 물체가 움직이는 또는 움직이려고 하는 방향의 반대방향으로 작용하여 움직임에 저항하는 반작용력이므로 그림 4.4.1.2와 같이 마찰력 F의 방향은 작용력 P의 반대방향이다.

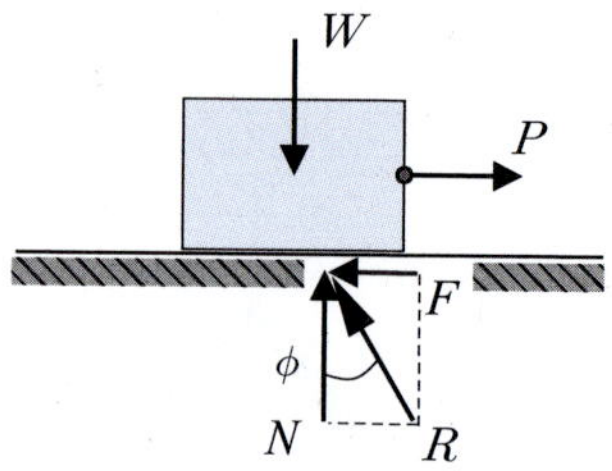

그림 4.4.1.2

마찰각. 그림 4.4.1.2에서 N과 F의 합력 R과 N 사이의 각을 마찰각(angle of static friction) ϕ로 표기하면 $\tan\phi = \dfrac{F}{N}$이고 최대정지마찰력 F_m에 상응하는 각을 정지마찰각 ϕ_s로 표기하면 정지마찰각과 정지마찰계수의 관계는 다음 식과 같다.

$$\tan\phi_s = \frac{F_m}{N} = \frac{\mu_s N}{N} = \mu_s \quad \Rightarrow \quad \phi_s = \tan^{-1}\mu_s \tag{4.4.1.3}$$

마찰력의 방향. 마찰력을 포함한 문제에서 중요한 것은 물체의 운동방향에 의한 마찰력의 방향을 결정하는 것이다. 그림 4.4.2.1(1)과 같이 경사면 위의 물체에 하중 P가 경사면 위 방향으로 작용하는 경우 하중의 크기에 의해 물체가 경사면 위로 이동한다면 마찰력은 그림 4.4.2.1(2)와 같이 작용하고 물체가 경사면 아래로 이동한다면 마찰력은 그림 4.4.2.1(3)과 같이 작용한다.

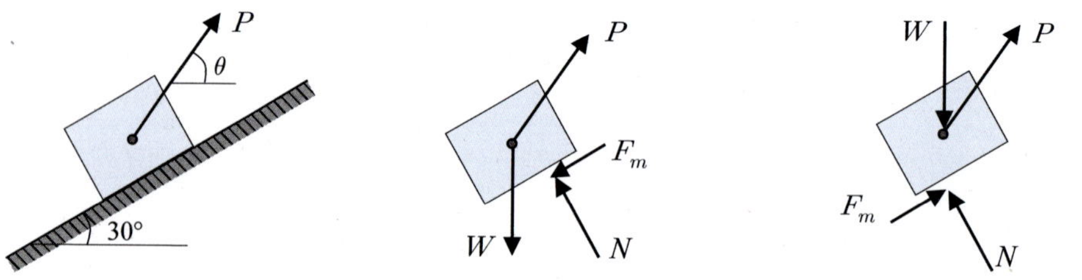

그림 4.4.2.1

미끄러짐과 전도. 그림 4.4.2.2(1)과 같이 폭 b, 무게 W의 물체가 정지마찰계수 μ_s인 수평면에 놓여 있는 경우 물체를 움직이게 하는 수평력 P의 최소값을 구하기 위해서는 미끄러짐(slipping)과 전도(tipping)의 다른 움직임을 고려해야 한다. 미끄러짐의 경우 자유물체도는 그림 4.4.2.2(2)와 같이 구성되고 수평 방향의 평형조건으로부터 수평력 P_1은

$$P_1 = F_m = \mu_s N$$

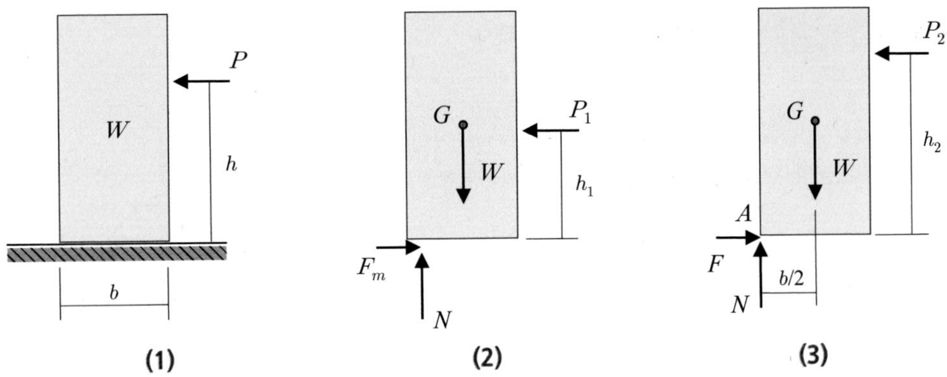

그림 4.4.2.2

전도의 경우 자유물체도는 그림 4.4.2.2(3)과 같이 물체가 A점을 중심으로 회전하려는 상태이므로 A점에 모멘트 평형방정식을 적용하면 수평력 P_2는 다음과 같이 결정한다.

$$\sum^{A} M = 0 = P_2 \times h_2 - W \times \frac{b}{2} \quad \Rightarrow \quad P_2 = \frac{b}{2h_2} W$$

연습문제 4.3.1절 절점평면역계의 평형

4-1 무게 50 kN이 케이블 BC와 강봉 AB에 의해 지지되어 있다. 케이블의 인장력과 강봉에 발생하는 부재력을 구하시오.

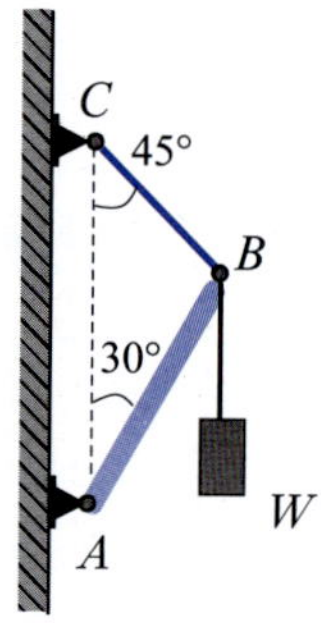

[답] T_{BC} = 25.9 kN , F_{BA} = 36.6 kN (압축)

4-2 케이블 AC 및 BC가 30 kN의 물체를 지지하고 있다. 각 케이블의 인장력을 구하시오.

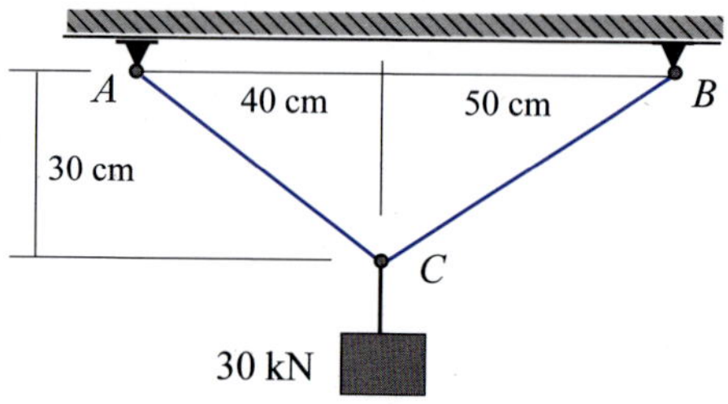

[답] T_{CA} = 27.8 kN , T_{CB} = 25.9 kN

4-3 절점 C에서 힌지로 연결된 강봉 AC, BC의 부재력과 회전지점 A, B의 반력을 구하시오.

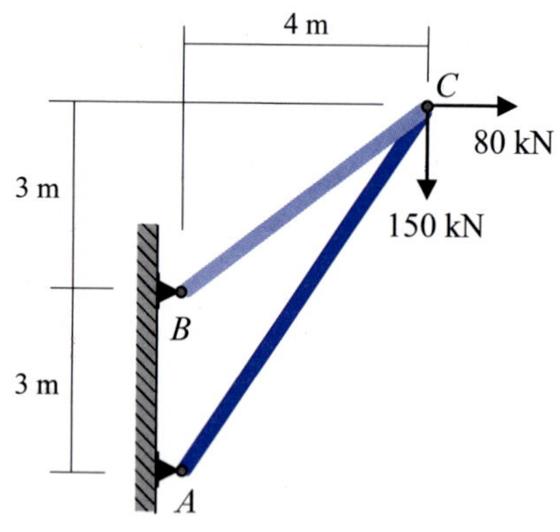

[답] F_{CA} = 504.8 kN (압축) , F_{CB} = 450 kN (인장) , R_A = 504.8 kN ↗ , R_B = 450 kN ↙

4-4 크랭크축과 피스톤이 평형상태인 경우 피스톤에 의해 실린더 벽에 가해지는 수평력(H)과 크랭크축 BC에 발생하는 압축력 F_{BC}를 구하시오.

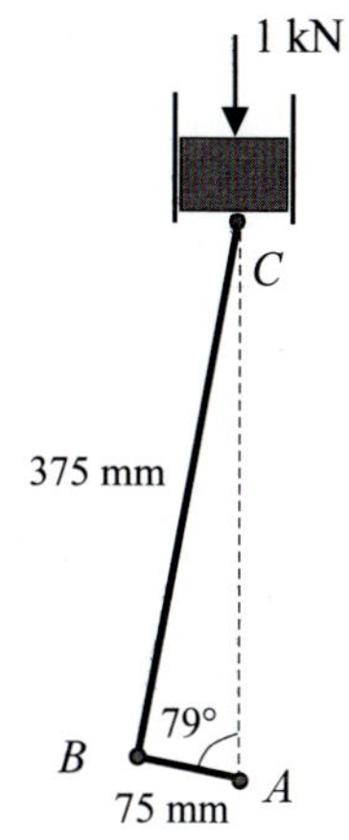

[답] $H = 0.2\,\text{kN}$, $F_{BC} = 1.02\,\text{kN}$

연습문제 4.3.2절 비절점평면역계의 평형

4-5 200 kN의 물체를 도르래를 이용하여 들어올리기 위한 힘 P를 구하시오.

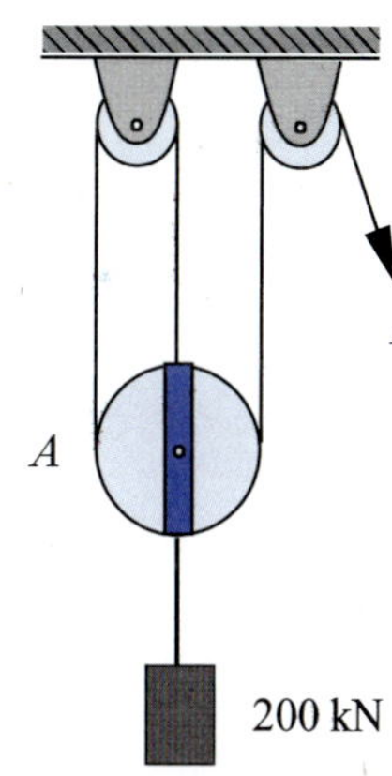

[답] $P = 66.7\,\text{kN}$

4-6 200 kN의 물체를 도르래를 이용하여 들어올리기 위한 힘 T를 구하시오.

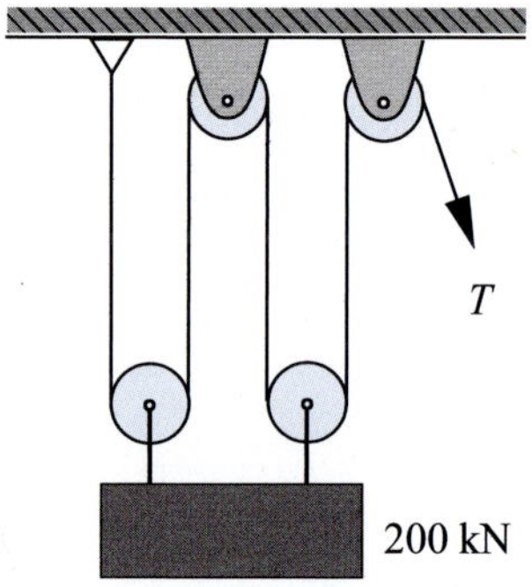

[답] $T = 50\,\text{kN}$

4-7 레버 AC가 회전지점과 링크지점에 의해 지지되어 있다. 링크 BD의 축방향력과 지점의 반력을 구하시오.

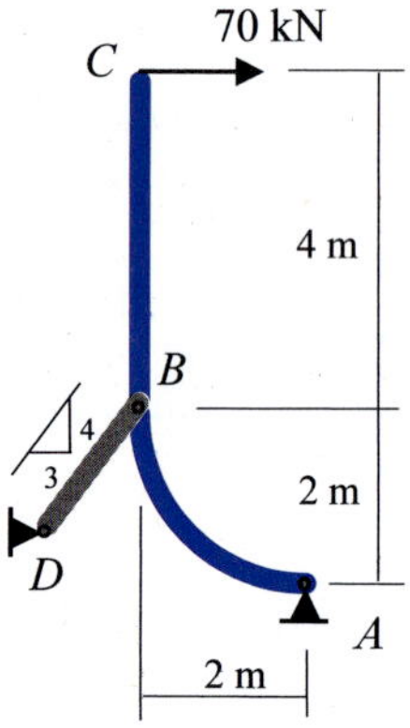

[답] $F_{BD} = 150\,\text{kN}$(인장) , $R_B = 150\,\text{kN}$ ↙ , $R_{A,x} = 20\,\text{kN}$ → , $R_{A,y} = 120\,\text{kN}$ ↑

4-8 단순보의 지점반력을 구하시오.

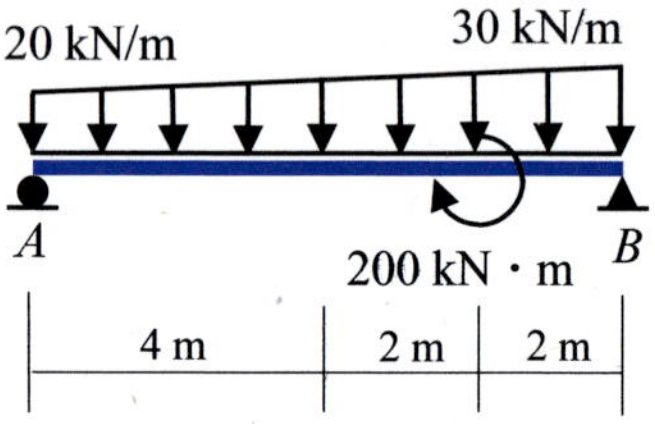

[답] $R_A = 68.3\,\text{kN}$ ↑ , $R_B = 131.7\,\text{kN}$ ↑

4-9 내민보의 지점반력을 구하시오.

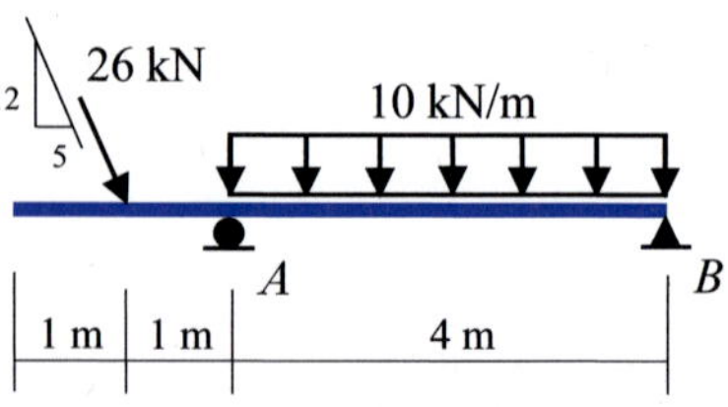

[답] $R_{A,y} = 50\,\text{kN}$ ↑ , $R_{B,x} = 10\,\text{kN}$ ← , $R_{B,y} = 14\,\text{kN}$ ↑

4-10 내민보의 지점반력을 구하시오.

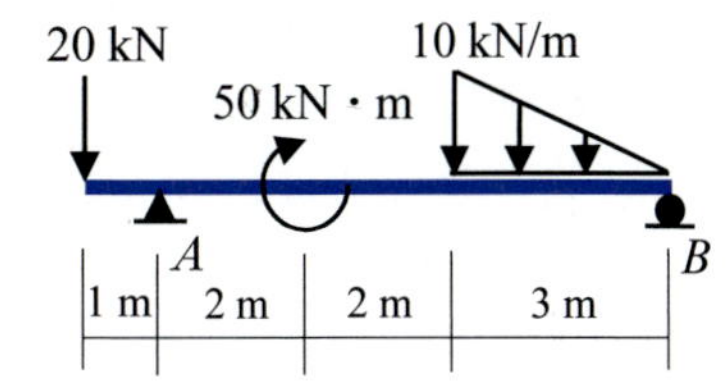

[답] $R_A = 20\,\text{kN} \uparrow$, $R_B = 15\,\text{kN} \uparrow$

4-11 내민보의 지점반력을 구하시오.

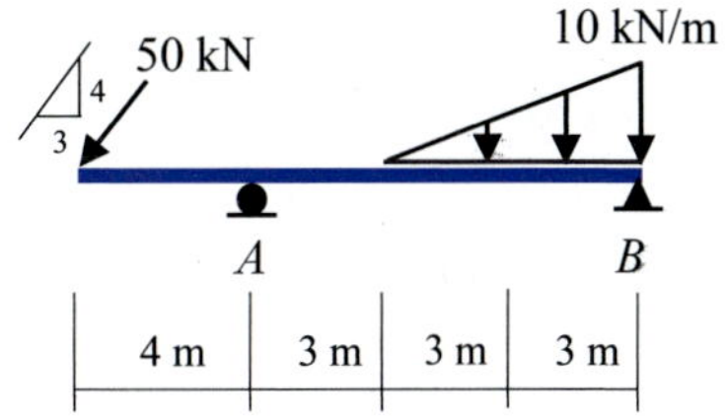

[답] $R_A = 64.4\,\text{kN} \uparrow$, $R_{B,x} = 30\,\text{kN} \rightarrow$, $R_{B,y} = 5.6\,\text{kN} \uparrow$

4-12 내민보의 지점반력을 구하시오.

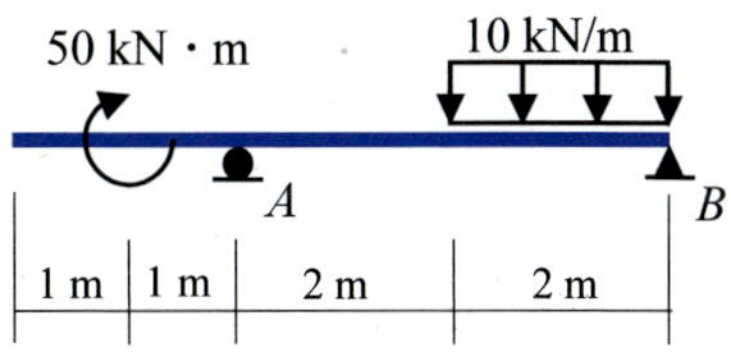

[답] $R_A = 7.5\,\text{kN} \downarrow$, $R_B = 27.5\,\text{kN} \uparrow$

4-13 트러스의 지점반력을 구하시오.

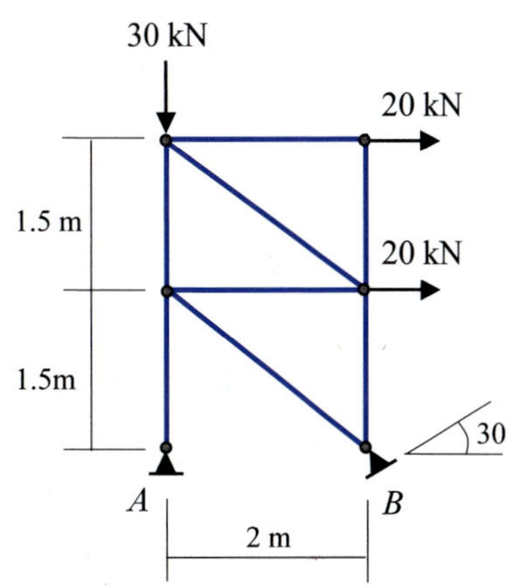

[답] $R_A = 15\,\text{kN} \downarrow$, $V_B = 59.0\,\text{kN} \nwarrow$, $H_B = 12.1\,\text{kN} \swarrow$

4-14 트러스가 평형상태를 유지하기 위한 하중 P 와 지점 A의 반력을 구하시오.

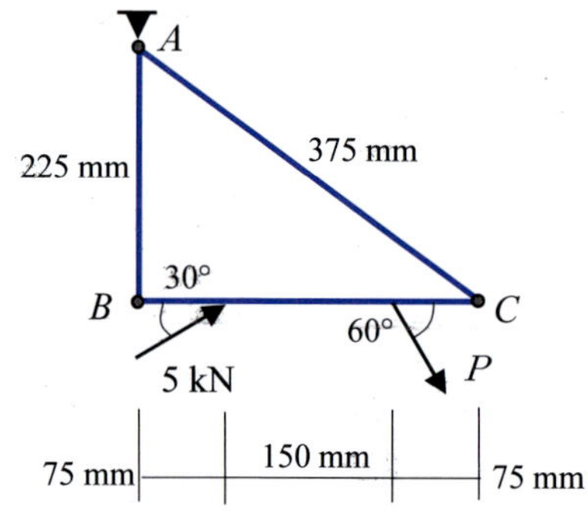

[답] $P = 14.1\,\text{kN}$, $R_{A,x} = 11.4\,\text{kN} \leftarrow$, $R_{A,y} = 9.7\,\text{kN} \uparrow$

4-15 구조물의 지점반력을 구하시오.

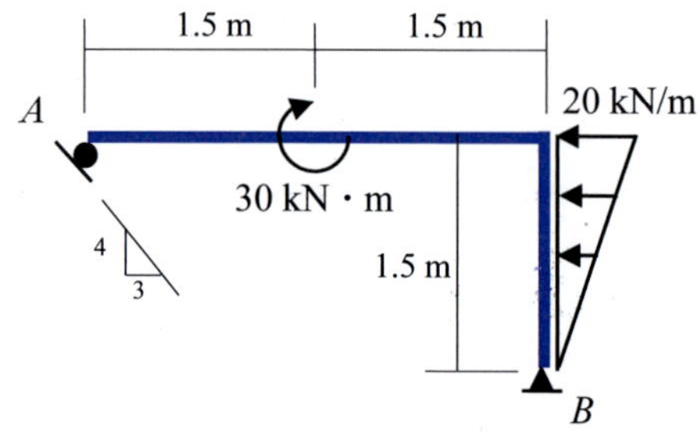

[답] $R_A = 5\,\text{kN} \swarrow$, $R_{B,x} = 19\,\text{kN} \rightarrow$, $R_{B,y} = 3\,\text{kN} \uparrow$

4-16 구조물의 지점반력을 구하시오.

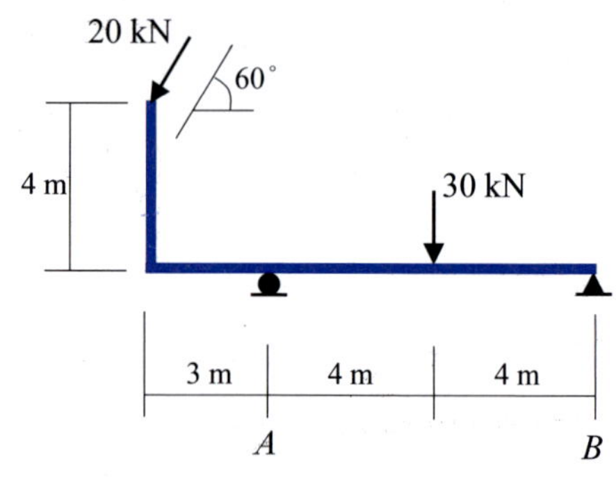

[답] $R_{B,x} = 10\,\text{kN} \rightarrow$, $R_A = 43.8\,\text{kN} \uparrow$, $R_{B,y} = 3.5\,\text{kN} \uparrow$

4-17 구조물의 지점반력을 구하시오.

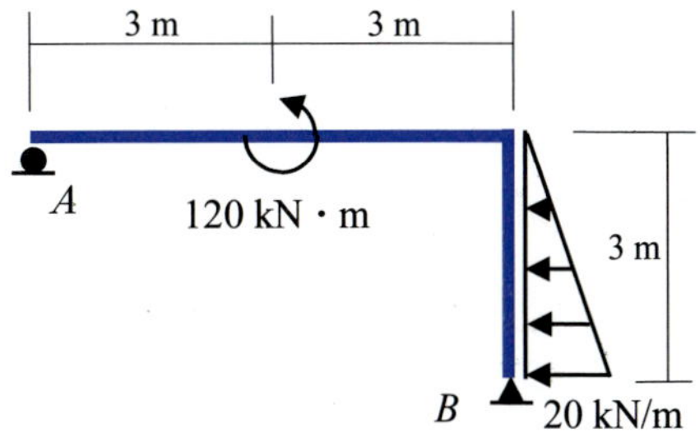

[답] $R_{B,x} = 30\,\text{kN} \rightarrow$, $R_A = 25\,\text{kN} \uparrow$, $R_{B,y} = 25\,\text{kN} \downarrow$

4-18 구조물의 지점반력을 구하시오.

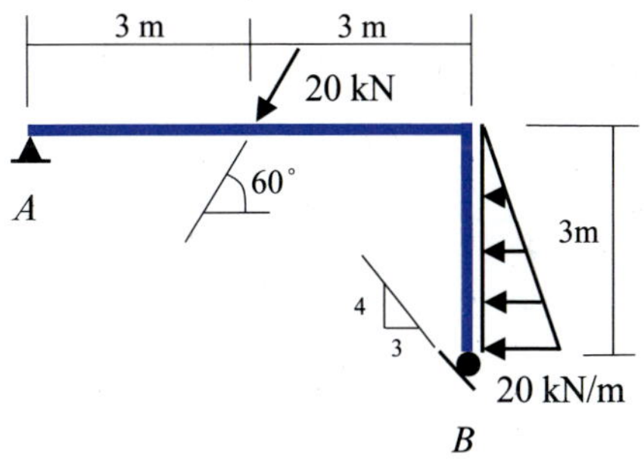

[답] $R_B = 18.7\,\text{kN} \nearrow$, $R_{A,x} = 25.0\,\text{kN} \rightarrow$, $R_{A,y} = 6.1\,\text{kN} \uparrow$

4-19 구조물의 지점반력을 구하시오.

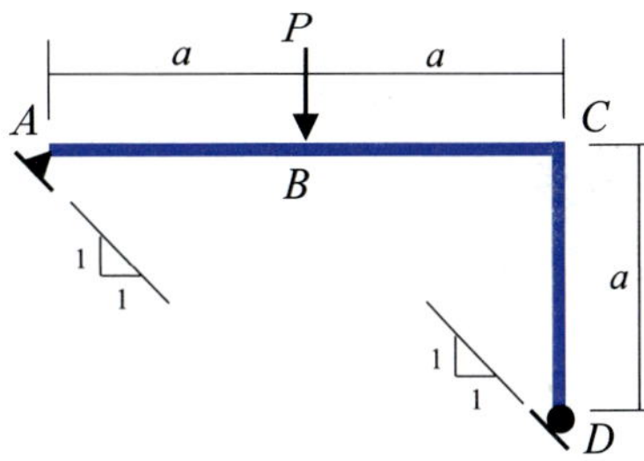

[답] $R_{A,x} = \dfrac{P}{\sqrt{2}} \nwarrow$, $R_{A,y} = \dfrac{\sqrt{2}\,P}{6} \nearrow$, $R_D = \dfrac{\sqrt{2}\,P}{3} \nearrow$

4-20 구조물의 지점반력을 구하시오.

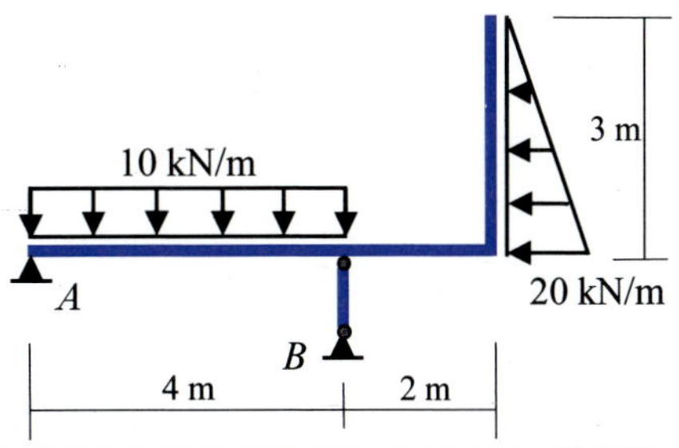

[답] $R_{A,x} = 30\,\text{kN} \rightarrow$, $R_{A,y} = 27.5\,\text{kN} \uparrow$, $R_B = 12.5\,\text{kN} \uparrow$

4-21 구조물의 지점반력을 구하시오.

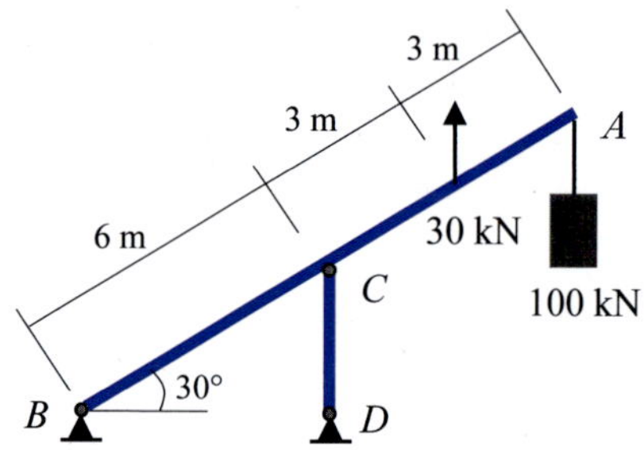

[답] $R_{B,x} = 0$, $R_{B,y} = 85\,\text{kN} \downarrow$, $R_D = 155\,\text{kN} \uparrow$

4-22 구조물의 지점반력을 구하시오.

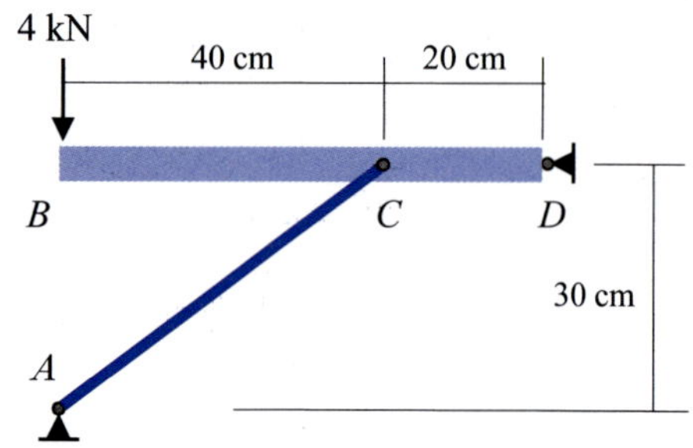

[답] $R_A = 20\,\text{kN} \nearrow$, $R_{D,x} = 16\,\text{kN} \leftarrow$, $R_{D,y} = 8\,\text{kN} \downarrow$

연습문제 4.3.3절 절점공간역계의 평형

4-23 음의 x축 방향 수평력 20 kN을 지지하고 있는 강봉 AB의 압축력과 강선 BC, BD의 인장력을 구하시오. A는 회전지점이다.

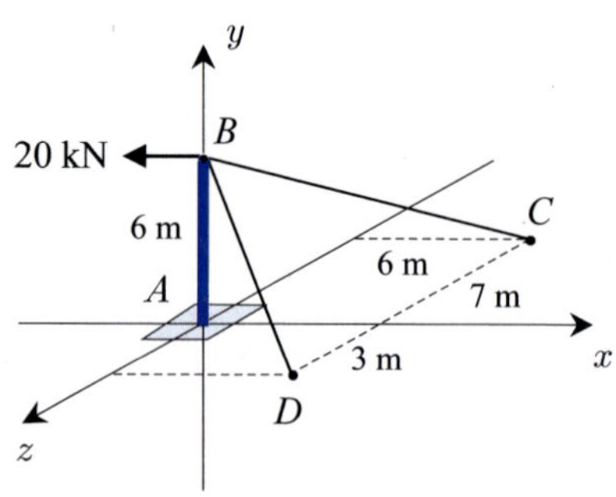

[답] $F_{BA} = 20\,\text{kN}$, $T_{BD} = 21\,\text{kN}$, $T_{BC} = 11\,\text{kN}$

4-24 부재 AB가 회전지점 A와 케이블 BC, BD에 의해 지지되어 있고 케이블 BD의 인장력이 7 kN이다. 케이블 BC의 인장력, AB의 부재력 및 추의 무게를 구하시오.

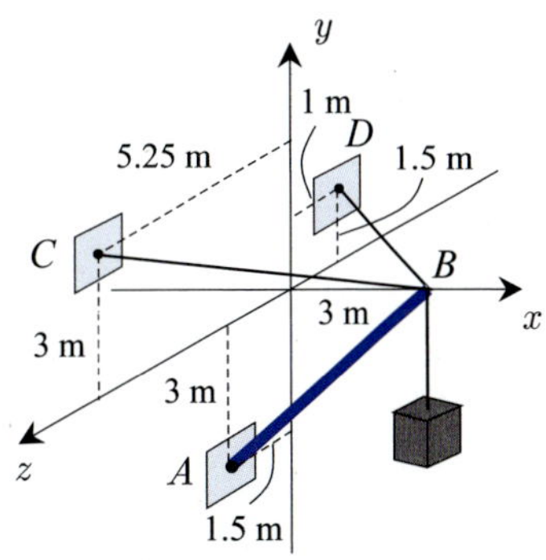

[답] $T_{BC} = 9\,\text{kN}$, $F_{AB} = 15\,\text{kN}$(압축) , $W = 17\,\text{kN}$

4-25 부재 AB가 회전지점 A와 케이블 BC, BD에 의해 지지되어 있다. 각 케이블의 인장력과 부재 AB의 부재력을 구하시오.

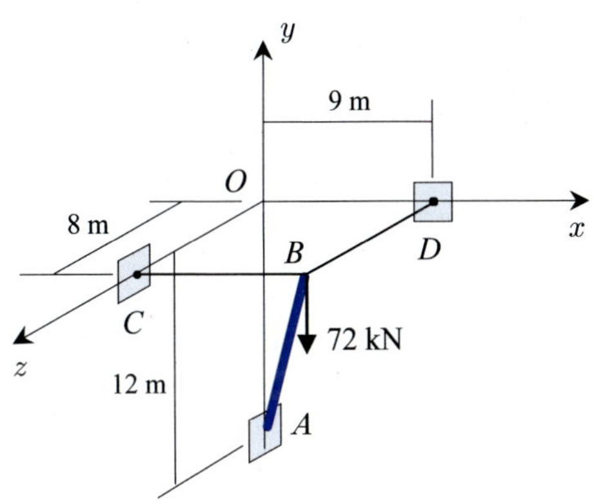

[답] $F_{AB} = 102\,\text{kN}$ (압축) , $T_{BC} = 54\,\text{kN}$, $T_{BD} = 48\,\text{kN}$

4-26 18 N의 삼각형 판이 3개의 강선에 의해 수평상태로 지지되어 있다. 각 강선의 인장력을 구하시오.

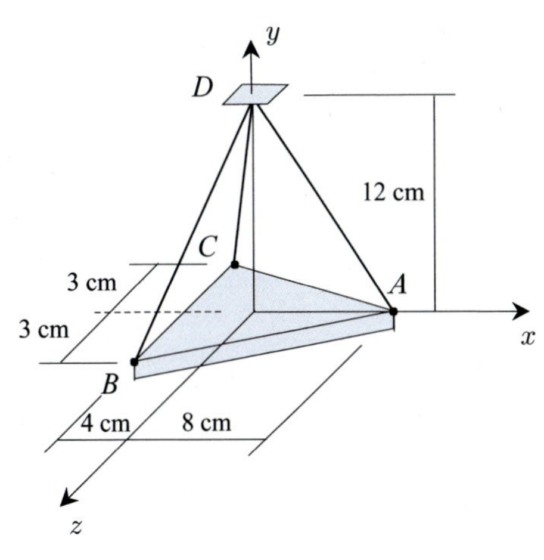

[답] $T_{AD} = 7.21\,\text{N}$, $T_{BD} = T_{CD} = 6.5\,\text{N}$

4-27 삼각형 판이 3개의 케이블에 의해 수평상태로 지지되어 있다. b가 6 cm, 케이블 AD의 인장력이 17 kN인 경우 삼각형 판의 무게를 벡터식을 사용하여 구하시오.

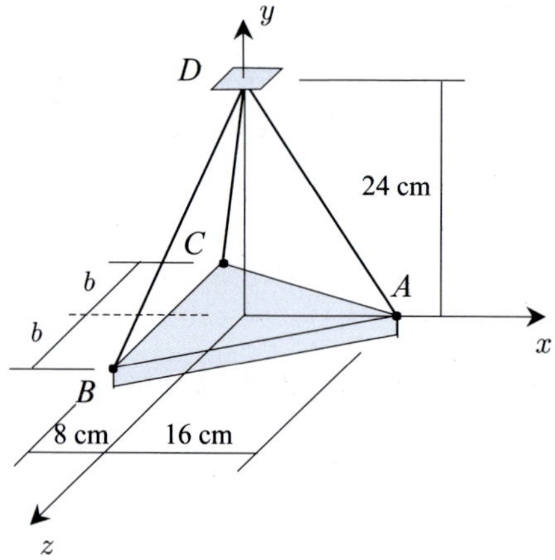

[답] 42.4 kN

연습문제 4.3.4절 비절점공간역계의 평형

4-28 196 N의 사각형 판이 3개의 강선에 의해 그림과 같이 지지되어 있다. 각 강선의 인장력을 구하시오.

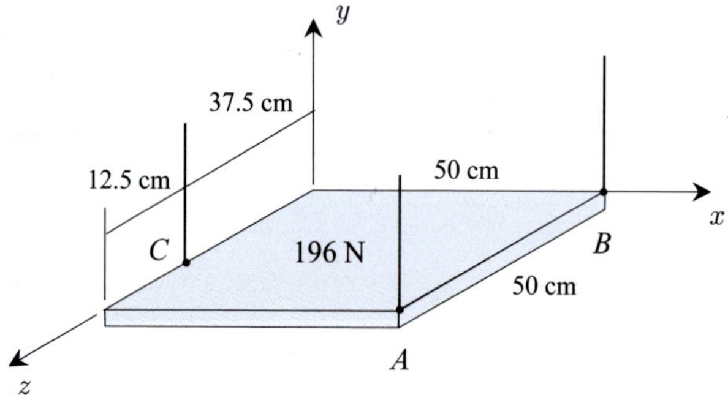

[답] $T_A = 24.5\text{N}$, $T_B = 73.5\text{N}$, $T_C = 98\text{N}$

4-29 부재 AB가 회전지점 A와 케이블 BD, BC에 의해 지지되어 있다. 회전지점 A의 반력과 케이블 BD, BC의 인장력을 구하시오.

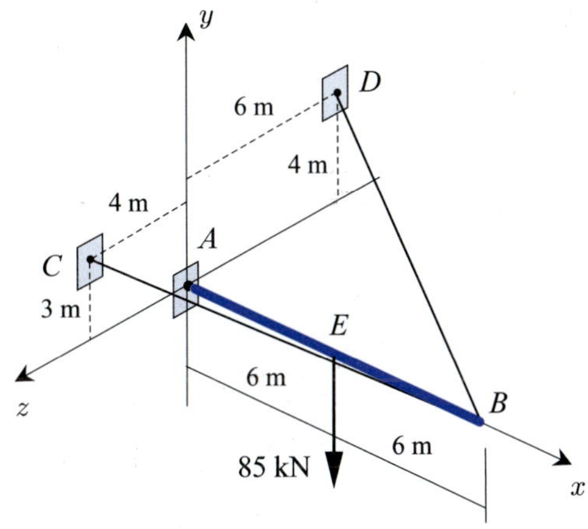

[답] $T_{BD} = 70\,\text{kN}$, $T_{BC} = 97.5\,\text{kN}$, $\mathbf{R}_{A,x} = 150\mathbf{i}$ (kN) , $\mathbf{R}_{A,y} = 42.5\mathbf{j}$ (kN) , $R_{A,z} = 0$

4-30 중심 G에 음의 z축 방향 하중 P가 작용하고 있는 사각형 판 $ABCD$가 회전지점 C, D와 케이블 AE, BE에 의해 지지되어 있다. 케이블 AE, BE에 인장력 1.8 kN이 발생하는 경우 하중 P와 회전지점 C의 반력을 구하시오. 사각형 판의 무게는 무시한다.

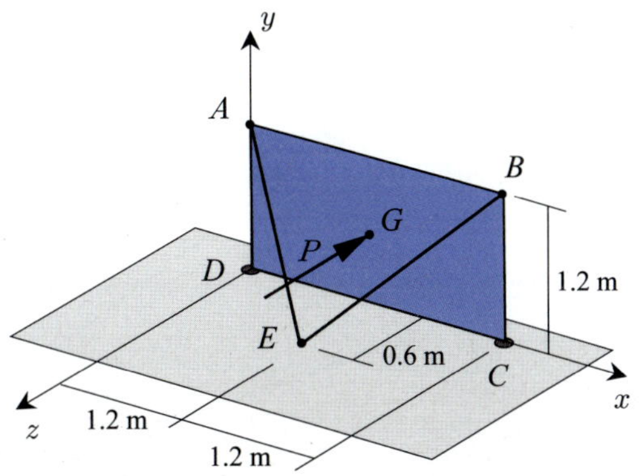

[답] $P = 2.4\,\text{kN}$, $\mathbf{R}_{C,z} = 0.6\mathbf{k}$ (kN) , $\mathbf{R}_{C,y} = 1.2\mathbf{j}$ (kN)

4-31 무게가 27 kN인 표지판이 회전지점 A와 케이블 BD, EC에 의해 지지되어 있다. 회전지점 A의 반력과 케이블 BD, EC의 인장력을 구하시오.

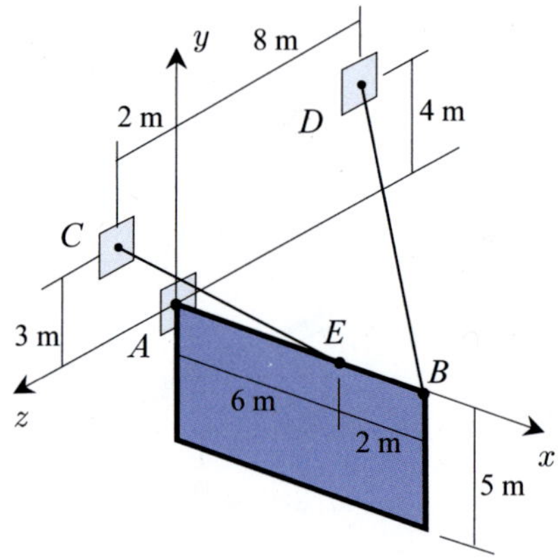

[답] $T_{BD} = 10.13\,\text{kN}$, $T_{EC} = 31.5\,\text{kN}$
$\mathbf{R}_{A,x} = 33.75\mathbf{i}$ (kN) , $\mathbf{R}_{A,y} = 10.13\mathbf{j}$ (kN) , $\mathbf{R}_{A,z} = -2.25\mathbf{k}$ (kN)

4-32 음의 y축 방향 하중 P 50 kN이 작용하는 구조물 ABC가 회전지점 A와 케이블 BD, BE, CF에 의해 지지되어 있다. 회전지점 A의 반력과 케이블 BD, BE, CF의 인장력을 구하시오.

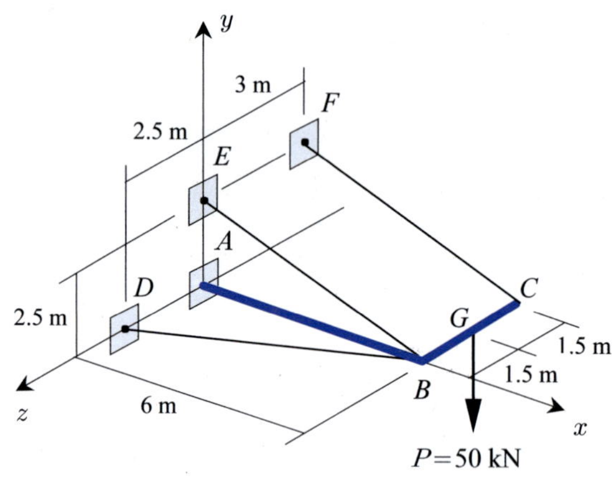

[답] $T_{BD} = 78\,\text{kN}$, $T_{BE} = 65\,\text{kN} = T_{CF}$
$\mathbf{R}_{A,x} = 192\mathbf{i}$ (kN) , $R_{A,y} = 0$, $\mathbf{R}_{A,z} = -30\mathbf{k}$ (kN)

4-33 음의 y축 방향 하중 P (45 kN)가 작용하는 구조물이 회전지점 A, D와 케이블 EG에 의해 지지되어 있다. 케이블의 인장력이 최소가 되는 G의 위치와 인장력을 구하시오.

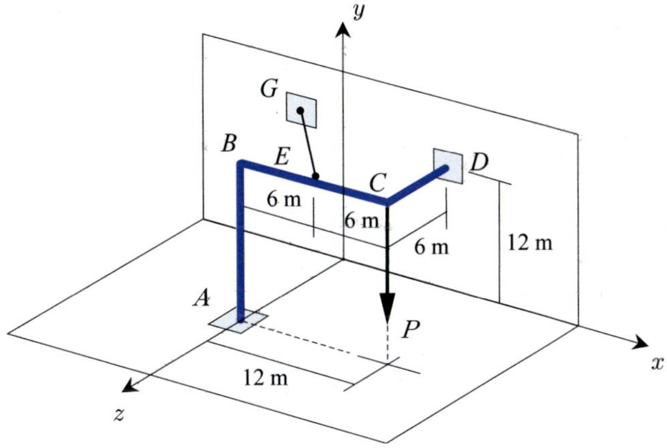

[답] $G(0,\ 15,\ 0)$, 최소 인장력 30 kN

연습문제 4.4.2절 건마찰 문제

4-34 50 kg의 물체에 그림과 같이 $P(=150\text{ N})$가 작용하는 경우 접촉면에 발생하는 마찰력을 구하시오. 정지마찰계수와 운동마찰계수는 각각 $\mu_s = 0.4$, $\mu_k = 0.3$이다.

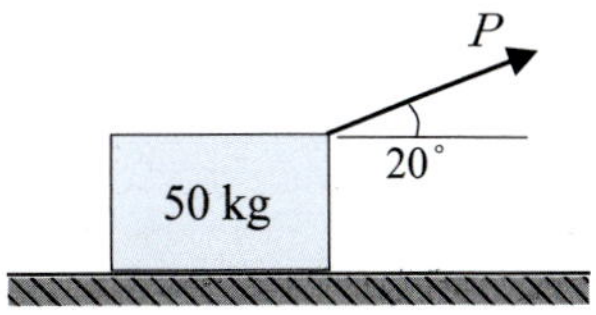

[답] 141 N

4-35 물체 B가 움직이게 하는 최소힘 P를 구하시오.

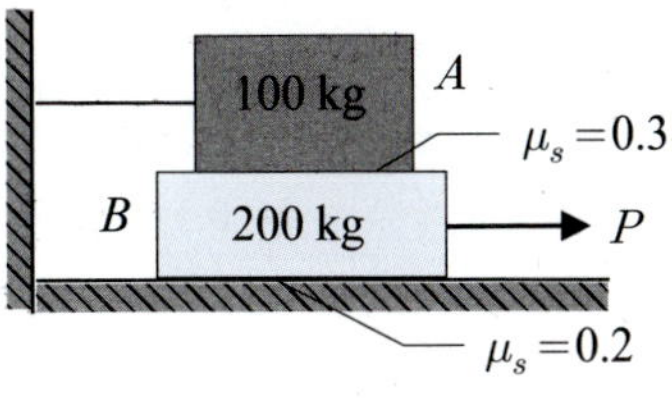

[답] $P = 883\text{ N}$

4-36 10 kN의 물체가 경사면 위로 움직이게 하는 최소힘 P를 구하시오. 정지마찰계수는 $\mu_s = 0.50$이다.

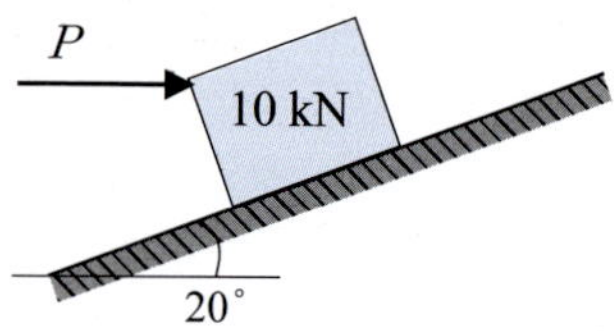

[답] $P = 10.6\,\text{kN}$

4-37 400 N의 물체가 경사면 아래로 움직이지 않게 하는 최소힘 P를 구하시오. 정지마찰계수는 $\mu_s = 0.20$이다.

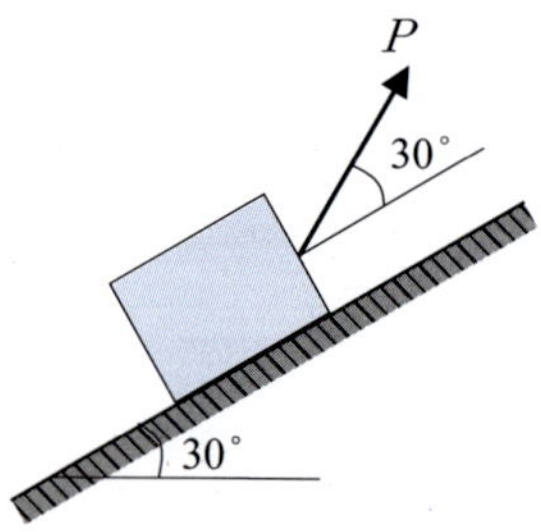

[답] $P = 171\,\text{N}$

4-38 물체 A(50 kg)와 물체 B가 평형상태를 유지하는 물체 B의 최대 질량을 구하시오. 정지마찰계수는 $\mu_s = 0.3$이다.

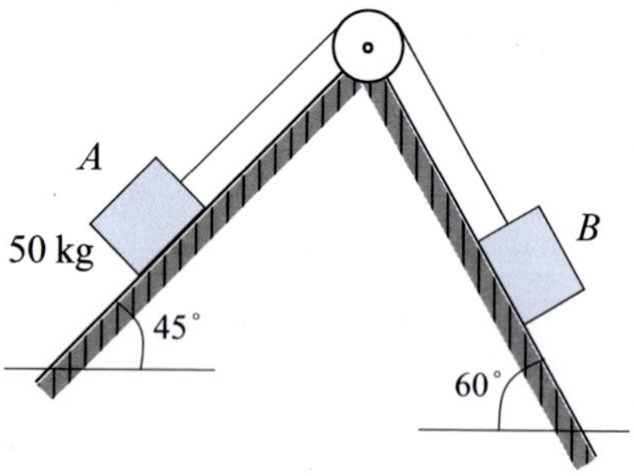

[답] 64.2 kg

4-39 80 kN의 물체에 하중 P가 작용하고 있다. 미끄러짐 또는 전도가 발생하기 위한 P의 최소값을 구하시오. 정지마찰계수 μ_s는 0.3이다.

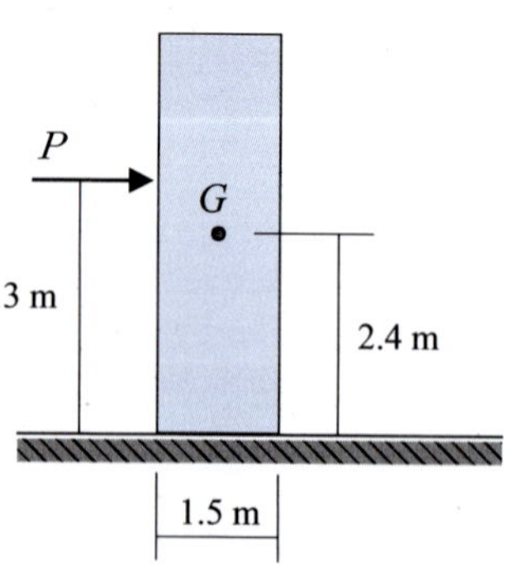

[답] $P = 20\,\text{kN}$ (전도)

4-40 무게 W의 물체에 하중 P가 작용하고 있다. 미끄러짐이 발생하기 위한 P의 최대값과 정지마찰계수 μ_s의 허용범위를 구하시오.

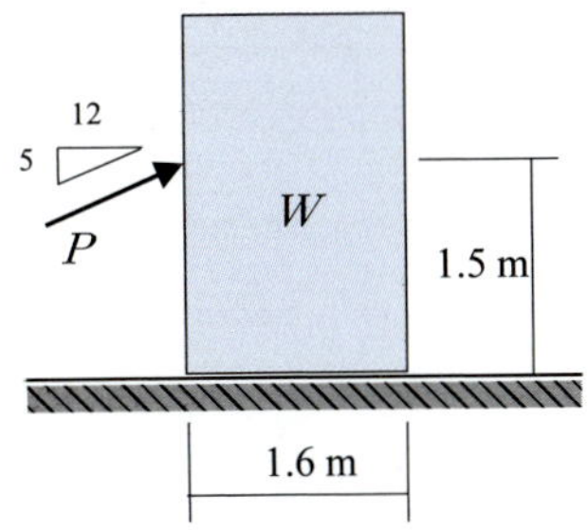

[답] $P_{\max} = 0.4\,W$, $\mu_s \leq 0.43$

05

구조물의 내력

5.1 개요

구조물에 작용하는 힘은 구조물의 외부에서 작용하는 힘(외력; external force)과 구조물을 구성하는 구조부재 내부에서 전달되는 힘(내력; internal force)으로 구분된다. 내력은 외력과 상반되는 개념의 힘으로 구조물에 작용하는 하중은 구조부재를 통해 내력으로 지점에 전달되어 지점반력이 발생하는 것이며 구조물의 형상과 평형상태를 유지하며 내력을 전달할 수 있도록 구조부재를 설계하여야 하므로 내력은 구조부재를 설계하기 위한 기본정보가 된다.

내력은 외력에 의해 결정되는 힘이므로 외력이 변경되면 이에 의해 내력도 변경된다. 그러므로 구조부재의 내력을 산정하기 위해서는 일반적으로 모든 외력을 결정하는 과정이 선행되어야 한다. 문제에 주어지는 외력은 하중과 반력으로 구성되며 하중은 기지력이고 반력은 미지력이므로 반력을 결정하는 과정이 선행되어야 한다는 것이다. 그러므로 4장(강체의 평형)에서 구조물에 작용하는 하중에 의해 발생하는 반력을 구하는 과정을 학습한 것은 내력을 구하기 위한 준비작업을 수행한 것이라고 할 수 있다.

내력을 구하는 기본적인 방법은 단면법(method of section)이다. 어떠한 물체든 내부를 파악하기 위해서는 잘라 보는 것이 필요한 것과 마찬가지로 단면법은 내력을 구하고자 하는 단면을 가상으로 절단하여 내부에서 전달되는 내력을 형상화하는 방법이다. 4장에서 기술한 평형상태의 자유물체도를 전체 자유물체도라고 하면 내력을 구하고자 하는 단면을 기준으로 전체 자유물체도를 분리하여 구성되는 자유물체도는 부분 자유물체도라고 한다. 전체 자유물체도가 평형상태이므로 부분 자유물체도 또한 평형상태이어야 하며 이러한 평형상태는 부분 자유물체도에 형상화되어 표시되는 내력에 의해 만족되어야 한다.

5장의 전반부는 단면법의 원리를 설명하고 가장 간단한 내력을 갖는 구조물인 트러스의 내력을 구하는 방법을 설명한다. 이력부재만으로 구성된 트러스 구조물과 달리 뼈대구조물은 다력부재를 포함하는 구조물로 뼈대구조물에서 힌지 또는 롤러에 의해 구조부재 간에 전달되는 내력을 결정하는 과정은 후반부에서 논의한다. 가장 중요하고 기본적인 보 구조물의 내력은 6장에서 상세하게 다루어진다.

5.2 외력과 내력

2.2절에 기술한 바와 같이 공간역계($x-y-z$ 좌표축)의 자유도는 서로 독립적인 강체의 움직임에 의해 그림 2.2.3.1(2)와 같이 구분된다. 그러므로 3.3절에서 역계의 합력을 구하기 위해서는 역계에 주어진 힘을 자유도에 해당하는 직각분력으로 구분하는 과정이 제시되어 있으며 4.2절의 평형방정식은 각 자유도별 이동 및 회전효과가 0이 되어야 한다는 평형조건을 바탕으로 구성되어 있다. 내력 또한 외력과 마찬가지로 역계의 자유도에 의해 구분하며 $x-y-z$ 좌표축의 공간역계에서 x축이 부재축인 보의 각 자유도에 해당하는 내력은 표 5.2.1과 같다.

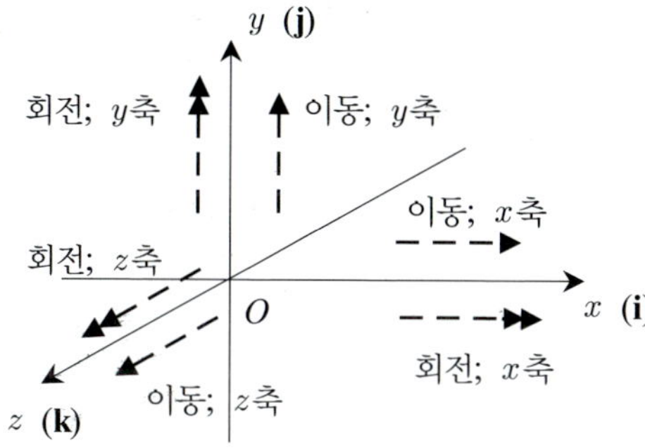

그림 2.2.3.1(2) $x-y-z$ 좌표축(공간역계)

표 5.2.1 자유도와 내력

자유도	좌표축	부재축 x
이동	x	축력 P
	y	전단력 V_y
	z	전단력 V_z
회전	x	비틂모멘트 T_x
	y	휨모멘트 M_y
	z	휨모멘트 M_z

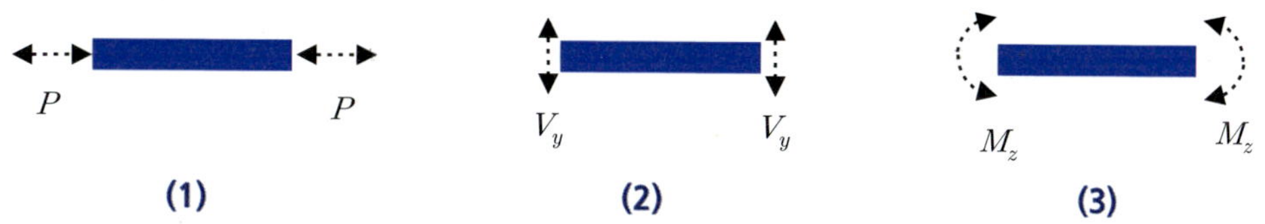

그림 5.2.1

그림 2.2.3.1(2)에 제시한 직각좌표축의 자유도가 강체의 움직임을 기준으로 구분된 것과 같이 내력의 경우는 구조부재 단면의 움직임(부재의 변형상태)에 의해 구분된다. $x-y$ 좌표축의 평면역계에서 x축을 부재축으로 하는 보에 발생하는 내력은 그림 5.2.1과 같이 (1) x축의 축력(P; axial force)과 (2) y축의 전단력(V_y; shear force) 및 (3) z축의 휨모멘트(M_z; bending moment)이다. 축력에 의해 부재에는 축방향으로 길이변형이 발생하고 길이가 증가하는 축력을 인장력(tension force), 길이가 감소하는 축력을 압축력(compression force)이라 한다. 전단력에 의해 부재는 축직각방향으로 절단되는 변형이 발생하고 휨모멘트

에 의해 부재는 아래로 또는 위로 볼록하게 휘는 변형이 발생한다. 트러스 구조물을 구성하는 이력부재와 같이 구조부재의 설계방식에 의해 특정한 내력만 발생하도록 할 수 있다.

구조부재의 내부에서 전달되는 내력을 구하기 위해 사용하는 방법은 단면법이다. 그림 5.2.2(1)에 제시된 외팔보의 고정지점을 수평/수직/회전 반력으로 대체한 전체 자유물체도 그림 5.2.2(2)는 비절점평면역계를 구성하고 있다. 모멘트하중 M이 작용하는 C점의 우측에서 전달되는 내력을 구하기 위해 단면법을 적용하면 그림 5.2.2(3)과 같이 2개의 부분 자유물체도가 작성되며 C점에 작용하는 모멘트하중은 좌측 부분 자유물체도에 포함된다. 단면에 발생하는 내력은 비절점평면역계의 자유도에 해당하는 축력(수평력), 전단력(수직력), 휨모멘트(회전력)이고 좌/우측 부분 자유물체도에 표시한 내력은 작용/반작용 법칙에 의해 크기는 같고 반대방향이다. 이는 내력이 가상으로 절단한 상대 부분 자유물체도를 구속하는 역할을 한다는 것과 부분 자유물체도를 재결합하여 전체 자유물체도가 되면 서로 상쇄되어야 한다는 것을 의미한다. 실제로 부분 자유물체도의 C점에 고정지점이 있는 것으로 가정하면 이들 내력은 각 부분 자유물체도의 반력과 같으므로 좌/우측 부분 자유물체도는 각각 상대 부분 자유물체도의 모든 자유도(이동과 회전)를 구속하는 고정지점 역할을 하는 것이다.

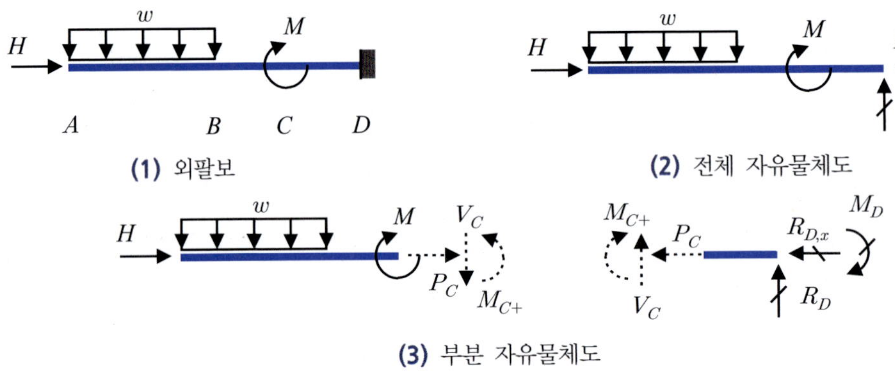

그림 5.2.2

전체 자유물체도가 평형상태이면 부분 자유물체도 또한 내력에 의해 평형상태가 되므로 전체 자유물체도에 평형방정식을 적용하여 미지력인 반력을 구하는 것과 같이 부분 자유물체도에 평형방정식을 적용하여 미지력인 내력을 구한다. 분포하중은 등가집중하중으로 치환하여야 평형방정식에 포함할 수 있으므로 부분 자유물체도에 작용하는 분포하중은 치환이 요구된다. 그러나 이러한 치환은 반드시 부분 자유물체도를 작성한 이후에 수행되어야 한다. 그림 5.2.2(1)의 외팔보에서 등분포하중이 작용하는 구간 $A \sim B$ 중간의 단면에서 내력을 구한다면 그 단면에서 등분포하중 또한 가상으로 절단하여 부분 자유물체도를 작성해야 한다는 것이다.

외력을 모두 표시하여 자유물체도를 작성하고 평형방정식을 구성하는 경우 전달성원리를 적용하여 외력의 작용점을 작용선상의 다른 점으로 변경해도 강체의 움직임에 대한 효과는 동일하다. 그러나 내력을 결정하는 경우 전달성원리는 부분 자유물체도를 작성한 이후에 적용해야 한다. 그림 5.2.3(1)과 같이 하중 P가 A점에 작용하는 브래킷에서 P의 작용점을 그림 5.2.3(2)와 같이 작용선상의 B점으로 변경해도 고정지점 O의 반력은 동일하나 부재의 내력은 두 경우에 다르다. P가 A점에 작용하는 경우 부재 $A \sim B$ 구간에는 내력이 발생하지만 B점에 작용하는 경우 $A \sim B$ 구간은 부재로서 아무런 역할도 하지 않으므로 내력이 발생하지 않는다. 그러므로 내력을 구하기 위해 부분 자유물체도를 작성하는 과정에서는 문제에 주어진 하중 작용점을 변경할 수 없다.

그림 5.2.3 전달성 원리의 제한

5.3 트러스의 내력

5.3.1 평면트러스

트러스(truss)는 구조물의 규모에 비해 상대적으로 세장한 부재들을 연결하여 하중을 지지하도록 설계한 구조물이다. 트러스의 부재가 모두 동일 평면에 위치하는 트러스를 평면트러스(plane truss)라 하며 그림 5.3.1.1은 각각 건물의 지붕 및 교량 구조물에 사용되는 여러 가지 형상의 평면트러스이다. 그림 5.3.1.2는 트러스 교량으로 도로의 좌/우측에 각각 평면트러스를 사용하고 평면트러스는 횡브레이싱에 의해 연결되어 있으며 바닥틀은 상판, 세로보 및 가로보로 구성되어 있다. 상판은 세로보에 의해 지지되어 있으므로 상판에 작용하는 하중은 세로보를 통하여 가로보로 전달되고 가로보는 하중을 평면트러스의 절점으로 전달하며 평면트러스는 이 하중을 양단의 지점에 전달하도록 설계되어 있다.

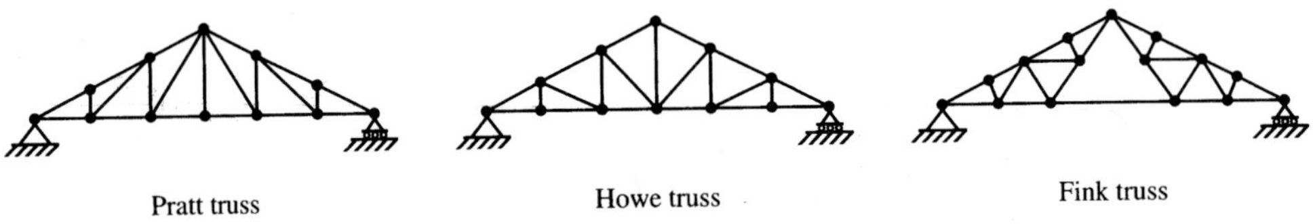

(1) 건물에 사용되는 평면트러스

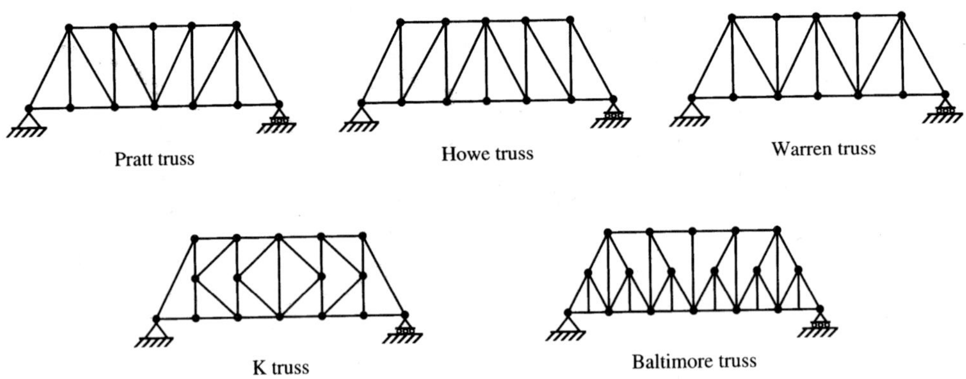

(2) 교량에 사용되는 평면 트러스

그림 5.3.1.1

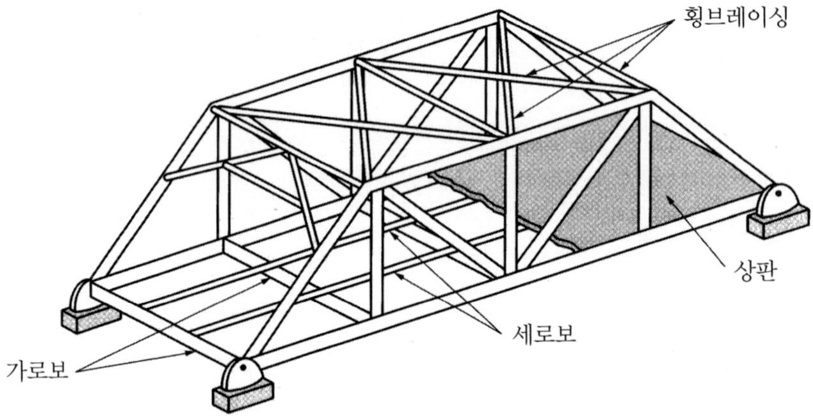

그림 5.3.1.2 트러스 교량

트러스 부재들은 직선이며 강봉, L-형강, U-형강, H-형강, 조립단면, 목재 등이 사용된다. 강재로 구성된 트러스의 경우에는 그림 5.3.1.3(1)에 제시한 바와 같이 부재들이 연결되는 절점에서 거셋트판(gusset plate)이라 불리는 연결판과 부재의 단부를 볼트 또는 용접으로 연결한다.

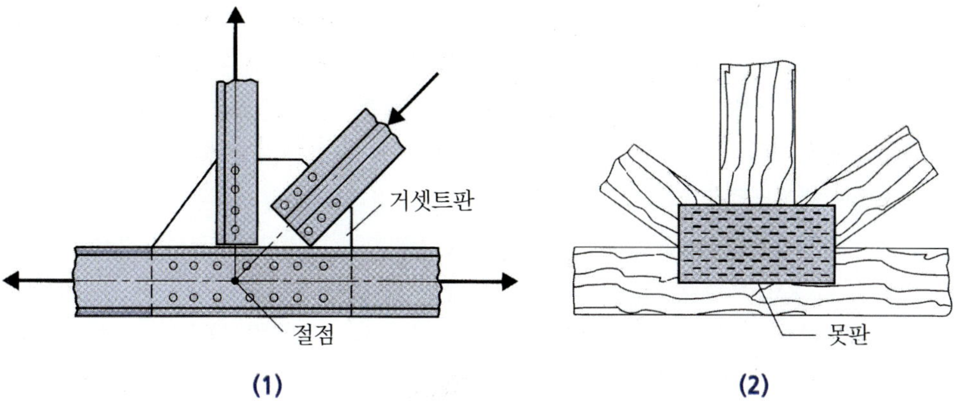

그림 5.3.1.3 트러스 부재의 연결

이러한 설계 및 시공방식에 의한 트러스 구조물의 해석과정에는 다음과 같은 사항을 가정할 수 있다.

1) 모든 하중은 절점에 작용한다. 부재의 자중은 절점에 작용하는 하중에 비해 작으므로 무시하거나 고려하는 경우에는 부재 자중을 그 부재가 연결된 절점에 수직하중으로 분배한다.
2) 부재가 연결되는 절점은 회전이 허용되는 힌지로 가정한다. 절점에 연결되어 있는 모든 부재축이 한 점에서 교차하도록 설계하면 이 가정은 성립한다.

이와 같은 가정에 근거하여 직선부재인 트러스부재는 4.3.1절에서 기술한 2개의 이동력이 작용하는 이력부재가 되며 트러스는 이러한 이력부재가 양단에서 힌지를 사용하여 연결된 구조가 된다. 그림 5.3.1.4(1)과 같은 평면트러스를 구성하는 부재가 이력부재라는 것은 다음과 같이 평형방정식으로 확인할 수 있다.

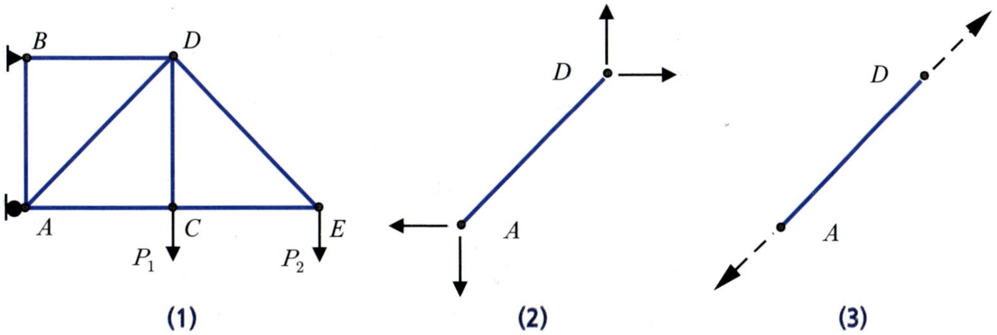

그림 5.3.1.4

부재를 연결하는 힌지는 회전을 허용하므로 이동력만을 내력으로 전달한다. 그림 5.3.1.4(2)는 AD 부재의 자유물체도를 작성한 것으로 절점 A, D에서 전달되는 수평/수직력을 표시한 것이다. 그러나 절점 A(또는 D)에 모멘트 평형방정식을 적용하면 D(또는 A)절점에 작용하는 수평/수직력의 합력은 그림 5.3.1.4(3)과 같이 양 절점을 연결하는 부재축 방향이어야만 평형상태이므로 트러스 부재는 이력부재라는 것을 확인할 수 있다.

트러스 부재에 어떠한 내력이 발생하는 가를 확인하는 방법 또한 평형방정식을 적용하는 것이다. 그림 5.3.1.5(1)과 같은 이력부재 AB의 단면 C에 발생하는 내력을 구하기 위해 단면법을 적용하고 그림 5.3.1.5(2)와 같이 좌측 부분 자유물체도를 선택한다. 가상으로 절단한 단면 C에는 평면역계의 자유도에 해당하는 축력(수평력), 전단력(수직력), 휨모멘트(회전력)가 모두 발생한다고 가정한 것이다. 부재 AB가 평형상태이면 부분 자유물체도 또한 평형상태이어야 하므로 C점에 모멘트 평형방정식을 적용하면 F_{AB}, V_C, P_C 모두 모멘트를 발생시키지 못하므로 M_C는 0이 되어야 한다. 다시 A점에 모멘트 평형방정식을 적용하면 V_C 또한 0이 되어야 평형조건을 만족하므로 그림 5.3.1.5(3)과 같이 내력으로 축력 P_C만 발생하고 크기는 F_{AB}와 같고 반대방향이라는 것을 알 수 있다. 그러므로 이력부재인 트러스 부재는 축력만 내력으로 전달한다.

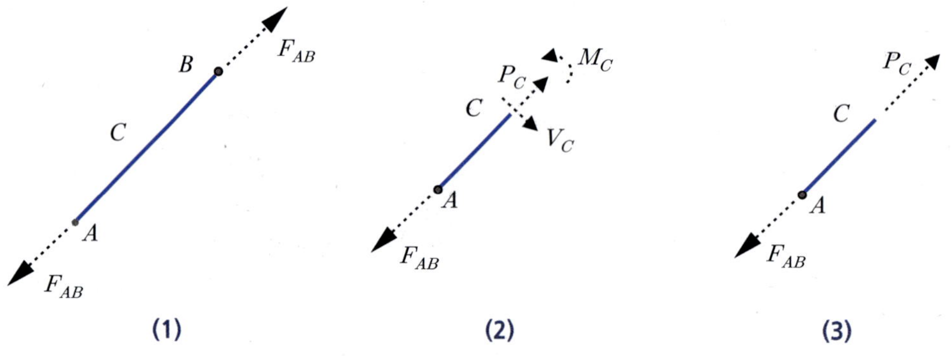

그림 5.3.1.5

그림 5.3.1.5의 트러스 부재는 내력으로 인장력이 발생하는 경우이고 F_{AB}의 방향이 반대인 경우는 압축력이 발생하는 경우가 된다. 내력으로 인장력이 발생하는 부재를 인장부재(tension member : 부재의 길이가 증가), 압축력이 발생하는 부재를 압축부재(compression member : 부재의 길이가 감소)라 하며 내력의 부호는 부재의 변형에 의해 정의되는 변형부호규약(deformation sign convention)에 의해 결정되므로 인장력은 양, 압축력은 음으로 정의되어 있다.

5.3.2 절점법

트러스의 해석방법은 절점법(method of joint)과 단면법(method of section)으로 구분한다. 절점법은 트러스의 각 절점을 가상으로 분리하여 절점에 연결된 부재의 내력을 구하는 방법으로 내력을 구하는 기본적인 방법인 단면법과 적용원리는 동일하나 모든 부재의 내력을 구하는 경우 사용한다. 그림 5.3.1.4(1)에 제시된 평면트러스 구조물의 전체 자유물체도는 회전지점과 이동지점을 반력으로 대체한 그림 5.3.2.1(1)과 같다. 그림 5.3.2.1(2)는 D 절점에 절점법을 적용하여 절점의 자유물체도와 연결부재를 표시한 것으로 부재축 방향으로 발생하는 내력은 부재 단면에서 나가는 방향인 인장력으로 가정한 것이다. 부재 내력을 모두 인장력으로 가정하는 경우 해석결과가 양이면 인장부재, 음이면 압축부재이므로 변형부호규약에 맞는 결과가 된다. 인장부재와 압축부재의 설계기준이 다르므로 각 부재 내력의 인장/압축 여부를 명확히 하는 것은 중요하다. 작용/반작용 법칙에 의해 절점에 작용하는 내력과 부재 내력은 크기는 같고 방향은 반대가 되므로 부재 내력을 모두 인장력으로 가정하면 절점에 작용하는 내력은 절점에서 나가는 방향으로 표시된다.

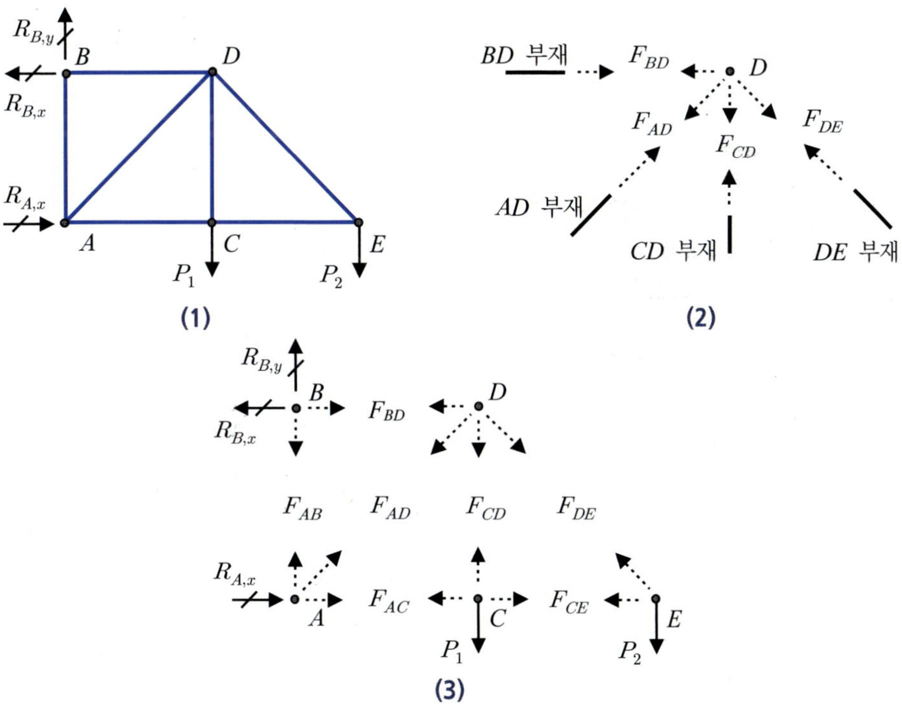

그림 5.3.2.1 절점법

그림 5.3.2.1(3)과 같이 부재의 자유물체도는 편의상 생략하고 각 절점에서 구성되는 5개의 부분 자유물체도를 트러스 형상으로 배치하면 지점반력과 부재 내력을 모두 미지력으로 포

함하는 5개의 절점평면역계는 평형상태를 만족해야 한다. 절점평면역계의 평형방정식은 $\sum F_x = 0$, $\sum F_y = 0$의 2개이므로 2개의 미지력을 포함하는 절점평면역계부터 미지력을 결정할 수 있다. 2개의 미지력이 포함된 절점 E에 먼저 평형방정식을 적용하여 부재 내력을 산정하면 절점 C, D, A의 순서로 미지력이 2개가 되므로 모든 미지력을 결정할 수 있다. 절점법을 적용하기 전에 비절점평면역계인 전체 자유물체도에 3개의 평형방정식을 적용하여 지점반력을 구하면 절점 B 또한 2개의 미지력만 포함하고 절점 B에서 시작하여 A, D, C의 순서로 해석을 수행할 수도 있으므로 지점반력을 먼저 구하는 것이 일반적인 해석 방법이다. 여러 개의 절점평면역계가 트러스 형상으로 배치되고 미지력의 방향이 연계되어 있는 경우 각 자유물체도에서 가정한 힘의 방향(인장력)을 해석결과에 의해 변경하면 평형방정식과 자유물체도가 일치하지 않는다는 것을 유의해야 한다.

예제 5.3.2.1

절점법을 적용하여 그림 예5.3.2.1(1)에 제시된 트러스의 부재 내력을 구하시오.

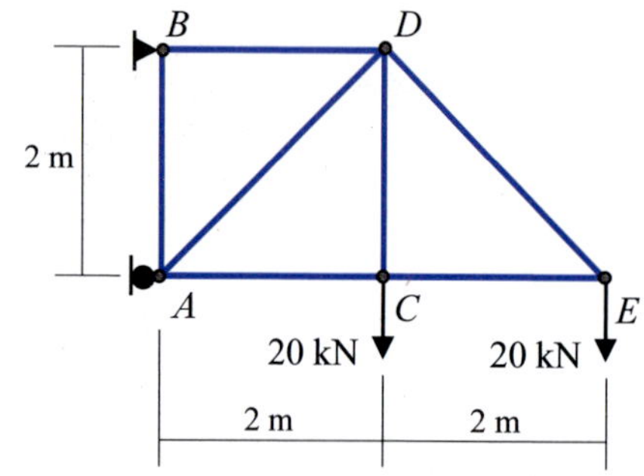

그림 예5.3.2.1(1)

해설 트러스의 전체 자유물체도는 그림 예5.3.2.1(2)와 같고 지점반력은 평형방정식을 적용하여

$$\sum^{A} M = 0 = R_{B,x} \times 2 - 20 \times 2 - 20 \times 4 \quad ; \quad R_{B,x} = 60\,\text{kN}$$
$$\sum F_x = 0 = R_{B,x} - R_{A,x} \quad ; \quad R_{A,x} = 60\,\text{kN}$$
$$\sum F_y = 0 = R_{B,y} - 20 - 20 \quad ; \quad R_{B,y} = 40\,\text{kN}$$

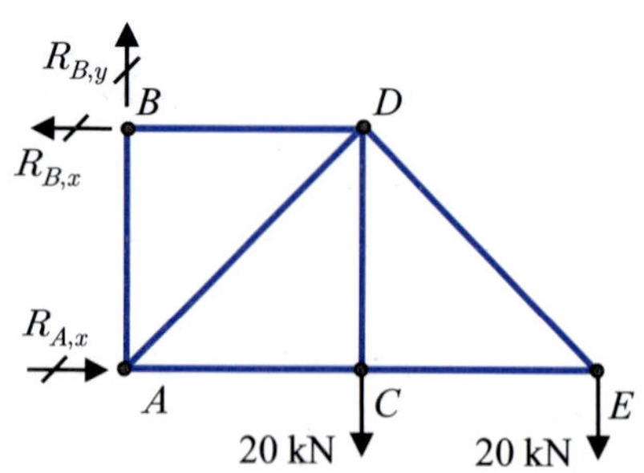

그림 예5.3.2.1(2)

절점법을 적용하기 위해 각 절점의 자유물체도를 구성하면 그림 예5.3.2.1(3)과 같다.

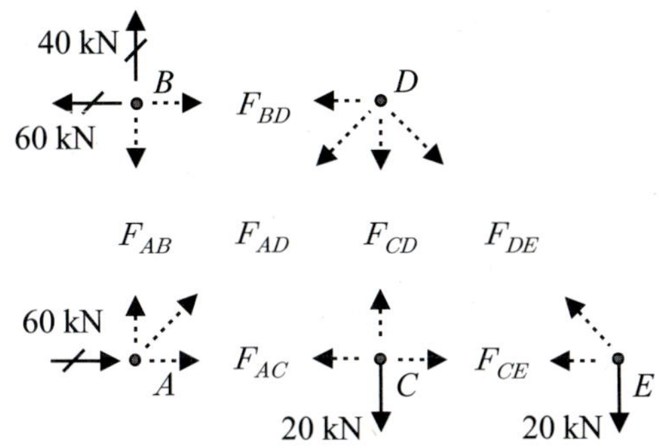

그림 예5.3.2.1(3)

이 예제의 경우 지점반력을 구하지 않아도 절점 E부터 부재 내력을 구해나갈 수 있다. $E-C-D-A$ 절점의 순서로 부재 내력을 구해 나가면 각 절점에 미지력이 2개가 되므로 반력 또한 구해진다. 위에서 지점반력을 산정하였으므로 미지력이 2개로 부재 내력을 산정할 수 있는 절점은 B점과 E점이 된다. B점, E점에서 부재 내력을 구하면 다음으로 A점, C점에서 구할 수 있다.

절점 B : $\sum F_x = 0 = 60 - F_{BD}$; $F_{BD} = 60\,\text{kN}$
$\sum F_y = 0 = 40 - F_{AB}$; $F_{AB} = 40\,\text{kN}$

절점 E : $\sum F_y = 0 = F_{DE} \times 0.707 - 20$; $F_{DE} = 28.3\,\text{kN}$
$\sum F_x = 0 = F_{CE} + F_{DE} \times 0.707$; $F_{CE} = -20\,\text{kN}$

절점 C : $\sum F_x = 0 = F_{AC} - F_{CE}$; $F_{AC} = -20\,\text{kN}$
$\sum F_y = 0 = F_{CD} - 20$; $F_{CD} = 20\,\text{kN}$

절점 A : $\sum F_x = 0 = 60 + F_{AD} \times 0.707 + F_{AC}$; $F_{AD} = -56.6\,\text{kN}$

계산결과는 D점에 평형방정식을 적용하여 검토한다.

절점 D(검토) : $\sum F_x = F_{BD} + F_{AD} \times 0.707 - F_{DE} \times 0.707 = 60 - 40 - 20 = 0$
$\sum F_y = F_{AD} \times 0.707 + F_{CD} + F_{DE} \times 0.707 = -40 + 20 + 20 = 0$

부재 내력을 산정한 결과는 그림 예5.3.2.1(4)와 같이 AB, BD, CD, DE 부재는 인장부재이고 AC, AD, CE 부재는 압축부재이다.

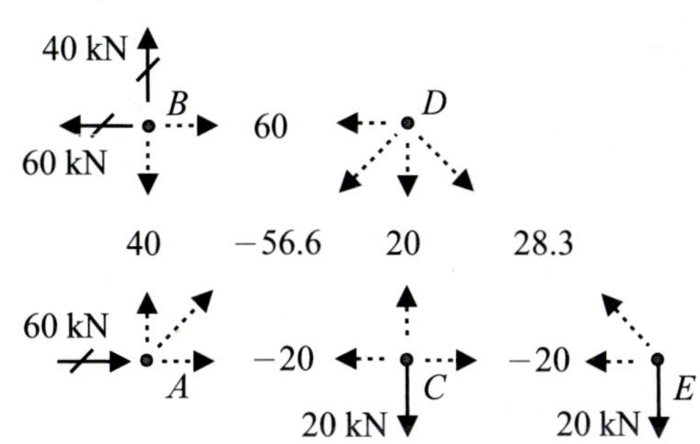

그림 예5.3.2.1(4)

예제 5.3.2.2

절점법을 적용하여 그림 예5.3.2.2(1)과 같은 트러스의 부재 내력을 구하시오.

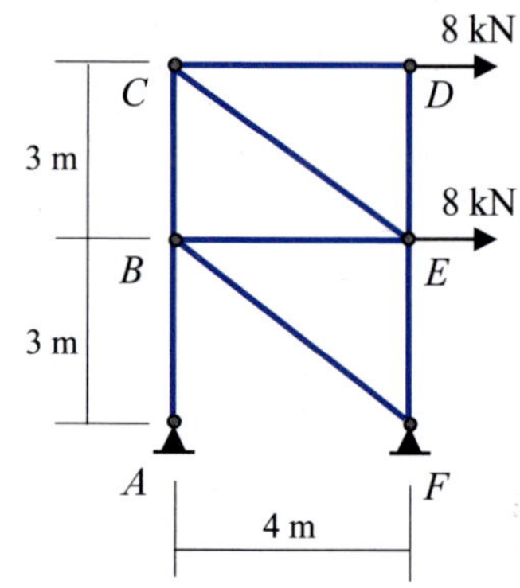

그림 예5.3.2.2(1)

해설 AB 부재는 링크지지 역할을 하므로 A 지점의 반력은 링크 축방향 반력 하나이고 F 지점은 회전지점이므로 전체 자유물체도는 그림 예5.3.2.2(2)와 같이 구성된다. 지점반력은 평형방정식을 적용하여

$$\sum^{F} M = 0 = R_{A,y} \times 4 + 8 \times 6 + 8 \times 3 \quad ; \quad R_{A,y} = -18\,\text{kN}$$
$$\sum F_x = 0 = 8 + 8 + R_{F,x} \quad ; \quad R_{F,x} = -16\,\text{kN}$$
$$\sum F_y = 0 = R_{A,y} + R_{F,y} \quad ; \quad R_{F,y} = 18\,\text{kN}$$

절점법을 적용하기 위해 각 절점의 자유물체도를 구성하면 그림 예5.3.2.2(3)과 같다.

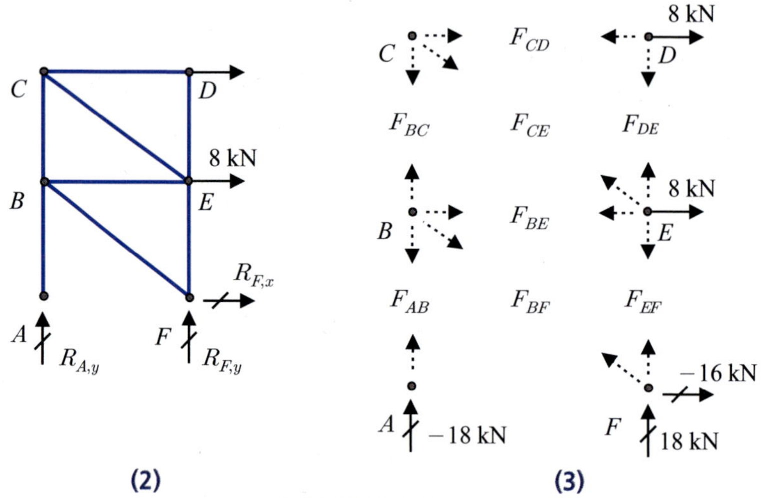

그림 예5.3.2.2

미지력이 2개 이하로 부재 내력을 산정할 수 있는 절점은 A점, D점, F점이다. A점, D점에서 부재 내력을 구하면 다음으로 B점, C점에서 구할 수 있다.

절점 A : $\sum F_y = 0 = F_{AB} + (-18)$; $F_{AB} = 18\,\text{kN}$

절점 D : $\sum F_x = 0 = F_{CD} - 8$; $F_{CD} = 8\,\text{kN}$

$\sum F_y = 0 = F_{DE}$

절점 C : $\sum F_x = 0 = F_{CD} + F_{CE} \times 0.8$; $F_{CE} = -10\,\text{kN}$

$\sum F_y = 0 = F_{BC} + F_{CE} \times 0.6$; $F_{BC} = 6\,\text{kN}$

절점 B : $\sum F_y = 0 = F_{BC} - F_{AB} - F_{BF} \times 0.6$; $F_{BF} = -20\,\text{kN}$

$\sum F_x = 0 = F_{BE} + F_{BF} \times 0.8$; $F_{BE} = 16\,\text{kN}$

절점 F : $\sum F_y = 0 = F_{BF} \times 0.6 + F_{EF} + 18$; $F_{EF} = -6\,\text{kN}$

계산결과는 E 점에 평형방정식을 적용하여 검토한다.

절점 E(검토) : $\sum F_x = F_{BE} + F_{CE} \times 0.8 - 8 = 16 + (-10) \times 0.8 - 8 = 0$

$\sum F_y = F_{CE} \times 0.6 + F_{DE} - F_{EF} = (-10) \times 0.6 + 0 - (-6) = 0$

부재 내력을 산정한 결과는 그림 예5.3.2.2(4)와 같이 AB, BC, CD, BE 부재는 인장부재이고 CE, BF, EF 부재는 압축부재이며 DE 부재의 부재력은 0이라는 것을 알 수 있다.

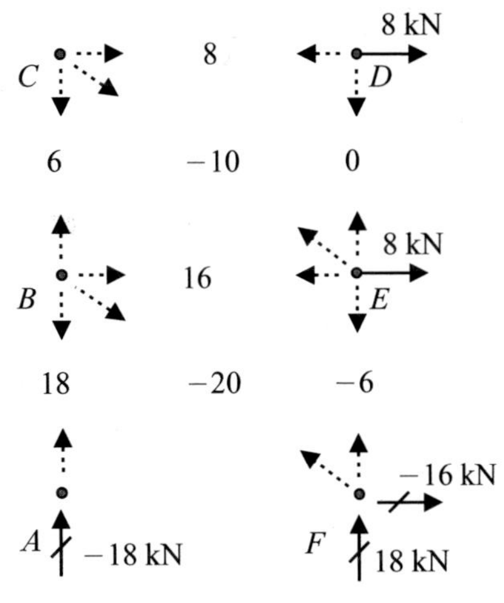

그림 예5.3.2.2(4)

임의의 하중조건 하에서 내력이 0이 되는 트러스부재를 무부하부재(zero-force member)라 하며 평형조건을 고려하면 무부하부재 여부를 용이하게 판별할 수 있다. 그림 5.3.2.2(1)과 같이 하중 또는 반력이 작용하지 않는 절점에 3개의 부재가 연결되고 그 중 2개의 부재(1과 2)가 일직선으로 구성된 경우 수직력에 대한 평형방정식 $\Sigma F_y = 0$으로부터 F_3가 0이라는 것을 알 수 있으므로 부재 3은 무부하부재이다. 또한 그림 5.3.2.2(2)와 같이 하중 또는 반력이 작용하지 않는 절점에 일직선으로 구성되지 않은 2개의 부재가 연결된 경우 평형방정식 $\Sigma F_y = 0$으로부터 F_2는 0이 되고 $\Sigma F_x = 0$에 의해 F_1 또한 0이 되므로 부재 1과 2 모두 무부하부재이다.

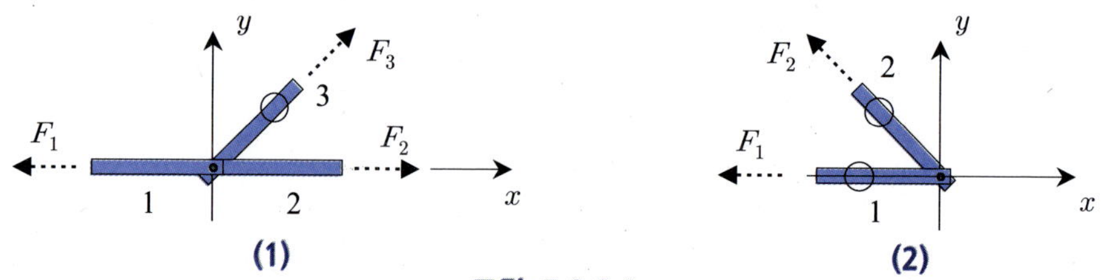

그림 5.3.2.2

그러므로 하중 또는 반력이 작용하지 않는 절점에 연결된 부재 중 무부하부재가 되는 경우는 다음과 같다.

1) 3개의 부재가 연결되고 그 중 2개의 부재가 일직선으로 구성되어 있으면 나머지 부재는 무부하부재이다.
2) 일직선으로 구성되지 않은 2개의 부재가 연결되어 있으면 2개의 부재 모두 무부하부재이다.

그림 5.3.2.3과 같은 트러스의 경우 하중이 재하되지 않은 절점 B에 연결된 3개의 부재 중 부재 AB, BD는 일직선을 구성하고 있으므로 부재 BC는 무부하부재이다(경우 1). 또한 하중이 재하되어 있지 않은 절점 A에서 만나는 일직선으로 구성되지 않은 부재 AB와 AC는 모두 무부하부재이다(경우 2). 절점 E의 경우는 이동지점의 수직반력과 부재 DE가 일직선을 구성하여 경우 1과 동일한 상태가 되므로 부재 CE는 무부하부재이다.

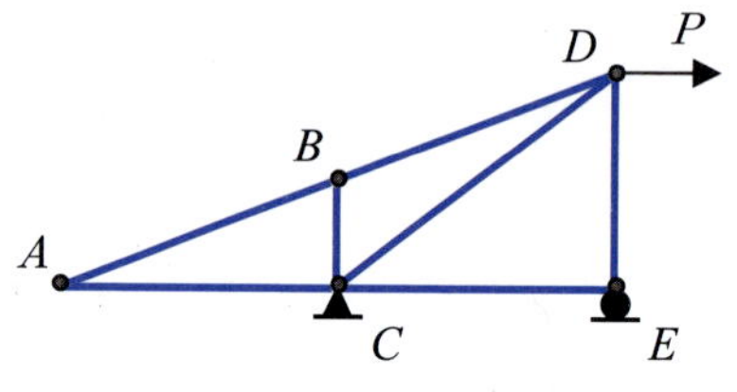

그림 5.3.2.3

예제 5.3.2.3

그림 예5.3.2.3(1)에 제시한 트러스에서 무부하부재를 판별하시오.

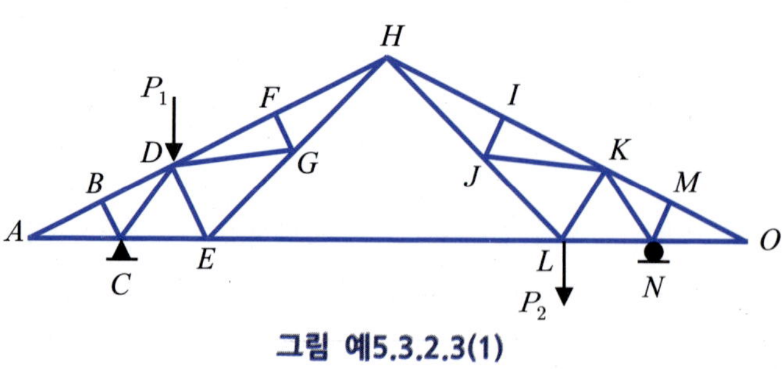

그림 예5.3.2.3(1)

해설 지점에는 반력이 발생하므로 절점 C, N은 반력이 작용하는 절점이고 하중이 작용하는 절점은 D, L 절점이다. 하중 또는 반력이 작용하지 않은 트러스의 절점에 연결된 부재가 3개이고 이 중 2개의 부재가 일직선으로 구성된 절점(경우 1)은 B, F, I, M이므로 BC, FG, IJ, MN은 무부하부재이다. 이 결과로 절점 G, J 또한 경우 1에 해당하므로 GD, JK도 무부하부재가 된다(그림 예5.3.2.3(2)의 ○). 하중 또는 반력이 작용하지 않은 트러스의 절점에 연결된 부재가 2개이고 일직선으로 구성되지 않은 절점(경우 2)은 A, O이므로 AB, AC, OM, ON은 무부하부재이다. 이 결과로 절점 B, M 또한 경우 2에 해당하므로 BD, KM도 무부하부재가 된다(그림 예5.3.2.3(2)의 ◎).

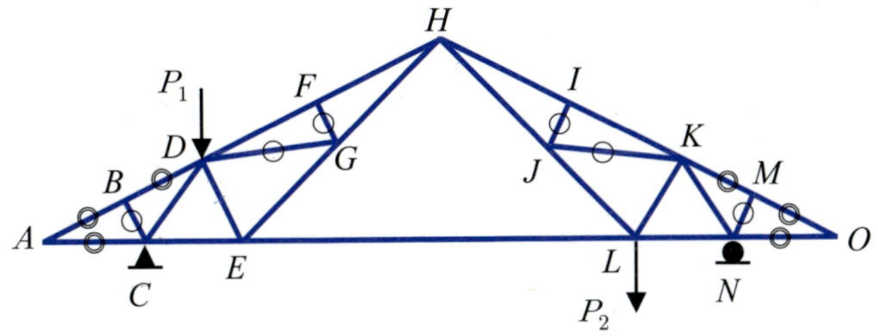

그림 예5.3.2.3(2)

구조물의 정정(statically determinate), 부정정(statically indeterminate) 또는 안정(stable) 여부는 역계에 구성되는 독립적인 평형방정식의 개수와 구조물에 포함되는 미지력의 개수를 비교하여 결정한다. 평면트러스가 n개의 절점, m개의 부재, r개의 반력으로 구성되어 있는 경우 절점법을 적용하면 n개의 부분 자유물체도(절점평면역계)가 구성되고 절점평면역계의 평형방정식은 2개이므로 전체 평형방정식의 개수는 $2n$, 미지력의 개수는 부재 내력과 반력의 개수를 합한 $m+r$이다. 평형방정식과 미지력의 개수가 동일한 경우 ($2n = m+r$) 트러스는 정정구조이고 미지력의 개수가 많은 경우($2n < m+r$) 부정정구조이며 반대의 경우($2n > m+r$) 불안정구조이다. 그림 5.3.2.4(1)의 평면트러스는 $n=3$, $m=3$, $r=3$이므로 6개의 평형방정식과 6개의 미지력을 갖는 정정구조이다. 이와 같은 삼각형 트러스를 (2), (3)과 같이 하나의 절점과 두 개의 부재로 확장하면 평형방정식과 미지력의 개수가 동일한 정정구조가 되며 이와 같이 구성되는 트러스를 단순트러스(simple truss)라고 한다. 반면 그림 5.3.2.4(4)의 평면트러스는 $n=5$, $m=8$, $r=3$이므로 10개의 방정식과 11개의 미지력을 갖는 부정정구조이다. 부재 BE와 같이 절점의 추가 없이 부재만 추가되면 미지력만 증가하므로 평형방정식만으로는 미지력을 결정할 수 없고 부족한 식을 추가로 구성하여 해석을 수행해야 한다. 그러나 이와 같은 부정정구조는 구조물을 견고하게 하는 방식이므로 구조물은 정정구조 또는 부정정구조와 같이 안정해야 한다. 안정이란 설계하중조건 하에서 구조물이 원래의 형상을 유지하며 제 기능을 발휘한다는 것으로 전체 구조물의 붕괴 또는 국부적인 좌굴이 발생하지 않는다는 것을 의미한다. 평면트러스 (5)는 $n=4$, $m=4$, $r=3$이므로 8개의 방정식과 7개의 미지력을 갖는 불안정(unstable)한 구조이다. 이 경우는 특정한 하중이 작용하면 (5)에 표시한 점선과 같이 트러스의 형상이 변경되고 이는 평형상태를 만족하지 못한다는 것을 의미하므로 불안정하여 구조물로 사용할 수 없다.

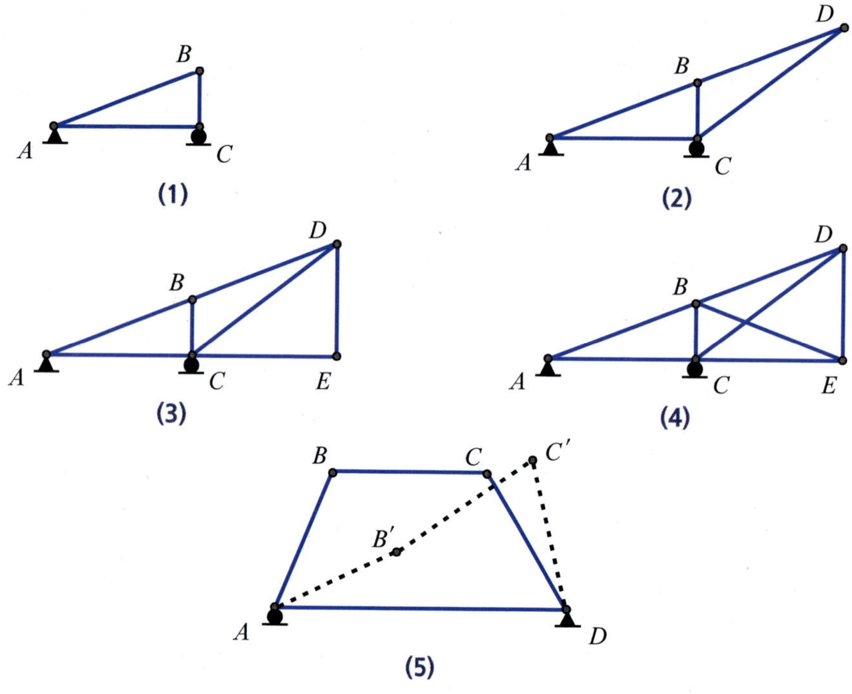

그림 5.3.2.4

5.3.3 단면법

트러스 구조물에서 특정한 몇 개 부재의 내력을 구하고자 하는 경우 단면법을 사용한다. 단면법에 의해 트러스의 전체 자유물체도는 2개의 부분 자유물체도로 분리되고 전체 자유물체도가 평형상태이므로 가상으로 절단된 부재 내력을 포함한 부분 자유물체도 또한 평형상태이어야 한다. 분리된 2개의 부분 자유물체도 모두 내력의 산정에 사용할 수 있으나 평형방정식을 간단하게 구성할 수 있는 자유물체도를 선택하는 것이 원칙이다.

그림 5.3.3.1(1)과 같은 트러스에서 부재 BD, BE, CE의 내력을 구하기 위해 3개의 부재를 절단하는 수직단면을 사용하고 좌측 부분 자유물체도를 선택하면 그림 5.3.3.1(2)와 같이 3개의 내력 F_{BD}, F_{BE}, F_{CE}와 C점의 지점반력 $R_{C,y}$가 미지력이 된다. 이와 같은 경우 부분 자유물체도가 3개의 독립된 평형방정식을 적용할 수 있는 비절점평면역계이므로 단

면법을 적용하기 전에 반력을 먼저 구하여 3개의 내력만 미지력으로 포함하도록 해야 한다. 절점법에서 설명한 바와 같이 내력은 인장력(단면에서 나가는 방향)으로 가정하고 해석결과가 양이면 인장부재, 음이면 압축부재이다. 이동력에 의해 임의의 점에 발생하는 모멘트는 이동력의 작용점 위치를 작용선상에서 변경할 수 있고(전달성 원리) 또한 직각분력을 사용할 수 있으므로(Varignon 정리) 그림 5.3.3.1(3)과 같이 내력 F_{BD}, F_{BE}를 각각 D점과 E점으로 작용점을 변경하고 직각분력으로 치환하면 트러스 절점의 좌표로 모멘트의 팔을 용이하게 구하여 평형방정식을 구성할 수 있다.

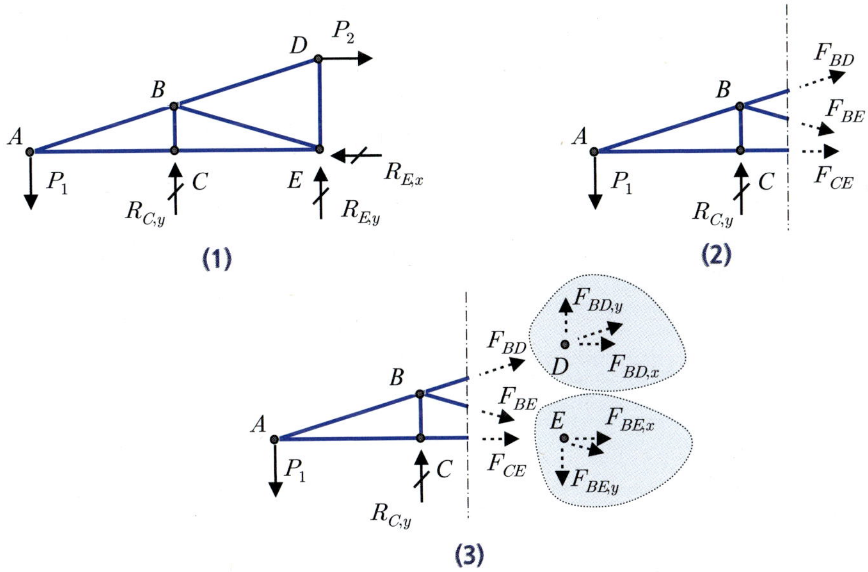

그림 5.3.3.1

예제 5.3.3.1

단면법을 적용하여 트러스 부재 BC, AC, AD의 내력을 구하시오.

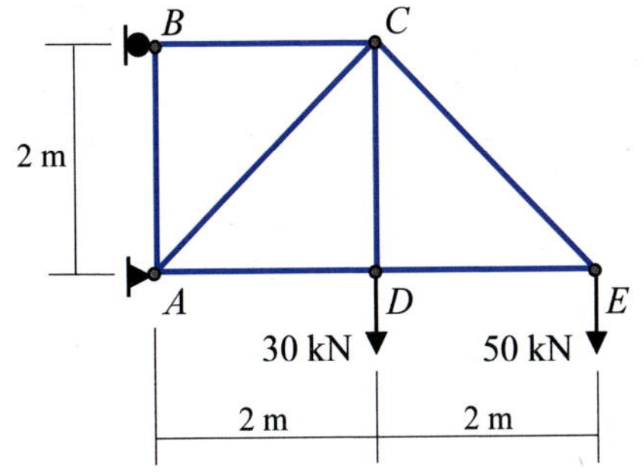

그림 예5.3.3.1(1)

해설 지점을 반력으로 대체한 전체 자유물체도는 그림 예5.3.3.1(2)와 같고 지점반력은 평형방정식을 적용하여

$$\sum^{A} M = 0 = R_{B,x} \times 2 + 30 \times 2 + 50 \times 4 \quad ; \quad R_{B,x} = -130\,\text{kN}$$
$$\sum F_x = 0 = R_{B,x} + R_{A,x} \quad ; \quad R_{A,x} = 130\,\text{kN}$$
$$\sum F_y = 0 = R_{A,y} - 30 - 50 \quad ; \quad R_{A,y} = 80\,\text{kN}$$

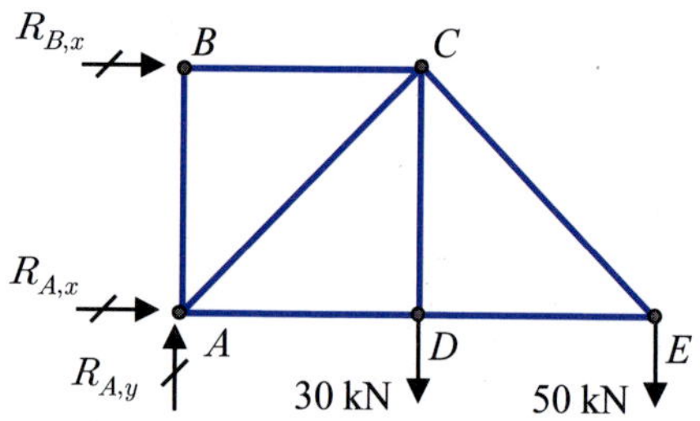

그림 예5.3.3.1(2)

내력을 구하기 위해 단면법을 적용하고 선택한 좌측 부분 자유물체도는 그림 예5.3.3.1(3)과 같다. A점에 모멘트 평형방정식을 적용하면 F_{AD}와 F_{AC}는 모멘트를 발생시키지 않으므로 F_{BC}는

$$\sum^{A} M = 0 = (-130) \times 2 + F_{BC} \times 2 \quad ; \quad F_{BC} = 130\,\text{kN}$$

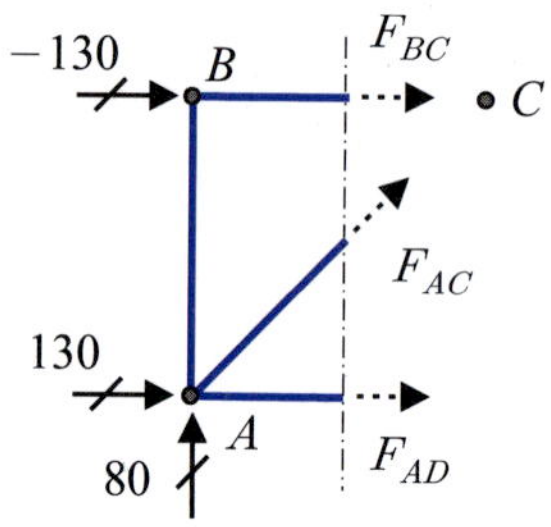

그림 예5.3.3.1(3)

수평/수직력에 대한 평형방정식을 적용하면

$$\sum F_y = 0 = 80 + F_{AC}/\sqrt{2} \quad ; \quad F_{AC} = -80\sqrt{2} = -113.1\,(\text{kN})$$

$$\begin{aligned}\sum F_x = 0 &= (-130) + 130 + F_{BC} + F_{AC}/\sqrt{2} + F_{AD} \\ &= (-130) + 130 + 130 + (-80) + F_{AD} \quad ; \quad F_{AD} = -50\,\text{kN}\end{aligned}$$

이 예제의 경우 모멘트 평형방정식을 C점에 적용하여 F_{AD}를 먼저 구하는 순서를 선택할 수 있으며 또한 그림 예5.3.3.1(4)와 같이 우측 부분 자유물체도를 선택하면 지점반력을 구하지 않고 부재 내력을 구할 수 있다. A점에 모멘트 평형방정식을 적용하면 F_{AD}와 F_{AC}는 모멘트를 발생시키지 않으므로 F_{BC}는

$$\sum^{A} M = 0 = F_{BC} \times 2 - 30 \times 2 - 50 \times 4 \quad ; \quad F_{BC} = 130\,\text{kN}$$

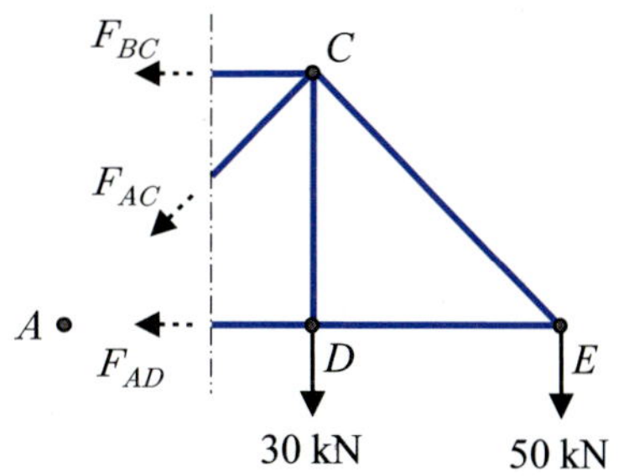

그림 예5.3.3.1(4)

수평/수직력에 대한 평형방정식을 적용하면

$$\sum F_y = 0 = F_{AC}/\sqrt{2} + 30 + 50 \quad ; \quad F_{AC} = -80\sqrt{2} = -113.1\,(\text{kN})$$

$$\begin{aligned}\sum F_x = 0 &= F_{BC} + F_{AC}/\sqrt{2} + F_{AD} \\ &= 130 + (-80) + F_{AD} \quad ; \quad F_{AD} = -50\,\text{kN}\end{aligned}$$

예제 5.3.3.2

단면법을 적용하여 트러스 부재 *BD*, *CD*, *CE*의 내력을 구하시오.

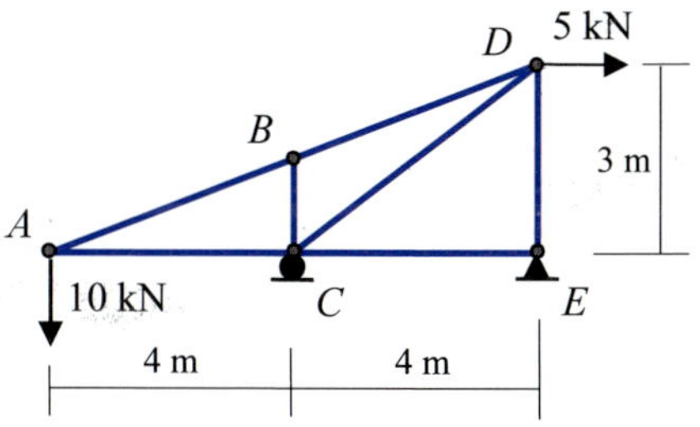

그림 예5.3.3.2(1)

해설 지점을 반력으로 대체한 전체 자유물체도는 그림 예5.3.3.2(2)와 같고 지점반력은 평형방정식을 적용하여

$$\sum^{E} M = 0 = 10 \times 8 - R_{C,y} \times 4 - 5 \times 3 \quad ; \quad R_{C,y} = 16.25\,\text{kN}$$

$$\sum F_x = 0 = 5 - R_{E,x} \quad ; \quad R_{E,x} = 5\,\text{kN}$$

$$\sum F_y = 0 = 10 - R_{C,y} - R_{E,y} \quad ; \quad R_{E,y} = -6.25\,\text{kN}$$

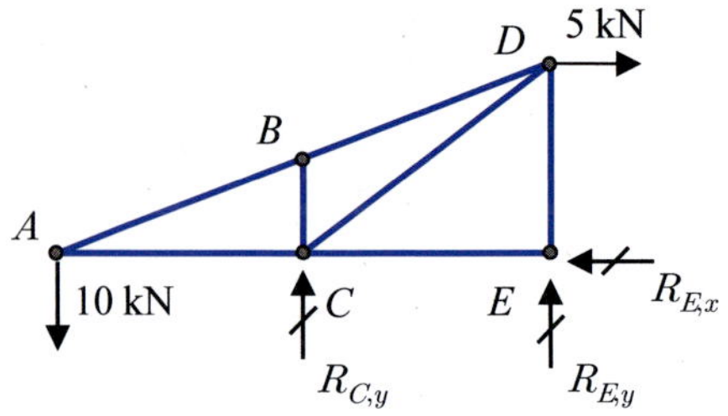

그림 예5.3.3.2(2)

내력을 구하기 위해 단면법을 적용하고 선택한 좌측 부분 자유물체도는 그림 예5.3.3.2(3)과 같다. C점에 모멘트 평형방정식을 적용하면 F_{CD}와 F_{CE}는 모멘트를 발생시키지 않으므로 F_{BD}만 미지력으로 포함한다. F_{BD}의 작용점을 B점으로 변경하고 직각분력으로 치환하면

$$\sum^{C} M = 0 = 10 \times 4 - F_{BD} \times \frac{4}{\sqrt{4^2 + 1.5^2}} \times 1.5 \quad ; \quad F_{BD} = 28.5\,\text{kN}$$

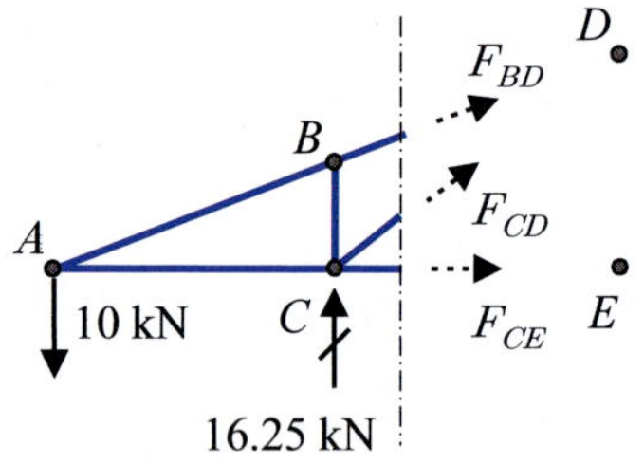

그림 예5.3.3.2(3)

동일한 방식으로 F_{CE}는 작용점을 E점으로 변경하고 D점에 모멘트 평형방정식을 적용하여

$$\sum^{D} M = 0 = 10 \times 8 - 16.25 \times 4 + F_{CE} \times 3 \quad ; \quad F_{CE} = -5\,\text{kN}$$

F_{CD} 또한 A점에 모멘트 평형방정식을 적용하여

$$\sum^{A} M = 0 = 16.25 \times 4 + F_{CD} \times \frac{3}{5} \times 4 \quad ; \quad F_{CD} = -27.1\,\text{kN}$$

해석결과는 수평방향 평형조건을 적용하여 검토할 수 있다.

$$\sum F_x = F_{BD}\frac{4}{\sqrt{4^2 + 1.5^2}} + F_{CD} \times \frac{4}{5} + F_{CE} = 28.5\frac{4}{\sqrt{18.25}} - 27.1 \times \frac{4}{5} - 5 = 0.01$$

예제 5.3.3.3

단면법을 적용하여 트러스 부재 HI, FI, FC, BC의 내력을 구하시오.

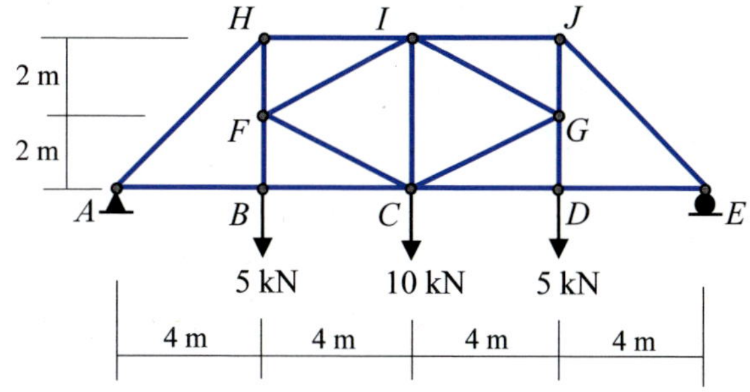

그림 예5.3.3.3(1)

해설 수평하중이 작용하지 않으므로 수평 방향 평형조건에 의해 회전지점에는 수직반력만 발생하고 하중과 구조물이 대칭이므로 그림 예5.3.3.3(2)의 전체 자유물체도에서 반력 또한 대칭이어야 한다. 수직력에 대한 평형방정식으로부터

$$\sum F_y = 0 = R_{A,y} - 5 - 10 - 5 + R_{E,y} \quad ; \quad R_{A,y} = R_{E,y} = 10\,\text{kN}$$

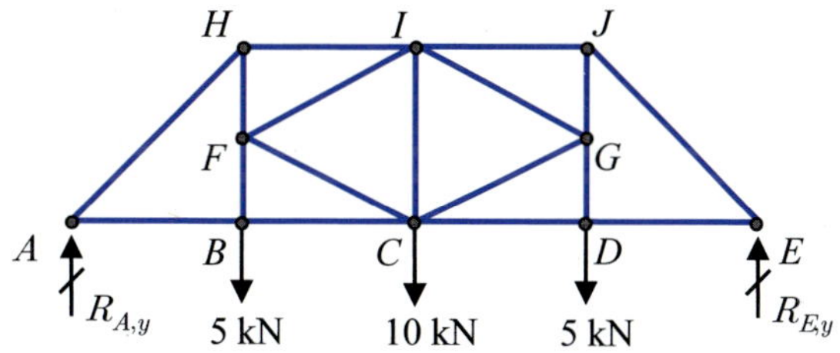

그림 예5.3.3.3(2)

단면법을 적용하고 좌측 부분 자유물체도를 선택하면 그림 예5.3.3.3(3)과 같이 미지력이 4개가 되므로 비절점평면역계의 평형방정식 3개로는 결정할 수 없다. 그러므로 그림 예5.3.3.3(4)와 같이 보조단면으로 부분 자유물체도를 작성하고 H점에 모멘트 평형방정식을 적용하면 F_{BC}는

$$\sum^{H} M = 0 = 10 \times 4 - F_{BC} \times 4 \quad ; \quad F_{BC} = 10\,\text{kN}$$

F_{HI}는 수평방향 평형조건으로부터 $F_{HI} = -F_{BC} = -10\,\text{kN}$이므로 이 결과를 그림 예5.3.3.3(3)에 반영하여 F_{FC}, F_{FI}를 구한다. F_{FC}는 작용점을 C점으로 변경하여 직각분력으로 치환하고 I점에 모멘트 평형방정식을 적용하면

$$\sum^{I} M = 0 = 10 \times 8 - 5 \times 4 - F_{FC} \times \frac{4}{\sqrt{4^2 + 2^2}} \times 4 - F_{BC} \times 4 \quad ; \quad F_{FC} = 5.59\,\text{kN}$$

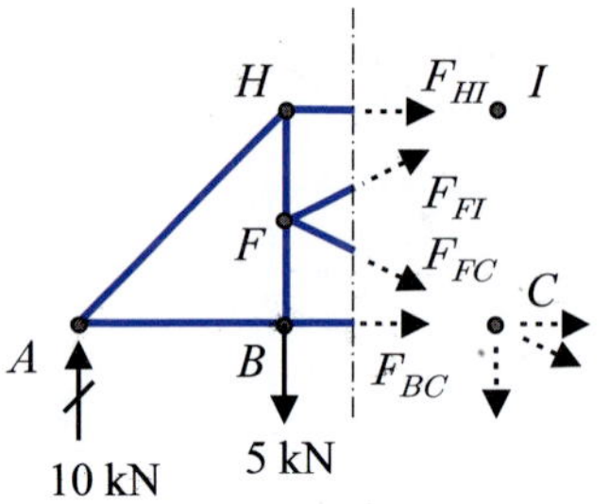

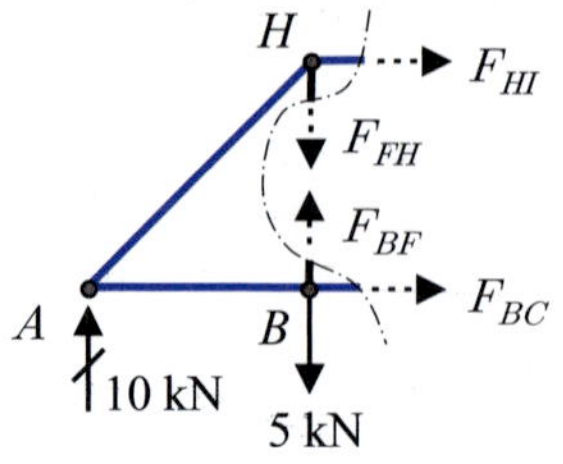

그림 예5.3.3.3

F_{FI}는 그림 예5.3.3.3(3)에서 작용점을 I 점으로 변경하여 직각분력으로 치환하고 C점에 모멘트 평형방정식을 적용하면

$$\sum^{C} M = 0 = 10\times 8 - 5\times 4 + F_{HI}\times 4 + F_{FI}\times \frac{4}{\sqrt{4^2+2^2}}\times 4 \quad ; \quad F_{FI} = -5.59\,\text{kN}$$

계산결과는 그림 예5.3.3.3(3)에 수직방향 평형조건을 적용하여 검토할 수 있다.

$$\begin{aligned}\sum F_y &= 10-5+F_{FI}\times\frac{2}{\sqrt{20}} - F_{FC}\times\frac{2}{\sqrt{20}} \\ &= 10-5+(-5.59)\times\frac{2}{\sqrt{20}} - (5.59)\times\frac{2}{\sqrt{20}} = 0\end{aligned}$$

예제 5.3.3.4

그림 예5.3.3.4(1)에 제시한 트러스의 모든 부재 내력을 구하시오.

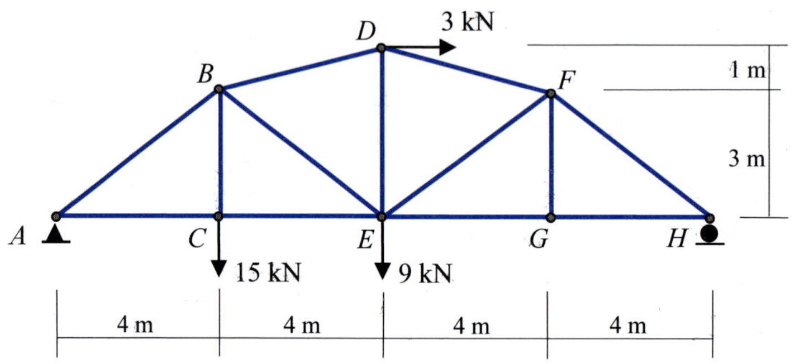

그림 예5.3.3.4(1)

해설 지점을 반력으로 대체한 전체 자유물체도는 그림 예5.3.3.4(2)와 같고 A점에 모멘트 평형방정식을 적용하면

$$\sum^{A} M = 0 = 15\times 4 + 9\times 8 + 3\times 4 - R_{H,y}\times 16 \quad ; \quad R_{H,y} = 9\,\text{kN}$$

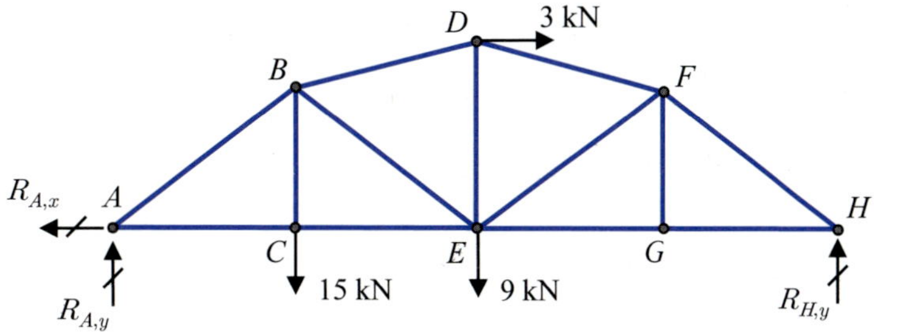

그림 예5.3.3.4(2)

수직/수평 방향 평형조건으로부터 $R_{A,y} = 15\,\text{kN}$, $R_{A,x} = 3\,\text{kN}$이다. 반력을 산정하였으므로 미지력의 수가 2개가 되는 절점 A점, H점에서 절점법을 적용하면 각각 $A-C-B$ 및 $H-G-F$ 순서로 내력을 구할 수 있다. 또한 부재 BC의 내력은 15 kN, 부재 FG는 무부하부재이므로 C점과 G점에 연결된 내력을 구하는 것은 용이한 반면 B점과 F점에 연결된 경사부재의 내력은 연립방정식을 구성하고 해를 구하여야 한다는 것을 알 수 있다. 이러한 경우 경사부재의 내력은 단면법을 적용하여 구하는 것이 간단하다. 그림 예5.3.3.4(3)과 같이 단면법을 적용하고 B점, E점에 모멘트 평형방정식을 적용하면

$$\sum^{B} M = 0 = 3\times3 + 15\times4 - F_{CE}\times3 \quad ; \quad F_{CE} = 23\,\text{kN}$$

$$\sum^{E} M = 0 = 15\times8 - 15\times4 + F_{BD}\times\frac{4}{\sqrt{4^2+1^2}}\times4 \quad ; \quad F_{BD} = -15.46\,\text{kN}$$

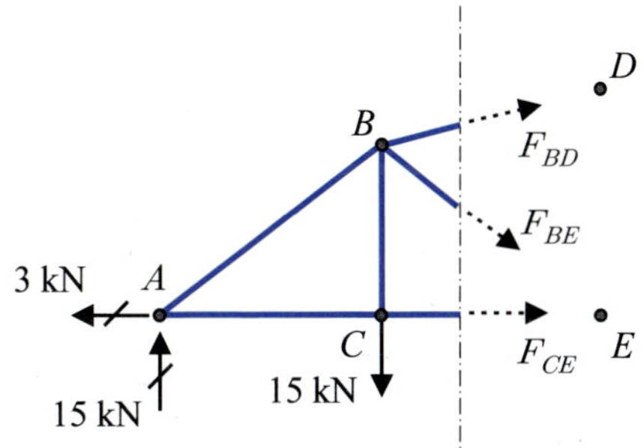

그림 예5.3.3.4(3)

수평력에 대한 평형방정식으로부터

$$\sum F_x = 0 = 3 - F_{BD}\times\frac{4}{\sqrt{4^2+1^2}} - F_{BE}\times\frac{4}{5} - F_{CE} \quad ; \quad F_{BE} = -6.25\,\text{kN}$$

부재 DF, EF, EG의 부재력은 그림 예5.3.3.4(4)와 같이 단면법을 적용하고 F점, E점에 모멘트 평형방정식을 적용하면

$$\sum^{F} M = 0 = F_{EG}\times3 - 9\times4 \quad ; \quad F_{EG} = 12\,\text{kN}$$

$$\sum^{E} M = 0 = 9\times8 + F_{DF}\times\frac{4}{\sqrt{4^2+1^2}}\times4 \quad ; \quad F_{DF} = -18.55\,\text{kN}$$

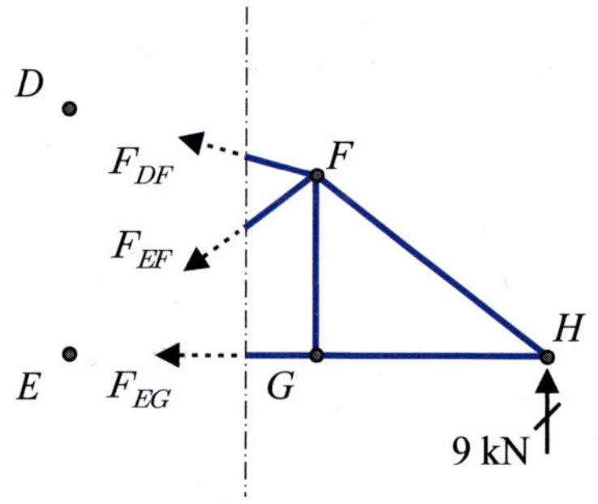

그림 예5.3.3.4(4)

수평력에 대한 평형방정식으로부터

$$\sum F_x = 0 = F_{DF}\times\frac{4}{\sqrt{4^2+1^2}}+F_{EF}\times\frac{4}{5}+F_{EG} \quad ; \quad F_{EF}=7.5\,\text{kN}$$

이 결과를 반영하고 그림 예5.3.3.4(5)와 같이 절점법을 적용하면

절점 A : $\sum F_y = 0 = F_{AB}\times\frac{3}{5}+15 \quad ; \quad F_{AB}=-25\,\text{kN}$

$\sum F_x = 0 = 3-F_{AB}\times\frac{4}{5}-F_{AC} \quad ; \quad F_{AC}=23\,\text{kN}$

절점 G : $\sum F_x = 0 = 12-F_{GH} \quad ; \quad F_{GH}=12\,\text{kN}$

절점 H : $\sum F_y = 0 = F_{FH}\times\frac{3}{5}+9 \quad ; \quad F_{FH}=-15\,\text{kN}$

절점 E : $\sum F_y = 0 = (-6.25)\times\frac{3}{5}+F_{DE}+7.5\times\frac{3}{5}-9 \quad ; \quad F_{DE}=8.25\,\text{kN}$

이로부터 AC, CE, BC, DE, EF, EG, GH 부재는 인장부재이고 AB, BD, BE, DF, FH 부재는 압축부재이며 GF 부재는 무부하부재라는 것을 알 수 있다.

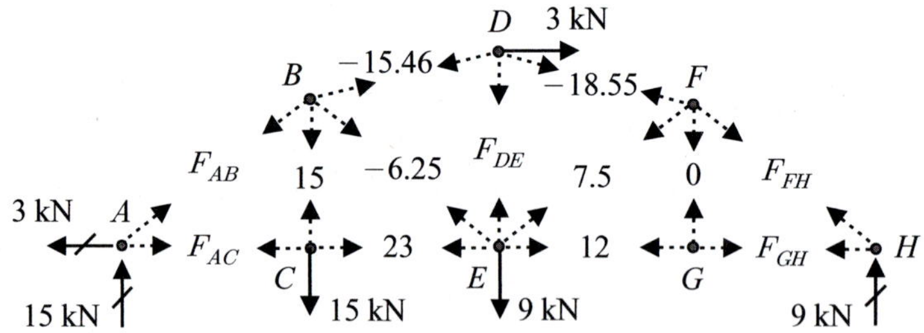

그림 예5.3.3.4(5)

계산결과는 D점에 평형방정식을 적용하여 검토한다.

절점 D(검토) : $\sum F_y = (-15.46)\times\frac{1}{\sqrt{17}}+F_{DE}+(-18.55)\times\frac{1}{\sqrt{17}}=0$

$\sum F_x = (-15.46)\times\frac{4}{\sqrt{17}}-3-(-18.55)\times\frac{4}{\sqrt{17}}=0$

5.4 뼈대구조물

그림 5.4.1에 제시된 여러 가지 형상의 뼈대구조물(frame structure)은 구조부재가 힌지 또는 롤러에 의해 연결되며 이력부재만으로 구성된 트러스와 달리 한 개 이상의 다력부재(multi-force member)를 포함한다. 다력부재는 이력부재가 아닌 일반적인 부재로 그림 5.4.1(1)과 (2)는 2개의 다력부재가 힌지로 연결된 구조이고 (3)은 2개의 다력부재가 롤러에 의해 연결된 구조다. 부재 축방향 내력만 발생하는 이력부재와 달리 다력부재에는 역계의 자유도에 해당하는 모든 내력이 발생할 수 있다.

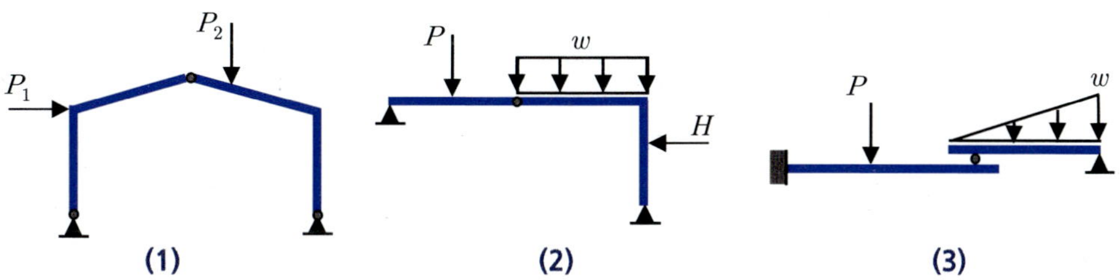

그림 5.4.1

그림 5.4.2(1)에 제시한 뼈대구조물은 힌지로 연결된 부재 AB와 BC가 이동지점 A와 고정지점 C에 의해 지지되어 있다. 각 구조부재의 내력을 결정하기 위해서는 구조부재에 작용하는 외력이 결정되어야 하고 이를 위해서는 지점반력과 힌지에서 전달되는 힘이 산정되어야 한다. 이동지점 A와 고정지점 C를 각각 수직반력 R_A 및 수평/수직/회전 반력 $R_{C,x}/R_{C,y}/M_C$로 대체한 전체 자유물체도는 그림 5.4.2(2)와 같다.

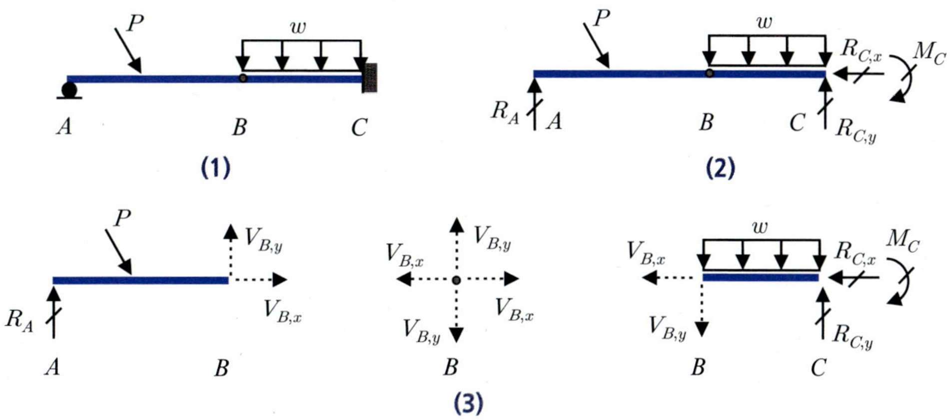

그림 5.4.2

전체 자유물체도는 비절점평면역계이고 적용할 수 있는 평형방정식은 3개이므로 4개의 미지력을 결정할 수 없다. 그러나 힌지는 회전력을 전달할 수 없는 연결부분이므로 트러스에 적용한 절점법과 마찬가지 방법으로 그림 5.4.2(3)과 같이 부재 AB와 절점(힌지) B 및 부재 BC의 부분 자유물체도를 작성할 수 있다. 여기서 $V_{B,x}$와 $V_{B,y}$는 힌지에서 전달되는 힘이고 절점 B의 부분 자유물체도는 자체가 평형상태이므로 표 5.4.1과 같이 부재 AB와 BC의 부분 자유물체도에 적용할 수 있는 평형방정식과 미지력의 개수는 동일하며 뼈대구조물 (1)은 정정구조라는 것을 알 수 있다. 부재 BC의 부분 자유물체도는 비절점평면역계이고 미지수가 3개이므로 $V_{B,x}$와 $V_{B,y}$ 및 R_A를 결정할 수 있고 $V_{B,x}$와 $V_{B,y}$가 결정되면 부재 BC의 부분 자유물체도에서 고정지점의 반력을 결정할 수 있다. 이와 같이 뼈대구조물의 경우는 힌지 또는 롤러에서 구조부재를 분리한 부분 자유물체도를 작성하고 정정구조 여부를 확인하면 구조부재에 작용하는 모든 외력을 산정할 수 있다.

표 5.4.1

부분 자유물체도	역 계	평형방정식	미지력
부재 AB	비절점평면역계	3	R_A / $V_{B,x}$ / $V_{B,y}$
부재 BC	비절점평면역계	3	$R_{C,x}$ / $R_{C,y}$ / M_C
합		6	6

예제 5.4.1

그림 예5.4.1(1)에 제시한 뼈대구조물에서 4개 부재의 자유물체도를 이용하여 정정 여부를 확인하고 지점반력을 산정하시오.

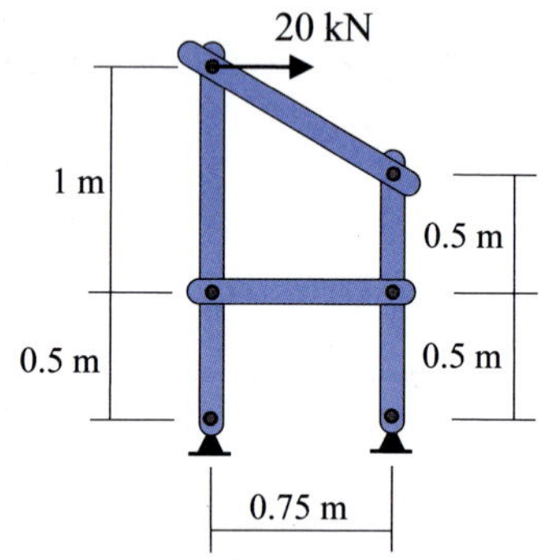

그림 예5.4.1(1)

해설 뼈대구조물의 정정 여부는 지점을 반력으로 대체한 그림 예5.4.1(2)의 전체 자유물체도에서 각 부재의 부분 자유물체도를 (3)과 같이 작성하여 확인한다. 4개 부분 자유물체도에 적용할 수 있는 평형방정식과 미지력의 개수는 다음과 같다.

부분 자유물체도	역 계	평형방정식	미지력
부재 AC	비절점평면역계	3	4
부재 BE	절점평면역계	1	(2)
부재 CD	절점평면역계	1	(2)
부재 DF	비절점평면역계	3	4
		8	8

부재 BE와 CD는 양 절점을 연결하는 축 방향으로 하나의 이동력을 힌지에서 전달하는 이력부재로 평형방정식은 하나이고 이력부재에 표시한 미지력은 각각 연결되는 부재 AC, DF의 자유물체도에도 포함되어 있다. 그러므로 4개의 부분 자유물체도에 적용할 수 있는 평형방정식과 미지력의 개수는 모두 8개로 정정구조임을 알 수 있다. 이력부재라는 것을 적용하지 못하는 경우에는 미지력의 개수가 4개 증가하지만 이 경우 4개의 부분 자유물체도 또한 모두 비절점평면역계가 되고 평형방정식의 개수도 12개가 되므로 정정구조라는 것을 확인할 수 있다. 물론 미지력 개수의 증가는 복잡한 풀이과정이 요구되는 단점을 초래한다.

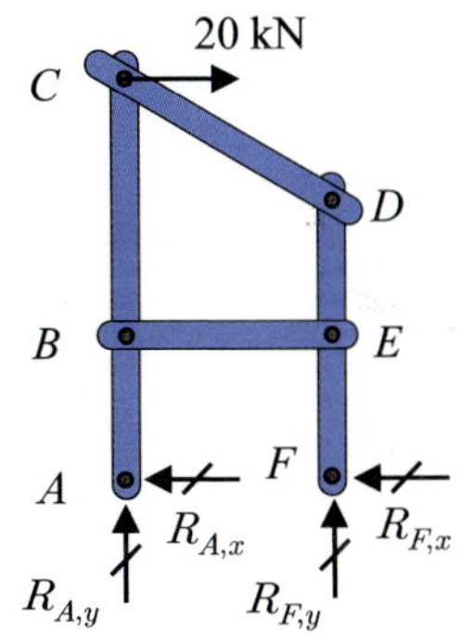

(2)

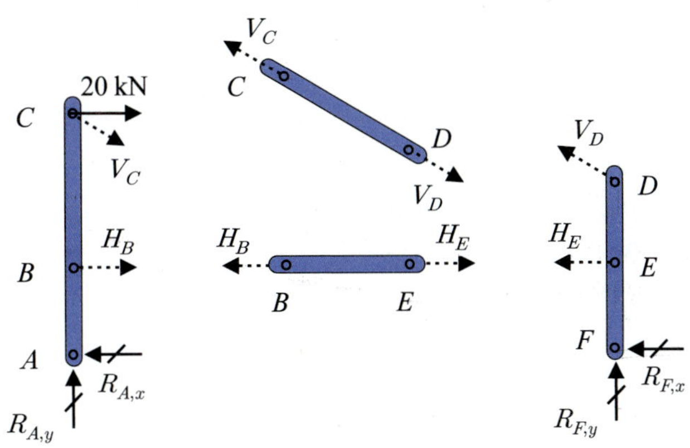

(3)

그림 예5.4.1

그림 예5.4.1(2)의 전체 자유물체도에서 수직반력은 A점에 대한 모멘트 평형방정식과 수직방향 평형조건으로부터

$$\sum^{A} M = 0 = 20\times 1.5 - R_{F,y}\times 0.75 \quad ; \quad R_{F,y} = 40\,\mathrm{kN}$$

$$\sum F_y = 0 = R_{A,y} + R_{F,y} \quad ; \quad R_{A,y} = -40\,\mathrm{kN}$$

수직반력을 그림 예5.4.1(3)의 부재 AC, DF의 부분 자유물체도에 적용하면 각 부재의 미지력은 3개가 된다. 부재 AC에서 V_C는 수직력에 대한 평형방정식을 적용하여

$$\sum F_y = 0 = V_C\times \frac{0.5}{\sqrt{0.75^2+0.5^2}} - (-40) \quad ; \quad V_C = -72.11\,\mathrm{kN}$$

$R_{A,x}$는 B점에 모멘트 평형방정식을 적용하면

$$\sum^{B} M = 0 = R_{A,x}\times 0.5 + \left(V_C\times \frac{0.75}{\sqrt{0.75^2+0.5^2}} + 20 \right)\times 1 \quad ; \quad R_{A,x} = 80\,\mathrm{kN}$$

B점에서 전달되는 힘 H_B는 수평력에 대한 평형방정식으로부터

$$\begin{aligned}\sum F_x = 0 &= 20 + V_C\times \frac{0.75}{\sqrt{0.75^2+0.5^2}} + H_B - R_{A,x}\\ &= 20 + (-72.11)\times \frac{0.75}{\sqrt{0.75^2+0.5^2}} + H_B - 80 \quad ; \quad H_B = 120\,\mathrm{kN}\end{aligned}$$

$V_D = V_C$이고 $H_E = H_B$이므로 부재 DF의 D점에 모멘트 평형방정식을 적용하면

$$\sum^{D} M = 0 = H_E\times 0.5 + R_{F,x}\times 1 \quad ; \quad R_{F,x} = -60\,\mathrm{kN}$$

계산결과는 부재 DF에서 수직력에 대한 평형방정식을 적용하여 검토할 수 있다.

$$\sum F_y = V_D\times \frac{0.5}{\sqrt{0.75^2+0.5^2}} + 40 = 0$$

예제 5.4.2

힌지로 연결되어 있는 뼈대구조물에서 부재 AC와 CD의 자유물체도를 이용하여 지점반력을 산정하시오.

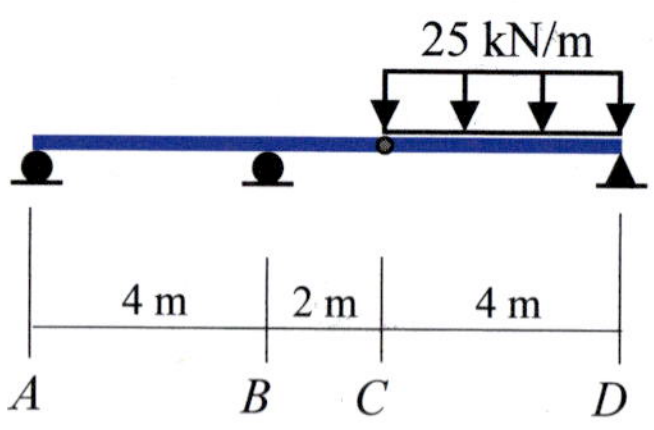

그림 예5.4.2(1)

해설 이동지점과 회전지점을 반력으로 대체한 전체 자유물체도는 그림 예5.4.2(2)와 같다. 수평하중이 없으므로 수평 방향 평형조건에 의해 회전지점에는 수직반력만 발생하고 미지력은 3개이나 적용할 수 있는 평형방정식 또한 수직/회전 2개이므로 미지력을 결정할 수 없다.

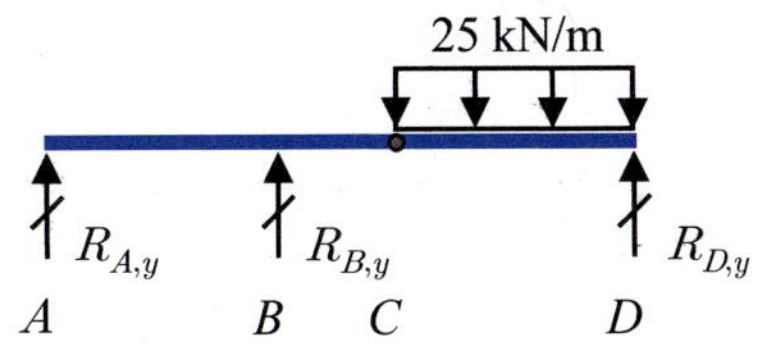

그림 예5.4.2(2)

힌지에서 전달되는 수평/수직력을 포함한 부재 AC와 CD의 부분 자유물체도를 작성하면 그림 예5.4.2(3)과 같다. 부재 CD의 등가집중하중은 부분 자유물체도를 작성한 후 평형방정식을 적용하기 위해 등분포하중을 치환한 것이다.

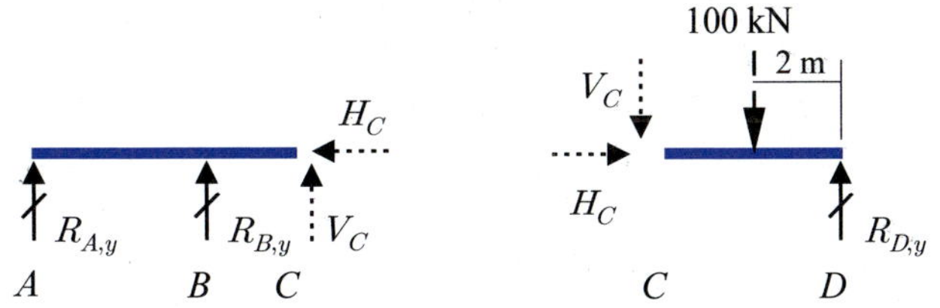

그림 예5.4.2(3)

부재 CD에 평형방정식을 적용하면 $R_{D,y}$, H_C, V_C는

$$\sum F_x = 0 = H_C$$
$$\sum^{C} M = 0 = 100 \times 2 - R_{D,y} \times 4 \quad ; \quad R_{D,y} = 50\,\text{kN}$$
$$\sum F_y = 0 = V_C + 100 - R_{D,y} \quad ; \quad V_C = -50\,\text{kN}$$

H_C, V_C를 부재 AC에 반영하고 평형방정식을 적용하면

$$\sum^{A} M = 0 = R_{B,y} \times 4 + V_C \times 6 \quad ; \quad R_{B,y} = 75\,\text{kN}$$
$$\sum F_y = 0 = R_{A,y} + R_{B,y} + V_C \quad ; \quad R_{A,y} = -25\,\text{kN}$$

V_C, $R_{A,y}$와 같이 음의 값이 산정되었더라도 자유물체도와 평형방정식은 연관되어 있으므로 자유물체도에 가정한 미지력의 방향을 수정할 수 없다. 해석결과는 그림 예5.4.2(2)의 D점에 모멘트 평형방정식을 적용하여 검토할 수 있다.

$$\sum^{D} M = R_{A,y} \times 10 + R_{B,y} \times 6 - 100 \times 2 = (-25) \times 10 + 75 \times 6 - 200 = 0$$

예제 5.4.3

그림 예5.4.3(1)과 같이 힌지로 연결되어 있는 뼈대구조물에서 각 부재의 자유물체도를 이용하여 지점반력을 산정하시오.

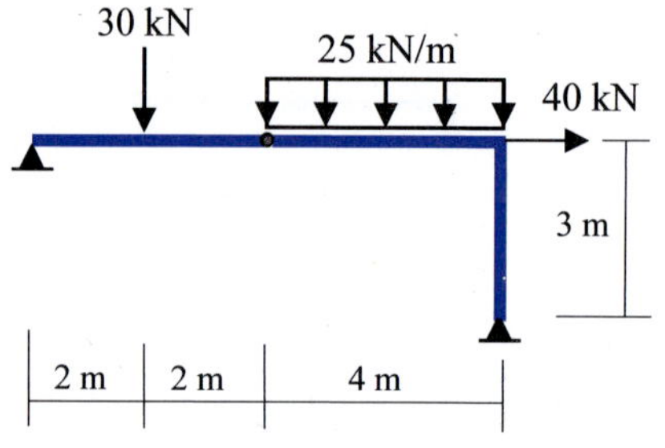

그림 예5.4.3(1)

해설 회전지점을 반력으로 대체한 전체 자유물체도는 그림 예5.4.3(2)와 같고 힌지에서 전달되는 수평/수직력을 포함한 부재 AC와 BC의 부분 자유물체도는 그림 5.4.3(3)과 같다. 여기서 부재 BC의 등가집중하중은 부분 자유물체도를 작성한 후 평형방정식을 적용하기 위해 등분포하중을 치환한 것이다. 부재 AC에 평형방정식을 적용하면 $R_{A,y}$와 V_C는

$$\sum^{C} M = 0 = R_{A,y} \times 4 - 30 \times 2 \quad ; \quad R_{A,y} = 15\,\text{kN}$$
$$\sum F_y = 0 = R_{A,y} - 30 + V_C \quad ; \quad V_C = 15\,\text{kN}$$

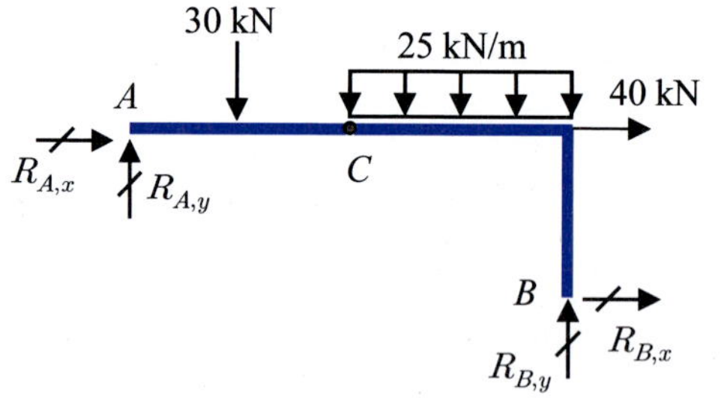

그림 예5.4.3(2)

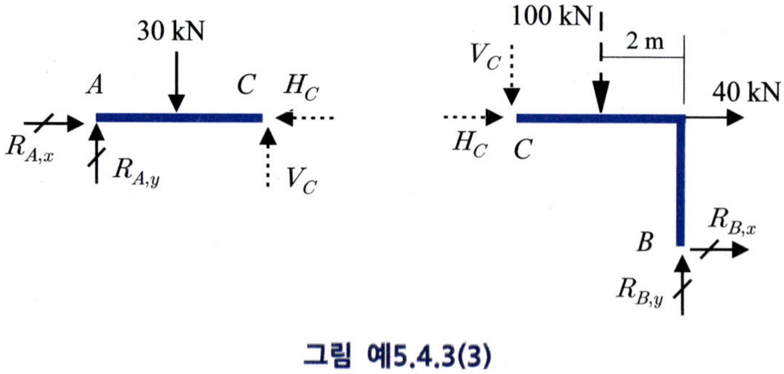

그림 예5.4.3(3)

V_C가 결정되었으므로 부재 BC의 미지수는 3개이고 평형방정식을 적용하면

$$\sum F_y = 0 = V_C + 100 - R_{B,y} \quad ; \quad R_{B,y} = 115\,\text{kN}$$

$$\sum^{C} M = 0 = 100 \times 2 - R_{B,x} \times 3 - R_{B,y} \times 4 \quad ; \quad R_{B,x} = -86.7\,\text{kN}$$
$$\sum F_x = 0 = H_C + 40 + R_{B,x} \quad ; \quad H_C = 46.7\,\text{kN}$$

부재 AC의 수평 방향 평형조건으로부터 $R_{A,x} = 46.7\,\text{kN}$이고 해석결과는 부재 BC의 B점에 모멘트 평형방정식을 적용하여 검토할 수 있다.

$$\begin{aligned}\sum^{B} M &= H_C \times 3 - V_C \times 4 - 100 \times 2 + 40 \times 3 \\ &= 46.7 \times 3 - 15 \times 4 - 100 \times 2 + 40 \times 3 = 0.1\end{aligned}$$

예제 5.4.4

그림 예5.4.4(1)과 같은 뼈대구조물에서 부재 AB와 BC의 자유물체도를 이용하여 지점 반력을 산정하시오.

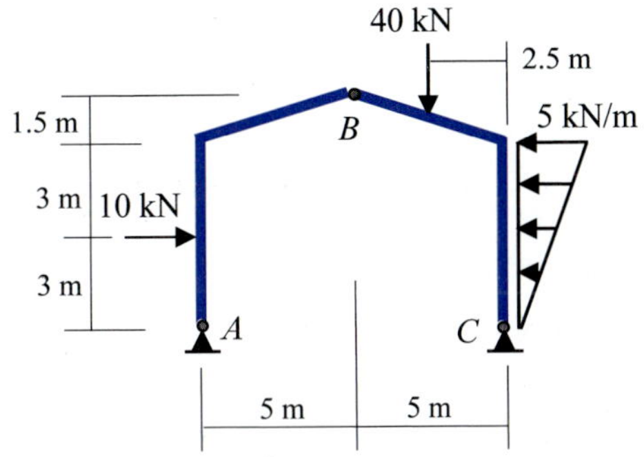

그림 예5.4.4(1)

해설 회전지점을 반력으로 대체한 전체 자유물체도는 그림 예5.4.4(2)와 같다. 삼각형 분포하중을 등가집중하중으로 치환한 것은 평형방정식을 적용하기 위한 것이다. 수직반력은 A점에 대한 모멘트 평형방정식과 수직력에 대한 평형방정식으로부터

$$\sum^{A} M = 0 = 10 \times 3 + 40 \times 7.5 - 15 \times 4 - R_{C,y} \times 10 \quad ; \quad R_{C,y} = 27\,\text{kN}$$
$$\sum F_y = 0 = R_{A,y} - 40 + R_{C,y} \quad ; \quad R_{A,y} = 13\,\text{kN}$$

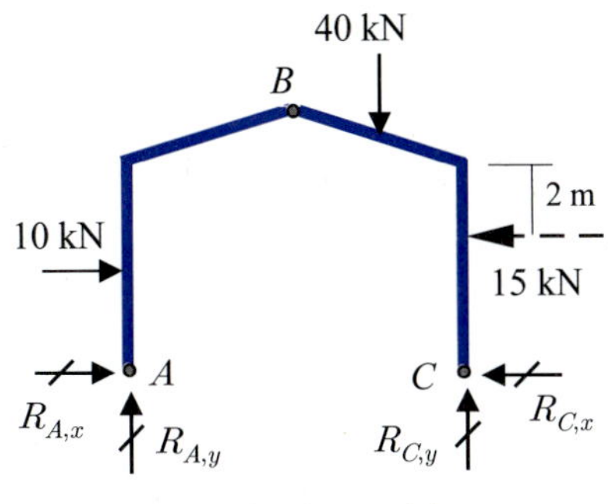

그림 예5.4.4(2)

수직반력을 반영하고 힌지에서 전달되는 수평/수직력을 포함하여 그림 예5.4.4(3)과 같이 부재 AB와 BC의 부분 자유물체도를 작성하면 모두 미지수가 3개이므로 두 부재 모두 미지력을 구할 수 있다. 부재 AB에서 $R_{A,x}$는 B점에 모멘트 평형방정식을 적용하여

$$\sum^{B} M = 0 = R_{A,x} \times 7.5 - 13 \times 5 + 10 \times 4.5 \quad ; \quad R_{A,x} = 2.67\,\text{kN}$$

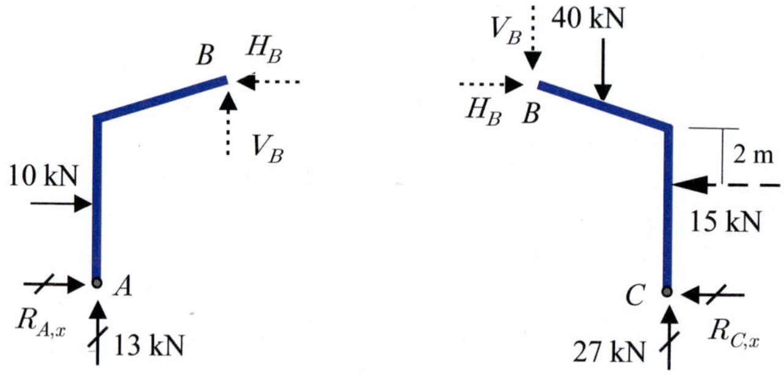

그림 예5.4.4(3)

B점에서 전달되는 힘 H_B와 V_B는 수평/수직력에 대한 평형방정식으로부터

$$\sum F_x = 0 = 10 + R_{A,x} - H_B \quad ; \quad H_B = 12.67\,\text{kN}$$
$$\sum F_y = 0 = R_{A,y} + V_B \quad ; \quad V_B = -13\,\text{kN}$$

부재 BC의 $R_{C,x}$는 전체 자유물체도에서 수평력에 대한 평형방정식을 적용하여

$$\sum F_x = 0 = R_{A,x} + 10 - 15 - R_{C,x} \quad ; \quad R_{C,x} = -2.33\,\text{kN}$$

해석결과는 부재 BC의 C점에 모멘트 평형방정식을 적용하여 검토할 수 있다.

$$\begin{aligned}\sum^{C} M &= H_B \times 7.5 - V_B \times 5 - 40 \times 2.5 - 15 \times 4 \\ &= 12.67 \times 7.5 - (-13) \times 5 - 100 - 60 = 0.03\end{aligned}$$

예제 5.4.5

롤러에 의해 연결된 뼈대구조물에서 부재 AB와 BC의 자유물체도를 이용하여 지점반력을 산정하시오.

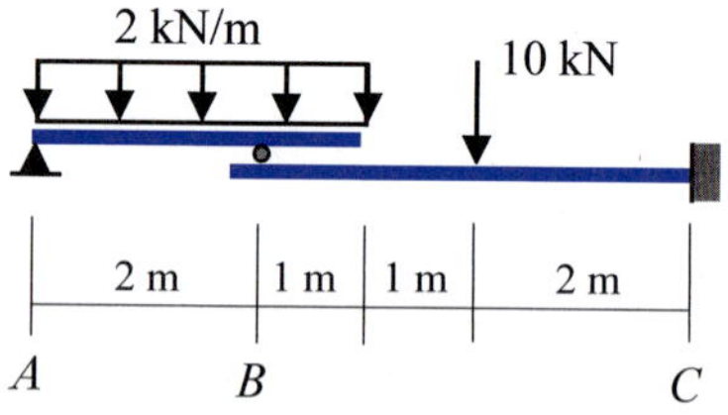

그림 예5.4.5(1)

해설 수평하중이 작용하지 않으므로 회전지점과 고정지점에서 수평반력을 제외하고 작성한 전체 자유물체도는 그림 예5.4.5(2)와 같고 미지력은 3개이나 적용할 수 있는 평형방정식 또한 수직/회전 2개이므로 미지력을 결정할 수 없다.

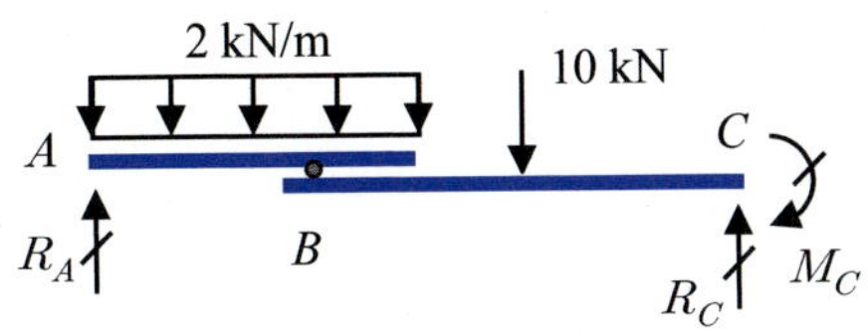

그림 예5.4.5(2)

롤러는 수평력과 회전력을 전달하지 못하므로 그림 예5.4.5(3)과 같이 부재 AB와 BC의 부분 자유물체도에서 롤러에 의해 전달되는 힘은 수직력이다. 부재 AB의 등가집중하중은 부분 자유물체도를 작성한 후 평형방정식을 적용하기 위해 등분포하중을 치환한 것이다. 부재 AB에 평형방정식을 적용하면 R_A와 V_B는

$$\sum^{B} M = 0 = R_A \times 2 - 6 \times 0.5 \quad ; \quad R_A = 1.5\,\text{kN}$$
$$\sum F_y = 0 = R_A - 6 + V_B \quad ; \quad V_B = 4.5\,\text{kN}$$

V_B가 결정되었으므로 부재 BC에 평형방정식을 적용하면

$$\sum F_y = 0 = V_B + 10 - R_C \quad ; \quad R_C = 14.5\,\text{kN}$$
$$\sum^{C} M = 0 = V_B \times 4 + 10 \times 2 - M_C \quad ; \quad M_C = 38\,\text{kN} \cdot \text{m}$$

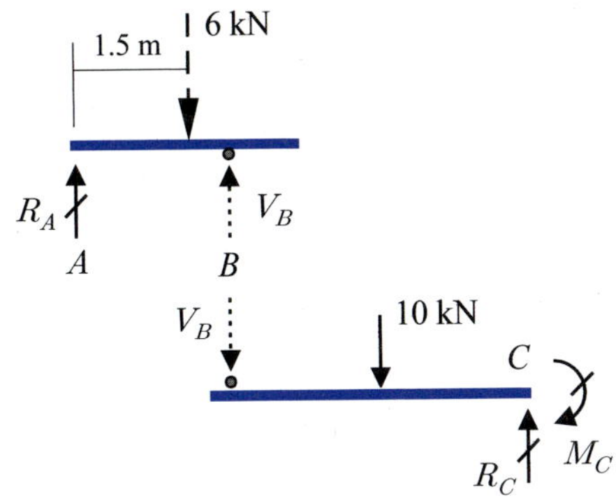

그림 예5.4.5(3)

해석결과는 그림 예5.4.5(2)의 C점에 모멘트 평형방정식을 적용하여 검토할 수 있다.

$$\sum^{C} M = R_A \times 6 - 6 \times 4.5 - 10 \times 2 - M_C = 9 - 27 - 20 + 38 = 0$$

예제 5.4.6

그림 예5.4.6(1)과 같은 뼈대구조물에서 부재 BC와 AC의 자유물체도를 이용하여 지점 반력을 구하시오. 도르래의 직경은 1 m이다.

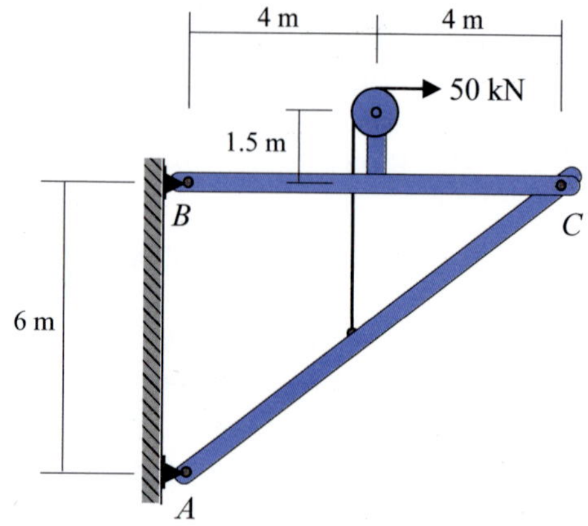

그림 예5.4.6(1)

해설 회전지점을 반력으로 대체한 전체 자유물체도는 그림 예5.4.6(2)와 같다. 회전/수평에 대한 평형조건으로부터 회전지점의 수평반력은

$$\sum^{A} M = 0 = R_{B,x} \times 6 - 50 \times (6+2) \quad ; \quad R_{B,x} = 66.7\,\text{kN}$$
$$\sum F_x = 0 = R_{A,x} - 50 + R_{B,x} \quad ; \quad R_{A,x} = -16.7\,\text{kN}$$

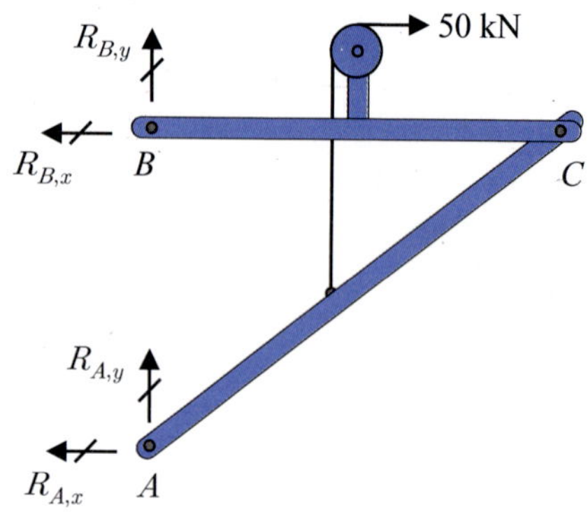

그림 예5.4.6(2)

힌지에서 전달되는 이동력을 포함한 부재 BC와 AC 및 도르래의 부분 자유물체도는 그림 예5.4.6(3)과 같다. 부재 AC에 평형방정식을 적용하여

$$\sum^{C} M = 0 = R_{A,x} \times 6 + R_{A,y} \times 8 + 50 \times 4.5 \quad ; \quad R_{A,y} = -15.6\,\text{kN}$$
$$\sum F_x = 0 = R_{A,x} + H_C \quad ; \quad H_C = 16.7\,\text{kN}$$
$$\sum F_y = 0 = R_{A,y} + 50 + V_C \quad ; \quad V_C = -34.4\,\text{kN}$$

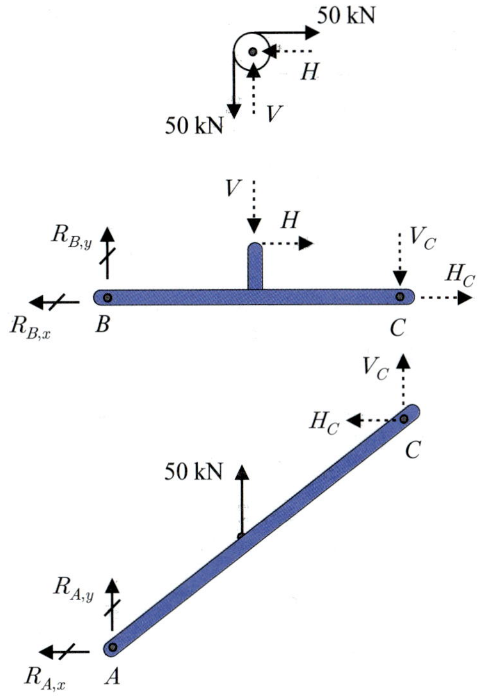

그림 예5.4.6(3)

전체 자유물체도에 $R_{A,y}$를 반영하고 수직력에 대한 평형방정식을 적용하면 $R_{B,y} = 15.6\,\text{kN}$이고 도르래는 힘의 방향을 변경하는 것이므로 평형조건으로부터 $H = V = 50\,\text{kN}$이다. 해석결과는 부재 BC의 C점에 모멘트 평형방정식을 적용하여 검토할 수 있다.

$$\sum^{C} M = R_{B,y} \times 8 - V \times 4 + H \times 2 = 15.6 \times 8 - 50 \times 4 + 50 \times 1.5 = -0.2$$

예제 5.4.7

부재 AB에 연결되어 있는 질량 35 kg, 직경 0.4 m의 원판이 정지마찰계수 $\mu_s = 0.2$의 경사면에 놓여 있다. C점에서 원판이 미끄러지지 않는 하중 P의 최대값을 구하시오.

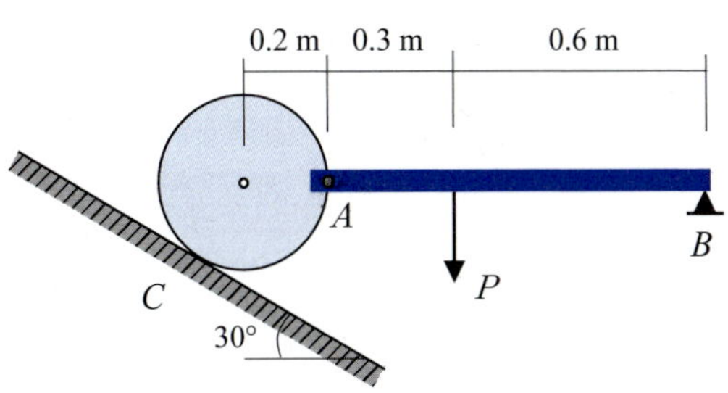

그림 예5.4.7(1)

해설 C점의 수직반력과 최대 정지마찰력, 원판의 무게 343.4 N(= 35 × 9.81), 힌지에서 전달되는 이동력 및 회전지점 B의 반력을 표시한 원판과 부재 AB의 부분 자유물체도는 그림 예 5.4.7(2)와 같다. 최대 정지마찰력에 해당하는 하중 P를 $P_{\max}$로 표기하고 원판에는 시계방향으로 회전하려는 움직임이 발생하므로 마찰력의 방향은 이를 구속하는 방향으로 표시한 것이다. 부재 AB의 B점에 모멘트 평형방정식을 적용하면

$$\sum^{B} M = 0 = V_A \times 0.9 - P_{\max} \times 0.6 \quad \Rightarrow \quad V_A = \frac{2}{3} P_{\max}$$

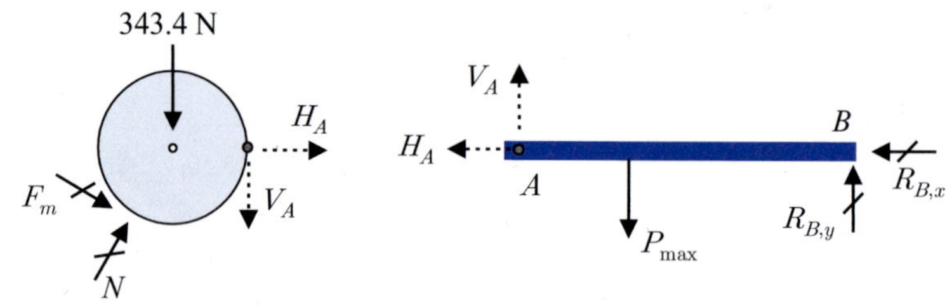

그림 예5.4.7(2)

V_A를 원판의 부분 자유물체도에 반영하고 중심 G점에 모멘트 평형방정식을 적용하면

$$\sum^{G} M = 0 = V_A \times 0.2 - F_m \times 0.2 \quad \Rightarrow \quad F_m = V_A = \frac{2}{3} P_{\max}$$

$F_m = \mu N = 0.2N = V_A$이므로 수직력에 대한 평형방정식을 적용하면

$$\begin{aligned} \sum F_y = 0 &= 343.4 + V_A + F_m \times \sin 30° - N\cos 30° \\ &= 343.4 + 0.2N + 0.2N \times \sin 30° - N\cos 30° \quad ; \quad N = 606.7\,\text{N} \end{aligned}$$

이로부터 $P_{\max} = 1.5 \times V_A = 1.5 \times F_m = 1.5 \times (0.2N) = 182\,(\text{N})$이다.

쐐기(wedge)는 육중한 물체 또는 기계의 위치를 미세하게 조정하기 위해 사용하는 도구로 쐐기와 물체 간에는 마찰력이 전달된다. 4.4절의 마찰평형 문제와 마찬가지로 쐐기의 평형문제에서 가장 중요한 것은 마찰력의 방향을 파악하는 것이며 일반적으로 물체의 무게에 비해 미소한 쐐기의 무게는 무시한다. 그림 5.4.3(1)은 물체를 들어올리기 위해 쐐기를 사용하는 경우로 마찰력을 포함한 물체와 쐐기의 자유물체도는 그림 5.4.3(2) 및 (3)과 같다. 물체의 위치를 조정하기 위해 요구되는 최소 힘 P를 구하고자 하는 경우 움직임이 발생하는 순간 접촉면의 마찰력은 최대정지마찰력이고 작용방향은 물체의 움직임을 구속하는 방향이다. 그림 5.4.3(1)에서 물체는 위로 움직이므로 마찰력 F_1은 아래로 작용하고 쐐기를 기준으로 하면 물체에는 왼쪽으로 상대적인 이동이 발생하는 것이므로 마찰력 F_2는 오른쪽으로 작용한다. 쐐기는 오른쪽으로 움직이므로 쐐기에 작용하는 마찰력 F_2와 F_3는 왼쪽으로 작용한다. 접촉면에서의 전달되는 마찰력은 작용/반작용력이므로 상대 자유물체도에 표시되는

마찰력은 크기가 같고 반대방향이다. 힘 P를 제거해도 쐐기가 움직이지 않으면 쐐기는 자체고정(self-locking)이며 물체는 쐐기에 의해 들어 올려진 상태를 유지하고 이 경우 쐐기를 제거하기 위해서는 힘이 필요하다. 일반적으로 쐐기의 각 θ가 작으면 자체고정이 된다.

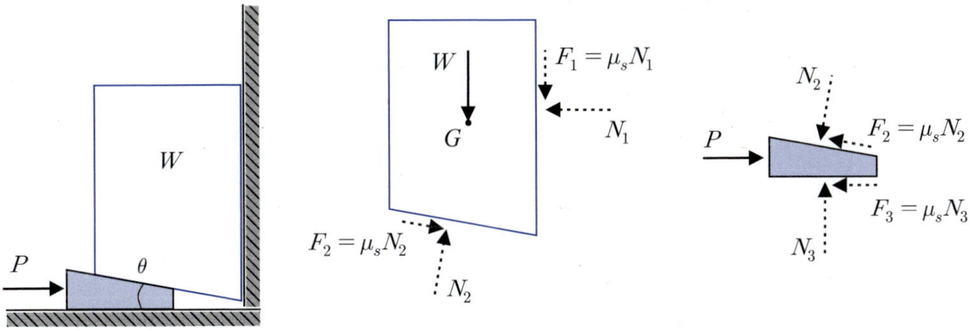

(1) (2) (3)

그림 5.4.3

물체의 위치를 조정하기 위해 물체를 수직방향으로 들어 올리지 않고 그림 5.4.3(1)과 같이 쐐기를 사용하면 상대적으로 작은 힘이 요구된다. 역학적 효율성(mechanical advantage)의 정의는 출력/입력 비이므로 쐐기의 경우는

$$\text{역학적 효율성} = \frac{\text{쐐기를 사용하지 않는 경우 요구되는 힘}}{\text{쐐기를 사용하는 경우 요구되는 힘}}$$

또한 물체를 들어올리기 위해 수직력을 작용하는 것보다 쐐기에 수평력을 작용하는 것이 용이하므로 쐐기를 사용하면 하중 작용방향의 변경으로 작업의 효율성을 향상할 수 있다.

예제 5.4.8

그림 예5.4.8(1)과 같이 쐐기를 사용하여 물체의 위치를 조정하기 위해 필요한 최소 힘 P를 구하시오. 물체의 질량은 200 kg이고 모든 접촉면에서의 정지마찰각은 15°이며 쐐기의 무게는 무시한다.

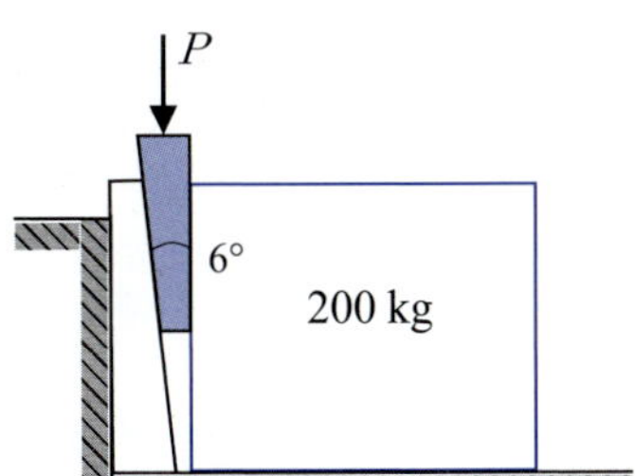

그림 예5.4.8(1)

해설 물체에 수평방향 움직임이 발생하는 경우 최대 정지마찰력이 작용하고 정지마찰계수는

$$\mu_s = \tan\phi_s = \tan 15^\circ = 0.268$$

물체의 무게는 1962 N(= 200×9.81)이고 자유물체도는 그림 예5.4.8(2)와 같다. 쐐기가 아래로 이동하면 쐐기와의 접촉면에서 상대적으로 물체는 위로 이동하는 것이므로 접촉면에 발생하는 마찰력의 방향은 하향이고 바닥면에서 물체는 오른쪽으로 이동하므로 접촉면에 발생하는 마찰력의 방향은 왼쪽이다. 3개의 이동력이 작용하는 물체이므로 도해법을 적용하면 그림 예5.4.8(3)과 같이 삼각형을 구성하고 사인법칙으로부터

$$\frac{R_1}{\sin\phi_s} = \frac{1962}{\sin(90^\circ - 2\phi_s)} \quad \Rightarrow \quad \frac{R_1}{\sin 15^\circ} = \frac{1962}{\sin 60^\circ} \quad ; \quad R_1 = 586.4\,\text{N}$$

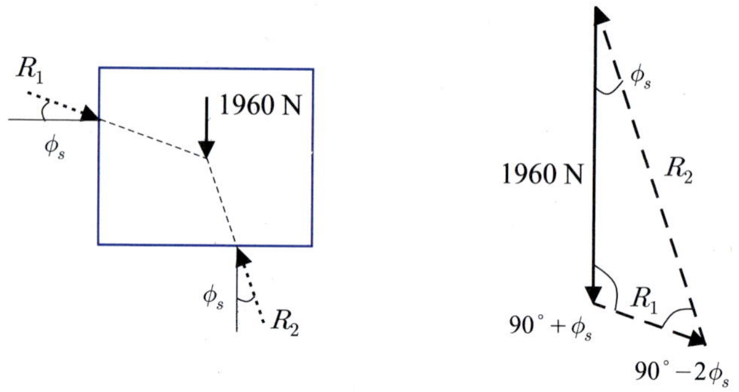

(2) (3)

그림 예5.4.8

쐐기의 이동방향은 하향이므로 쐐기의 자유물체도 그림 예5.4.8(4)에서 좌우측 접촉면에 발생하는 마찰력의 방향은 상향이다. 도해법을 적용하여 그림 예5.4.8(5)와 같이 삼각형을 구성하고 사인법칙을 적용하면 힘 P는

$$\frac{P}{\sin(6^\circ + 2\phi_s)} = \frac{R_1}{\sin(90^\circ - 6^\circ - \phi_s)} \quad \Rightarrow \quad \frac{P}{\sin 36^\circ} = \frac{586.4}{\sin 69^\circ} \quad ; \quad P = 369\,\text{N}$$

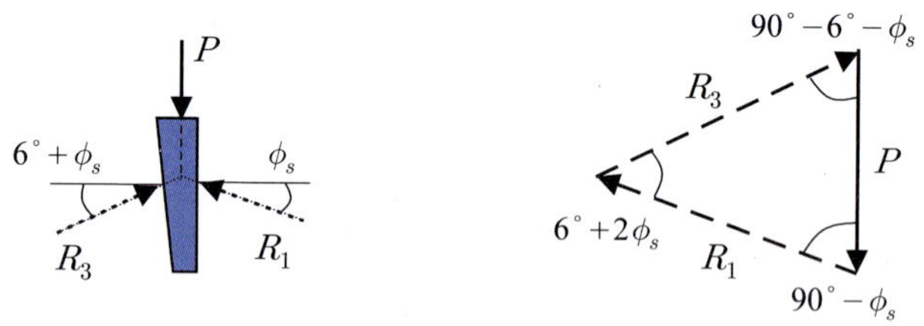

(4) (5)

그림 예5.4.8

물체를 들어 올려서 위치를 조정하는 경우와 비교하면 역학적 효율성은 다음과 같다.

$$\text{역학적 효율성} = \frac{1962}{369} = 5.3$$

예제 5.4.9

무게 10 kN인 물체의 위치를 그림 예5.4.9(1)과 같이 쐐기를 사용하여 아래로 조정하기 위해 필요한 힘 P를 구하시오. 모든 접촉면에서의 정지마찰계수는 0.35이고 쐐기의 무게는 무시하며 $\theta = 6°$이다.

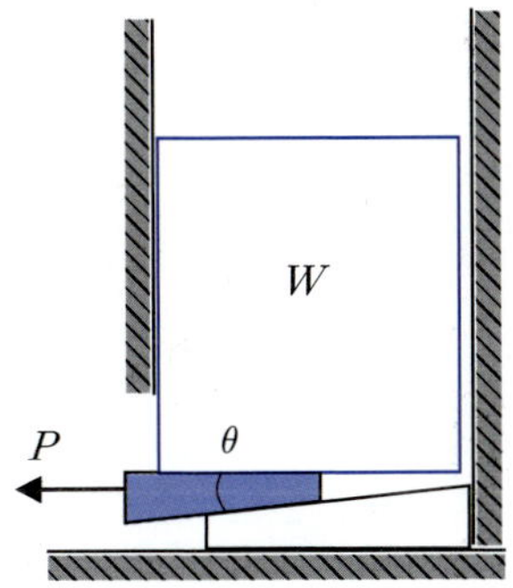

그림 예5.4.9(1)

해설 물체에 움직임이 발생하는 경우 최대 정지마찰력이 작용하고 정지마찰각은

$$\phi_s = \tan^{-1}\mu_s = \tan^{-1}0.35 = 19.3^\circ$$

물체가 아래로 이동하면 좌측벽면과의 접촉면에 발생하는 마찰력의 방향은 상향이고 쐐기가 왼쪽으로 이동하면 상대적으로 물체는 오른쪽으로 이동하는 것이므로 쐐기와의 접촉면에 발생하는 마찰력의 방향은 왼쪽이다. 마찰력을 포함한 물체의 자유물체도는 그림 예5.4.9(2)와 같이 3개의 이동력이 작용하는 물체이므로 도해법을 적용하여 힘의 삼각형을 구성하면 그림 예5.4.9(3)과 같이 직각삼각형이 되고 사인법칙으로부터

$$\frac{R_2}{\sin(90^\circ - \phi_s)} = \frac{10}{\sin 90^\circ} \quad \Rightarrow \quad \frac{R_2}{\sin 70.7^\circ} = 10 \quad ; \quad R_2 = 9.44\,\text{kN}$$

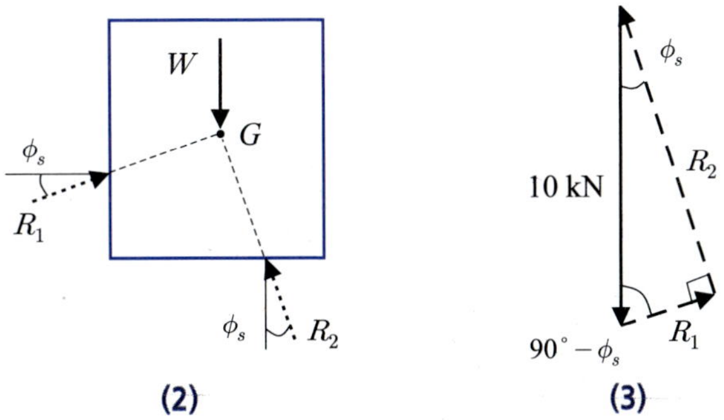

그림 예5.4.9

쐐기의 이동방향은 왼쪽이므로 쐐기의 자유물체도 그림 예5.4.9(4)에서 위/아래 접촉면에 발생하는 마찰력의 방향은 오른쪽이다. 힘의 삼각형은 그림 예5.4.9(5)와 같고 사인법칙을 적용하면 힘 P는 다음과 같이 산정되며 물체의 위치를 아래로 조정하기 위해 쐐기를 잡아당기는 힘이 필요하므로 자체고정이다.

$$\frac{P}{\sin(2\phi_s - \theta)} = \frac{R_2}{\sin(90° - \phi_s + \theta)} \quad \Rightarrow \quad \frac{P}{\sin 32.6°} = \frac{9.44}{\sin 76.7°} \quad ; \quad P = 5.23\,\text{kN}$$

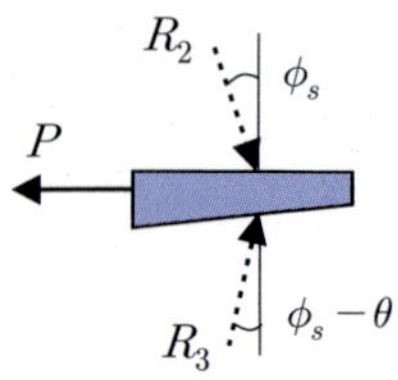

(4)

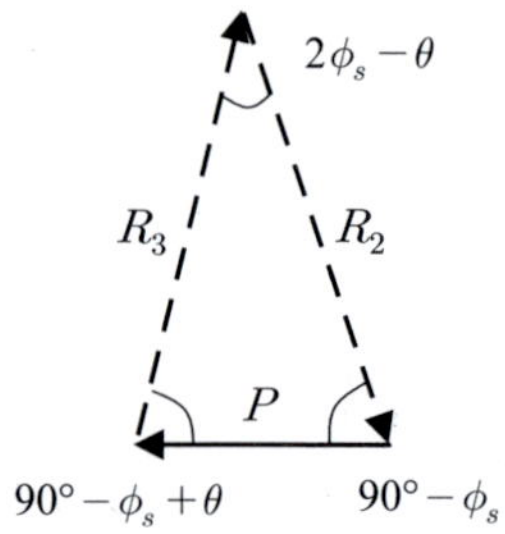

(5)

그림 예5.4.9

요점

내력. 내력(internal force)은 외력(external force)과 상반되는 개념의 힘으로 구조물을 구성하는 구조부재 내부에서 전달되는 힘이다. 내력 또한 외력과 마찬가지로 역계의 자유도에 의해 구분하며 $x-y-z$ 좌표축의 공간역계에서 x축이 부재축인 보의 각 자유도에 해당하는 내력은 표 5.2.1과 같다.

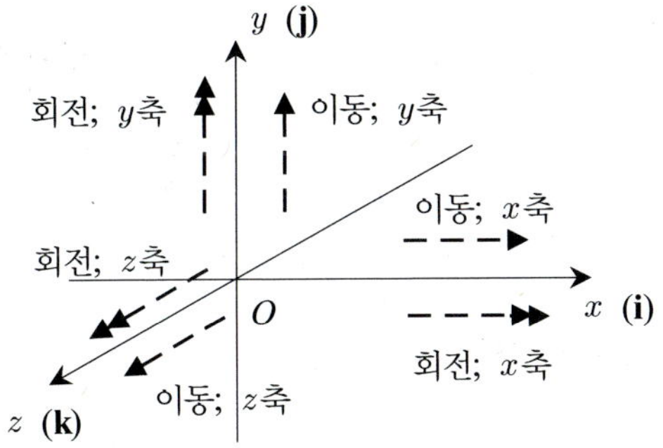

그림 2.2.3.1(2) $x-y-z$ 좌표축(공간역계)

표 5.2.1 자유도와 내력

자유도	좌표축	부재축 x
이동	x	축력 P
	y	전단력 V_y
	z	전단력 V_z
회전	x	비틂모멘트 T_x
	y	휨모멘트 M_y
	z	휨모멘트 M_z

그림 2.2.3.1(2)에 제시한 직각좌표축의 자유도가 강체의 움직임을 기준으로 구분된 것과 같이 내력의 경우는 구조부재 단면의 움직임(부재의 변형상태)에 의해 구분된다. $x-y$ 좌표축의 평면역계에서 x축을 부재축으로 하는 보에 발생하는 내력은 그림 5.2.1과 같이 (1) x축의 축력(P; axial force)과 (2) y축의 전단력(V_y; shear force) 및 (3) z축의 휨모멘트(M_z; bending moment)이다. 축력에 의해 부재에는 축방향으로 길이변형이 발생하고 길이가 증가하는 축력을 인장력(tension force), 길이가 감소하는 축력을 압축력(compression force)이라 한다. 전단력에 의해 부재는 축직각방향으로 절단되는 변형이 발생하고 휨모멘트에 의해 부재는 아래로 또는 위로 볼록하게 휘는 변형이 발생한다.

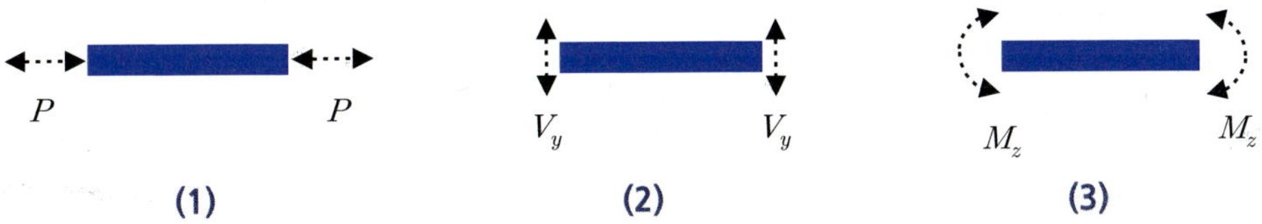

그림 5.2.1

단면법. 내력을 구하는 방법은 자유물체도를 가상으로 절단하여 내부에서 전달되는 내력을 형상화하는 단면법(method of section)이다. 그림 5.2.2(1)에 제시된 외팔보의 고정지점을 수평/수직/회전 반력으로 대체한 전체 자유물체도는 그림 5.2.2(2)와 같다. 전체 자유물체도가 평형상태이면 단면법을 적용하여 작성한 그림 5.2.2(3)의 좌/우측 부분 자유물체도 또한 평형상태이어야 하고 이는 단면에 발생하는 내력에 의해 만족되므로 전체 자유물체도에 평형방정식을 적용하여 미지력인 반력을 구하는 것과 같이 내력 또한 부분 자유물체도에 평형방정식을 적용하여 구한다. 좌/우측 부분 자유물체도에 표시되는 부재의 내력은 작용/반작용 법칙에 의해 크기가 같고 방향은 반대이다. 평형방정식을 적용하기 위해 분포하중은 등가집중하중으로 치환하여야 하며 이러한 치환은 반드시 부분 자유물체도를 작성한 이후에 수행되어야 한다. 또한 내력을 결정하는 경우 전달성 원리는 부분 자유물체도를 작성한 이후에 적용할 수 있으므로 부분 자유물체도를 작성하는 과정에서는 문제에 주어진 하중 작용점을 변경할 수 없다.

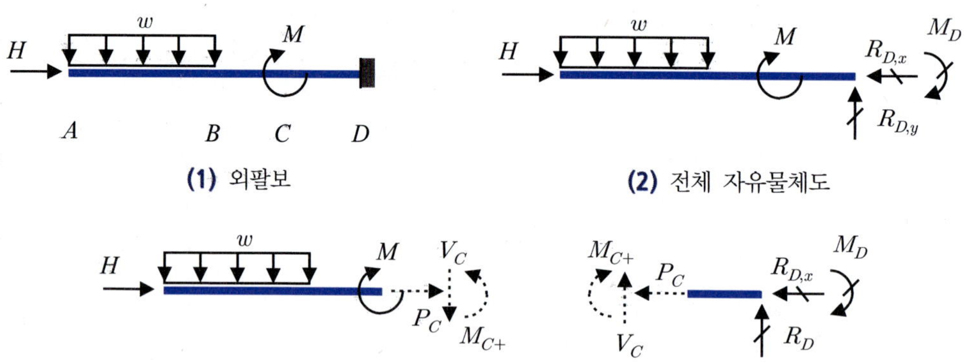

(1) 외팔보 **(2)** 전체 자유물체도

(3) 부분 자유물체도

그림 5.2.2

트러스. 트러스(truss)는 구조물의 규모에 비해 상대적으로 세장한 부재들을 연결하여 하중을 지지하도록 설계한 구조물이다. 트러스의 해석과정에는 모든 하중이 절점에 작용하며 부재들은 회전이 허용되는 힌지로 연결되어 있다고 가정한다. 이 두 가정에 근거하여 직선부재인 트러스부재는 이력부재가 되며 트러스는 이러한 이력부재가 양단에서 힌지를 사용하여 연결된 구조가 된다.

트러스 부재의 내력. 트러스 부재에 발생하는 내력은 축력(axial force)으로 인장력이 작용하는 부재를 인장부재(tension member: 부재 길이가 증가), 압축력이 작용하는 부재를 압축부재(compression member: 부재 길이가 감소)라 하며 변형부호규약(deformation sign convention)에 의해 인장력은 양, 압축력은 음으로 정의되어 있다.

절점법. 절점법(method of joint)은 그림 5.3.2.1(3)과 같이 트러스의 각 절점을 가상으로 분리하여 모든 부재의 내력을 구하는 경우 사용하는 방법이다. 절점법에 의해 각 절점에서 구성되는 절점평면역계의 평형방정식은 $\sum F_x = 0$, $\sum F_y = 0$의 2개이므로 2개의 미지력만을 포함하는 절점평면역계부터 미지력을 결정할 수 있다. 부재 내력을 모두 인장력으로 가정하여 해석한 결과가 양이면 인장부재, 음이면 압축부재이므로 변형부호규약에 맞는 결과가 된다.

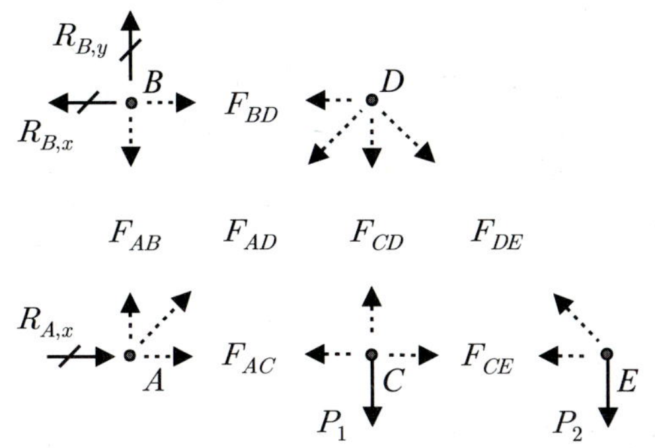

그림 5.3.2.1(3)

무부하부재. 임의의 하중조건 하에서 내력이 0이 되는 트러스부재를 무부하부재(zero-force member)라 하며 평형조건을 고려하면 무부하부재 여부를 용이하게 판별할 수 있다. 하중 또는 반력이 작용하지 않은 절점에 연결된 부재 중 무부하부재가 되는 경우는 다음과 같다.

1) 3개의 부재가 연결되고 그 중 2개의 부재가 일직선으로 구성되어 있으면 나머지 부재는 무부하부재이다.
2) 일직선으로 구성되지 않은 2개의 부재가 연결되어 있으면 2개의 부재 모두 무부하부재이다.

정정 트러스. 평면트러스가 n개의 절점, m개의 부재, r개의 반력으로 구성되어 있는 경우 절점법을 적용하면 n개의 부분 자유물체도(절점평면역계)가 구성되고 절점평면역계의 평형방정식은 2개이므로 전체 평형방정식의 개수는 $2n$, 미지력의 개수는 부재 내력과 반력의 개수를 합한 $m+r$이다. 평형방정식과 미지력의 개수가 동일한 경우($2n = m+r$) 트러스는 정정구조이고 미지력의 개수가 많은 경우($2n < m+r$) 부정정구조이며 반대의 경우($2n > m+r$) 불안정구조이다. 구조물은 정정구조 또는 부정정구조와 같이 안정해야 한다. 안정이란 설계하중조건 하에서 구조물이 원래의 형상을 유지하며 제 기능을 발휘한다는 것이며 전체 구조물의 붕괴 또는 국부적인 좌굴이 발생하지 않는다는 것을 의미한다.

트러스에 적용하는 단면법. 트러스 구조물에서 특정한 몇 개 부재의 내력만을 구하고자 하는 경우 단면법을 사용한다. 그림 5.3.3.1(1)과 같은 트러스의 전체 자유물체도에서 부재 BD, BE, CE의 내력을 구하기 위해 단면법을 적용하면 좌측 부분 자유물체도는 그림 5.3.3.1(2)와 같이 구성되고 3개의 내력 F_{BD}, F_{BE}, F_{CE}와 C점의 지점반력 $R_{C,y}$가 미지력이 된다. 부분 자유물체도는 비절점평면역계이고 3개의 독립된 평형방정식을 적용할 수 있으므로 단면법을 적용하기 전에 반력을 먼저 구하여 3개의 내력만 미지력으로 포함하도록 해야 한다. 그러므로 단면법을 적용한 부분 자유물체도에는 3개의 미지수가 포함되도록 단면법을 적용해야 하며 그림 5.3.3.1(3)과 같이 전달성 원리와 Varignon 정리를 적용하면 트러스 절점의 좌표로 모멘트의 팔을 용이하게 구하여 평형방정식을 구성할 수 있다.

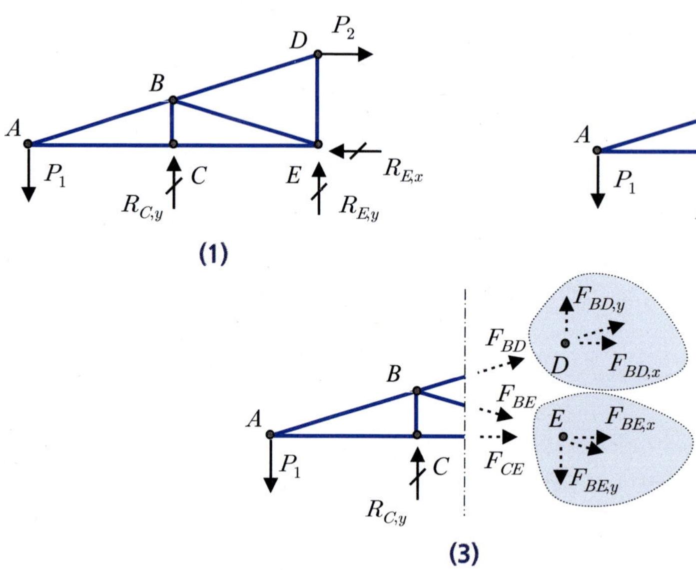

그림 5.3.3.1

뼈대구조물. 뼈대구조물(frame structure)은 구조부재가 힌지 또는 롤러에 의해 연결되며 이력부재만으로 구성된 트러스와 달리 한 개 이상의 다력부재(multi-force member)를 포함한다. 부재 축방향 내력만 발생하는 트러스의 이력부재와 달리 다력부재에는 역계의 자유도에 해당하는 모든 내력이 발생할 수 있다. 그림 5.4.2(1)에 제시한 뼈대구조물의 각 부재에 작용하는 외력을 결정하기 위해서는 지점반력과 힌지에서 전달되는 힘(수평력과 수직력)이 산정되어야 하므로 지점을 반력으로 대체하여 그림 5.4.2(2)의 전체 자유물체도를 작성하고 다시 각 부재와 절점(힌지)을 분리하여 그림 5.4.2(3)과 같이 부분 자유물체도를 작성한다. 뼈대구조물의 정정여부는 각 부재의 부분 자유물체도로부터 표 5.4.1과 같이 평형방정식과 미지력의 개수를 비교하여 확인할 수 있다.

표 5.4.1

부분 자유물체도	역계	평형방정식	미지력
부재 AB	비절점평면역계	3	$R_A \,/\, V_{B,x} \,/\, V_{B,y}$
부재 BC	비절점평면역계	3	$R_{C,x} \,/\, R_{C,y} \,/\, M_C$
합		6	6

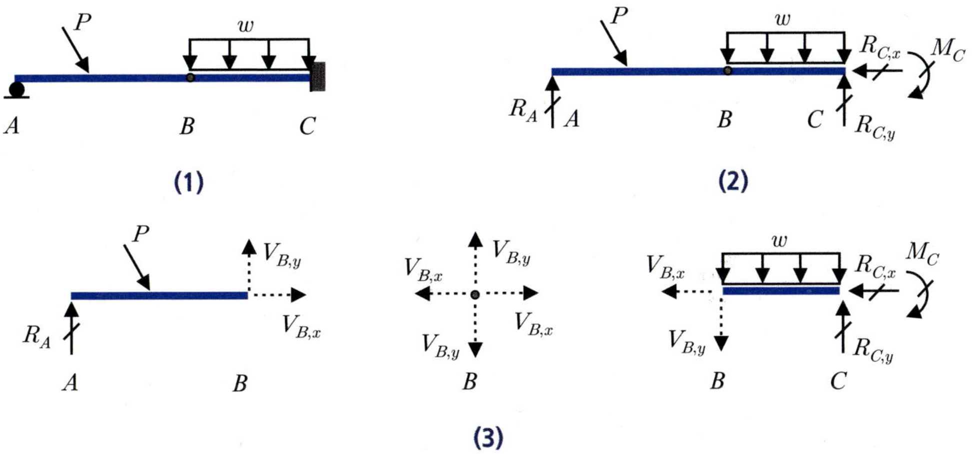

그림 5.4.2

쐐기. 쐐기(wedge)는 육중한 물체 또는 기계의 위치를 미세하게 조정하기 위해 사용하는 도구로 쐐기와 물체 간에는 마찰력이 전달된다. 쐐기의 평형문제에서 가장 중요한 것은 마찰력의 방향을 파악하는 것이며 일반적으로 물체의 무게에 비해 미소한 쐐기의 무게는 무시한다. 그림 5.4.3(1)은 물체를 들어올리기 위해 쐐기를 사용하는 경우로 마찰력을 포함한 물체와 쐐기의 자유물체도는 그림 5.4.3(2) 및 (3)과 같다.

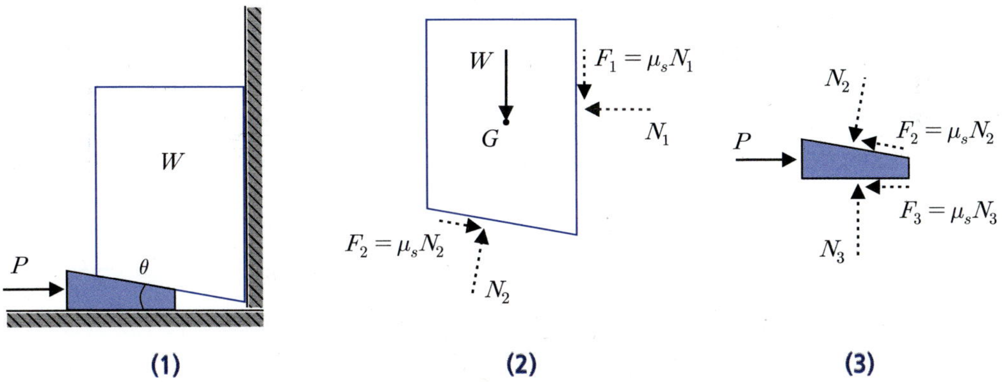

그림 5.4.3

물체의 위치를 조정하기 위해 요구되는 최소 힘 P를 구하고자 하는 경우 움직임이 발생하는 순간 접촉면의 마찰력은 최대 정지마찰력이고 작용방향은 물체의 움직임을 구속하는 방향이다. 물체와 쐐기의 접촉면에서의 전달되는 마찰력은 작용/반작용력이므로 상대 자유물체도에 표시되는 마찰력은 크기가 같고 반대방향이다.

연습문제 5.3절 트러스의 내력

5-1 트러스의 부재력을 절점법으로 구하시오.

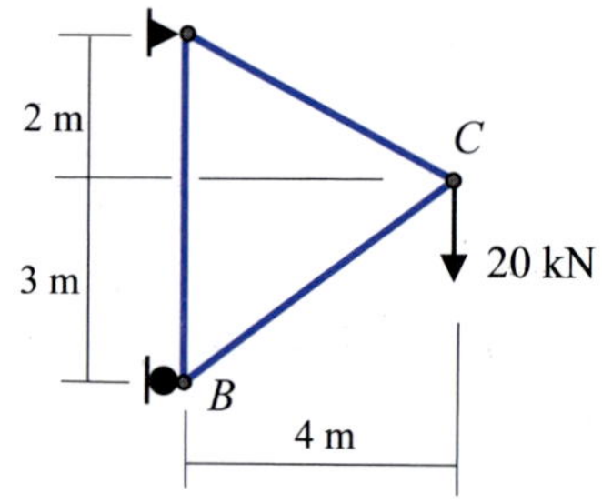

[답] $F_{AB}=12\,\text{kN}$, $F_{AC}=17.9\,\text{kN}$, $F_{BC}=-20\,\text{kN}$

5-2 트러스의 부재력을 절점법으로 구하시오.

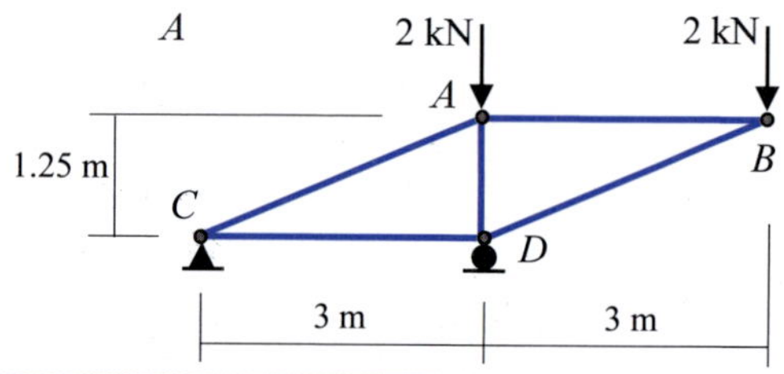

[답] $F_{AB}=4.8\,\text{kN}$, $F_{AD}=-4\,\text{kN}$, $F_{BD}=-5.2\,\text{kN}$, $F_{CD}=-4.8\,\text{kN}$, $F_{AC}=5.2\,\text{kN}$

5-3 트러스의 부재력을 절점법으로 구하시오.

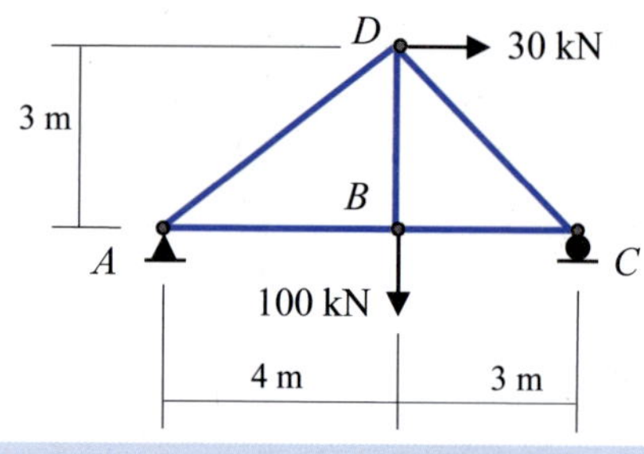

[답] $F_{AB}=70\,\text{kN}$, $F_{AD}=-50\,\text{kN}$, $F_{BD}=100\,\text{kN}$, $F_{BC}=70\,\text{kN}$, $F_{CD}=-99\,\text{kN}$

5-4 트러스의 부재력을 절점법으로 구하시오.

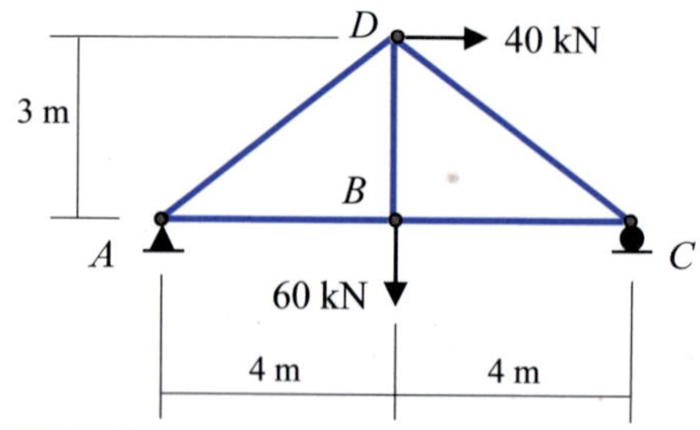

[답] $F_{AB}=60\,\text{kN}$, $F_{AD}=-25\,\text{kN}$, $F_{BD}=60\,\text{kN}$, $F_{BC}=60\,\text{kN}$, $F_{CD}=-75\,\text{kN}$

5-5 트러스의 부재력을 절점법으로 구하시오.

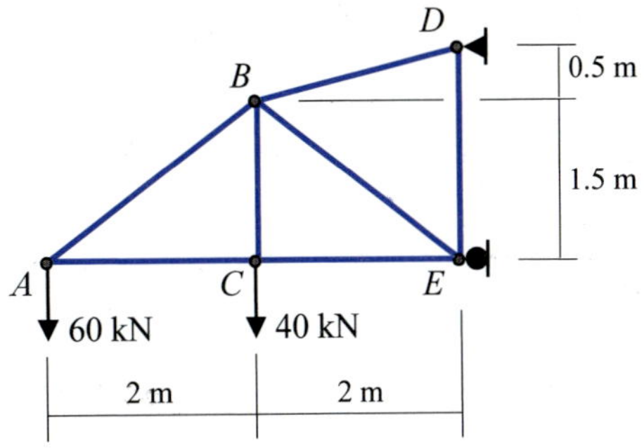

[답] $F_{AB} = 100\,\text{kN}$, $F_{AC} = -80\,\text{kN}$, $F_{BC} = 40\,\text{kN}$, $F_{CE} = -80\,\text{kN}$
$F_{BE} = -100\,\text{kN}$, $F_{BD} = 164.9\,\text{kN}$, $F_{DE} = 60\,\text{kN}$

5-6 트러스의 부재력을 절점법으로 구하시오.

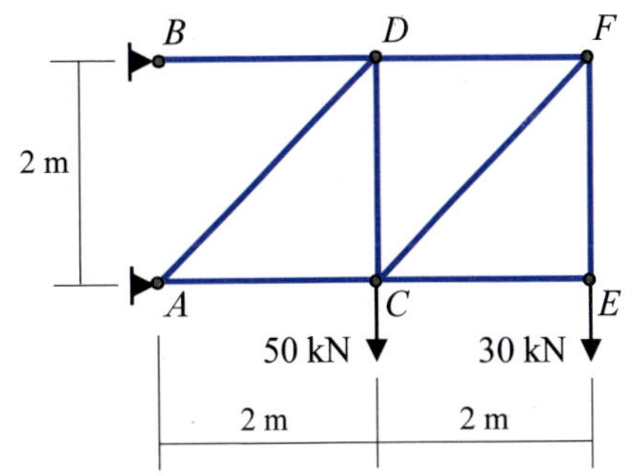

[답] $F_{BD} = 110\,\text{kN}$, $F_{CE} = 0$, $F_{EF} = 30\,\text{kN}$, $F_{CF} = -42.4\,\text{kN}$, $F_{DF} = 30\,\text{kN}$
$F_{AD} = -113.1\,\text{kN}$, $F_{CD} = 80\,\text{kN}$, $F_{AC} = -30\,\text{kN}$

5-7 트러스의 부재력을 절점법으로 구하시오.

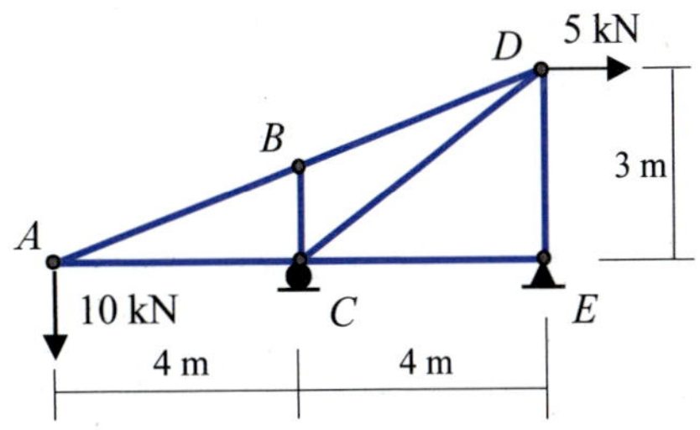

[답] $F_{BC} = 0$, $F_{DE} = 6.25\,\text{kN}$, $F_{CE} = -5\,\text{kN}$, $F_{AB} = 28.5\,\text{kN} = F_{BD}$
$F_{AC} = -26.7\,\text{kN}$, $F_{CD} = -27.1\,\text{kN}$

5-8 트러스의 부재력을 절점법으로 구하시오.

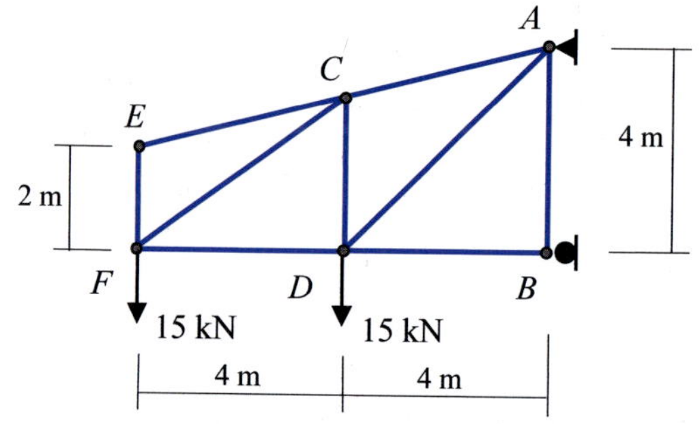

[답] $F_{AB} = F_{CE} = F_{EF} = 0$, $F_{BD} = -45\,\text{kN}$, $F_{CF} = 25\,\text{kN}$, $F_{DF} = -20\,\text{kN}$
$F_{AD} = 35.4\,\text{kN}$, $F_{CD} = -10\,\text{kN}$, $F_{AC} = 20.6\,\text{kN}$

5-9 트러스의 부재력을 절점법으로 구하시오.

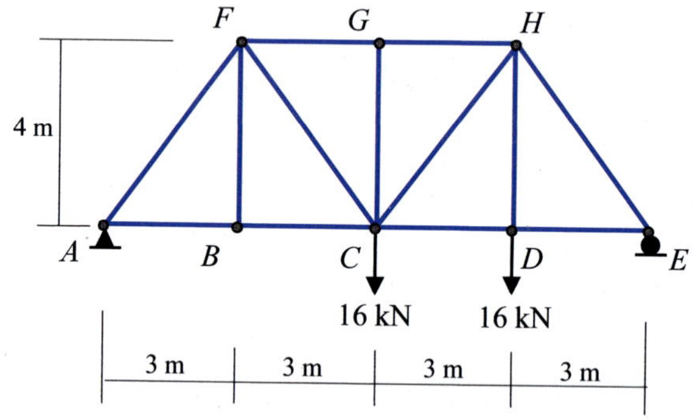

[답] $F_{BF} = F_{CG} = 0$, $F_{AF} = -15\,\text{kN}$, $F_{AB} = F_{BC} = 9\,\text{kN}$, $F_{EH} = -25\,\text{kN}$
$F_{CD} = F_{DE} = 15\,\text{kN}$, $F_{DH} = 16\,\text{kN}$, $F_{CF} = 15\,\text{kN}$, $F_{CH} = 5\,\text{kN}$
$F_{FG} = F_{GH} = -18\,\text{kN}$

5-10 트러스의 무부하부재를 판별하시오.

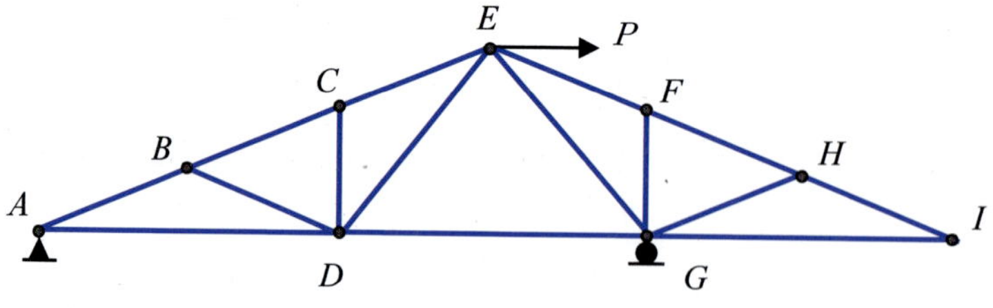

[답] *BD* , *CD* , *DE* , *EF* , *FG* , *FH* , *GH* , *GI* , *HI*

5-11 트러스의 무부하부재를 판별하시오.

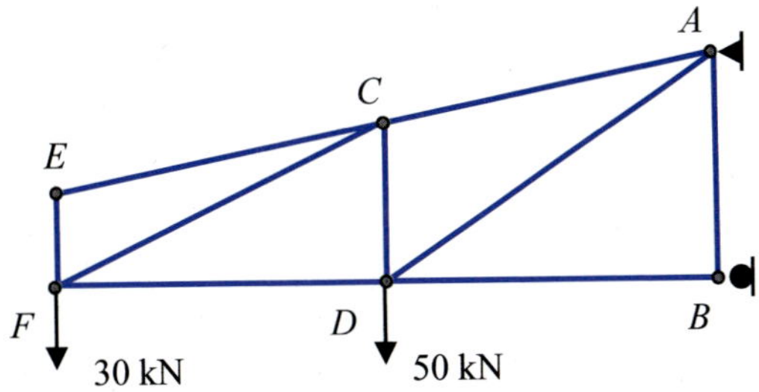

[답] AB , CE , EF

5-12 트러스의 무부하부재를 판별하시오.

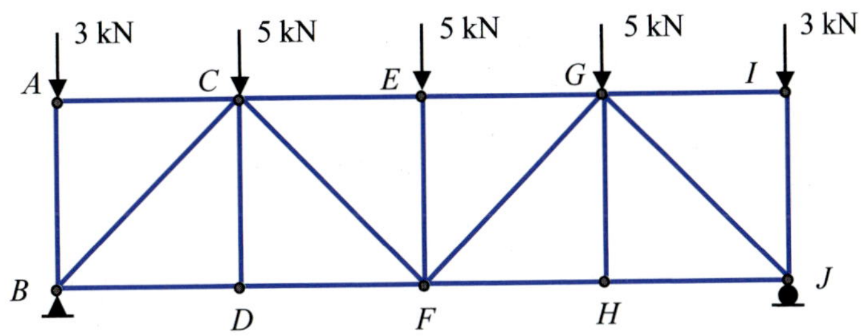

[답] AC , CD , GH , GI

5-13 트러스의 무부하부재를 판별하시오.

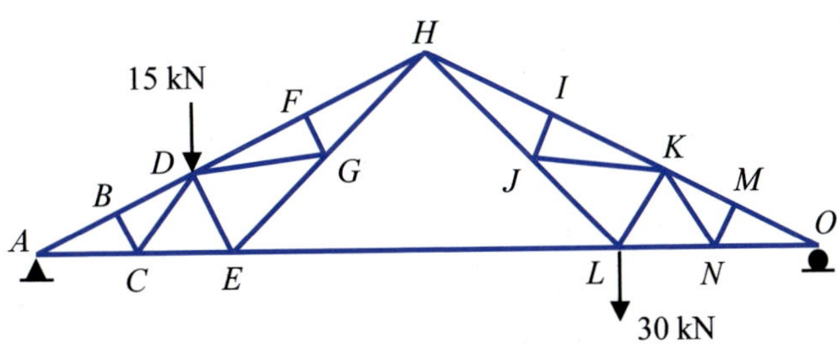

[답] BC , CD , DG , FG , IJ , JK , KL , KN , MN

5-14 트러스의 부재 DF, EF, EG의 부재력을 단면법으로 구하시오.

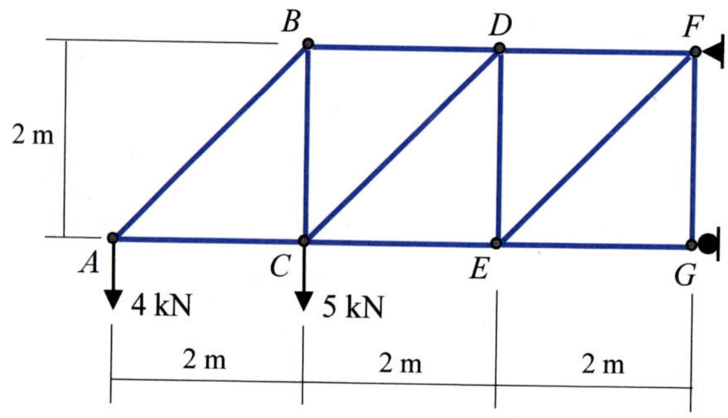

[답] $F_{DF}=13\,\text{kN}$, $F_{EF}=12.7\,\text{kN}$, $F_{EG}=-22\,\text{kN}$

5-15 트러스의 부재 CE, DE, DF의 부재력을 단면법으로 구하시오.

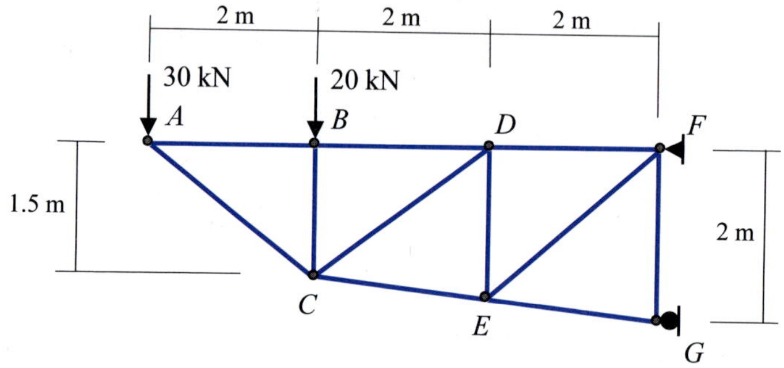

[답] $F_{CE}=-92.1\,\text{kN}$, $F_{DF}=91.4\,\text{kN}$, $F_{DE}=-38.6\,\text{kN}$

5-16 트러스의 부재 FH, GH, GI의 부재력을 단면법으로 구하시오.

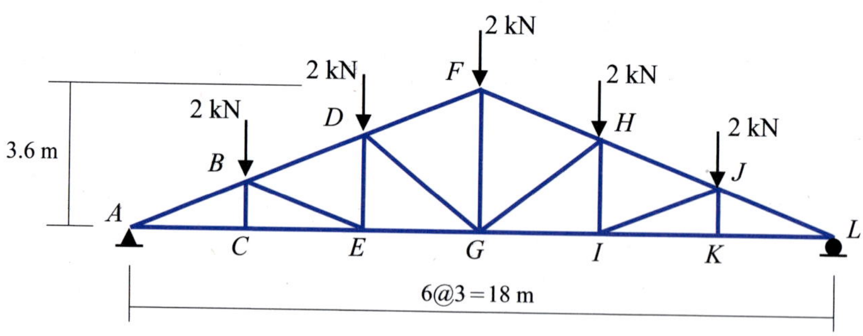

[답] $F_{FH}=-8.1\,\text{kN}$, $F_{GH}=-3.2\,\text{kN}$, $F_{GI}=10\,\text{kN}$

5-17 트러스의 부재 FH, FI, GI의 부재력을 단면법으로 구하시오.

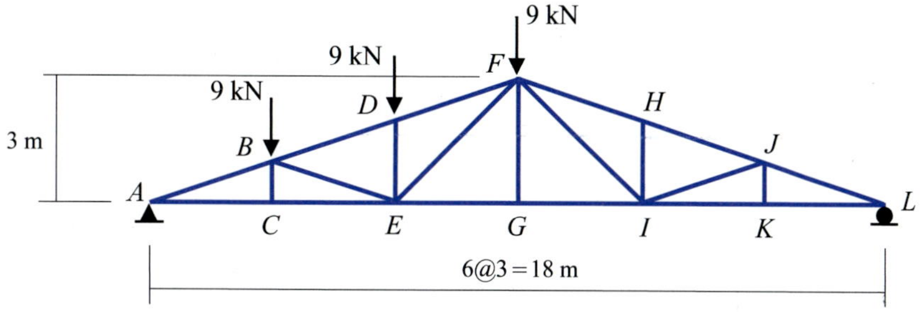

[답] $F_{FH} = -28.5\,\text{kN}$, $F_{FI} = 0$, $F_{GI} = 27\,\text{kN}$

5-18 트러스의 부재 BD, BE, CE의 부재력을 단면법으로 구하시오.

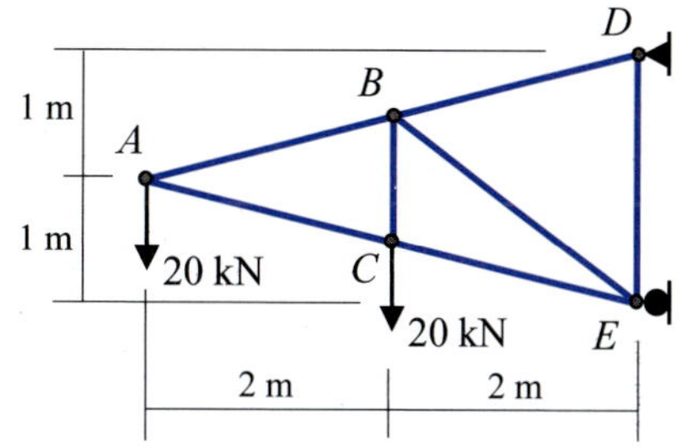

[답] $F_{CE} = -41.2\,\text{kN}$, $F_{BD} = 61.8\,\text{kN}$, $F_{BE} = -25.0\,\text{kN}$

5-19 트러스의 부재 FG, FC, BC의 부재력을 단면법으로 구하시오.

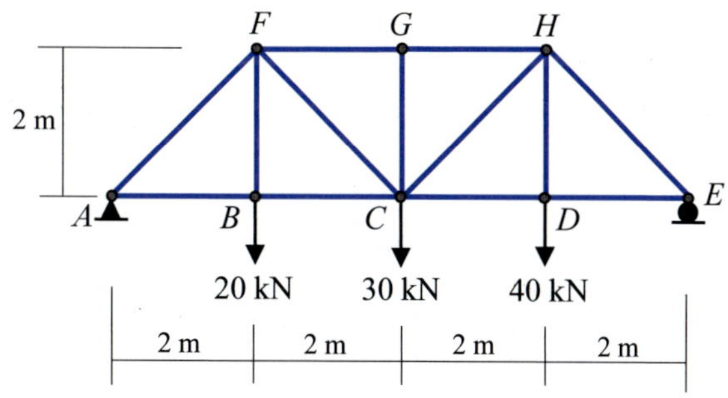

[답] $F_{FG} = -60\,\text{kN}$, $F_{BC} = 40\,\text{kN}$, $F_{FC} = 28.3\,\text{kN}$

5-20 트러스의 부재 BC, BD, BE의 부재력을 단면법으로 구하시오.

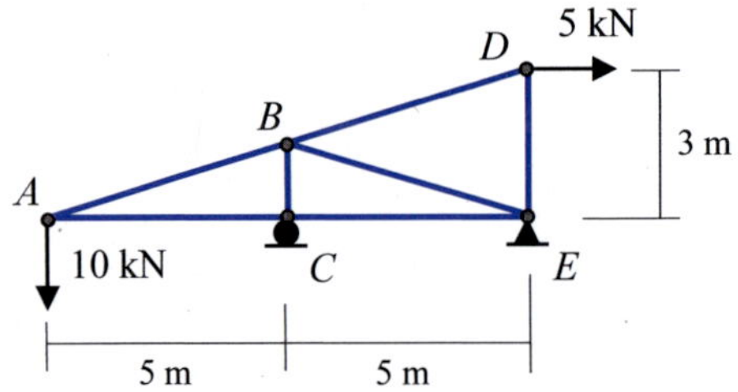

[답] $F_{CB} = -17\,\text{kN}$, $F_{BD} = 5.2\,\text{kN}$, $F_{BE} = 29.6\,\text{kN}$

5-21 트러스의 부재 BD, BE, CE, CF의 부재력을 단면법으로 구하시오.

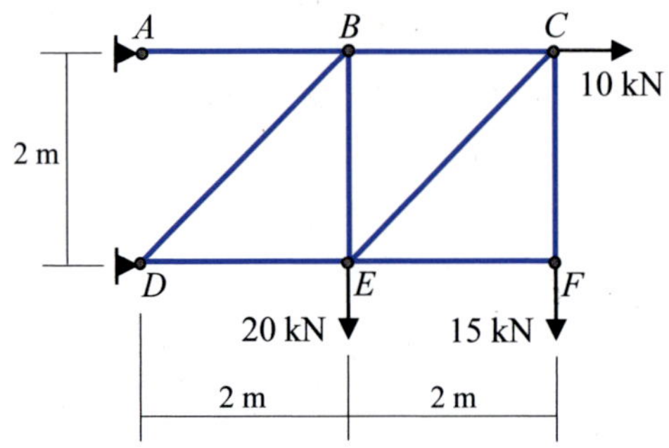

[답] $F_{BD} = -49.5\,\text{kN}$, $F_{BE} = 35\,\text{kN}$, $F_{CF} = 15\,\text{kN}$, $F_{CE} = -21.2\,\text{kN}$

5-22 트러스의 부재 BD, CD, CE의 부재력을 단면법으로 구하시오.

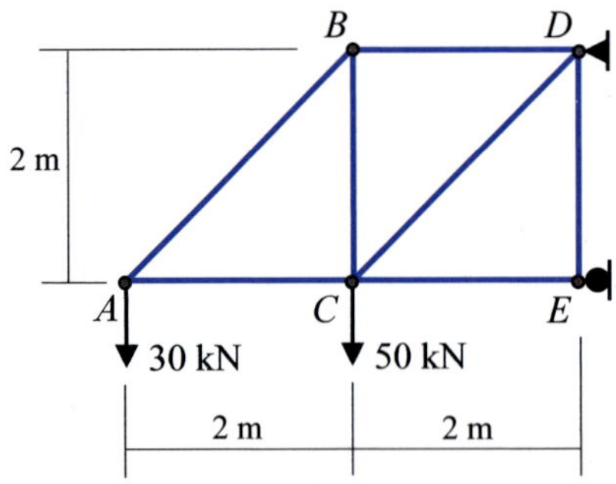

[답] $F_{BD} = 30\,\text{kN}$, $F_{CD} = 113.1\,\text{kN}$, $F_{CE} = -110\,\text{kN}$

5-23 트러스의 부재 DF, DG, EG의 부재력을 단면법으로 구하시오.

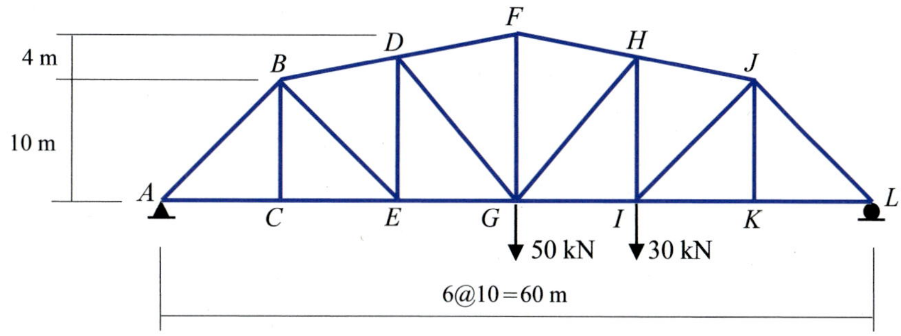

[답] $F_{DF} = -76.5\,\text{kN}$, $F_{EG} = 58.3\,\text{kN}$, $F_{DG} = 26.1\,\text{kN}$

5-24 트러스의 부재 DF, DG, EG의 부재력을 단면법으로 구하시오.

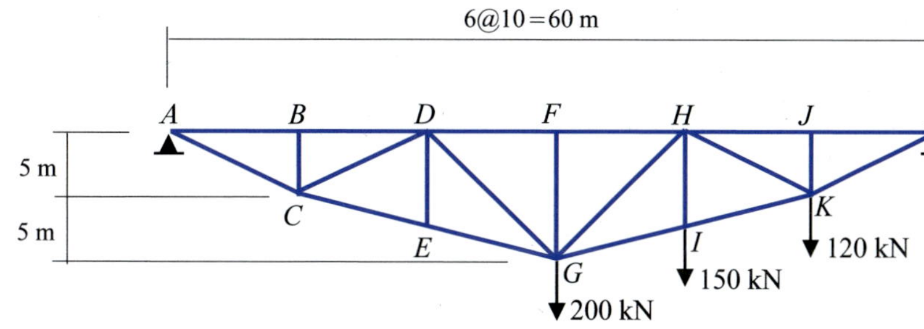

[답] $F_{DF} = -510\,\text{kN}$, $F_{EG} = 467.3\,\text{kN}$, $F_{DG} = 80.1\,\text{kN}$

5-25 트러스의 부재 BD, BE, CE의 부재력을 단면법으로 구하시오.

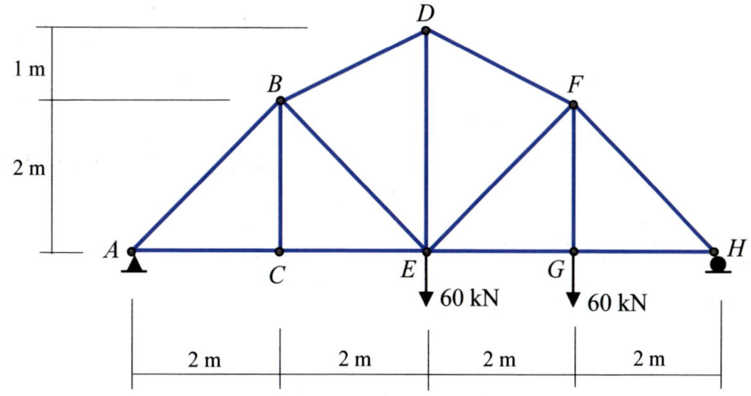

[답] $F_{CE} = 45\,\text{kN}$, $F_{BD} = -67.1\,\text{kN}$, $F_{BE} = 21.2\,\text{kN}$

5-26 트러스의 부재 BC, BD, AD의 부재력을 단면법으로 구하시오.

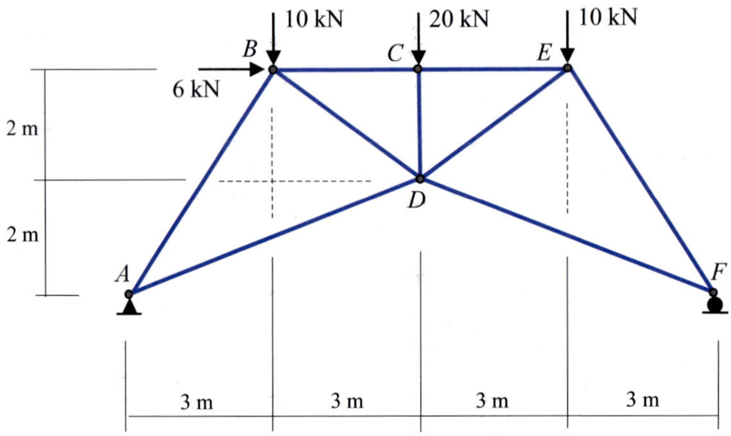

[답] $F_{BC} = -51\,\text{kN}$, $F_{AD} = 27.4\,\text{kN}$, $F_{BD} = 30.0\,\text{kN}$

5-27 트러스의 부재 GI의 부재력을 단면법으로 구하시오.

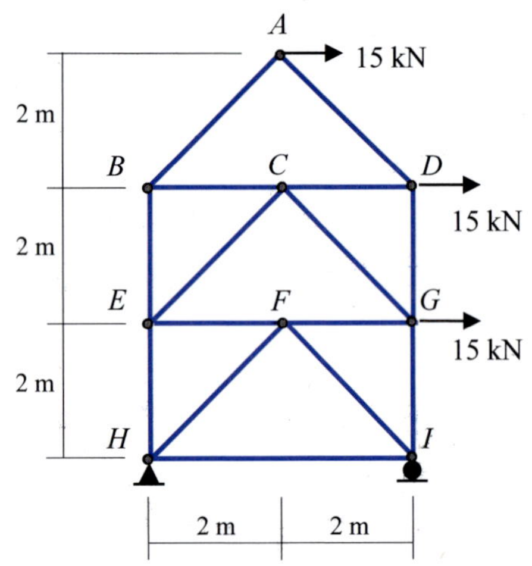

[답] $F_{GI} = -22.5\,\text{kN}$

연습문제 5.4절 뼈대구조물

5-28 회전지점 A와 이동지점 E로 지지되어 있는 뼈대구조물의 각 부재에 작용하는 외력을 구하시오.

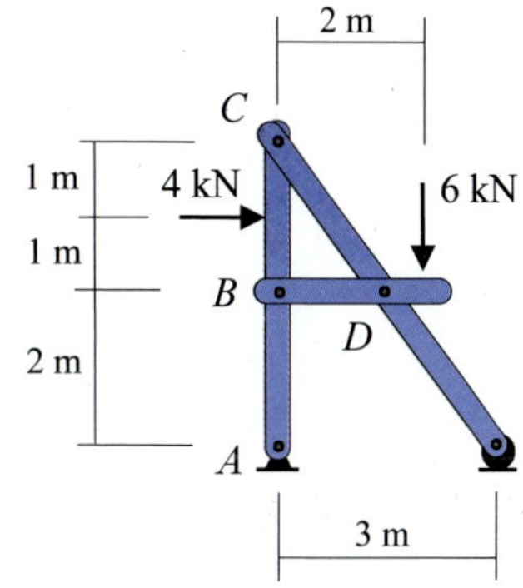

[답] 부재 AC : $H_B = 6\,\text{kN} \rightarrow$, $V_B = 2\,\text{kN} \uparrow$, $H_C = 6\,\text{kN} \leftarrow$, $V_C = 0$
$R_{A,x} = 4\,\text{kN} \leftarrow$, $R_{A,y} = 2\,\text{kN} \downarrow$
부재 BD : $H_B = 6\,\text{kN} \leftarrow$, $V_B = 2\,\text{kN} \downarrow$, $H_D = 6\,\text{kN} \rightarrow$, $V_D = 8\,\text{kN} \uparrow$
부재 CE : $H_C = 6\,\text{kN} \rightarrow$, $V_C = 0$, $H_D = 6\,\text{kN} \leftarrow$, $V_D = 8\,\text{kN} \downarrow$
$R_{E,y} = 8\,\text{kN} \uparrow$

5-29 뼈대구조물의 각 부재에 작용하는 외력을 구하시오.

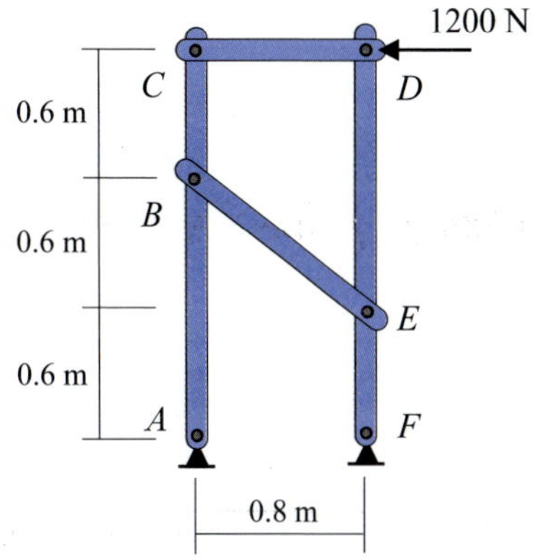

[답] 부재 AC : $H_C = 2400\,\text{N} \leftarrow$, $P_B = 4500\,\text{N} \searrow$
$R_{A,x} = 1200\,\text{N} \leftarrow$, $R_{A,y} = 2700\,\text{N} \uparrow$
부재 CD : $H_C = 2400\,\text{N} \rightarrow$, $H_D = 2400\,\text{N} \leftarrow$
부재 BE : $P_B = 4500\,\text{N} \nwarrow$, $P_E = 4500\,\text{N} \searrow$
부재 DF : $H_D = 2400\,\text{N} \rightarrow$, $P_E = 4500\,\text{N} \nwarrow$
$R_{F,x} = 2400\,\text{N} \rightarrow$, $R_{F,y} = 2700\,\text{N} \downarrow$

5-30 뼈대구조물의 지점반력과 롤러가 전달하는 내력을 구하시오.

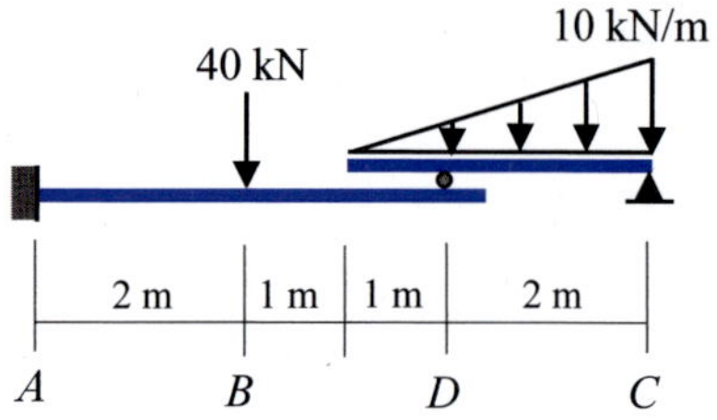

[답] $V_D = 7.5\,\text{kN} \updownarrow$, $R_C = 7.5\,\text{kN} \uparrow$
$R_A = 47.5\,\text{kN} \uparrow$, $M_A = 110\,\text{kN} \cdot \text{m}$ (반시계방향)

5-31 뼈대구조물의 지점반력과 힌지에서 전달되는 내력을 구하시오.

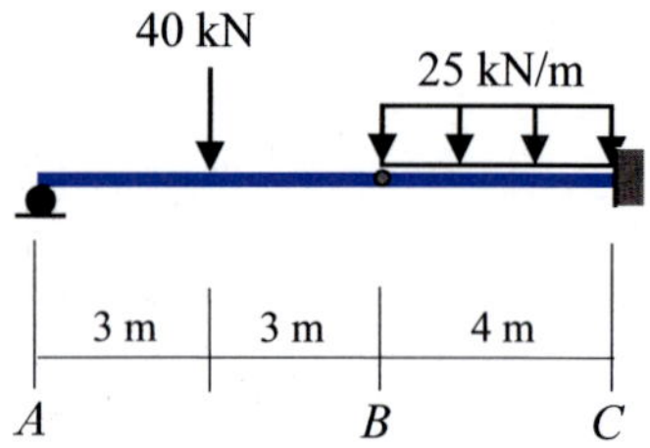

[답] $R_A = 20\,\text{kN} \uparrow$, $V_B = 20\,\text{kN} \updownarrow$
$R_C = 120\,\text{kN} \uparrow$, $M_C = 280\,\text{kN} \cdot \text{m}$ (시계방향)

5-32 뼈대구조물의 지점반력과 힌지에서 전달되는 내력을 구하시오.

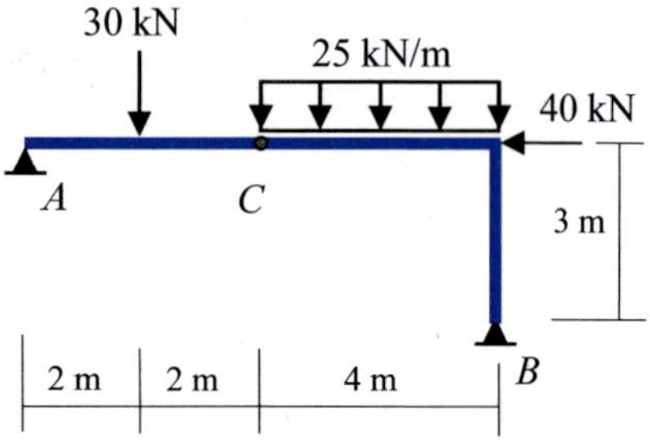

[답] $R_{A,x} = 126.7\,\text{kN} \rightarrow$, $R_{A,y} = 15\,\text{kN} \uparrow$, $V_C = 15\,\text{kN} \updownarrow$, $H_C = 126.7\,\text{kN} \leftrightarrow$
$R_{B,x} = 86.7\,\text{kN} \leftarrow$, $R_{B,y} = 115\,\text{kN} \uparrow$

5-33 뼈대구조물의 지점반력을 구하시오.

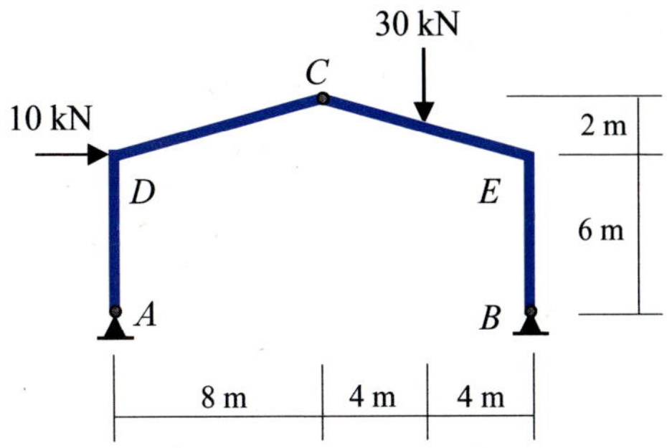

[답] $R_{A,x} = 1.25\,\text{kN} \rightarrow$, $R_{A,y} = 3.75\,\text{kN} \uparrow$, $R_{B,x} = 11.25\,\text{kN} \leftarrow$, $R_{B,y} = 26.25\,\text{kN} \uparrow$

5-34 뼈대구조물의 지점반력을 구하시오.

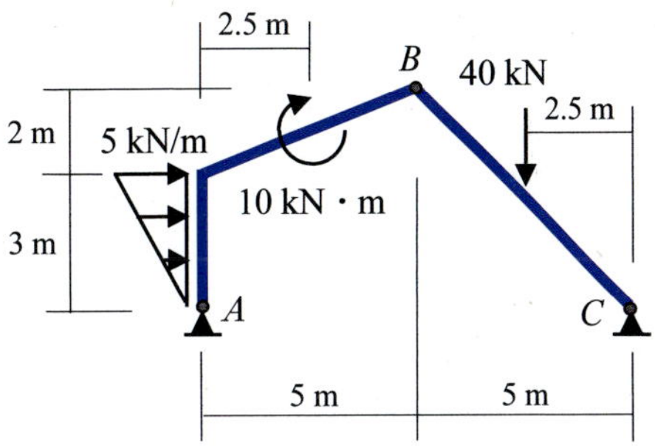

[답] $R_{A,x} = 5\,\text{kN} \rightarrow$, $R_{A,y} = 7.5\,\text{kN} \uparrow$, $R_{C,x} = 12.5\,\text{kN} \leftarrow$, $R_{C,y} = 32.5\,\text{kN} \uparrow$

5-35 뼈대구조물의 지점반력을 구하시오.

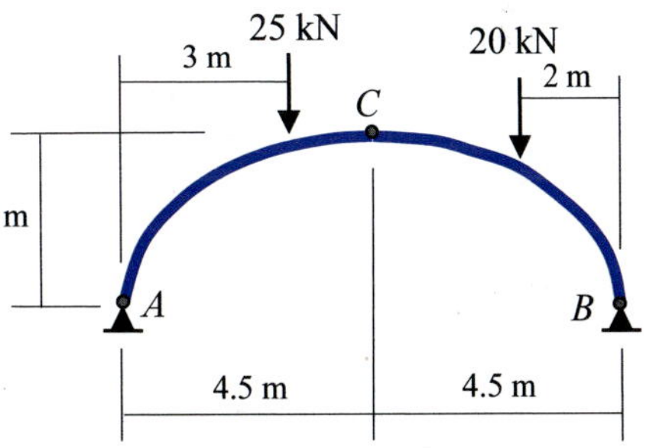

[답] $R_{A,x} = 19.2\,\text{kN} \rightarrow$, $R_{A,y} = 21.1\,\text{kN} \uparrow$, $R_{B,x} = 19.2\,\text{kN} \leftarrow$, $R_{B,y} = 23.9\,\text{kN} \uparrow$

5-36 뼈대구조물의 지점반력을 구하시오.

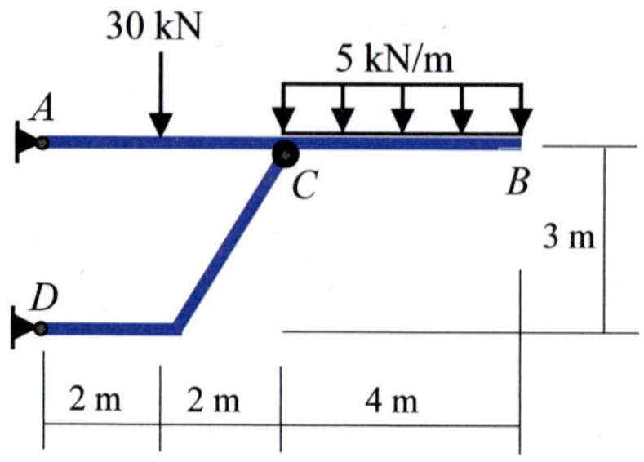

[답] $R_{A,x} = 60\,\mathrm{kN} \leftarrow$, $R_{A,y} = 5\,\mathrm{kN} \uparrow$, $R_{D,x} = 60\,\mathrm{kN} \rightarrow$, $R_{D,y} = 45\,\mathrm{kN} \uparrow$

5-37 뼈대구조물의 지점반력을 구하시오.

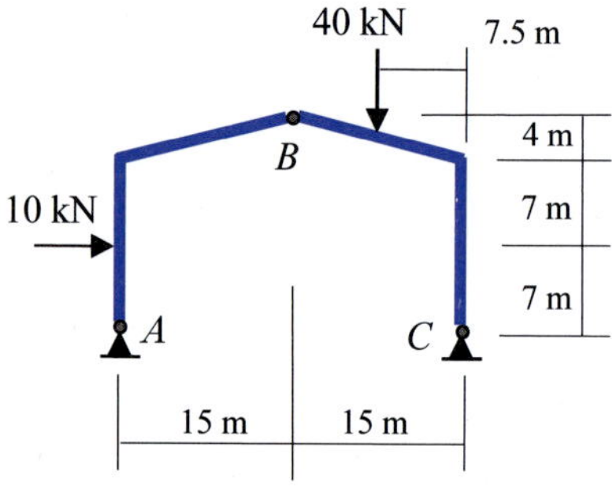

[답] $R_{A,x} = 0.3\,\mathrm{kN} \rightarrow$, $R_{A,y} = 7.7\,\mathrm{kN} \uparrow$, $R_{C,x} = 10.3\,\mathrm{kN} \leftarrow$, $R_{C,y} = 32.3\,\mathrm{kN} \uparrow$

5-38 보 ACB에 작용하는 외력을 구하시오. 보의 자중은 15 kN이고 도르래 P의 무게는 10 kN이다.

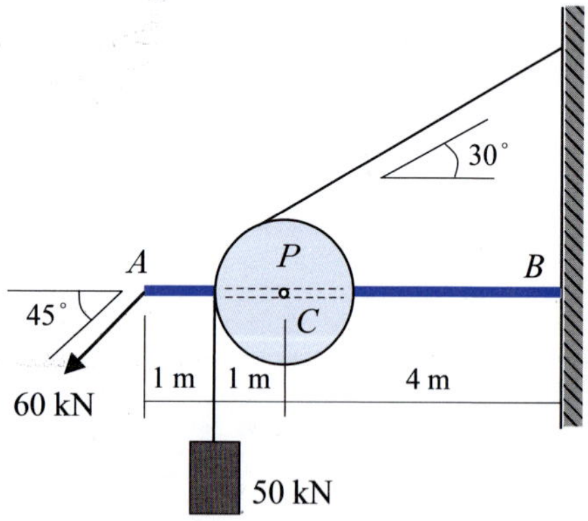

[답] $P_A = 60\,\mathrm{kN} \swarrow$, $H_C = 43.3\,\mathrm{kN} \rightarrow$, $V_C = 35\,\mathrm{kN} \downarrow$
$R_{B,x} = 0.9\,\mathrm{kN} \leftarrow$, $R_{B,y} = 92.4\,\mathrm{kN} \uparrow$, $M_B = 440\,\mathrm{kN \cdot m}$ (시계방향)

5-39 뼈대구조물의 힌지 A, B, C에 작용하는 수평력과 수직력을 구하시오. 도르래의 반경은 0.1 m이고 부재와 도르래의 자중은 무시한다.

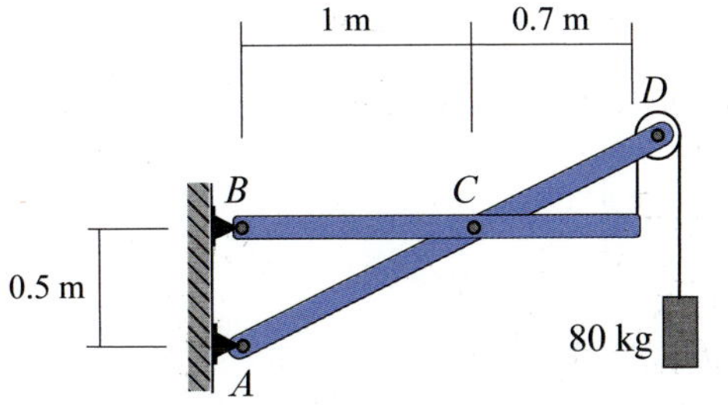

[답] $R_{A,x} = 2983\,\text{N} \rightarrow$, $R_{A,y} = 235\,\text{N} \uparrow$, $R_{B,x} = 2983\,\text{N} \leftarrow$, $R_{B,y} = 550\,\text{N} \uparrow$
$H_C = 2983\,\text{N} \leftrightarrow$, $V_C = 1335\,\text{N} \updownarrow$

5-40 뼈대구조물의 부재 AD, CF에 작용하는 외력을 구하시오. 도르래의 반경은 1 m이고 보와 도르래의 자중은 무시한다.

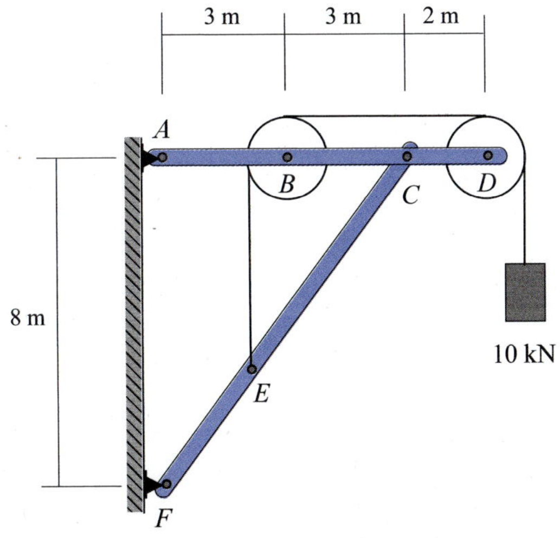

[답] 부재 AD : $R_{A,x} = 11.25\,\text{kN} \leftarrow$, $R_{A,y} = 1.67\,\text{kN} \uparrow$
$H_C = 11.25\,\text{kN} \rightarrow$, $V_C = 18.33\,\text{kN} \uparrow$
$H_B = 10\,\text{kN} \rightarrow$, $H_D = 10\,\text{kN} \leftarrow$, $V_B = V_D = 10\,\text{kN} \downarrow$
부재 CF : $R_{F,x} = 11.25\,\text{kN} \rightarrow$, $R_{F,y} = 8.33\,\text{kN} \uparrow$
$V_E = 10\,\text{kN} \uparrow$, $H_C = 11.25\,\text{kN} \leftarrow$, $V_C = 18.33\,\text{kN} \downarrow$

5-41 피스톤의 중심 C점에 작용하는 실린더압의 수평방향 합력은 2 kN이다. 평형상태를 유지하기 위한 모멘트 M을 구하시오.

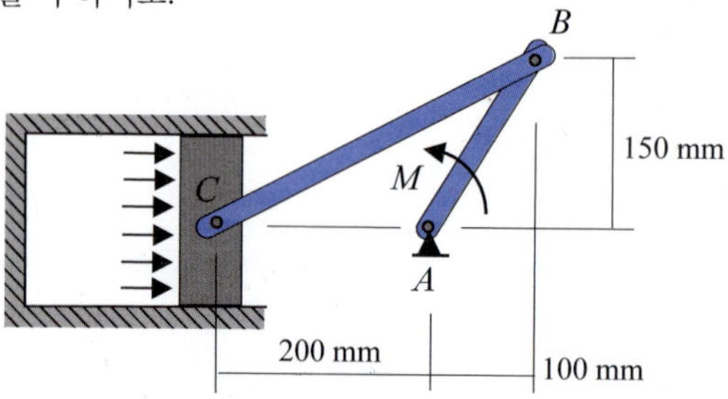

[답] $M = 0.2\,\text{kN}\cdot\text{m}$

5-42 피스톤의 중심 C점에 작용하는 실린더압의 합력은 2.4 kN이다. 평형상태를 유지하기 위한 모멘트의 크기 M을 구하시오.

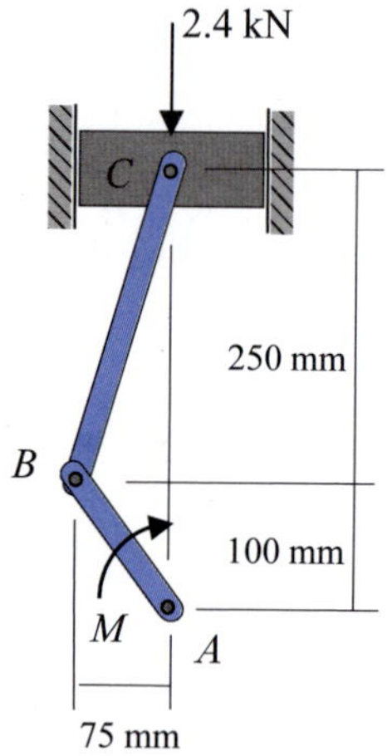

[답] $M = 0.252\,\text{kN}\cdot\text{m}$

5-43 회전지점으로 지지되는 부재 AB, BC가 절점 B에서 마찰력이 없는 연결봉에 의해 연결되어 있다. M_A가 50 kN · m인 경우 평형상태를 유지하기 위한 M_C를 구하시오.

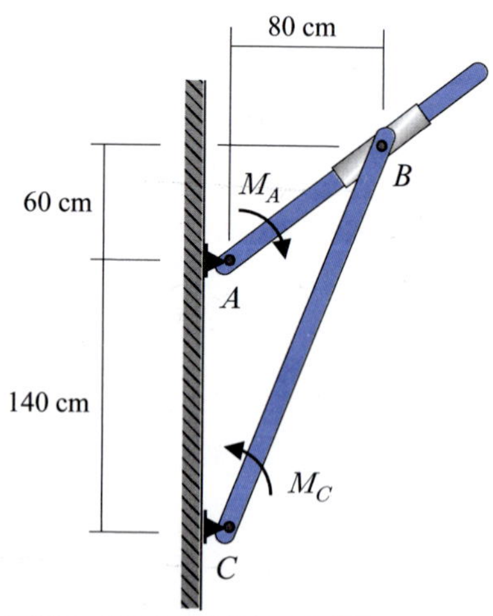

[답] $M_C = 92\,\text{kN}\cdot\text{m}$

5-44 A점에 시계방향 모멘트 150 N·m가 작용하는 경우 회전지점의 반력을 구하시오.

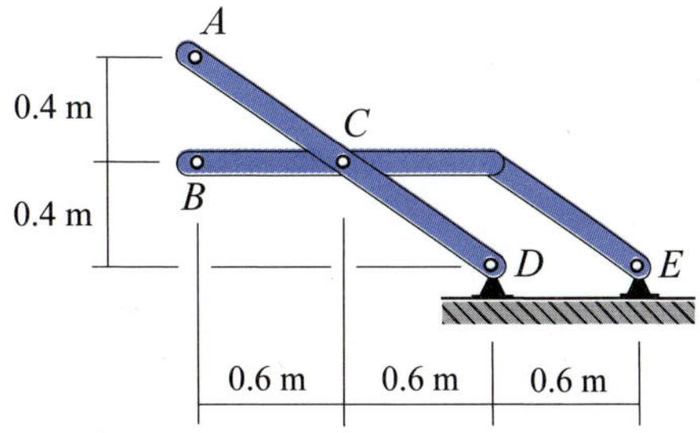

[답] $R_{D,x} = 750\,\text{N} \rightarrow$, $R_{D,y} = 250\,\text{N} \downarrow$, $R_{E,x} = 750\,\text{N} \leftarrow$, $R_{E,y} = 250\,\text{N} \uparrow$

5-45 보 AB가 회전지점 A와 기둥 BC에 의해 지지되어 있다. B점과 C점의 정지마찰계수가 각각 0.2, 0.5인 경우 기둥을 제거하기 위해 요구되는 힘 P를 구하시오. 보와 기둥의 무게는 무시한다.

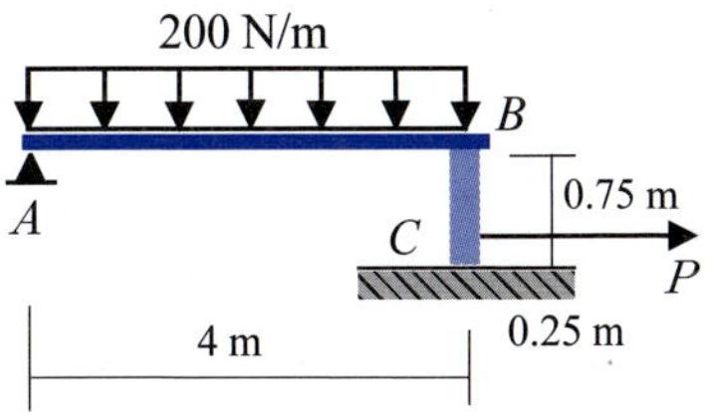

[답] $P = 267\,\text{N}$

5-46 100 kN 기계의 위치를 쐐기를 사용하여 오른쪽으로 변경하기 위해 필요한 최소 힘 P를 구하시오. 모든 접촉면에서의 정지마찰계수 μ_s는 0.35이고 쐐기의 무게는 무시한다.

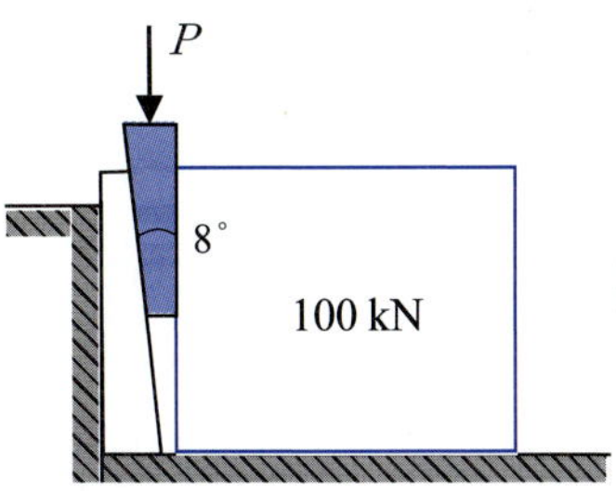

[답] $P = 34.6\,\text{kN}$

5-47 쐐기가 아래로 움직이게 하는 최소힘 P를 구하시오. 정지마찰계수 μ_s는 0.30이고 쐐기의 무게는 무시한다.

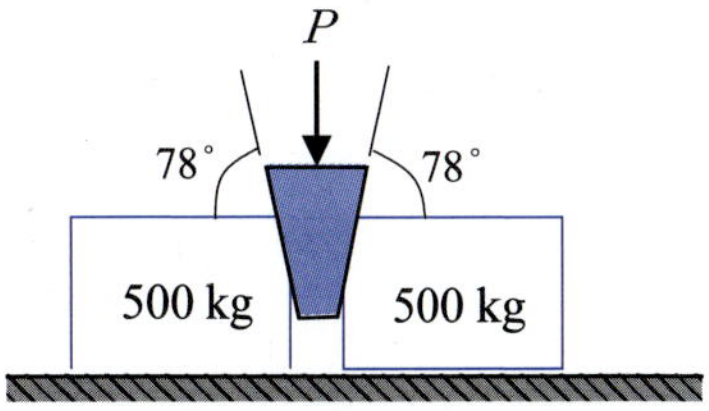

[답] $P = 1928\,\text{N}$

06

보의 전단력과 휨모멘트

6.1 개요

구조물을 구성하는 구조부재의 재질, 단면 등을 결정하는 설계과정을 수행하기 위해서는 구조부재의 모든 단면에서 발생하는 내력을 구하여 설계단면력(소요강도)을 결정하는 해석과정이 선행되어야 한다. 내력을 구하는 기본적인 방법은 단면법이며 트러스 구조물을 구성하는 이력부재에 발생하는 내력인 축력을 설계단면력으로 구하는 단순한 해석과정은 5장에서 논의한 바와 같다. 보(beam)와 같이 일반적으로 이력부재가 아닌 다력부재의 경우 부재 단면에는 역계의 자유도에 해당하는 내력이 모두 발생할 수 있으며 단면법을 적용하면 특정 단면의 내력을 산정할 수 있으나 이러한 방법으로는 구조부재의 모든 단면에서 발생하는 내력을 구하여 설계단면력을 결정할 수 없으므로 다른 방법이 제시되어야 한다.

6장에서는 가장 기본적으로 사용되는 구조부재인 보를 대상으로 부재축을 따라 발생하는 내력인 전단력(shear force)과 휨모멘트(bending moment)를 구하여 설계단면력을 결정하는 방법을 논의한다. 4장에서 기술한 하중의 종류와 지점의 종류 및 평형방정식을 적용하여 반력을 산정하는 과정은 6장에서 논의하는 내력을 구하기 위한 선행과정이므로 충분한 학습이 요구된다. 6장의 전반부는 먼저 보의 종류에 의한 정정보(statically determinate beam)와 부정정보(statically indeterminate beam)의 구분을 소개하고 부재의 변형형상에 의한 전단력과 휨모멘트의 부호규약과 함께 전단력과 휨모멘트의 개념을 이해하도록 구성되어 있다. 단면법을 적용하여 특정 단면에서의 전단력과 휨모멘트를 구하는 과정을 바탕으로 하중/전단력/휨모멘트 간의 상관관계를 유도하고 이러한 관계를 이용하여 6장의 후반부는 단면법을 사용하지 않고 보의 부재축을 따라 발생하는 전단력과 휨모멘트를 제시하는 전단력선도(shear force diagram)와 휨모멘트선도(bending moment diagram)를 작도하는 방법에 대해 설명한다. 마지막으로 전단력선도와 휨모멘트선도는 부재축을 변수로 하는 함수이므로 이들을 식으로 구성하는 과정을 제시한다.

6.2 보의 내력

보에 설치하는 지점의 종류와 개수 및 배치에 의해 그림 6.2.1에 제시한 바와 같이 보를 구분한다.

1) 단순보(simple beam) ; 보의 양단이 그림 6.2.1(1)과 같이 회전지점과 이동지점으로 지지되어 있다.

2) 외팔보(cantilever beam) ; 그림 6.2.1(2)와 같이 일단이 고정지점으로 지지되어 있다. 고정지점의 반대편 보의 끝을 자유단이라 한다.
3) 내민보(overhanging beam) ; 단순보의 일단 또는 양단에서 그림 6.2.1(3)과 같이 부재가 연속되는 연결부분(overhang)이 있다.
4) 연속보(continuous beam) ; 한 개의 회전지점과 두 개 이상의 이동지점으로 구성된 보로 그림 6.2.1(4)와 같다.
5) 버팀캔틸레버보(propped cantilever beam) ; 그림 6.2.1(5)와 같이 외팔보에 지점이 추가되어 있는 보다.
6) 고정보(fixed beam) ; 보의 양단이 그림 6.2.1(6)과 같이 고정지점으로 지지되어 있다.

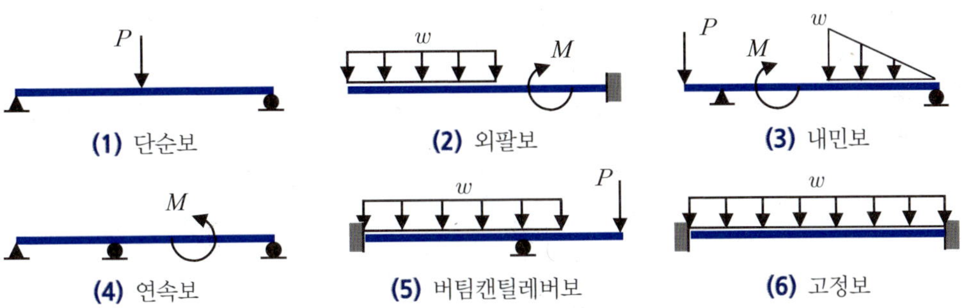

그림 6.2.1 보의 종류

정정보(statically determinate beam)와 부정정보(statically indeterminate beam)는 정역학적 평형방정식으로 해를 구할 수 있는가의 여부를 의미하는 용어로 적용할 수 있는 평형방정식의 개수와 지점에 발생하는 반력(미지력)의 개수를 비교하여 구분한다. 그림 6.2.1에 제시한 보는 비절점평면역계를 구성하므로 평형방정식은 3개를 적용할 수 있다. 1) 단순보 2) 외팔보 3) 내민보의 경우는 지점에서 발생하는 반력의 개수가 3개이므로 평형방정식으로 반력을 구할 수 있는 정정보인 반면 4) 연속보 5) 버팀캔틸레버보 6) 고정보와 같이 지점에 발생하는 반력의 개수가 4개 이상인 경우는 평형방정식 3개로 해를 구하기에 불충분한 부정정보이다.

부정정보의 반력을 구하기 위해서는 부족한 개수만큼의 식을 구성하여야 하며 이러한 식은 부정정보 자체가 제공한다. 즉, 정정보가 되기 위해 필요/충분한 지점 이외에 추가로 설치된 지점에 의해 발생하는 반력은 이에 해당하는 움직임을 구속한다는 것을 식으로 구성한다. 그림 6.2.1(4) 연속보는 4개의 반력이 발생하므로 1개의 식이 부족하다. 연속보의 중간에 설치된 이동지점을 그림 6.2.2와 같이 하중(R)으로 치환하면 1개의 미지력을 하중으로 포함하는 단순보가 되며 R이 작용하는 위치(이동지점)에서의 수직방향 움직임은 구속되어 있으므로 처짐(변위)이 0이어야 한다는 조건을 수반한다.

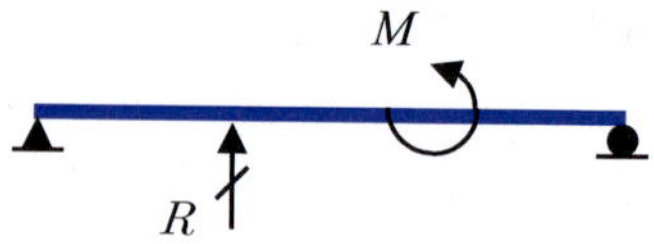

그림 6.2.2

이러한 조건으로 부족한 1개의 식을 구성하면 연속보의 미지력 4개를 구할 수 있으며 이와 같이 구성한 방정식을 적합방정식(compatibility equation)이라 한다. 적합방정식을 구성하기 위해서는 수평/수직/회전 반력에 해당하는 수평/수직/회전 변위를 산정할 수 있어야 하므로 구조물을 변형체로 해석하는 재료역학에서 부정정보의 해석에 관한 내용을 취급하며 이러한 변위는 내력에 의해 결정되는 것이므로 보의 모든 단면에서 발생하는 내력을 결정하는 과정을 정역학에서 논의하는 것이다.

비절점평면역계를 구성하는 보를 대상으로 해석을 단순화하여 보다 쉽게 이해할 수 있도록 6장에서 논의하는 보는 다음과 같이 제한한다.

1) 부재는 직선이고 수평으로 지지되므로 그림 6.2.3과 같이 xy평면에서 부재축은 x축이다.
2) 보의 단면(yz평면)은 일정하고 y축이 단면의 대칭축이다.
3) 하중 또한 수직대칭면인 xy평면에 작용하므로 보에 비틂은 발생하지 않고 xy평면상의 2차원거동(평면거동)을 한다.

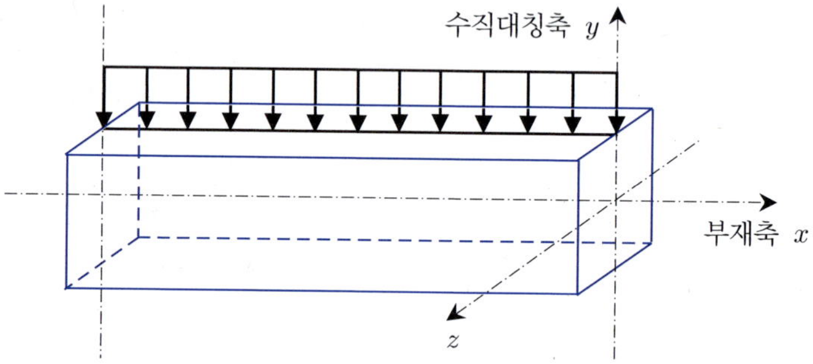

그림 6.2.3

$x-y$ 좌표축(평면역계)에서 보의 자유도는 그림 2.2.3.1(1)과 같고 해당되는 내력은 표 6.2.1에 제시한 바와 같이 x축의 축력(P), y축의 전단력(V_y), z축의 휨모멘트(M_z)가 발생할 수 있으며 보에 작용하는 수평력이 없는 경우 전단력 V_y와 휨모멘트 M_z를 내력으로 전

달한다.

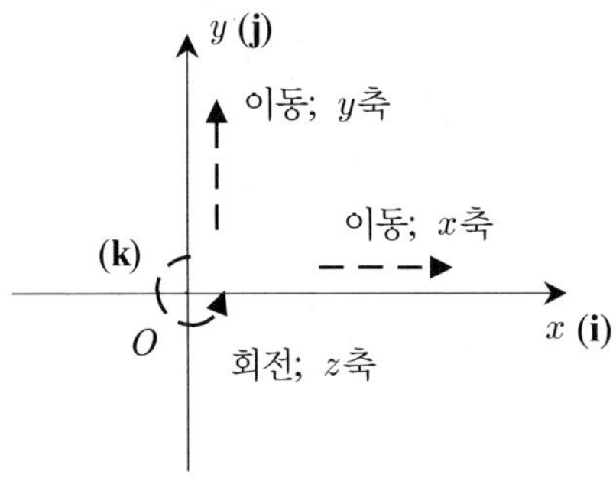

그림 2.2.3.1(1) $x-y$ 좌표축(평면역계)

표 6.2.1 자유도와 내력

자유도	좌표축	부재축 x
이동	x	축력 P
	y	전단력 V_y
회전	z	휨모멘트 M_z

전단력과 휨모멘트에 대한 부호규약은 부재의 변형형상에 따라 정의되는 변형부호규약(deformation sign convention)으로 직각좌표축에서 정의되는 부호규약인 정역학적 부호규약(statics sign convention)과는 구별해야 한다. 평형방정식을 구성하는 경우 이동력 또는 회전력의 부호는 반드시 정역학적 부호규약을 준수할 필요는 없다. 평형방정식은 등식이므로 예를 들면 회전력의 경우 시계방향 또는 반시계방향을 양의 방향으로 정해도 결과는 동일하다. 그러나 변형부호규약은 다음과 같이 양의 방향이 정의되는 통일된 부호규약이므로 임의로 변경할 수 없다.

1) 양의 전단력 : 그림 6.2.4(1)과 같이 보에 작용하는 외력에 의해 부재의 좌측부는 상향, 우측부는 하향 이동하면서 부재를 절단하는 전단효과(shearing effect)를 유발하는 경우를 양의 전단력(positive shear)으로 정의한다. 그림 6.2.4(3)과 같이 내력을 구하고자 하는 단면을 기준으로 단면법을 적용하여 구성한 좌측 부분 자유물체도의 우측단면에서 하향의 전단력이 양이고 우측 부분 자유물체도의 좌측단면에서 상향의 전단력이 양이다.
2) 양의 휨모멘트 : 그림 6.2.4(2)와 같이 보에 작용하는 외력에 의해 부재축의 곡률중심이 위에 위치하도록 휨효과(bending effect)를 유발하는 경우를 양의 휨모멘트(positive bending moment)로 정의한다. 그림 6.2.4(4)와 같이 내력을 구하고자 하는 단면을 기준으로 단면법을 적용하면 좌측 부분 자유물체도의 우측단면에서 반시계방향 휨모멘트가 양이고 우측 부분 자유물체도의 좌측단면에서 시계방향 휨모멘트가 양이다.

이와 같은 부호규약과 함께 전체 자유물체도가 평형상태이면 부분 자유물체도 또한 평형상태이어야 하므로 전단력과 휨모멘트에 대한 다음 규칙이 성립한다.

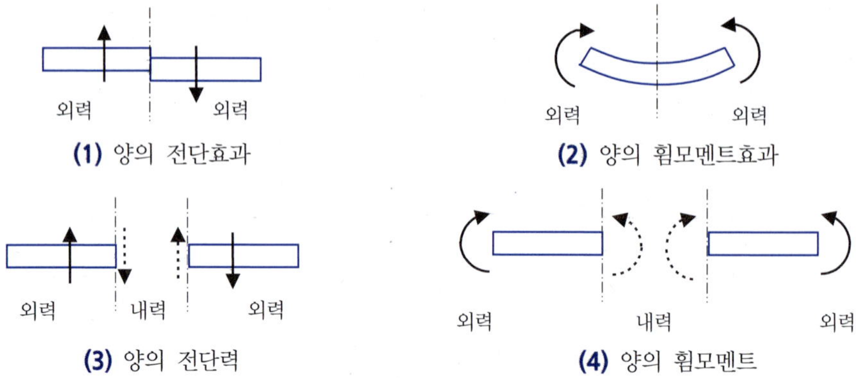

그림 6.2.4

규칙 1 : (전단력규정) 보의 임의 단면에서 발생되는 전단력은 단면법에 의해 분리된 부분 자유물체도에서 연직방향으로 작용하는 외력의 산술적 합과 크기는 같고 반대방향이다.

규칙 2 : (휨모멘트규정) 보의 임의 단면에서 발생되는 휨모멘트는 단면법에 의해 분리된 부분 자유물체도에서 외력에 의해 단면에 발생되는 모멘트의 산술적 합과 크기는 같고 반대방향이다.

구조부재가 전달하는 내력을 구하는 기본적인 방법은 단면법이며 일반적으로 단면법은 구조부재에 작용하는 모든 외력을 결정한 이후에 적용한다. 그림 6.2.5(1)과 같은 단순보의 단면 B에서 내력을 구하기 위해서는 우선 양 지점의 반력을 구해야 한다. 구조물과 하중이 대칭이므로 반력 또한 대칭이어야 하며 양 지점의 수직반력 $P/2$를 포함하여 모든 외력을 표시한 전체 자유물체도는 그림 6.2.5(2)와 같다. 집중하중이 작용하는 단면 B의 내력을 구하기 위해 단면법을 적용하는 경우는 그림 6.2.5(3)과 같이 B점의 좌/우측에서 분리되는 2개의 부분 자유물체도를 구성하여야 한다. B점의 좌/우측($B-/B+$) 부분 자유물체도의 차이는 집중하중 P의 포함여부이고 이로 인해 좌/우측에 발생하는 내력은 다르다는 것을 알 수 있다. 수평하중이 없으므로 비절점평면역계의 자유도에 해당하는 3개의 내력에서 축력을 제외한 전단력과 휨모멘트가 각 부분 자유물체도의 단면 $B-$와 $B+$에 표시되는 내력(미지력)이고 모두 양의 방향으로 가정하여 표시하면 변형부호규약에 맞는 결과를 구할 수 있다. 부분 자유물체도는 평형상태이어야 하므로 평형방정식을 적용하여 B점의 전단력과 휨모멘트를 산정하면 $B-$ 단면을 기준으로 작성한 부분 자유물체도에서 V_{B-}와 M_{B-}는

$$\sum F_y = 0 = \frac{P}{2} - V_{B-} \quad ; \quad V_{B-} = \frac{P}{2}$$

$$\sum^{B-} M = 0 = \frac{P}{2} \times \frac{L}{2} - M_{B-} \quad ; \quad M_{B-} = \frac{PL}{4}$$

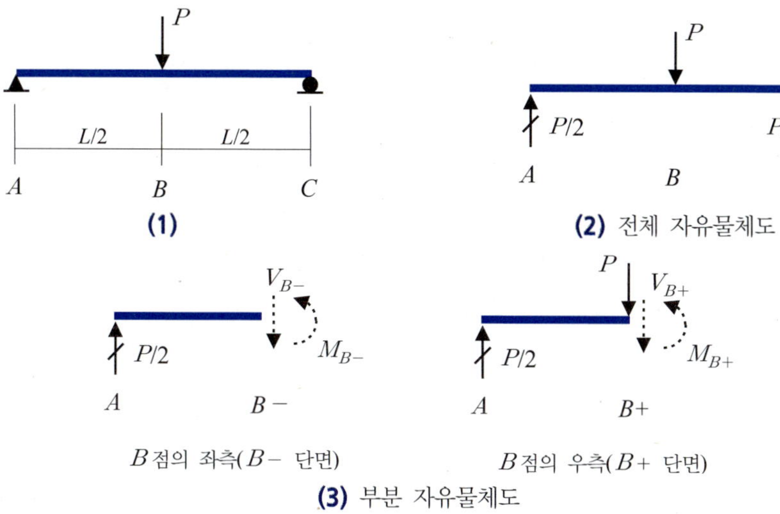

그림 6.2.5

$B+$ 단면을 기준으로 작성한 부분 자유물체도에서 V_{B+}와 M_{B+}는

$$\sum F_y = 0 = \frac{P}{2} - P - V_{B+} \quad ; \quad V_{B+} = -\frac{P}{2}$$

$$\sum^{B-} M = 0 = \frac{P}{2} \times \frac{L}{2} - M_{B+} \quad ; \quad M_{B+} = \frac{PL}{4}$$

이 결과로부터 $B+$ 단면에서 실제 전단력은 크기가 $P/2$이고 방향은 상향으로 작용하며 집중하중이 작용하는 점의 좌/우측 단면의 전단력은 집중하중의 크기만큼 차이가 있고 휨모멘트는 차이가 없다는 것을 알 수 있다. 이를 전단력불연속(shear force discontinuity)이라 하며 상향 집중하중의 좌/우측에서 전단력의 불연속증가, 하향 집중하중의 좌/우측에서 전단력의 불연속감소가 발생한다. 그러므로 집중하중이 재하되는 점의 좌측과 우측의 전단력은 다른 값이고 위 예와 같이 좌/우측 전단력을 제시하여야 한다.

그림 6.2.6(1)과 같은 외팔보에서 단면 B의 내력을 구하는 경우는 고정지점의 반력을 구하지 않고도 내력을 구할 수 있다. 그림 6.2.6(3)은 단면 B의 좌/우측 부분 자유물체도를 제시한 것으로 내력을 구하기 위한 부분 자유물체도 작성에는 주어진 분포하중을 단면 B에서 부재와 같이 분리하여야 한다. B점의 우측 부분 자유물체도를 선택하고 분포하중을 등가집중하중으로 치환하여 평형방정식을 적용하면

$$\sum F_y = 0 = V_B - w \times \frac{L}{2} \quad ; \quad V_B = \frac{wL}{2}$$

$$\sum^{B} M = 0 = M_B + w \times \frac{L}{2} \times \frac{L}{4} \quad ; \quad M_B = -\frac{wL^2}{8}$$

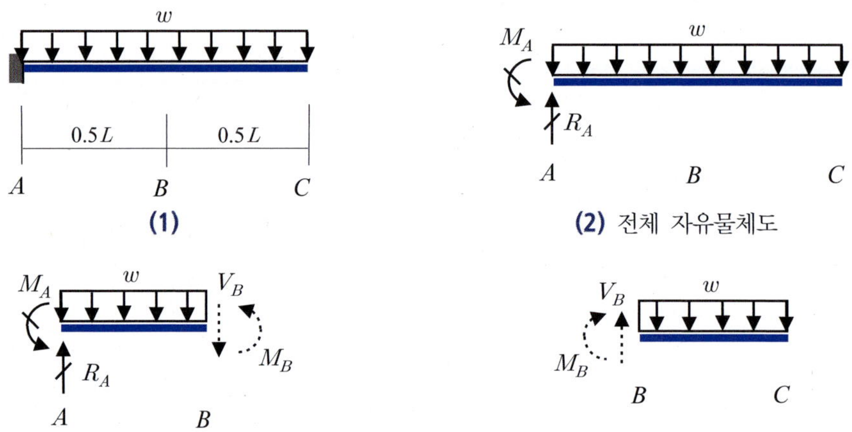

(1) **(2)** 전체 자유물체도

(3) B점의 좌/우측 부분 자유물체도

그림 6.2.6

B점의 좌측 부분 자유물체도를 선택하는 경우는 고정지점의 반력을 먼저 산정해야 한다. 그림 6.2.6(2)에서 고정지점의 반력은 수직반력 wL 및 모멘트반력 $wL^2/2$이므로 그림 6.2.6(3)의 좌측 부분 자유물체도에 평형방정식을 적용하면

$$\sum F_y = 0 = R_A - w\times\frac{L}{2} - V_B = wL - w\times\frac{L}{2} - V_B \quad ; \quad V_B = \frac{wL}{2}$$

$$\sum^{B} M = 0 = M_A - R_A\times\frac{L}{2} + w\times\frac{L}{2}\times\frac{L}{4} + M_B$$

$$= \frac{wL^2}{2} - wL\times\frac{L}{2} + w\times\frac{L}{2}\times\frac{L}{4} + M_B \quad ; \quad M_B = -\frac{wL^2}{8}$$

이 결과는 B 단면의 좌/우측 부분 자유물체도에서 각각 구한 전단력과 휨모멘트가 크기는 같고 방향이 반대라는 것을 제시하고 있다. 동일한 단면의 내력은 동일한 물리량이 되어야 하고 부분 자유물체도를 다시 전체 자유물체도로 결합하면 내력(전단력과 휨모멘트)은 상쇄되어 나타나지 않아야 한다. 이러한 이유로 변형부호규약이 정의된 것이므로 전단력과 휨모멘트의 부호규약은 반드시 준수해야 한다.

예제 6.2.1

단순보에서 B, C 단면의 전단력과 휨모멘트를 자유물체도와 평형방정식을 사용하여 구하시오.

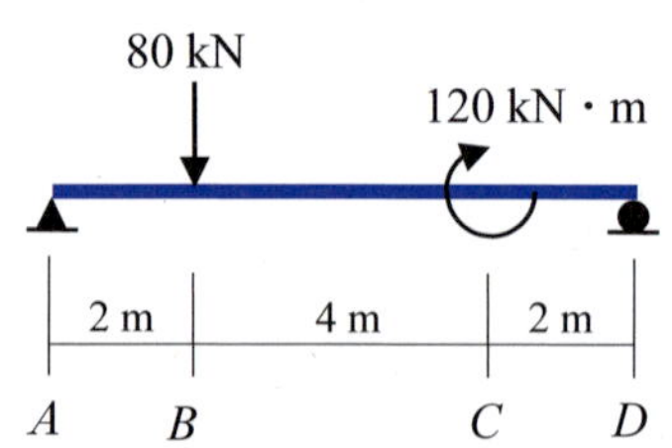

그림 예6.2.1(1)

해설 수평하중이 없으므로 회전지점과 이동지점 모두 하나의 수직반력으로 대체한 전체 자유물체도는 그림 예6.2.1(2)과 같다.

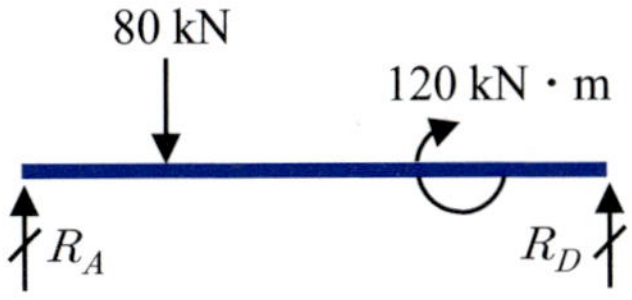

그림 예6.2.1(2)

평형방정식을 적용하면 반력 R_D와 R_A는

$$\sum^{A} M = 0 = 80\times 2 + 120 - R_D \times 8 \quad ; \quad R_D = 35\,\text{kN}$$
$$\sum F_y = 0 = R_A - 80 + R_D \quad ; \quad R_A = 45\,\text{kN}$$

B점에는 80 kN의 집중하중이 작용하고 있으므로 B점에서 단면법을 적용하는 경우 부분 자유물체도는 그림 예6.2.1(3)과 같이 집중하중을 포함하지 않는 B점의 좌측($B-$ 단면)과 집중하중을 포함하는 B점의 우측($B+$ 단면)으로 구분한다.

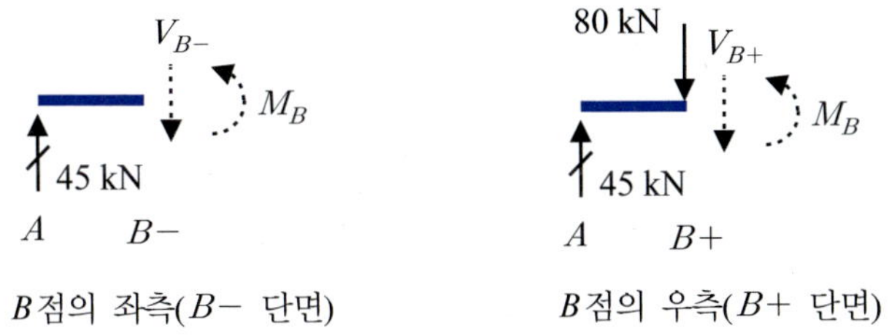

그림 예6.2.1(3)

$B-$ 단면의 부분 자유물체도에 평형방정식을 적용하면 전단력과 휨모멘트는

$$\sum F_y = 0 = 45 - V_{B-} \quad ; \quad V_{B-} = 45\,\text{kN}$$
$$\sum^{B-} M = 0 = 45\times 2 - M_B \quad ; \quad M_B = 90\,\text{kN}\cdot\text{m}$$

$B+$ 단면의 부분 자유물체도에 평형방정식을 적용하면 전단력과 휨모멘트는

$$\sum F_y = 0 = 45 - 80 - V_{B+} \quad ; \quad V_{B+} = -35\,\text{kN}$$
$$\sum^{B+} M = 0 = 45\times 2 - M_B \quad ; \quad M_B = 90\,\text{kN}\cdot\text{m}$$

이와 같이 집중하중이 작용하는 B점의 좌/우측인 $B-$ 단면과 $B+$ 단면에서 전단력은 집중하중의 크기만큼 전단력불연속이 발생하는 반면 휨모멘트는 동일하다. C점에는 120 kN · m의 모멘트하중이 작용하고 있으므로 C점에서 단면법을 적용하는 경우 또한 그림 예6.2.1(4)와 같이 모멘트하중을 포함하지 않는 C점의 좌측($C-$ 단면)과 모멘트하중을 포함하는 C점의 우측($C+$ 단면)으로 구분하여 부분 자유물체도를 작성하여야 한다. $C-$ 단면의 부분 자유물체도에 평형방정식을 적용하면 전단력과 휨모멘트는

$$\sum_{}^{C-} F_y = 0 = V_C + 35 \quad ; \quad V_C = -35\,\text{kN}$$
$$\sum^{C-} M = 0 = M_{C-} + 120 - 35 \times 2 \quad ; \quad M_{C-} = -50\,\text{kN} \cdot \text{m}$$

$C+$ 단면의 부분 자유물체도에 평형방정식을 적용하면 전단력과 휨모멘트는

$$\sum^{C+} F_y = 0 = V_C + 35 \quad ; \quad V_C = -35\,\text{kN}$$
$$\sum^{C+} M = 0 = M_{C+} - 35 \times 2 \quad ; \quad M_{C+} = 70\,\text{kN} \cdot \text{m}$$

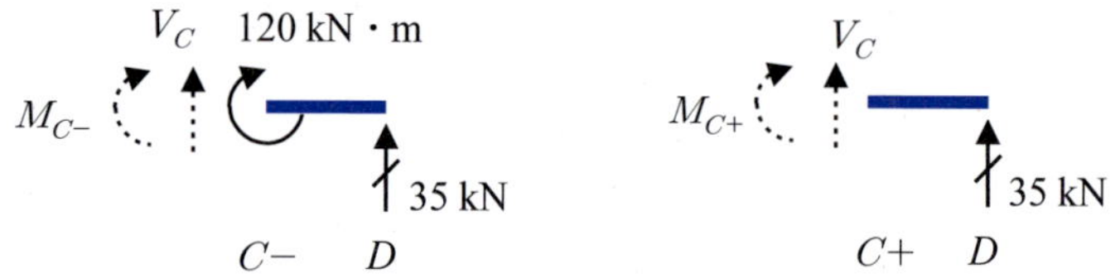

C점의 좌측($C-$ 단면) C점의 우측($C+$ 단면)

그림 예6.2.1(4)

집중하중이 작용하는 점에서 전단력불연속이 발생하는 것과 마찬가지로 모멘트하중(집중하중)이 작용하는 C점의 좌/우측인 $C-$ 단면과 $C+$ 단면에서 휨모멘트는 모멘트하중의 크기만큼 휨모멘트불연속(bending moment discontinuity)이 발생하는 반면 전단력은 동일하다는 것을 알 수 있다. 시계방향 모멘트하중의 좌/우측에서 휨모멘트의 불연속증가, 반시계방향 모멘트하중의 좌/우측에서 휨모멘트의 불연속감소가 발생한다. 그러므로 모멘트하중이 재하되는 점의 좌/우측 휨모멘트는 다른 값이고 위 예와 같이 좌/우측 휨모멘트를 제시하여야 한다.

예제 6.2.2

외팔보의 A, B, C, D, E 단면에서의 전단력과 휨모멘트를 자유물체도와 평형방정식을 사용하여 구하시오.

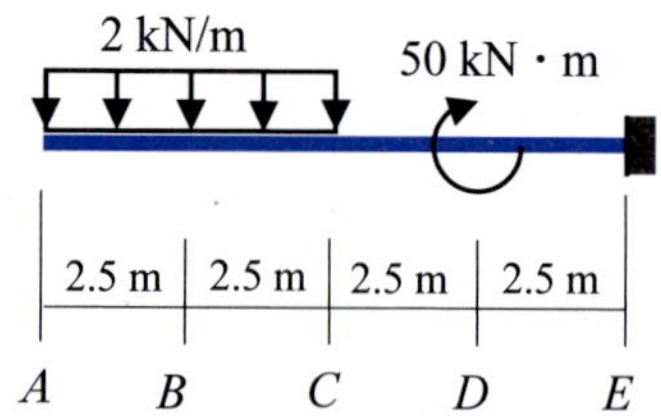

그림 예6.2.2(1)

해설 수평하중이 없으므로 고정지점을 수직/모멘트 반력 R_E와 M_E로 대체한 전체 자유물체도는 그림 예6.2.2(2)와 같고 평형방정식을 적용하기 위해 등분포하중을 등가집중하중으로 치환하여 구한 반력은

$$\sum F_y = 0 = 2\times5 - R_E \quad ; \quad R_E = 10\,\text{kN}$$
$$\sum^{E} M = 0 = 2\times5\times7.5 - 50 - M_E \quad ; \quad M_E = 25\,\text{kN}\cdot\text{m}$$

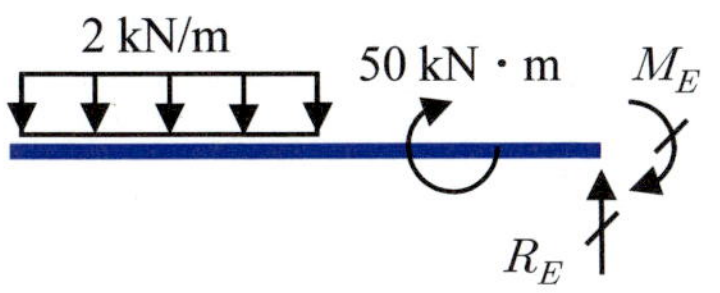

그림 예6.2.2(2)

각 단면의 내력을 구하기 위해 작성한 부분 자유물체도는 그림 예6.2.2(3)과 같다. 보의 시작과 끝은 하중이 작용할 수 없으므로 A점의 좌측($A-$ 단면)과 E점의 우측($E+$ 단면)에서 모든 내력은 0이다. E점과 같이 반력(집중하중과 모멘트하중)이 작용하는 위치는 E점의 좌측($E-$)이고 E점의 우측($E+$)에는 하중이 작용할 수 없다. 이는 예제 6.2.1에서 집중하중과 모멘트하중의 경우 작용점의 좌/우측 단면으로 구분하여 내력을 산정해야 한다는 것과 같은 의미로 이해할 수 있다.

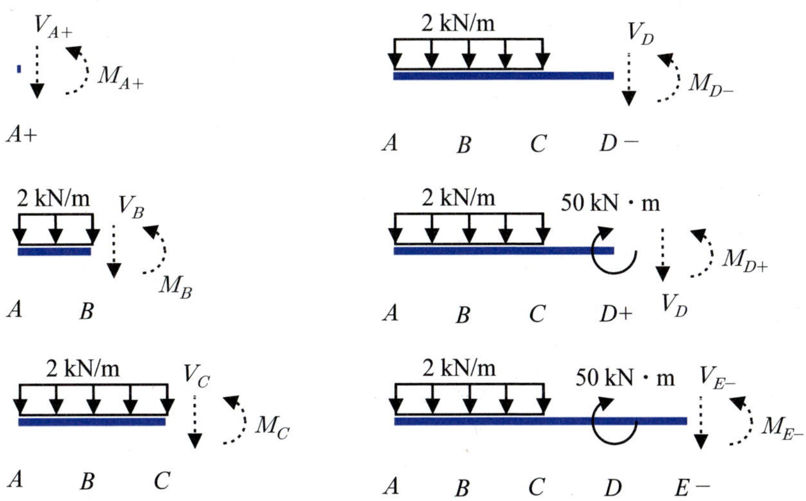

그림 예6.2.2(3)

등분포하중이 시작하는 $A+$ 단면 역시 부분 자유물체도에 하중이 작용하지 않으므로 전단력과 휨모멘트가 0이다.

$$A+ : \quad \sum^{A+} M = 0 = M_{A+} \quad ; \quad \sum F_y = 0 = V_{A+}$$

B, C 단면과 같이 분포하중이 작용하는 단면은 좌/우측 부분 자유물체도를 구분하여 작성해도 차이가 없다. 이는 전단력불연속이 발생하지 않고 전단력의 변화가 연속적이라는 것을 의미한다. 분포하중을 등가집중하중으로 치환하는 것은 평형방정식을 적용하기 위한 것이

므로 B 단면에 단면법을 적용하는 경우 등분포하중 또한 분리하여 부분 자유물체도를 작성한다. B, C 단면의 내력은

$$\sum_{B} F_y = 0 = 2\times 2.5 + V_B \quad ; \quad V_B = -5\,\mathrm{kN}$$
$$\sum M = 0 = 2\times 2.5\times 1.25 + M_B \quad ; \quad M_B = -6.25\,\mathrm{kN\cdot m}$$

$$\sum_{C} F_y = 0 = 2\times 5 + V_C \quad ; \quad V_C = -10\,\mathrm{kN}$$
$$\sum M = 0 = 2\times 5\times 2.5 + M_C \quad ; \quad M_C = -25\,\mathrm{kN\cdot m}$$

D점에는 모멘트하중이 작용하므로 좌측($D-$ 단면)과 우측($D+$ 단면)으로 구분하여 휨모멘트불연속을 산정한다.

$$\sum_{D-} F_y = 0 = 2\times 5 + V_D \quad ; \quad V_D = -10\,\mathrm{kN}$$
$$\sum M = 0 = 2\times 5\times 5 + M_{D-} \quad ; \quad M_{D-} = -50\,\mathrm{kN\cdot m}$$

$$\sum_{D+} F_y = 0 = 2\times 5 + V_D \quad ; \quad V_D = -10\,\mathrm{kN}$$
$$\sum M = 0 = 2\times 5\times 5 - 50 + M_{D+} \quad ; \quad M_{D+} = 0$$

$E-$ 단면에서의 전단력과 휨모멘트는

$$\sum_{E-} F_y = 0 = 2\times 5 + V_{E-} \quad ; \quad V_{E-} = -10\,\mathrm{kN}$$
$$\sum M = 0 = 2\times 5\times 7.5 - 50 + M_{E-} \quad ; \quad M_{E-} = -25\,\mathrm{kN\cdot m}$$

이로부터 V_{E-}와 M_{E-}의 실제방향은 고정지점에서 구한 수직/모멘트 반력 R_E와 M_E의 방향과 동일하다는 것을 알 수 있다. 또한 그림 예6.2.2(4)와 같이 수직/모멘트 반력을 고정지점의 부재 단면 E에 작용하는 수직/모멘트 하중으로 간주하면 $E+$ 단면에서 모든 내력이 0이라는 것을 확인할 수 있다.

$$\sum_{E+} F_y = 0 = 2\times 5 - 10 + V_{E+} \quad ; \quad V_{E+} = 0$$
$$\sum M = 0 = 2\times 5\times 7.5 - 50 - 25 + M_{E+} \quad ; \quad M_{E+} = 0$$

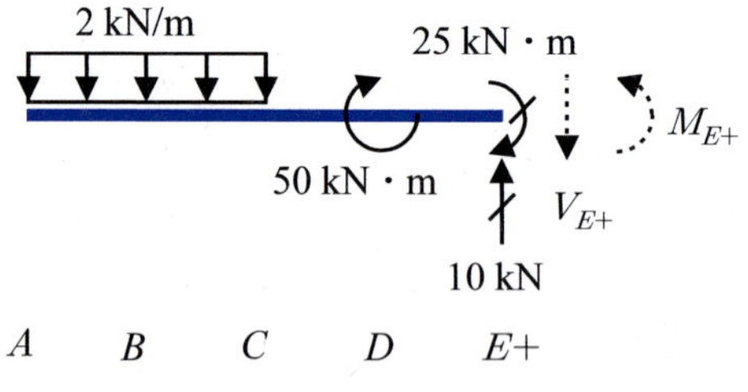

그림 예6.2.2(4)

전단력과 휨모멘트는 내력이므로 변형부호규약에 의해 제시되어야 하고 수직/모멘트 반력의 경우는 자유물체도에서 가정한 방향에 의해 부호가 달라진다는 것을 유의해야 한다.

예제 6.2.3

외팔보 AB, 도르래 A, D와 케이블 및 모터로 구성된 게양기로 500 N의 물체를 일정 속도로 끌어 올리는 경우 외팔보의 단면 C에 발생하는 내력을 구하시오. 도르래의 반경은 0.25 m이고 보와 도르래의 자중은 무시한다.

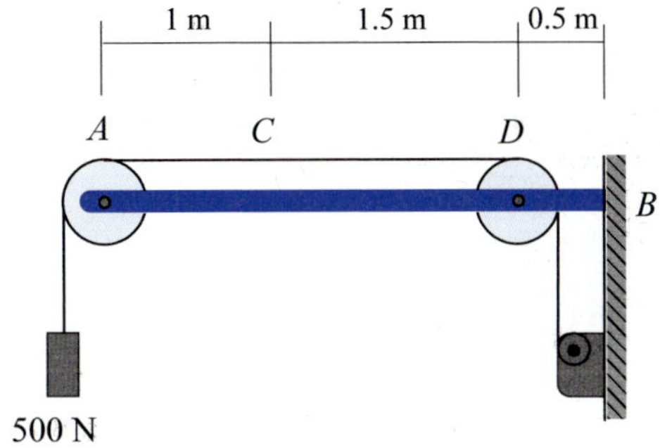

그림 예6.2.3(1)

해설 C점에 단면법을 적용하고 좌측 부분 자유물체도를 작성하면 그림 예6.2.3(2)와 같다. 비절점평면역계에 발생하는 3개의 자유도(수평/수직/회전)에 해당하는 내력은 모두 양의 방향으로 가정한 것이다. 평형방정식을 적용하면 축력 P_C, 전단력 V_C, 휨모멘트 M_C는 다음과 같이 산정된다.

$$\sum F_x = 0 = 500 + P_C \quad ; \quad P_C = -500\,\text{N}$$
$$\sum F_y = 0 = 500 + V_C \quad ; \quad V_C = -500\,\text{N}$$
$$\sum^{C} M = 0 = 500 \times 1.25 - 500 \times 0.25 + M_C \quad ; \quad M_C = -500\,\text{N} \cdot \text{m}$$

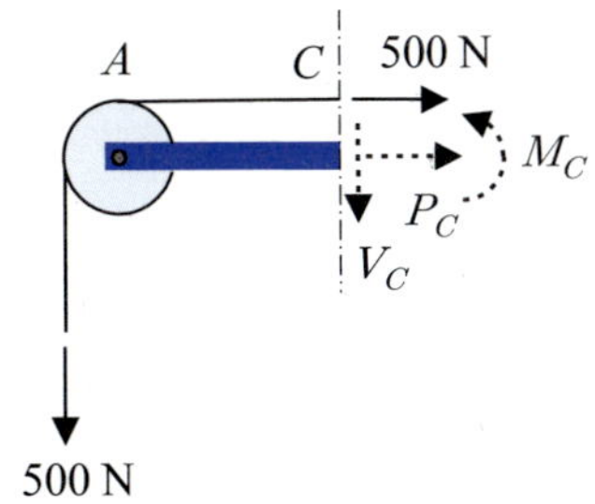

그림 예6.2.3(2)

6.3 하중 – 전단력 – 휨모멘트의 상관관계

단면법을 적용하면 보의 임의 단면에서 전단력과 휨모멘트를 구할 수 있으나 보를 설계하기 위해서는 최대 전단력과 최대 휨모멘트를 결정해야 하므로 단면법을 적용하는 것으로는 해결할 수 없다. 그러므로 보의 전 구간에서 부재축을 따라 발생하는 전단력과 휨모멘트를 제시할 수 있는 방법이 요구되며 이러한 방법은 하중 – 전단력 – 휨모멘트의 상관관계를 파악하여 설정할 수 있다. 그림 6.3.1(1)과 같이 분포하중이 작용하는 보의 구간 AB에서 그림 6.3.1(2)와 같이 $C \sim C'$ 부분으로 길이가 Δx인 미소 보요소의 자유물체도를 구성하면 하중 – 전단력 – 휨모멘트의 상관관계를 유도할 수 있으며 분포하중을 상향으로 작용하도록 한 것은 좌표축의 양의 방향과 부호를 통일하기 위한 것이다.

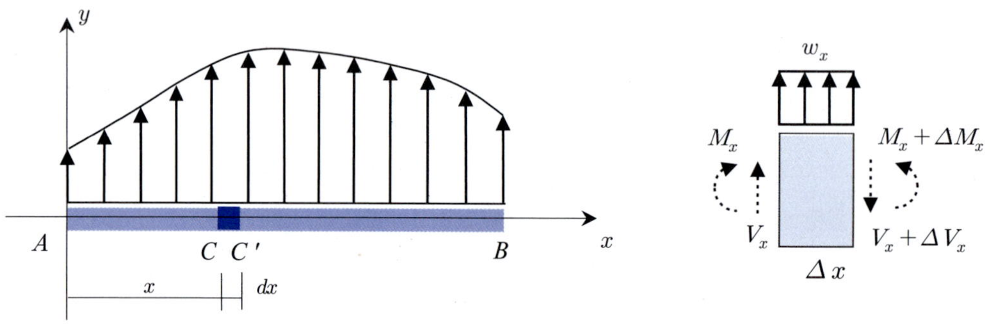

(1) (2)

그림 6.3.1

미소 보요소에 작용하는 분포하중은 하중세기(load intensity) w_x의 등분포하중으로 간주할 수 있고 좌/우측 단면에 작용하는 전단력과 휨모멘트는 모두 양의 방향으로 표시한 것이며 ΔV_x와 ΔM_x는 전단력과 휨모멘트의 증분량이다. 수직력에 대한 평형방정식을 적용하면 전단력에 대한 다음 관계식이 성립하고

$$\sum F_y = 0 = V_x + w_x \times \Delta x - (V_x + \Delta V_x)$$

Δx가 0으로 접근하면 하중세기 – 전단력 관계는

$$\frac{dV_x}{dx} = w_x \tag{6.3.1}$$

식 (6.3.1)은 임의 단면에서 전단력 함수의 기울기(보의 단위길이당 전단력변화율)는 해당

단면의 하중세기 w_x와 같고 전단력의 증분량 ΔV_x는 미소길이 Δx에 작용하는 분포하중의 합력인 $w_x \Delta x$와 동일하다는 것을 제시한다. 그러므로 보에 분포하중만이 작용하는 구간인 $A \sim B$ 간의 전단력 변화는 두 단면 간에 구성되는 전체 미소 보요소의 전단력 증분량 ΔV_x의 합이고

$$V_B - V_A = \sum_A^B \Delta V_x = \sum_A^B w_x \Delta x \quad : \text{ A} \sim \text{B 간 분포하중의 면적}$$

Δx가 0으로 접근하면 두 단면 간의 전단력 변화는 다음 식과 같다.

$$V_B = V_A + \int_A^B w_x dx \tag{6.3.2}$$

휨모멘트의 경우 C' 단면에 모멘트 평형방정식을 적용하면 다음 관계식이 성립하고

$$\sum^{C'} M = 0 = M_x + V_x \times \Delta x + w_x \times \Delta x \times \left(\frac{\Delta x}{2}\right) - (M_x + \Delta M_x)$$

Δx가 미소길이이므로 Δx의 2차항을 무시하면

$$\sum^{C'} M = 0 = V_x \times \Delta x - \Delta M_x$$

Δx가 0으로 접근하면 전단력－휨모멘트 관계는

$$\frac{dM_x}{dx} = V_x \tag{6.3.3}$$

식 (6.3.3)은 임의 단면에서 휨모멘트 함수의 기울기(보의 단위길이당 휨모멘트변화율)는 해당 단면의 전단력과 같고 휨모멘트의 증분량 ΔM_x는 Δx 구간에서의 전단력 함수의 면적 $V_x \Delta x$와 동일하다는 것을 제시한다. 그러므로 $A \sim B$ 간의 휨모멘트 변화는 두 단면 간에 구성되는 전체 미소 보요소의 휨모멘트 증분량 ΔM_x의 합이고

$$M_B - M_A = \sum_A^B \Delta M_x = \sum_A^B V_x \Delta x \quad : \text{ A} \sim \text{B 간 전단력 함수의 면적}$$

Δx가 0으로 접근하면 두 단면 간의 휨모멘트 변화는 다음 식과 같다.

$$M_B = M_A + \int_A^B V_x dx \tag{6.3.4}$$

이와 같이 유도된 하중(분포하중/집중하중/모멘트하중)－전단력－휨모멘트의 상관관계를 이용하여 부재축을 따라 발생하는 전단력과 휨모멘트를 도시한 것을 전단력선도(Shear

Force Diagram; SFD)와 휨모멘트선도(Bending Moment Diagram; BMD)라 하며 지점반력을 산정하여 부재에 작용하는 외력을 모두 하중으로 표시하는 과정이 선행되어야 한다. 그림 6.2.5(1)과 같은 단순보에서 지점을 반력으로 대체하여 전체 자유물체도를 작성하고 평형방정식을 적용하여 반력을 구하면 그림 6.2.5(2)와 같이 보에 작용하는 하중과 반력(외력)은 모두 기지력이 되고 반력 또한 하중으로 간주할 수 있으므로 이러한 자유물체도를 하중선도(Loading Diagram)라 한다.

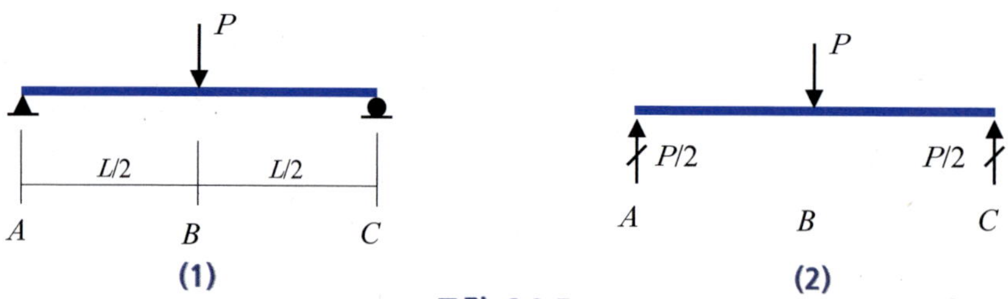

그림 6.2.5

하중선도로부터 전단력선도는 다음과 같은 순서에 의해 작도한다.

1) 하중선도 아래에 적절한 간격을 확보하여 보의 위치를 나타내는 횡축(부재축)과 전단력을 좌표로 하는 종축을 구성한다. 하중선도에서 보의 양단과 집중하중/분포하중/모멘트하중 작용점의 횡축상 위치를 제어점(controlling points)으로 하여 종축과 평행한 선을 표시한다.
2) 보의 양단은 전단력이 0이므로 전단력선도는 0에서 시작하고 0으로 끝난다.
3) 보의 좌측에서부터 제어점을 기준으로 분포하중의 면적을 적분한 전단력을 종축의 좌표로 표시한다. 분포하중에 의한 전단력의 변화는 연속적이고 상향(하향)으로 작용하는 분포하중의 경우 전단력선도는 증가(감소)한다. 분포하중이 등분포하중(상수)/직선변화하중(1차)이면 전단력선도는 직선(1차)/포물선(2차)이 된다.
4) 하중이 재하되지 않은 구간에서 전단력선도의 기울기는 0이고 집중하중의 작용점에서는 전단력불연속을 반영한다. 모멘트하중은 전단력선도와 무관하다.
5) 전단력선도가 횡축과 교차하는 점(전단력이 0이 되는 점)은 휨모멘트선도에서 극대값 또는 극소값이 나타나는 위치이므로 그 위치를 산정하여 제어점으로 추가하고 종축과 평행한 선을 표시한다.

하중선도와 전단력선도로부터 휨모멘트선도는 다음과 같은 순서에 의해 작도한다.

1) 전단력선도 아래에 적절한 간격을 확보하여 보의 위치를 나타내는 횡축과 휨모멘트를 좌표로 하는 종축을 구성한다.

2) 보의 양단은 휨모멘트가 0이므로 휨모멘트선도는 0에서 시작하고 0으로 끝난다.
3) 보의 좌측에서부터 제어점을 기준으로 전단력선도의 면적을 적분한 휨모멘트를 종축의 좌표로 표시한다. 전단력선도에 의한 휨모멘트의 변화는 연속적이고 전단력선도의 면적이 양(음)이면 휨모멘트선도는 증가(감소)한다. 전단력선도가 상수/1차(직선)/2차(포물선)이면 휨모멘트선도는 1차(직선)/2차(포물선)/3차(곡선)가 된다.
4) 전단력선도가 0인 구간의 휨모멘트선도의 기울기는 0이고 모멘트하중의 작용점에서는 휨모멘트불연속을 반영한다.

전단력선도에는 하중선도의 수직하중만 반영되고 휨모멘트선도에는 모멘트하중과 전단력선도가 같이 반영되는 것은 3장의 합력과 작용점의 결정과정 및 4장의 평형방정식의 구성에서 이동효과에는 이동력(수평/수직 하중)만 반영되고 회전효과에는 이동력과 회전력(모멘트하중)이 같이 반영되는 것과 동일한 원리라는 것을 알 수 있다.

그림 6.2.5(2)에 제시한 단순보의 하중선도로부터 전단력선도와 휨모멘트선도는 그림 6.3.2와 같이 작성한다. 하중선도의 제어점은 A, B, C이므로 제어점 위치에 종축을 표시한다. A점에 작용하는 수직하중에 의해 전단력선도에는 상향 $P/2$의 전단력불연속이 발생한다. 마찬가지로 B점에는 하향 P의 전단력불연속, C점에는 상향 $P/2$의 전단력불연속이 발생한다. 각 제어점의 전단력은

$$\begin{aligned} V_{A-} &= 0 \\ V_{A+} &= V_{A-} + \frac{P}{2} = \frac{P}{2} = V_{B-} \\ V_{B+} &= V_{B-} - P = -\frac{P}{2} = V_{C-} \\ V_{C+} &= V_{C-} + \frac{P}{2} = 0 \end{aligned}$$

보의 양단은 제외하고 전단력이 0이 되는 점은 B점이나 이미 집중하중이 작용하는 제어점이므로 추가 제어점은 없다. 모멘트하중이 없으므로 휨모멘트선도는 전단력선도의 면적만을 고려한다. AB 구간 전단력선도의 면적은 밑변과 높이가 $L/2$, $P/2$이므로 $PL/4$이고 전단력선도가 상수이므로 휨모멘트선도는 0에서 $PL/4$로 증가하는 직선(1차)이 된다. BC 구간 전단력선도의 면적은 $-PL/4$이므로 휨모멘트선도는 $PL/4$에서 0으로 감소하는 직선(1차)이 된다. 각 제어점의 휨모멘트는

$$\begin{aligned} M_A &= 0 \\ M_B &= M_A + \frac{P}{2} \times \frac{L}{2} = \frac{PL}{4} \\ M_C &= M_B - \frac{P}{2} \times \frac{L}{2} = 0 \end{aligned}$$

임의 단면에서 휨모멘트선도의 기울기는 그 단면의 전단력과 같다. AB 구간 휨모멘트선도의 기울기는 $P/2$이고 BC 구간의 기울기는 $-P/2$이다. 또한 전단력이 0이 되는 B점에서 휨모멘트의 최대값이 발생하는 것과 전단력선도와 휨모멘트선도는 0에서 시작하고 0으로 끝난다는 것을 확인할 수 있다.

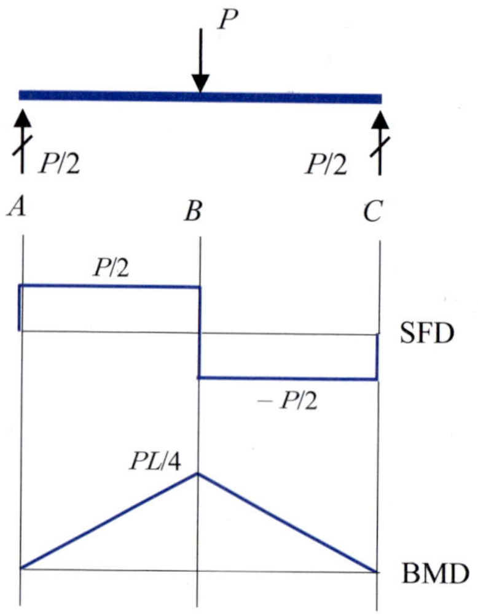

그림 6.3.2

등분포하중이 작용하는 그림 6.3.3(1)과 같은 외팔보의 경우 반력을 구하고 모든 외력(하중과 반력)을 자유물체도에 표시한 하중선도는 그림 6.3.3(2)와 같다. 분포하중을 등가집중하중으로 치환하는 것은 평형방정식의 적용과정에만 허용되므로 하중선도에서 분포하중은 등가집중하중으로 치환할 수 없다.

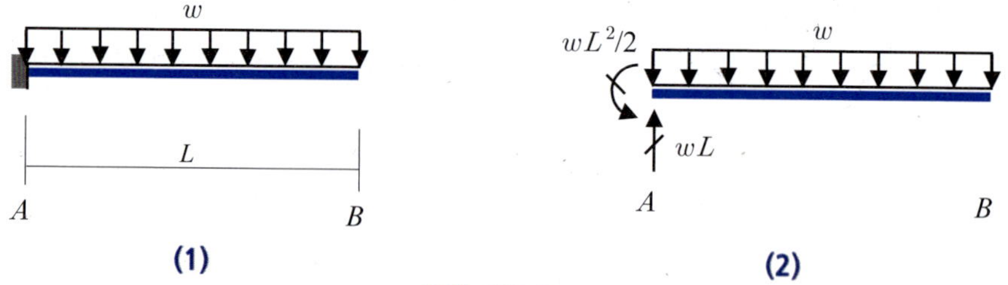

그림 6.3.3

전단력선도와 휨모멘트선도는 그림 6.3.3(3)과 같이 작성한다. 하중선도의 제어점은 A, B이므로 제어점 위치에 종축을 표시한다. A점에 작용하는 수직반력에 의해 전단력선도에는 상향 wL의 전단력불연속이 발생한다. 단위길이당 하중세기 w(상수)의 등분포하중이 작용하는 AB 구간에서 전단력선도는 1차(기울기 $-w$)가 되고 하중선도의 면적은 밑변과 높이가 L, w 이므로 wL에서 0으로 감소한다. 각 제어점의 전단력은

$$V_{A-} = 0$$
$$V_{A+} = V_{A-} + wL = wL$$
$$V_B = V_{A+} - w \times L = 0$$

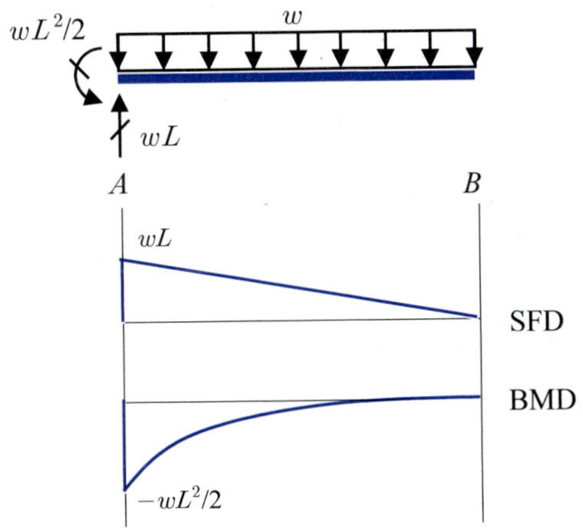

그림 6.3.3(3)

휨모멘트선도는 전단력선도의 면적과 함께 고정지점의 모멘트하중(반력)을 반영한다. A점에 작용하는 모멘트하중은 반시계방향이므로 하향 $wL^2/2$의 휨모멘트불연속이 발생한다. AB구간 전단력선도의 면적은 밑변과 높이가 L, wL인 삼각형이므로 $wL^2/2$이고 전단력선도가 1차이므로 휨모멘트선도는 $-wL^2/2$에서 0으로 증가하는 포물선(2차)이 된다. 각 제어점의 휨모멘트는

$$M_{A-} = 0$$
$$M_{A+} = M_{A-} - \frac{wL^2}{2} = -\frac{wL^2}{2}$$
$$M_B = M_{A+} + wL \times L \times \frac{1}{2} = 0$$

AB 구간의 전단력은 모두 양의 값이고 부재축을 따라 감소($wL \to 0$)하므로 포물선인 휨모멘트선도의 접선은 모두 양의 기울기가 되고 부재축을 따라 기울기가 감소하는 위로 볼록한 형상이 된다. 또한 전단력이 0이 되는 A점과 B점에서 휨모멘트의 최소값과 최대값(포물선의 꼭짓점)이 발생하는 것과 전단력선도와 휨모멘트선도는 0에서 시작하고 0으로 끝난다는 것을 재확인할 수 있다.

하중선도－전단력선도－휨모멘트선도는 적분관계이므로 하중선도가 1차면 전단력선도와

휨모멘트선도는 각각 2차, 3차가 되고 위에서 설명한 상관관계를 이용하기 위해서는 2차, 3차곡선으로 이루어진 면적의 계산이 요구된다. 그림 6.3.4는 n차 곡선(꼭짓점 O)으로 구성되는 면적(A_1, A_2)과 도심(C_1, C_2)의 위치(x_1, x_2)를 구하는 공식이다.

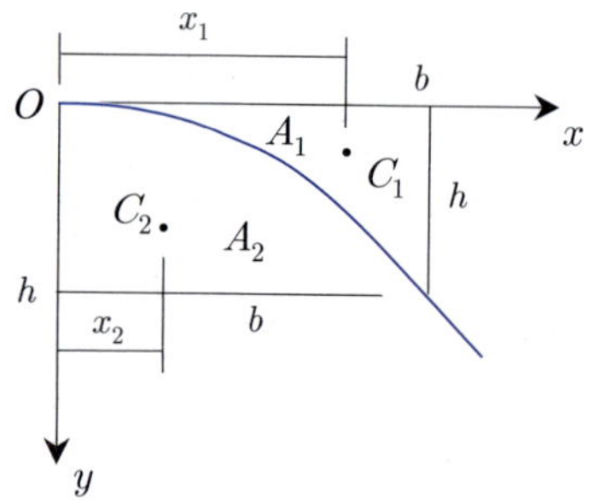

n차 곡선 : $y=\dfrac{h}{b^n}x^n$

면적과 도심 :

$$A_1=\frac{1}{n+1}\times bh \quad ; \quad x_1=b\times\left(\frac{n+1}{n+2}\right)$$
$$A_2=\frac{n}{n+1}\times bh \quad ; \quad x_2=\frac{b}{2}\times\left(\frac{n+1}{n+2}\right)$$

그림 6.3.4 n차 곡선

예제 6.3.1

하중－전단력－휨모멘트 상관관계를 이용하여 집중하중과 모멘트하중이 작용하는 단순보의 전단력선도와 휨모멘트선도를 구하시오(예제 6.2.1 참조).

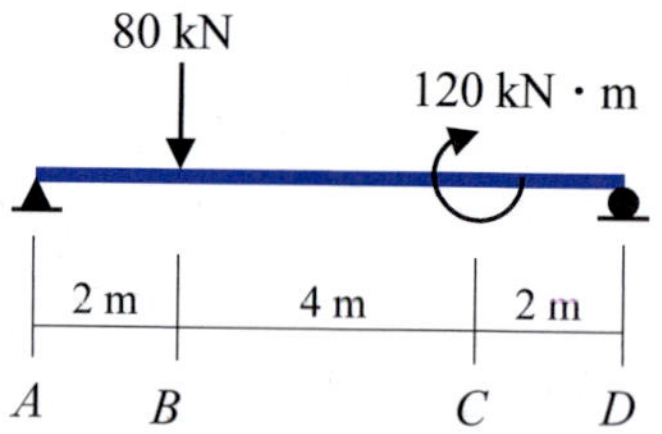

그림 예6.2.1(1)

해설 예제 6.2.1에서 구한 수직반력은 회전지점에서 45 kN, 이동지점에서 35 kN이고 이로부터 작성한 하중선도는 그림 예6.3.1(1)과 같다. 제어점 A, B, C, D 위치에 종축을 표시한다. A점의 좌측 $A-$ 단면은 보의 시작이므로 전단력이 0이고 A점에 작용하는 상향 집중하중 45 kN에 의해 $A+$ 단면의 전단력이 45 kN이 되는 전단력불연속(증가)이 발생한다. AB 구간에는 수직하중이 없으므로 집중하중이 작용하는 B점의 좌측 $B-$ 단면까지 45 kN이다. 하향 집중하중 80 kN에 의해 $B+$ 단면의 전단력은 -35kN이고 BD 구간에는 수직하중이 없으므로 집중하중이 작용하는 D점의 좌측 $D-$ 단면까지 -35 kN이다. D점의 상향 집중하중이 35 kN이므로 $D+$ 단면의 전단력은 0이다. 전단력의 최대값은 45 kN이고 각 제어점의 전단력은

$$\begin{aligned} V_{A-} &= 0 \\ V_{A+} &= V_{A-}+45 = 45\,(\mathrm{kN}) = V_{B-} \\ V_{B+} &= V_{B-}-80 = -35\,(\mathrm{kN}) = V_{D-} \\ V_{D+} &= V_{D-}+35 = 0 \end{aligned}$$

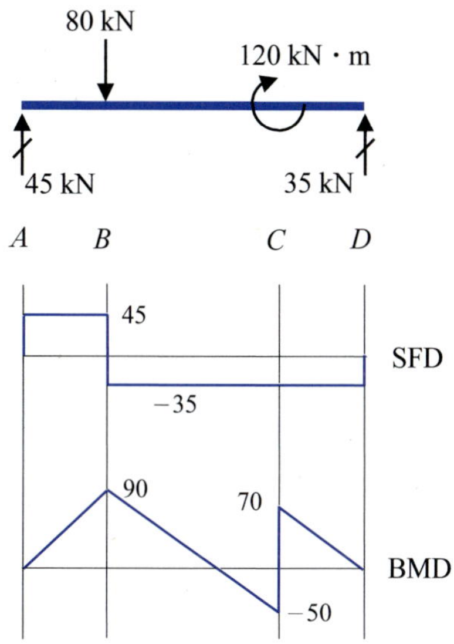

그림 예6.3.1(1)

휨모멘트선도에는 전단력선도와 모멘트하중을 반영한다. AB 구간의 전단력선도를 적분하면 면적은 $+90$ kN · m이므로 B점의 휨모멘트는 90 kN · m이다. 모멘트하중이 작용하는 C점의 좌측 $C-$ 단면까지 BC 구간 전단력선도를 적분한 값은 -140 kN · m이므로 $C-$ 단면의 휨모멘트는 -50 kN · m이다. 시계방향 모멘트하중 120 kN · m에 의해 휨모멘트불연속(증가)이 발생하므로 $C+$ 단면의 휨모멘트는 70 kN · m이다. CD 구간의 전단력선도를 적분한 면적은 -70 kN · m이므로 D점의 휨모멘트는 0이다. 각 제어점의 휨모멘트는

$$
\begin{aligned}
M_A &= 0 \\
M_B &= M_A + 45\times 2 = 90\,(\text{kN}\cdot\text{m}) \\
M_{C-} &= M_B - 35\times 4 = -50\,(\text{kN}\cdot\text{m}) \\
M_{C+} &= M_{C-} + 120 = 70\,(\text{kN}\cdot\text{m}) \\
M_D &= M_{C+} - 35\times 2 = 0
\end{aligned}
$$

AB 구간 전단력은 양의 상수(45)이므로 휨모멘트선도(직선)는 기울기 45로 증가하고 BC, CD 구간의 전단력은 음의 상수(-35)이므로 휨모멘트선도(직선)는 기울기 -35로 감소한다. 전단력이 0이 되는 위치와 모멘트하중에 의해 휨모멘트불연속이 발생하는 위치에는 극대값과 극소값이 발생하며 이 예제의 단순보는 B점에서 휨모멘트의 최대값이 발생한다. 해석결과는 단면법을 적용하여 구한 결과(예제 6.2.1)와 비교하여 검토할 수 있다.

예제 6.3.2

하중-전단력-휨모멘트 상관관계를 이용하여 분포하중과 모멘트하중이 작용하는 외팔보의 전단력선도와 휨모멘트선도를 구하시오(예제 6.2.2 참조).

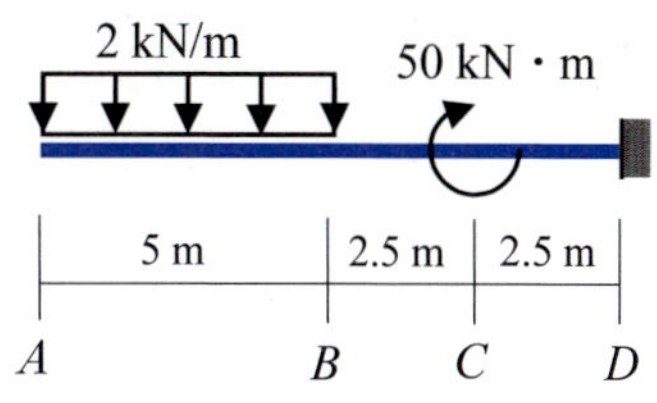

그림 예6.3.2(1)

해설 예제 6.2.2에서 구한 고정지점의 수직/모멘트 반력은 각각 10 kN(상향), 25 kN · m (시계방향)이고 이를 표시한 하중선도는 그림 예6.3.2(2)와 같다. 제어점 A, B, C, D 위치에 종축을 표시한다. AB 구간에는 하중세기 2 kN/m의 등분포하중(상수)이 하향으로 작용하므로 전단력선도는 기울기 -2의 직선(1차)이 되고 등분포하중의 면적이 -10 kN이므로 B 단면의 전단력은 -10 kN이다. BD 구간에는 수직하중이 없으므로 집중하중이 작용하는 D점의 좌측 $D-$ 단면까지 -10 kN이다. D점의 상향 집중하중 10 kN에 의해 전단력불연속이 발생하므로 $D+$ 단면의 전단력은 0이다. 전단력의 최소값은 -10 kN이고 각 제어점의 전단력은

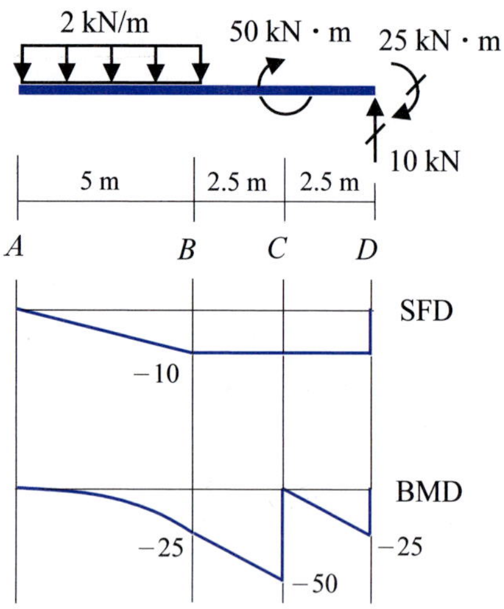

그림 예6.3.2(2)

$$V_A = 0$$
$$V_B = V_A - 2 \times 5 = -10\,(\mathrm{kN}) = V_{D-}$$
$$V_{D+} = V_{D-} + 10 = 0$$

휨모멘트선도에는 전단력선도와 모멘트하중을 반영한다. AB 구간의 전단력선도는 직선(1차)이므로 휨모멘트선도는 포물선(2차)이고 AB 구간의 전단력선도의 면적은 -25 kN · m이므로 B점의 휨모멘트는 -25 kN · m이다. 모멘트하중이 작용하는 C점의 좌측 $C-$ 단면까지 BC 구간 전단력선도의 면적이 -25 kN · m이므로 $C-$ 단면의 휨모멘트는 -50 kN · m이다. 시계방향 모멘트하중 50 kN · m에 의해 휨모넨트불연속(증가)이 발생하므로 $C+$ 단면의 휨모멘트는 0이다. 다시 모멘트하중이 작용하는 D점의 좌측 $D-$ 단면까지 CD 구간 전단력선도의 면적에 의해 $D-$ 단면의 휨모멘트는 -25 kN · m이고 시계방향 모멘트하중 25 kN · m에 의한 휨모멘트불연속(증가)이 발생하므로 $D+$ 단면의 휨모멘트는 0이다. 휨모멘트의 최소값은 -50 kN · m이고 각 제어점의 휨모멘트는

$$M_A = 0$$
$$M_B = M_A - 10 \times 5 \times 0.5 = -25\,(\mathrm{kN \cdot m})$$
$$M_{C-} = M_B - 10 \times 2.5 = -50\,(\mathrm{kN \cdot m})$$
$$M_{C+} = M_{C-} + 50 = 0$$
$$M_{D-} = M_{C+} - 10 \times 2.5 = -25\,(\mathrm{kN \cdot m})$$
$$M_{D+} = M_{D-} + 25 = 0$$

AB 구간의 전단력선도는 기울기 -2의 직선(1차)이므로 휨모멘트선도는 2차 포물선이 되고 기울기가 0(A점; 꼭짓점)에서 -10(B점)으로 감소하므로 위로 볼록한 형상이 된다. BC, CD 구간의 전단력은 음의 상수(-10)이므로 휨모멘트선도는 직선(1차)이며 기울기는 -10으로 동일하다. 해석결과는 단면법을 적용하여 구한 결과(예제 6.2.2)와 비교하여 검토할 수 있다.

예제 6.3.3

하중-전단력-휨모멘트의 상관관계를 이용하여 그림 예6.3.3(1)에 제시한 외팔보의 전단력선도와 휨모멘트선도를 구하시오.

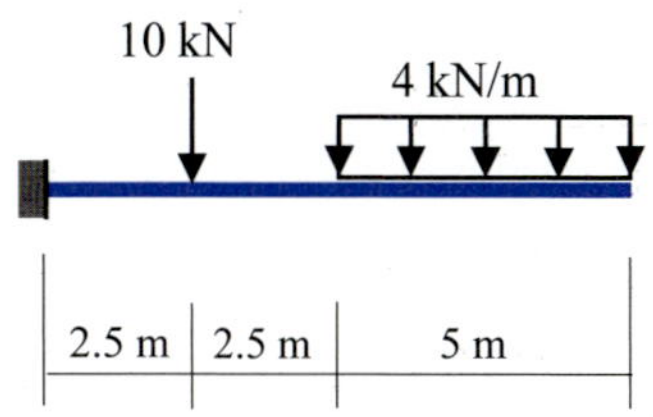

그림 예6.3.3(1)

해설 고정지점을 반력으로 대체한 자유물체도는 그림 예6.3.3(2)와 같다. 분포하중을 등가집중하중으로 치환한 것은 평형방정식을 적용하기 위한 것이고 이로부터 지점반력은

$$\sum F_y = 0 = R_A - 10 - 20 \quad ; \quad R_A = 30\,\text{kN}$$
$$\sum_A M = 0 = M_A - 10 \times 2.5 - 20 \times 7.5 \quad ; \quad M_A = 175\,\text{kN} \cdot \text{m}$$

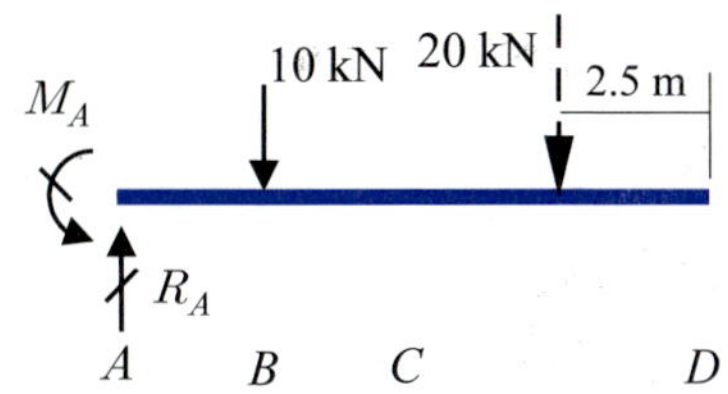

그림 예6.3.3(2)

하중선도는 그림 예6.3.3(3)과 같고 제어점 A, B, C, D 위치에 종축을 표시한다. 집중하중이 작용하는 A점과 B점에서 방향과 크기에 따라 전단력불연속을 반영하고 등분포하중이 작용하는 CD 구간은 하중세기 -4 kN/m가 기울기가 되는 직선으로 전단력선도를 작성한다. 전단력의 최대값은 30 kN이고 각 제어점의 전단력은

$$\begin{aligned} V_{A-} &= 0 \\ V_{A+} &= V_{A-} + 30 = 30\,(\text{kN}) = V_{B-} \\ V_{B+} &= V_{B-} - 10 = 20\,(\text{kN}) = V_C \\ V_D &= V_C - 4 \times 5 = 0 \end{aligned}$$

A점의 모멘트하중은 반시계방향 175 kN · m이므로 휨모멘트선도가 0에서 -175 kN · m로 감소하는 휨모멘트불연속을 반영한다. AB, BC 구간의 전단력선도는 각각 30, 20의 상수이므로 휨모멘트선도는 각각 기울기 30과 20의 직선(1차)이고 전단력선도의 면적 75 kN · m와 50 kN · m에 의해 B점, C점의 휨모멘트는 각각 -100 kN · m, -50 kN · m이다. CD 구간의 전단력선도는 직선(1차)이므로 휨모멘트선도는 기울기가 20(C점)에서 0(D점; 꼭짓점)으로 변하는 포물선(2차)이 되고 위로 볼록한 형상이다. 휨모멘트의 최소값은 -175 kN · m이고 각 제어점의 휨모멘트는

$$\begin{aligned} M_{A-} &= 0 \\ M_{A+} &= M_{A-} - 175 = -175\,(\text{kN} \cdot \text{m}) \\ M_B &= M_{A+} + 30 \times 2.5 = -100\,(\text{kN} \cdot \text{m}) \\ M_C &= M_B + 20 \times 2.5 = -50\,(\text{kN} \cdot \text{m}) \\ M_D &= M_C + 20 \times 5 \times 0.5 = 0 \end{aligned}$$

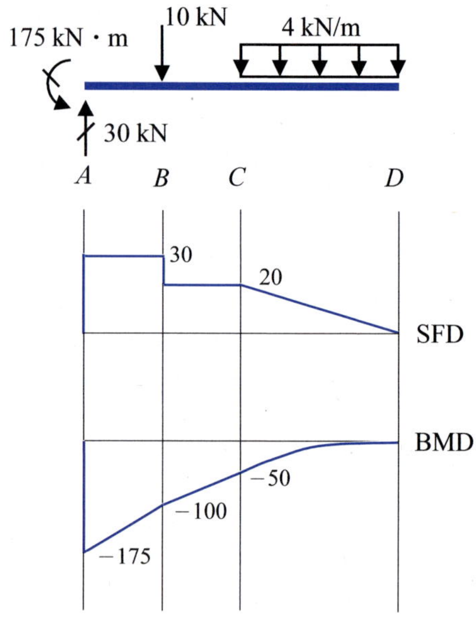

그림 예6.3.3(3)

해석결과는 전단력선도와 휨모멘트선도가 0에서 시작하고 0으로 끝난다는 것으로 확인할 수 있고 보다 상세한 검토는 임의의 단면에 단면법을 적용하여 수행할 수 있다.

예제 6.3.4

하중 – 전단력 – 휨모멘트 상관관계를 이용하여 내민보의 전단력선도와 휨모멘트선도를 구하시오.

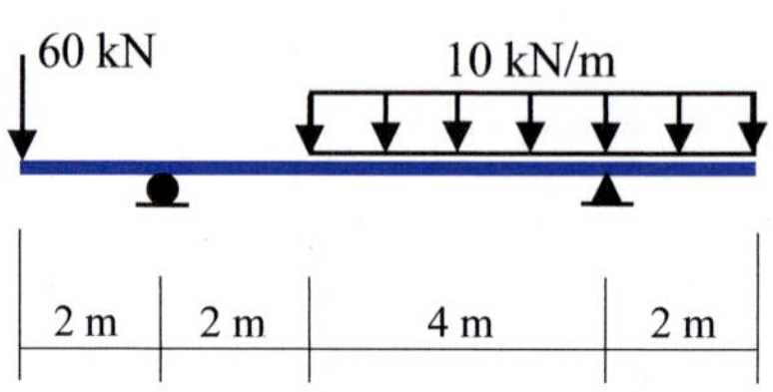

그림 예6.3.4(1)

해설 지점을 반력으로 대체한 그림 예6.3.4(2)의 자유물체도에 평형방정식을 적용하면 지점반력은

$$\sum^{A} M = 0 = 60 \times 2 - 60 \times 5 + R_B \times 6 \quad ; \quad R_B = 30\,\text{kN}$$
$$\sum F_y = 0 = 60 - R_A + 60 - R_B \quad ; \quad R_A = 90\,\text{kN}$$

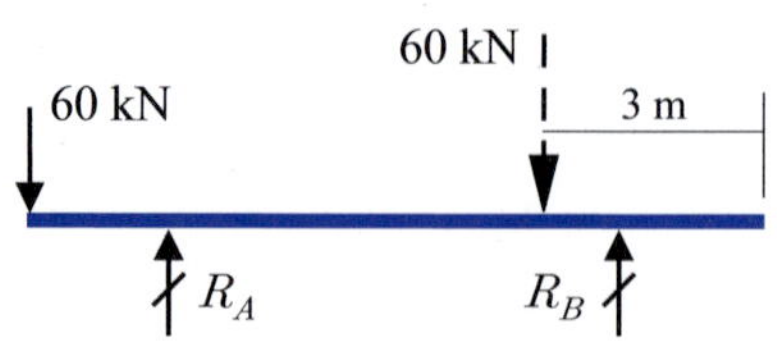

그림 예6.3.4(2)

그림 예6.3.4(3)의 하중선도에서 제어점 C, A, D, B, E 위치에 종축을 표시한다. 집중하중 위치 C, A, B에서 각각 -60 kN, 90 kN, 30 kN의 전단력불연속을 반영하고 등분포하중이 작용하는 DE 구간은 하중세기 -10 kN/m가 기울기가 되는 직선으로 전단력선도를 작성한다. 전단력의 최소값은 -60 kN이고 각 제어점의 전단력은

$$\begin{aligned} V_{C-} &= 0 \\ V_{C+} &= V_{C-} - 60 = -60(\text{kN}) = V_{A-} \\ V_{A+} &= V_{A-} + 90 = 30(\text{kN}) = V_D \\ V_{B-} &= V_D - 10 \times 4 = -10(\text{kN}) \\ V_{B+} &= V_{B-} + 30 = 20(\text{kN}) \\ V_E &= V_{B+} - 10 \times 2 = 0 \end{aligned}$$

전단력이 0이 되는 위치는 A점, B점, F점이며 F점의 위치는 $B-$ 단면의 전단력 -10 kN을 기울기 -10으로 나누어 구하고 종축을 추가한다. 모멘트하중이 없으므로 전단력선도를 적분하여 휨모멘트선도를 작성하면 각 제어점의 휨모멘트는

$$\begin{aligned} M_C &= 0 \\ M_A &= M_C - 60 \times 2 = -120(\text{kN} \cdot \text{m}) \\ M_D &= M_A + 30 \times 2 = -60(\text{kN} \cdot \text{m}) \\ M_F &= M_D + 30 \times 3 \times 0.5 = -15(\text{kN} \cdot \text{m}) \\ M_B &= M_F - 10 \times 1 \times 0.5 = -20(\text{kN} \cdot \text{m}) \\ M_E &= M_B + 20 \times 2 \times 0.5 = 0 \end{aligned}$$

전단력이 음(-60)$-0-$양(30)으로 변하는 A점에서 휨모멘트의 최소값 -120 kN·m이 발생한다. DE 구간의 전단력선도는 직선(1차)이므로 휨모멘트선도는 포물선(2차)이고 기울기가 양에서 음으로 변하는 위로 볼록한 형상이 된다. 휨모멘트선도의 접선(기울기)이 0이 되는 F점(전단력이 양$-0-$음으로 변하는 포물선의 꼭짓점)에서 휨모멘트 -15 kN·m의 극대값이 발생한다. B 지점 또한 좌/우측 전단력이 $(-10)-0-20$으로 변하므로 휨모멘트 -20 kN·m의 극소값이 발생한다.

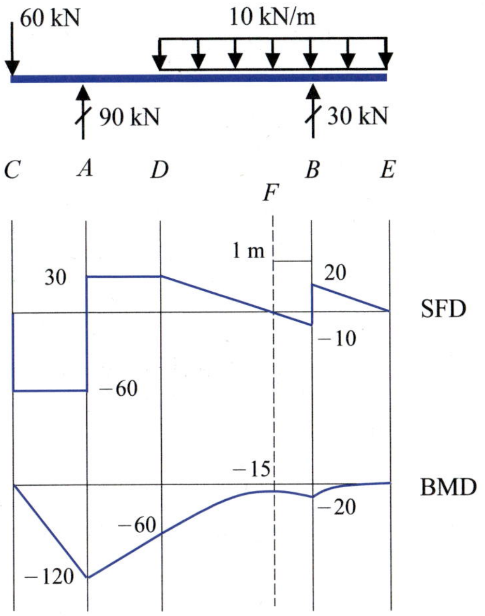

그림 예6.3.4(3)

6.4 전단력선도와 휨모멘트선도의 식

하중－전단력－휨모멘트의 상관관계는 미분/적분 관계이므로 하중선도가 하나의 식으로 주어지는 경우 전단력선도와 휨모멘트선도의 식은 적분과 경계조건을 사용하여 구할 수 있다. 그림 6.4.1(1)과 같이 단순보의 전체 구간에 등분포하중이 작용하는 경우 분포하중－전단력－휨모멘트 관계식으로부터

$$\frac{dV_x}{dx} = -w \quad \Rightarrow \quad V_x = \int(-w)\,dx = -wx + C_1$$

$$\frac{dM_x}{dx} = V_x \quad \Rightarrow \quad M_x = \int(-wx + C_1)\,dx = -\frac{wx^2}{2} + C_1 x + C_2$$

단순보의 경계조건은 양단 *A*, *B*의 휨모멘트가 0이라는 것이다. 보의 시작과 끝은 전단력 또한 0이나 단순보의 경우 지점반력에 의해 전단력불연속이 발생하므로 경계조건이 될 수 없다. 휨모멘트 경계조건을 적용하면

$$\begin{cases} x = 0,\ M = 0 & \Rightarrow \quad C_2 = 0 \\ x = L,\ M = 0 & \Rightarrow \quad 0 = -\dfrac{wL^2}{2} + C_1 L \quad ; \quad C_1 = \dfrac{wL}{2} \end{cases}$$

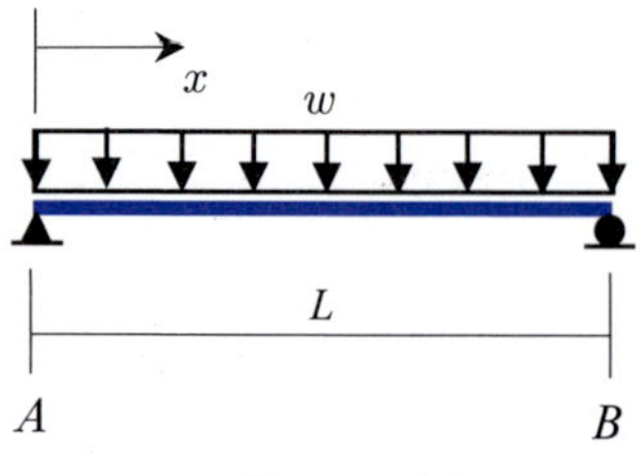

그림 6.4.1(1)

이로부터 전단력선도와 휨모멘트선도의 식은

$$V_x = \frac{w}{2}(L - 2x) \qquad ; \qquad 0 < x < L$$

$$M_x = \frac{w}{2}\left(Lx - x^2\right) \qquad ; \qquad 0 \le x \le L$$

하중－전단력－휨모멘트의 상관관계를 이용하여 그림 6.4.1(2)와 같이 전단력선도와 휨모멘트선도를 작성하면 위에서 유도한 식을 확인할 수 있으며 분포하중만을 고려한 식이므로 전

단력선도의 식은 집중하중에 의해 전단력불연속이 발생하는 A점과 B점을 포함하지 않는다.

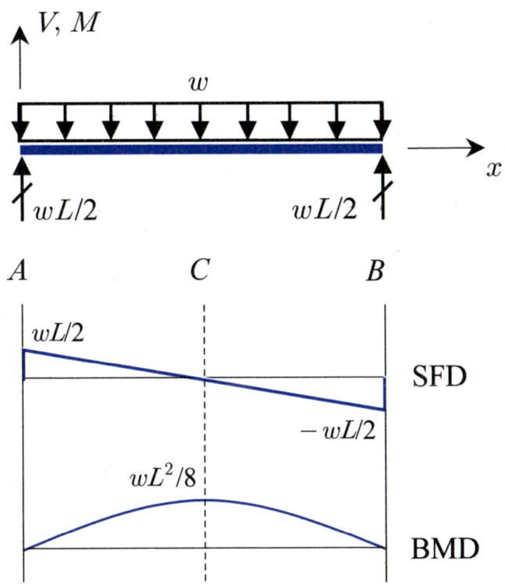

그림 6.4.1(2)

그림 6.4.2(1)과 같이 전체 구간에 등분포하중이 작용하는 외팔보의 경우 분포하중−전단력−휨모멘트 관계식은 단순보의 경우와 동일하나 자유단 A의 전단력과 휨모멘트가 0이라는 것이 경계조건이므로 적분상수는

$$\begin{cases} x=0,\ V=0 & \Rightarrow \quad C_1=0 \\ x=0,\ M=0 & \Rightarrow \quad C_2=0 \end{cases}$$

전단력선도와 휨모멘트선도의 식은

$$V_x = -wx \qquad ; \quad 0 \le x < L$$
$$M_x = -\frac{w}{2}x^2 \qquad ; \quad 0 \le x < L$$

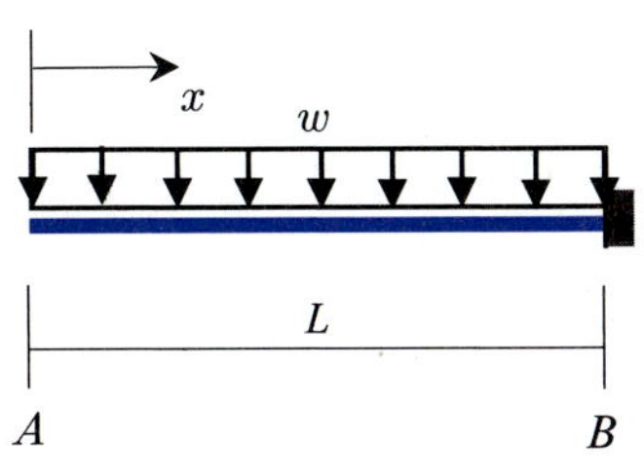

그림 6.4.2(1)

하중−전단력−휨모멘트의 상관관계를 이용하여 그림 6.4.2(2)와 같이 전단력선도와 휨모멘

트선도를 작성하면 위에서 유도한 식을 확인할 수 있으며 분포하중만을 고려한 식이므로 집중하중과 모멘트하중에 의해 전단력불연속과 휨모멘트불연속이 발생하는 B점은 포함하지 않는다.

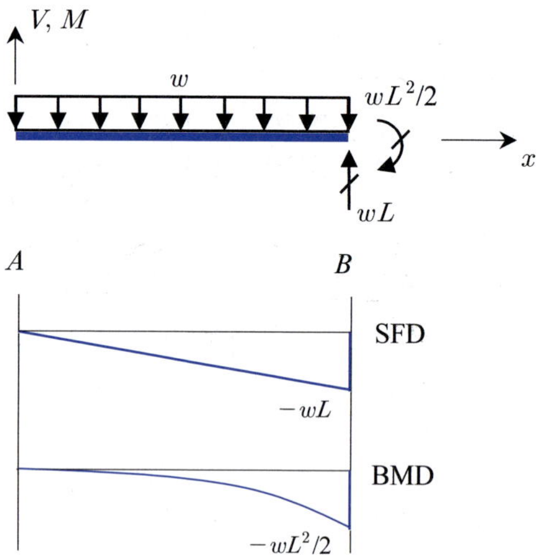

그림 6.4.2(2)

예제 6.4.1

삼각형분포하중이 작용하는 단순보의 전단력선도와 휨모멘트선도의 식을 구하시오.

$$w_x = w_0\left(1-\frac{x}{L}\right)$$

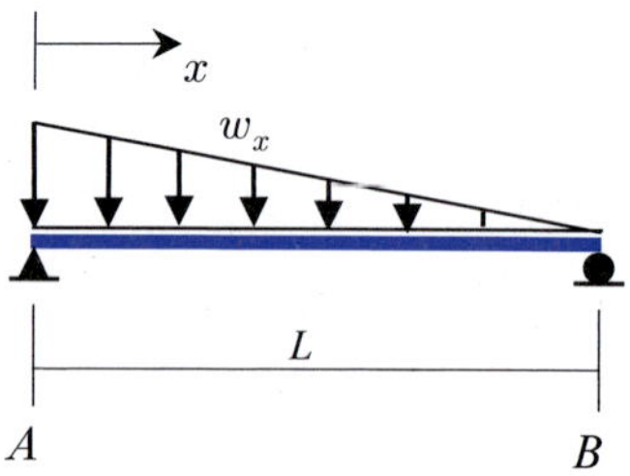

그림 예6.4.1

해설 하중−전단력−휨모멘트 관계식으로부터

$$\frac{dV_x}{dx} = -w_x \quad \Rightarrow \quad V = \int -w_0\left(1-\frac{x}{L}\right)dx$$
$$= -w_0\left(x-\frac{x^2}{2L}\right)+C_1$$

$$\frac{dM_x}{dx} = V_x \quad \Rightarrow \quad M_x = \int\left\{-w_0\left(x-\frac{x^2}{2L}\right)+C_1\right\}dx$$
$$= -w_0\left(\frac{x^2}{2}-\frac{x^3}{6L}\right)+C_1x+C_2$$

단순보의 경계조건은 양단 A, B의 휨모멘트가 0이라는 것이므로

$$\begin{cases} x=0,\ M=0 & \Rightarrow \quad C_2=0 \\ x=L,\ M=0 & \Rightarrow \quad 0=-w_0\left(\dfrac{L^2}{2}-\dfrac{L^2}{6}\right)+C_1 L \quad ; \quad C_1=\dfrac{w_0 L}{3} \end{cases}$$

이로부터 전단력선도와 휨모멘트선도의 식은 다음과 같다.

$$V_x = w_0\left(\frac{L}{3}-x+\frac{x^2}{2L}\right) \qquad ; \quad 0<x<L$$

$$M_x = w_0\left(\frac{Lx}{3}-\frac{x^2}{2}+\frac{x^3}{6L}\right) \qquad ; \quad 0\le x\le L$$

6.3절에서 논의한 하중선도, 전단력선도 및 휨모멘트선도에서 각 제어점으로 구분되는 구간은 하나의 식으로 구성되어 있으므로 각 구간의 식은 다음과 같이 구할 수 있다.

1) 주어진 구조물의 전체 자유물체도로부터 반력을 구하고 하중선도를 작성한다.
2) 하중선도의 시작점을 원점으로 하는 직각좌표축을 설정하고 각 제어점을 기준으로 구간을 구분한다.
3) 각 구간별로 단면법을 적용하여 부분 자유물체도를 작성한다. 부분 자유물체도의 시작은 원점이고 끝은 내력(전단력과 휨모멘트)이 표시되는 각 구간의 임의점이다.
4) 부분 자유물체도에 평형방정식을 적용하여 전단력선도와 휨모멘트선도의 식을 유도한다.

그림 6.2.5(1)과 같은 단순보에서 전단력선도와 휨모멘트선도의 식을 구하기 위해서는 그림 6.2.5(2)와 같은 하중선도가 우선 작성되어야 한다.

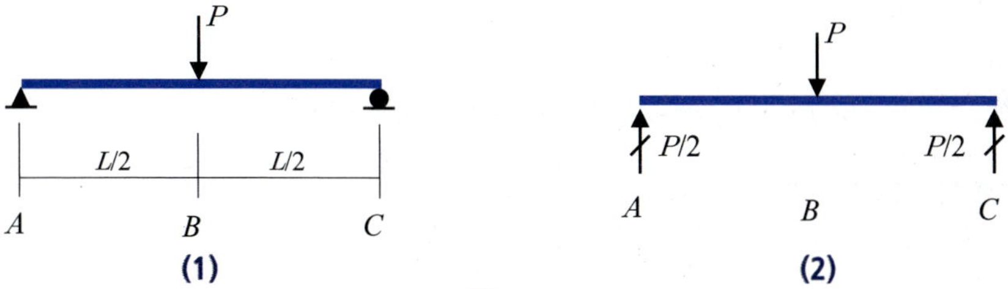

그림 6.2.5

하중선도의 제어점은 A점, B점, C점 3개이므로 2개의 구간으로 구분하고 단면법을 적용하여 그림 6.4.3(1), (2)와 같이 각 구간의 부분 자유물체도를 작성하면 전단력과 휨모멘트는 단면의 위치 x의 함수라는 것을 알 수 있다.

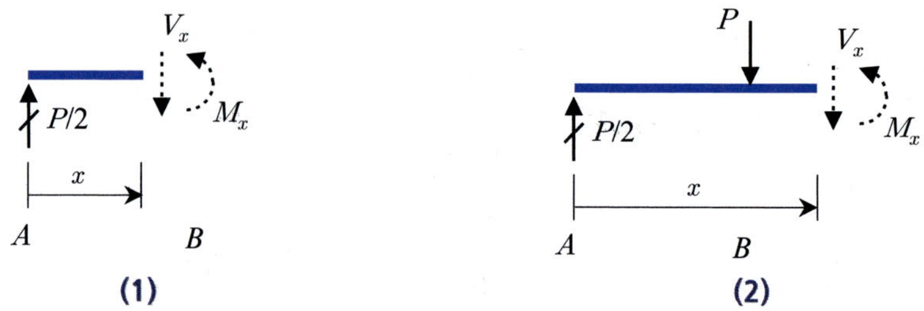

그림 6.4.3

부분 자유물체도 그림 6.4.3(1)에 평형방정식을 적용하여 구한 식은

$$\sum F_y = 0 = \frac{P}{2} - V_x \quad \Rightarrow \quad V_x = \frac{P}{2} \quad ; \quad 0 < x < \frac{L}{2}$$
$$\sum^{x} M = 0 = \frac{P}{2} \times x - M_x \quad \Rightarrow \quad M_x = \frac{P}{2}x \quad ; \quad 0 \le x \le \frac{L}{2}$$

부분 자유물체도 그림 6.4.3(2)에 평형방정식을 적용하여 구한 식은

$$\sum F_y = 0 = \frac{P}{2} - P - V_x \quad \Rightarrow \quad V_x = -\frac{P}{2} \quad ; \quad \frac{L}{2} < x < L$$
$$\sum^{x} M = 0 = \frac{P}{2} \times x - P \times \left(x - \frac{L}{2}\right) - M_x \quad \Rightarrow \quad M_x = -\frac{P}{2}(x - L) \quad ; \quad \frac{L}{2} \le x \le L$$

전단력선도의 식은 집중하중에 의해 전단력불연속이 발생하는 A점, B점, C점을 포함하지 않는다. 이와 같이 구한 식은 하중－전단력－휨모멘트 관계를 사용하여 작성한 그림 6.3.2의 전단력선도와 휨모멘트선도에서 확인할 수 있다.

예제 6.4.2

부분 자유물체도와 평형방정식을 이용하여 단순보의 전단력선도와 휨모멘트선도의 식을 구하시오.

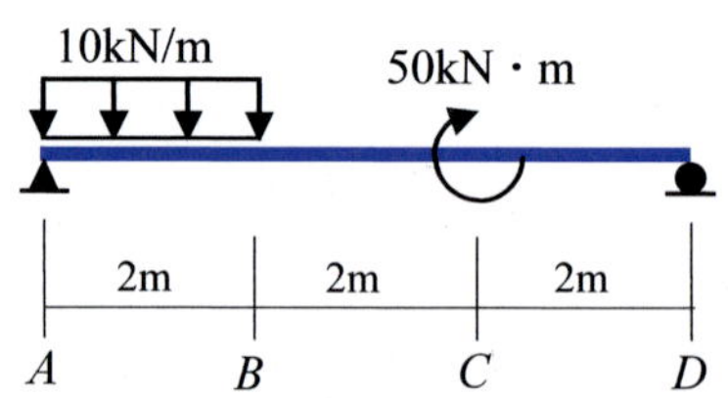

그림 예6.4.2(1)

해설 회전지점과 이동지점을 반력으로 대체한 전체 자유물체도는 그림 예6.4.2(2)와 같다. 평형방정식을 적용하기 위해 분포하중을 등가집중하중으로 치환하여 구한 지점반력은

$$\sum^{A} M = 0 = 20\times1+50-R_D\times6 \quad ; \quad R_D = 11.67\,\text{kN}$$
$$\sum F_y = 0 = R_A - 20 + R_D \quad ; \quad R_A = 8.33\,\text{kN}$$

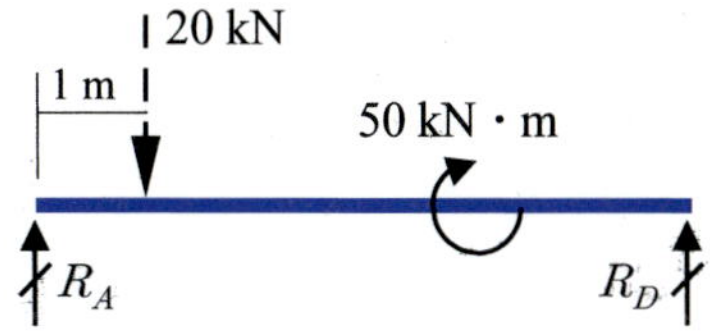

그림 예6.4.2(2)

제어점이 4개이므로 3개의 구간으로 구분하고 단면법을 적용하여 부분 자유물체도를 작성하면 그림 예6.4.2(3), (4), (5)와 같다.

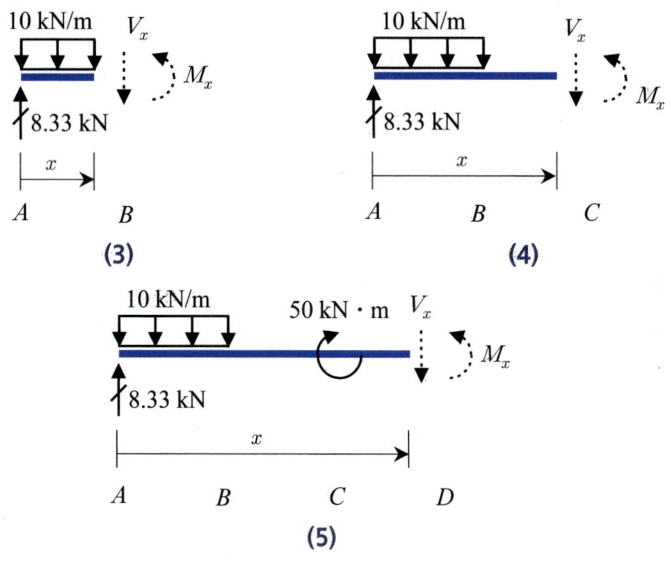

그림 예6.4.2 각 구간의 부분 자유물체도

부분 자유물체도 그림 예6.4.2(3)에 평형방정식을 적용하여 구한 식은

$$\sum F_y = 0 = 8.33 - 10\times x - V_x \quad \Rightarrow \quad V_x = 8.33 - 10x \quad ; \quad 0 < x \le 2$$
$$\sum^{x} M = 0 = 8.33\times x - 10\times x\times\frac{x}{2} - M_x \quad \Rightarrow \quad M_x = 8.33x - 5x^2 \quad ; \quad 0 \le x \le 2$$

부분 자유물체도 그림 예6.4.2(4)에 평형방정식을 적용하여 구한 식은

$$\sum F_y = 0 = 8.33 - 10\times 2 - V_x \quad \Rightarrow \quad V_x = -11.67 \quad ; \ 2 \le x \le 4$$

$$\sum^{x} M = 0 = 8.33\times x - 10\times 2\times(x-1) - M_x \quad \Rightarrow \quad M_x = -11.67x + 20 \quad ; \ 2 \le x < 4$$

부분 자유물체도 그림 예6.4.2(5)에 평형방정식을 적용하여 구한 식은

$$\sum F_y = 0 = 8.33 - 10\times 2 - V_x \quad \Rightarrow \quad V_x = -11.67 \quad ; \ 4 \le x < 6$$

$$\sum^{x} M = 0 = 8.33\times x - 10\times 2\times(x-1) + 50 - M_x \quad \Rightarrow \quad M_x = -11.67x + 70 \quad ; \ 4 < x \le 6$$

집중하중에 의해 전단력불연속이 발생하는 A점과 D점은 전단력선도의 식에 포함하지 않으며 모멘트하중에 의해 휨모멘트불연속이 발생하는 C점은 휨모멘트선도의 식에 포함하지 않는다. 그림 예6.4.2(6)의 휨모멘트선도에 표시한 값은 위에서 구한 식으로 결정한 값이고 하중-전단력-휨모멘트의 상관관계를 이용하여 구한 휨모멘트 값과의 차이는 계산오차이므로 해석결과는 정확하다는 것을 확인할 수 있다.

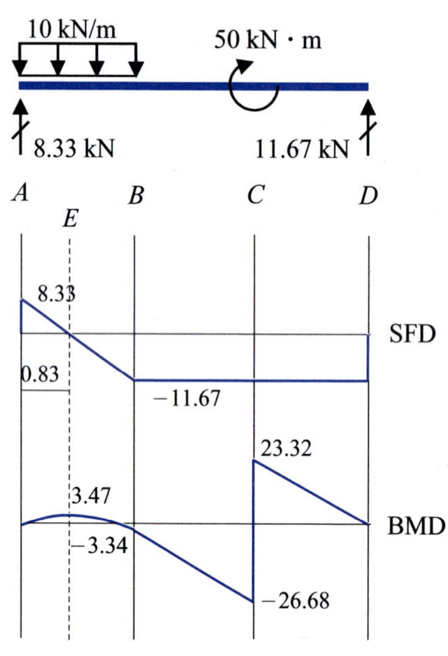

그림 예6.4.2(6)

각 제어점의 전단력은 다음과 같다.

$$\begin{aligned} V_{A-} &= 0 \\ V_{A+} &= V_{A-} + 8.33 = 8.33\,(\text{kN}) \\ V_B &= V_{A+} - 10\times 2 \\ &= -11.67\,(\text{kN}) = V_C = V_{D-} \\ V_{D+} &= V_{D-} + 11.67 = 0 \end{aligned}$$

각 제어점의 휨모멘트는 다음과 같다.

$$\begin{aligned} M_A &= 0 \\ M_E &= M_A + 8.33\times 0.83\times 0.5 \\ &= 3.46\,(\text{kN}\cdot\text{m}) \\ M_B &= M_E - 11.67\times 1.17\times 0.5 \\ &= -3.37\,(\text{kN}\cdot\text{m}) \\ M_{C-} &= M_B - 11.67\times 2 \\ &= -26.71\,(\text{kN}\cdot\text{m}) \\ M_{C+} &= M_{C-} + 50 = 23.29\,(\text{kN}\cdot\text{m}) \\ M_D &= M_{C+} - 11.67\times 2 = -0.05 \end{aligned}$$

예제 6.4.3

예제 6.3.2의 외팔보에서 작성한 전단력선도와 휨모멘트선도를 각 구간의 식을 구하여 확인하시오.

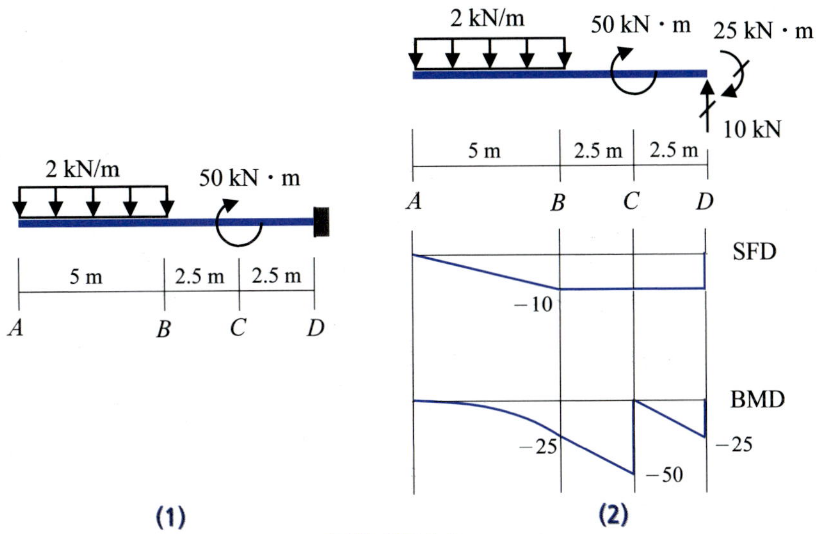

그림 예6.3.2

해설 4개 제어점을 기준으로 3개 구간을 구분하여 부분 자유물체도를 작성하면 그림 예6.4.3과 같다.

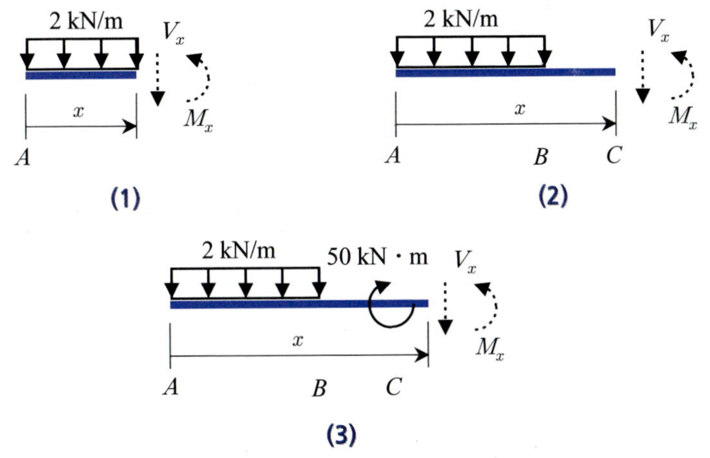

그림 예6.4.3

부분 자유물체도 그림 예6.4.3(1)에 평형방정식을 적용하여 구한 식은

$$\sum F_y = 0 = 2\times x + V_x \qquad \Rightarrow \qquad V_x = -2x \quad ; \quad 0 \le x \le 5$$

$$\sum^{x} M = 0 = 2\times x \times \frac{x}{2} + M_x \qquad \Rightarrow \qquad M_x = -x^2 \quad ; \quad 0 \le x \le 5$$

부분 자유물체도 그림 예6.4.3(2)에 평형방정식을 적용하여 구한 식은

$$\sum F_y = 0 = 2\times 5 + V_x \quad \Rightarrow \quad V_x = -10 \quad ; \quad 5 \le x \le 7.5$$
$$\sum^{x} M = 0 = 2\times 5\times (x-2.5) + M_x \quad \Rightarrow \quad M_x = -10x + 25 \quad ; \quad 5 \le x < 7.5$$

부분 자유물체도 그림 예6.4.3(3)에 평형방정식을 적용하여 구한 식은

$$\sum F_y = 0 = 2\times 5 + V_x \quad \Rightarrow \quad V_x = -10 \quad ; \quad 7.5 \le x < 10$$
$$\sum^{x} M = 0 = 2\times 5\times (x-2.5) - 50 + M_x \quad \Rightarrow \quad M_x = -10x + 75 \quad ; \quad 7.5 < x < 10$$

각 구간의 식은 그림 예6.3.2(2)의 전단력선도와 휨모멘트선도에서 확인할 수 있다.

예제 6.4.4

부분 자유물체도와 평형방정식을 이용하여 외팔보의 전단력선도와 휨모멘트선도의 식을 구하시오.

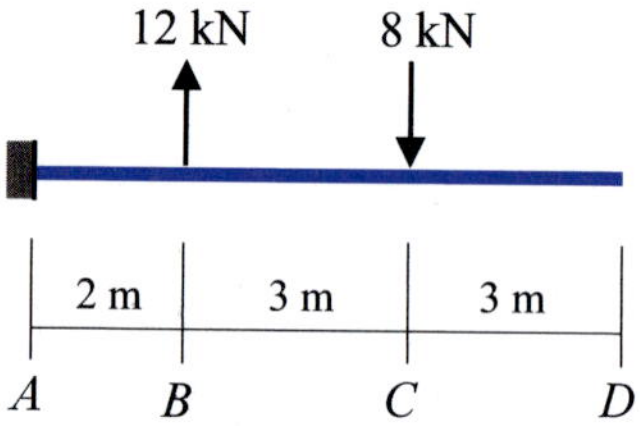

그림 예6.4.4(1)

해설 고정지점을 반력으로 대체한 전체 자유물체도는 그림 예6.4.4(2)와 같다. 평형방정식을 적용하여 구한 지점반력은

$$\sum F_y = 0 = R_A + 12 - 8 \quad ; \quad R_A = -4\,\text{kN}$$
$$\sum^{A} M = 0 = M_A + 12\times 2 - 8\times 5 \quad ; \quad M_A = 16\,\text{kN}\cdot\text{m}$$

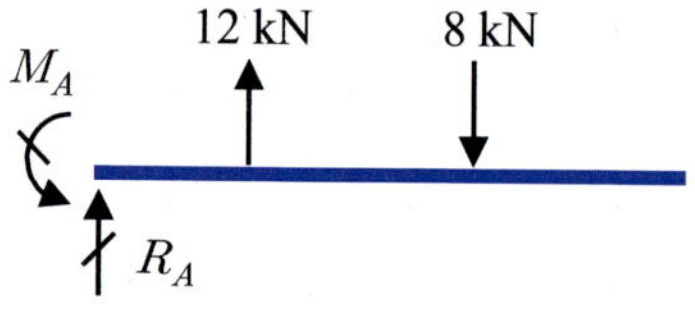

그림 예6.4.4(2)

4개 제어점을 기준으로 3개 구간을 구분하여 부분 자유물체도를 작성하면 그림 예6.4.4와 같다. 부분 자유물체도 그림 예6.4.4(3)에 평형방정식을 적용하여 구한 식은

$$\sum F_y = 0 = (-4) - V_x \quad \Rightarrow \quad V_x = -4 \quad ; \quad 0 < x < 2$$
$$\sum^{x} M = 0 = 16 - (-4)\times x + M_x \quad \Rightarrow \quad M_x = -4x - 16 \quad ; \quad 0 < x \le 2$$

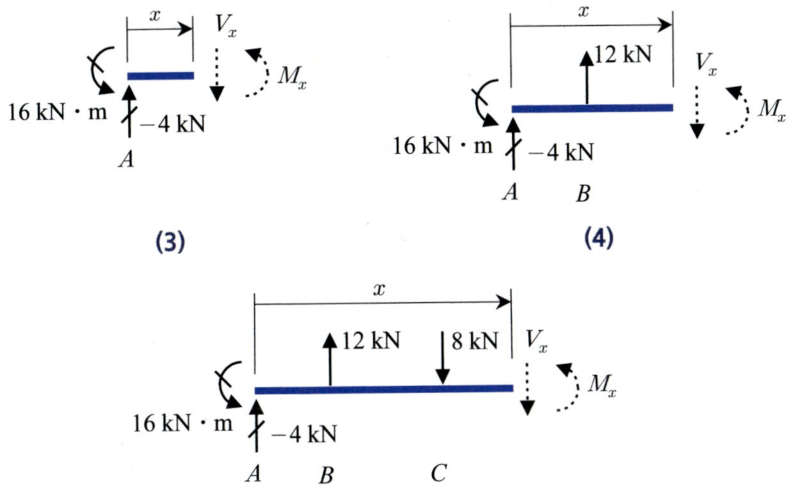

(5)

그림 예6.4.4

부분 자유물체도 그림 예6.4.4(4)에 평형방정식을 적용하여 구한 식은

$$\sum F_y = 0 = (-4) + 12 - V_x$$

$$\Rightarrow \quad V_x = 8 \quad ; \quad 2 < x < 5$$

$$\sum^{x} M = 0 = 16 - (-4) \times x - 12 \times (x-2) + M_x$$

$$\Rightarrow \quad M_x = 8x - 40 \quad ; \quad 2 \le x \le 5$$

부분 자유물체도 그림 예6.4.4(5)에 평형방정식을 적용하여 구한 식은

$$\sum F_y = 0 = (-4) + 12 - 8 - V_x$$

$$\Rightarrow \quad V_x = 0 \quad ; \quad 5 < x \le 8$$

$$\sum^{x} M = 0 = 16 - (-4) \times x - 12 \times (x-2) + 8 \times (x-5) + M_x$$

$$\Rightarrow \quad M_x = 0 \quad ; \quad 5 \le x \le 8$$

위에서 구한 식은 그림 예6.4.4(6)과 같이 하중−전단력−휨모멘트의 상관관계를 이용하여 작성한 전단력선도와 휨모멘트선도에서 확인할 수 있다.

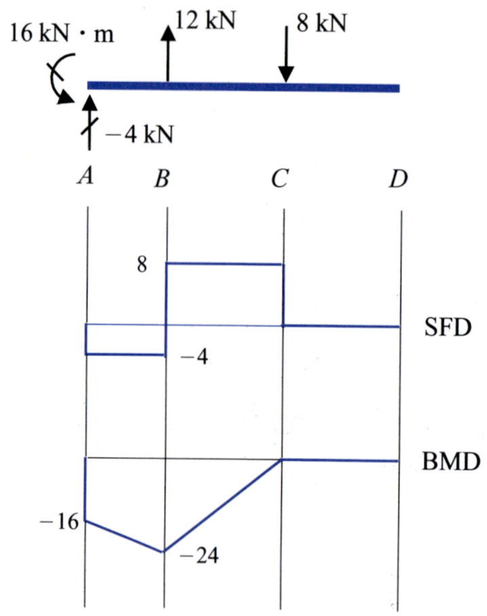

각 제어점의 전단력은 다음과 같다.

$$V_{A-} = 0$$
$$V_{A+} = V_{A-} + (-4) = -4\,(\mathrm{kN}) = V_{B-}$$
$$V_{B+} = V_{B-} + 12 = 8\,(\mathrm{kN}) = V_{C-}$$
$$V_{C+} = V_{C-} - 8 = 0 = V_D$$

각 제어점의 휨모멘트는 다음과 같다.

$$M_{A-} = 0$$
$$M_{A+} = M_{A-} - 16 = -16\,(\mathrm{kN \cdot m})$$
$$M_B = M_{A+} - 4 \times 2 = -24\,(\mathrm{kN \cdot m})$$
$$M_C = M_B + 8 \times 3 = 0 = M_D$$

그림 예6.4.4(6)

예제 6.4.5

그림 예6.4.5(1)의 내민보에 부분 자유물체도와 평형방정식을 적용하여 전단력선도와 휨모멘트 선도의 식을 구하시오.

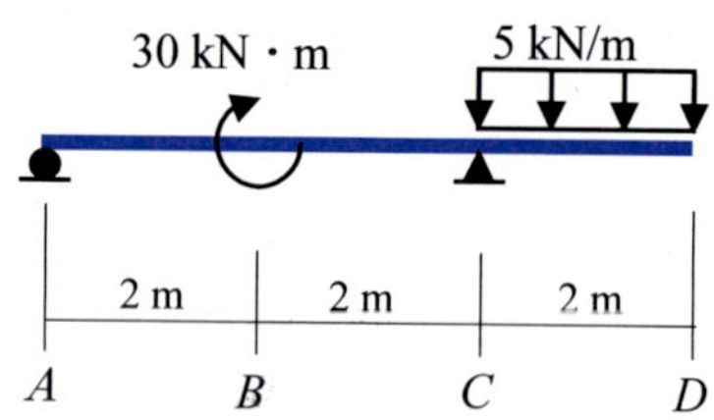

그림 예6.4.5(1)

해설 이동지점과 회전지점을 반력으로 대체한 전체 자유물체도는 그림 예6.4.5(2)와 같다. 평형방정식을 적용하기 위해 분포하중을 등가집중하중으로 치환하여 구한 지점반력은

$$\sum^{A} M = 0 = 30 - R_C \times 4 + 10 \times 5 \quad ; \quad R_C = 20\,\mathrm{kN}$$
$$\sum F_y = 0 = R_A - 10 + R_C \quad ; \quad R_A = -10\,\mathrm{kN}$$

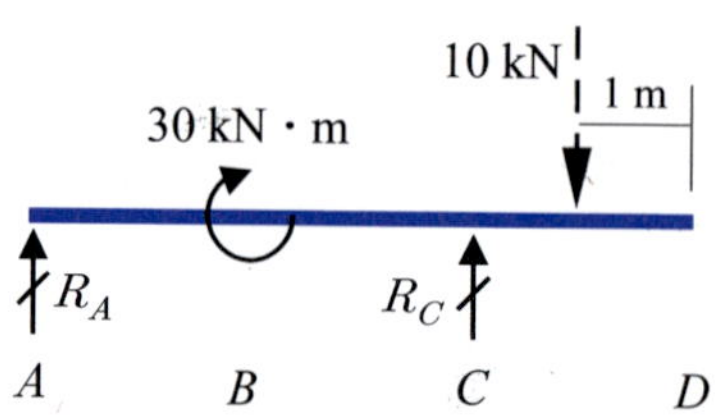

그림 예6.4.5(2)

4개 제어점을 기준으로 3개 구간을 구분하여 부분 자유물체도를 작성하면 그림 예6.4.5와 같다. 부분 자유물체도 그림 예6.4.5(3)에 평형방정식을 적용하여 구한 식은

$$\sum F_y = 0 = (-10) - V_x \quad \Rightarrow \quad V_x = -10 \quad ; \quad 0 < x \le 2$$

$$\sum^{x} M = 0 = (-10) \times x - M_x \quad \Rightarrow \quad M_x = -10x \quad ; \quad 0 \le x < 2$$

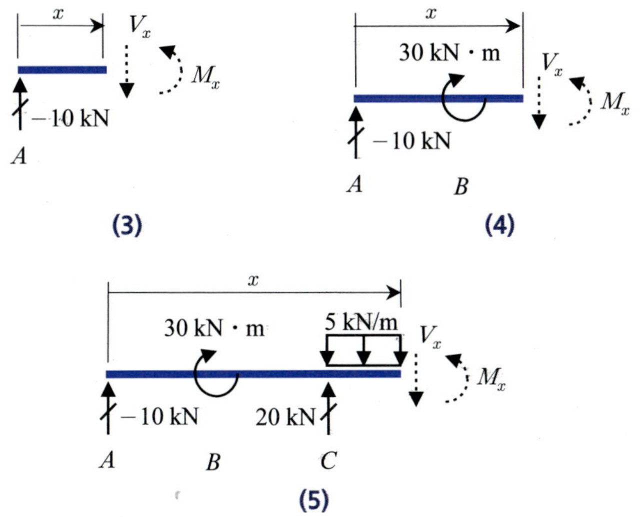

그림 예6.4.5

부분 자유물체도 그림 예6.4.5(4)에 평형방정식을 적용하여 구한 식은

$$\sum F_y = 0 = (-10) - V_x \quad \Rightarrow \quad V_x = -10 \quad ; \quad 2 \le x < 4$$

$$\sum^{x} M = 0 = (-10) \times x + 30 - M_x \quad \Rightarrow \quad M_x = -10x + 30 \quad ; \quad 2 < x \le 4$$

부분 자유물체도 그림 예6.4.5(5)에 평형방정식을 적용하여 구한 식은

$$\sum F_y = 0 = (-10) + 20 - 5 \times (x-4) - V_x$$

$$V_x = -5x + 30 \quad ; \quad 4 < x \le 6$$

$$\sum^{x} M = 0 = (-10) \times x + 30 + 20 \times (x-4) - 5 \times \frac{(x-4)^2}{2} - M_x$$

$$M_x = -2.5x^2 + 30x - 90 \quad ; \quad 4 \le x \le 6$$

위에서 구한 식은 그림 예6.4.5(6)과 같이 하중－전단력－휨모멘트의 상관관계를 이용하여 작성한 전단력선도와 휨모멘트선도에서 확인할 수 있다.

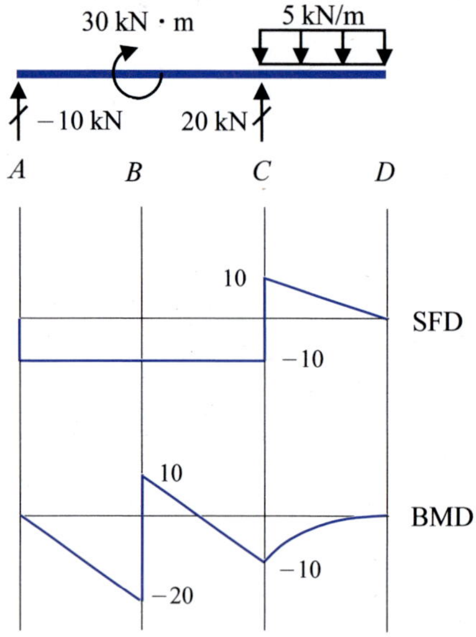

그림 예6.4.5(6)

각 제어점의 전단력은 다음과 같다.

$$V_{A-} = 0$$
$$V_{A+} = V_{A-} - 10 = -10\,(\mathrm{kN}) = V_B = V_{C-}$$
$$V_{C+} = V_{C-} + 20 = 10\,(\mathrm{kN})$$
$$V_D = V_{C+} - 5 \times 2 = 0$$

각 제어점의 휨모멘트는 다음과 같다.

$$M_A = 0$$
$$M_{B-} = M_A - 10 \times 2 = -20\,(\mathrm{kN \cdot m})$$
$$M_{B+} = M_{B-} + 30 = 10\,(\mathrm{kN \cdot m})$$
$$M_C = M_{B+} - 10 \times 2 = -10\,(\mathrm{kN \cdot m})$$
$$M_D = M_C + 10 \times 2 \times 0.5 = 0$$

6.5 중첩법

단순보와 외팔보에서 집중하중, 등분포하중, 모멘트하중과 같이 기본적인 작용하중에 의한 전단력선도와 휨모멘트선도의 식을 표 6.5.1과 표 6.5.2에 제시하였다. 단순보 또는 외팔보에 이러한 기본적인 하중이 같이 재하되는 경우 최대 전단력과 최대 휨모멘트는 중첩법(method of superposition)을 사용하여 구할 수 있다. 보의 설계과정에서 필수적으로 요구되는 최대 전단력과 최대 휨모멘트는 물론 6장에서 기술한 전단력선도와 휨모멘트선도를 작성하면 구할 수 있으나 기본적인 보와 하중의 경우는 표를 이용하고 중첩법을 적용하여 결정하면 설계과정을 단순화할 수 있다. 그러나 정역학 과정에 제시되어 있는 모든 공식은 구조물의 탄성거동을 전제로 하여 제시된 것이므로 중첩법에 의한 해석결과 또한 구조물이 탄성영역에서 거동하는 경우에 국한하여 유효하다는 것을 유의해야 한다. 그림 6.5.1과 같이 단순보에 등분포하중과 집중하중이 같이 재하되면 보의 중앙에 발생하는 최대 휨모멘트는 표 6.5.1을 이용하여

$$M_{\max} = \frac{PL}{4} + \frac{wL^2}{8}$$

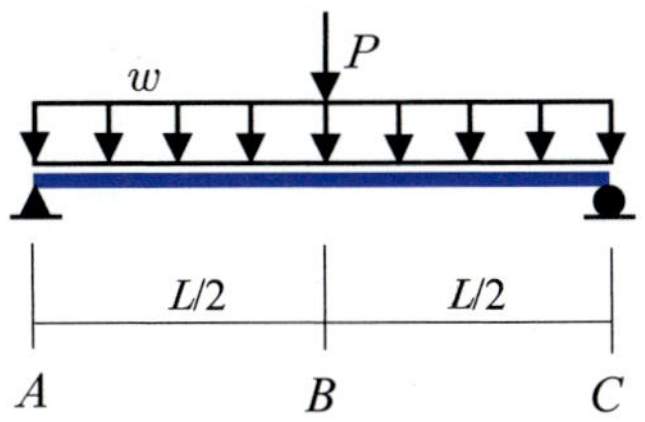

그림 6.5.1

보의 양단에 발생하는 절대 최대 전단력은 다음과 같이 산정한다.

$$|V_{\max}| = \frac{P}{2} + \frac{wL}{2}$$

예제 6.5.1

단순보에 그림 예6.5.1과 같이 집중하중 P와 모멘트하중 M이 작용하는 경우 최대 휨모멘트를 중첩법으로 구하시오.

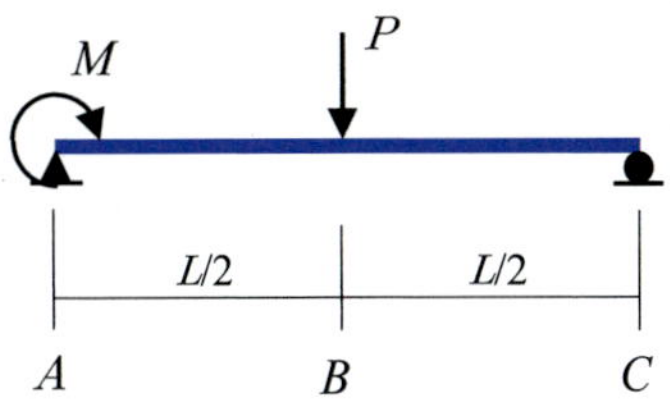

그림 예6.5.1

해설 표 6.5.1에 제시된 공식을 사용하면 집중하중 P에 의한 A점과 B점의 휨모멘트는

$$M_A = 0 \quad ; \quad M_B = \frac{Pbx}{L} = \frac{P\times(L/2)\times(L/2)}{L} = \frac{PL}{4}$$

모멘트하중 M에 의한 A점과 B점의 휨모멘트는

$$M_A = -\frac{M}{L}(x-L) = -\frac{M}{L}(0-L) = M \ ; \ M_B = -\frac{M}{L}(x-L) = -\frac{M}{L}\left(\frac{L}{2}-L\right) = \frac{M}{2}$$

중첩법을 적용하면

$$M_A = 0 + M \quad ; \quad M_B = \frac{PL}{4} + \frac{M}{2}$$

최대 휨모멘트는 M과 P의 상대적인 크기에 따라 A점 또는 B점에 발생할 수 있다. A점의 휨모멘트가 큰 경우는

$$M_A > M_B \quad \Rightarrow \quad M > \frac{PL}{4} + \frac{M}{2} \quad ; \quad M > \frac{PL}{2}$$

이로부터 A점에 작용하는 모멘트하중 M이 $\frac{PL}{2}$보다 큰 경우 A점의 휨모멘트가 최대 휨모멘트가 되고 반대의 경우는 B점의 휨모멘트가 최대 휨모멘트가 된다.

예제 6.5.2

외팔보에 발생하는 절대 최대 휨모멘트를 중첩법을 사용하여 구하시오.

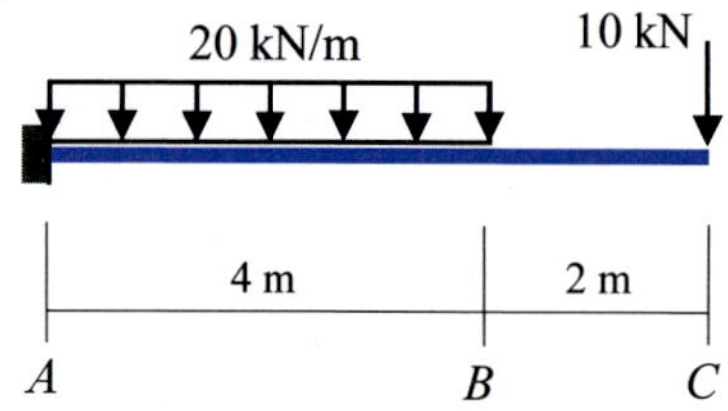

그림 예6.5.2

해설 길이 4 m의 외팔보에 등분포하중이 작용하는 경우와 길이 6 m의 외팔보에 집중하중이 작용하는 경우를 중첩하는 것이므로 고정지점에 발생하는 절대 최대 휨모멘트는 다음과 같이 산정한다.

$$|M_{\min}| = \left| -\frac{wL_1^2}{2} - PL_2 \right| = \frac{20 \times 4^2}{2} + 10 \times 6 = 220\,(\mathrm{kN \cdot m})$$

예제 6.5.3

외팔보에 발생하는 절대 최대 휨모멘트를 중첩법을 사용하여 구하시오.

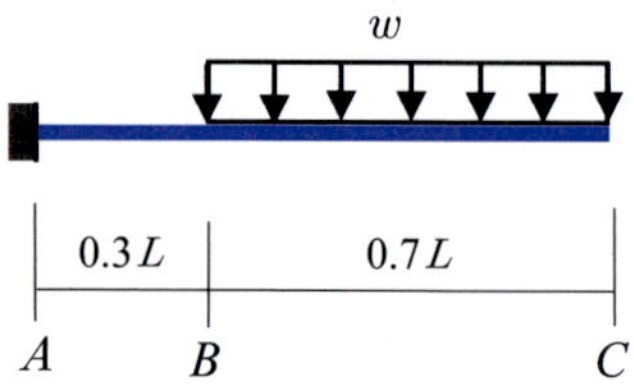

그림 예6.5.3(1)

해설 등분포하중을 그림 예6.5.3(2)와 같이 변경하면 길이가 각각 L, $0.3\,L$인 2개의 외팔보로 간주하여 중첩법을 사용할 수 있다. 고정지점에 발생하는 절대 최대 휨모멘트는 다음과 같이 산정한다.

$$|M_{\min}| = \left| -\frac{wL^2}{2} + \frac{w \times (0.3\,L)^2}{2} \right| = 0.455\,wL^2$$

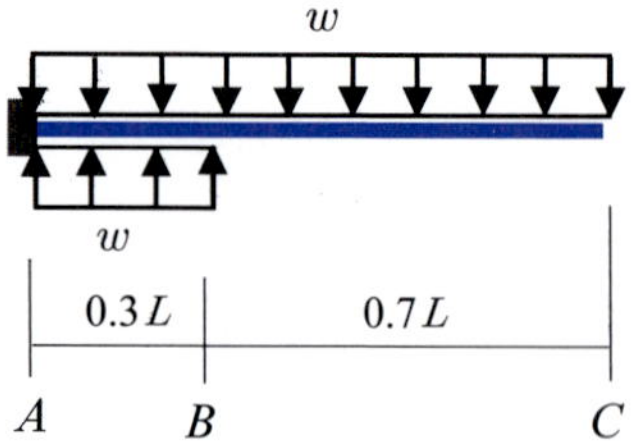

그림 예6.5.3(2)

표 6.5.1 단순보의 전단력선도와 휨모멘트선도의 식

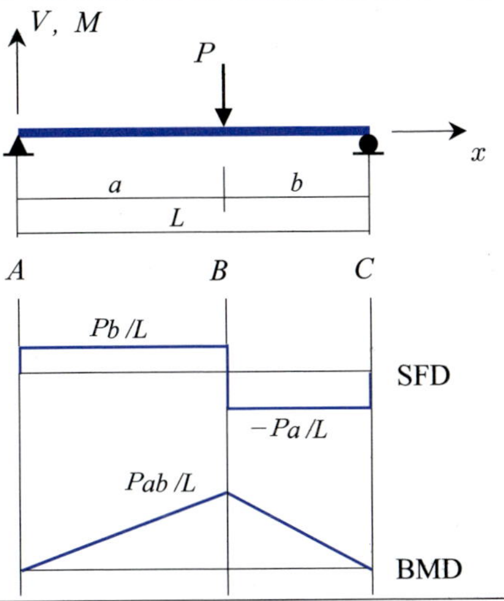

전단력선도 :

$0 < x < a$; $V_x = \frac{Pb}{L}$

$a < x < L$; $V_x = -\frac{Pa}{L}$

휨모멘트선도 :

$0 \le x \le a$; $M_x = \frac{Pb}{L}x$

$a \le x \le L$; $M_x = -\frac{Pa}{L}(x-L)$

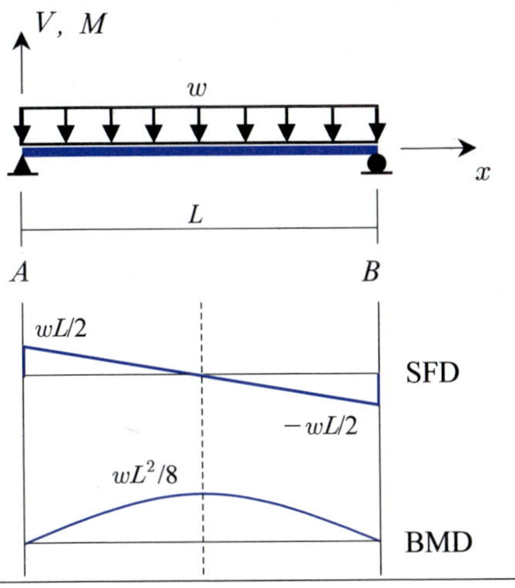

전단력선도 :

$0 < x < L$; $V_x = \frac{w}{2}(L-2x)$

휨모멘트선도 :

$0 \le x \le L$; $M_x = \frac{w}{2}(Lx - x^2)$

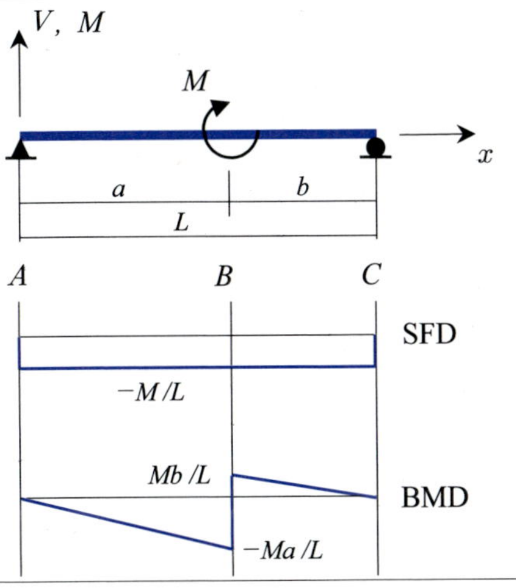

전단력선도 :

$0 < x < L$; $V_x = -\frac{M}{L}$

휨모멘트선도 :

$0 \le x < a$; $M_x = -\frac{M}{L}x$

$a < x \le L$; $M_x = -\frac{M}{L}(x-L)$

표 6.5.2 외팔보의 전단력선도와 휨모멘트선도의 식

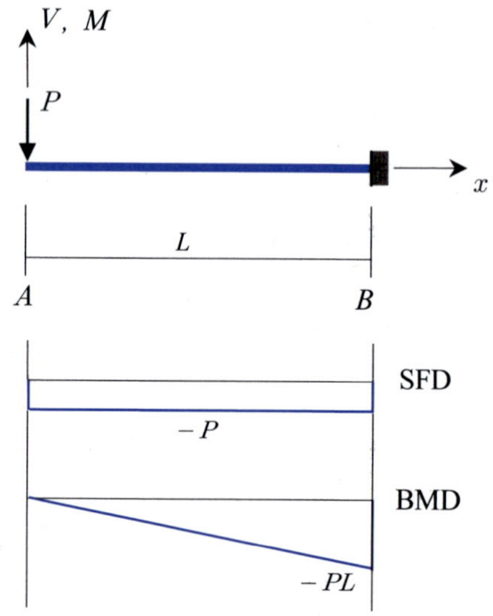

전단력선도 :
$0 < x < L$; $V_x = -P$

휨모멘트선도 :
$0 \le x < L$; $M_x = -Px$

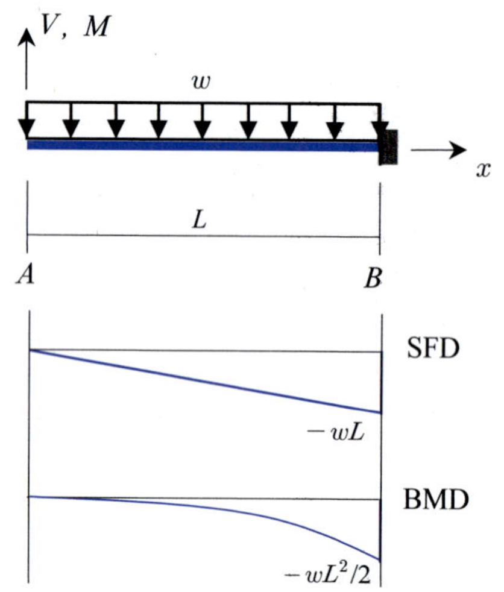

전단력선도 :
$0 \le x < L$; $V_x = -wx$

휨모멘트선도 :
$0 \le x < L$; $M_x = -\frac{w}{2}x^2$

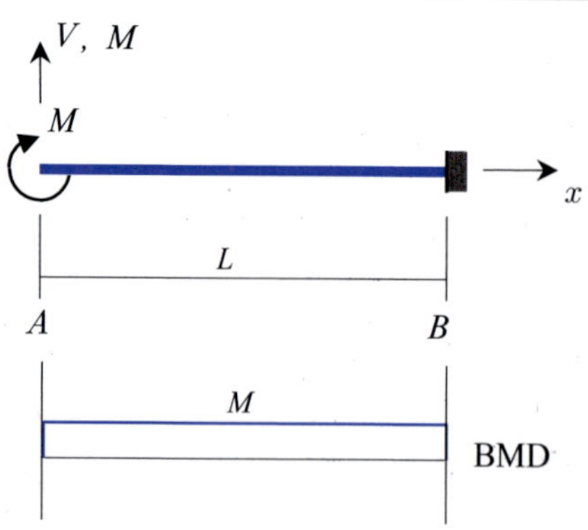

전단력선도 :
$0 \le x \le L$; $V_x = 0$

휨모멘트선도 :
$0 < x < L$; $M_x = M$

요점

보의 종류. 보(beam)는 보에 설치하는 지점의 종류와 개수 및 배치에 의해 다음과 같이 구분한다.

1) 단순보(simple beam) ; 보의 양단이 회전지점과 이동지점으로 지지되어 있다.
2) 외팔보(cantilever beam) ; 일단이 고정지점으로 지지되어 있다. 고정지점의 반대편 보의 끝을 자유단이라 한다.
3) 내민보(overhanging beam) ; 단순보의 일단 또는 양단에서 부재가 연속되는 연결부분(overhang)이 있다.
4) 연속보(continuous beam) ; 한 개의 회전지점과 두 개 이상의 이동지점으로 구성되어 있다.
5) 버팀캔틸레버보(propped cantilever beam) ; 외팔보에 지점이 추가되어 있는 보다.
6) 고정보(fixed beam) ; 보의 양단이 고정지점으로 지지되어 있다.

정정보와 부정정보. 1) 단순보 2) 외팔보 및 3) 내민보의 경우는 지점에서 발생하는 반력(미지력)이 3개이고 비절점평면역계의 평형방정식 3개로 반력을 구할 수 있으므로 이러한 보를 정정보(statically determinate beam)라 한다. 4) 연속보 5) 버팀캔틸레버보 및 6) 고정보와 같이 미지반력의 개수가 4개 이상인 경우 평형방정식 3개는 해를 구하기에 불충분하므로 이러한 보를 부정정보(statically indeterminate beam)라 한다.

2차원 보의 내력. $x-y$ 좌표축(평면역계)에서 x축이 부재축인 보의 자유도는 그림 2.2.3.1(1)과 같고 해당되는 내력은 표 6.2.1에 제시한 바와 같이 x축의 축력(P), y축의 전단력(V_y), z축의 휨모멘트(M_z)가 발생할 수 있다. 보에 작용하는 수평력이 없는 경우 전단력 V_y와 휨모멘트 M_z를 내력으로 전달한다.

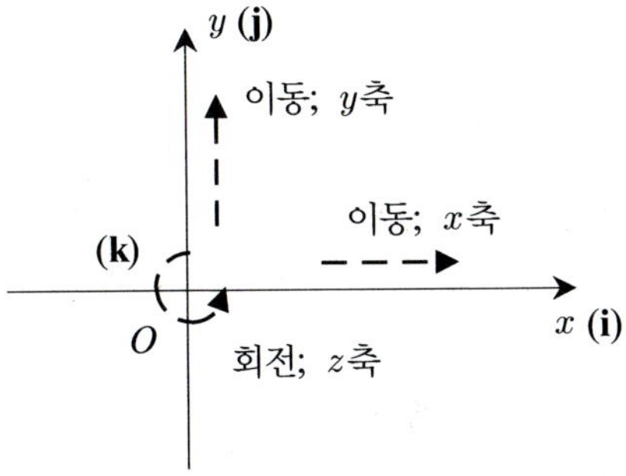

그림 2.2.3.1(1) $x-y$ 좌표축(평면역계)

표 6.2.1 자유도와 내력

자유도	좌표축	부재축 x
이동	x	축력 P
	y	전단력 V_y
회전	z	휨모멘트 M_z

전단력과 휨모멘트의 부호규약. 보의 전단력(shear force)과 휨모멘트(bending moment)의 부호는 변형 부호규약(deformation sign convention)에 의해 정의하며 직각좌표축에서 정의되는 정역학적 부호규약(statics sign convention)과는 구별해야 한다. 변형 부호규약은 다음과 같이 양의 방향이 정의되는 통일된 부호규약이므로 임의로 변경할 수 없다.

1) 양의 전단력 : 그림 6.2.4(1)과 같이 보에 작용하는 외력에 의해 부재의 좌측부는 상향, 우측부는 하향 이동하면서 부재를 절단하는 전단효과(shearing effect)를 유발하는 경우를 양의 전단력(positive shear)으로 정의한다. 그림 6.2.4(3)과 같이 내력을 구하고자 하는 단면을 기준으로 단면법을 적용하여 구성한 좌측 부분 자유물체도의 우측단면에서 하향의 전단력이 양이고 우측 부분 자유물체도의 좌측단면에서 상향의 전단력이 양이다.
2) 양의 휨모멘트 : 그림 6.2.4(2)와 같이 보에 작용하는 외력에 의해 부재축의 곡률중심이 위에 위치하도록 휨효과(bending effect)를 유발하는 경우를 양의 휨모멘트(positive bending moment)로 정의한다. 그림 6.2.4(4)와 같이 내력을 구하고자 하는 단면을 기준으로 단면법을 적용하면 좌측 부분 자유물체도의 우측단면에서 반시계방향 휨모멘트가 양이고 우측 부분 자유물체도의 좌측단면에서 시계방향 휨모멘트가 양이다.

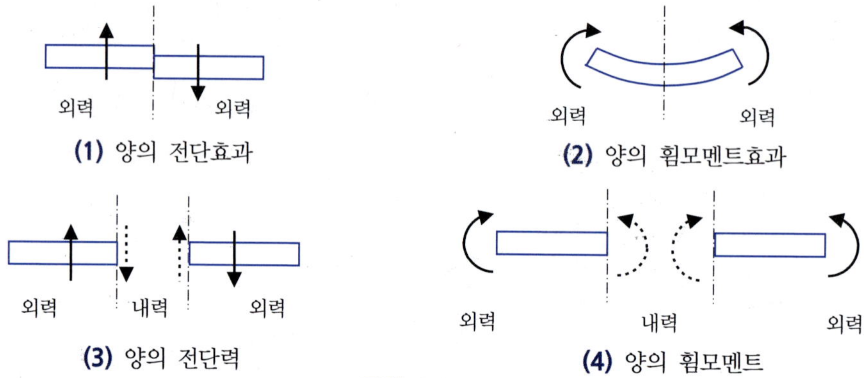

그림 6.2.4

이와 같은 부호규약과 함께 전체 자유물체도가 평형이면 부분 자유물체도 또한 평형이어야 하므로 전단력과 휨모멘트에 대한 다음 규칙이 성립한다.

규칙 1 : (전단력규정) 보의 임의 단면에서 발생되는 전단력은 단면법에 의해 분리된 부분 자유물체도에서 연직방향으로 작용하는 외력의 산술적 합과 크기는 같고 반대방향이다.

규칙 2 : (휨모멘트규정) 보의 임의 단면에서 발생되는 휨모멘트는 단면법에 의해 분리된 부분 자유물체도에서 외력에 의해 단면에 발생되는 모멘트의 산술적 합과 크기는 같고 반대방향이다.

하중 – 전단력 – 휨모멘트의 상관관계. 분포하중이 작용하는 보에서 길이가 Δx인 미소 보요소를 그림 6.3.1(2)와 같이 부분 자유물체도로 작성하면 분포하중 – 전단력 관계는

$$\frac{dV_x}{dx} = w_x \tag{6.3.1}$$

분포하중만이 작용하는 구간인 $A \sim B$ 단면 간의 전단력 변화는 다음 식과 같다.

$$V_B = V_A + \int_A^B w_x \, dx \tag{6.3.2}$$

전단력 – 휨모멘트 관계는

$$\frac{dM_x}{dx} = V_x \tag{6.3.3}$$

$A \sim B$ 단면 간의 휨모멘트 변화는 다음 식과 같다.

$$M_B = M_A + \int_A^B V_x dx \tag{6.3.4}$$

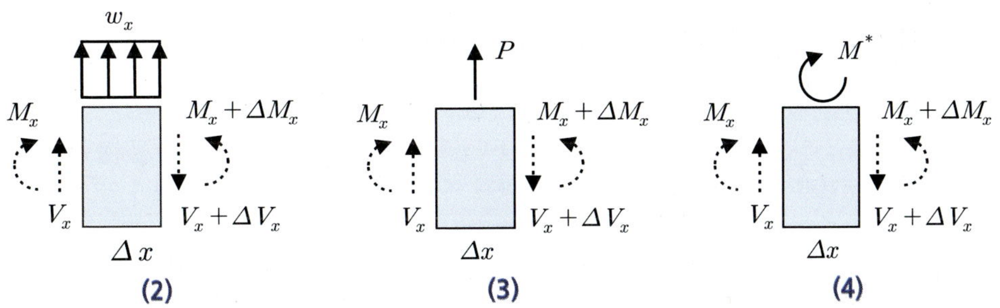

그림 6.3.1

그림 6.3.1(3)은 집중하중이 작용하는 경우로 모멘트의 변화는 분포하중의 경우와 동일하지만 집중하중-전단력 관계에는 $\Delta V_x = P$가 성립하므로 집중하중 작용위치에서 집중하중의 크기만큼 작용방향에 따라 전단력선도가 상승/하강하는 전단력불연속(shear discontinuity)이 발생하며 상향 집중하중은 전단력선도의 상승, 하향 집중하중은 전단력선도의 하강이 된다. 그림 6.3.1(4)는 모멘트하중이 작용하는 경우로 모멘트하중에 의해 전단력은 영향을 받지 않으며 모멘트하중-휨모멘트 관계에는 $\Delta M_x = M^*$가 성립하므로 모멘트하중 작용위치에서 모멘트하중의 크기만큼 작용방향에 따라 휨모멘트선도가 상승/하강하는 휨모멘트불연속(bending moment discontinuity)이 발생한다. 시계방향 모멘트하중은 휨모멘트선도의 상승, 반시계방향 모멘트하중은 휨모멘트선도의 하강이 되며 이는 모멘트하중의 재하점을 기준으로 좌/우측 부재의 변형형상을 고려하면 이해할 수 있다.

하중선도, 전단력선도와 휨모멘트선도. 보에 작용하는 반력을 구하여 모든 외력(기지력)을 표시한 자유물체도를 하중선도(Loading Diagram)라 하며 보의 전 구간에서 부재축을 따라 발생하는 전단력과 휨모멘트를 도시한 것을 전단력선도(Shear Force Diagram; SFD)와 휨모멘트선도(Bending Moment Diagram; BMD)라 한다.

전단력선도와 휨모멘트선도의 작도법. 하중선도로부터 전단력선도는 다음과 같은 순서에 의해 작도한다.

1) 하중선도 아래에 적절한 간격을 확보하여 보의 위치를 나타내는 횡축(부재축)과 전단력을 좌표로 하는 종축을 구성한다. 하중선도에서 보의 양단과 집중하중/분포하중/모멘트하중 작용점의 횡축상 위치를 제어점(controlling points)으로 하여 종축과 평행한 선을 표시한다.
2) 보의 양단은 전단력이 0이므로 전단력선도는 0에서 시작하고 0으로 끝난다.
3) 보의 좌측에서부터 제어점을 기준으로 분포하중의 면적을 적분한 전단력을 종축의 좌표로 표시한다. 분포하중에 의한 전단력의 변화는 연속적이고 상향(하향)으로 작용하는 분포하중의 경우 전단

력선도는 증가(감소)한다. 분포하중이 등분포하중(상수)/직선변화하중(1차)이면 전단력선도는 직선(1차)/포물선(2차)이 된다.

4) 하중이 재하되지 않은 구간에서 전단력선도의 기울기는 0이고 집중하중의 작용점에서는 전단력불연속을 반영한다. 모멘트하중은 전단력선도와 무관하다.
5) 전단력선도가 횡축과 교차하는 점(전단력이 0이 되는 점)은 휨모멘트선도에서 극대값 또는 극소값이 나타나는 위치이므로 그 위치를 산정하여 제어점으로 추가하고 종축과 평행한 선을 표시한다.

하중선도와 전단력선도로부터 휨모멘트선도는 다음과 같은 순서에 의해 작도한다.

1) 전단력선도 아래에 적절한 간격을 확보하여 보의 위치를 나타내는 횡축과 휨모멘트를 좌표로 하는 종축을 구성한다.
2) 보의 양단은 휨모멘트가 0이므로 휨모멘트선도는 0에서 시작하고 0으로 끝난다.
3) 보의 좌측에서부터 제어점을 기준으로 전단력선도의 면적을 적분한 휨모멘트를 종축의 좌표로 표시한다. 전단력선도에 의한 휨모멘트의 변화는 연속적이고 전단력선도의 면적이 양(음)이면 휨모멘트선도는 증가(감소)한다. 전단력선도가 상수/1차(직선)/2차(포물선)이면 휨모멘트선도는 1차(직선)/2차(포물선)/3차(곡선)가 된다.
4) 전단력선도가 0인 구간의 휨모멘트선도의 기울기는 0이고 모멘트하중의 작용점에서는 휨모멘트불연속을 반영한다.

n차 곡선으로 구성되는 면적. 하중선도 – 전단력선도 – 휨모멘트선도는 적분관계이므로 하중선도가 1차면 전단력선도와 휨모멘트선도는 각각 2차, 3차가 되고 하중 – 전단력 – 휨모멘트 상관관계를 이용하기 위해서는 2차, 3차곡선으로 이루어진 면적의 계산이 요구된다. 그림 6.3.4는 n차 곡선(꼭짓점 O)으로 구성되는 면적(A_1, A_2)과 도심(C_1, C_2)의 위치(x_1, x_2)를 구하는 공식이다.

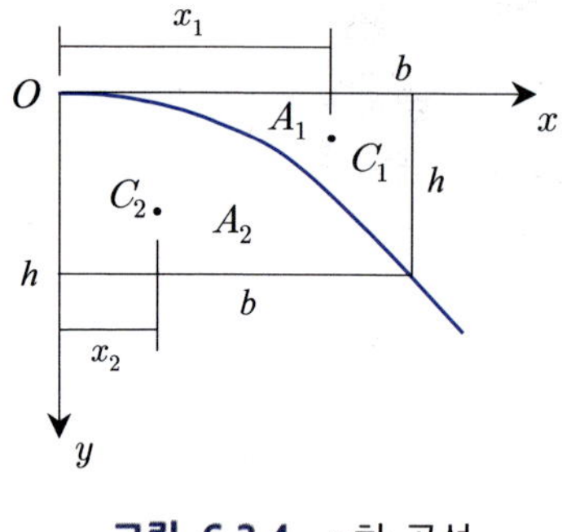

n차 곡선 : $y = \dfrac{h}{b^n} x^n$

면적과 도심 :

$$A_1 = \frac{1}{n+1} \times bh \quad ; \quad x_1 = b \times \left(\frac{n+1}{n+2}\right)$$

$$A_2 = \frac{n}{n+1} \times bh \quad ; \quad x_2 = \frac{b}{2} \times \left(\frac{n+1}{n+2}\right)$$

그림 6.3.4 n차 곡선

전단력선도와 휨모멘트선도의 식. 하중선도, 전단력선도 및 휨모멘트선도에서 각 제어점으로 구분되는 구간은 하나의 식으로 구성되어 있으므로 각 구간의 식은 다음과 같이 구할 수 있다.

1) 주어진 구조물의 전체 자유물체도로부터 반력을 구하고 하중선도를 작성한다.
2) 하중선도의 시작점을 원점으로 하는 직각좌표축을 설정하고 각 제어점을 기준으로 구간을 구분한다.
3) 각 구간별로 단면법을 적용하여 부분 자유물체도를 작성한다. 부분 자유물체도의 시작은 원점이고 끝은 내력(전단력과 휨모멘트)이 표시되는 각 구간의 임의점이다.
4) 부분 자유물체도에 평형방정식을 적용하여 전단력선도와 휨모멘트선도의 식을 유도한다.

중첩법. 단순보와 외팔보에서 집중하중, 등분포하중, 모멘트하중과 같이 기본적인 작용하중에 의한 전단력선도와 휨모멘트선도의 식을 표로 작성하고 이용하면 단순보 또는 외팔보에 이러한 기본적인 하중이 같이 재하되는 경우 중첩법(method of superposition)을 사용하여 최대 전단력 및 최대 휨모멘트를 구할 수 있다. 보의 설계과정에서 필수적으로 요구되는 최대 전단력과 최대 휨모멘트는 물론 전단력선도와 휨모멘트선도를 작성하면 구할 수 있으나 기본적인 보와 하중의 경우는 표를 이용하고 중첩법을 적용하여 결정하면 설계과정을 단순화할 수 있다. 그러나 정역학 과정에 제시되어 있는 모든 공식은 구조물의 탄성거동을 전제로 하여 제시된 것이므로 중첩법에 의한 해석결과 또한 구조물이 탄성영역에서 거동하는 경우에 국한하여 유효하다는 것을 유의해야 한다.

연습문제 6.2절 보의 내력

6-1 단순보의 전단력(V_{A-}, V_{A+}, V_B, V_C, V_{D-}, V_{D+}) 및 휨모멘트(M_A, M_B, M_{C-}, M_{C+}, M_D)를 단면법을 사용하여 구하시오.

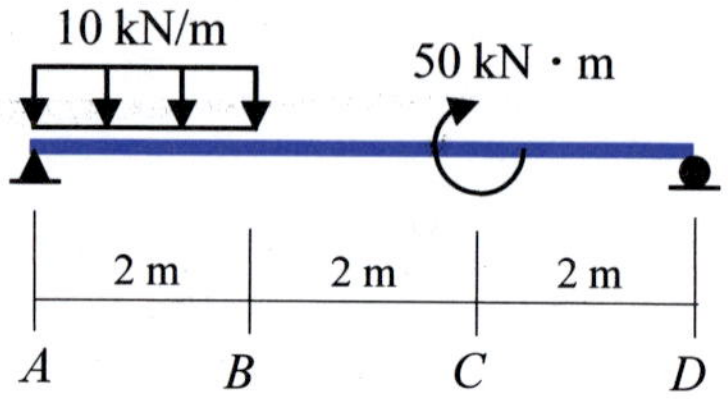

[답] $V_{A-}=0$, $V_{A+}=8.33\text{kN}$, $V_B=-11.67\text{kN}=V_C=V_{D-}$, $V_{D+}=0$
$M_A=0$, $M_B=-3.34\text{kN}\cdot\text{m}$, $M_{C-}=-26.68\text{kN}\cdot\text{m}$, $M_{C+}=23.32\text{kN}\cdot\text{m}$
$M_D=0$

6-2 단순보의 전단력(V_{A-}, V_{A+}, V_{B-}, V_{B+}, V_C, V_{D-}, V_{D+}) 및 휨모멘트(M_A, M_B, M_{C-}, M_{C+}, M_D)를 단면법을 사용하여 구하시오.

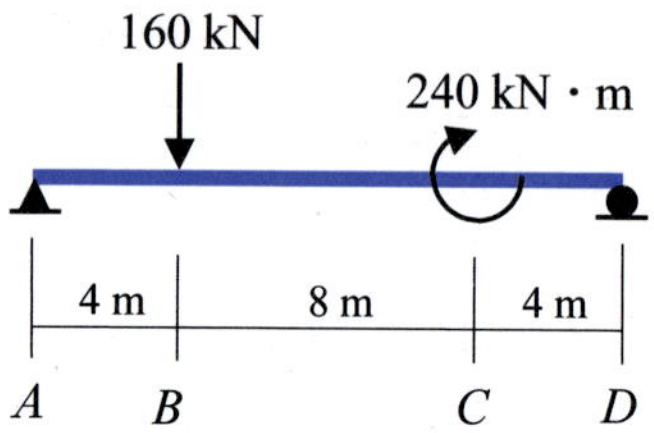

[답] $V_{A-}=0$, $V_{A+}=105\text{kN}=V_{B-}$, $V_{B+}=-55\text{kN}=V_C=V_{D-}$, $V_{D+}=0$
$M_A=0$, $M_B=420\text{kN}\cdot\text{m}$, $M_{C-}=-20\text{kN}\cdot\text{m}$, $M_{C+}=220\text{kN}\cdot\text{m}$
$M_D=0$

6-3 단순보의 전단력(V_{A-}, V_{A+}, V_B, V_C, V_{D-}, V_{D+}) 및 휨모멘트(M_A, M_B, M_C, M_D)를 단면법을 사용하여 구하시오.

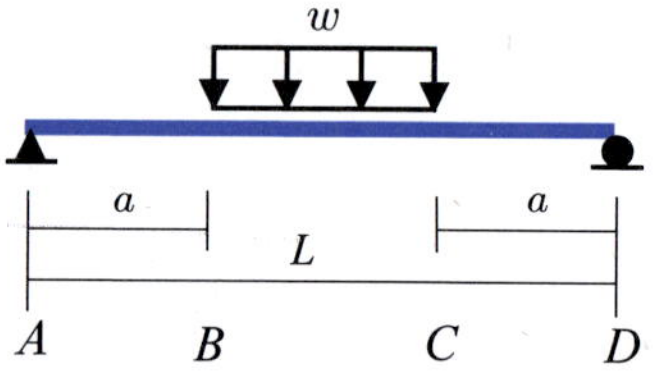

[답] $V_{A-}=0$, $V_{A+}=\dfrac{w}{2}(L-2a)=V_B$, $V_C=-\dfrac{w}{2}(L-2a)=V_{D-}$, $V_{D+}=0$

$M_A=0$, $M_B=\dfrac{wa}{2}(L-2a)=M_C$, $M_D=0$

6-4 외팔보의 전단력(V_{A-}, V_{A+}, V_{B-}, V_{B+}, V_C, V_D) 및 휨모멘트(M_{A-}, M_{A+}, M_B, M_C, M_D)를 단면법을 사용하여 구하시오.

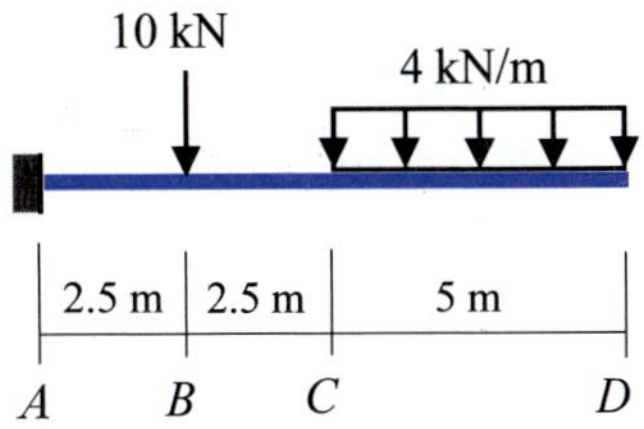

[답] $V_{A-} = 0$, $V_{A+} = 30\,\text{kN} = V_{B-}$, $V_{B+} = 20\,\text{kN} = V_C$, $V_D = 0$
$M_{A-} = 0$, $M_{A+} = -175\,\text{kN}\cdot\text{m}$, $M_B = -100\,\text{kN}\cdot\text{m}$, $M_C = -50\,\text{kN}\cdot\text{m}$
$M_D = 0$

6-5 외팔보의 전단력(V_A, V_B, V_C, V_D) 및 휨모멘트(M_{A-}, M_{A+}, M_{B-}, M_{B+}, M_{C-}, M_{C+}, M_D)를 단면법을 사용하여 구하시오.

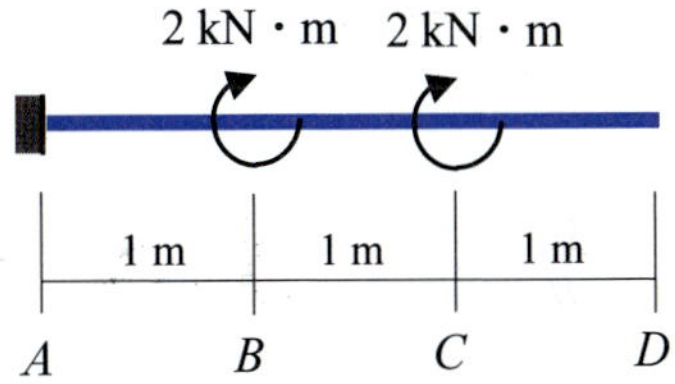

[답] $V_A = V_B = V_C = V_D = 0$
$M_{A-} = 0$, $M_{A+} = -4\,\text{kN}\cdot\text{m} = M_{B-}$, $M_{B+} = -2\,\text{kN}\cdot\text{m} = M_{C-}$
$M_{C+} = M_D = 0$

연습문제 6.3절 하중 – 전단력 – 휨모멘트의 상관관계

6-6 하중–전단력–휨모멘트의 관계를 이용하여 외팔보의 전단력(V_{A-}, V_{A+}, V_{B-}, V_{B+}) 및 휨모멘트(M_{A-}, M_{A+}, M_B)를 구하시오.

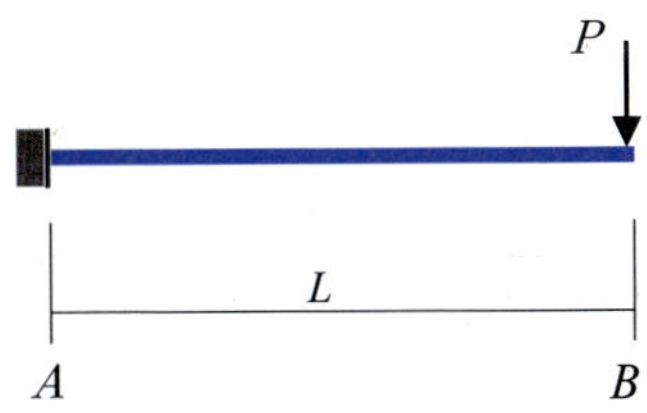

[답] $V_{A-} = 0$, $V_{A+} = P = V_{B-}$, $V_{B+} = 0$, $M_{A-} = 0$, $M_{A+} = -PL$, $M_B = 0$

6-7 하중－전단력－휨모멘트의 관계를 이용하여 외팔보의 전단력(V_{A-}, V_{A+}, V_B) 및 휨모멘트(M_{A-}, M_{A+}, M_B)를 구하시오.

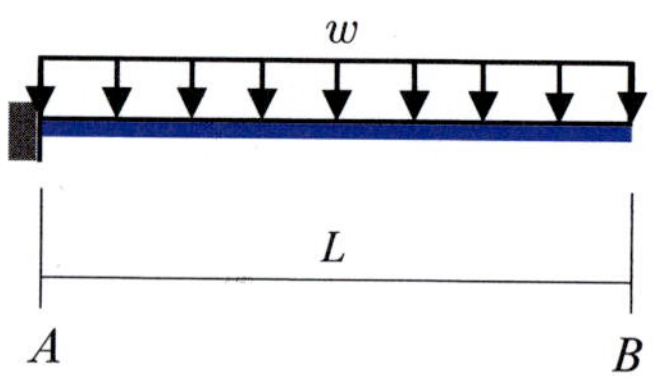

[답] $V_{A-}=0$, $V_{A+}=wL$, $V_B=0$, $M_{A-}=0$, $M_{A+}=-\dfrac{wL^2}{2}$, $M_B=0$

6-8 하중－전단력－휨모멘트의 관계를 이용하여 외팔보의 전단력(V_A, V_B) 및 휨모멘트(M_{A-}, M_{A+}, M_{B-}, M_{B+})를 구하시오.

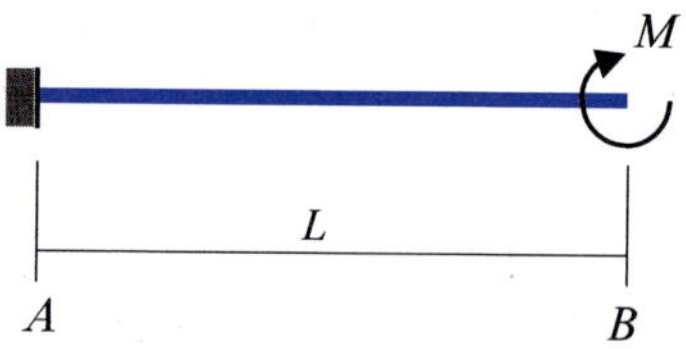

[답] $V_A=0$, $V_B=0$, $M_{A-}=0$, $M_{A+}=-M=M_{B-}$, $M_{B+}=0$

6-9 하중－전단력－휨모멘트의 관계를 이용하여 단순보의 전단력(V_{A-}, V_{A+}, V_{B-}, V_{B+}, V_C, V_{D-}, V_{D+}) 및 휨모멘트(M_A, M_B, M_C, M_D)를 구하시오.

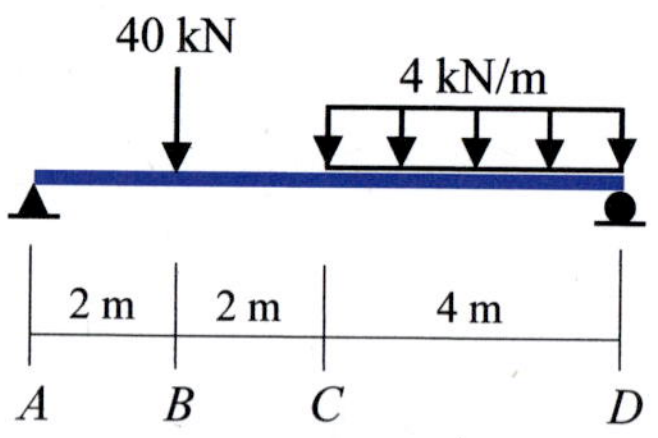

[답] $V_{A-}=0$, $V_{A+}=34\,\text{kN}=V_{B-}$, $V_{B+}=-6\,\text{kN}=V_C$, $V_{D-}=-22\,\text{kN}$, $V_{D+}=0$
$M_A=0$, $M_B=68\,\text{kN}\cdot\text{m}$, $M_C=56\,\text{kN}\cdot\text{m}$, $M_D=0$

6-10 하중－전단력－휨모멘트의 관계를 이용하여 단순보의 전단력(V_{A-}, V_{A+}, V_{D-}, V_{D+}) 및 휨모멘트(M_A, M_{B-}, M_{B+}, M_{C-}, M_{C+}, M_D)를 구하시오.

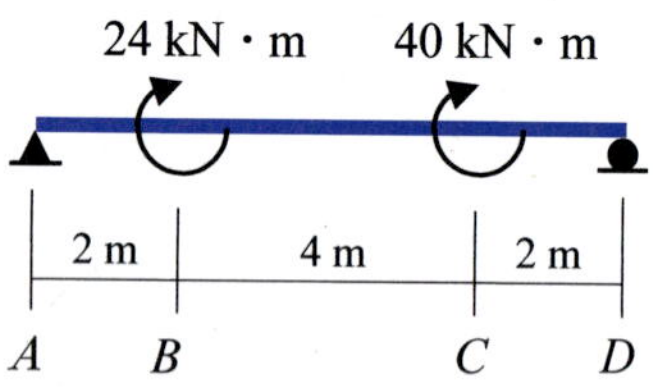

[답] $V_{A-}=0$, $V_{A+}=-8\,\text{kN}=V_{D-}$, $V_{D+}=0$
$M_A=0$, $M_{B-}=-16\,\text{kN}\cdot\text{m}$, $M_{B+}=8\,\text{kN}\cdot\text{m}$, $M_{C-}=-24\,\text{kN}\cdot\text{m}$
$M_{C+}=16\,\text{kN}\cdot\text{m}$, $M_D=0$

6-11 하중 – 전단력 – 휨모멘트의 관계를 이용하여 단순보의 전단력(V_{A-}, V_{A+}, V_B, V_{C-}, V_{C+}) 및 휨모멘트(M_A, M_B, M_C)를 구하시오.

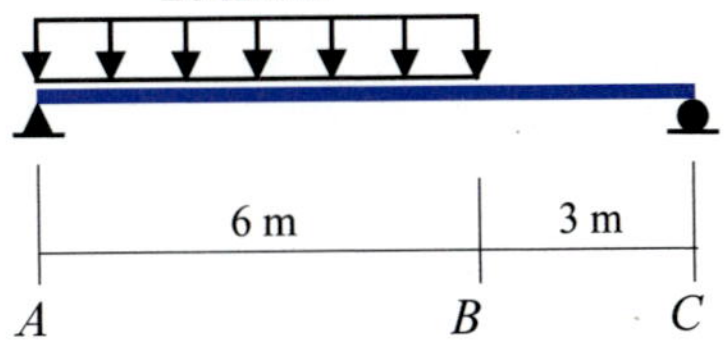

[답] $V_{A-} = 0$, $V_{A+} = 80\,\text{kN}$, $V_B = -40\,\text{kN} = V_{C-}$, $V_{C+} = 0$
$M_A = 0$, $M_B = 120\,\text{kN} \cdot \text{m}$, $M_C = 0$

6-12 하중 – 전단력 – 모멘트의 관계를 이용하여 단순보의 전단력(V_{A-}, V_{A+}, V_{B-}, V_{B+}, V_{C-}, V_{C+}, V_{D-}, V_{D+}) 및 휨모멘트(M_A, M_B, M_C, M_D)를 구하시오.

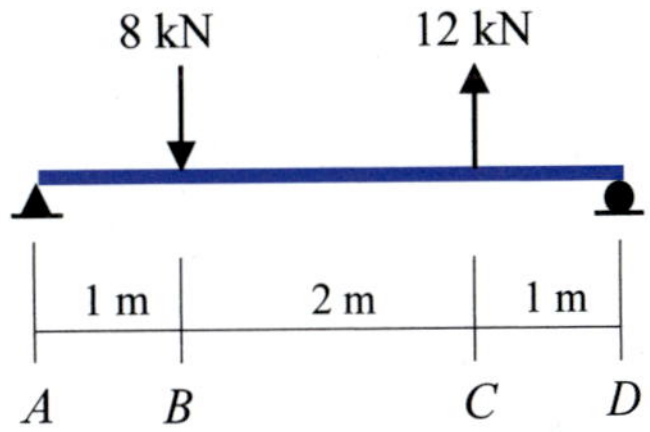

[답] $V_{A-} = 0$, $V_{A+} = 3\,\text{kN} = V_{B-}$, $V_{B+} = -5\,\text{kN} = V_{C-}$, $V_{C+} = 7\,\text{kN} = V_{D-}$
$V_{D+} = 0$, $M_A = 0$, $M_B = 3\,\text{kN} \cdot \text{m}$, $M_C = -7\,\text{kN} \cdot \text{m}$, $M_D = 0$

6-13 C점의 전단력이 0이 되도록 하중 – 전단력 – 휨모멘트의 관계를 이용하여 길이비 a/b를 구하시오.

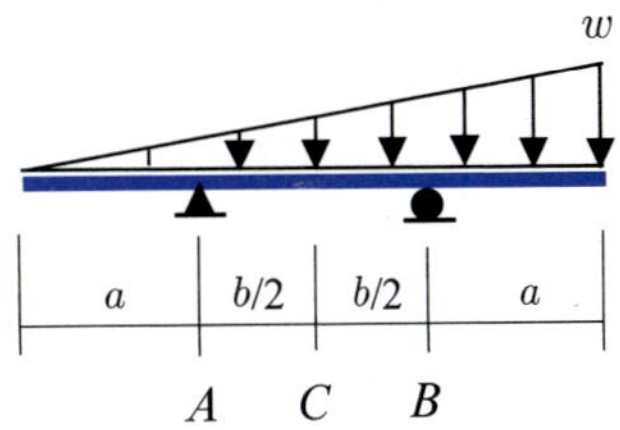

[답] $\dfrac{a}{b} = \dfrac{1}{4}$

6-14 하중 – 전단력 – 휨모멘트의 관계를 이용하여 외팔보의 전단력(V_{A-}, V_{A+}, V_B, V_C) 및 휨모멘트(M_{A-}, M_{A+}, M_B, M_{C-}, M_{C+})를 구하시오.

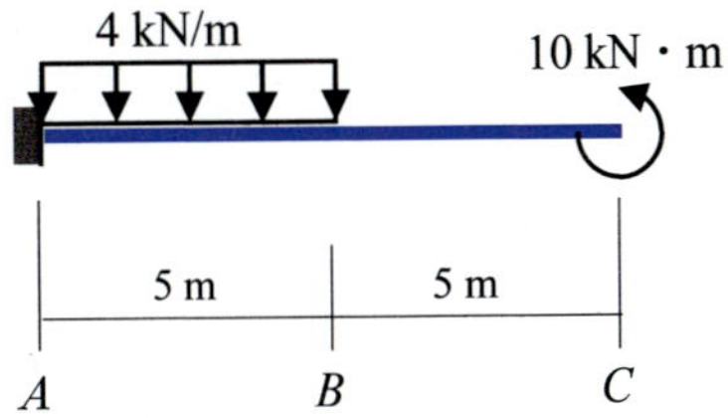

[답] $V_{A-} = 0$, $V_{A+} = 20\,\text{kN}$, $V_B = 0 = V_C$
$M_{A-} = 0$, $M_{A+} = -40\,\text{kN} \cdot \text{m}$, $M_B = 10\,\text{kN} \cdot \text{m} = M_{C-}$, $M_{C+} = 0$

6-15 하중－전단력－휨모멘트의 관계를 이용하여 외팔보의 전단력(V_{A-}, V_{A+}, V_{B-}, V_{B+}, V_{C-}, V_{C+}, V_D) 및 휨모멘트(M_{A-}, M_{A+}, M_B, M_C, M_{D-}, M_{D+})를 구하시오.

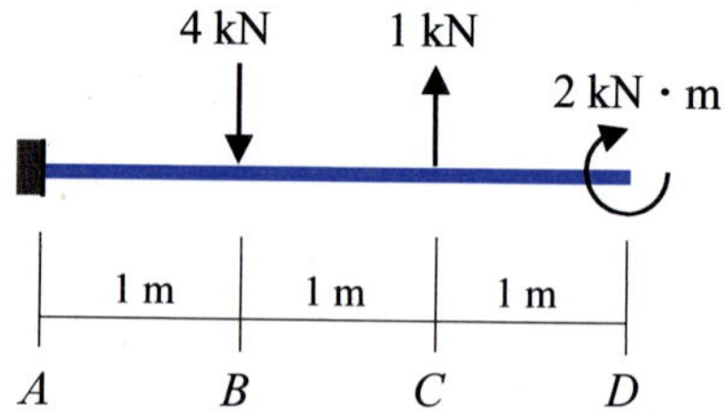

[답] $V_{A-}=0$, $V_{A+}=3\,\text{kN}=V_{B-}$, $V_{B+}=-1\,\text{kN}=V_{C-}$, $V_{C+}=0=V_D$, $M_{A-}=0$
$M_{A+}=-4\,\text{kN}\cdot\text{m}$, $M_B=-1\,\text{kN}\cdot\text{m}$, $M_C=-2\,\text{kN}\cdot\text{m}=M_{D-}$, $M_{D+}=0$

6-16 하중－전단력－휨모멘트의 관계를 이용하여 외팔보의 전단력(V_A, V_{B-}, V_{B+}) 및 휨모멘트(M_A, M_{B-}, M_{B+})를 구하시오.

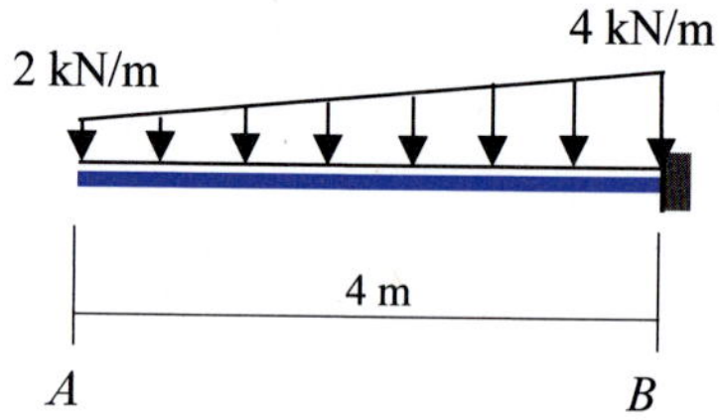

[답] $V_A=0$, $V_{B-}=-12\,\text{kN}$, $V_{B+}=0$, $M_A=0$, $M_{B-}=-21.33\,\text{kN}\cdot\text{m}$, $M_{B+}=0$

6-17 하중－전단력－모멘트의 관계를 이용하여 외팔보의 전단력(V_{A-}, V_{A+}, V_{B-}, V_{B+}, V_{C-}, V_{C+}, V_D) 및 휨모멘트(M_{A-}, M_{A+}, M_B, M_C, M_D)를 구하시오.

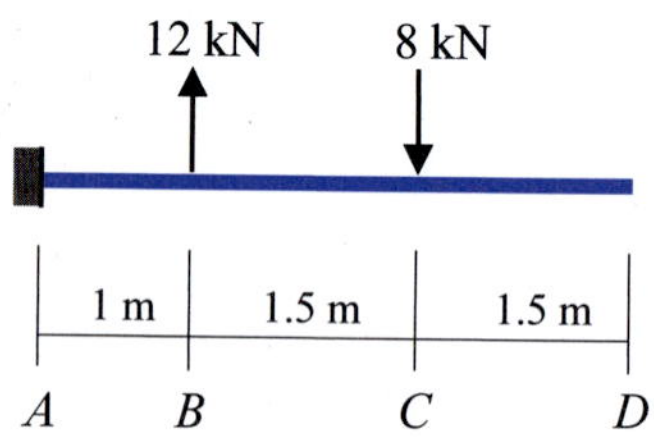

[답] $V_{A-}=0$, $V_{A+}=-4\,\text{kN}=V_{B-}$, $V_{B+}=8\,\text{kN}=V_{C-}$, $V_{C+}=0=V_D$
$M_{A-}=0$, $M_{A+}=-8\,\text{kN}\cdot\text{m}$, $M_B=-12\,\text{kN}\cdot\text{m}$, $M_C=0=M_D$

6-18 전단력선도와 휨모멘트선도를 구하시오.

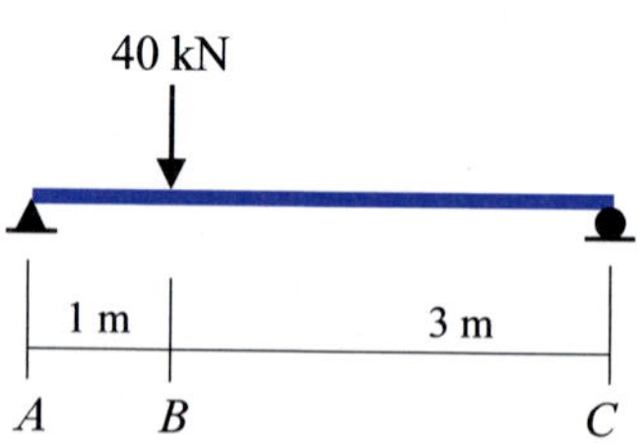

[답] $V_{A-}=0$, $V_{A+}=30\,\text{kN}=V_{B-}$, $V_{B+}=-10\,\text{kN}=V_{C-}$, $V_{C+}=0$
$M_A=0$, $M_B=30\,\text{kN}\cdot\text{m}$, $M_C=0$

6-19 전단력선도와 휨모멘트선도를 구하시오.

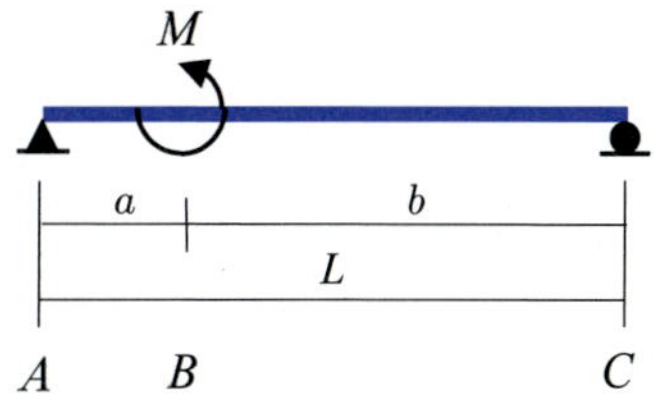

[답] $V_{A-} = 0$, $V_{A+} = \dfrac{M}{L} = V_{C-}$, $V_{C+} = 0$

$M_A = 0$, $M_{B-} = \dfrac{Ma}{L}$, $M_{B+} = -\dfrac{Mb}{L}$, $M_C = 0$

6-20 전단력선도와 휨모멘트선도를 구하시오.

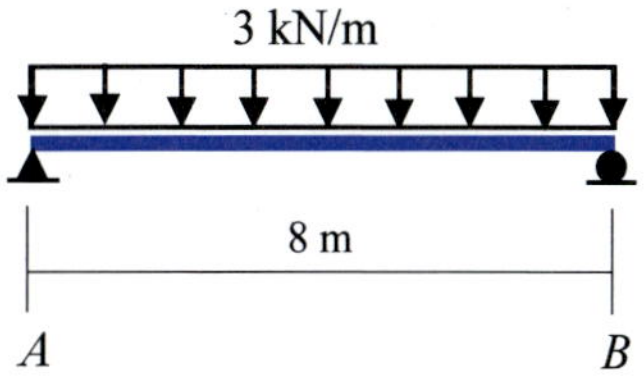

[답] $V_{A-} = 0$, $V_{A+} = 12\text{kN}$, $V_{B-} = -12\text{kN}$, $V_{B+} = 0$

$M_A = 0$, $M_{\max} = 24\text{kN} \cdot \text{m}$, $M_B = 0$

6-21 전단력선도와 휨모멘트선도를 구하시오.

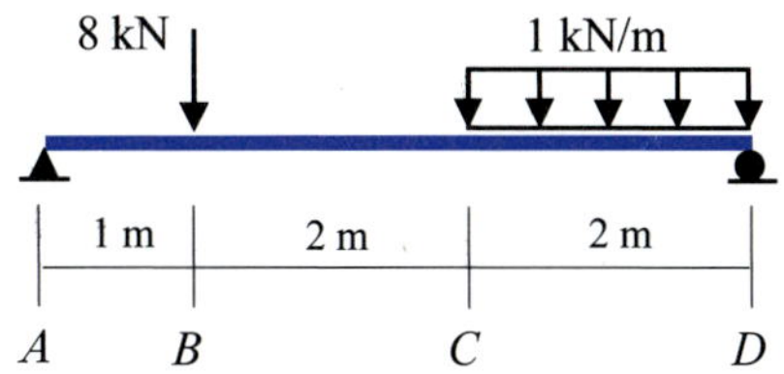

[답] $V_{A-} = 0$, $V_{A+} = 6.8\text{kN} = V_{B-}$, $V_{B+} = -1.2\text{kN} = V_C$, $V_{D-} = -3.2\text{kN}$

$V_{D+} = 0$, $M_A = 0$, $M_B = 6.8\text{kN} \cdot \text{m}$, $M_C = 4.4\text{kN} \cdot \text{m}$, $M_D = 0$

6-22 전단력선도와 휨모멘트선도를 구하시오.

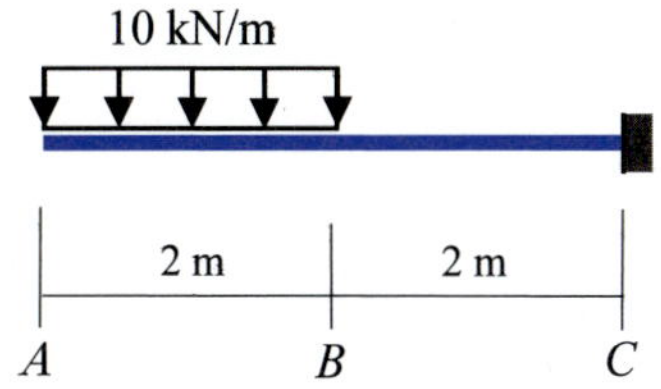

[답] $V_A = 0$, $V_B = -20\text{kN} = V_{C-}$, $V_{C+} = 0$

$M_A = 0$, $M_B = -20\text{kN} \cdot \text{m}$, $M_{C-} = -60\text{kN} \cdot \text{m}$, $M_{C+} = 0$

6-23 전단력선도와 휨모멘트선도를 구하시오.

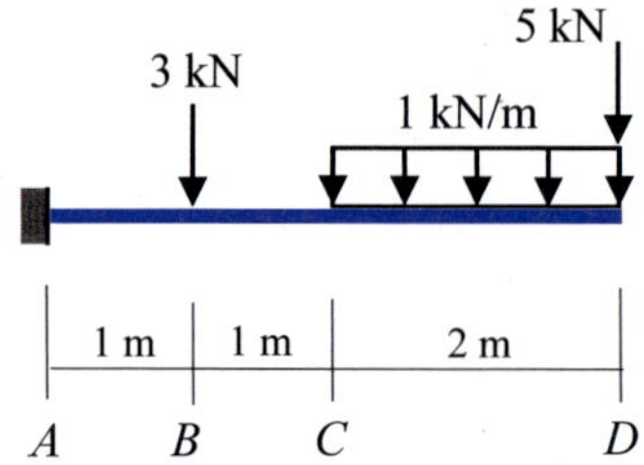

[답] $V_{A-} = 0$, $V_{A+} = 10\,\mathrm{kN} = V_{B-}$, $V_{B+} = 7\,\mathrm{kN} = V_C$, $V_{D-} = 5\,\mathrm{kN}$, $V_{D+} = 0$
$M_{A-} = 0$, $M_{A+} = -29\,\mathrm{kN \cdot m}$, $M_B = -19\,\mathrm{kN \cdot m}$, $M_C = -12\,\mathrm{kN \cdot m}$, $M_D = 0$

6-24 전단력선도와 휨모멘트선도를 구하시오.

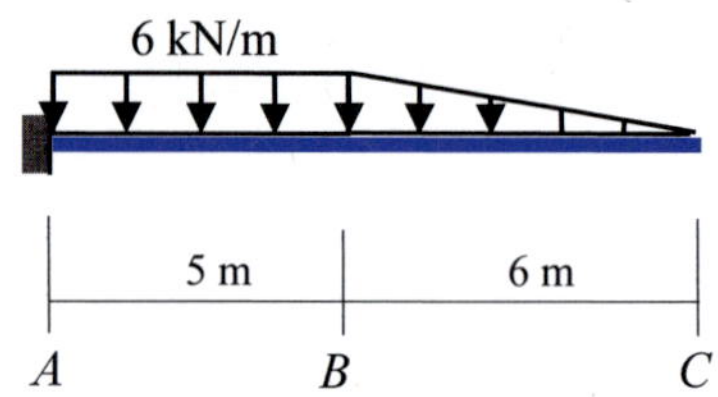

[답] $V_{A-} = 0$, $V_{A+} = 48\,\mathrm{kN}$, $V_B = 18\,\mathrm{kN}$, $V_C = 0$
$M_{A-} = 0$, $M_{A+} = -201\,\mathrm{kN \cdot m}$, $M_B = -36\,\mathrm{kN \cdot m}$, $M_C = 0$

6-25 전단력선도와 휨모멘트선도를 구하시오.

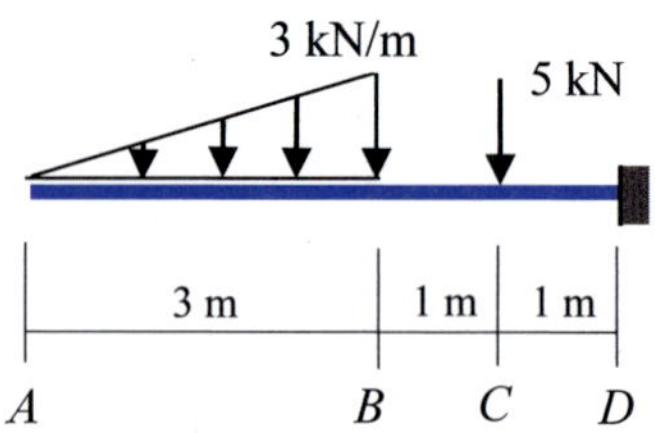

[답] $V_A = 0$, $V_B = -4.5\,\mathrm{kN} = V_{C-}$, $V_{C+} = -9.5\,\mathrm{kN} = V_{D-}$, $V_{D+} = 0$
$M_A = 0$, $M_B = -4.5\,\mathrm{kN \cdot m}$, $M_C = -9\,\mathrm{kN \cdot m}$, $M_{D-} = -18.5\,\mathrm{kN \cdot m}$, $M_{D+} = 0$

6-26 전단력선도와 휨모멘트선도를 구하시오.

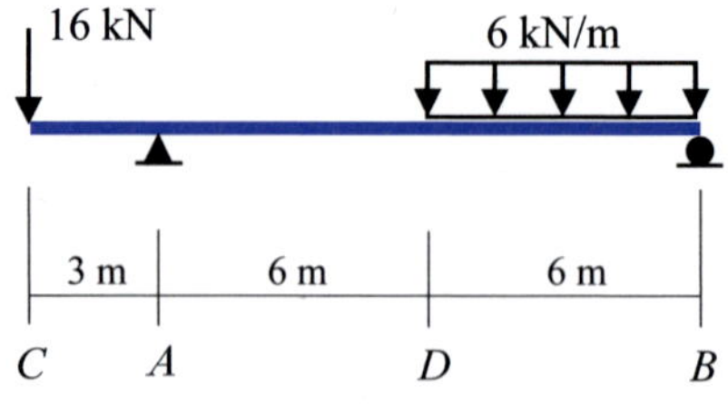

[답] $V_{C-} = 0$, $V_{C+} = -16\,\mathrm{kN} = V_{A-}$, $V_{A+} = 13\,\mathrm{kN} = V_D$, $V_{B-} = -23\,\mathrm{kN}$, $V_{B+} = 0$
$M_C = 0$, $M_A = -48\,\mathrm{kN \cdot m}$, $M_D = 30\,\mathrm{kN \cdot m}$, $M_{\max} = 44.1\,\mathrm{kN \cdot m}$, $M_B = 0$

6-27 전단력선도와 휨모멘트선도를 구하시오.

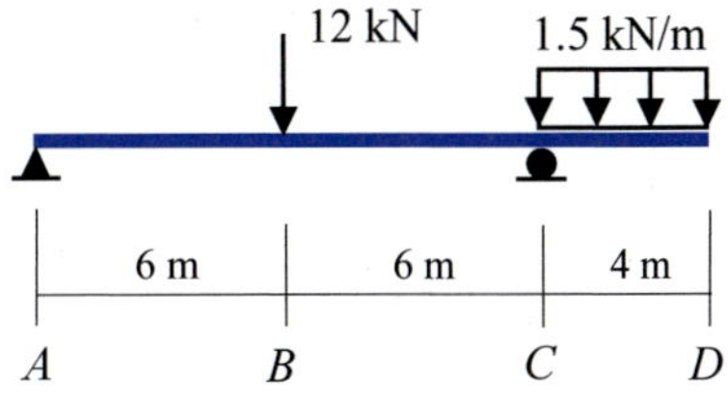

[답] $V_{A-} = 0$, $V_{A+} = 5\,\text{kN} = V_{B-}$, $V_{B+} = -7\,\text{kN} = V_{C-}$, $V_{C+} = 6\,\text{kN}$, $V_D = 0$
$M_A = 0$, $M_B = 30\,\text{kN}\cdot\text{m}$, $M_C = -12\,\text{kN}\cdot\text{m}$, $M_D = 0$

6-28 전단력선도와 휨모멘트선도를 구하시오.

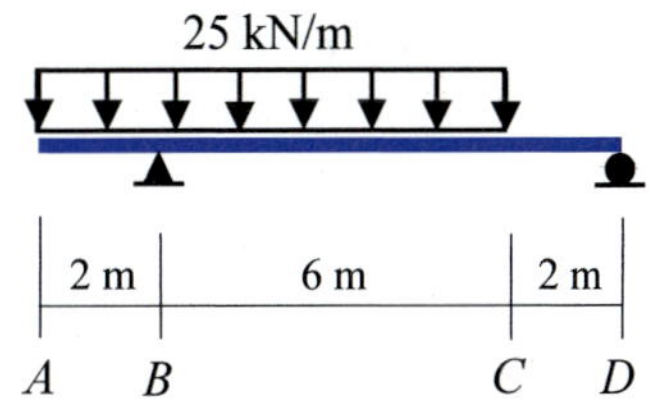

[답] $V_A = 0$, $V_{B-} = -50\,\text{kN}$, $V_{B+} = 100\,\text{kN}$, $V_C = -50\,\text{kN} = V_{D-}$, $V_{D+} = 0$
$M_A = 0$, $M_B = -50\,\text{kN}\cdot\text{m}$, $M_{\max} = 150\,\text{kN}\cdot\text{m}$, $M_C = 100\,\text{kN}\cdot\text{m}$, $M_D = 0$

6-29 전단력선도와 휨모멘트선도를 구하시오.

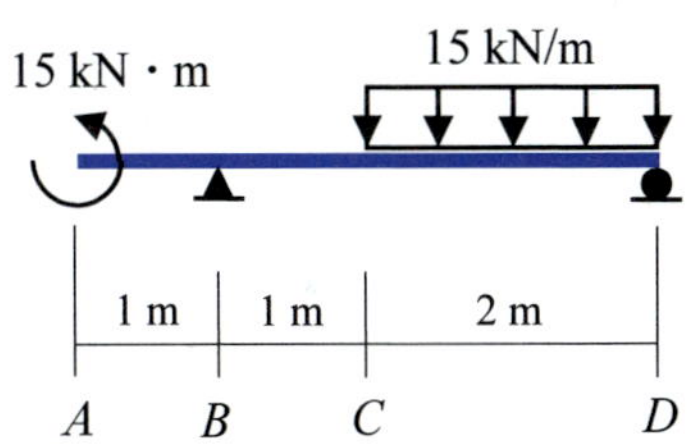

[답] $V_A = 0 = V_{B-}$, $V_{B+} = 15\,\text{kN} = V_C$, $V_{D-} = -15\,\text{kN}$, $V_{D+} = 0$
$M_{A-} = 0$, $M_{A+} = -15\,\text{kN}\cdot\text{m} = M_B$, $M_C = 0$, $M_{\max} = 7.5\,\text{kN}\cdot\text{m}$, $M_D = 0$

6-30 전단력선도와 휨모멘트선도를 구하시오.

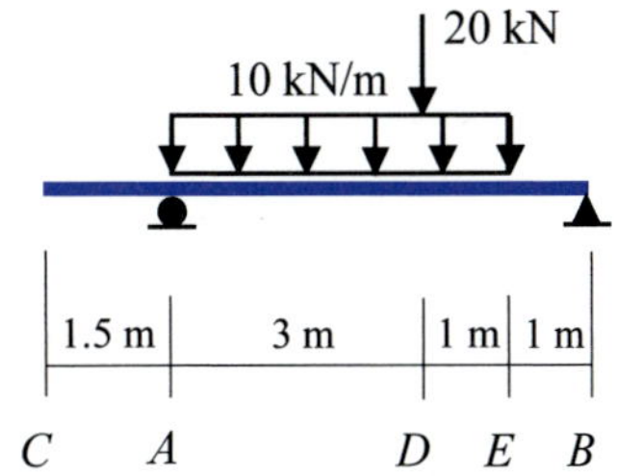

[답] $V_C = 0 = V_{A-}$, $V_{A+} = 32\,\text{kN}$, $V_{D-} = 2\,\text{kN}$, $V_{D+} = -18\,\text{kN}$
$V_E = -28\,\text{kN} = V_{B-}$, $V_{B+} = 0$
$M_C = 0 = M_A$, $M_D = 51\,\text{kN}\cdot\text{m}$, $M_E = 28\,\text{kN}\cdot\text{m}$, $M_B = 0$

6-31 전단력선도와 휨모멘트선도를 구하시오.

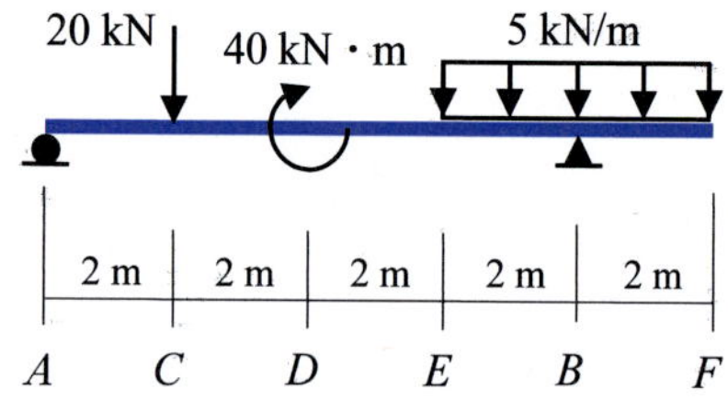

[답] $V_{A-} = 0$, $V_{A+} = 10\,\mathrm{kN} = V_{C-}$, $V_{C+} = -10\,\mathrm{kN} = V_D = V_E$, $V_{B-} = -20\,\mathrm{kN}$
$V_{B+} = 10\,\mathrm{kN}$, $V_F = 0$
$M_A = 0$, $M_C = 20\,\mathrm{kN \cdot m}$, $M_{D-} = 0$, $M_{D+} = 40\,\mathrm{kN \cdot m}$, $M_E = 20\,\mathrm{kN \cdot m}$
$M_B = -10\,\mathrm{kN \cdot m}$, $M_F = 0$

6-32 최대/최소 휨모멘트를 구하시오.

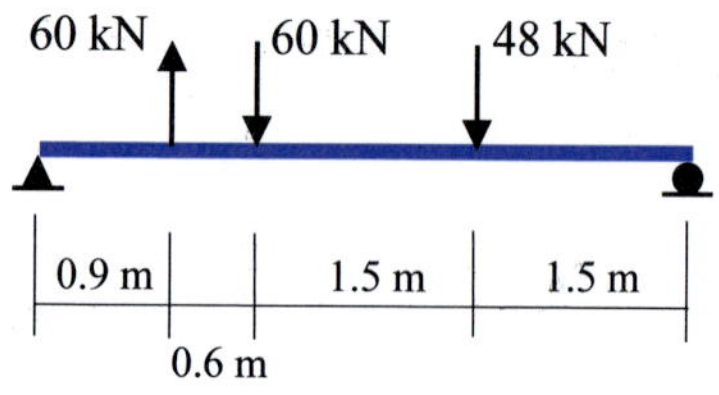

[답] $M_{\max} = 60\,\mathrm{kN \cdot m}$, $M_{\min} = 0$

6-33 최대/최소 휨모멘트를 구하시오.

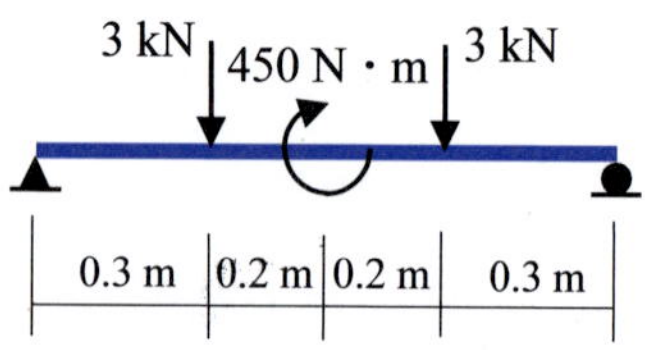

[답] $M_{\max} = 1.125\,\mathrm{kN \cdot m}$, $M_{\min} = 0$

6-34 최대/최소 휨모멘트를 구하시오.

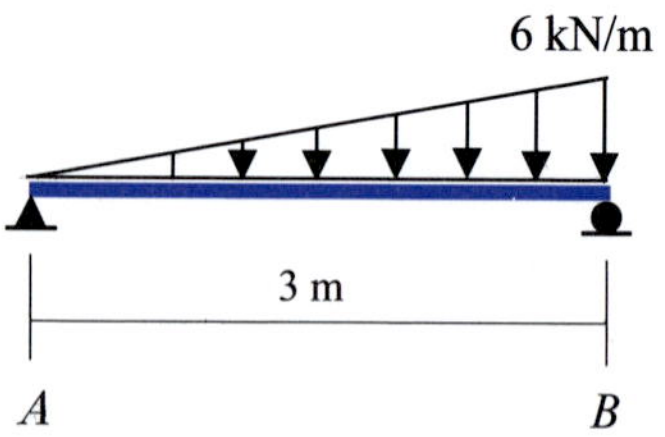

[답] $M_{\max} = 3.46\,\mathrm{kN \cdot m}$, $M_{\min} = 0$

6-35 최대/최소 휨모멘트를 구하시오.

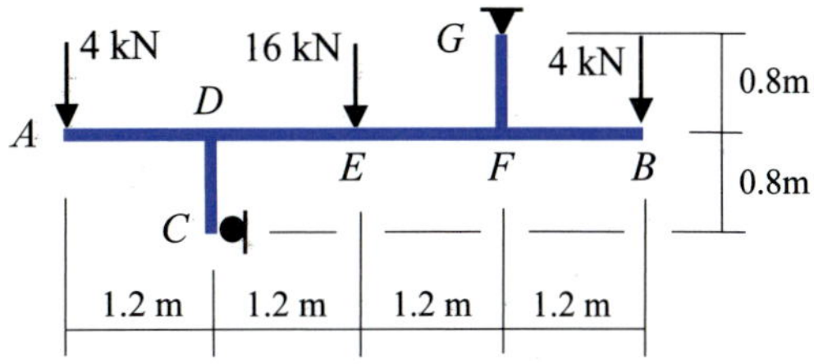

[답] $M_{max} = 9.6\,\text{kN} \cdot \text{m}$, $M_{min} = -19.2\,\text{kN} \cdot \text{m}$

6-36 최대/최소 휨모멘트를 구하시오.

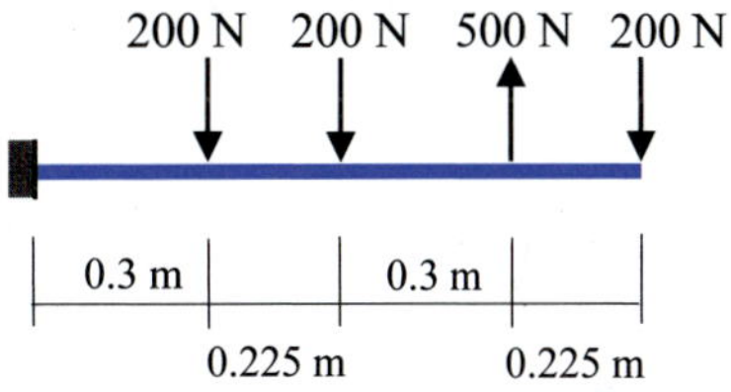

[답] $M_{max} = 67.5\,\text{N} \cdot \text{m}$, $M_{min} = -45\,\text{N} \cdot \text{m}$

6-37 절대 최대 휨모멘트를 구하시오.

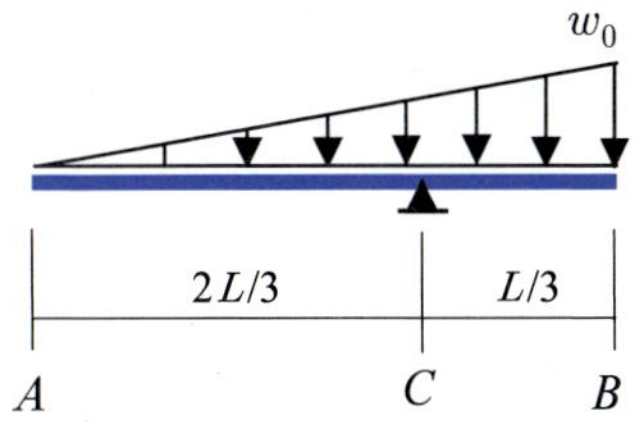

[답] $|M_{min}| = \dfrac{4w_0L^2}{81}$

6-38 최대/최소 휨모멘트를 구하시오.

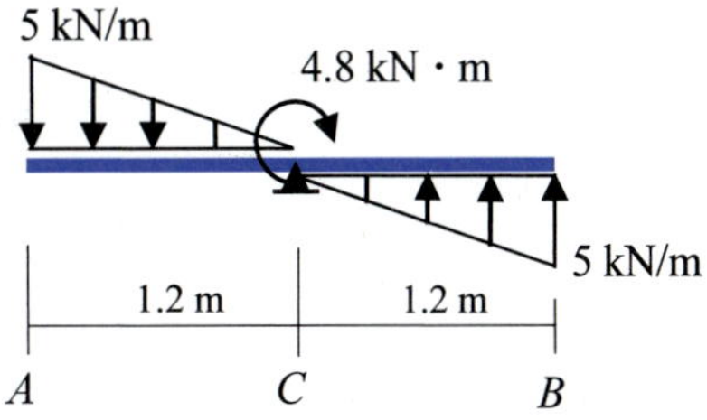

[답] $M_{max} = 2.4\,\text{kN} \cdot \text{m}$, $M_{min} = -2.4\,\text{kN} \cdot \text{m}$

6-39 최대/최소 휨모멘트를 구하시오.

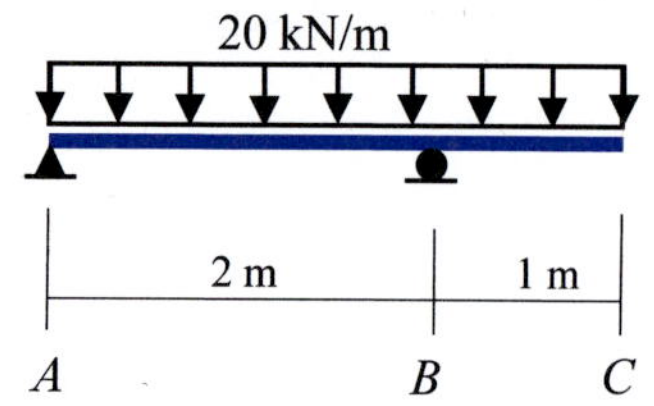

[답] $M_{max} = 5.625\,\text{kN}\cdot\text{m}$, $M_{min} = -10.0\,\text{kN}\cdot\text{m}$

6-40 최대/최소 휨모멘트를 구하시오.

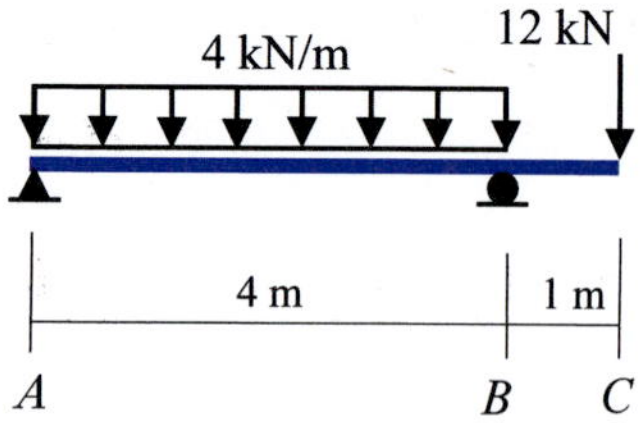

[답] $M_{max} = 3.125\,\text{kN}\cdot\text{m}$, $M_{min} = -12\,\text{kN}\cdot\text{m}$

6-41 최대/최소 휨모멘트를 구하시오.

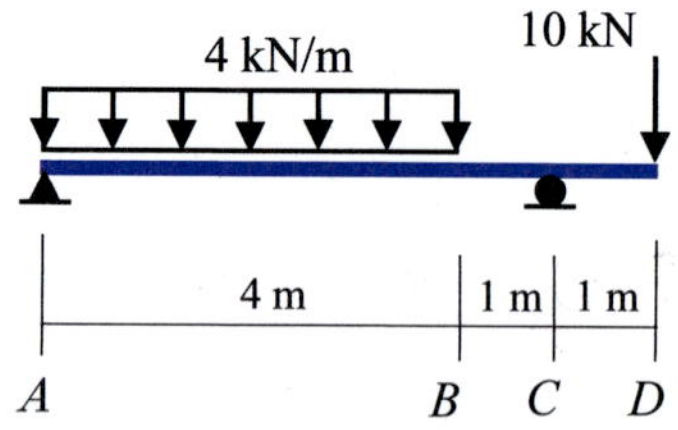

[답] $M_{max} = 7.22\,\text{kN}\cdot\text{m}$, $M_{min} = -10\,\text{kN}\cdot\text{m}$

6-42 최대/최소 휨모멘트를 구하시오.

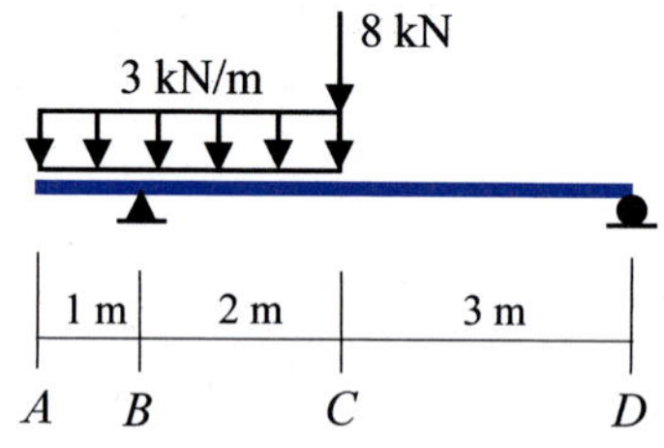

[답] $M_{max} = 12.3\,\text{kN}\cdot\text{m}$, $M_{min} = -1.5\,\text{kN}\cdot\text{m}$

6-43 최대/최소 휨모멘트를 구하시오.

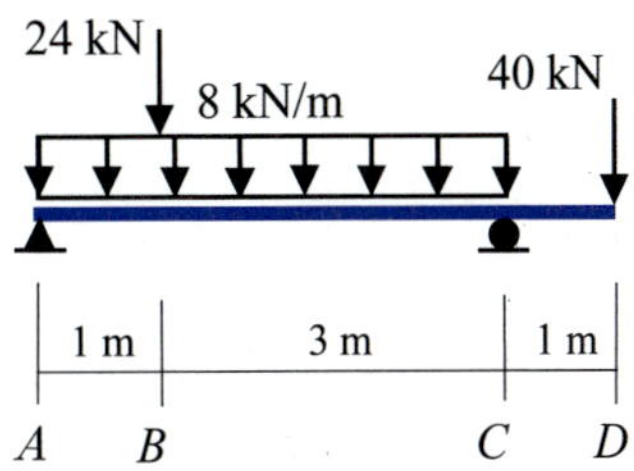

[답] $M_{max} = 20\,kN \cdot m$, $M_{min} = -40\,kN \cdot m$

6-44 최대/최소 휨모멘트를 구하시오.

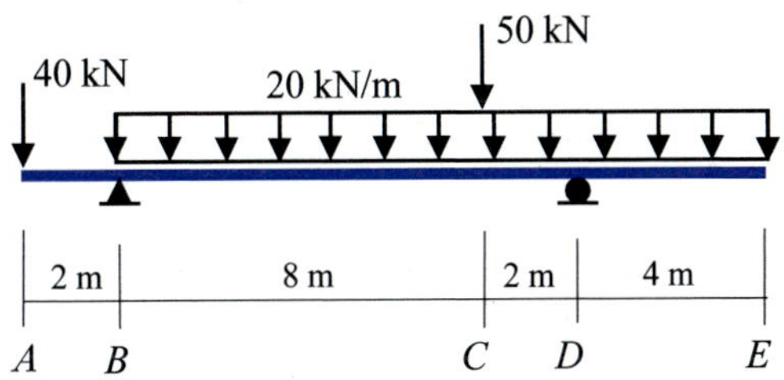

[답] $M_{max} = 180.1\,kN \cdot m$, $M_{min} = -160\,kN \cdot m$

연습문제 6.4절 전단력선도와 휨모멘트선도의 식

6-45 하중–전단력–휨모멘트의 관계를 이용하여 전단력선도와 휨모멘트선도의 식을 구하시오.

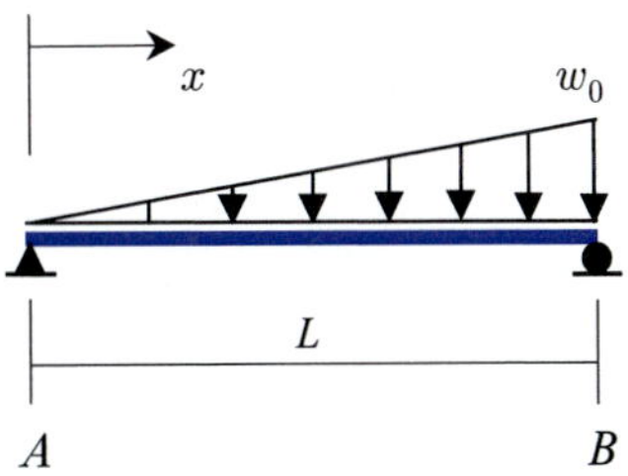

[답] $V_x = -\dfrac{w_0}{2L}x^2 + \dfrac{w_0 L}{6}$, $M_x = -\dfrac{w_0}{6L}x^3 + \dfrac{w_0 L}{6}x$

6-46 하중－전단력－휨모멘트의 관계를 이용하여 전단력선도와 휨모멘트선도의 식을 구하시오. 분포하중은 $w_x = w_0 \sin \frac{\pi x}{L}$ 이다.

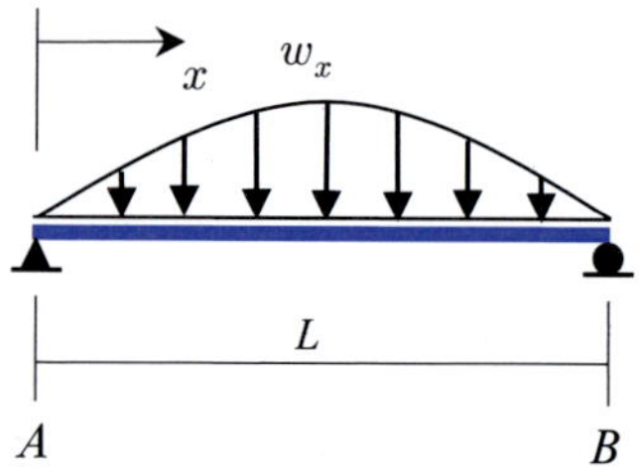

[답] $V_x = \frac{w_0 L}{\pi} \cos \frac{\pi x}{L}$, $M_x = \frac{w_0 L^2}{\pi^2} \sin \frac{\pi x}{L}$

6-47 하중－전단력－휨모멘트의 관계를 이용하여 전단력선도와 휨모멘트선도의 식을 구하시오.

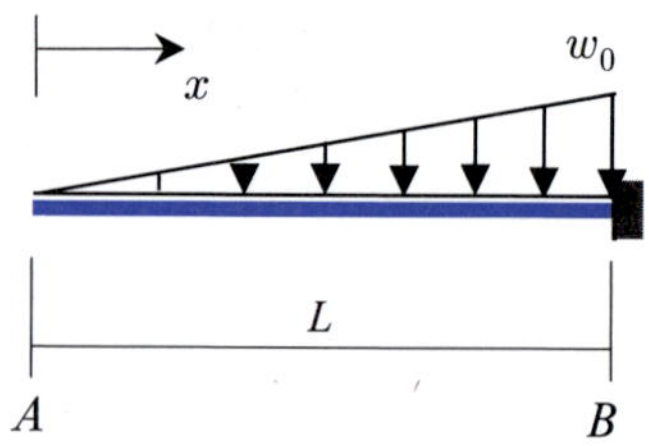

[답] $V_x = -\frac{w_0}{2L} x^2$, $M_x = -\frac{w_0}{6L} x^3$

6-48 하중－전단력－휨모멘트의 관계를 이용하여 전단력선도와 휨모멘트선도의 식을 구하시오. 분포하중은 $w_x = w_0 \cos \frac{\pi x}{2L}$ 이다.

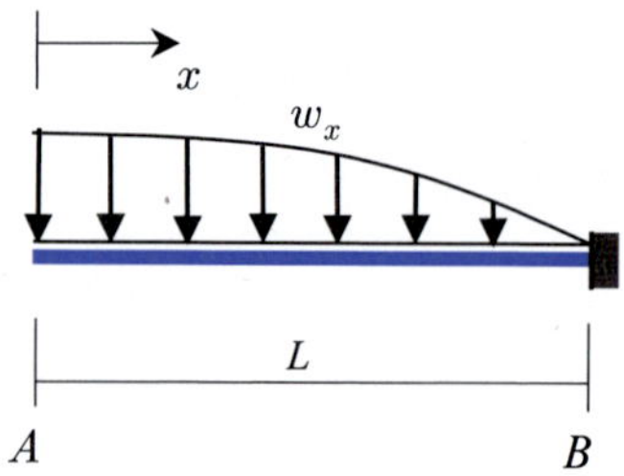

[답] $V_x = -\frac{2 w_0 L}{\pi} \sin \frac{\pi x}{2L}$, $M_x = \frac{4 w_0 L^2}{\pi^2} \left(\cos \frac{\pi x}{2L} - 1 \right)$

6-49 자유물체도를 사용하여 전단력선도와 휨모멘트선도의 식을 구하시오.

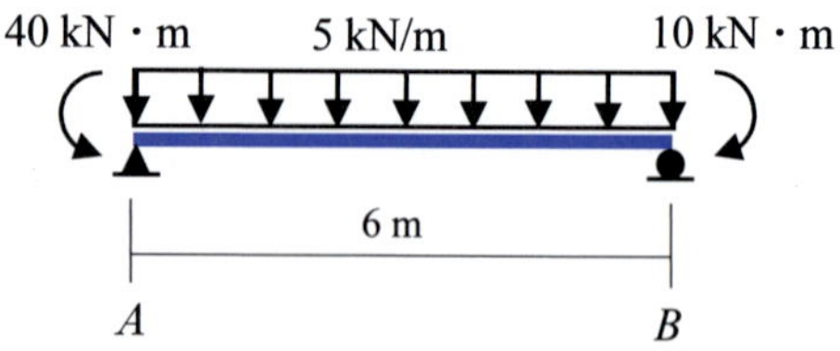

[답] $V_{A-} = 0$, $V_{A+} = 20\,\text{kN}$, $V_{B-} = -10\,\text{kN}$, $V_{B+} = 0$
$M_{A-} = 0$, $M_{A+} = -40\,\text{kN} \cdot \text{m}$, $M_{B-} = -10\,\text{kN} \cdot \text{m}$, $M_{B+} = 0$
$V_x = -5x + 20$, $M_x = -\frac{5}{2} x^2 + 20x - 40$

6-50 자유물체도를 사용하여 전단력선도와 휨모멘트선도의 식을 구하시오.

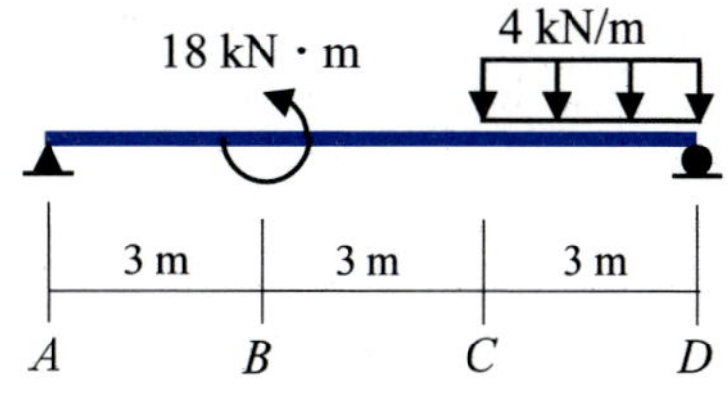

[답] $V_{A-}=0$, $V_{A+}=4\text{kN}=V_B=V_C$, $V_{D-}=-8\text{kN}$, $V_{D+}=0$
$M_A=0$, $M_{B-}=12\text{kN}\cdot\text{m}$, $M_{B+}=-6\text{kN}\cdot\text{m}$, $M_C=6\text{kN}\cdot\text{m}$
$M_E=8\text{kN}\cdot\text{m}$, $M_D=0$
구간 $A\sim B$: $V_x=4$, $M_x=4x$
구간 $B\sim C$: $V_x=4$, $M_x=4x-18$
구간 $C\sim D$: $V_x=-4x+28$, $M_x=-2x^2+28x-90$

6-51 자유물체도를 사용하여 전단력선도와 휨모멘트선도의 식을 구하시오.

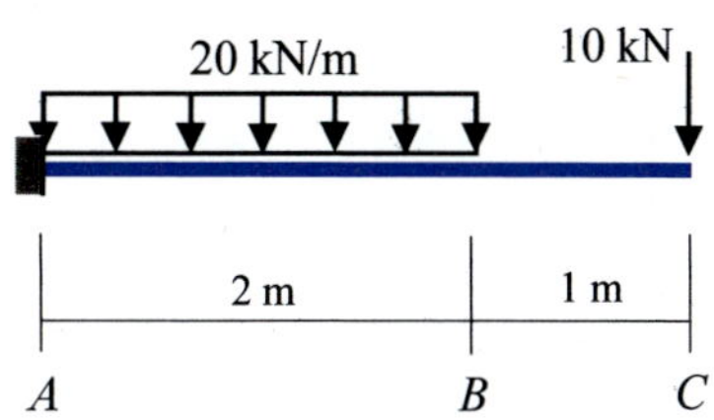

[답] $V_{A-}=0$, $V_{A+}=50\text{kN}$, $V_B=10\text{kN}=V_{C-}$, $V_{C+}=0$
$M_{A-}=0$, $M_{A+}=-70\text{kN}\cdot\text{m}$, $M_B=-10\text{kN}\cdot\text{m}$, $M_C=0$
구간 $A\sim B$: $V_x=-20x+50$, $M_x=-10x^2+50x-70$
구간 $B\sim C$: $V_x=10$, $M_x=10x-30$

6-52 자유물체도를 사용하여 전단력선도와 휨모멘트선도의 식을 구하시오.

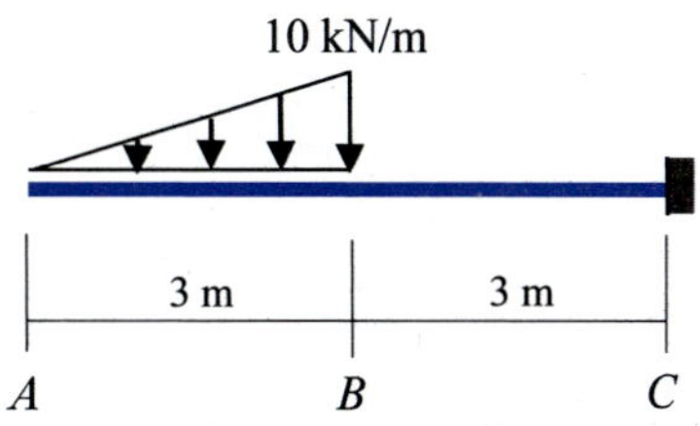

[답] $V_A=0$, $V_B=-15\text{kN}=V_{C-}$, $V_{C+}=0$
$M_A=0$, $M_B=-15\text{kN}\cdot\text{m}$, $M_{C-}=-60\text{kN}\cdot\text{m}$, $M_{C+}=0$
구간 $A\sim B$: $V_x=-\frac{5}{3}x^2$, $M_x=-\frac{5}{9}x^3$
구간 $B\sim C$: $V_x=-15$, $M_x=-15x+30$

6-53 자유물체도를 사용하여 전단력선도와 휨모멘트선도의 식을 구하시오.

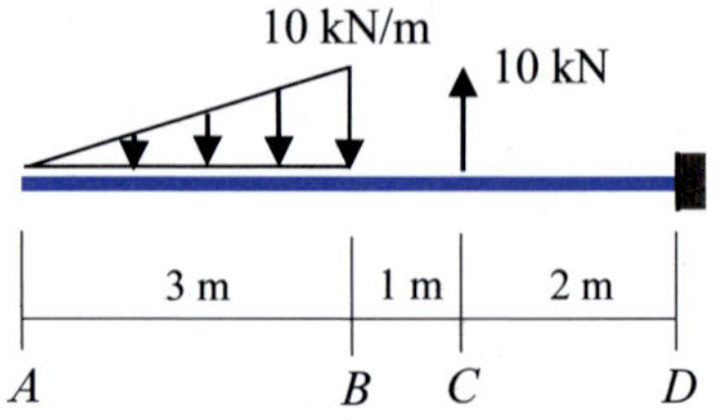

[답] $V_A = 0$, $V_B = -15\,\text{kN} = V_{C-}$, $V_{C+} = -5\,\text{kN} = V_{D-}$, $V_{D+} = 0$
$M_A = 0$, $M_B = -15\,\text{kN}\cdot\text{m}$, $M_C = -30\,\text{kN}\cdot\text{m}$, $M_{D-} = -40\,\text{kN}\cdot\text{m}$, $M_{D+} = 0$
구간 $A \sim B$: $V_x = -\frac{5}{3}x^2$, $M_x = -\frac{5}{9}x^3$
구간 $B \sim C$: $V_x = -15$, $M_x = -15x+30$
구간 $C \sim D$: $V_x = -5$, $M_x = -5x-10$

연습문제 6.5절 중첩법

6-54 중첩법을 사용하여 최대 휨모멘트를 구하시오.

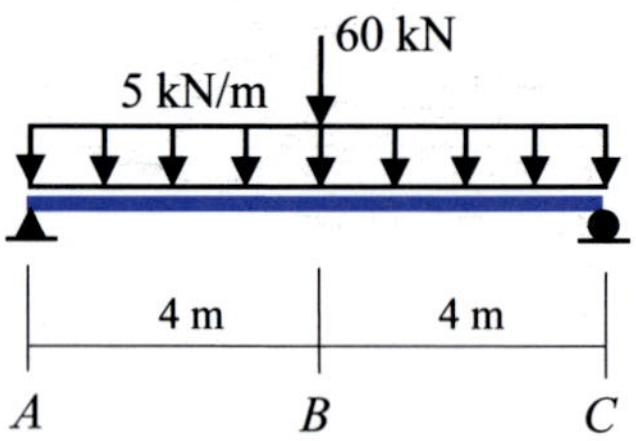

[답] $M_{max} = 160\,\text{kN}\cdot\text{m}$

6-55 중첩법을 사용하여 최대 휨모멘트를 구하시오.

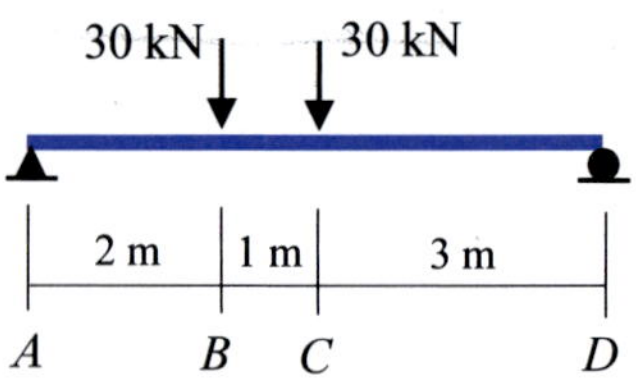

[답] $M_{max} = 75\,\text{kN}\cdot\text{m}$

6-56 중첩법을 사용하여 최대 휨모멘트를 구하시오.

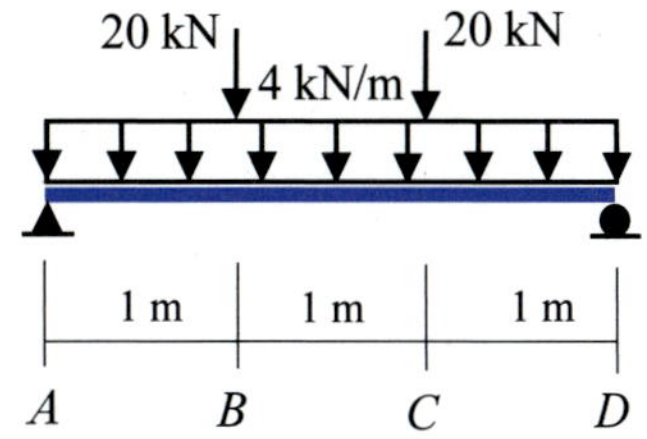

[답] $M_{max} = 24.5\,\text{kN}\cdot\text{m}$

6-57 중첩법을 사용하여 절대 최대 휨모멘트를 구하시오.

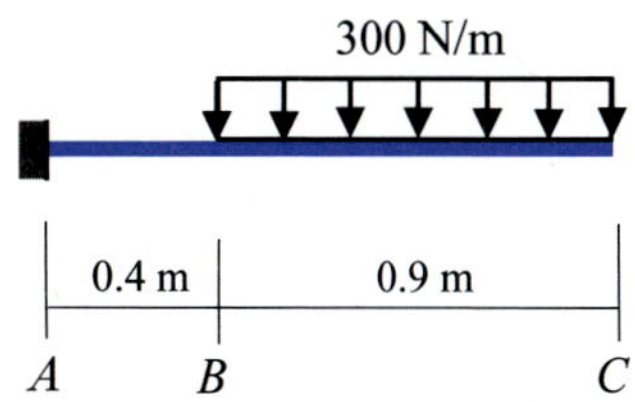

[답] $|M_{min}| = 229.5\,\text{N}\cdot\text{m}$

6-58 중첩법을 사용하여 절대 최대 휨모멘트를 구하시오.

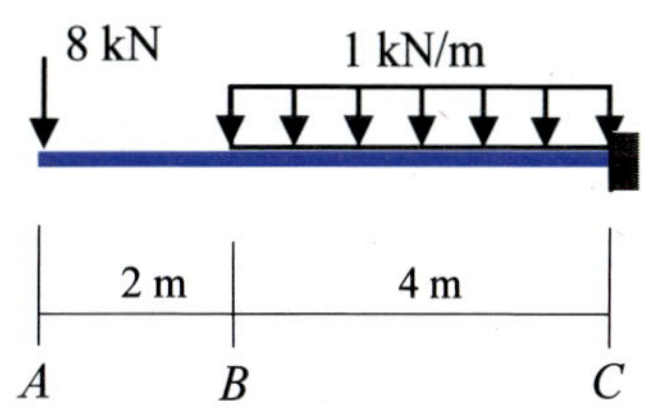

[답] $|M_{min}| = 56\,\text{kN}\cdot\text{m}$

07

유연케이블

7.1 개요

유연케이블(flexible cable)이 사용되는 대표적인 구조물은 사장교(cable-stayed bridge) 또는 현수교(suspension bridge)와 같은 장대구조물이다. 구조부재로 사용되는 유연케이블은 유연성으로 인해 케이블 접선방향의 인장력에 대한 저항만이 가능하고 압축력이나 전단력 또는 휨모멘트에는 저항하지 못하므로 인장력만이 내력으로 발생한다는 것이 케이블의 특성이다.

케이블에 연직방향으로 작용하는 하중은 1) 집중하중과 2) 자중에 의한 등분포하중 및 3) 케이블의 수평투영선에 분포하는 등분포하중으로 구분할 수 있다. 자중에 의한 등분포하중이 작용하는 케이블의 형상은 현수선(catenary)이고 케이블의 수평투영선에 분포하는 등분포하중의 경우 케이블의 형상은 포물선(parabola)이다. 케이블의 양 지점을 연결하는 직선과 케이블의 중심선 간 연직거리를 새그(sag; 처짐)라 하며 케이블 수평투영길이에 대한 새그의 비를 처짐비(sag ratio)라 한다. 처짐비가 작은 현수선은 포물선으로 가정하여 해석할 수 있다. 하중이 작용되면 케이블의 형상은 고정되므로 케이블을 강체로 취급하여 평형방정식을 적용할 수 있으며 2)의 경우를 제외하면 일반적으로 구조물의 중량에 비해 미소한 케이블의 자중은 무시한다.

일반적인 구조부재와 마찬가지로 케이블을 구조부재로 사용하기 위한 해석에는 케이블에 작용하는 외력(하중과 반력), 케이블에 발생하는 내력(인장력 또는 최대 장력), 최종적으로 고정되는 형상(새그) 및 케이블 길이 등의 산정과정이 포함되어야 한다. 7.2절은 집중하중이 작용하는 케이블을 대상으로 지점반력, 최대 장력, 새그 및 고정된 형상의 길이 등을 산정하는 방법을 논의하고 7.3절은 이러한 해석과정을 등분포하중이 수평투영선에 작용하는 경우인 포물형 케이블을 대상으로 제시하도록 구성되어 있다.

7.2 집중하중을 지지하는 케이블

그림 7.2.1(1)은 지점 A와 B를 연결하는 케이블의 중앙점에 하중 W가 작용하여 처짐 y가 발생한 케이블의 전체 자유물체도를 제시한 것이다. 케이블의 지간(span)인 수평투영길이가 L이고 자중을 무시하면 지점 A의 수직반력 V_A는 지점 B에 모멘트 평형방정식을 적용하여

$$\sum^{B} M = 0 = V_A \times L - W \times \frac{L}{2} \quad ; \quad V_A = \frac{W}{2}$$

그림 7.2.1(2), (3)은 C점의 좌/우측($C-/C+$ 단면)에 단면법을 적용하여 부분 자유물체도를 작성한 것이다. 지점 A의 수평반력은 그림 7.2.1(2)의 부분 자유물체도에서 $C-$ 단면에 모멘트 평형방정식을 적용하면

$$\sum^{C-} M = 0 = V_A \times \frac{L}{2} - H_A \times y \quad ; \quad H_A = \frac{WL}{4y}$$

전체 자유물체도는 구조물과 하중이 대칭이므로 $H_B = H_A$, $V_B = V_A$이다. 부분 자유물체도 (2)에 수평/수직력에 대한 평형방정식을 적용하면 케이블에 발생하는 인장력 T_{C-}의 수평/수직성분 T_{x-}와 T_{y-}는

$$\sum F_x = 0 = H_A - T_{x-} \quad ; \quad T_{x-} = \frac{WL}{4y}$$
$$\sum F_y = 0 = V_A + T_{y-} \quad ; \quad T_{y-} = -\frac{W}{2}$$

부분 자유물체도 (2)와 (3)의 차이는 하중 W이므로 $C+$ 단면에서의 수평성분 T_{x+}는 T_{x-}와 동일하고 T_{y+}는 수직력에 대한 평형방정식으로부터

$$\sum F_y = 0 = V_A - W + T_{y+} \quad ; \quad T_{y+} = \frac{W}{2}$$

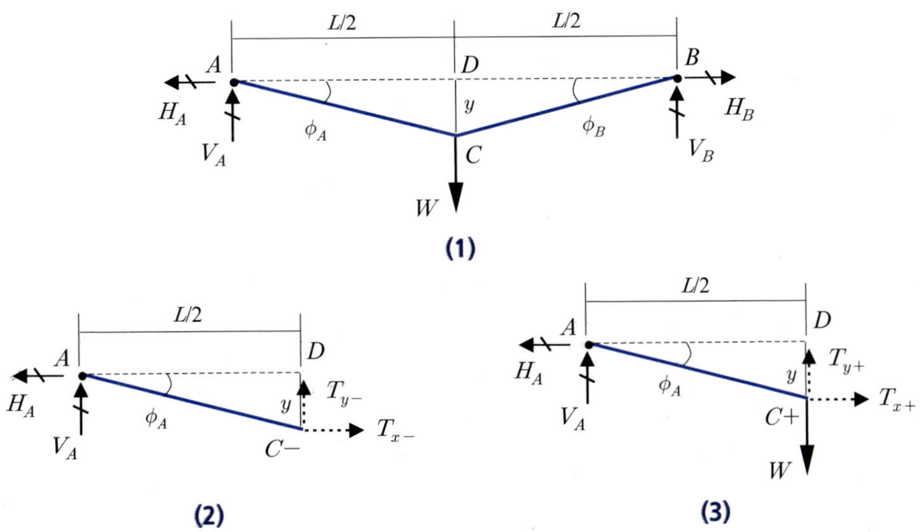

그림 7.2.1

T_{y-}와 T_{y+}의 차이는 보의 전단력선도에서 집중하중에 의한 전단력불연속과 같다. T_{C-}와 T_{C+}의 크기는 같고 방향은 각각 그림 7.2.1(4), (5)에 제시한 바와 같이 케이블 AC와 CB

구간의 접선방향임을 알 수 있으며 지점 A와 B에서 산정한 반력 H_A, V_A 및 H_B, V_B의 합력 또한 케이블의 접선방향임을 다음과 같이 확인할 수 있다.

$$\left(\frac{W}{2}\right) \div \left(\frac{WL}{4y}\right) = \frac{y}{L/2} = \theta_A = \theta_B$$

그림 7.2.1

그림 7.2.2(1)은 3개의 집중하중이 작용하는 케이블의 전체 자유물체도이고 A와 B 지점에 발생하는 수평반력 H는 평형조건에 의해 크기는 같고 방향은 반대로 표시한 것이다. 케이블의 수평투영길이가 L이고 자중을 무시하면 지점 A의 수직반력 V_A는 지점 B에 모멘트 평형방정식을 적용하여

$$\sum^{B} M = 0 = V_A \times L - \sum_{i=1}^{3} W_i \times (L - x_i) \quad \Rightarrow \quad V_A = \frac{1}{L} \sum_{i=1}^{3} W_i (L - x_i)$$

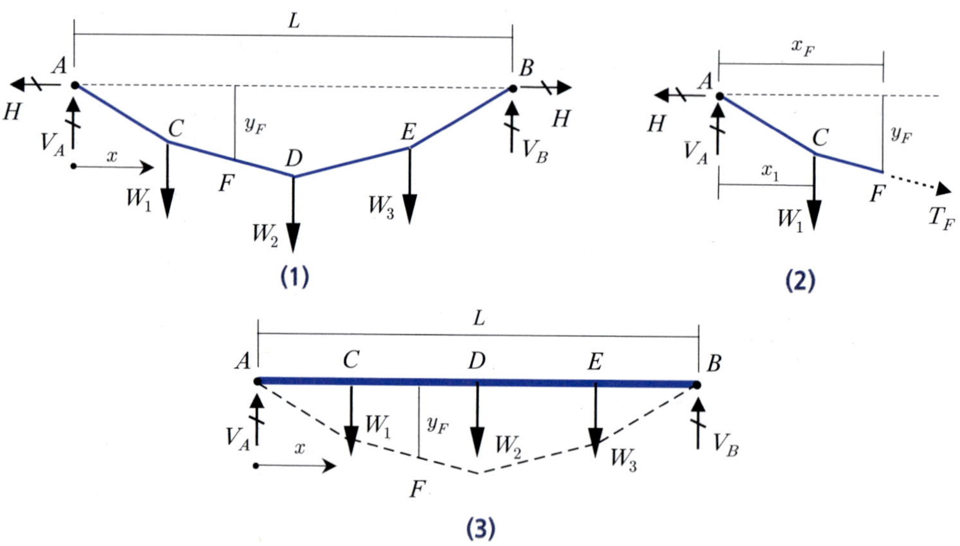

그림 7.2.2

그림 7.2.2(2)는 F점에 단면법을 적용하고 내력으로 발생하는 인장력 T_F를 표시한 부분 자유물체도이다. 수평반력 H는 F점에 모멘트 평형방정식을 적용하여

$$\sum^{F} M = 0 = V_A \times x_F - H \times y_F - W_1 \times (x_F - x_1)$$

$$\Rightarrow \quad H\,y_F = V_A\,x_F - W_1\,(x_F - x_1)$$

위 식에서 $V_A\,x_F - W_1\,(x_F - x_1)$는 그림 7.2.2(3)과 같이 동일한 집중하중이 작용하는 길이 L의 수평단순보에서 F점의 휨모멘트 M_F를 구하는 식이므로 다음관계식이 성립한다.

$$H\,y_F = M_F \tag{7.2.1}$$

식 (7.2.1)은 수평단순보에 발생하는 휨모멘트선도의 형상과 케이블의 처짐형상이 비례한다는 것을 제시하며 이는 휨모멘트선도의 길이로부터 케이블의 길이를 산정할 수 있다는 것을 의미한다. 연직방향 집중하중만이 작용하는 케이블의 경우 인장력의 수평성분은 모든 단면에서 H이므로 최대 인장력(최대 장력)은 수직성분이 가장 큰 단면에서 발생한다. 그림 7.2.2(2)의 T_F를 수평성분 H와 수직성분 V_F로 치환하면 수직력에 대한 평형방정식으로부터

$$\sum F_y = 0 = V_A - W_1 - V_F \quad \Rightarrow \quad V_F = V_A - W_1$$

이 식은 인장력의 수직성분이 수평단순보의 전단력과 동일하다는 것이므로 양 지점의 높이가 같은 케이블의 경우 가장 큰 수직성분은 수평단순보의 전단력(절대값)이 가장 큰 구간에 발생하며 휨모멘트선도의 기울기가 전단력이므로 경사가 가장 큰 케이블에 최대 장력이 발생한다.

예제 7.2.1

집중하중에 의해 고정된 형상의 케이블에 발생하는 최대 장력이 20 kN인 경우 최대 처짐을 구하시오. 케이블의 자중은 무시한다.

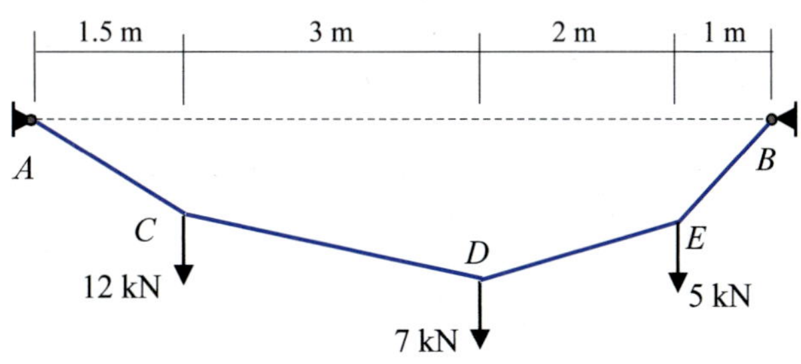

그림 예7.2.1(1)

해설 지점 A와 B를 반력으로 대체한 전체 자유물체도는 그림 예7.2.1(2)와 같다. 수직반력 V_A는 지점 B에 모멘트 평형방정식을 적용하여

$$\sum^{B} M = 0 = V_A \times 7.5 - 12 \times 6 - 7 \times 3 - 5 \times 1 \quad ; \quad V_A = 13.07\,(\mathrm{kN})$$

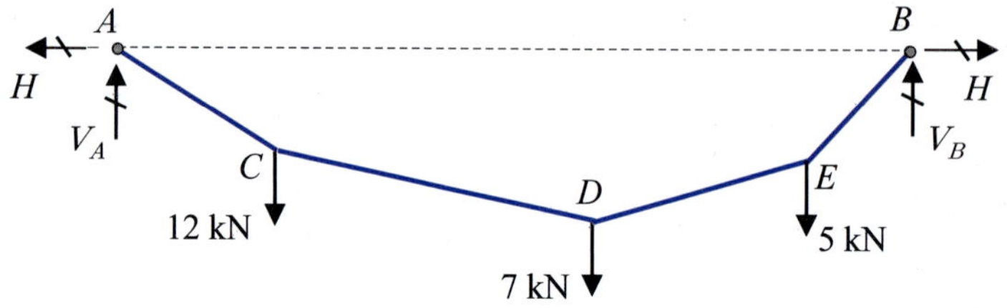

그림 예7.2.1(2)

수직반력 V_B는 수직방향 평형조건으로부터 10.93 kN이고 수평단순보의 전단력선도와 휨모멘트선도는 그림 예7.2.1(3)과 같다. 최대 장력 20 kN은 전단력이 가장 큰 AC 구간에서 발생하므로 이로부터 수평반력 H는

$$T_{\max} = 20 = \sqrt{V_A^2 + H^2} = \sqrt{13.07^2 + H^2} \quad ; \quad H = 15.14\ \mathrm{kN}$$

케이블의 처짐형상과 휨모멘트선도의 형상은 비례하므로 최대 처짐은 D점에서 발생하고 처짐은 식 (7.2.1)을 사용하여

$$y_D = \frac{M_D}{H} = \frac{13.07 \times 4.5 - 12 \times 3}{15.14} = 1.51\,(\mathrm{m})$$

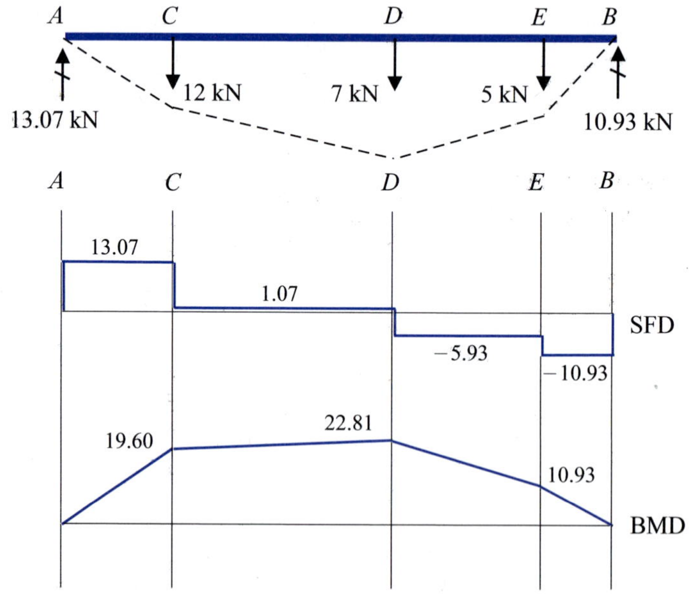

그림 예7.2.1(3)

해석결과는 그림 예7.2.1(4)와 같이 D점에 단면법을 적용하여 왼편 부분 자유물체도를 작성하고 D점에 모멘트 평형방정식을 적용하여 검토할 수 있다.

$$\sum^{D} M = H \times 1.507 - V_A \times 4.5 + 12 \times 3 = 15.14 \times 1.51 - 13.07 \times 4.5 + 12 \times 3 = 0.05$$

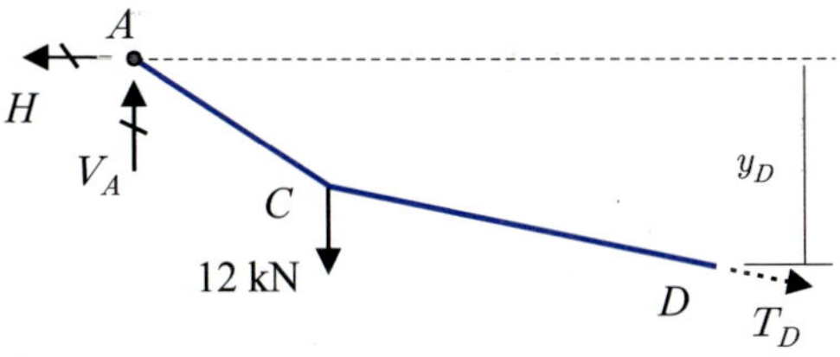

그림 예7.2.1(4)

예제 7.2.2

두 개의 집중하중을 지지하고 있는 케이블의 최대 장력을 구하시오. 집중하중에 의해 고정된 형상의 케이블 길이는 20 m이고 자중은 무시한다.

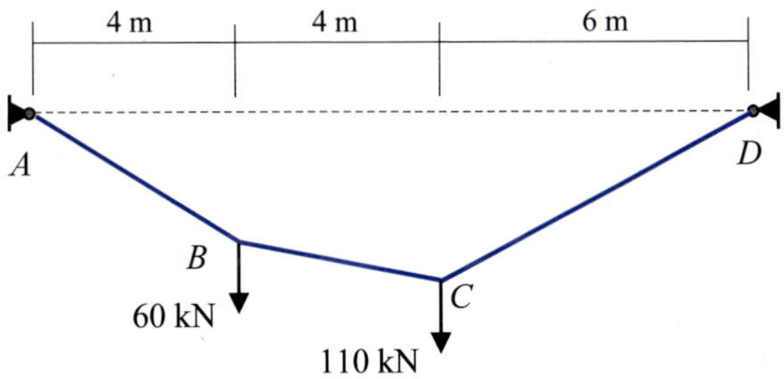

그림 예7.2.2(1)

해설 지점 A와 D를 반력으로 대체한 전체 자유물체도는 그림 예7.2.2(2)와 같다. 수직반력 V_A는 지점 D에 모멘트 평형방정식을 적용하여

$$\sum^{D} M = 0 = V_A \times 14 - 60 \times 10 - 110 \times 6 \quad ; \quad V_A = 90\,\text{kN}$$

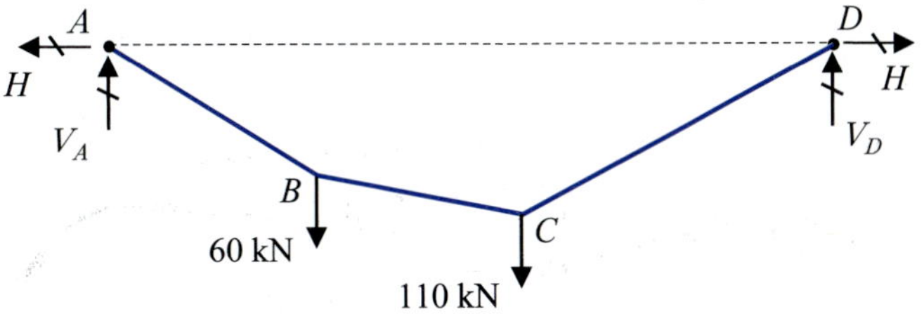

그림 예7.2.2(2)

수직방향 평형조건으로부터 V_D는 80 kN이고 수평단순보의 전단력선도와 휨모멘트선도는 그림 예7.2.2(3)과 같다.

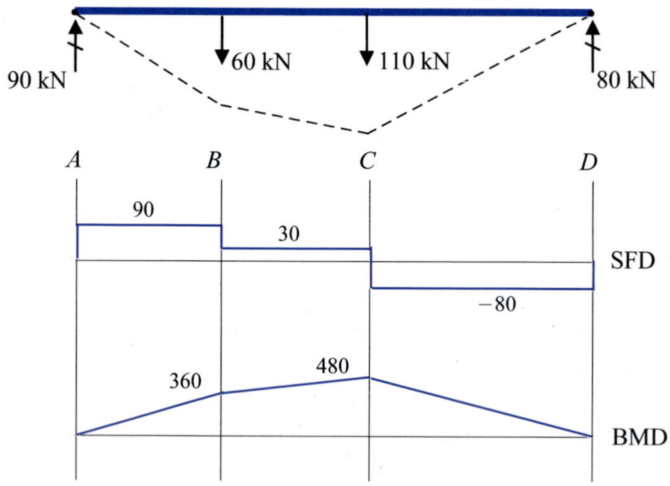

그림 예7.2.2(3)

B점과 C점의 모멘트는 각각 360 kN · m, 480 kN · m이므로 이를 케이블의 처짐형상에 반영하여 그림 예7.2.2(4)와 같이 B점과 C점의 처짐을 360λ, 480λ로 가정하면 케이블 각 구간의 길이는 피타고라스 정리에 의해

$$l_{AB} = \sqrt{4^2 + (360\lambda)^2} \quad ; \quad l_{BC} = \sqrt{4^2 + (120\lambda)^2} \quad ; \quad l_{CD} = \sqrt{6^2 + (480\lambda)^2}$$

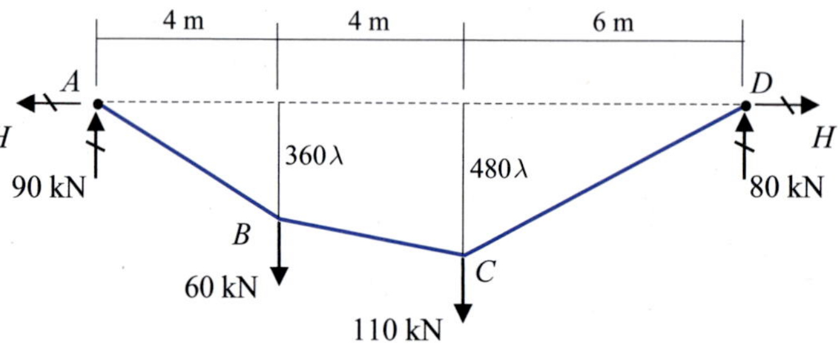

그림 예7.2.2(4)

총 길이는 20 m이므로 시행착오법을 적용하여 $\lambda = 0.0143$을 구할 수 있고 B점과 C점의 처짐은 각각 5.15 m, 6.86 m가 산정된다. 지점 A와 D의 수평반력 H는 그림 예7.2.2(5)의 부분 자유물체도에서 B점에 모멘트 평형방정식을 적용하여

$$\sum^{B} M = 0 = H \times 5.15 - 90 \times 4 \quad ; \quad H = 69.9\,\text{kN}$$

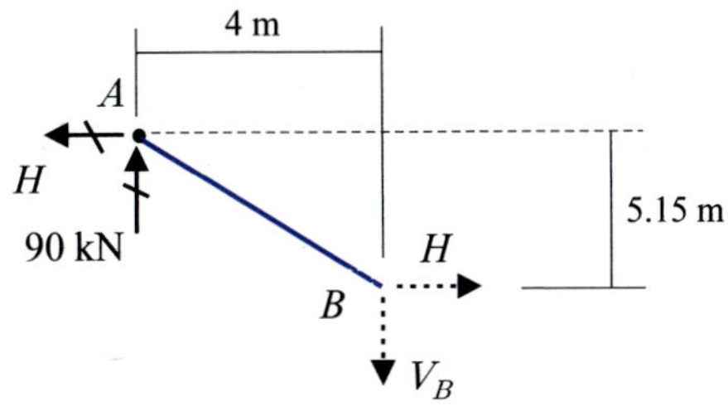

그림 예7.2.2(5)

케이블의 모든 점에서 인장력의 수평성분은 69.9 kN이고 수직성분은 케이블의 경사가 가장 큰 AB 구간의 90 kN이므로 최대 장력은

$$T_{\max} = \sqrt{69.9^2 + 90^2} = 114.0\,(\mathrm{kN})$$

해석결과는 C점에 식 (7.2.1)을 적용하여 검토할 수 있다.

$$y_C = \frac{M_C}{H} = \frac{480}{69.9} = 6.87\,(\mathrm{m})$$

케이블의 지점이 다른 높이에 위치하는 경우는 그림 7.2.3(1)과 같이 지점반력을 수직성분과 양 지점을 연결한 직선 방향의 성분으로 대체하여 전체 자유물체도를 작성하면 양 지점의 높이가 같은 경우와 동일한 해석방법을 사용할 수 있다. 그림 7.2.3(2)와 같이 임의의 점 E에 단면법을 적용하여 부분 자유물체도를 작성하고 모멘트 평형방정식을 적용하면

$$\sum^{E} M = 0 = V_A\, x_E - W_1\,(x_E - x_1) - H \times y_E \cos\phi = M_E - H\cos\phi \times y_E$$

여기서 $M_E = V_A\, x_E - W_1\,(x_E - x_1)$는 수평단순보에서 E점의 휨모멘트이고 $H\cos\phi$는 H의 수평성분 H_x이므로 식 (7.2.1)과 동일한 다음 식 (7.2.2)가 성립한다.

$$H_x\, y_E = M_E \tag{7.2.2}$$

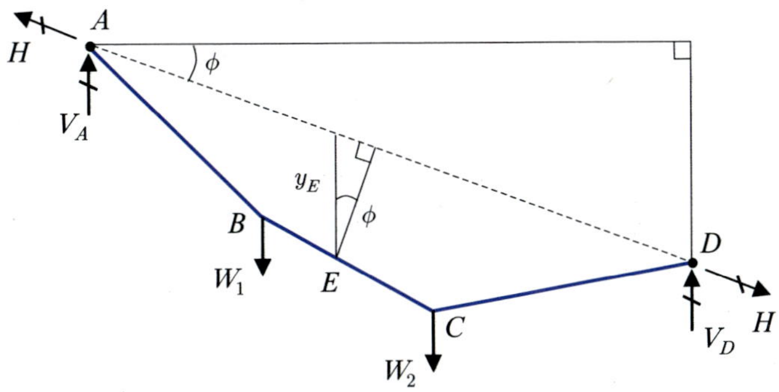

그림 7.2.3(1)

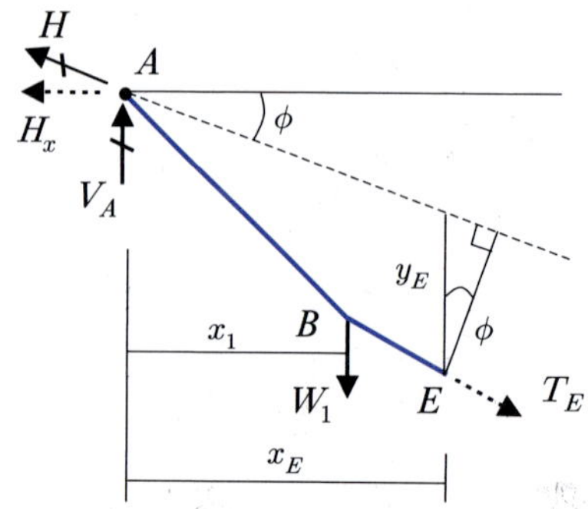

그림 7.2.3(2)

예제 7.2.3

집중하중에 의해 그림 예7.2.3(1)과 같이 고정된 형상의 케이블에 발생하는 최대 장력을 구하시오. 케이블의 자중은 무시한다.

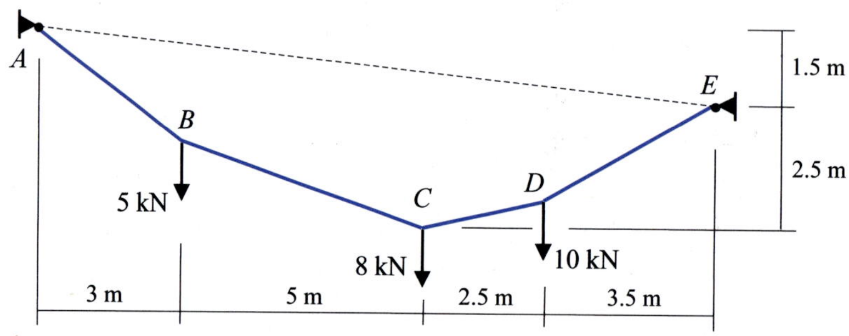

그림 예7.2.3(1)

해설 지점 A와 E를 반력으로 대체한 전체 자유물체도는 그림 예7.2.3(2)와 같다. 수직반력 V_A는 지점 E에 모멘트 평형방정식을 적용하여

$$\sum^{E} M = 0 = V_A \times 14 - 5 \times 11 - 8 \times 6 - 10 \times 3.5 \quad ; \quad V_A = 9.86\,\text{kN}$$

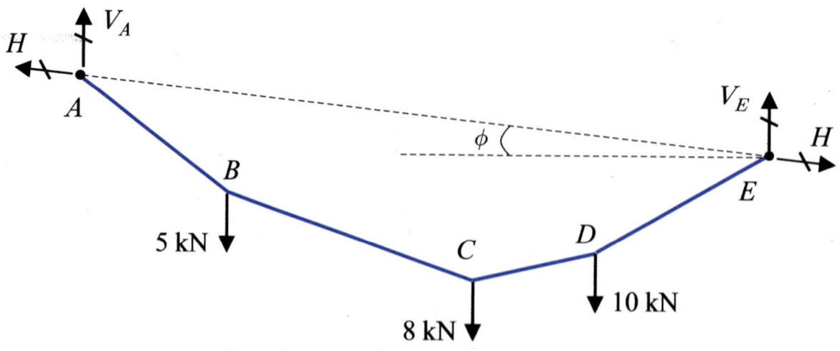

그림 예7.2.3(2)

수직방향 평형조건으로부터 V_E는 13.14 kN이고 수평단순보의 전단력선도와 휨모멘트선도는 그림 예7.2.3(3)과 같다.

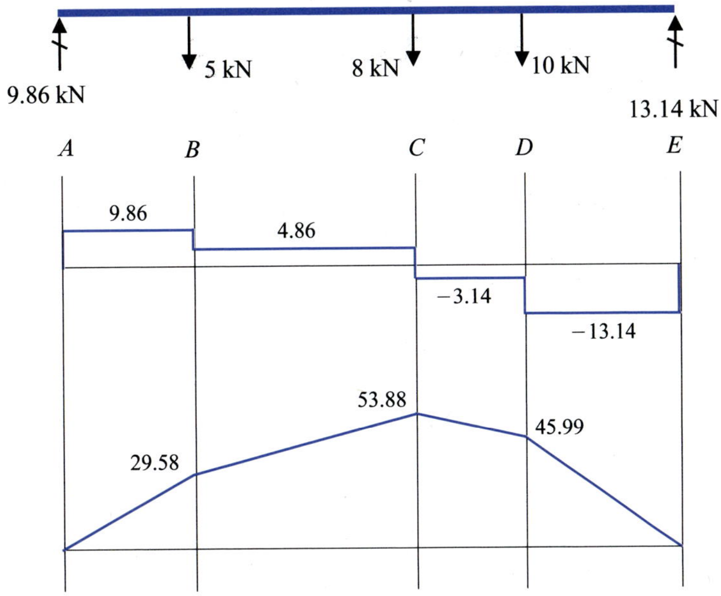

그림 예7.2.3(3)

C점에서의 처짐 y_C는 $1.5\times(6/14)+2.5 = 3.14(\mathrm{m})$이므로 H의 수평성분 H_x는 식 (7.2.2)를 적용하여

$$H_x\, y_C = M_C \quad \Rightarrow \quad H_x = \frac{M_C}{y_C} = \frac{53.88}{3.14} = 17.16(\mathrm{kN})$$

B점과 D점의 처짐은

$$y_B = \frac{M_B}{H_x} = \frac{29.58}{17.16} = 1.72(\mathrm{m}) \quad ; \quad y_D = \frac{M_D}{H_x} = \frac{45.99}{17.16} = 2.68(\mathrm{m})$$

케이블의 경사에서 $\tan\phi = 1.5/14$이므로 H의 수직성분 H_y는

$$H_y = H\sin\phi = \frac{H_x}{\cos\phi}\times\sin\phi = 17.16\times\tan\phi = 1.84(\mathrm{kN})$$

전체 자유물체도 그림 예7.2.3(2)에서 H를 그림 예7.2.3(4)와 같이 수평/수직성분 H_x와 H_y로 대체하면 가장 큰 인장력의 수직성분은 구간 AB의 11.7 kN이므로 최대 장력은

$$T_{\max} = \sqrt{H_x^2 + V_{AB}^2} = \sqrt{17.16^2 + 11.70^2} = 20.77(\mathrm{kN})$$

해석결과는 그림 예7.2.3(4)에서 각 구간의 케이블 경사(절대값)를 다음과 같이 구하여 검토할 수 있다.

$$\text{구간 } AB \ : \ \frac{0.32+1.72}{3} = \frac{2.04}{3} = 0.68$$

$$\text{구간 } BC \;:\; \frac{0.86+3.14-(0.32+1.72)}{5} = \frac{1.96}{5} = 0.39$$

$$\text{구간 } CD \;:\; \frac{0.86+3.14-(1.13+2.68)}{2.5} = \frac{0.19}{2.5} = 0.08$$

$$\text{구간 } DE \;:\; \frac{1.13+2.68-1.5}{3.5} = \frac{2.31}{3.5} = 0.66$$

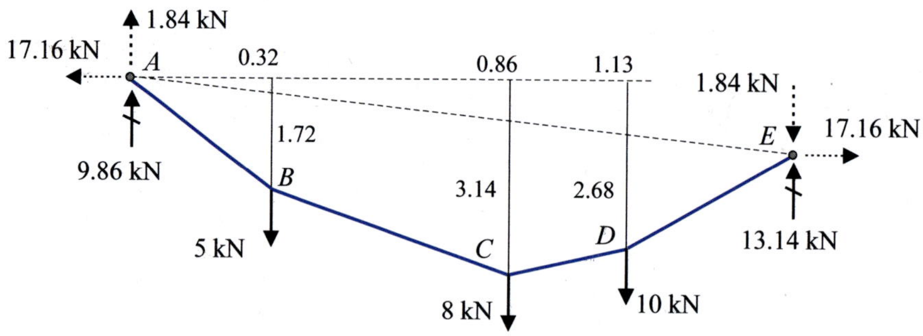

그림 예7.2.3(4)

예제 7.2.4

그림 예7.2.4(1)과 같이 설치된 케이블에서 지점 A, B의 반력과 세그먼트 AC, CB의 장력 및 새그 y_C를 구하시오. 집중하중에 의해 고정된 형상의 케이블 길이는 65 m이고 자중은 무시한다.

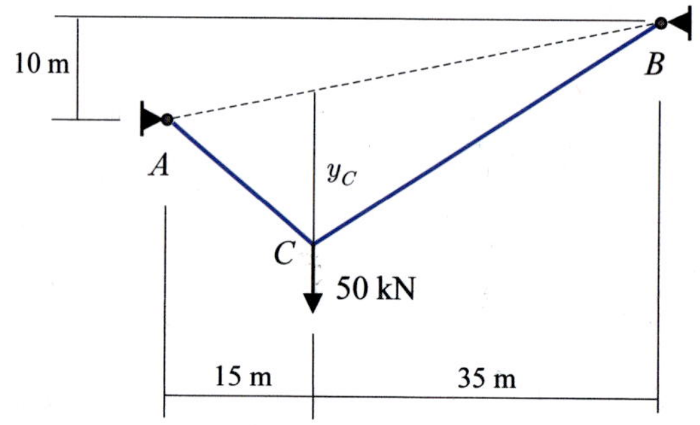

그림 예7.2.4(1)

해설 케이블의 전체 길이 65 m, 수평투영길이 50 m와 세그먼트 AC, CB의 길이 l_{AC}, l_{CB} 및 새그 y_C로부터 직각삼각형을 구성하고 피타고라스 정리를 적용하여

$$y_C - 10\times\frac{15}{50} = \sqrt{l_{AC}^2 - 15^2} \quad ; \quad y_C + 10\times\frac{35}{50} = \sqrt{l_{CB}^2 - 35^2} = \sqrt{(65-l_{AC})^2 - 35^2}$$

두 식에서 y_C를 소거하면

$$\sqrt{l_{AC}^2 - 15^2} + 10 = \sqrt{(65-l_{AC})^2 - 35^2}$$

이로부터 l_{AC}, l_{CB}, y_C는 각각 21.64 m, 43.36 m, 18.59 m가 산정된다. 지점 A와 B를 반력으로 대체한 전체 자유물체도는 그림 예7.2.4(2)와 같고 수직반력 V_A는 지점 B에 모멘트 평형방정식을 적용하여

$$\sum^{B} M = 0 = V_A \times 50 - 50 \times 35 \quad ; \quad V_A = 35\,\text{kN}$$

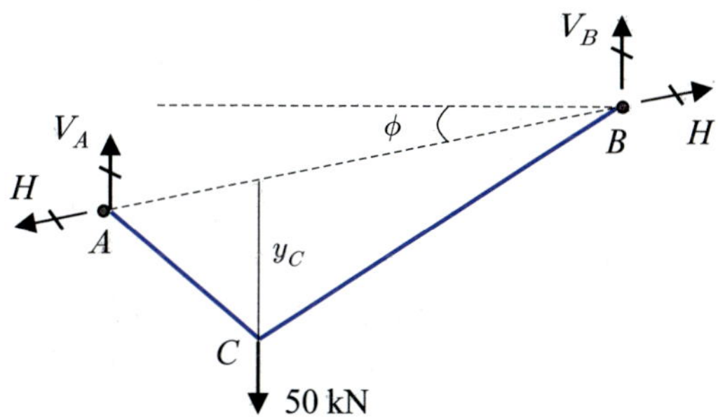

그림 예7.2.4(2)

수직방향 평형조건으로부터 V_B는 15 kN이고 H의 수평성분 H_x는 식 (7.2.2)를 적용하여

$$H_x\, y_C = M_C \quad \Rightarrow \quad H_x = \frac{M_C}{y_C} = \frac{35 \times 15}{18.59} = 28.24\,(\text{kN})$$

케이블의 경사에서 $\tan\phi = 10/50$이므로 H의 수직성분 H_y는

$$H_y = H \sin\phi = \frac{H_x}{\cos\phi} \times \sin\phi = 28.24 \times \tan\phi = 5.65\,(\text{kN})$$

V_A, V_B 및 H_x, H_y로부터 A, B 지점의 수평/수직반력은

$$R_{A,x} = H_x = 28.24\,\text{kN} \quad ; \quad R_{A,y} = V_A - H_y = 35 - 5.65 = 29.35\,(\text{kN})$$

$$R_{B,x} = H_x = 28.24\,\text{kN} \quad ; \quad R_{B,y} = V_B + H_y = 15 + 5.65 = 20.65\,(\text{kN})$$

세그먼트 AC, CB의 장력은

$$T_{AC} = \sqrt{R_{A,x}^2 + R_{A,y}^2} = \sqrt{28.24^2 + 29.35^2} = 40.73\,(\text{kN})$$

$$T_{CB} = \sqrt{R_{B,x}^2 + R_{B,y}^2} = \sqrt{28.24^2 + 20.65^2} = 34.98\,(\text{kN})$$

해석결과는 T_{AC}와 T_{CB}의 방향이 케이블의 접선방향과 일치하는가를 검토하여 확인할 수 있다.

$$T_{AC} \; : \; \frac{R_{A,y}}{R_{A,x}} = \frac{29.35}{28.24} = 1.039 \quad \Leftrightarrow \quad \frac{y_C - 3}{15} = \frac{18.59 - 3}{15} = 1.039$$

$$T_{CB} \; : \; \frac{R_{B,y}}{R_{B,x}} = \frac{20.65}{28.24} = 0.731 \quad \Leftrightarrow \quad \frac{y_C + 7}{15} = \frac{18.59 + 7}{35} = 0.731$$

7.3 포물형 케이블

케이블의 수평투영길이에 작용하는 등분포하중에 의한 케이블의 형상은 포물선이 되므로 이를 포물형 케이블(parabolic cable)이라 하며 7.2절에서 기술한 집중하중이 작용하는 케이블을 해석하는 원리는 포물형 케이블에도 적용할 수 있다. 그림 7.3.1(1)은 하중세기 q의 등분포하중이 작용하는 포물형 케이블로 양 지점의 높이가 다른 경우이고 (2)는 *A*, *B* 지점을 반력으로 대체한 자유물체도이다. 자중을 무시하면 지점 *A*의 수직반력은 지점 *B*에 모멘트 평형방정식을 적용하여

$$\sum^{B} M = 0 = V_A \times L - qL \times \frac{L}{2} \quad ; \quad V_A = \frac{qL}{2}$$

수직방향 평형조건으로부터 V_B는 V_A와 같다.

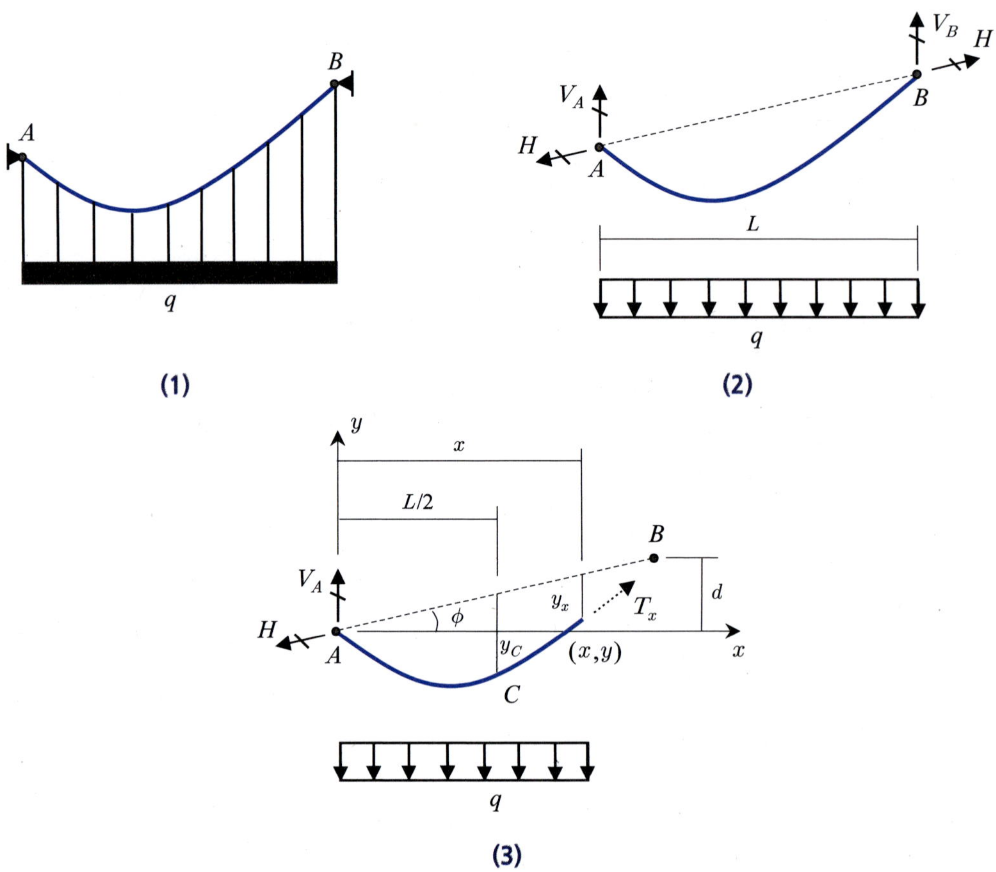

그림 7.3.1

그림 7.3.1(3)은 지점 A에 $x-y$ 좌표축을 설정하고 $(x,\ y)$를 위치좌표로 하는 임의의 단면에 단면법을 적용하여 작성한 부분 자유물체도이다. 단면 x에 모멘트 평형방정식을 적용하면

$$\sum^{x} M = 0 = V_A \times x - qx \times \frac{x}{2} - H \times y_x \cos\phi = \frac{qL}{2}x - \frac{qx^2}{2} - H\cos\phi\, y_x$$

이 식에서 $\frac{qL}{2}x - \frac{qx^2}{2}$은 수평단순보에 발생하는 휨모멘트 M_x의 식이고 3항의 $H\cos\phi$는 H의 수평성분 H_x이므로 집중하중이 작용하는 케이블에서 유도한 식 (7.2.2)와 동일한 관계식 $H_x\, y_x = M_x$가 성립한다. 케이블 중앙점의 처짐 y_C가 주어지면 $H_x\, y_C = M_C$의 관계식으로부터 H의 수평성분 H_x는

$$H_x = \frac{M_C}{y_C} = \frac{qL^2}{8\,y_C} \tag{7.3.1}$$

그림 7.3.1(3)에서 단면법을 적용한 위치의 y 좌표는 $y = x\tan\phi - y_x$이므로 A와 B 지점의 높이차가 d인 케이블 형상의 식은

$$y = x\tan\phi - y_x = \frac{x\,d}{L} - \frac{1}{H_x}\left(\frac{qL}{2}x - \frac{qx^2}{2}\right)$$

이 식을 정리하면 케이블의 좌측 지점을 좌표축의 원점으로 하는 포물선 식은 다음과 같다.

$$y = \frac{q}{2H_x}x^2 + \left(\frac{d}{L} - \frac{qL}{2H_x}\right)x \tag{7.3.2}$$

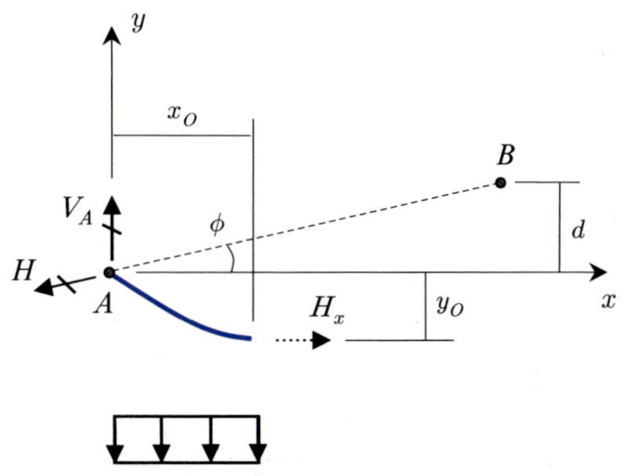

그림 7.3.1(4)

케이블의 최저점은 접선이 0이 되는 포물선의 꼭짓점이고 인장력의 수직성분이 0이므로 그

림 7.3.1(4)와 같이 최저점에 단면법을 적용하여 자유물체도를 작성하면 케이블 최저점의 장력은 수평방향 평형조건으로부터 H의 수평성분 H_x와 같고 이 값이 케이블의 최소 장력임을 알 수 있다. 최저점의 좌표 $(x_O,\ y_O)$는 식 (7.3.2)를 미분하여 식 (7.3.3)과 같이 구할 수 있으며 x_O가 음이면 포물선의 꼭짓점이 지점 A의 왼편이 되므로 케이블의 모든 점이 지점 A보다 높다는 것을 의미한다.

$$x_O = \frac{L}{2} - \frac{H_x d}{qL} \quad ; \quad y_O = \frac{d}{2} - \frac{H_x d^2}{2qL^2} - \frac{qL^2}{8H_x} \tag{7.3.3}$$

집중하중을 지지하는 케이블과 달리 수평투영길이에 작용하는 등분포하중에 의한 케이블의 형상은 포물선이 되므로 꼭짓점을 좌표축의 원점으로 하는 포물선 식을 구성하면 케이블에 발생하는 최대/최소 장력을 구하는 간편한 식을 유도할 수 있다. 그림 7.3.2(1)과 같이 케이블의 최저점(꼭짓점) O를 좌표축의 원점으로 하고 $O \sim x$ 구간의 부분 자유물체도를 작성하면 그림 7.3.2(2)와 같다. 부분 자유물체도에 작용하는 힘은 접선이 수평이 되는 단면 O의 수평방향 케이블 장력 T_O와 단면 x의 접선방향 케이블 장력 T_x 및 $O \sim x$ 구간에 작용하는 등분포하중을 등가집중하중으로 치환한 Q이다. 3개의 힘이 작용하는 강체가 평형상태이면 그림 7.3.2(3)과 같이 직각삼각형을 구성하므로 피타고라스 정리를 적용하면 T_x는

$$T_x = \sqrt{T_O^2 + q^2 x^2} \tag{7.3.4}$$

이 식에서 T_x는 항상 양의 값이고 x의 크기에 좌우되므로 케이블의 최소 장력은 x가 0인 최저점 O에 발생하는 T_O이고 최대 장력은 절대값이 가장 큰 x 좌표에 해당하는 가장 높은 지점에서 발생한다는 것을 알 수 있다.

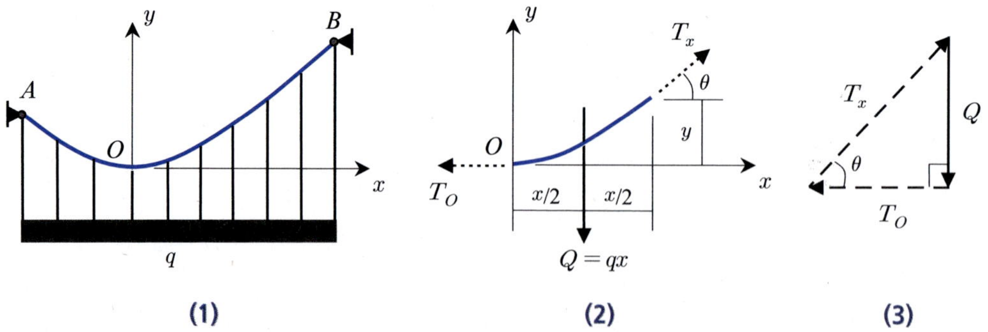

그림 7.3.2

그림 7.3.2(2)의 부분 자유물체도에서 단면 x에 모멘트 평형방정식을 적용하고

$$\sum^{x} M = 0 = T_O \times y - qx \times \frac{x}{2}$$

이 식을 정리하면 케이블의 꼭짓점을 좌표축의 원점으로 하는 포물선 식은 다음과 같고

$$y = \frac{q}{2T_O} x^2 \tag{7.3.5}$$

$(x_1,\ y_1)$, $(x_2,\ y_2)$가 지점 A와 B의 좌표이면 최소 장력 T_O는 다음과 같다.

$$T_O = \frac{qx_1^2}{2y_1} = \frac{qx_2^2}{2y_2}$$

그림 7.3.3(1)과 같이 양 지점의 높이가 같은 경우 지점 B의 좌표는 $(L/2,\ h)$이므로 T_O는

$$T_O = \frac{qL^2}{8h} \tag{7.3.6}$$

그림 7.3.3(2)와 같이 양 지점의 높이가 다른 경우는 식 (7.3.5)로부터

$$x = \pm\sqrt{\frac{2yT_O}{q}} \tag{7.3.7}$$

지점 A와 B의 좌표는 $(-a,\ h_A)$, $(b,\ h_B)$이고 $a+b=L$이므로

$$a = \sqrt{\frac{2h_A T_O}{q}} \quad ; \quad b = \sqrt{\frac{2h_B T_O}{q}} \quad ; \quad \sqrt{\frac{2T_O}{q}}\left(\sqrt{h_A} + \sqrt{h_B}\right) = L$$

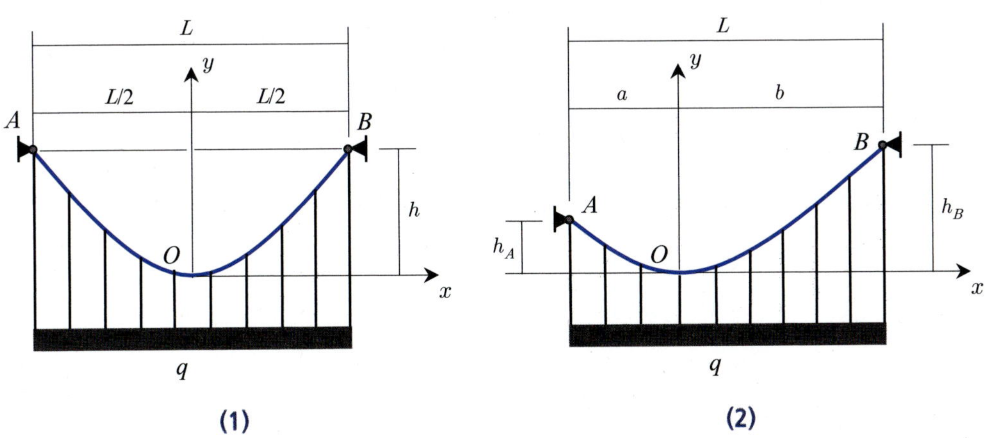

그림 7.3.3

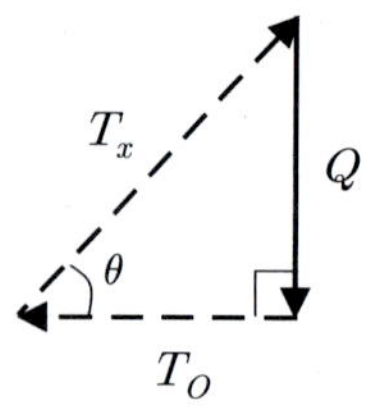

그림 7.3.2(3)

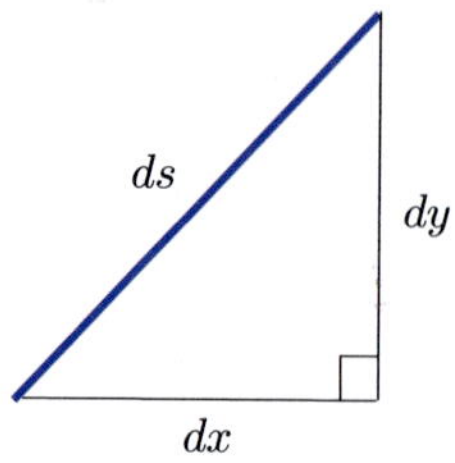

그림 7.3.4

이로부터 T_O는 다음 식으로 구할 수 있다.

$$T_O = \frac{qL^2}{2\left(\sqrt{h_A} + \sqrt{h_B}\right)^2} \tag{7.3.8}$$

하중이 작용하여 형상이 고정된 케이블의 길이를 산정하기 위해 그림 7.3.2(3)의 힘의 삼각형에 의한 변형형상을 그림 7.3.4와 같이 간주하면

$$ds = \sqrt{dx^2 + dy^2} = dx\sqrt{1 + \left(\frac{dy}{dx}\right)^2} = dx\sqrt{1 + a^2x^2}$$

양 지점의 높이가 같은 경우 a는 식 (7.3.5)를 미분하고 식 (7.3.6)을 적용하면

$$\frac{dy}{dx} = \frac{q}{T_O}x = \frac{8h}{L^2}x = ax \quad \Rightarrow \quad a = \frac{8h}{L^2}$$

케이블의 최저점 O와 지점 간 케이블 길이 $l_{L/2}$은

$$l_{L/2} = \int_0^{L/2} \sqrt{1 + a^2x^2}\, dx = \int_0^{L/2} \sqrt{1 + \frac{64h^2}{L^4}x^2}\, dx$$

2항정리를 이용하여 무한급수로 전개하고 미소한 항을 무시하여 정리하면 다음 식 (7.3.9)와 같다. 양 지점의 높이가 다른 경우는 포물선의 최저점인 꼭짓점의 좌/우측 케이블 길이를 분리하여 산정할 수 있다.

$$l_{L/2} = \frac{L}{2}\left\{1 + \frac{8}{3}\left(\frac{h}{L}\right)^2 - \frac{32}{5}\left(\frac{h}{L}\right)^4\right\} \tag{7.3.9}$$

케이블의 신장량 δl은 그림 7.3.2(3)의 힘의 삼각형과 그림 7.3.4의 변형형상의 비례관계를 고려하여 Hooke의 법칙을 적용하면

$$\delta l = \int_0^L \frac{T_x\, ds}{AE} = \frac{1}{AE}\int_0^L \left(T_O \frac{ds}{dx}\right) ds = \frac{T_O}{AE}\int_0^L \left(\frac{ds}{dx}\right)^2 dx$$

$$= \frac{T_O}{AE}\int_0^L \left\{1 + \left(\frac{dy}{dx}\right)^2\right\} dx$$

여기서 A는 케이블의 단면적이고 E는 탄성계수이다. H의 수평성분 H_x의 식 (7.3.1)과 케이블의 좌측 지점을 좌표축의 원점으로 하는 포물선 식 (7.3.2)를 적용하면 dy/dx는

$$\frac{dy}{dx} = \frac{q}{H_x}x + \left(\frac{d}{L} - \frac{qL}{2H_x}\right) = \frac{8y_C}{L^2}x + \tan\phi - \frac{4y_C}{L}$$

이를 대입하여 정리하면 δl은 다음 식 (7.3.10)으로 산정할 수 있다.

$$\delta l = \frac{T_O L}{AE}\left\{1 + \frac{16}{3}\left(\frac{y_C}{L}\right)^2 + \tan^2\phi\right\} \tag{7.3.10}$$

케이블의 자중이 케이블의 축을 따라 작용하는 등분포하중인 경우 케이블의 형상은 쌍곡선 코사인(hyperbolic cosine)이 되고 이를 현수선이라 한다. 그러나 구조물에서 케이블이 자체의 무게만을 지지하기 위해 사용되는 경우는 거의 없으므로 이러한 문제는 공학적으로 큰 관심사가 아니다. 또한 처짐비가 작은 경우는 케이블의 단위길이 당 자중이 케이블의 수평투영길이에 분포한다고 간주할 수 있으므로 현수선은 포물선으로 가정하여 해석할 수 있다.

예제 7.3.1

5 kN/m의 등분포하중을 지지하는 케이블 길이가 130 m이다. 중앙점의 처짐 y_O와 최대/최소 장력 및 C점의 처짐 y_C를 구하시오. 케이블의 자중은 무시한다.

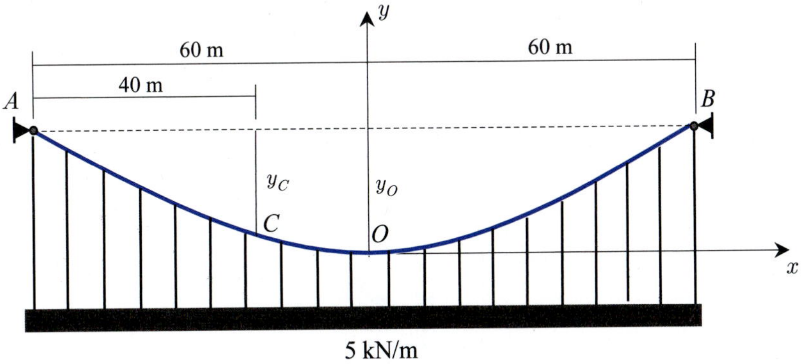

그림 예7.3.1

해설 구조물과 하중이 대칭이므로 양 지점의 수직반력 V_A와 V_B는 300 kN (= 5 × 120 × 0.5)이다. 케이블의 전체 길이가 130 m이므로 중앙점의 처짐 y_O는 식 (7.3.9)로부터

$$65 = 60 \times \left\{1 + \frac{8}{3}\left(\frac{y_O}{120}\right)^2 - \frac{32}{5}\left(\frac{y_O}{120}\right)^4\right\} \quad ; \quad y_O = 22.14\,\text{m}$$

최소 장력 T_O는 케이블의 최저점인 꼭짓점(O점)에 발생하고 식 (7.3.1)로부터

$$T_O = \frac{M_O}{y_O} = \frac{qL^2}{8y_O} = \frac{5 \times 120^2}{8} \times \frac{1}{22.14} = 406.5\,(\text{kN})$$

이 결과는 B점의 좌표 $(x_b,\ y_b)$를 이용하여 검토할 수 있다.

$$T_O = \frac{qx_b^2}{2y_b} = \frac{5 \times 60^2}{2 \times 22.14} = 406.5\,(\text{kN})$$

최대 장력은 가장 높은 위치의 양 지점에서 발생하고 식 (7.3.4)로부터

$$T_{\max} = \sqrt{T_O^2 + q^2x^2} = \sqrt{406.5^2 + 5^2 \times 60^2} = 505.2\,(\text{kN})$$

이 결과는 지점 반력의 합력으로 검토할 수 있다. 반력의 수평성분 H_x는 T_O와 동일하므로

$$T_{\max} = \sqrt{V_A^2 + H_x^2} = \sqrt{300^2 + 406.5^2} = 505.2\,(\text{kN})$$

C점의 처짐 y_C는 식 (7.2.2)로부터

$$y_C = \frac{M_C}{H_x} = \frac{M_C}{T_O} = \frac{V_A \times 40 - 5 \times 40 \times 20}{406.5} = \frac{8000}{406.5} = 19.68\,(\text{m})$$

이 결과는 C점의 좌표 $(x_c,\ y_c)$로 최소 장력을 구하여 검토할 수 있다.

$$T_O = \frac{qx_c^2}{2y_c} = \frac{5 \times (-20)^2}{2 \times (22.14 - 19.68)} = 406.5\,(\text{kN})$$

예제 7.3.2

20 kN의 균일단면 봉이 회전지점 C와 무게 4 kN의 케이블에 의해 지지되어 있다. 케이블의 양단은 높이가 같고 무게는 수평투영길이에 등분포하는 것으로 간주하는 경우 케이블 중앙점의 처짐을 구하시오.

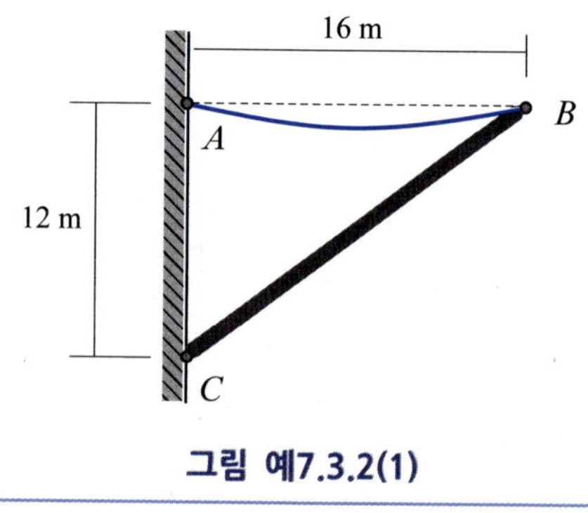

그림 예7.3.2(1)

해설 회전지점 A와 C를 반력으로 대체하고 케이블과 봉의 등분포하중은 등가의 집중하중으로 치환한 전체 자유물체도는 그림 예7.3.2(2)와 같다. C점에 모멘트 평형방정식을 적용하면

$$\sum^{C} M = 0 = H\times 12 - (20+4)\times 8 \quad ; \quad H = 16\,\text{kN}$$

케이블과 봉의 자유물체도를 그림 예7.3.2(3)과 같이 작성하면 케이블의 자유물체도에서 $H_B = H = 16\,\text{kN}$이고 A점 또는 B점에 모멘트 평형방정식을 적용하여 $V_A = V_B = 2\,\text{kN}$을 산정할 수 있다. 케이블의 중앙점(O점)이 꼭짓점이므로 최소 장력 T_O는 O점에 발생하고 크기는 지점의 수평반력과 같은 16 kN이다. 케이블의 등분포하중은 $4/16 = 0.25\,(\text{kN/m})$이므로 중앙점의 처짐 y_O는 식 (7.3.1)을 적용하여

$$T_O = \frac{M_O}{y_O} \quad \Rightarrow \quad y_O = \frac{M_O}{T_O} = \frac{qL^2}{8\,T_O} = \frac{0.25\times 16^2}{8}\times\frac{1}{16} = 0.5\,(\text{m})$$

꼭짓점을 좌표축의 원점으로 하는 포물선 식에서 B점의 좌표는 (8, 0.5)이므로 해석결과는 이로부터 최소 장력을 구하여 검토할 수 있다.

$$T_O = \frac{q x_b^2}{2 y_b} = \frac{0.25\times 8^2}{2\times 0.5} = 16\,(\text{kN})$$

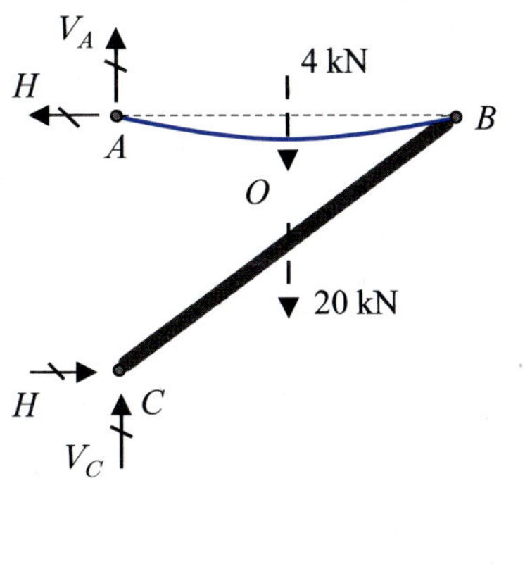

(2)

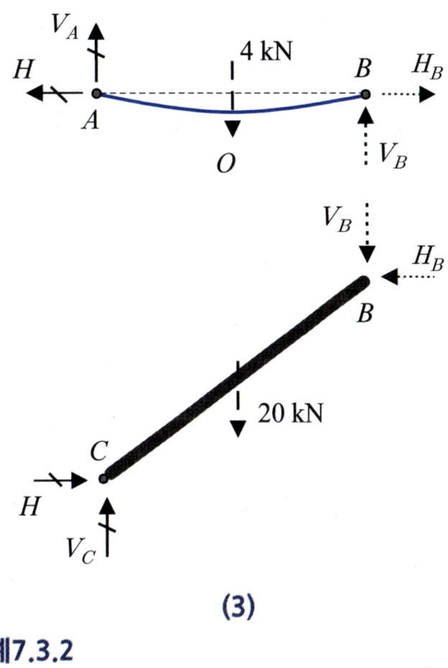

(3)

그림 예7.3.2

예제 7.3.3

그림 예7.3.3과 같이 등분포하중을 지지하는 케이블에 발생하는 최대/최소 장력과 케이블의 길이를 구하시오. 케이블의 자중은 무시한다.

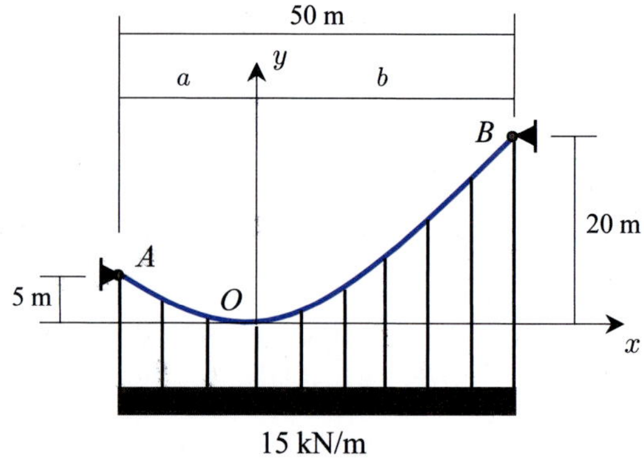

그림 예7.3.3

해설 최저점 O에 발생하는 T_O는 식 (7.3.8)을 적용하여

$$T_O = \frac{qL^2}{2\left(\sqrt{h_A}+\sqrt{h_B}\right)^2} = \frac{15\times 50^2}{2\left(\sqrt{5}+\sqrt{20}\right)^2} = 416.7\,(\text{kN})$$

최저점 O의 좌/우측 케이블 수평투영길이는 식 (7.3.7)로부터

$$a = \sqrt{\frac{2h_A T_O}{q}} = \sqrt{\frac{2\times 5\times 416.7}{15}} = 16.67\,(\text{m})$$

$$b = \sqrt{\frac{2h_B T_O}{q}} = \sqrt{\frac{2\times 20\times 416.7}{15}} = 33.33\,(\text{m})$$

최대 장력은 가장 높은 위치인 B점에 발생하며 식 (7.3.4)를 적용하면 다음과 같이 산정된다.

$$T_B = \sqrt{T_O^2+q^2x^2} = \sqrt{416.7^2+15^2\times 33.33^2} = 650.8\,(\text{kN})$$

양 지점의 높이가 다르므로 케이블의 전체 길이는 최저점 O의 좌/우측을 분리하고 식 (7.3.9)를 적용하여 다음과 같이 산정한다.

$$\begin{aligned} l_{OA} &= a\left\{1+\frac{8}{3}\left(\frac{h_{OA}}{2a}\right)^2-\frac{32}{5}\left(\frac{h_{OA}}{2a}\right)^4\right\} \\ &= 16.67\times\left\{1+\frac{8}{3}\left(\frac{5}{2\times 16.67}\right)^2-\frac{32}{5}\left(\frac{5}{2\times 16.67}\right)^4\right\} \\ &= 17.62\,(\text{m}) \end{aligned}$$

$$\begin{aligned} l_{OB} &= b\left\{1+\frac{8}{3}\left(\frac{h_{OB}}{2b}\right)^2-\frac{32}{5}\left(\frac{h_{OB}}{2b}\right)^4\right\} \\ &= 33.33\times\left\{1+\frac{8}{3}\left(\frac{20}{2\times 33.33}\right)^2-\frac{32}{5}\left(\frac{20}{2\times 33.33}\right)^4\right\} \\ &= 39.60\,(\text{m}) \end{aligned}$$

$$l_{AB} = l_{OA}+l_{OB} = 17.62+39.60 = 57.22\,(\text{m})$$

최소 장력 T_O는 A 지점을 좌표축의 원점으로 하는 포물선 식 (7.3.3)의 H_x와 동일하므로 해석결과는 최저점의 좌표 $x_O = 16.67\,\mathrm{m}$와 양 지점의 높이차 $d = 15\,\mathrm{m}$를 이용하여 검토할 수 있다.

$$H_x = \frac{qL}{d}\left(\frac{L}{2} - x_O\right) = \frac{15 \times 50}{15}\left(\frac{50}{2} - 16.67\right) = 416.5\,(\mathrm{kN})$$

예제 7.3.4

등분포하중 20 kN/m가 재하된 케이블 AB, CD가 동일한 주탑과 지점 A, D에 의해 지지되어 있고 지점 A, D에서 케이블의 접선은 수평이다. 케이블 AB, CD에 의해 주탑에 작용하는 힘의 합력을 구하시오. 케이블의 자중은 무시한다.

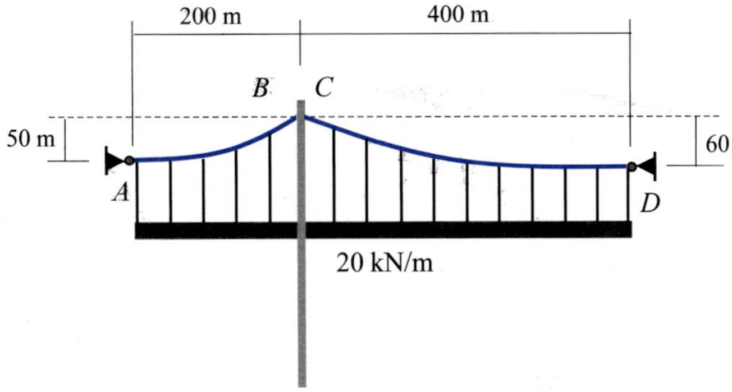

그림 예7.3.4(1)

해설 지점을 반력으로 대체한 케이블 AB, CD의 자유물체도는 그림 예7.3.4(2), (3)과 같다. 지점 A, D에서 케이블의 접선은 수평이므로 최소 장력 $H_{l,x}$와 $H_{r,x}$는 지점 A, D에서 발생하고 식 (7.3.8)을 적용하여

$$H_{l,x} = \frac{qL^2}{2\left(\sqrt{h_A} + \sqrt{h_B}\right)^2} = \frac{20 \times 200^2}{2\left(\sqrt{0} + \sqrt{50}\right)^2} = 8000\,(\mathrm{kN})$$

$$H_{r,x} = \frac{qL^2}{2\left(\sqrt{h_A} + \sqrt{h_B}\right)^2} = \frac{20 \times 400^2}{2\left(\sqrt{60} + \sqrt{0}\right)^2} = 26667\,(\mathrm{kN})$$

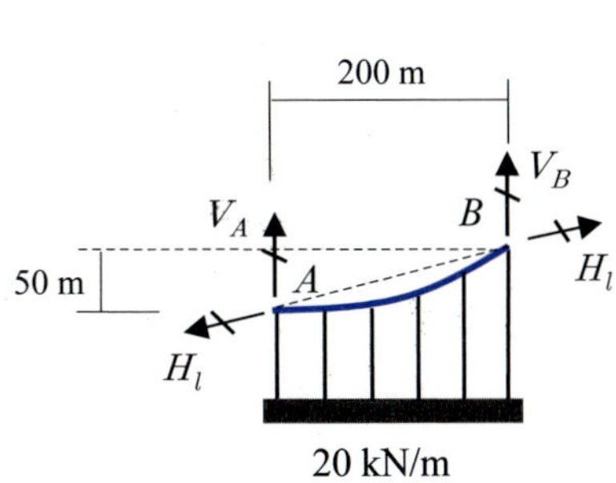

그림 예7.3.4(2) 케이블 AB

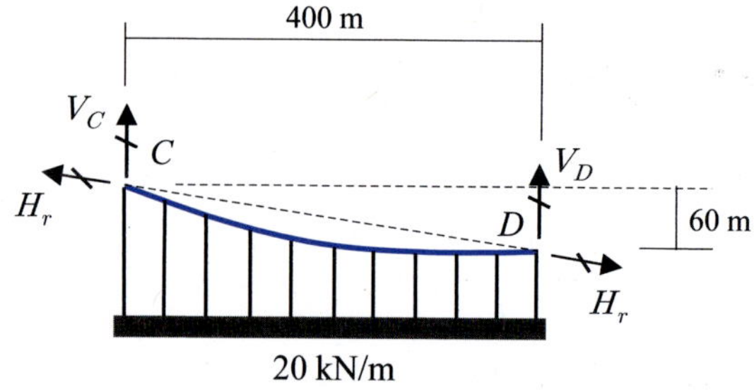

그림 예7.3.4(3) 케이블 CD

이 결과는 좌측 지점을 좌표축의 원점으로 하는 포물선 식에서 최저점 위치를 산정하는 식 (7.3.3)을 적용하여 검토할 수 있다. 각 케이블의 좌측 지점(A점과 C점)으로부터 최저점의 좌표 x_O를 구하면 최소 장력이 발생하는 위치가 A점과 D점임을 확인할 수 있다.

$$\text{케이블 } AB \ : \ x_O = \frac{L}{2} - \frac{H_x d}{qL} = \frac{200}{2} - \frac{8000 \times 50}{20 \times 200} = 0$$

$$\text{케이블 } CD \ : \ x_O = \frac{L}{2} - \frac{H_x d}{qL} = \frac{400}{2} - \frac{26667 \times (-60)}{20 \times 400} = 400\,(\mathrm{m})$$

케이블 AB, CD의 최대 장력은 모두 주탑 위치에서 발생하며 식 (7.3.4)로부터

$$T_{l,\max} = \sqrt{H_{l,x}^2 + q^2 x^2} = \sqrt{8000^2 + 20^2 \times 200^2} = 8944\,(\mathrm{kN})$$

$$T_{r,\max} = \sqrt{H_{r,x}^2 + q^2 x^2} = \sqrt{26667^2 + 20^2 \times 400^2} = 27841\,(\mathrm{kN})$$

이 결과는 주탑에 발생하는 지점 반력의 합력으로 검토할 수 있다. 각 수직반력은

$$H_{l,y} = H_{l,x} \times \frac{50}{200} = 2000\,(\mathrm{kN}) \quad ; \quad H_{r,y} = H_{r,x} \times \frac{60}{400} = 4000\,(\mathrm{kN})$$

$$V_l = V_B + H_{l,y} = \frac{20 \times 200}{2} + 2000 = 4000\,(\mathrm{kN})$$

$$V_r = V_C + H_{r,y} = \frac{20 \times 400}{2} + 4000 = 8000\,(\mathrm{kN})$$

지점 반력의 합력은

$$T_{l,\max} = \sqrt{V_l^2 + H_{l,x}^2} = \sqrt{4000^2 + 8000^2} = 8944\,(\mathrm{kN})$$

$$T_{r,\max} = \sqrt{V_r^2 + H_{r,x}^2} = \sqrt{8000^2 + 26667^2} = 27841\,(\mathrm{kN})$$

그림 예7.3.4(2), (3)의 지점반력은 주탑이 케이블 AB, CD에 작용하는 힘이고 그림 예7.3.4(4)와 같이 정리하면 수평/수직 방향 분력의 합은

$$R_x = \sum F_{x,i} = 8000 - 26667 = -18667\,(\mathrm{kN})$$

$$R_y = \sum F_{y,i} = 2 \times (2000 + 4000) = 12000\,(\mathrm{kN})$$

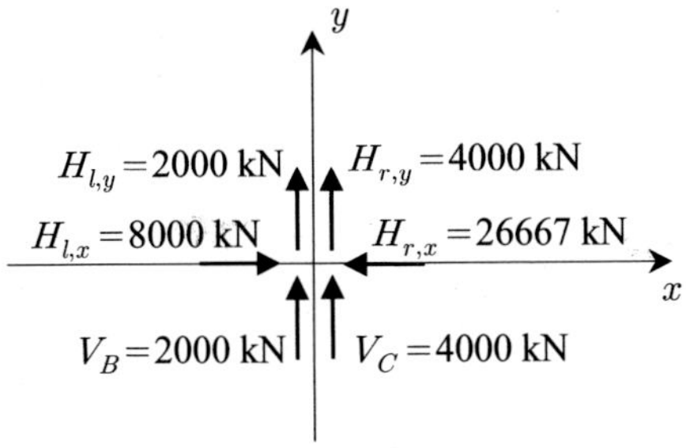

그림 예7.3.4(4)

합력 **R**은 2사분면에 위치하고 크기와 방향은

$$R = \sqrt{R_x^2 + R_y^2} = \sqrt{(-18667)^2 + 12000^2} = 22191\,(\text{kN})$$

$$\tan\alpha = \frac{12000}{18667} = 32.7^\circ \quad ; \quad \theta = 147.3^\circ$$

케이블 AB, CD에 의해 주탑에 작용하는 힘의 합력은 작용/반작용법칙에 의해 4사분면에 위치하며 크기는 22191 kN이고 방향은 $\theta = 327.3^\circ$ 이다.

요점

유연케이블. 구조부재로 사용되는 유연케이블(flexible cable)은 유연성으로 인해 케이블 접선방향의 인장력에 대한 저항만이 가능하고 압축력이나 전단력 또는 휨모멘트에는 저항하지 못하므로 인장력만이 내력으로 발생한다는 것이 케이블의 특성이다. 케이블에 연직방향으로 작용하는 하중은 1) 집중하중과 2) 자중에 의한 등분포하중 및 3) 케이블의 수평투영선에 분포하는 등분포하중으로 구분할 수 있다. 자중에 의한 등분포하중이 작용하는 케이블의 형상은 현수선(catenary)이고 케이블의 수평투영선에 분포하는 등분포하중에 의한 케이블의 형상은 포물선(parabola)이다. 처짐비(sag ratio)가 작은 현수선은 포물선으로 가정하여 해석할 수 있다. 하중이 작용되면 케이블의 형상은 고정되므로 케이블을 강체로 취급하여 평형방정식을 적용할 수 있으며 2)의 경우를 제외하면 일반적으로 구조물의 중량에 비해 미소한 케이블의 자중은 무시한다.

집중하중을 지지하는 케이블. 그림 7.2.2(1)은 3개의 집중하중이 작용하는 케이블의 전체 자유물체도이고 A와 B 지점에 발생하는 수평반력 H는 평형조건에 의해 크기는 같고 방향은 반대로 표시한 것이다. 케이블의 수평투영길이가 L이고 자중을 무시하면 지점 A의 수직반력 V_A는 지점 B에 모멘트 평형방정식을 적용하여

$$V_A = \frac{1}{L}\sum_{i=1}^{3} W_i(L-x_i)$$

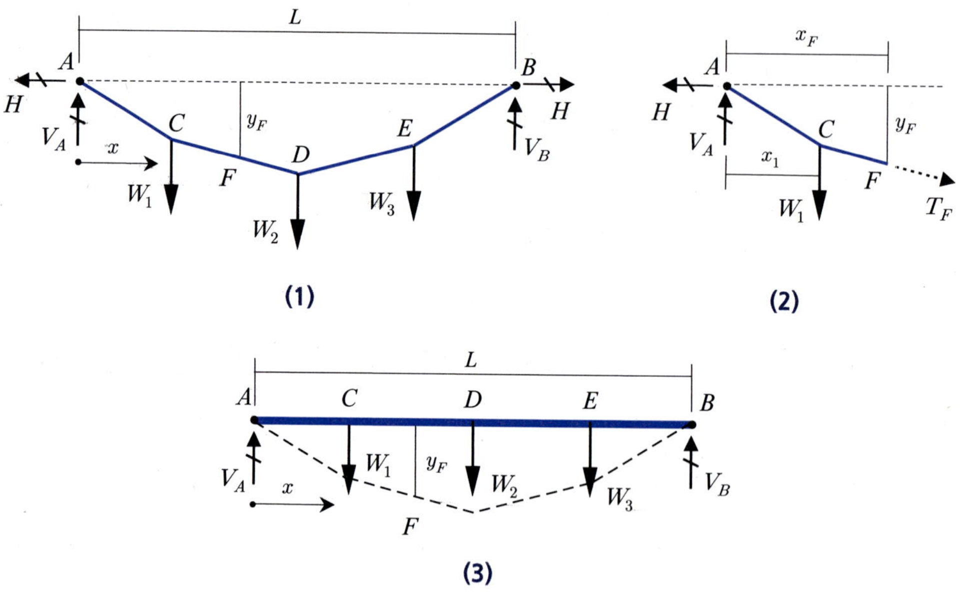

그림 7.2.2

그림 7.2.2(2)는 F점에 단면법을 적용한 부분 자유물체도이다. 수평반력 H는 F점에 모멘트 평형방정식을 적용하여

$$H y_F = V_A x_F - W_1 (x_F - x_1)$$

위 식에서 $V_A x_F - W_1 (x_F - x_1)$는 그림 7.2.2(3)과 같이 동일한 집중하중이 작용하는 길이 L의 수평단순보에서 F점의 휨모멘트 M_F를 구하는 식이므로 다음관계식이 성립한다.

$$H y_F = M_F \tag{7.2.1}$$

식 (7.2.1)은 수평단순보에 발생하는 휨모멘트선도의 형상과 케이블의 처짐형상이 비례한다는 것을 제시하며 이는 휨모멘트선도의 길이로부터 케이블의 길이를 산정할 수 있다는 것을 의미한다. 연직방향 집중하중만이 작용하는 케이블의 경우 인장력의 수평성분은 모든 단면에서 H이므로 최대 인장력(최대 장력)은 수직성분이 가장 큰 단면에서 발생한다. 그림 7.2.2(2)의 T_F를 수평성분 H와 수직성분 V_F로 치환하면 수직력에 대한 평형방정식으로부터 V_F는 $V_A - W_1$이 된다. 이 식은 인장력의 수직성분이 수평단순보의 전단력과 동일하다는 것이므로 양 지점의 높이가 같은 케이블의 경우 가장 큰 수직성분은 수평단순보의 전단력(절대값)이 가장 큰 구간에 발생하며 휨모멘트선도의 기울기가 전단력이므로 경사가 가장 큰 케이블에 최대 장력이 발생한다.

지점의 높이가 다른 경우. 케이블의 지점이 다른 높이에 위치하는 경우는 그림 7.2.3(1)과 같이 지점반력을 수직성분과 양 지점을 연결한 직선 방향의 성분으로 대체하여 전체 자유물체도를 작성하면 양 지점의 높이가 같은 경우와 동일한 해석방법을 사용할 수 있다. 그림 7.2.3(2)와 같이 임의의 점 E에 단면법을 적용하여 부분 자유물체도를 작성하고 모멘트 평형방정식을 적용하면 $H\cos\phi \times y_E = M_E$의 관계식이 구해진다. 이 식의 M_E는 수평단순보에서 E점의 휨모멘트이고 $H\cos\phi$는 H의 수평성분 H_x이므로 식 (7.2.1)과 동일한 다음 식 (7.2.2)가 성립한다.

$$H_x y_E = M_E \tag{7.2.2}$$

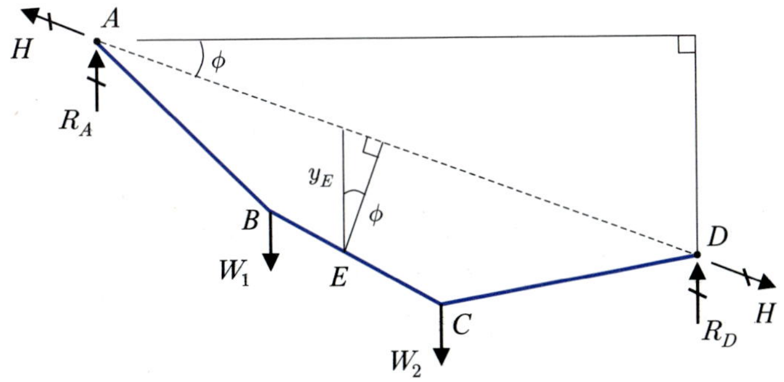

그림 7.2.3(1)

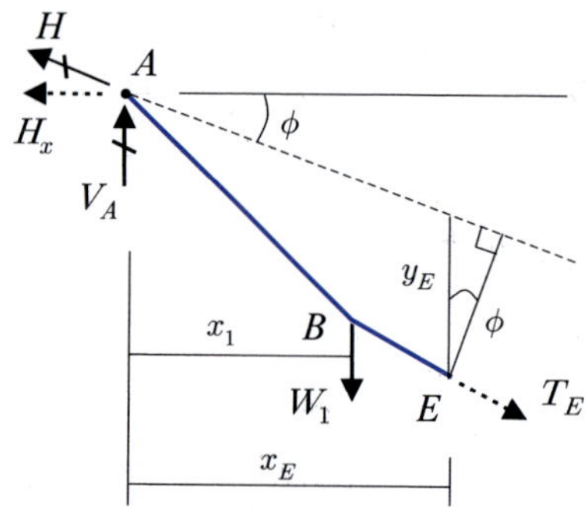

그림 7.2.3(2)

포물형 케이블. 케이블의 수평투영길이에 작용하는 등분포하중에 의한 케이블의 형상은 포물선이 되므로 이를 포물형 케이블(parabolic cable)이라 한다. 그림 7.3.1(1)은 하중세기 q의 등분포하중이 작용하는 포물형 케이블로 양 지점의 높이가 다른 경우이고 (2)는 A, B 지점을 반력으로 치환한 자유물체도이다. 자중을 무시하면 지점 A의 수직반력은 지점 B에 모멘트 평형방정식을 적용하여 $V_A = \dfrac{qL}{2}$이고 수직방향 평형조건으로부터 V_B는 V_A와 같다. 그림 7.3.1(3)은 지점 A에 $x-y$ 좌표축을 설정하고 $(x,\ y)$를 위치좌표로 하는 임의의 단면에 단면법을 적용하여 작성한 부분 자유물체도이다. 단면 x에 모멘트 평형방정식을 적용하면

$$H\cos\phi\, y_x = \frac{qL}{2}x - \frac{qx^2}{2}$$

이 식의 좌변 $H\cos\phi$는 H의 수평성분 H_x이고 우변은 수평투영단순보에 발생하는 휨모멘트 M_x의 식이므로 식 (7.2.2)와 동일한 관계식 $H_x\, y_x = M_x$가 성립한다. 케이블 중앙점의 처짐 y_C가 주어지면 $H_x\, y_C = M_C$의 관계식으로부터 H의 수평성분 H_x는

$$H_x = \frac{M_C}{y_C} = \frac{qL^2}{8y_C} \tag{7.3.1}$$

그림 7.3.1(3)에서 단면법을 적용한 위치의 y 좌표는 $y = x\tan\phi - y_x$이므로 A와 B 지점의 높이차가 d이고 좌측 지점을 좌표축의 원점으로 하는 포물선 식은 다음과 같다.

$$y = \frac{q}{2H_x}x^2 + \left(\frac{d}{L} - \frac{qL}{2H_x}\right)x \tag{7.3.2}$$

케이블의 최저점은 접선이 0이 되는 포물선의 꼭짓점이고 인장력의 수직성분이 0이므로 케이블 최저점의 장력은 H의 수평성분 H_x와 같고 이 값이 케이블의 최소 장력이다. 최저점의 좌표 $(x_O,\ y_O)$는 식 (7.3.2)를 미분하여 식 (7.3.3)과 같이 구할 수 있으며 x_O가 음이면 포물선의 꼭짓점이 지점 A의 왼편이 되므로 케이블의 모든 점이 지점 A보다 높다는 것을 의미한다.

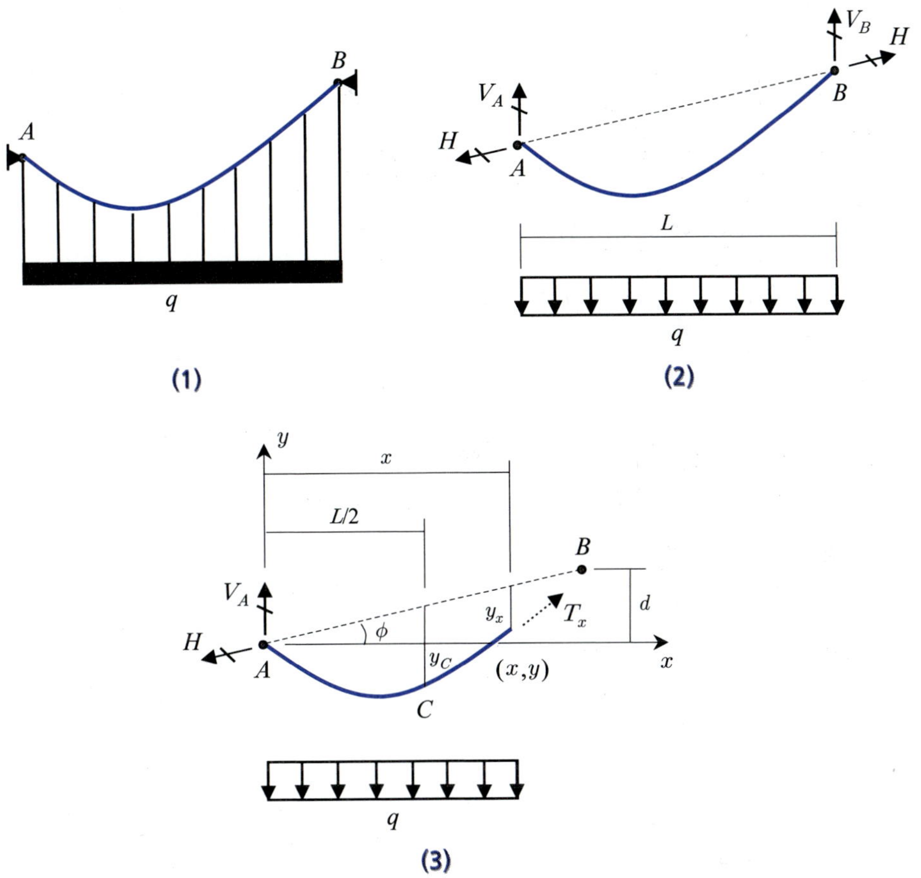

그림 7.3.1

$$x_O = \frac{L}{2} - \frac{H_x d}{qL} \quad ; \quad y_O = \frac{d}{2} - \frac{H_x d^2}{2qL^2} - \frac{qL^2}{8H_x} \tag{7.3.3}$$

등분포하중에 의한 케이블의 형상은 포물선이 되므로 꼭짓점을 좌표축의 원점으로 하는 포물선 식을 구성하면 케이블에 발생하는 최대/최소 장력을 구하는 간편한 식을 유도할 수 있다. 그림 7.3.2(1)과 같이 케이블의 최저점(꼭짓점) O를 좌표축의 원점으로 하고 $O \sim x$ 구간의 부분 자유물체도를 작성하면 그림 7.3.2(2)와 같다. 부분 자유물체도에 작용하는 힘은 접선이 수평이 되는 단면 O의 수평방향 케이블 장력 T_O와 단면 x의 접선방향 케이블 장력 T_x 및 $O \sim x$ 구간에 작용하는 등분포하중을 등가집중하중으로 치환한 Q이다. 3개의 힘이 작용하는 강체가 평형상태이면 그림 7.3.2(3)과 같이 직각삼각형을 구성하므로 피타고라스 정리를 적용하면 T_x는

$$T_x = \sqrt{T_O^2 + q^2 x^2} \tag{7.3.4}$$

이 식에서 케이블의 최소 장력은 x가 0인 최저점 O에 발생하는 T_O이고 최대 장력은 절대값이 가장 큰 x 좌표에 해당하는 가장 높은 지점에서 발생한다는 것을 알 수 있다.

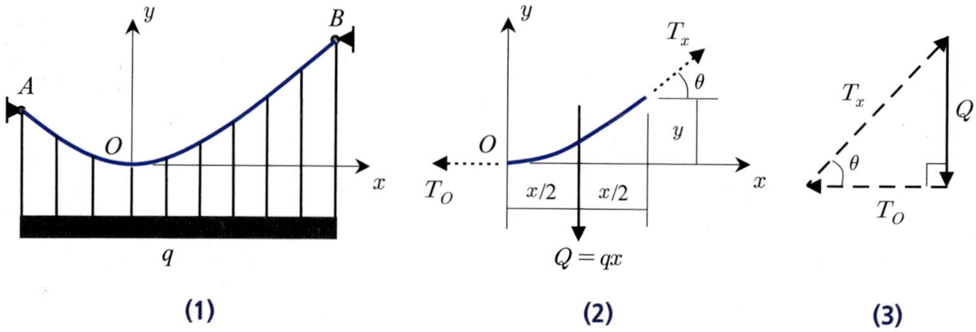

그림 7.3.2

그림 7.3.2(2)의 부분 자유물체도에서 단면 x에 모멘트 평형방정식을 적용하고 정리하면 케이블의 꼭짓점(O점)을 좌표축의 원점으로 하는 포물선 식은 다음과 같고

$$y = \frac{q}{2T_O}x^2 \tag{7.3.5}$$

$(x_1,\ y_1)$, $(x_2,\ y_2)$가 지점 A와 B의 좌표이면 최소 장력은 $T_O = \dfrac{qx_1^2}{2y_1} = \dfrac{qx_2^2}{2y_2}$ 이므로 그림 7.3.3(1)과 같이 양 지점의 높이가 같은 경우 지점 B의 좌표 $(L/2,\ h)$를 대입하면

$$T_O = \frac{qL^2}{8h} \tag{7.3.6}$$

그림 7.3.3(2)와 같이 양 지점의 높이가 다른 경우는 식 (7.3.5)로부터

$$x = \pm\sqrt{\frac{2yT_O}{q}} \tag{7.3.7}$$

지점 A와 B의 좌표는 $(-a,\ h_A)$, $(b,\ h_B)$이고 $a+b = L$이므로

$$a = \sqrt{\frac{2h_AT_O}{q}} \quad ; \quad b = \sqrt{\frac{2h_BT_O}{q}} \quad ; \quad \sqrt{\frac{2T_O}{q}}\left(\sqrt{h_A} + \sqrt{h_B}\right) = L$$

이로부터 T_O는 다음 식으로 구할 수 있다.

$$T_O = \frac{qL^2}{2\left(\sqrt{h_A} + \sqrt{h_B}\right)^2} \tag{7.3.8}$$

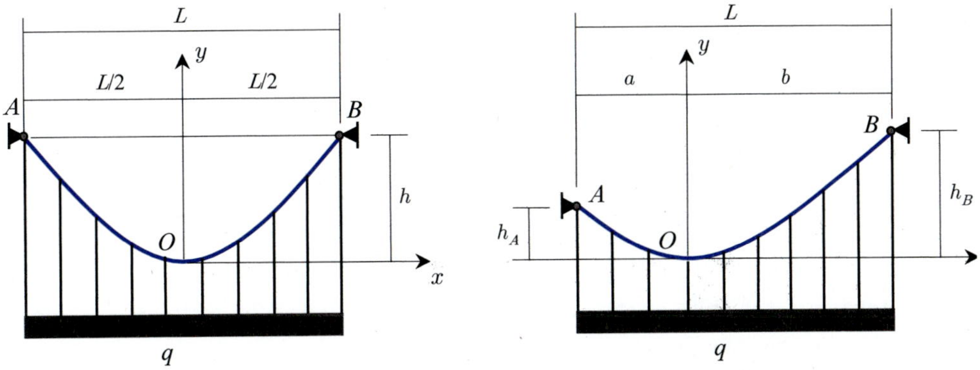

그림 7.3.3

포물형 케이블의 길이. 하중이 작용하여 형상이 고정된 케이블의 길이를 산정하기 위해 그림 7.3.2(3)의 힘의 삼각형에 의한 변형형상을 그림 7.3.4와 같이 간주하면

$$ds = \sqrt{dx^2 + dy^2} = dx\sqrt{1 + \left(\frac{dy}{dx}\right)^2} = dx\sqrt{1 + a^2x^2}$$

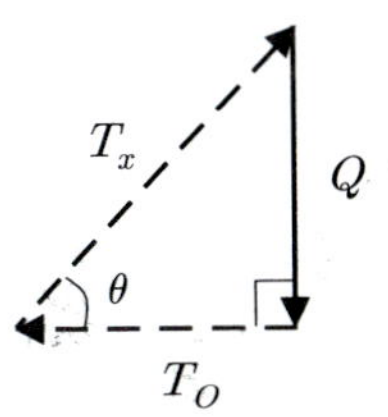

그림 7.3.2(3)

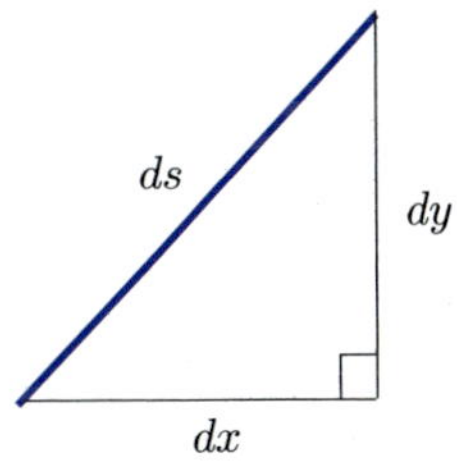

그림 7.3.4

양 지점의 높이가 같은 경우 a는 식 (7.3.5)를 미분하고 식 (7.3.6)을 적용하면 $a = \dfrac{8h}{L^2}$가 되고 케이블의 최저점 O와 지점 간 케이블 길이 $l_{L/2}$는 다음 식 (7.3.9)를 사용하여 구할 수 있다. 양 지점의 높이가 다른 경우는 포물선의 최저점인 꼭짓점의 좌/우측 케이블 길이를 분리하여 산정할 수 있다.

$$l_{L/2} = \frac{L}{2}\left\{1 + \frac{8}{3}\left(\frac{h}{L}\right)^2 - \frac{32}{5}\left(\frac{h}{L}\right)^4\right\} \tag{7.3.9}$$

포물형 케이블의 신장량. 케이블의 신장량 δl 은 그림 7.3.2(3)의 힘의 삼각형과 그림 7.3.4의 변형형상의 비례관계를 고려하여 Hooke의 법칙을 적용하면

$$\delta l = \int_0^L \frac{T_x ds}{AE} = \frac{1}{AE}\int_0^L \left(T_O \frac{ds}{dx}\right) ds$$

$$= \frac{T_O}{AE}\int_0^L \left(\frac{ds}{dx}\right)^2 dx = \frac{T_O}{AE}\int_0^L \left\{1 + \left(\frac{dy}{dx}\right)^2\right\} dx$$

여기서 A는 케이블의 단면적이고 E는 탄성계수이다. H의 수평성분 H_x의 식 (7.3.1)과 케이블의 좌측 지점을 좌표축의 원점으로 하는 포물선 식 (7.3.2)를 적용하여 dy/dx를 구하고 이를 대입하고 정리하면 δl 은 다음 식 (7.3.10)으로 산정할 수 있다.

$$\delta l = \frac{T_O L}{AE}\left\{1 + \frac{16}{3}\left(\frac{y_C}{L}\right)^2 + \tan^2\phi\right\} \tag{7.3.10}$$

연습문제 7.2절 집중하중을 지지하는 케이블

7-1 2개의 집중하중을 지지하고 있는 케이블의 최대 장력을 구하시오. 집중하중에 의해 고정된 형상의 케이블 길이는 400 m이고 자중은 무시한다.`

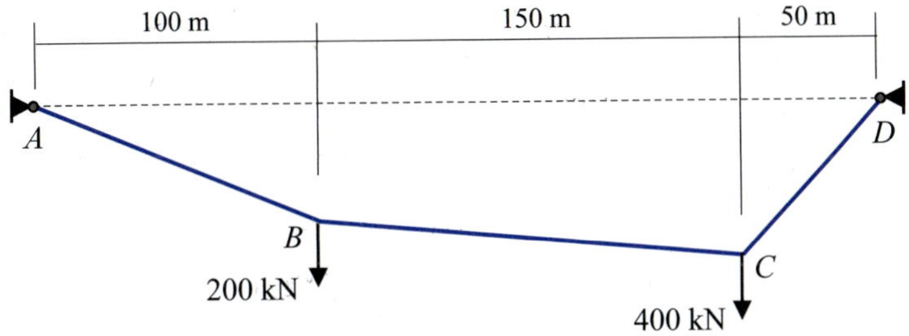

[답] 최대 장력 449 kN

7-2 그림과 같이 설치된 케이블에서 최대 장력과 지점 A, B의 반력 및 새그를 구하시오. 집중하중에 의해 고정된 형상의 케이블 길이는 120 m이고 자중은 무시한다.

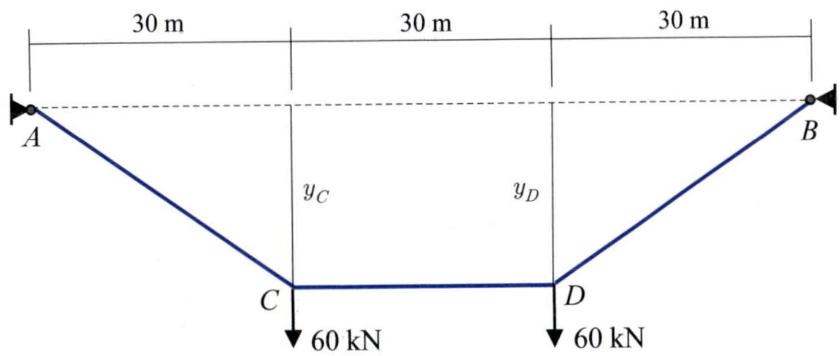

[답] $R_{A,x} = R_{B,x} = 53.7\,\text{kN}$, $R_{A,y} = R_{B,y} = 60\,\text{kN}$, 최대 장력 80.5 kN
$y_C = y_D = 33.5\,\text{m}$

7-3 그림과 같이 집중하중에 의해 고정된 형상의 경사 케이블에 발생하는 지점반력과 새그 y_C를 구하시오. 케이블의 자중은 무시한다.

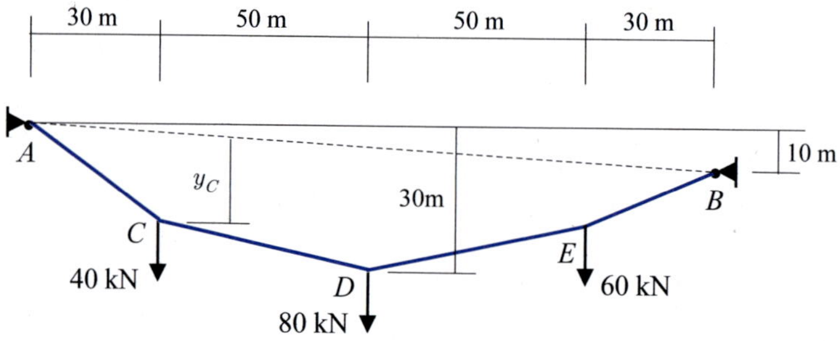

[답] $R_{A,x} = 188\,\text{kN}$, $R_{A,y} = 95.5\,\text{kN}$, $R_{B,x} = 188\,\text{kN}$, $R_{B,y} = 84.5\,\text{kN}$, $y_C = 13.4\,\text{m}$

7-4 집중하중에 의해 고정된 형상의 경사 케이블에 발생하는 D점과 E점의 새그 및 최대 장력을 구하시오. 케이블의 자중은 무시한다.

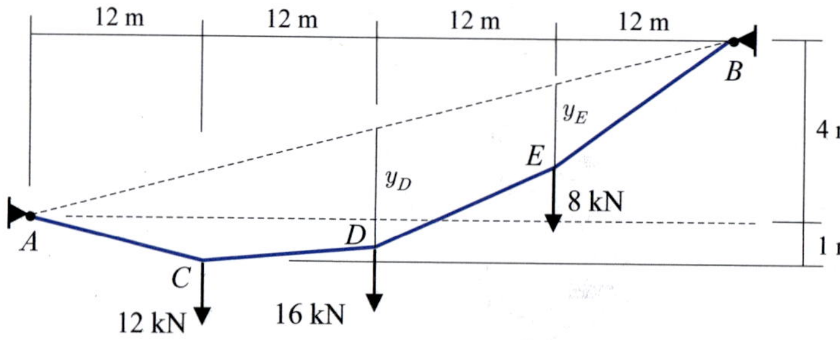

[답] $y_D = 2.74\,\text{m}$, $y_E = 1.79\,\text{m}$, 최대 장력 117kN

7-5 그림과 같이 집중하중에 의해 고정된 형상의 경사 케이블에 발생하는 최대 장력, 지점반력 및 새그 y_C, y_E를 구하시오. 케이블의 자중은 무시한다.

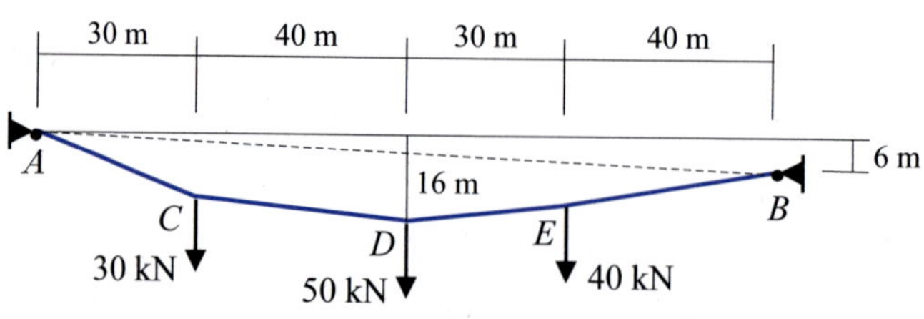

[답] $R_{A,x} = 230.8\,\text{kN}$, $R_{A,y} = 69.9\,\text{kN}$, $R_{B,x} = 230.8\,\text{kN}$, $R_{B,y} = 50.1\,\text{kN}$
$y_C = 7.8\,\text{m}$, $y_E = 10.4\,\text{m}$, $T_{\max} = 241\,\text{kN}$

7-6 그림과 같이 집중하중에 의해 AB, BC의 길이가 각각 2 m, 3 m로 고정된 형상의 케이블에 발생하는 세그먼트 CD의 장력을 구하시오. 케이블의 자중은 무시한다.

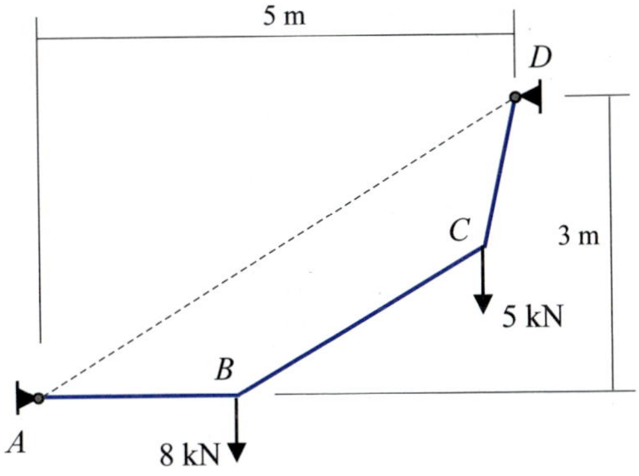

[답] $T_{CD} = 15.94\,\text{kN}$

연습문제 7.3절 포물형 케이블

7-7 등분포하중에 의해 고정된 형상의 케이블에 발생하는 최대/최소 장력과 케이블의 길이를 구하시오. 케이블의 자중은 무시한다.

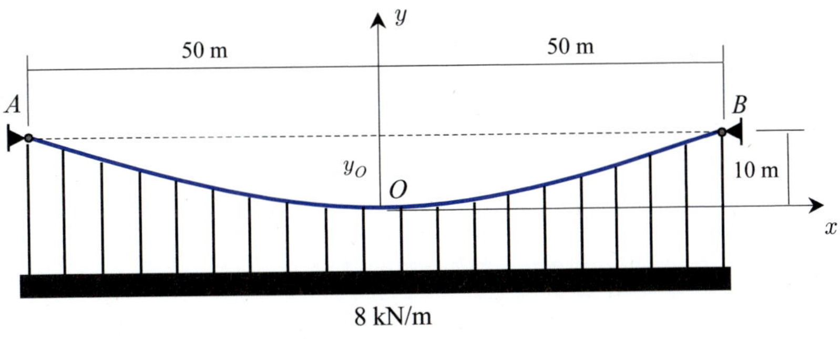

[답] 최소 장력 1000 kN , 최대 장력 1077 kN , 케이블의 길이 102.6 m

7-8 등분포하중에 의해 고정된 형상의 케이블에 발생하는 최대/최소 장력을 구하시오. 케이블의 자중은 무시한다.

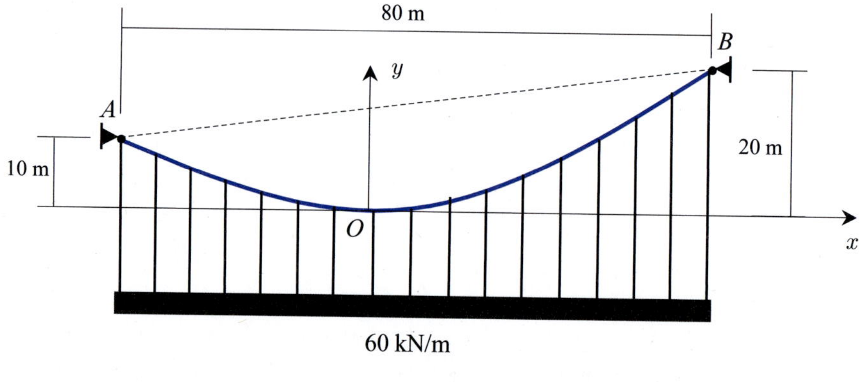

[답] 최소 장력 3294 kN , 최대 장력 3314 kN

7-9 계곡을 가로지르는 파이프라인이 케이블에 지지되어 있다. 파이프라인의 등분포하중에 의해 케이블의 최저점과 양 지점 A, B와의 높이차가 그림과 같이 고정된 형상의 케이블에 발생하는 최대/최소 장력과 케이블의 길이를 구하시오. 케이블의 자중은 무시한다.

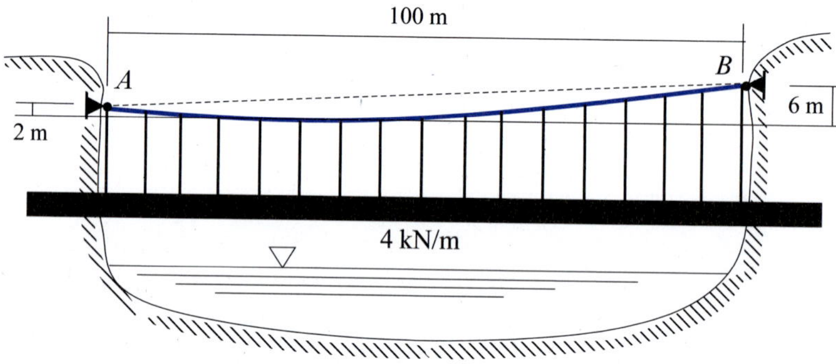

[답] 최소 장력 1340 kN , 최대 장력 1364 kN , 케이블의 길이 100.5 m

7-10 그림과 같이 등분포하중에 의해 고정된 형상의 케이블에 발생하는 최대/최소 장력, 케이블의 길이 및 신장량을 구하시오. 케이블 중앙점의 처짐 y_C는 5 m이고 케이블의 자중은 무시하며 케이블 단면적은 60 cm^2, 탄성계수는 210 GPa이다.

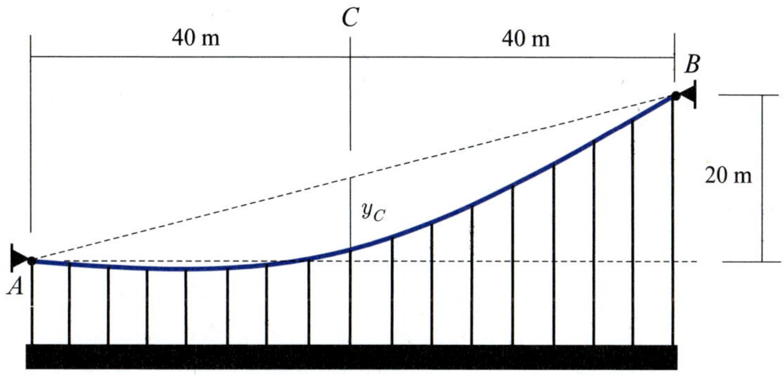

[답] 최소 장력 3200 kN , 최대 장력 3578 kN , 케이블의 길이 83.2 m , 신장량 0.22 m

7-11 등분포하중에 의해 고정된 형상의 케이블에 발생하는 최대/최소 장력과 케이블의 길이를 구하시오. 케이블의 자중은 무시한다.

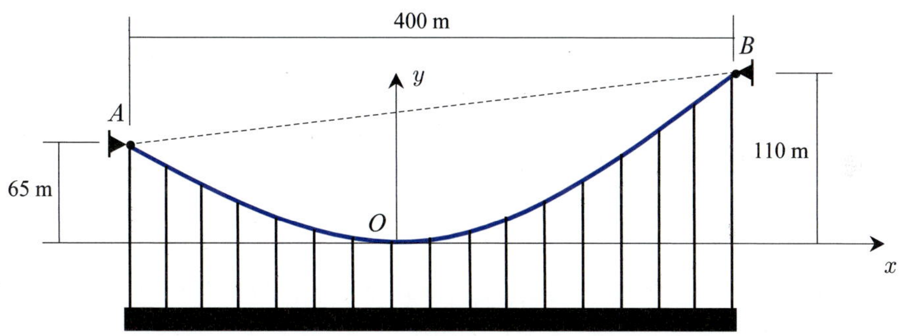

[답] 최소 장력 2325 kN , 최대 장력 3244 kN , 케이블의 길이 445.4 m

찾아보기

사

아

자

차

카

타

파

하

영문

저자 : **국 승 규**

- 서울대학교 토목공학과 공학석사
- 독일 Aachen University of Technology 토목공학 공학박사
- 부경대학교 토목공학과 명예교수

정역학과 재료역학 | 정역학편 | 정가 42,000원

발 행 2023년 3월 10일 초판 1쇄
저 자 국승규
발행인 정우용
발행처 도서출판 **동화기술**
경기도 파주시 광인사길 201(문발동, 파주출판도시)
Tel (031)955-4211~6 donghwapub@nate.com
Fax (031)955-4217 www.donghwapub.co.kr
(등록) 1977년 12월 19일/9-16호

ISBN 978-89-425-9465-8
978-89-425-9464-1(세트)